DIE WISSENSCHAFT SCHLÄGT ZURÜCK!

Andreas Müller

DIE WISSENSCHAFT SCHLÄGT ZURÜCK!

Kinofilme im Faktencheck

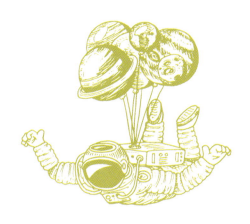

KOMPLETTMEDIA

Impressum

Originalausgabe
1. Auflage
© Verlag Komplett-Media GmbH
2019, München/Grünwald
www.komplett-media.de
ISBN Print: 978-3-8312-0466-3
Auch als E-Book erhältlich

Bildnachweis der Illustrationen:
© Heike Kmiotek 27, 30, 32, 46, 66, 102, 106, 141, 192
© Shutterstock.com Artur Balytskyi: 3, 84, 88, 105, 111, 222, 240, 241, 254; Ibooo7: 6 o., 15; IMOGI graphics: 7 m., 194, 210, 213, 217–220; Macrovector: 6 u., 7 u., 8, 13, 16, 17, 20, 25, 43, 47, 51, 53, 59, 63, 65, 67, 70, 73, 74, 78, 82, 97, 100, 117, 122, 128, 135, 136, 139, 142, 152, 154, 159, 163, 168, 182, 184, 187, 191, 192 o., 201, 204, 208, 226, 231, 233, 235, 239, 244, 246, 251, 252, 256, 259, 263, 271, 284, 285, 272, 276, 283; MikroOne: 7 o., 94, 126, 137, 144, 147; vectortatu: 22; Melok: 81, 95, 268; Stockobaza: 160; Golden Shrimp: 165; BigAlBaloo: 167; Varunyuuu: 221; Premiumvectors: 227; Reenya: 230; IMOGI graphics: 242; Vorobiov Oleksii 8: 249; Line and Circle: 275; Alex Rockheart: 282

Lektorat: Redaktionsbüro Diana Napolitano, Augsburg
Korrektorat: Korrektorat & Lektorat Judith Bingel M.A.
Umschlaggestaltung: Guter Punkt, München
Grafische Gestaltung, Bildredaktion und DTP:
Lydia Kühn, Aix-en-Provence, Frankreich
Druck & Bindung: COULEURS Print & More, Köln

Printed in the EU

Dieses Werk sowie alle darin enthaltenen Beiträge und Abbildungen sind urheberrechtlich geschützt. Jede Verwertung, die nicht ausdrücklich vom Urheberrecht zugelassen ist, bedarf der vorherigen schriftlichen Zustimmung des Verlags. Das gilt insbesondere für Vervielfältigungen, Bearbeitungen, Übersetzungen, Mikroverfilmungen und die Speicherung und Verarbeitung in elektronischen Systemen sowie für das Recht der öffentlichen Zugänglichmachung.

»Vergessen du musst, was früher du gelernt.«
Yoda, Jedi-Meister

Inhalt

Vorwort 8

Kapitel 1: Der Weltraum – Unendliche Weiten ... 10

Raumschiff Enterprise 13
Raumpatrouille – Die phantastischen
Abenteuer des Raumschiffs Orion 17
2001: Odyssee im Weltraum 20
Gravity 25

Kapitel 2: Interstellarer Raumflug ... 46

Star Wars: Episode IV – Eine neue Hoffnung 47
Aliens – Die Rückkehr 65
Interstellar 73

Kapitel 3: Reiseziel Mars ... 94

Krieg der Welten 97
Der Marsianer 100
Total Recall 128

Kapitel 4: Die fremden Welten ferner Planeten ... 137

Star Wars: Episode V – Das Imperium schlägt zurück . . 139
Raumschiff Enterprise: Das nächste Jahrhundert 154
Star Trek: Der erste Kontakt 163
Avatar – Aufbruch nach Pandora 182

Kapitel 5: So sehen Aliens wirklich aus ... 187

E. T. – Der Außerirdische 187
Spider-Man 3 201
Cowboys & Aliens 208
Contact 226
Arrival 235
Independence Day 239

Kapitel 6: Killerasteroiden und andere Katastrophen ... 245

Deep Impact 246
Armageddon – Das jüngste Gericht 252
Asteroid 263
The Core – Der innere Kern 271

Weise Worte zum Schluss 283

Anhang 284
Personenverzeichnis 284
Stichwortverzeichnis 285
Quellen, weiterführende Literatur, Links 288

Vorwort

Ich gehe gern ins Kino. Am liebsten schaue ich mir Science-Fiction an: »Star Trek«, »Star Wars«, die »Alien«-Reihe, »Zurück in die Zukunft«, »Total Recall«, »Contact«, »Event Horizon«, »Gravity«, »Interstellar«, »Der Marsianer« und vieles mehr. Schon seit Jahrzehnten bieten uns die Filmstudios unzählige Geschichten mit spektakulären Spezialeffekten und faszinierenden Technologien an. Uns wird da einiges geboten:

 bombastische Explosionen mit Bums und Knall im Weltall;

 überlichtschnelle Raumschiffe, die in Nullkommanix zu entlegenen Sternsystemen mit Warp-Geschwindigkeit fliegen;

 ausgesetzte Astronauten, die auf dem Mars Kartoffeln anpflanzen, um zu überleben;

 fremdartige Landschaften auf fernen Planeten, die um andere Sonnen kreisen;

 bizarre, außerirdische Kreaturen, die den Menschen weit überlegen sind;

 Schreckensszenarien vom Untergang der Erde

 und, und, und.

Als Naturwissenschaftler schaue ich mir diese Streifen oft mit recht gemischten Gefühlen an. Häufig erfreue ich mich im Kinosessel an dem echt gut gemachten Stoff und genieße die realistischen Spezialeffekte. Aber manchmal überkommt mich eine spontane »Auweia-Reaktion«, und ich denke an Flucht.

Nun beobachte ich das Treiben schon eine ganze Weile. Aber jetzt ist Schluss! Höchste Zeit, sich die Hollywoodfilme einzeln vorzuknöpfen und sie einem seriösen, wissenschaftlichen Check zu unterziehen. Kann das alles wirklich funktionieren wie im Film? Was ist mit den guten alten Naturgesetzen? Kann man die einfach so aushebeln? Macht die Gravitation auch mal Urlaub, oder was? Es ist so weit, liebe Filmbosse, zieht euch warm an. Denn die Wissenschaft schlägt zurück!

Zu jedem Film stelle ich die wesentlichen Fakten in einer Box vor. Insbesondere bewerte ich jeden Fim auf einer Fünf-Punkte-Skala nach Unterhaltungswert, nach Schockwirkung auf das Publikum (»Auweia-Faktor«) und nach Wissenschaftlichkeit (»Science-Faktor«). Der größte Aufreger eines jeden Films darf natürlich auch nicht fehlen.

Spoilerwarnung: Achtung, liebe Leserin, lieber Leser! Hier und da muss ich natürlich Filminhalte ausplaudern und etwas zur Story sagen. Wer den Film noch nicht gesehen hat und sich zunächst selbst ein Bild machen möchte, sollte meine Ausführungen zum jeweiligen Film vielleicht erst nach dem Filmgenuss lesen.

Kapitel 1: Der Weltraum – Unendliche Weiten

Das Weltall ist für uns ein exotischer, ungewöhnlicher Ort, den nur die wenigsten Menschen selbst erleben können. Luftleerer Raum, Schwerelosigkeit, Kälte und gefährliche Strahlung ist das, was uns da draußen erwartet.

Umso größer ist der Reiz, diese faszinierende, fremde Welt über unseren Köpfen in Science-Fiction-Filmen darzustellen. Wie fühlt es sich wohl an, als Astronaut einen Weltraumspaziergang zu machen oder auf dem Mond herumzuhüpfen? Was erlebt die Crew eines Raumschiffs in der Schwerelosigkeit? Wie bewegt sie sich? Welche Regeln muss sie beachten? Und vor allem: Wie stellen die Filmemacher das Ganze wissenschaftlich korrekt dar? In diesem ersten Kapitel soll genau das unser Thema sein. Wir werden feststellen, dass es filmisch mehr oder weniger gut umgesetzt wird.

Ordnen wir doch erst einmal uns selbst im Weltall ein. Wir leben auf der Erde, einem verhältnismäßig kleinen, gesteinsartigen Planeten, der eine Lufthülle hat und dessen Oberfläche zu 70 Prozent von flüssigem Wasser bedeckt ist. Auf der Erde lebt die Spezies Mensch, eine Lebensform aus fast acht Milliarden Individuen, die diesen Planeten dominieren. Unsere Erde ist jedoch kosmisch betrachtet nur ein Staubkorn in den Weiten des Universums. Seit rund 4,5 Milliarden Jahren kreist sie mit sieben anderen Planeten um die Sonne. Die Sonne ist ein Stern, der sein Licht aus der Verschmelzung von Atomkernen selbst herstellen kann und es uns hell und kuschelig warm auf der Erde macht. Unser Sonnensystem befindet sich in einer scheibenförmigen, sich drehenden Ansammlung von etwa 400 Milliarden Sternen, leuchtendem rotem, blauem oder regenbogenfarbigem Gas und kaltem schwarzem Staub: unserer Heimatgalaxie, der Milchstraße. Diese Galaxie ist wiederum nur eine von vielen. Es gibt etwa 100 Milliarden Galaxien im sichtbaren Universum. Das Universum war nicht schon immer da, sondern entstand nach gängiger Lehrmeinung vor 13,8 Milliarden Jahren im Urknall, einem heißen und dichten Anfangszustand.

Das Vakuum

Typischerweise befinden sich in einem spielwürfelgroßen Volumen (1 cm³) etwa 10^{23} Teilchen, eine Eins mit 23 Nullen. Diese Zahl – die sogenannte Avogadro-Zahl – heißt 100 Trilliarden und ist wirklich beeindruckend groß. Auf der Erde kann man mithilfe von Vakuumpumpen die Luft aus einem geschlossenen Volumen entfernen. Normalerweise beträgt der Luftdruck an der Erdoberfläche 1 Bar oder 101.325 Pascal. Druck ist Kraft pro Fläche. Die Druckeinheit »Pascal« entspricht demnach einem Newton pro Quadratmeter. Der Luftdruck wird verursacht durch das Gewicht der Luftsäule, die auf jedem Quadratmeter der

Erdoberfläche lastet. Wenn Sie tauchen gehen, kommt der Druck der Wassersäule über Ihrem Kopf dazu. In einer Tiefe von zehn Metern beträgt dieser Überdruck ein Bar. Ein Millibar ist dementsprechend der Wasserdruck einer ein Zentimeter hohen Wassersäule.

Wenn wir nach oben in den Weltraum vordringen, kommen wir in immer höhere Luftschichten. Die Höhe und damit der Druck der Luftsäule über uns nimmt ab, bis schließlich gar keine Luft mehr da ist. Dann haben wir das Vakuum des Weltraums erreicht, in dem kein Druck mehr herrscht.

Wie gut sind die besten Vakua, die man aktuell technisch herstellen kann? Nun, in einem Ultrahochvakuum erreichen moderne Turbopumpen, dass nur noch ein Restgasdruck von 10^{-11} Millibar herrscht. In einem Kubikzentimeter befinden sich dann nur noch rund 10.000 Luftteilchen. Der Weltraum toppt diese Verhältnisse: Durchschnittlich befindet sich nur ein Teilchen in einem Kubikzentimeter Weltraum. Das ist ein Durchschnittswert. Es gibt natürlich Orte im Universum, wo das bei Weitem überschritten wird – zum Beispiel in dichten Gaswolken oder im Innern von Sternen oder Sternüberresten wie Schwarzen Löchern –, aber im Wesentlichen ist das Weltall eine perfekte Leere.

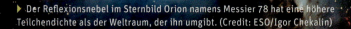

▶ Der Reflexionsnebel im Sternbild Orion namens Messier 78 hat eine höhere Teilchendichte als der Weltraum, der ihn umgibt. (Credit: ESO/Igor Chekalin)

»Raumschiff Enterprise«

Die Tatsache, dass wir in einer klaren Nacht das Licht ferner Sterne sehen können, verrät uns, dass zwischen unserer Erde und diesen Sternen im Wesentlichen nichts existiert. Nichts hält das Sternenlicht auf. Auch innerhalb des Sonnensystems befindet sich zwischen den Planeten und unzähligen Kleinkörpern vor allem nichts. Dieses Nichts ist besser als jedes Vakuum, das man auf der Erde herstellen könnte.

Zu den ersten filmischen Darstellungen der Weltraumphysik gehören natürlich die Science-Fiction-Serien »Raumschiff Enterprise« (→ Kapitel 1, Seite 13) und »Raumpatrouille Orion« (→ Kapitel 1, Seite 17). Sie gingen fast zeitgleich im September 1966 auf Sendung, die »Enterprise« war wenige Tage früher erstausgestrahlt worden.

Titel »Raumschiff Enterprise«
Originaltitel »Star Trek«
Erscheinungsjahr 1966
Idee/Regie Gene Roddenberry
Schauspieler William Shatner, Leonard Nimoy, DeForest Kelley
Unterhaltungswert 5/5. Legendäre Dialogschlachten mit Scotty und Pille.
Auweia-Faktor 1/5. Für den Sound sich automatisch öffnender Türen und eingehender Funknachrichten. Kult!
Science-Faktor 2/5. Anfangs mit Kirks Crew noch wissenschaftlich anspruchsloser.
Größter Aufreger Die »Enterprise« fliegt schallend im Vorspann vorüber.
Besonderes Der Kultsatz »Beam me up, Scotty!« war so niemals in der Serie zu hören!
Auszeichnungen Science-Fiction-Preis Hugo Award; ansonsten nur Nominierungen für den »Emmy«

Kapitel 1: Der Weltraum – Unendliche Weiten

Zur Handlung von »Raumschiff Enterprise«

Man muss sie einfach lieben: William Shatner, der den Käpt'n James »Jim« T. Kirk verkörpert; Leonard Nimoy als Halbvulkanier (Mister) Spock; DeForest Kelley als Schiffsarzt Leonard McCoy, der in der deutschen Fassung in der Regel »Pille« und im englischen Original »Bones« genannt wurde, und natürlich James Doohan als Montgomery Scott, der Schiffsingenieur »Scotty«. In der zweiten Reihe folgen Nichelle Nichols als Uhura, George Takei als Hikaru Sulu und Walter Koenig als Pavel Chekov. Bitte bedenken Sie, dass der Quotenrusse in den (Dreh-)Zeiten des Kalten Krieges schon ein besonderes Zugeständnis der US-Amerikaner war. Sie alle fliegen mit dem Raumschiff »Enterprise« durch das All, erforschen den Weltraum und das Unbekannte. Dabei erleben sie viele Abenteuer und begegnen vor allem Außerirdischen. Dazu gehört das kämpferische Volk der Klingonen, mit denen die Menschen in den Anfängen der Serie in kriegerische Auseinandersetzungen verwickelt sind. Mit den Vulkaniern nahmen die Menschen zuvor schon Kontakt auf (→ »Star Trek – Der erste Kontakt« in Kapitel 4, Seite 163) und leben mit ihnen in Frieden.

Eine der schillerndsten Figuren der Serie war Spock. Der Halbvulkanier mit den spitzen Ohren war telepathisch, apathisch und doch irgendwie sympathisch. Wir kennen ihn vor allem mit seinem emotionslosen Gesichtsausdruck und natürlich seinem Vulkanier-Gruß, bei dem man jeweils zwei Finger einer Hand auseinanderspreizte. Generationen von Trekkies verstauchten sich die Finger.

»Raumschiff Enterprise«

Der Name von Spocks Heimatplaneten Vulkan wurde übrigens inspiriert von knallharter Astrophysik. Schon im 19. Jahrhundert machte der französische Astronom Urbain Le Verrier die Entdeckung, dass die komplette Bahnellipse des innersten Planeten Merkur einen merkwürdigen Tanz vollführt. Sie dreht sich im Raum. Großteils ist das durch die Gravitationswirkung der anderen Planeten – vor allem des Gasriesen Jupiter – erklärbar, aber ein Anteil von sieben Prozent des Dreheffekts blieb rätselhaft. Er wurde dem hypothetischen Planeten Vulkan zugeschrieben, der in der Nähe der Sonne seine Bahn ziehen soll, sich jedoch bislang der Beobachtung entzog. Später stellte sich jedoch heraus, dass es den heißen Sonnenumkreiser Vulkan gar nicht gibt. Albert Einstein konnte Merkurs Gravitationsanomalie 1915 fulminant mit seiner Allgemeinen Relativitätstheorie erklären.

Mein Fazit zu »Raumschiff Enterprise«

Die frühen Fernsehserien hatten bei der Umsetzung, wie Raumschiffe im Weltraum aussehen, ihren ganz eigenen Charme. Denn in den 1960er- und 1970er-Jahren kamen in der Tricktechnik vor allem Miniaturmodelle zum Einsatz – Computertechnik gab es ja noch nicht beim Film. Die Raumschiffe waren Modelle aus Holz, Metall, Glas oder Plastik, die einige zehn Zentimeter bis einen Meter groß waren. Sie wurden aufwendig abgefilmt.

Interessanterweise lief es anfangs auch bei »Raumschiff Enterprise« nicht so gut, was aus heutiger Sicht verwundert. Die

Kapitel 1: Der Weltraum – Unendliche Weiten

Mondlandung 1969 brachte dann allerdings einen Boom bei den Einschaltquoten. 1972 hatten weltweit fast 200 Sender die Ausstrahlungsrechte von Kirk & Co. erworben. Das ZDF strahlte erstmals die deutsche Fassung 1972 aus. Nach der dritten Staffel »Raumschiff Enterprise« musste die Serie 1969 nach 79 Folgen eingestellt werden. Man munkelt, dass es daran lag, weil der Kirk-Darsteller nicht mehr länger den Bauch einziehen konnte.
Der Erfolg von »Raumschiff Enterprise« liegt nach meiner Einschätzung vor allem an den extrem geistreichen Dialogen und weniger an der Science-Fiction.
Die Serie, die bis heute auf allen möglichen TV-Sendern wiederholt wird, hat kaum an Charme eingebüßt. Im Unterschied zu

»Star-Trek«-Faktenwissen

- Beamen und Glitzereffekt: Man streute Aluminiumstaub in einen Lichtstrahl.
- Die Klingonen hatte der ehemalige Polizist Roddenberry nach einem Ex-Kollegen beim Los Angeles Police Department benannt: Lt. Wilbur Clingan.
- In der zweiten Staffel hatte Pavel Chekov seinen Auftritt. Die Russen hatten sich in der »Prawda« beklagt, dass »die hässlichen Amerikaner« vergessen hätten, wer die Pioniere des Alls seien.
- Im Kinofilm »Treffen der Generationen« (1994) treffen Kirk und Picard aufeinander und erleben ein gemeinsames Abenteuer, bei dem Kirk das Staffelholz an Picard übergibt. Kirk stirbt im Jahr 2371.

(Quelle: »Die Welt«, 2016)

»Raumpatrouille – Die phantastischen Abenteuer …«

»Raumpatrouille Orion« wurde und wird die »Star Trek«-Reihe bis heute in immer neuen Spin-offs fortgesetzt. Auf »Raumschiff Enterprise« (1966–1969) folgten: »Raumschiff Enterprise: Das nächste Jahrhundert« (1987–1994), »Deep Space Nine« (1993–1999), »Raumschiff Voyager« (1995–2001), »Enterprise« (2001–2005), »Discovery« (startete 2017) – und es gab viele Kinofilme.

»Raumschiff Enterprise« bietet echt starke Dialoge und sprühenden Wortwitz. Die Serie wird geliebt für die legendären Wortgefechte zwischen Kirk, »Pille«, Spock und Scotty. Was, glauben Sie, war der häufigste Satz der Serie? Antwort: »Er ist tot, Jim.« Denn das war extrem häufig McCoys erschütternde Diagnose, nachdem er einer unglückseligen Person in unbequem horizontaler Lage den Pulsschlag am Hals ertastete.

Titel »Raumpatrouille – Die phantastischen Abenteuer des Raumschiffs Orion«
Erscheinungsjahr 1966
Idee Rolf Honold
Regie Theo Mezger, Michael Braun
Schauspieler Dietmar Schönherr, Eva Pflug, Wolfgang Völz
Unterhaltungswert 3/5. Echt kreativer Zauber aus der Trickkiste.
Auweia-Faktor 1/5. Mit dem Bügeleisen im Kontrollpult läuft alles glatt.
Science-Faktor 2/5. Den Saturnmond Rhea aus der ersten Folge gibt's wirklich!
Größter Aufreger Die dramatische Mucke von Peter Thomas hält wach.
Besonderes Einschaltquote bei Erstausstrahlung 56 Prozent!
Auszeichnungen Äh, nö?

Kapitel 1: Der Weltraum – Unendliche Weiten

»Raumschiff Orion« hat ebenfalls Kultcharakter. Kids von heute finden das sicher »voll vintage, ey«. Alle zwei Wochen erschien 1966 eine neue Folge zur besten Sendezeit, nämlich samstagabends nach der Tagesschau im Ersten. Zur Erinnerung, liebe Frischlinge: Damals gab es (bis auf wenige regionale Ausnahmen) nur drei Fernsehprogramme. Erstes, Zweites und Drittes. »Die Macht« war noch Zukunftsmusik, denn es gab noch keine Fernbedienung. Man musste damals in den 60ern und 70ern tatsächlich vom Sofa aufstehen, nach vorn zum ultratiefen Röhrengerät laufen, um den Sender umzuschalten. »Likes« hießen damals noch Einschaltquoten, und die waren traumhaft, war die Auswahl doch sehr begrenzt. Unter »Kabelfernsehen« verstand man damals noch, dass das Röhrengerät über einen Netzstecker mit der Steckdose verbunden war.

Zur Handlung von »Raumpatrouille – Die phantastischen Abenteuer des Raumschiffs Orion«

Inhaltlich geht es in der Serie um den Kommandanten Cliff Allister McLane, gespielt von Dietmar Schönherr, und seine Crew. Er wird in der ersten Folge wegen seines Verhaltens strafversetzt. Es herrscht Krieg mit dem Volk der »Frogs«. Eva Pflug spielt Leutnant Tamara Jagellovsk. Sie ist Sicherheitsoffizier des – halten Sie sich fest! – Galaktischen Sicherheitsdienstes GSD und soll McLane in Zaum halten. Natürlich erliegt sie seinem Charme.

Warum eigentlich Patrouille? Die »Orion« hat die Aufgabe, die Grenzen des von Menschen besiedelten Gebiets zu sichern. Es geht also um etwas völlig anderes als bei der Serie »Raumschiff Enterprise«, in der die Crew das Unbekannte des Alls erforschen will. Interessanterweise finden sich einige gesellschaftskritische und politische Themen in der Serie, zum Beispiel wenn in Form des Waffensystems »Overkill« an den Massenvernichtungswaffen der Ära des Kalten Kriegs Kritik geübt wird. Das Frauenbild der »Orion«-Reihe war ebenfalls sehr progressiv, mehr als bei der »Enterprise« – ganz im Geiste der aufkeimenden 68er.

Mein Fazit zu »Raumpatrouille – Die phantastischen Abenteuer des Raumschiffs Orion«

Die wissenschaftlich korrekte Darstellung der Weltraumphysik war eigentlich in beiden Fernsehserien zweitrangig. In den Anfängen von »Star Trek« sah das legendäre Raumschiff sehr einfach gestrickt aus – ähnlich schlimm das untertassenförmige Vehikel bei »Raumpatrouille Orion«.

Aus heutiger Sicht sehen die Tricks bei »Raumpatrouille Orion« sehr putzig aus, weil Alltagsgegenstände wie Bügeleisen, Plastikbecher und Pendeluhren zweckentfremdet und als spacige Weltraumdeko ihren großen Auftritt hatten. »Raumpatrouille Orion« wurde bereits nach nur sieben Episoden eingestellt. Dafür gab es verschiedene Gründe. Unter anderem war die militaristische Erzählform dem Nachkriegsdeutschland offenbar zu viel; außerdem war die Produktion sehr aufwendig. Auf Youtube können ganze Folgen angesehen werden.

Schon in den 60ern nahm etwas seinen Lauf, das wir bis heute in der Raumschiff-Science-Fiction nicht losgeworden sind. Ein

Kapitel 1: Der Weltraum – Unendliche Weiten

Raumschiff hat gefälligst zu zischen, wenn es an der Kamera vorbeifliegt! Dumm nur, dass sich physikalisch betrachtet der Schall im Vakuum des Weltalls gar nicht ausbreiten kann. Eine Schallwelle ist ja nichts anderes als ein Gerangel und Geschubse zwischen Teilchen, das sich wellenartig in der Luft, einer Flüssigkeit oder einem Festkörper ausbreitet. In der Leere des Alls kann sich ohne nennenswerte Zahl von Teilchen nichts ausbreiten. Das Weltall ist stumm wie ein Fisch.

Genau das wurde Ende der 1960er-Jahre fulminant in einem Klassiker der Weltraumgeschichten umgesetzt: in Stanley Kubricks »2001: Odyssee im Weltraum«. Der britische Physiker und einer der wichtigsten SF-Autoren Arthur C. Clarke schrieb die Kurzgeschichte »The Sentinel«, auf der dieser Film teilweise beruht.

Titel »2001: Odyssee im Weltraum«
Originaltitel »2001: A Space Odyssey«
Erscheinungsjahr 1968
Regie Stanley Kubrick
Schauspieler Keir Dullea, Gary Lockwood, William Sylvester
Unterhaltungswert 2/5. Ein Streifen mit … schnarch … Längen.
Auweia-Faktor 2/5. Mehrdeutigkeiten lassen Raum für Interpretationen.
Science-Faktor 3/5. Der erste SF-Film, der versucht, es richtig zu machen!
Größter Aufreger Ein sehr unaufgeregter Film.
Besonderes Platz 1 der besten SF-Filme aller Zeiten (American Film Institute 2008).
Auszeichnungen Oscar für visuelle Effekte plus drei Oscar-Nominierungen; Hugo Award

»2001: Odyssee im Weltraum«

Zur Handlung von »2001: Odyssee im Weltraum«

In einer Urzeitszene vor Millionen von Jahren wird eine Gruppe von Hominiden in der afrikanischen Steppe von einer anderen Gruppe von einem Wasserloch vertrieben. Dann entdecken sie einen schwarzen Monolithen und berühren ihn. Offenbar beeinflusst der Stein das Bewusstsein der Menschen, sodass sie lernen, Knochen als Waffen einzusetzen. Sie vertreiben damit ihre Rivalen vom Wasserloch.

Dann folgt ein Szenenwechsel in eine ganz andere Zeit: Jetzt sind wir im Jahr 1999 – damals noch drei Jahrzehnte in der Zukunft – und begegnen Satelliten, Raumstationen und der Mondstation »Clavius«. Der Wissenschaftler Dr. Heywood Floyd, verkörpert von William Sylvester, geht seltsamen Vorgängen auf der Mondstation nach. Eine Seuche soll ausgebrochen sein. Dort angekommen, stößt er auf einen baugleichen Monolithen, der im Mondkrater Tycho gefunden wurde. Als Sonnenlicht den ausgegrabenen Stein trifft, sendet er ein lautes Radiosignal zum Planeten Jupiter.

Später, im Jahr 2001 (vergleiche Filmtitel), reist eine Crew mit dem Rauschiff »Discovery One« zum Jupiter, um ihn zu erforschen. Mit an Bord sind die Astronauten Dr. David »Dave« Bowman (Keir Dullea), Dr. Franke Poole (Gary Lockwood) und ihre Crew. Sie befinden sich in einer Art Hyperschlaf. Das Schiff wird kontrolliert vom Supercomputer HAL 9000, der Emotionen äußern kann. Der Computer macht sich selbstständig und wird zur Gefahr. Deshalb wollen die Astronauten ihn abschalten, werden jedoch überrumpelt. HAL tötet die Crewmitglieder, indem er ihre

ist echt gut gemacht. Alles sieht sehr realistisch aus – und das ziemlich genau ein Jahr vor der Mondlandung. Handwerklich gibt es demnach an »2001: Odyssee im Weltraum« nichts auszusetzen.

Auch die Oscar-prämierten visuellen Effekte waren beeindruckend umgesetzt. Bitte bedenken Sie, dass Kubricks Werk etwa zehn Jahre vor »Star Wars« gemacht wurde. Die technischen Möglichkeiten waren da deutlich begrenzter. Bowmans Flug durch das »Sternentor« mutet an wie eine Reise durch ein Wurmloch und ist vor dem Hintergrund moderner Filme auch heute noch sehenswert.

Die Kritik – auch meine – entzündet sich wohl daran, dass der Film dem Zuschauer viel Interpretation überlässt. Die Message wird nicht mit der Holzhammer-Methode eingeprügelt, sondern muss mühsam ergrübelt werden, indem man die Bildsprache und Anspielungen deutet. Klar, das ist anstrengend. Ich würde sogar so weit gehen zu sagen, dass man ohne Zusatzinfos »2001: Odyssee im Weltraum« nicht in vollem Umfang verstehen kann.

So gab es Gespräche des Regisseurs mit dem US-Astronomen Carl Sagan zum Thema Aliens. Im Film wird es nicht explizit klar, dass die Monolithen offenbar von einer außerirdischen Intelligenz gebaut wurden. Kubrick verzichtete auf die explizite Darstellung von Aliens. Sie haben weder Gestalt noch Form, sondern bestehen aus reiner Energie und Intelligenz. Über die Monolithen nahmen sie Kontakt mit der Menschheit auf und beeinflussten ihre Entwicklung. Kubrick hat das sehr subtil und unterschwellig dargestellt. Abschließend halten wir fest: Kubricks Werk ist das, was die meisten Filme des Genres nicht sind: Kopfkino.

»Gravity«

Titel »Gravity«
Erscheinungsjahr 2013
Regie Alfonso Cuarón
Schauspieler Sandra Bullock, George Clooney
Unterhaltungswert 5/5. Mitfiebern bis zum Schluss!
Auweia-Faktor 1/5. Ich sage nur: die Träne.
Science-Faktor 5/5. Wissenschaftlich höchst verzückend!
Größter Aufreger George Clooney stirbt einen sinnlosen Tod.
Besonderes Extrem wirklichkeitsnahe Darstellung des Weltraums
Auszeichnungen 7 Oscars (u. a. für Regie, visuelle Effekte, Kamera)

Zur Handlung von »Gravity«

Im Science-Fiction-Film »Gravity« kam auf bedrückend realistische Weise rüber, wie leer, kalt, dunkel und lebensfeindlich der Weltraum ist. Im Film geht es darum, ob Astronauten, deren Spaceshuttle nach einem katastrophalen Unfall zerstört wurde, wieder zur Erde zurückkehren können.

Bullock spielt die medizinische Ingenieurin Dr. Ryan Stone. Clooney ist der Astronaut Matthew Kowalski und ein alter Weltraum-Hase. Die beiden waren mit einem Spaceshuttle namens »Explorer« in eine erdnahe Umlaufbahn geflogen. Der Name des Shuttles ist erfunden – genauso wie der Name der Mission: STS-157. Die NASA hatte das Space-Shuttle-Programm eingestellt. Das letzte Shuttle war die *Atlantis*, und es landete am 21. Juli 2011 nach dem Ende der Mission STS-135. Der Film ist sehr realitätsnah, weil das Kürzel STS für *Space Transportation System* tatsächlich für Shuttle-Missionen verwendet wird.

Das Weltraumteleskop Hubble (HST)

Das HST wird gemeinsam von der US-amerikanischen Weltraumorganisation NASA und dem europäischen Pendant ESA betrieben und kreist seit 1990 um die Erde. Mit dem Weltraumteleskop lässt sich sichtbare, infrarote und ultraviolette Strahlung beobachten. Es kann damit Fotos von Objekten schießen, die so aussehen, wie es uns mit unseren Augen erscheinen würde, falls sie eine gigantische Sehschärfe hätten. Der Durchmesser des Hauptspiegels des Teleskops (»Öffnung«) bestimmt maßgeblich, wie scharf ein Teleskop abbilden kann. Beim HST beträgt der Durchmesser 2,4 Meter. Das ist verglichen mit den Spiegeln der Zehn-Meter-Klasse von den größten erdgebundenen Teleskopen eigentlich nicht viel, aber dadurch, dass sich das HST außerhalb der Erdatmosphäre befindet, kann es wahnsinnig scharfe Bilder schießen. Bei erdgebundenen Teleskopen machen Luftbewegungen die Fotos unscharf – nicht so beim Weltraumteleskop. Die erreichbare Auflösung des HST beträgt 0,05 Bogensekunden. Das entspricht der Größe des Winkels, wenn Sie die Vollmondbreite in 40.000 gleich große Stücke teilen. Theoretisch könnte man mit dem HST von der Erdoberfläche aus Details eines 50-Meter-Einfamilienhauses auf dem Mond scharf abbilden! Benannt wurde das Teleskop nach dem US-amerikanischen Astronomen Edwin Hubble.

▶ Weltraumteleskop Hubble (Credit: NASA/ESA)

Kowalski und Stone haben die Aufgabe, das Weltraumteleskop Hubble zu reparieren. Dieses Teleskop gibt es wirklich. Astronomen nennen es nur HST, was für *Hubble Space Telescope* steht. Es ist eines der besten und leistungsfähigsten Teleskope, die jemals gebaut wurden. Es kreist in einer Höhe von 550 Kilometern um die Erde. Der Weltraum beginnt laut – an sich willkürlicher – NASA-Definition übrigens in 85 Kilometern Höhe. Vergleichen Sie das mal mit dem höchsten Berg der Welt: Der Mount Everest ist fast neun Kilometer hoch – ab etwa dem Zehnfachen davon sind wir demnach im Weltraum.

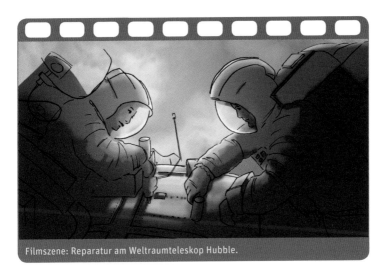

Filmszene: Reparatur am Weltraumteleskop Hubble.

In der Anfangsszene werkeln die beiden Astronauten Kowalski und Stone am Weltraumteleskop herum. Moment, hier stutzt der Kenner. Ein Medizin-Astronaut wie Stone darf an einem Teleskop herumschrauben? Hm, ich will Frau Bullock nicht zu nahe treten, aber da sollte man nur jemanden ranlassen, der einschlägige Fachkenntnisse besitzt. Im Film wird erwähnt, dass sie eine

Kapitel 1: Der Weltraum – Unendliche Weiten

sechsmonatige Ausbildung zum *Mission Specialist* habe. Diese Bezeichnung gibt es bei der NASA für Astronauten mit einem klar abgegrenzten Aufgabengebiet, zum Beispiel Medizin. Weiterhin hat die NASA den *Payload Specialist* (»Payload« bezeichnet die Nutzlast, also das, was ein Spaceshuttle oder eine Rakete in den Weltraum transportiert, zum Beispiel einen Satelliten oder Nahrung für die ISS), jedoch würde diese Ausbildung keine Trainings in Weltraumspaziergängen oder Raumschifflandungen umfassen. Hier schwächelt das Drehbuch.

Ziemlich verstört verfolgte ich in der Eingangssequenz, wie wild Kowalski beim Außenbordeinsatz mit seinem »Jetpack« durch die Gegend flog. Der hatte echt Haken geschlagen wie ein Hase. NASA-Astronauten nennen das Jetpack übrigens MMU, was für *Manned Maneuvering Unit* steht. In den 1970er-Jahren wurden die MMUs für Außenbordeinsätze (EVAs) entwickelt. Sie gehören nicht zur Standardausrüstung und kommen nur bei bestimmten Missionen zum Einsatz. Bei der NASA haben die MMUs typische Abmessungen von 127 mal 85 mal 69 Zentimetern und wiegen satte 153 Kilogramm. Davon entfallen fast elf Kilogramm auf Stickstoffgas, das mit 24 Schubdüsen ausgestoßen wird. So kann der Astronaut per Rückstoß hervorragend im All manövrieren.

Ich als Theoretiker schaue fasziniert und etwas neidisch auf die

▶ NASA-Astronaut Bruce McCandless mit MMU (Credit: NASA)

Astronauten, die mit dem MMU durchs All düsen. Tatsächlich haben die Astronauten keine »Sicherheitsleine« und sind komplett frei. Im Jahr 1984 wurden die MMUs eingemottet, weil ihre Steuerung zu ungenau und der Einsatz zu riskant war. Der Nachfolger heißt SAFER. Ich weiß genau, woran Sie jetzt denken, aber SAFER steht für *Simplified Aid for EVA Rescue*. Sie sind seit 1994 in Verwendung, sollen aber nur im Notfall eingesetzt werden, zum Beispiel, falls die Sicherungsleine reißt. SAFER ist deutlich kleiner als die MMU.

▶ NASA-Astronaut Marc Lee mit SAFER (Credit: NASA)

Zurück zu »Gravity«. Kowalski und Stone schrauben am Teleskop rum, unterhalten sich über Funk und können so auch mit der Bordstation kommunizieren. Die Szene ist akustisch sehr realistisch. Denn neben dem Gespräch hören wir ansonsten vor allem den Körperschall, also Töne und Geräusche, die sich über die Raumanzüge, Werkzeuge und andere Objekte übertragen.
Selbstverständlich tragen Stone und Kowalski Raumanzüge und Helme. Man kann durch die Helmvisiere durchschauen und die Gesichter gut erkennen. Filmisch ist klar warum. Der Zuschauer soll ja wissen, welche Filmfigur da gerade agiert. Echte Astronautenhelme sind sowohl durchsichtig als auch verspiegelt. Bei letzteren ist es unmöglich, von außen Gesichter zu erkennen. Warum sind die eigentlich verspiegelt? In der Raumfahrt hat alles einen Sinn. Die Goldbeschichtung reflektiert das Sonnenlicht.

Filmszene: Dr. Stone mit durchsichtigem Helm.

Wie gesagt ist die Strahlung da oben energiereicher und schädigend. Die kurzwellige ultraviolette Strahlung kann mit dicker Kleidung blockiert werden. Aber auch die langwellige Infrarotstrahlung darf man nicht unterschätzen. Sie kann gut reflektiert werden, wenn man eine Oberfläche mit Aluminium, Silber, Kupfer oder Gold bedampft. Das ist übrigens der Grund, weshalb man in der Raumfahrt oft Gegenstände sieht, die wie in Alufolie eingewickelt aussehen. Der spezielle Vorteil von Gold ist, dass es sehr beständig ist; andere Metalle korrodieren leichter oder oxidieren. Typischerweise besteht das Helmvisier aus Polykarbonat, im Prinzip Plastik, das hauchdünn mit Gold beschichtet ist. Die Plastikschicht schluckt das UV.

▸ Astronaut im Raumanzug (Credit: NASA)

»Gravity«

Der dicke, gasdichte Raumanzug schützt den Astronauten darüber hinaus vor Mikrometeoriten, also kleinsten Teilchen, die normale Kleidung durchlöchern würden. Die Geschwindigkeit der winzigen Staubteilchen ist hoch, sodass ihre Bewegungsenergie (die ja quadratisch mit der Geschwindigkeit zunimmt) beträchtlich wird.

Astronautenmode ist nicht ganz billig. Ein NASA-Raumanzug, der für den Außeneinsatz konzipiert ist, kostet rund zwölf Millionen US-Dollar! Und dann steht nicht mal Gucci drauf. Er wiegt mehr als 100 Kilogramm, was zum Glück unter Schwerelosigkeit kein Problem darstellt. Allerdings sind Astronauten durch den Anzug recht bewegungseingeschränkt. Gerade die Handschuhe sind sehr klobig und lassen kaum Spielraum für Feinmotorik. Die Fingerhandschuhe sind übrigens ein echtes Problem: Hier findet die Kälte leicht den Weg in den Anzug. Daher sind Astronautenhandschuhe beheizt und stehen unter Druck.

Die Astronauten brauchen natürlich Sauerstoff, den sie immer wie ein Taucher mit sich führen. Auf der Erde atmen wir ja Luft ein, im Wesentlichen ein Gemisch aus Stickstoff (80 Prozent) und Sauerstoff (20 Prozent). Astronauten atmen jedoch reinen Sauerstoff aus ihren Flaschen. Um sich daran zu gewöhnen, müssen sie »voratmen«, sonst bekommen sie die Taucherkrankheit (→ Seite 131). Nach einem sechsstündigen Außeneinsatz sind Astronauten schweißgebadet. Sie haben im oberen Torso einen Trinkbeutel mit 80 Millilitern Fassungsvermögen. So können sie während der Arbeit trinken.

Natürlich muss die Flüssigkeit auch irgendwann wieder raus. Kein schönes Thema, aber lassen Sie uns mal Tacheles reden.

Kapitel I: Der Weltraum – Unendliche Weiten

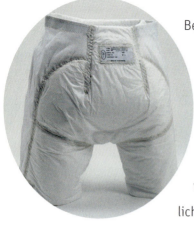

▶ Ozog'n iss. Das trägt Astronaut unterm Anzug. Hier das Modell »Liebestöter XXL«. (Credit: NASA)

Bei einem stundenlangen Außeneinsatz machen sich die Astronauten in die Hosen! Es geht nicht anders. Aber keine Sorge, sie haben Windeln an. Die Unterwäsche von Astronauten törnt einen richtig ab: Funktionsunterwäsche, Kabel, Schläuche und eine Windel mit einem fast oktoberfesttauglichen Fassungsvermögen von 0,9 Litern.

Beim Film »Gravity« habe ich in dieser Hinsicht ganz schön gestaunt. Als Frau Bullock später (dazu kommen wir noch) die ISS betrat, entblätterte sie sich nämlich vom Raumanzug und hatte rattenscharfe Hotpants und ein vergleichbar ansehnliches Tanktop drunter. Der Zuschauer goutiert diesen Anblick und lehnt sich in freudiger Entzückung aus seinem Kinosessel nach vorn. Die Stirn des Raumfahrtexperten legt sich hingegen in tiefe Falten. Und, liebe Männer, haben

Filmszene: Ganz schön heiß, Dr. Stone!

Sie Ihre Lebensabschnittsverschönerin schon mal ohne Socken gesehen? Hallo? Auch das kein Problem für Doc Stone, die selbst im All die Hitze hat. Da musste ich echt schmunzeln, habe den Anblick aber dennoch genossen. Das ist halt Hollywood!

Um im All am Körper die richtige Temperatur zu haben, tragen Astronauten sogar flüssigkeitsgekühlte Ganzkörperanzüge unter dem Raumanzug. Gerüchten zufolge sollen die russischen Kosmonauten hier Wodka als Kühlflüssigkeit verwenden.

Was macht man mit benutzten Windeln im All? Hm, lassen Sie uns einen Stuhlkreis bilden und gemeinsam darüber philosophieren. In einem Interview sagte ein NASA-Astronaut, dass sie derlei Unrat tatsächlich in

▶ Flüssigkeitsgekühlte Unterwäsche – wer will das sehen? (Credit: NASA)

die unbemannte Progresskapsel packen, die dann in der Erdatmosphäre verglüht. Jetzt stellen Sie sich mal vor, dass ein Liebespaar romantisch auf einer Parkbank sitzt. Man kuschelt, busselt und entdeckt zufällig eine wunderschöne Sternschnuppe am Nachthimmel. Die beide schwören sich ewige Liebe, aber ihnen entging, dass sie sehr wahrscheinlich gerade einer astronautischen Darmfrucht beim Verglühen zuschauten.

Alles klar. Luftleer, perfekte Stille und arschkalt. Wie ist es sonst so im Weltall? Klar, eine Sache haben wir noch gar nicht angesprochen. Die Schwerelosigkeit. Die faszinierenden Aufnahmen und Videos von Weltraumstationen zeigen immer wieder ein-

worfene Kugel auf das ruhende Ziel trifft, wird auch hier Impuls übertragen, da die Kugeln aber unterschiedlich schwer sind, bewegen sich nach dem Stoß beide weiter. Die große, schwere Kugel hat von ihrem Impuls eingebüßt und die kleine, leichte Kugel etwas gewonnen. Bewegt sich umgekehrt eine leichte Kugel auf eine schwere Kugel, die ruht, so lässt sich beobachten, wie die kleine Kugel abprallt und ihre Bewegungsrichtung umkehrt. Ist die große Kugel sehr schwer, bleibt sie unbeeindruckt liegen.

Experiment: Werfen Sie mal einen Tischtennisball auf einen Medizinball. Auch hier erklärt die Impulserhaltung die Bewegungsumkehr. Das lässt sich ausrechnen, indem man alle Impulse vor dem Stoß gleichsetzt mit den Impulsen nach dem Stoß. Meistens benötigt man bei konkreten Rechnungen zusätzlich noch die Energieerhaltung.

Übrigens: Wenn zwei Autos zusammenstoßen, prallen sie kaum zurück. Hier wird der Impuls oder die Bewegungsenergie der Autos vor dem Stoß nahezu komplett in Verformung der Karosserien umgesetzt. Das ist günstiger für die Insassen, die nicht herumgeschleudert werden. Anderes Beispiel für solche inelastischen Stöße: Knete, die Sie an die Wand werfen. Eventuell prallt sie nicht zurück, sondern verformt sich und bleibt an der Wand kleben.

Ist Ihnen eigentlich aufgefallen, dass die ansonsten langhaarige Schönheit Sandra Bullock bei »Gravity« eine schicke Kurzhaarfrisur hat? Dafür gibt es einen triftigen Grund. Lange Haare schweben unter Schwerelosigkeit wild in der Gegend herum. Die Special-Effects-Leute hätten ganz schön tricksen müssen, um der Astronautin einen korrekten Struwwelpeter-Look zu verpassen. Denn natürlich wurden die meisten Szenen im irdischen Filmstudio unter Schwerkraftbedingungen gefilmt. Somit machte man sich das Leben leichter und sparte durch den Haarschnitt Kosten.

Die Trägheit und Wucht von im All frei driftenden Objekten wurde uns Zuschauern in den Katastrophenszenen in »Gravity« besonders heftig vor Augen geführt. Das schützende Spaceshuttle wird von Trümmerteilen bombardiert und auf spektakuläre Weise zerstört. Dabei stirbt die Shuttle-Crew, und nur Kowalski und Stone überleben. Ich empfand es als sehr gruselig, dass das vollkommen unhörbar geschah. Das war eine erfreulich realistische Darstellung der Weltraumphysik, weil man im Vakuum nun mal nichts hört.

Ich weiß nicht, wie es Ihnen geht, aber meine persönliche Schauersequenz von »Gravity« war der Anblick des Crewmitglieds, dessen Helm und Kopf von einem Trümmerteil durchbohrt wurde. Die unglaubliche Wucht des Aufpralls hatte ihm ein faustgroßes Loch in den Kopf gerissen. Es sah irgendwie unnatürlich, weil vollkommen blutlos aus, und außerdem konnte der Zuschauer durch das Loch schauen. Und dann zeigen sie auch noch das frei schwebende Familienfoto des glücklosen Kollegen. Da musste ich schon schlucken.

Das Spaceshuttle ist also hin. Zwei Astronauten sind allein im All. Ihr Sauerstoff geht zur Neige. Auweia! Das sind natürlich Situationen, die einen richtig guten Filmstoff abgeben. Wissenschaftsnerds wie ich wählen in solchen Momenten nicht die emotionale Ergriffenheit um das Schicksal der Protagonisten, sondern lassen den Blick auf die im Film dargestellte Nachtseite der Erde schweifen. Und siehe da, auch auf solche Details haben die Macher von »Gravity« geachtet. Ich erkenne die Umrisse von Sizilien im Mittelmeer, das imposante Nildelta in Ägypten und die bei Nacht hell erleuchtete Hauptstadt Kairo. Grandios! Ich war nicht wegen des Astronautenschicksals tief emotional berührt, sondern weil geografische Details dermaßen ultrakorrekt umgesetzt wurden. Chapeau!

▶ Die Erde bei Nacht (Credit: NASA)

Der Film hätte jetzt eigentlich vorbei sein können. Denn wie sollten zwei Astronauten aus dieser schier ausweglosen Situation in der Einsamkeit des Alls herauskommen? Aber da waren noch weitere 50 Filmminuten. Hier ging die wissenschaftliche Korrektheit wieder auf Urlaub. Denn die Hauptfiguren entschieden sich, zur intakten nahen Internationalen Raumstation ISS zu fliegen, um dort Sauerstoff zu tanken und in einer neuen Komfortzone unterzukommen. Als aufmerksamer Zuschauer fragen wir argwöhnisch: Können die das? Zu Recht. Denn das würde in der Realität nicht funktionieren. Zwar wimmelt es da draußen von Stationen und Satelliten, aber so nah sind die Abstände auch wieder nicht, dass sie fröhliches Stationen-Hopping betreiben könnten. Sorry, Schorsch, da hilft auch keine Turbovariante deines Jetpacks!

Die Internationale Raumstation ISS kreist im erdnahen Orbit in 420 Kilometer Höhe; HST wie gesagt in rund 550 Kilometern. Der Bereich dazwischen, also in Höhen zwischen 85 und 500 Kilometern, heißt »Thermosphäre«. Je nach Sonnenaktivität wird es dort nämlich 300 bis 1500 Grad Celsius heiß – also in etwa so heiß wie eine Kerzenflamme. Die Hitze würde man allerdings nicht direkt spüren, weil kaum Teilchen da sind, die die Wärme übertragen. Die mittlere Dichte beträgt da oben nur etwa 10^{-14} Gramm pro Kubikzentimeter. Das ist echt wenig. Zum Vergleich: Auf Meereshöhe und bei normaler Sommertemperatur liegt die Luftdichte bei 10^{-3} Gramm pro Kubikzentimeter. Es geht aber noch extremer: Die mittlere Dichte im Universum beträgt 10^{-30} Gramm pro Kubikzentimeter und seine mittlere Temperatur 2,7 Kelvin, also rund –270 Grad Celsius. Brrrrr.

Eine Höhe von 500 Kilometern ist nicht ungefährlich, weil man hier außerhalb der schützenden, dichten Erdatmosphäre von energiereicher UV-Strahlung und kosmischer Strahlung (unter anderem elektrisch geladenen Teilchen) bombardiert wird. Ist

Die Internationale Raumstation

Die ISS *(International Space Station)* ist ein Gemeinschaftsprojekt von den Weltraumorganisationen NASA (USA), Roskosmos (Russland), ESA (Europa), CSA (Kanada) und JAXA (Japan). Die Station ist seit 1998 im Bau und kostete nach einer Schätzung der ESA 100 Milliarden Euro – für Entwicklung, Aufbau und die ersten zehn Jahre Nutzung. Die ISS ist das größte künstliche Objekt im Erdorbit und ist etwa 110 mal 100 mal 30 Meter groß. Sie fliegt in einer Höhe von 420 Kilometern und benötigt für eine Umrundung der Erde 91 Minuten. Die Crew der ISS erlebt deshalb 16 Sonnenauf- und -untergänge pro Tag! Die ISS dient der Erforschung der Schwerelosigkeit, der erdnahen Atmosphäre und des Weltraums.

▸ Spaceshuttle an ISS angedockt. (Credit: NASA)

man ihr längere Zeit ausgesetzt, steigt das Risiko, an Krebs zu erkranken oder andere Strahlenschäden zu erleiden. Daher muss man sich schützen: mit einem Raumanzug, einer Raumkapsel oder einer Raumstation mit dicken Wänden.

41

»Gravity«

Gerade in einer Schlüsselszene schossen die Macher von »Gravity« einen kapitalen Bock. Die wissenschaftliche Korrektheit wurde hier leider fulminant an die Wand gefahren. Frau Bullock und Herr Clooney sind auf dem Weg vom zerstörten Spaceshuttle zur rettenden ISS. Als sie bei der ISS ankommen, müssen sie natürlich erst mal bremsen. Kowalski bewerkstelligt das mit seinem Jetpack, dem aber auch schon die Puste ausgeht. Die Astronauten kollidieren mit Teilen der ISS, sodass sogar das Sicherungsseil, das sie verbindet, reißt. Getrennt voneinander suchen sie angestrengt Halt und verheddern sich schließlich in einem Gewirr aus Seilen – bis hier war alles gut und korrekt.

Schließlich hängen beide Astronauten am gleichen Seil. Es droht unter dem Zug der Gewichte beider Astronauten zu reißen. Dann wären beide verloren. Als Gentleman-Astronaut und selbstloser Retter lässt Clooney das Seilende los und driftet frei schwebend in die Tiefen des Alls, sodass Astronautin Bullock als Gerettete in die sichere Raumstation gelangen kann. Es war ein Heldentod, und ich bin mir sicher, dass viele Frauen um Herrn Clooney geweint haben. Ich habe auch geweint, aber es waren Tränen der Wut. Mich hat die Szene noch mehr aufgeregt als eine Tasse Espresso, weil die Heddergeschichte mit wenigen Physikkenntnissen hätte entwirrt werden können. Und zwar so: Astronautin Bullock zieht mit einem beherzten Ruck den mit ihr verbandelten Weltraumhelden Clooney zu sich heran. Sie nähern sich an, halten sich dann fest und driften gemeinsam nicht in die ewigen Jagdgründe, sondern zur rettenden Raumstation. Der Vorteil: Beide überleben. Ich weiß nicht, weshalb Clooney den Heldentod sterben musste. Ist es unwahrscheinlich, dass zwei Astronauten vom erdnahen Weltraum zur Erde zurückkehren? Ist es einfach ein filmischer Höhepunkt, wenn einer der Helden in einem Anfall männlicher Selbstvergessenheit den Freitod wählt, um eine Frau zu retten? Bin ich einfach nur neidisch auf Schorsch Kluni? Oder wurde er den Filmbossen einfach zu teuer? Wir werden wohl ewig über die genauen Gründe rätseln – wissenschaftlich korrekt war dieser Kniff jedenfalls nicht.

Die Weltraumtrümmer waren bei »Gravity« eine ständig wiederkehrende Bedrohung. Aber ein Filmfehler trat auf jeden Fall bei dem berühmten 90-Minuten-Orbit auf. Den gibt es tatsächlich, und es ist korrekt, dass Körper in der Flughöhe von ISS und HST etwa anderthalb Stunden für eine Erdumrundung benötigen. Im Film kehrte der lebensbedrohliche Weltraumschrott alle 90 Minuten wieder. Deshalb stellte Doc Stone auf der ISS den Timer ihrer Uhr auf 90 Minuten ein, um sich selbst vor den nächsten Kollisionen zu warnen. Klingt zunächst richtig, aber wenn sich Raumstation und Trümmer entgegengesetzt im gleichen Orbit aufeinander zubewegen, dann treffen sie sich natürlich alle 45 Minuten! Hier müssen wir wieder Abzüge in der B-Note geben.

Auch die ISS wird spektakulär zerstört, und Stone kann gerade so mit einer der russischen Sojus-Kapseln entkommen. Die gibt es tatsächlich an der ISS. Nur ist komisch, dass die ISS von jeder Crew verlassen war und in diesem Fall eigentlich keine leere Sojus-Kapsel zurückbleibt – im Film schon.

Murphy's Law: Natürlich jagt ein Übel das andere. Der Treibstoff der Sojus geht zur Neige, und Doc Stone muss eine Lösung finden, zur Erde zurückzugelangen. Wieder ist auf aberwitzige Weise eine Raumstation in der Nähe, diesmal eine chinesische namens »Tiangong«. Die existiert wirklich, ebenso wie die chinesischen Raumkapseln »Shenzhou«. Als sich Astronautin Bullock der Station nähert, findet sie diese verlassen vor. Sie ist für den kontrollierten Absturz vorgesehen. Stone schafft es, sich in eine der Kapseln zu retten. Die Station stürzt ab.

Und noch ein paar Filmfehler:

- In »Gravity« reißt der Funkkontakt mit der Bodenstation ab. Dramaturgisch ist es sicherlich günstig, dass Dr. Stone auf sich allein gestellt ist und kein Experte vom Boden ihr aus der Patsche helfen kann. Aber in Wirklichkeit ist das nicht möglich. Denn im All funktioniert die Kommunikation über viele Satelliten, die unter anderem auch höher kreisen als sämtliche Raumstationen. Damit wären sie von den gefährlichen Trümmerteilen nicht getroffen worden.
- Warum muss Kowalski der Medizinerin Stone die Wirkung von Kohlendioxid in der Atemluft erklären? LOL
- Was schwebt denn da? Auf den Stationen flog allerhand durch die Gegend, was nichts im All verloren hat: Auf der chinesischen Raumstation gab's einen Tischtennisschläger. Das Match hätte ich gern gesehen! Und auf der ISS flog eine Zahnspange. Eine Zahnspange ist ein absolutes Ausschlusskriterium im Bewerbungsverfahren für Astronauten. Viel zu gefährlich!
- Brüllend komisch ist auch das Öffnen der Luken zu den Raumstationen. Die Astronautin wird so was von herumgeschleudert. Zudem gehen sie im Film nach außen auf, aber echte Luftschleusen öffnen nach innen.

Hinsichtlich der Weltraumphysik, der Darstellung der Schwerelosigkeit und insbesondere der akustischen Effekte hebt sich »Gravity« sehr positiv von der üblichen SF-Kost ab. Gängige Weltraumreihen wie »Star Wars« und »Star Trek« leben ja von dem ordentlichen Bums bei Explosionen oder geräuschvoll vorbeiziehenden Raumschiffen im Weltraum. Physiker und Toningenieure bekommen dabei regelmäßig feuchte Augen und schütteln mit einem vielsagenden So-nicht-Blick den Kopf.

Apropos feuchte Augen. In einem verzweifelten Moment weint unsere Gravity-Weltraumheldin Sandra Bullock Tränen in der Schwerelosigkeit. Wie auf der Erde kullert der Wassertropfen die Wange hinab, um dann – oh Wunder! – die Wange zu verlassen und im Weiteren als kugelförmiger Tropfen durch den schwerkraftfreien Raum zu driften. Die Kugelform ist natürlich vollkommen richtig, wie wir von vielen ISS-Videos wissen. Die typische Tropfenform ist ja ein Resultat der Schwerkraft, die das Wasser in die Länge zieht. Alles gut. Aber ich maule hier, weil der Tropfen sich von der Wange löste. DAS würde er unter keinen Umständen selbst in der Schwerelosigkeit vollbringen, weil zwischenmolekulare Kräfte (Adhäsion, wie Angeber sagen) den Tropfen auf der Wange halten. Richtig wäre also gewesen, dass die Träne auch unter Schwerelosigkeit die Backe runterrinnt oder sogar auf ihr bleibt und sich nicht plötzlich entscheidet, in die Luft zu gehen. Ich weiß, was Sie sagen wollen, und Sie haben recht: Eine Wange hat man im Gesicht und eine Backe hat man am Ar...arg durchgesessenen Fleisch des verlängerten Rückens. Aber ich bin in Hessen aufgewachsen, wo alles Backe ist.

Mein Fazit zu »Gravity«

Bei allen Lästereien, die ich hier vom Stapel lasse, muss ich sagen, dass »Gravity« ein intensives, kurzweiliges und spannendes Filmerlebnis für mich war. Der Film geht nur rund 80 Minuten und ist von Anfang bis Ende spannend und mitreißend. Ich fieberte bis zum Ende mit, wie es Sandra Bullock schaffen könnte, wohlbehalten auf die Erde zurückzukehren. Ob sie's schafft, verrate ich hier nicht. Gucken Sie doch den Film!

Filmisch waren einige Gegensätze gut gegenübergestellt worden: eine helle, warme und lebensfreundliche Erde ganz im Kontrast zum schwarzen, lebensfeindlichen Weltall; die Weite des Weltraums gegenüber der klaustrophobischen Enge von Raumanzügen und Kapseln; die kühle, emotionslose Technik versus emotional stark mitgenommenen Astronauten. Prädikat: künstlerisch wertvoll.

Die Weltraumphysik war sehr realistisch und teilweise erschreckend wirklichkeitsgetreu dargestellt. Sie macht unmissverständlich klar, wie gut es uns hier unten auf der Erde geht. Wir sollten sie schützen, dass das so bleibt.

Kapitel 2: Interstellarer Raumflug

Anschnallen, festhalten und ooooooooh! Das Gesichtsfeld ist übersät mit hellen Linien, die sich in der Mitte treffen. Der Flug mit Han Solos Millennium-Falken durch die Weiten des Weltalls ist legendär. Er besitzt einen Hyperantrieb, der ihn schneller fliegen lässt als das Licht. Das brauchen alle fiktionalen Weltraumgeschichten, in denen sich Raumschiffe auf Reisen zu anderen

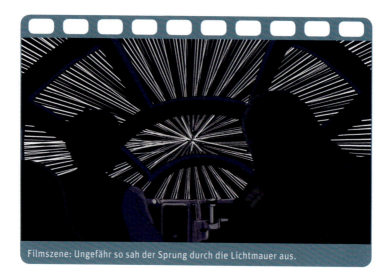

Filmszene: Ungefähr so sah der Sprung durch die Lichtmauer aus.

»Krieg der Sterne«

Sternen begeben. Denn wäre die Reisegeschwindigkeit »nur« so schnell wie das Licht, wären Raumschiffe Jahre, Jahrzehnte und Jahrhunderte unterwegs, weil die Sterne extrem weit entfernt sind. So viel Zeit bringt kein Film und so viel Geduld kein Kinobesucher mit. Deshalb muss getrickst werden, und dabei bleiben leider die Naturgesetze auf der Strecke.

> Titel »Krieg der Sterne« (»Star Wars: Episode IV – Eine neue Hoffnung«)
> Originaltitel »Star Wars«
> Erscheinungsjahr 1977
> Regie George Lucas
> Schauspieler Marc Hamill, Harrison Ford, Carrie Fisher
> Unterhaltungswert 5/5. Ein Actionfeuerwerk!
> Auweia-Faktor 2/5. Für Laser und Fluggeräusche.
> Science-Faktor 2/5. Einige Technik-Schmankerl, keine Erklärungen.
> Größter Aufreger Warum sind die Roboter C-3PO und R2-D2 so bewegungsgestört?
> Besonderes Die Mutter aller Weltraumsagas für die ganze Familie.
> Auszeichnungen 6 Oscars (u. a. Schnitt, Ton, visuelle Effekte)

Bevor der Physiker jedoch die Keule auspackt, um zum Rundumschlag gegen alle Raumschiffflüge der Filmbranche auszuholen, besprechen wir die größte und umfangreichste Weltraumsaga aller Zeiten: »Star Wars«. Der allererste »Star Wars«-Kinofilm kam im Mai 1977 in die US-Kinos und startete hierzulande als »Krieg der Sterne« im Februar 1978. Ein mehr als 40 Jahre alter Filmschinken? Nix da, trotz des Alters kann auch heute noch jeder damit etwas anfangen.

Kapitel 2 Interstellarer Raumflug

Zur Handlung von »Krieg der Sterne«

In der Geschichte geht es um das Urmotiv des Kampfes von Gut und Böse. Das »Böse« wird verkörpert von dem Imperium, das in einem diktatorischen Regime über eine ferne, namenlose Galaxie herrscht. Sie bauen eine verhängnisvolle Waffe, den sogenannten »Todesstern«, dessen gebündelte Strahlen ganze Planeten pulverisieren können.

Angeführt wird das Böse durch den Kommandanten Darth Vader, den heute jedes Kind kennt. (Den »Imperator« lernt der Zuschauer erst in Teil 3 beziehungsweise Episode VI kennen.) Mit tiefer, asthmatöser Stimme, schwarzem Helm und Gesichtsmaske sowie schwarzer Kleidung bleibt sein wahres Aussehen zunächst verborgen.

Die »Guten« heißen bei »Krieg der Sterne« Rebellen. Sie wollen die Herrschaft des Bösen beenden und den Bau des Todessterns durchkreuzen. Chefin der Rebellen ist Prinzessin Leia, dargestellt von Carrie Fisher. Sie kommt an die geheimen Baupläne des Todessterns, gerät jedoch in Gefangenschaft. Leia speichert einen Hilferuf beim kleinen, piepsenden Droiden R2-D2 (»R zwo D zwo«), der zusammen mit dem »goldigen« Protokolldroiden C-3PO entkommen kann. Dummerweise geraten die beiden Roboter in die Fänge von Restmetallverwertern, die sie auf dem Planeten Tatooine (zu dem kommen wir in Kapitel 4) an den Meistbietenden verhökern. Das ist niemand Geringerer als der Onkel von Luke Skywalker. Luke ist die Hauptfigur des Films und wird verkörpert von Mark Hamill. Leia instruierte vor ihrer Gefangennahme R2-D2, einen Verbündeten aufzuspüren,

»Krieg der Sterne«

nämlich Obi-Wan Kenobi (Alec Guinness), um ihm den Hilferuf in Form eines Hologramms vorzuspielen. Luke folgt dem Droiden, und sie finden Obi-Wan. Es stellt sich heraus, dass er ein Jedi-Ritter ist, der Lukes Vater kannte. Obi-Wan schenkt Luke ein Lichtschwert und führt ihn in die Geheimnisse der »Macht« ein, einer speziellen Fähigkeit, um Suggestion, Telekinese und Telepathie auszuüben. Auch Darth Vader hat diese Macht.

Die imperialen Truppen sind ihnen jedoch schon auf den Fersen. Sie töten Lukes Onkel und Tante. Luke versucht nun zusammen mit Obi-Wan, Leia zu retten. Sie treffen den Schmuggler Han Solo (Harrison Ford) mit seinem haarigen Co-Piloten und Freund Chewbacca (Peter Mayhew), der zur Alien-Rasse der Wookies gehört. Mithilfe von Solos Raumschiff, dem Millennium-Falken, gelingt ihnen die Flucht vor dem Imperium. Sie machen sich auf den Weg zu Alderaan, Leias Heimatplaneten. Unterdessen wird Prinzessin Leia von Darth Vader gefoltert, damit sie den Aufenthaltsort der Rebellen verrät, aber sie bleibt standhaft. Als Luke & Co. bei Alderaan ankommen, erleben sie eine böse Überraschung: Das Imperium hat den Planeten mit dem Todesstern pulverisiert! Sie entdecken den Millennium-Falken und ziehen ihn mit einem Traktorstrahl ins Innere des Todessterns. Den Insassen gelingt es jedoch, sich zu verstecken und sich in Verkleidung sogar Zutritt zum Kontrollzentrum zu verschaffen. Obi-Wan deaktiviert den Traktorstrahl, doch dann kommt es zum Lichtschwert-Kampf zwischen ihm und Darth Vader, bei dem Obi-Wan getötet wird.

Luke, der mittlerweile seine ersten Erfahrungen mit der »Macht« hatte, nimmt eine Erscheinung des toten Obi-Wan wahr, der ihn auffordert zu fliehen. Das gelingt ihnen auch, inklusive Leia, aber nur, weil es das Imperium so wollte. Die »Bösen« hatten nämlich am Millennium-Falken einen geheimen Sender angebracht, um den Stützpunkt der Rebellen herauszubekommen.

Die Rebellen schmieden unterdessen einen Plan zur Zerstörung des Todessterns. Sie können einen Schwachpunkt ausmachen, mit einem kleinen Raumschiff in sein Inneres fliegen und ihn zerstören. Am Todesstern kommt es zu einer heftigen Weltraumschlacht zwischen den Raumschiffen der Rebellen und des Imperiums. Nachdem andere Rebellenpiloten scheiterten, gelingt es Luke mit seinem X-Wing-Starfighter – einem kleinen Raumflugzeug –, den Todesstern tatsächlich mit einem gezielten Laserschuss zu zerstören.

1:0 für die »Guten«, doch Darth Vader hat überlebt und holt zum Gegenschlag aus: in der Fortsetzung »Star Wars: Episode V – Das Imperium schlägt zurück« (→ Kapitel 4, Seite 139).

Die »Star Wars«-Kinofilme

Es ist die erfolgreichste Filmreihe aller Zeiten. George Lucas war bis 2012 Produzent, Regisseur und Drehbuchautor von »Star Wars«. Nach den ersten drei Teilen, die 1977, 1980 und 1983 in die Kinos kamen, erschienen nach einer längeren Pause erst im Jahr 1999 neue Filme – die sogenannten Prequels –, die die Vorgeschichte der Original-Trilogie erzählen. Seither heißen die Teile »Episoden«, die nach dem Verlauf der Handlung von I bis VI nummeriert sind. In der Prequel-Trilogie erfahren wir unter anderem, wie aus Anakin Skywalker – Lukes Vater – Darth Vader wurde.

Im Jahr 2012 vertickte Lucas seine Firma »Lucasfilm« an die Walt Disney Company. Disney ließ den neuen »Star Wars«-Geist nach einer weiteren längeren Pause mit »Das Erwachen der Macht« im Jahr 2015 wiederauferstehen. Wieder ein Riesenerfolg! Nicht zuletzt, weil die Stars der ersten Stunde – Hamill, Ford, Fisher – wieder dabei waren. Seither erscheinen jährlich immer neue »Star Wars«-Filme, auch Spin-offs, die separate Handlungsstränge weiterverfolgen (»Rogue One«, »Solo« und »Boba Fett«). Allein die hier gelisteten Kinofilme haben nach Schätzungen der Website »the-numbers.com« 9,3 Milliarden US-Dollar eingespielt (Stand: August 2018). Dazu kommen weitere Milliardenbeträge durch Einnahmen von Merchandising (Figuren, Spielzeug-Lichtschwerter, T-Shirts usw.).

In chronologischer Reihenfolge ihres Erscheinungstermins lauten die Filme:
1977: »Star Wars: Episode IV – Eine neue Hoffnung«. Ursprünglich: »Krieg der Sterne«.
1980: »Star Wars: Episode V – Das Imperium schlägt zurück«
1983: »Star Wars: Episode VI – Die Rückkehr der Jedi-Ritter«
1999: »Star Wars: Episode I – Die dunkle Bedrohung«
2002: »Star Wars: Episode II – Angriff der Klonkrieger«
2005: »Star Wars: Episode III – Die Rache der Sith«
2015: »Star Wars: Das Erwachen der Macht«
2016: »Rogue One: A Star Wars Story« (Spin-off)
2017: »Star Wars: Die letzten Jedi«
2018: »Solo: A Star Wars Story« (Spin-off)
2019, geplant: »Star Wars: Episode IX«
2019, geplant: »Star Wars: Boba Fett« (Spin-off)

Mein Fazit zu »Krieg der Sterne«

Ich war vier Jahre alt, als dieser erste Film in die Kinos kam. Natürlich war ich da noch viel zu jung fürs Kino. Allerdings waren die frühen 80er-Jahre ja ein Jahrzehnt der VHS-Videorekorder und -Videokassetten. Bei einem Freund (Danke, Dierk!) hatte ich die Original-Trilogie im Alter von etwa zwölf Jahren sehen können und war wie alle Kids damals absolut begeistert! Faszinierend ist, dass »Star Wars« bis heute Jung und Alt in seinen Bann zieht. Auch meine Söhne sind voll darauf abgefahren.

Vielleicht ist es Nostalgie, aber für mich als Mittvierziger bleiben die ursprünglichen drei Teile mit Luke Skywalker, Han Solo und Prinzessin Leia unerreicht. Die Mischung stimmt einfach: Klar, es gibt viel Action und verblüffende, spektakuläre, nie dagewesene Tricks. Doch was uns als Zuschauer bei der Stange hält, ist eine wundervoll erzählte, spannende und wendungsreiche Geschichte, die sich erst in allen drei Teilen zu einem plausiblen Ganzen formt. »Star Wars« hat liebevoll gezeichnete Figuren und glaubwürdige Charaktere, die sich auch entwickeln können und in eine emotionale Familiengeschichte verstrickt sind. Es menschelt, selbst bei den Robotern! Für Kinder wird einiges geboten: lustig piepsende Roboter, seltsam aussehende Aliens und echt witzige Szenen. Die Größeren schätzen die coolen Sprüche und natürlich die fesselnden epischen Weltraumschlachten. Auch der Technikfan begegnet im »Star Wars«-Universum allerlei Gimmicks wie ansprechend designten Raumschiffen, blitzenden Lichtschwertern, Hologrammen und einem Todesstern.

»Krieg der Sterne«

Jetzt muss ich aber ernst werden und den bösen Physiker raushängen lassen. Denn wissenschaftlich vertieft oder erklärt werden diese Themen überhaupt nicht. Da haben Filme wie »Gravity« (→ Kapitel 1, Seite 25) oder »Der Marsianer« (→ Kapitel 3, Seite 100) mehr zu bieten. Ich denke, dass es nicht das Ziel war, die »Star Wars«-Filme zu sehr zu »verkopfen«, weil die Macher auch eine junge Zielgruppe anvisierten. Wissenschaftlich zu meckern gibt es eigentlich nichts Gravierendes – im Gegenteil. Klar, den genreüblichen Hyperraumantrieb muss man hinnehmen, ebenso die Geräuschkulisse mit brummenden Raumschiffen und tönenden Laserstrahlen. Aber Aliens und fremde Planetenwelten waren stimmig dargestellt. Und das schauen wir uns jetzt mal genauer an.

Im Vorspann von »Krieg der Sterne« heißt es im Original von 1977 so schön: »Es war einmal vor langer Zeit in einer weit, weit entfernten Galaxis.« Handlungsschauplatz ist also gar nicht unsere Heimatgalaxie, die Milchstraße, sondern eine namentlich nicht näher spezifizierte Galaxie. Wenn Namen von Sternen, Planeten oder Planetensystemen fielen, waren das Fantasienamen. Sternkonstellationen, die im Film zu sehen waren, entsprachen keinen bekannten Sternbildern. Das ist okay, hätten die Filmbosse natürlich auch anders machen können, damit »Star Wars« bei den Kids auch eine Bildungsfunktion erfüllt hätte. Aber gut. Die Namen hatten zumindest eine ähnliche Phonetik, wie Leias Fantasie-Heimatplanet Alderaan, der so klingt wie Aldebaran, der real existierende Rote Riesenstern im Stier. Das gab dem Ganzen einen Anstrich von Seriosität.

Unsere Heimatgalaxie: Die Milchstraße

Wir leben in einer gigantischen Sternenscheibe, der Milchstraße. Sie gehört zu den Balkenspiralgalaxien und ist ein riesiges Sternenkarussell, in dem unser Sonnensystem seine Bahnen zieht. Die Milchstraße besteht aus einigen Hundert Milliarden Sternen, aus fein verteiltem Gas – im Wesentlichen Wasserstoff und Helium – sowie aus kaltem Staub. All dieses Material rotiert um ein gemeinsames Zentrum. Durch die Rotation flacht die Galaxie zu einer Scheibe ab. Von uns aus gesehen ist die Mitte der Milchstraße im Sternbild Schütze (Sagittarius) in 27.000 Lichtjahren Entfernung. In diesem Abstand kreist das Sonnensystem mit 220 Kilometern pro Sekunde – also satten 800.000 Kilometern pro Stunde – um das Zentrum der Milchstraße. Ein Umlauf dauert etwa 220 Millionen Jahre (»galaktisches Jahr«). Im Zentrum der Milchstraße befindet sich ein kompakter Sternhaufen und das größte Schwarze Loch der Milchstraße, das vier Millionen Mal schwerer ist als die Sonne. Zum größten Teil besteht die Milchstraße aus unsichtbarer und rätselhafter Dunkler Materie, wie allgemein angenommen wird. Die mysteriöse dunkle Seite der Materie ist nicht nur in der Galaxienscheibe, sondern füllt die Milchstraße kugelförmig aus (»galaktischer Halo«).

▶ (Credit: NASA/JPL-Caltech/R. Hurt)

»Krieg der Sterne«

Spektakulär dargestellt ist in »Star Wars« der »Hyperantrieb«, mit dem Raumschiffe wie der Millennium-Falke ausgestattet sind. Bei Erreichen der Lichtgeschwindigkeit geschieht – vermutlich nach dem Vorbild der Schallmauer bei Schallgeschwindigkeit – der »Sprung durch die Lichtmauer«. Er wird visuell angezeigt durch die zu Kapitelbeginn angesprochenen weißen Linien, die für die Cockpitinsassen zur Mitte hin zusammenlaufen. Diese Geometrie ist durchaus realistisch, weil sich parallele Linien durch den Flug ganz im Sinne der sogenannten »stürzenden Linien« in der Zentralperspektive im Fluchtpunkt treffen. Darauf kommen wir noch einmal in Kapitel 6 zu sprechen, wenn es um Sternschnuppen und ihre Radianten geht.

Ganz ähnlich wie bei »Star Wars« wird die Warp-Geschwindigkeit in der TV-Serie »Star Trek« visualisiert. Auch hier muss das Raumschiff »Enterprise« schneller fliegen als das Licht, um andere Sonnensysteme unserer Galaxis zu erreichen. Nur wenige Male flog die »Enterprise« aus der Milchstraße heraus. Astronomen wissen, dass die Entfernungen dann einige Hunderttausend bis Millionen Lichtjahre betragen müssen, um zu benachbarten Sternsystemen zu fliegen. Die gut sichtbaren Magellan'schen Wolken am Südhimmel sind 170.000 beziehungsweise 200.000 Lichtjahre entfernt; bei der ebenfalls mit bloßem Auge gerade noch beobachtbaren Andromedagalaxie sind es schon 2,5 Millionen Lichtjahre.

Reisen schneller als das Licht – geht das? Nee, hier streckt uns Universalgenie Albert Einstein leider die Zunge raus. Allerdings müssen wir für eine naturwissenschaftlich korrekte Antwort die

Sache differenziert anschauen. Die Physik bei hohen Geschwindigkeiten wird durch Einsteins Spezielle Relativitätstheorie aus dem Jahr 1905 beschrieben. Bis heute hat sich diese Theorie bestens in Experimenten bestätigt, nach der die Vakuumlichtgeschwindigkeit das universelle Tempolimit ist. Sie beträgt knapp 300.000 Kilometer pro Sekunde oder eine Milliarde Kilometer pro Stunde und kann nicht überschritten werden. Die Lichtgeschwindigkeit kann von Objekten mit endlicher Masse nicht einmal erreicht werden, weil mit Annähern der Geschwindigkeit an die Lichtgeschwindigkeit die Trägheit unendlich groß wird. Für Licht gilt das nicht, weil Licht keine (Ruhe-)Masse hat. Einsteins Relativitätstheorie wird wichtig, sobald bewegte Körper etwa 20 Prozent der Lichtgeschwindigkeit erreichen, also rund 200 Millionen Kilometer pro Stunde. Kommen wir an solche Geschwindigkeiten heran?

Lassen Sie uns deshalb über Raketen und Antriebe reden. Der Pionier der Raumfahrttechnik Wernher von Braun schoss 1942 auf der Insel Usedom in Peenemünde (Ostsee) die unbemannte Rakete namens »Aggregat-4« (A4) in den Weltraum. Die 14 Meter hohe und 13,5 Tonnen schwere Rakete erreichte eine Flughöhe von 83 Kilometern. Nach NASA-Definition beginnt in solchen Höhen von etwa 100 Kilometern über dem Meeresspiegel der Weltraum.

Raketen funktionieren nach dem Rückstoßprinzip. Dahinter verbirgt sich eigentlich wieder die Impulserhaltung. An der Raketendüse strömen mit hoher Geschwindigkeit die Verbrennungsgase aus. Vorher war die Rakete in Ruhe und ihr Impuls war null. Damit

»Krieg der Sterne«

Die Rakete »Aggregat-4« (A4)

Alle Raketen bestehen zum größten Teil aus Treibstoff. Bei der A4 haben wir es mit einem Mix aus Sauerstoff und Brennstoff (75 Prozent Alkohol, 25 Prozent Wasser) zu tun. Mit Turbopumpen wird das Gemisch in die Brennkammer gespritzt. Dort verbrennt es explosiv und wird mit hoher Geschwindigkeit aus der Raketendüse ausgestoßen. In nur 60 Sekunden bringt dieses Triebwerk den Flugkörper auf die fünffache Schallgeschwindigkeit, also rund 5500 Kilometer pro Stunde (»Mach 5«). Die neue Raketentechnologie hatte damals Anfang der 1940er-Jahre das Potenzial, kriegsentscheidend zu sein, weil eine überschallschnelle Rakete mit damaligen Mitteln nicht abgewehrt werden konnte. Traurige Berühmtheit erlangte von Brauns Raketenprototyp, als sie von den Nazis als »Vergeltungswaffe 2« (V2) im Zweiten Weltkrieg eingesetzt wurde.

▶ Die »Aggregat-4«-Rakete (V2) beim Start im Jahr 1945.
(Credit: No. 5 Army Film & Photographic Unit, Morris [Sgt], 1945)

der Gesamtimpuls auch nach dem Ausstoß null (und damit erhalten) ist, muss der Impuls der ausströmenden Gase durch einen entgegengerichteten Impuls ausgeglichen werden. Deshalb setzt sich die Rakete in Bewegung. Raketenimpuls (Raketenmasse mal Raketengeschwindigkeit) und Gasimpuls (Gasmasse mal Gasgeschwindigkeit) sind vom Betrag her gleich groß, aber von der Richtung her entgegengesetzt. Deshalb fliegt eine Rakete durch dieses sogenannte »Rückstoßprinzip« nach vorn.

Kapitel 2: Interstellarer Raumflug

Swing-by-Manöver

Dieses Manöver dient dazu, um Raumsonden zu beschleunigen, abzubremsen oder auf einen neuen Kurs zu bringen. Das geht so: Die Raumsonde steuert einen Planeten an. Die Himmelsmechaniker müssen genau berechnen, mit welcher Geschwindigkeit und Richtung dies zu geschehen hat, um den gewünschten Effekt zu erzielen. Das ist gar nicht so einfach, weil sich alle beteiligten Körper ständig bewegen und auch eigentlich unbeteiligte Körper in der Ferne einen Einfluss auf die Bewegung der Sonde haben. Nach der Begegnung fliegt die Sonde mit neuer Geschwindigkeit und Richtung weiter. Typischerweise werden solche Flugmanöver mehrmals bei einer Mission durchgeführt.

Komisch, oder? Wie kann denn überhaupt dieser Effekt eintreten, wenn eine Sonde, die in ein Gravitationspotenzial eines Planeten stürzt und dabei Bewegungsenergie gewinnt, bei der Bewegung aus dem Potenzial heraus doch dieselbe Bewegungsenergie wieder verliert? Der entscheidende Punkt: Auch der Planet bewegt sich. Damit durchläuft die Sonde unterschiedliche Potenziale. Wenn man es geschickt anstellt, gibt es die gewünschte Beschleunigung oder Abbremsung.

Beispiel: Die ESA-Raumsonde »Rosetta« machte drei Swing-bys an der Erde, um auf 120.000 Kilometer pro Stunde zu beschleunigen und so den Kometen »Tschuri« (67P) zu erreichen. Bei unseren Filmbesprechungen werden wir dem beliebten Swing-by-Manöver häufig begegnen.

re Sonnensystem verlassen und befinden sich in 18 Lichtstunden Entfernung. Das bedeutet, dass Radiosignale von den Sonden, die ja so schnell sind wie das Licht, 18 Stunden benötigen, bis sie bei der Erde ankommen. Die NASA hat noch Kontakt mit den Sonden. 18 Lichtstunden – das ist 130-mal weiter weg als der Abstand von der Erde zur Sonne.

»Krieg der Sterne«

Den aktuellen Geschwindigkeitsrekord hält seit November 2018 die Raumsonde »Parker Solar Probe«. Sie umrundete die Sonne mit 95 Kilometern pro Sekunde, also satten 342.000 Kilometern pro Stunde.

▶ Jupiters Riesenwirbelsturm aus nächster Nähe, fotografiert 1977 von der Raumsonde »Voyager«. (Credit: JPL/NASA, Björn Jónsson, IAAA)

In vielen Science-Fiction-Filmen wie »Star Trek« und »Star Wars« tritt die Einheit »Lichtjahr« auf. In der Fortsetzung »Star Trek – Das nächste Jahrhundert« (→ Kapitel 4, Seite 154) mit Käpt'n Jean-Luc Picard & Co. kommt sogar die »Parsec« vor. Beides sind Entfernungseinheiten in der Astronomie.

Bei »Star Wars: Episode IV« war mir eine Prahlerei Han Solos unangenehm aufgefallen. Er behauptete, dass er den Kessel-Flug – ein Raumschiff-Rennen, das Schmuggler gegeneinander austragen – »in nur zwölf Parsec« schaffe. Öh, hu? Als ich das hörte, legte sich meine Stirn in tiefe Falten. Han Solo benutzt die Distanzeinheit Parsec wie eine Zeiteinheit. WTF wollte uns Han Solo damit sagen? Damit der Wookie nicht in der Pfanne verrückt wird, konnte man im Nachgang, auch heute noch, im Internet nachlesen, dass das Han Solo ganz anders gemeint habe. Er bezog sich tatsächlich auf die Entfernung zwölf Parsec und wollte ausdrücken, dass seine Route durch das Asteroiden- und Trümmerfeld beim Kessel-Rennen die kürzeste war, nämlich nur zwölf Parsec lang, wohingegen Konkurrenten längere Wege benötigten. Das macht jedenfalls Sinn und rettet Solos komischen Satz.

Astronomische Einheit, Lichtjahr und Parsec

Die Astronomische Einheit (AE, *astronomical unit*, AU) und das Lichtjahr sind die gebräuchlichsten Entfernungseinheiten in der Astronomie. Der mittlere Abstand der Erde zur Sonne beträgt rund 150 Millionen Kilometer und ist als eine Astronomische Einheit definiert.

Das Lichtjahr ist die Entfernung, die Licht im Vakuum in einem Jahr zurücklegt. Da Weg gleich Geschwindigkeit mal Zeit ist, kann man das schnell ausrechnen. Die Lichtgeschwindigkeit im Vakuum beträgt fast 300.000 Kilometer pro Sekunde oder eine Milliarde Kilometer pro Stunde. Das Jahr (365 Tage) müssen wir entsprechend in Sekunden beziehungsweise Stunden ausdrücken und erhalten dann nach der Multiplikation für das Lichtjahr etwa 10 Billionen Kilometer (10^{16} Meter) – eine wirklich riesige Zahl!

Ähnlich folgen die Entfernungsmaße Lichtsekunde und Lichtminute. Der Erdmond ist im Mittel eine gute Lichtsekunde (380.000 Kilometer) entfernt, die Sonne acht Lichtminuten und der Saturn ungefähr eine Lichtstunde.

Astronomen benutzen als Entfernungsmaß eher die Parallaxensekunde, kurz Parsec (pc). Es ist derjenige Abstand, von dem aus unsere Erdbahn unter dem Winkel von einer Bogensekunde erscheint. Eine Bogensekunde ist der 3600. Teil eines Winkelgrads. (Zum Vergleich: Vollmond und Sonne sind von der Erde aus gesehen ein halbes Grad breit.) Durch eine kleine trigonometrische Berechnung mit der Tangens-Funktion erhält man, dass ein Parsec etwa 3,26 Lichtjahren entspricht. Entsprechend gebräuchlich sind Kiloparsec (kpc), Megaparsec (Mpc) und Gigaparsec (Gpc) für eintausend, eine Million und eine Milliarde Parsec. Die Größe des sichtbaren Universums liegt auf der Gpc-Längenskala.

»Krieg der Sterne«

Doch für mich klingt das sehr nach schöngeredet, weil Fans einen ihrer »Star Wars«-Helden nicht als Vollhorst dastehen lassen wollten. Ein Teufelspilot, Schmuggler und Tausendsassa, der nicht die Grundlagen der Weltraumnavigation kennt? Geht gar nicht!

Der nächste Schritt der Raumfahrt ist natürliche eine bemannte Mission zum Nachbarplaneten Mars, dem wir uns ausführlich in Kapitel 3 widmen werden. Hier wollen wir die Herausforderungen des interstellaren Raumflugs betrachten. Was sind die innovativen Antriebe?

Die Nutzung der Kernenergie in Kernreaktoren, aber auch die Entwicklung von Nuklearwaffen waren Anfang und Mitte des 20. Jahrhunderts ein Riesenthema. Auch ein Verständnis der Vorgänge im Sonneninnern wuchs. So wurde klar, dass im Innersten der Sonne Wasserstoffatomkerne miteinander zu den nächstschwereren Atomkernen, Helium, verschmelzen. Bei dieser Reaktion namens Kernfusion wird Energie frei, die letzten Endes das Sonnenlicht produziert. Der Vorrat an Wasserstoff reicht noch etwa fünf Milliarden Jahre, sodass wir uns keine Sorgen machen müssen, dass der Sonne demnächst das Licht ausgeknipst wird.

Beim Fusionsantrieb würde man diese Vorgänge im Inneren der Sonne in einer Brennkammer zünden. Tatsächlich laufen solche Experimente schon seit einigen Jahren auf der Erde, um unsere Energieprobleme langfristig zu lösen (Fusionsreaktor in Kapitel 6). Freilich müsste man es bewerkstelligen, den Reaktorantrieb gefahrenfrei und sicher mit diesem Affenzahn durch das All manövrieren zu können – und das ist nicht leicht. Zum einen müsste man sehr schnell reagieren können, um Hindernisse (Asteroiden, Planeten, Sterne etc.) geschickt zu umfliegen; zum

anderen werden selbst kleinste Körper im Weltall (Mikrometeoriten) zu gefährlichen Geschossen, weil die Bewegungsenergie quadratisch mit der Geschwindigkeit wächst. Damit könnten sie mühelos Raumschiffhüllen und Raumanzüge durchbohren.
Nicht zuletzt kommt bei hohen Geschwindigkeiten der Doppler-Effekt zum Tragen. Die elektromagnetischen Wellen von Planeten oder Nachbarsternen, die das schnell fliegende Raumschiff von vorn treffen, werden durch diesen Effekt in der Wellenlänge verkürzt, also blauer und damit energiereicher. Eine weitere Konsequenz ist, dass die von vorn kommende Strahlung auch heller wird. Je höher die Geschwindigkeit, umso stärker der Effekt. Ohne dicke Bleiplatten würde man früher oder später von der energiereichen Strahlung gegrillt werden.
Bei Geschwindigkeiten nahe der Lichtgeschwindigkeit spielt außerdem ein ziemlich abgefahrener Verzerrungseffekt eine Rolle: die speziell-relativistische Aberration. Bei einer so hohen Geschwindigkeit werden Längen von Gegenständen außerhalb des Raumschiffs verkürzt und gedreht. Der Effekt ist echt verrückt, weil Dinge, die eigentlich hinter dem Raumschiff sind, durch die Verzerrung nach vorne ins Gesichtsfeld rücken. Wenn also Han Solo und Chewie bei nahezu lichtschnellem Flug ihren Blick aus dem Cockpit schweifen lassen, wäre es richtig gewesen, das Sternenfeld der Umgebung durch eine Art Tunnelblick im Gesichtsfeld verzerrt zusammengequetscht sowie bläulich und sehr hell schimmern zu lassen. Physiker nennen das den »Beaming Spot« oder »Searchlight-Effekt«.
In der TV-Serie »Andromeda«, die von »Star Trek«-Schöpfer Gene Roddenberry erfunden wurde und von 2000 bis 2005 lief, wur-

de dieser Effekt besser dargestellt. Das Raumschiff »Andromeda Ascendant« hat einen Antrieb, bei dem es sich in hyperdimensionale Strings einfädelt und schneller werden kann als das Licht. Beim Flug sieht man vor dem Schiff einen blauen Spot.

In der Kinofilmreihe »Alien« musste der lange Raumflug über große Distanzen auch bewältigt werden. Das wurde ganz anders gelöst als bei »Star Wars«.

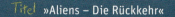

Titel »Aliens – Die Rückkehr«
Originaltitel »Aliens«
Erscheinungsjahr 1986
Regie James Cameron
Schauspieler Sigourney Weaver, Michael Biehn, Lance Henriksen, Bill Paxton
Unterhaltungswert 5/5. Ein hoch spannendes Baller-Horror-Spektakel!
Auweia-Faktor 1/5. Auweia, die Alien-Monster kommen!
Science-Faktor 2/5. Passable Weltraumphysik und Alien-Biologie.
Größter Aufreger Größter? Durchgehend extrem aufregend!
Besonderes Carrie Henn, das Mädchen Newt, hatte ihre einzige Filmrolle und arbeitet heute als Lehrerin.
Auszeichnungen 7 Oscar-Nominierungen, davon zwei gewonnen (Sound, Visual Effects)

Zur Handlung von »Aliens – Die Rückkehr«

Ich bespreche hier nur den zweiten Teil der »Alien«-Reihe, weil mir dieser Film von allen des »Alien«-Franchise am besten gefallen hat. Im Mittelpunkt steht wie in Teil 1 die Offizierin Ellen Ripley, top besetzt mit Sigourney Weaver. Im ersten Teil der

In Sachen Design und Perfidität setzte der HR-Giger-Alien neue Monstermaßstäbe.

»Alien«-Saga war sie die einzige Überlebende des Raumschiffs »Nostromo«, dessen Crew von dem Xenomorph ausgelöscht wurde. Dummerweise wurde das Alien-Monster in Teil 1 nicht durch den Selbstzerstörungsmechanismus der Nostromo zerstört, sondern überlebte wie Ripley in der Rettungskapsel. Der Heldin gelang es, das Biest hinaus in den Triebwerkstrahl zu schleudern und zu besiegen.

Nun irrte sie durchs All und verbrachte 57 Jahre im Kälteschlaf. Wir schreiben mittlerweile das Jahr 2179. Ripley wird gefunden und muss sich erst mal wegen der Zerstörung des teuren Raumfrachters verantworten. Ihr Offiziersrang wird aberkannt. Sie erfährt auch zu ihrem Erschrecken, dass vor zwei Jahrzehnten auf dem Mond »LV-426« eine neue Kolonie gegründet wurde. Auf »LV-426« wurden in Teil 1 die Alien-Eier entdeckt. Tatsächlich bricht dann auch der Kontakt zur Kolonie ab. Eine Gruppe von Elitesoldaten, »Marines«, wird dorthin entsandt, um nach dem Rechten zu schauen – inklusive Ripley, die aufgrund ihrer Erfahrung mit der tödlichen Spezies von großem Wert für die Mission ist. Mit dabei ist auch Carter Burke, gespielt von Paul Reiser, als Vertreter der Betreibergesellschaft der Kolonie sowie der Android Bishop, verkörpert von Lance Henriksen. Vor Ort findet der Rettungstrupp zunächst nur eine Überlebende, das Mädchen Newt. Dann bietet sich ein Bild des Schreckens: Die übrigen Kolonisten sind in einem Nest eingesponnen als Wirte für die Aliens. Sie tragen bereits die Alien-Embryos in sich. Ein wilder Kampf um das nackte Überleben entbrennt, bei dem die Gruppe immer mehr dezimiert wird. Ripley übernimmt beherzt das Kommando.

Das »Alien«-Franchise

Der erste Kinofilm »Alien – Das unheimliche Wesen aus einer fremden Welt« (1979) von Regie-Gigant Ridley Scott (»Blade Runner«, »Der Marsianer«) war ein Riesenerfolg. Im Mittelpunkt steht die Begegnung der weltraumfahrenden Menschen mit einem »Xenomorph«, einer außerirdischen Lebensform, die nicht kommuniziert, sondern eine reine Tötungsmaschine ist. Das Aussehen des Aliens wurde von dem schweizerischen Künstler HR Giger kreiert und in neuen Teilen der Reihe teilweise verändert. In den ersten vier »Alien«-Filmen steht Ellen Ripley (Sigourney Weaver) im Mittelpunkt. Später folgten Filme ohne sie.

Hier alle Filme des »Alien«-Franchise:
1979: »Alien – Das unheimliche Wesen aus einer fremden Welt«
1986: »Aliens – Die Rückkehr«
1992: »Alien 3«
1997: »Alien – Die Wiedergeburt«
2012: »Prometheus – Dunkle Zeichen«, ein Prequel
2017: »Alien – Covenant«

Sie planen die Flucht vom Planeten. Ripley empfiehlt, die Aliens durch eine Bombardierung mit Kernwaffen zu vernichten, was die Zustimmung des kommandohabenden Marines Corporal Dwayne Hicks, gespielt von Michael Biehn (»Terminator 1«), findet. Burke von der Betreibergesellschaft ist alles andere als begeistert von der Zerstörung der milliardenteuren Kolonie. Deshalb sabotiert er das Vorhaben von Ripley & Co. Tatsächlich will seine Firma die Alien-Spezies auf die Erde bringen, um sie als Biowaffen zu missbrauchen. Durch weitere Angriffe der xenomorphen Spezies bleiben schließlich nur noch Ripley, Newt und die Hälfte des Androiden Bishop übrig. In einem spektakulären Endkampf besiegt Ripley die Alien-Königin.

Mein Fazit zu »Aliens – Die Rückkehr«

Die »Alien«-Filmreihe hat das Science-Fiction-Genre neu definiert. Ein Punkt ist die Optik. Das »Große Filmlexikon« schreibt, dass die Raumschiffe nicht blitzblank poliert sind wie die »Enterprise«. Die visuellen Tricks gewannen im zweiten Teil den Oscar, vor allem auch dank der gruselig-detaillierten Schöpfung eines Alien-Monsters. Der Außerirdische ist kein sprachbegabter Knuddel-Alien mit großen Glubschaugen, sondern eine perfide Tötungsmaschine mit großem Hunger. Aus einem Ei schlüpft zunächst ein spinnenartiger Alien, der sogenannte »Facehugger«, der den Kopf des Opfers mit seinem Fingerskelett umschließt und es am Leben erhält. Dann setzt er in seinem bedauernswerten Wirt einen Alien-Embryo im Körper aus. Jeder kennt die berühmten Ekel-Szenen aus »Alien«: Irgendwann bricht der Parasit,

»Aliens – Die Rückkehr«

der eigentliche Alien, auf extrem blutige Weise aus dem Brustkorb des Opfers aus. Das Monster ist anfangs noch klein, wächst jedoch schnell. Es hat zwei Arme und zwei Beine sowie einen länglichen, sehr großen Kopf mit mörderischem Doppelgebiss. Verletzt man das Alien-Monster, spritzt sein Blut, eine hoch konzentrierte Säure, die Metall sofort wegätzt.
Sehr plausibel ist auch die Alien-Biologie dargestellt. Es gibt eine Eier legende Königin, die viel größer ist und ihre Brut beschützt. Dramaturgisch wird dieser Mutterinstinkt geschickt mit unserer gebrochenen Heldin verknüpft, die – wie wir der Vita entnehmen – ebenfalls Mutter war und nun in dem Mädchen Newt Ersatz findet und sich ihrer annimmt.

Ein weiterer Punkt: Auch die Hauptfiguren sind anders. Es sind keine gefällig-sympathischen Weltraumhelden wie Skywalker oder Solo, sondern gebrochene Helden mit Ecken und Kanten. Vor allem setzte Regisseur Ridley Scott eine starke Frauenfigur durch. Eine Pionierleistung im Actionkino! Gerade in Teil 2 mutet Ripley bis an die Zähne bewaffnet wie ein weiblicher Gegenentwurf zu »Rambo« (Teile 1 und 2 in 1982 und 1985). Starregisseur und Produzent James Cameron (»Titanic«, »Avatar«) übernahm für Scott die Regie in »Aliens – Die Rückkehr« und machte ebenfalls einen sehr guten Job.
Waffenfans kommen besonders in Teil 2 der »Alien«-Reihe auf ihre Kosten. Coole Marines führen Schnellfeuergewehre, Flammenwerfer und Granatenwerfer aus. Die Jagd durch dunkle Gänge und Labyrinthe ist extrem spannend, erst recht, wenn der Zuschauer die Alien-Brut im Bewegungssensor der Marines kom-

men sieht und dessen akustisches Warnsignal wie immer schneller pulsierende Herzschläge zunimmt. Sehr cool und innovativ auch der Endkampf, bei dem Ripley geschickt den Laderoboter benutzt, um die Alien-Königin zu besiegen.

Nun zur Wissenschaft: Gut, wie in den meisten SF-Streifen dürfen wir einen recht künstlich wirkenden Sternenhimmel und brummende Raumschiffe und Explosionen hinnehmen, die in krassem Widerspruch zur echten Weltraumphysik stehen. Die »Alien«-Reihe ist generell nicht so wissenschaftsverliebt wie beispielsweise »Gravity« (→ Kapitel 1, Seite 25) oder »Der Marsianer« (→ Kapitel 3, Seite 100). Implizit wird vorausgesetzt, dass die Himmelskörper – hier der Mond »LV-426« – eine ganz ähnliche Schwerebeschleunigung haben müssen wie die Erde. Zumindest bewegt sich das Team der Marines mit Ripley, Burke und Newt ganz normal, wie wir es von der Erde kennen. Bei kleineren Körpern wie Monden ist eine geringere Schwerkraft zu erwarten. Unser Mond hat nur ein Sechstel der Erdbeschleunigung. Deshalb »hüpfen« Astronauten so putzig über seine Oberfläche, weil ein normaler Gang nicht möglich ist.

Bei den menschlich machbaren Reisegeschwindigkeiten der Raumschiffe dauern interstellare Raumflüge Jahrzehnte. Im Unterschied zu »Star Trek« und »Star Wars« setzt daher die »Alien«-Reihe wissenschaftlich korrekt den »Kälteschlaf« ein. Dabei steigt jedes Besatzungsmitglied des Raumschiffs in eine Art Kapsel mit lebenserhaltenden Systemen, in denen die Körper stark unterkühlt und in Stasis versetzt werden. Der Alterungsprozess

»Aliens – Die Rückkehr«

wird damit verlangsamt, und die Person kommt sozusagen taufrisch am Ziel an. Während des Flugs hat der Bordcomputer das Sagen und weckt die Besatzung, sobald sie am Ziel angekommen ist oder ein Alarm ausgelöst wird. Die Kälteschlaf-Idee war sehr sinnvoll bei »Aliens«. Ripley überdauerte so 57 Jahre in Stasis. Technisch ist das bis heute nicht möglich. Es ist bislang noch nicht gelungen, Menschen tiefzufrieren, wieder aufzutauen und erfolgreich zu animieren. Das hält einige nicht davon ab, sich trotzdem einfrieren zu lassen. Darunter heute unheilbar Kranke, die hoffen, dass sie irgendwann aufgetaut, reanimiert und geheilt werden, sobald die Technologie dafür verfügbar ist.

»Aliens« ist ein sehr, sehr spannender und gut gemachter Weltraumthriller. Die Ängste und der Horror vor der mordenden Kreatur spürt auch der Zuschauer. Sicherlich ist es kein nerdlastiger Streifen, aber durch die Spannung extrem kurzweilig. Die Figuren – allen voran natürlich Ripley, die im Film nie bei ihrem Vornamen Ellen genannt wird – sind sehr genau und glaubwürdig gezeichnet. Und die Chauvies der 80er-Jahre lernten etwas Neues dazu: Actionkino funktioniert auch mit einer Powerfrau!

Hypothermie, Winter- und Kälteschlaf

Bei der Unterkühlung weist ein lebender Organismus eine viel niedrigere Körpertemperatur auf. Ein gesunder Mensch kann trotz Schwankungen der Umgebungstemperatur die Körpertemperatur auf einem Niveau von 37 Grad Celsius halten. Wird die Kälteeinwirkung zu groß oder verliert der Körper zu viel Wärme, setzt die Hypothermie ein. In der milden Form (32 bis 35 Grad Celsius Körpertemperatur) haben wir es mit Muskelzittern, Störungen der Bewegungskoordination und Apathie zu tun. Bei der mittleren Form (28 bis 32 Grad Celsius Körpertemperatur) setzen Bewusstseinstrübung, Würgereflex und »Kälteidiotie« ein, bei der sich der Unterkühlte zum Beispiel nackig macht – keine gute Idee. Bei der schweren Hypothermie folgt dann Bewusstlosigkeit, Versagen des Kreislaufs, Atemstillstand.

Igel oder Siebenschläfer kommen damit gut klar. Sie betreiben Winterschlaf (Hibernation) und setzen dabei sämtliche Körperfunktionen und die Körpertemperatur herab. Atem- und Pulsfrequenz gehen herunter, auch der Stoffwechsel ist viel langsamer. Vorher haben sich die Viecher einen ordentlichen Wanst angefressen, um den monatelangen Winterschlaf durchzustehen.

Wie gut Gewebe durch Kälte konserviert werden kann, zeigt die 1991 entdeckte Eismumie »Ötzi«. Vor rund 5300 Jahren wanderte dieser Jungsteinzeit-Mann durch die Ötztaler Alpen, wurde überfallen und durch einen Angriff mit Pfeilen ermordet. Verständlicherweise ist es nicht gelungen, ihn wiederzubeleben. Einige Körperteile fehlen der Mumie. Dennoch sind viele Gewebe so gut erhalten, dass uns dieser Fund ein Fenster in die Welt der Steinzeit öffnet.

Wie sind die Aussichten für Antriebe in den nächsten Jahrzehnten? Der Professor für theoretische Physik, Relativitätstheoretiker und Physik-Nobelpreisträger 2017, Kip Thorne, vom California Institute of Technology in den USA hat eine Prognose zu den Geschwindigkeiten von Raumflugkörpern abgegeben. Er glaubt, dass bis zum Jahr 2050 eine Raumsonde mit 100 Kilometern pro Sekunde (ein 3000stel der Lichtgeschwindigkeit) und bis zum

Jahr 2100 mit 300 Kilometern pro Sekunde (1 Promille der Lichtgeschwindigkeit) machbar sei. Thorne war auch beteiligt am SF-Film »Interstellar«. In dem Weltraum-Drama gelang eine viel realistischere Darstellung des Raumflugs von einem Stern zum nächsten.

Titel »Interstellar«
Originaltitel »Interstellar«
Erscheinungsjahr 2014
Regie Christopher Nolan
Schauspieler Matthew McConaughey, Anne Hathaway, Jessica Chastain
Unterhaltungswert 4/5. Der Anfang hat Längen.
Auweia-Faktor 0/5. Nix auweia. Ein Fest für Astrophysik-Cineasten!
Science-Faktor 5/5. Premiere für gravitative Zeitdilatation und, und, und.
Größter Aufreger Coopers Erlebnisse im Innern des Schwarzen Lochs.
Besonderes Tricks und Beratung durch späteren Nobelpreisträger Kip Thorne
Auszeichnungen 5 Oscars (u. a. visuelle Effekte, Musik, Ton)

Zur Handlung von »Interstellar«

Die Erde der nahen Zukunft wird zunehmend unbewohnbar. Umweltschäden und Pflanzenseuchen machen sich breit. Stürme verwüsten das Land. Nahrungsmittel werden knapp, und die Menschen werden dezimiert.

Die NASA gibt es offiziell nicht mehr, aber sie arbeitet im geheimen »Lazarus«-Programm an einer Lösung. Fast 50 Jahre, bevor wir als Zuschauer in die Filmhandlung einsteigen, wurde in der Nähe des Ringplaneten Saturn ein Wurmloch entdeckt. Professor Brand, gespielt von Michael Caine, und die NASA hatten damals Teams durch das Wurmloch entsandt, um einen neuen bewohnbaren Planeten zu finden. Der Plan: Die Überlebenden sollten dorthin evakuiert werden und das Überleben der Menschheit sichern. Zu drei von sieben Teams in den Weiten des Weltraums gibt es über das Wurmloch Signalkontakt, der jedoch durch den Einfluss des Schwarzen Lochs gestört ist. Drei Teams haben offenbar geeignete Planeten gefunden.

Die Hauptfigur Cooper – gespielt von Hollywood-Beau und Sexiest Man Alive 2005, Matthew McConaughey – ist ehemaliger NASA-Pilot. Mittlerweile ist er Farmer und alleinerziehender Vater seines Sohns Tom und seiner Tochter Murphy. Sein Vater lebt auch bei ihm. Die zehnjährige Murphy glaubt, in Verbindung mit einem rätselhaften Geist zu stehen, der ihr in ihrem Zimmer Nachrichten zukommen lässt. Bücher fallen aus dem Regal. Im Staub tauchen Spuren auf.

Cooper deutet die Zeichen als Binärcode und entdeckt Koordinaten, die ihn zu einem Versteck der NASA führen. Dort lernt er den Wissenschaftler Brand und seine Tochter Amelie kennen. Brand forscht an einem Projekt, um Relativitätstheorie und Quantentheorie zu vereinigen. Es gelingt der NASA, ihren ehemaligen Piloten Cooper für eine schwierige Mission zu gewinnen: Er soll mit einer kleinen Crew zu den entdeckten neuen Welten reisen, um sie auf Tauglichkeit für die Evakuierung der Menschheit zu prüfen.

★ 75 ★

»Interstellar«

Cooper fliegt das Raumschiff »Endurance« zum Saturn. An Bord sind außerdem die Wissenschaftler Dr. Amelia Brand (Anne Hathaway), Romilly (David Gyasi), Doyle (Wes Bentley) sowie die Roboter TARS und CASE. Am Saturn angekommen, reist die Crew durch das Wurmloch zu einer fernen Galaxie.

Der erste Planet, den sie mit einem Lander besuchen, ist Millers Planet, der sich in der Nähe eines weiteren, riesigen Schwarzen Lochs namens Gargantua befindet. Der Planet ist vollständig von Wasser bedeckt. Durch die Nähe zum Schwarzen Loch wird er ordentlich von Gezeitenkräften durchgeknetet, was zu gigantischen, meterhohen Wellen führt. Die Nähe zum Schwarzen Loch hat einen weiteren Effekt: Dort vergeht die Zeit viel langsamer als weit entfernt vom Loch. Hält man sich eine Stunde auf Millers Planeten auf, so vergehen auf der Erde sieben Jahre! Die Crew findet Millers Raumschiff zerstört vor. Es wurde von den Monsterwellen zerstört und niemand überlebte. Coopers Team kann gerade so den Wasserplaneten verlassen, bevor es dasselbe Schicksal ereilt, doch Doyle wurde von einer Welle erfasst und kommt um.

Zurück an Bord stellen Cooper und Amelia fest, dass während ihres mehrstündigen Planetenaufenthalts 23 Jahre auf der »Endurance« vergangen sind! Romilly, der an Bord blieb, befand sich im Kälteschlaf, weil es sonst stinklangweilig für ihn geworden wäre. Die Crew fliegt nun den zweiten Planeten an, der von dem Wissenschaftler Dr. Mann, gespielt von Matt Damon, entdeckt wurde. Mann hatte das Signal abgesetzt und sich dann in Kälteschlaf versetzt, bis jemand kommen würde. Die Crew weckt ihn auf. Es stellt sich heraus, dass der Gute ein bisschen durchgeknallt ist.

Der eisige Planet ist nicht wirklich für eine Besiedlung geeignet, und Dr. Mann hatte Fakedaten übermittelt, nur um gerettet zu werden. Mann war der Einzige, den Professor Brand einweihte, dass die Überlebenden niemals von der Erde evakuiert werden könnten. Cooper wurde demnach im Unklaren gelassen. Eine Evakuierung war nie geplant! Vielmehr sollten tiefgefrorene menschliche Eizellen auf einen geeigneten Planeten transferiert und dort zu einer neuen Generation der Menschheit herangezogen werden. Nie hätte sich Cooper auf die Mission eingelassen, wenn er gewusst hätte, dass seine Kinder dem Tod geweiht sind.

Mann versucht nun, Cooper und die anderen zu töten. Romilly wird von einer Sprengfalle erwischt. Mann kapert einen Raumgleiter, um zur »Endurance« zu fliegen und zu entkommen. Doch dabei geht er drauf.

Nach den zwei Nieten haben Cooper und Amelia nur noch einen dritten Himmelskörper, den sie ansteuern können: Edmunds' Planeten. Es gibt nur ein Problem: Der Treibstoff geht zur Neige und sie sind gezwungen, ein Swing-by am Schwarzen Loch Gargantua durchzuführen. Auf dem Weg zum Planeten werden sie getrennt, und Cooper stürzt ins Schwarze Loch! Erstaunlicherweise überlebt Cooper und findet sich im Innern des Lochs wieder. Er stellt fest, dass er Zugriff auf verschiedene Ebenen von Zeit und Raum hat. Cooper kann sogar mit seiner Tochter in der Vergangenheit Kontakt aufnehmen, allerdings nur sehr eingeschränkt, indem er zum Beispiel Bücher aus ihrem Regal wirft oder Spuren im Staub manipuliert. Verblüfft erfahren wir als Zuschauer: Cooper ist der Geist, der mit seiner Tochter kommuniziert!

»Interstellar«

Was ist ein Wurmloch?

Wurmlöcher sind spekulative Gebilde der theoretischen Physik und kosmische Abkürzungen durch Raum und Zeit. Sie würden es gestatten, große Entfernungen schneller zurückzulegen als das Licht. Und sie könnten sogar Zeitreisen in die Vergangenheit erlauben.

Wurmlöcher bestehen aus einem Schwarzen Loch als Eingang und einem Weißen Loch als Ausgang. Viele astronomische Beobachtungen scheinen die Existenz Schwarzer Löcher zu belegen. Sie sprechen für eine kompakte Masse, die sogar das Licht einzufangen vermag. Ganz anders bei den Weißen Löchern und Wurmlöchern, auf die es keinerlei Hinweise aus Beobachtungen gibt. Im Wurmloch sind Schwarzes und Weißes Loch durch eine Art Raum-Zeit-Tunnel miteinander verbunden (→ »Contact«, Kapitel 5, Seite 226). Theoretische Berechnungen legen nahe, dass diese Brücke sehr instabil sein könnte und beim Passieren zerstört würde. Dann hieße es »Hasta la vista, Astronaut!«.

▶ Illustration eines Wurmlochs. Gibt es die merkwürdigen Abkürzungen durch Raum und Zeit in echt? (Credit: ESO/L. Calçada)

Der Roboter TARS, der mit Cooper ins Schwarze Loch stürzte, nahm Messdaten auf, die notwendig sind, um die neue Quantengravitationstheorie zu entschlüsseln. Diese Daten übermittelt Cooper seiner Tochter, indem der Sekundenzeiger ihrer Armbanduhr Morsezeichen entsprechend zuckt. Schließlich finden

Kapitel 2 Interstellarer Raumflug

sich Cooper und TARS am Eingang des Wurmlochs im Sonnensystem wieder. Sie werden gerettet.

Auf der Erde sind mittlerweile Jahrzehnte vergangen. Cooper wäre eigentlich 124 Jahre alt. Seine Tochter Murphy (als Frau gespielt von Hollywood-Schönheit Jessica Chastain) ist inzwischen eine über 90 Jahre alte Frau, die im Sterben liegt. Cooper hat die Möglichkeit, sie am Krankenbett zu treffen und sich zu verabschieden. Durch die neuen Erkenntnisse der Quantengravitation kann die Menschheit die Gravitation manipulieren – sie überlebten auf Raumstationen. Auf Murphys Rat hin fliegt Cooper zu Amelia, die sich immer noch allein auf Edmunds' Planeten befindet. Der Planet scheint geeignet für die Menschheit zu sein.

Mein Fazit zu »Interstellar«

Die recht komplexe Geschichte wird in knapp drei Stunden erzählt. Kinogänger waren damals gut beraten, ihr Lieblingskissen mitzubringen und auf Getränkegelage zu verzichten, nicht dass man wegen Pipipausen etwas verpasst. Ein paar Minuten hätten sich die Macher sparen können, weil der Anfang des Films wirklich Längen hat. Das war echt nicht so spannend und hätte kompakter erzählt werden können. Wenn es dann aber endlich losgeht und die »Endurance« abhebt, ist »Interstellar« fesselnd, und als Zuschauer ist man gespannt, wie das wohl ausgehen mag.

Auch optisch war die SF-Story sehr ansprechend umgesetzt – nicht umsonst gab es 2015 den Oscar für visuelle Effekte. So haben mir die Verzerrungseffekte gefallen, die durch die starke Gravitation hervorgerufen werden. Physikerherzen schlagen bei

»Interstellar« generell höher, weil nicht nur viele Einstein'sche Effekte berücksichtigt wurden, sondern auch qualitativ und quantitativ richtig dargestellt wurden. Man merkt dem Streifen einfach an, dass richtig Hirnschmalz investiert wurde. Und dann war sogar einiges darunter, was das Kinopublikum so noch nie in einem Science-Fiction-Blockbuster zu Gesicht bekam: Der Eingang zum Wurmloch wurde so visualisiert, dass er anmutete wie ein Blick in die Kristallkugel. Das ist wirklich so zu erwarten! Es gibt Computerberechnungen, wie sich Lichtstrahlen in der Nähe eines Wurmlochs und dessen »Schlund« ausbreiten. Blickt man auf den Eingang eines Wurmlochs, so sieht man ein Bild davon, was sich am Ausgang befindet, aber dieses Bild ist kugelförmig verzerrt.

Richtig, richtig nice war auch der Anblick des Riesenlochs »Gargantua«, um das die einfallende Materie eine sogenannte »rotierende Akkretionsscheibe« gebildet hatte. Ich hatte selbst solche Scheiben in meiner Diplomarbeit berechnet und visualisiert. Als ich das im Kinoformat sah, blieb mir echt die Luft weg! Für »Interstellar« wurden IT-Experten vom »Double Negative Team« beauftragt, die aufwendigen Simulationen auf einem Supercomputer zu berechnen. Damit die Sequenz in Kinoqualität verfügbar war, mussten die leistungsstärksten Computer einige Zeit gequält werden. Die Datenmenge war entsprechend groß. Aus dieser Scheiben-Visualisierung ging sogar eine wissenschaftliche Veröffentlichung hervor. Das hat der Special-Effects-Mann gut gemacht – das war übrigens Paul Franklin.

Eine dritte Sache, bei der Astronomen Pipi in den Augen haben, war die Dehnung der Zeit in der Nähe von Massen, die gravitative

Zeitdilatation. Der Effekt ist eine Vorhersage von Einsteins Allgemeiner Relativitätstheorie von 1915. In der Nähe von Massen tickt eine Uhr langsamer als weiter entfernt von ihnen. Das Phänomen tritt natürlich auch auf der Erde auf, ist aber ein winziger Effekt. Er wurde 1970 im Hafele-Keating-Experiment mithilfe von Atomuhren aufgezeigt. Die Uhren wurden synchronisiert und danach getrennt: Während eine Atomuhr auf der Erdoberfläche blieb, flog die andere in einem Flugzeug mit. Tatsächlich wurde die gravitative Zeitdehnung in der von Einsteins Theorie vorhergesagten Stärke nachgewiesen. (Für Experten: Dabei musste aber die speziell-relativistische Zeitdehnung infolge der Bewegung des Flugzeugs berücksichtigt werden. Sehr lesenswert ist der Wikipedia-Eintrag »Hafele-Keating-Experiment«.)

In der Nähe eines Schwarzen Lochs wie Gargantua ist die Verlangsamung der Zeit natürlich viel heftiger. Millers Planet war so nah am Loch, dass nach dem Verrinnen einer Planetenstunde auf der Erde sieben Jahre vergehen! Das war natürlich alles quantitativ korrekt, weil »Interstellar« den Nobelpreisträger Thorne als wissenschaftlichen Berater hatte. Er ist der berühmteste lebende Relativitätstheoretiker der Welt und eine anerkannte Koryphäe auf dem Gebiet von Einsteins Theorie. Stephen Hawking, der sicherlich noch berühmter ist, starb leider im März 2018. Übrigens: Wer sich für sämtliche wissenschaftliche Details von »Interstellar« interessiert – interstellare Antriebe, Zeitdehnung, Gargantuas Eigenschaften, die Akkretionsscheibe, die Wurmloch-Kristallkugel und, und, und –, dem sei das populärwissenschaftliche Buch »The Science of Interstellar« von Kip Thorne empfohlen, das mit dem Film 2014 in englischer Sprache erschien.

»Interstellar«

Die Zeitdehnung durch Massen erklärte also, weshalb Murphy, Coopers Tochter, deutlich gealtert war, während Paps nach Jahrzehnten jung, frisch und fit wie ein Turnschuh zur Erde zurückkehrte. Die Zeitdehnung durch die Bewegung des Raumschiffs muss jedoch auch berücksichtigt werden, fällt aber geringer aus. Die »Endurance« hatte sicherlich einen innovativen Antrieb, erreichte aber nur Geschwindigkeiten von rund 20 Kilometern pro Sekunde oder 72.000 Kilometern pro Stunde. Das sind großzügig gerundet nur 0,01 Prozent der Lichtgeschwindigkeit – da fallen speziell-relativistische Effekte nicht ins Gewicht. Diese recht geringe Reisegeschwindigkeit der »Endurance« erklärt auch, dass der Flug von der Erde zum Saturn fast zwei Jahre dauert. Wenn der Saturn der Erde am nächsten steht, ist er acht Astronomische Einheiten entfernt. Die Zeitdehnungseffekte machten es auch erforderlich, dass auf technische Tricks wie den Kälteschlaf zurückgegriffen wird. Sie erinnern sich? Als die Landemannschaft auf Millers Planeten war, wartete Kollege Romilly auf der »Endurance«. Bei der Rückkehr des Landetrupps waren für ihn 23 Jahre vergangen! Er musste sich daher in Stasis versetzen.

Ich hatte mich gewundert, dass es im Film so dargestellt wurde, dass eine Kommunikation über das Wurmloch möglich war. Das Kontrollzentrum auf der Erde stand ja immer in Kontakt mit der »Endurance«, und Videobotschaften wurden ausgetauscht. Ein Teil eines Wurmlochs ist ja ein Schwarzes Loch. Eine Nachricht, die sich am Ereignishorizont auf den Weg macht, wird gewissermaßen von der Schwerkraft des Lochs festgehalten und kommt niemals bei einem Außenbeobachter an. Physiker nennen das die »unendliche Gravitationsrotverschiebung des Horizonts«. Im Prinzip ist das das Analogon zur gravitativen Zeitdehnung: Wir könnten auch sagen, dass eine Botschaft, die am Horizont ausgesandt wird, nicht bei uns ankommt, weil sie in unserer unendlichen Zukunft liegt. Thorne & Co. kennen natürlich diesen Effekt. In der Fachliteratur werden tatsächlich Wurmloch-Lösungen diskutiert, die den Austausch von Botschaften erlauben. Hier dürfen wir als wissenschaftsaffine, kritische Zuschauer daher ein Auge zudrücken.

Kein Auge zudrücken möchte ich jedoch bei einigen Schwächen am Skript. Es gab da eine Reihe von seltsamen Konstruktionen beziehungsweise Unstimmigkeiten oder Teile der Geschichte, die nicht ganz glaubwürdig waren. Dazu gehört für mich die seltsame Wandlung des Ex-NASA-Piloten Cooper, der Farmer wird! Komisch fand ich auch, dass Professor Brand, der die Mission wissenschaftlich leitet, gleichzeitig der einzige Experte ist, der an einer Vereinigung der Quantenphysik mit der Relativitätstheorie arbeitet. Und natürlich dürfen wir uns eigentlich als erfahrene Kinogänger nicht wundern, dass nur USA und NASA an einem wissenschaftlichen Großprojekt arbeiten. Wo ist der Rest der Welt? Russische Raumfahrtpioniere? Deutsche Ingenieurskunst? Britische Gravitationstheoretiker? Fehlanzeige. Das machen andere Filme wie »Gravity« oder »Arrival« besser.

Der spekulativste und abgefahrenste Teil von »Interstellar« war Coopers Sturz ins Schwarze Loch. Erste Zuschauerreaktion: Voll das Opfer, ey! Nee, nicht nur, dass er das überlebt hat; das, was

Cooper im Innern des Lochs erfahren hat, war echt starker Tobak. Thorne gibt in seinem Sachbuch zum Film zu, dass das extrem spekulativ ist. Aber mal ganz ruhig, Brauner. Gehen wir die Sache Stück für Stück durch.

Sie wissen ja, was passiert, wenn Sie verrückt genug sind und mit den Füßen zuerst in ein Schwarzes Loch springen. Wir können hier schon auf der Basis der Newton'schen Gravitationsphysik argumentieren: Nach Newton nimmt die Schwerkraft mit dem Abstandsquadrat ab. Wenn Sie beim Sturz ins Schwarze Loch Ihren Abstand halbiert haben, wird die Gravitation $2^2 = 4$-mal stärker. Bei sehr kurzen Abständen zum Loch ist dieser Effekt schon auf der Körperlänge eines Menschen extrem: Ihre Füße werden viel stärker vom Loch angezogen als Ihr Kopf. Es ist klar, was passiert. Muss ich noch mehr sagen? Sie als jetzt sehr unglücklicher Lochspringer werden auf schmerzhafte Weise in die Länge gezogen. Diese sogenannten »Gezeitenkräfte« sind jedoch volumenerhaltend, das heißt, beim Sturz muss Ihr Körpervolumen gleich bleiben. Wenn Sie in Fallrichtung länger werden, müssen Sie quer zur Fallrichtung ... Na? Richtig! ... schmaler werden. Eine coole, wenngleich doch entbehrungsreiche Art, um abzunehmen, und nur mit kurzzeitigem Erfolg. Dieser Vorgang wurde von Hawking sehr treffend als »Spaghettisierung« bezeichnet, weil man schlank wird wie eine Spaghettinudel. Tatsächlich haben Astronomen schon mehrfach beobachtet, dass Sterne, die dem supermassereichen Schwarzen Loch ihrer Heimatgalaxie zu nah kamen, eine solche Verschlankung durchmachen mussten. Die Gezeitenkräfte am Loch werden bei der Annäherung größer als die Kräfte, die den Stern zusammenhalten. In Bayern würde man sagen »Zefix! Mi za'raissts!«. Die Trümmerteile des Sterns werden dann ganz oder teilweise vom Loch aufgesammelt. Endlich was zu futtern! Die Zwischenmahlzeit ist über große Entfernungen als vorübergehender Helligkeitsausbruch, einem sogenannten »Flare«, im Ultraviolett- und/oder Röntgenbereich beobachtbar. Solche Gezeitenzerriss-Ereignisse eines Sterns sind allerdings verhältnismäßig selten und passieren durchschnittlich aber nur alle 10.000 Jahre in einer Galaxie.

Zurück zu Cooper, der zum Ende des Films den grandiosen Sturz in das Schwarze Loch hat. Die Geschichte geht ja noch weiter. Also erst mal überlebt er wie durch ein Wunder die Spaghettisierung – gut, der Mann war »Sexiest Man Alive«, kennt sich also mit Nudeln aus und wird einen Trick auf Lager gehabt haben. Als er jedoch im Innern des Lochs Gargantua ankommt, entdeckt er etwas, was bei »Interstellar« als »Tesserakt« bezeichnet wurde. Cooper hat Zugriff auf verschiedene Zeitebenen in Vergangenheit, Gegenwart und Zukunft, wie wenn er in Schubladen greift. Im Herzen des Schwarzen Lochs sieht er so seine zehnjährige Tochter Murphy in ihrem Kinderzimmer. Cooper kann sie zwar nicht direkt ansprechen, aber er kann die Gravitation manipulieren und so die Bücher aus ihrem Regal stoßen. Seine clevere Tochter, der er das Morsealphabet beigebracht hat, versteht ihn, deutet ihr Gegenüber aber als »Geist«. Das war der Teil des Films, der mir ehrlich gesagt am wenigsten gefallen hat: extrem an den Haaren herbeigezogen und äußerst konstruiert. Dass Vater und Tochter dann per Morsezeichen miteinander Kontakt haben, fand ich wieder cool. Allerdings haben die beiden ja noch einen weiteren Kommunikationskanal: Murphys defekte analoge Armband-

uhr, die Papi ihr geschenkt hatte, hat einen zuckenden Sekundenzeiger. Die mittlerweile erwachsene Murphy stellt fest – und da kann ich nur sagen: gutes Auge! –, dass der Zeiger ebenfalls Morsezeichen übermittelt. Es handelt sich um Daten, die der Roboter TARS beim Sturz ins Loch aufgezeichnet hatte. Können Sie sich ausmalen, wie lange so ein Zeiger sich den Wolf zucken muss, um die immense Datenmenge zu übertragen? Das ging mir als Physiker und Hobby-Computerstreichler etwas zu hopplahopp flott. Und nachdem wir diese Kröte geschluckt haben, müssen wir hinnehmen, dass die Daten helfen, um im Weiteren die richtige Quantengravitationstheorie zu finden. Geht ja auch im Vorbeigehen. Es ist sogar Naturtalent Murphy, die dieses Jahrhundertproblem der modernen Physik knackt – fand ich auch ein wenig zu viel des Guten! Tatsächlich besteht dieses größte Rätsel der Physik, an dem sich auch Physikgiganten wie Albert Einstein und Werner Heisenberg die Zähne ausbissen, heute noch.

Bei genauer Betrachtung gibt es offenbar bei jedem Science-Fiction-Film wissenschaftlich etwas auszusetzen. Bei »Interstellar« ist meine Meckerei aber Jammern auf ganz hohem Niveau. Als Astrophysiker ist man beim Zuschauen dieses Films aufs Höchste entzückt! Die fiktiven Teile basieren auf Überlegungen, die es tatsächlich in der modernen Forschung gibt, auch wenn sie hier und da infrage gestellt werden. Man merkt »Interstellar« einfach an, dass es Drehbuchkniffe und die Beratung von Wissenschaftsprofis wie Thorne gab. Unterm Strich ist das ein SF-Schmankerl, das Sie einfach gekostet haben müssen. Es ist sogar ein Film, der beim zweiten und dritten Ansehen noch spannende Details offenbart. Daumen rauf!

Kapitel 2: Interstellarer Raumflug

Die Überbrückung großer Distanzen ist ein Grundproblem in der Weltraum-Science-Fiction. Entweder man erfindet daher Antriebe, die es gestatten, schneller als das Licht zu beschleunigen – was nach Einsteins gut bestätigter Spezieller Relativitätstheorie nicht möglich ist. Oder man nutzt Abkürzungen durch Raum und Zeit wie die Wurmlöcher, die in Science-Fiction-Geschichten sehr beliebt sind. In »Deep Space Nine« (1992–1999), einem weiteren Ableger des »Star Trek«-Franchises, geht es um die gleichnamige Raumstation. Neben der Station befindet sich ein stabiles Wurmloch, um mal schnell in entlegene Gegenden zu fliegen. Kurzum: Wurmlöcher sind superpraktisch und kommen der Science-Fiction wie gerufen. Dass keiner so genau weiß, ob es sie wirklich gibt, macht sie nur noch geheimnisvoller und faszinierender.

Gibt es Alternativen zum Wurmloch, die näher an der realistisch greifbaren Physik sind? Ja! Robert Forward schlug schon 1962 eine Art »Lichtantrieb« vor, ein Konzept, das er 1984 detaillierter ausarbeitete. Dabei kommt ein gebündelter Laserstrahl zum Einsatz, der auf ein riesiges »Lichtsegel« geschossen wird. Da Licht (so, wie Luftteilchen im Wind) einen Impuls besitzt, übertragen die vielen energiereichen Lichtteilchen eine Kraft auf das Segel und schieben so das Raumschiff, das wie ein Schiffsrumpf am Segel hängt, an. Die erforderliche Bündelung des leistungsstarken Laserlichts sollte mit dünnen Fresnel-Linsen geschehen, die 1000 Kilometer Durchmesser haben sollten! Fresnel-Linsen kennen Sie von alten Overhead-Projektoren: Diese dünnen Linsen bündeln das Licht und projizieren so Folien an die Wand. Das Lichtsegel, das sich Lichtjahre entfernt von der Linse befindet, sollte »nur« etwa 100 Kilometer Durchmesser haben. Mit einer

Beschleunigung von dem 0,005-Fachen der Erdbeschleunigung (g = 9,81 m/s²) würde das einige Hundert Tonnen schwere Segel nach rund 40 Jahren etwa 20 Prozent der Lichtgeschwindigkeit erreichen (können Sie nachrechnen mit Geschwindigkeit ist Beschleunigung mal Zeit, v = a · t). Nach diesen 40 Jahren würde eine Rakete mit Lichtantrieb das Nachbarsonnensystem um Proxima Centauri erreichen.

Unser Nachbarstern Proxima Centauri

Das Alpha-Centauri-System befindet sich von der Erde aus gesehen am Südhimmel im Sternbild Centaurus. Die Zentauren sind Fabelwesen der griechischen Mythologie, untenrum ein Pferdeleib und obenrum ein Männeroberkörper. »Alpha« bezeichnet in der Regel den optisch hellsten Stern des Sternbilds. Astronomen fanden, dass Alpha Centauri sogar aus drei Sternen A, B und C besteht und damit ein Mehrfachsternsystem darstellt. Alpha Centauri C steht der Erde mit 4,2 Lichtjahren Abstand am nächsten und ist der nächste Stern nach der Sonne. Deshalb heißt er auch Proxima Centauri (engl.: proximity = Nähe). Proxima ist viel kleiner und kühler als unsere Sonne. Es handelt sich um einen Roten Zwergstern – die bei Weitem am häufigsten vorkommende Art von Sternen in der Milchstraße. Erst im Jahr 2014 wurde bestätigt, dass um Proxima ein erdähnlicher Planet kreist: Proxima b. Zu den Exoplaneten kommen wir noch ausführlich in Kapitel 4.

▶ Künstlerische Darstellung von Proxima Centauri (links, orange), seinem Planeten Proxima b (rechts) und Alpha Centauri A und B (dazwischen, weiß). (Credit: ESO/M. Kornmesser)

die Reisezeit drastisch verlängert: 140 Jahre muss man dann schon mitbringen.

So einer einsamen Minisonde im All kann unterwegs eine ganze Menge passieren. Damit der Zusammenstoß mit einem dahergelaufenen Kleinkörper dem Projekt nicht ein jähes Ende bereitet,

Einsteins größte Leistung

Albert Einstein ist der Prototyp des genialen Physikers. Der Mann hatte unzählige wichtige Beiträge zu Naturwissenschaften und Technik gemacht, von denen wir noch heute zehren. Sein größter Wurf war zweifellos die Entdeckung der Allgemeinen Relativitätstheorie im Jahr 1915. Herzstück seiner mathematisch anspruchsvollen Theorie ist eine partielle, nicht lineare Differentialgleichung. Sie ist mindestens genauso schwierig zu lösen, wie sich das anhört. Die Grundaussage dieser »Feldgleichung« ist eigentlich einfach: »Masse und Energie sagen Raum und Zeit, wie sie sich zu krümmen haben. Und die gekrümmte Raumzeit sagt Objekten (Teilchen, Licht), wie sie sich zu bewegen haben.« That's it. Raumzeiten sind nun spezielle Lösungen der Feldgleichung, die zum Beispiel die Gravitation der Erde, der Sonne, von Schwarzen Löchern oder des sich ausdehnenden Universums beschreiben. Eine vollständige Lösung von Einsteins Feldgleichung lässt sich grundsätzlich nicht finden! Schon 1916 fand der deutsche Astrophysiker Karl Schwarzschild die erste Lösung von Einsteins Feldgleichung, die die Raumzeit von Punktmassen beschreibt. Diese (äußere) Schwarzschild-Lösung ist die wichtigste Raumzeit ever.

▶ Der genialste Physiker aller Zeiten: Albert Einstein (1879–1955).
(Credit: Orren Jack Turner, Princeton, N. J., 1947)

planen die »Breakthrough Starshot«-Macher, gleich eine Vielzahl winziger Sonden nach Proxima zu schicken. Die Hoffnung: Eine wird schon durchkommen und uns Bilder von Proxima funken. Bislang wurde das einige Hundert Millionen Euro teure »Breakthrough Starshot« noch nicht gestartet.

Bei »Star Trek« kommt ein viel fortgeschrittenerer und exotischerer Antrieb zum Einsatz, der es dem Raumschiff »Enterprise« gestattet, schneller zu fliegen als das Licht: der berühmte Warp-Antrieb. Das Raumschiff befindet sich in einer Art Raum-Zeit-Verzerrung, der Warp-Blase. Wie es genau funktioniert, blieb in der Serie freilich offen. Interessanterweise gab es jedoch im Falle des Warp-Antriebs einen Austausch zwischen Fiktion und Wissenschaft. Der mexikanische theoretische Physiker Miguel Alcubierre nahm das zum Anlass, sich Gedanken zu machen, wie ein solcher Antrieb funktionieren könnte – ohne den Naturgesetzen zu widersprechen. Für seine Berechnungen benutzte er Einsteins Allgemeine Relativitätstheorie, die den richtigen Rahmen für Gravitations- und Beschleunigungsphysik bildet. Er gab nun Eigenschaften der Lösung von Einsteins Feldgleichung vor, die die gewünschten Features hat, damit eine Raum-Zeit-Verzerrung ein Objekt wie ein Raumschiff mitziehen kann. Tatsächlich fand er eine Lösung, nämlich eine ganz bestimmte Form von gekrümmter Raumzeit. Im Prinzip stellt es eine Raumzeit-Welle dar, auf der das Raumschiff wie auf einer Meereswelle »surft« und mit der Welle mitgeschleppt wird. Damit die Welle zustande kommt, muss sich vor dem Raumschiff eine normale Form von Masse befinden. Die Gravitation der Masse zieht das Raumschiff nach vorn. Hinter dem Raumschiff gibt es zusätzlich etwas, das

das Raumschiff »anschiebt«, eine antigravitative Kraft. Eine solche Antigravitation ist den Kosmologen gut bekannt: die Dunkle Energie. Sie wird dafür verantwortlich gemacht, dass unser Universum beschleunigt expandiert. Dieses Phänomen wurde astronomisch 1998 erstmals anhand weit entfernter Sternexplosionen beobachtet und gehört heute zur Standardkosmologie. Was sich hinter der Dunklen Energie verbirgt, ist jedoch ein großes Rätsel. Auch hier kommt schon wieder Tausendsassa Einstein ins Spiel. Denn 1917 erfand er die kosmologische Konstante (»Lambda«), die sich gerade antigravitativ auswirkt. Sie hat einen negativen (!) Druck – etwas, was kein Ingenieur versteht, weil er nur positive Drücke kennt. Wenn es also irgendwie gelänge, Dunkle Energie hinter dem Raumschiff zu erzeugen, würde sich Alcubierres Raumzeit-Welle ausbilden.

▶ Krümmungslandschaft von Alcubierres Raumzeit-Welle, die ein Raumschiff überlichtschnell mit sich zieht. (Credit: wikipedia, AllenMcC)

Das Raumschiff bewegt sich von außen betrachtet – weit weg von der Blase – sogar schneller als das Licht! Das ist kein Widerspruch zur Relativitätstheorie. In expandierenden Raumzeiten kann das passieren, weil die Weglänge gewissermaßen auseinandergezogen wird. Am Ort des Raumschiffs bewegt es sich aber unterhalb der Lichtgeschwindigkeit – vollkommen im Einklang mit der Relativitätstheorie. Im Unterschied zu »Star Trek« enthüllte die Alcubierre-Raumzeit einen Nachteil des Antriebs: Das Raumschiff innerhalb der »Warp-Blase« ist kausal von der Umgebung entkoppelt. Daher kann die Crew nicht vom Raumschiff aus die Raumzeit-Welle erzeugen oder manipulieren und damit steuern.

»Interstellar«

Was ist Raumzeit?

Wir leben in einer Welt aus drei Raumdimensionen (Länge, Breite und Höhe) plus einer Zeitdimension. Einstein fand heraus, dass diese vier Dimensionen nicht unabhängig voneinander sind. Vielmehr leben wir in einem vierdimensionalen Raum-Zeit-Kontinuum. Ja, das gibt's wirklich, und Doc Emmett Brown aus dem Zeitreise-Film »Zurück in die Zukunft« (1984) hat es zu Recht immer wieder erwähnt. Einsteins Spezielle Relativitätstheorie (1905) und Allgemeine Relativitätstheorie (1915) bilden das Fundament der theoretischen Physik, um diese Raumzeit mathematisch zu beschreiben. Seine Allgemeine Relativitätstheorie erklärt, wie Massen und Energieformen die Raumzeit verformen. Sie wird gekrümmt wie eine gummiartige Knetmasse. Einstein konnte auf revolutionäre Weise das Phänomen der Schwerkraft neu erklären. Es ist gar keine Kraft, die zwischen Massen wirkt, sondern vielmehr eine geometrische Eigenschaft des Raum-Zeit-Kontinuums. Wie in einer gebirgigen Landschaft bilden sich Täler (»Krümmungen«) an den Stellen der Raumzeit aus, wo viel Masse oder Energie konzentriert ist. Der Mond kreist um die Erde, weil er von der gekrümmten Raumzeit der Erde gewissermaßen eingefangen ist. Deshalb kreist auch die Erde um die viel größere Masse der Sonne. Die Krümmungslandschaft ist überall. Wenn Massen beschleunigt werden, breiten sich Störungen in der Krümmung in der Raumzeit mit Lichtgeschwindigkeit aus: Gravitationswellen, die Einstein 1916 in seiner Theorie entdeckte.

Vielmehr muss die Raumzeit-Welle von außen erzeugt werden, sodass das Raumschiff der verbogenen Raumzeit folgt »wie auf Schienen«. Sorry, Trekkies, aber von der Brücke der »Enterprise« ließe sich mit dem Alcubierre-Antrieb nicht »Warp 10« anordnen. Tatsächlich gibt es zu diesem Alcubierre-Warp-Antrieb eine offizielle wissenschaftliche Publikation.

Kapitel 3: Reiseziel Mars

Wenn wir in den klaren Nachthimmel schauen, fallen die nahen und großen Planeten sofort auf. Sie gehören zu den hellsten Himmelsobjekten nach Sonne und Mond. Auf Platz 3 kommt schon die Venus, deren schneeweiße, undurchdringliche Venuswolken das Licht der Sonne wie ein Spiegel zurückreflektieren. Die Venus ist mit 38 Millionen Kilometern möglichem Minimalabstand der uns nächste Planet und in etwa so groß wie die Erde.

In den 1960er-Jahren flogen die sowjetischen »Venera«-Sonden zur Venus. »Venera 3« landete dort zwar schon 1966, aber es war ein harter Aufschlag, den die Sonde nicht überstand. »Venera 4« nahm 1967 Messdaten der Venusatmosphäre auf und war damit die erste Sonde, die Daten eines anderen Planeten zur Erde schickte. Erst »Venera 7« landete 1970 sicher auf der Venusoberfläche. Dabei wurde die Unwirtlichkeit der Venus offenkundig: Ihre Gashülle besteht zu fast 97 Prozent aus Kohlendioxid, und der Atmosphärendruck an der Oberfläche ist hundertmal höher als auf der Erde. Unter den Wolken verbirgt sich zwar ein Gesteinsplanet, auf dem ein Astronaut herumlaufen könnte, aber die

Venusoberfläche ist eine sehr lebensfeindliche Gluthölle mit fast 500 Grad Celsius Oberflächentemperatur! Vielleicht ist das der Grund, weshalb die Venus kaum in der Science-Fiction vorkommt? 1974 flog übrigens die NASA-Raumsonde »Mariner 10« an der Venus vorbei und lieferte Fotos von der Venusatmosphäre. Mit dieser Sonde wurde das Swing-by-Manöver erstmalig durchgeführt, und zwar an der Venus, um zum Merkur weiterzufliegen.

Wenn wir in der Hitparade der hellsten Gestirne weitergehen, kommen wir auf den größten Planeten des Sonnensystems: Jupiter. Der Planetengigant, in den die Erdkugel etwa 1400-mal hineinpasst, gehört zu den Gasplaneten wie Saturn, Uranus und Neptun. Knapp hinter der maximal möglichen (scheinbaren) Helligkeit von Jupiter kommt schon der Nachbarplanet Mars.

Die wandernden Planeten

Die Planeten des Sonnensystems sind der Erde so nah, dass wir über Tage, Wochen und Monate zuschauen können, wie sie vor dem Hintergrund der weit entfernten Sterne (»Fixsternhimmel«) durch die Sternbilder wandern. Deshalb heißen sie auch Planeten, dem griechischen Wort für »Wandelsterne«. Wir finden die Planeten nur in bestimmten Sternbildern, nämlich den vom Horoskop bekannten zwölf Tierkreiszeichen (Steinbock, Wassermann, Fische, Widder, Stier, Zwillinge, Krebs, Löwe, Jungfrau, Waage, Skorpion, Schütze). Das hat einen ganz banalen, geometrischen Grund: Unser Sonnensystem ist eine Scheibe. Sonne und Planeten sind vor 4,567 Milliarden Jahren in dieser Staubscheibe entstanden. Die Scheibenform kommt wiederum von der Rotation des Materials. So werden Sie niemals einen Planeten des Sonnensystems im Sternbild »Großer Bär« sehen. Falls doch, geben Sie mir bitte Bescheid!

Der Mars-Hype begann im 19. Jahrhundert. Daran ist der italienische Astronom Giovanni Schiaparelli schuld, denn er beobachtete als Direktor der Sternwarte Mailand den Mars mit einem Linsenfernrohr. Dabei entdeckte er im Jahr 1877 zarte, rinnenartige Strukturen, die er »canali« nannte. Schiaparelli interpretierte sie als natürlich entstandene, geradlinige Senken, die etwa 2000 Kilometer lang und 100 Kilometer breit sein mochten. Schiaparellis »canali« wurden jedoch falsch ins Englische übersetzt, und zwar als »canals« (Kanäle) anstelle von »channels« (Rinnen). Der subtile Unterschied besteht darin, dass die »canals« künstliche Bauten sind. Damit war der Mythos der Marsmenschen geboren, die Kanäle und ganze Zivilisationen bauten. Der Hype hatte einen ersten Höhepunkt, als 1898 der Schriftsteller H. G. Wells seinen Roman »The War of the Worlds« (dt.: »Krieg der Welten«) veröffentlichte, in dem bösartige Marsianer die Erde angreifen.

▶ »Krieg der Welten«: Dreibeinige Marsianer greifen die Erde an. (Credit: Henrique Alvim Correa, 1906)

Kurz bevor der Zweite Weltkrieg ausbrach, strahlte der US-Radiosender CBS am 30. Oktober 1938 »Krieg der Welten« als Hörspiel im Radio aus. Die Handlung wurde von England in die USA verlegt. Der Angriff der Außerirdischen wurde im Radio so realistisch dargestellt, dass die Sendung für Irritationen bei den Zuhörern sorgte. Manche hielten es für eine authentische Reportage!

»Krieg der Welten«

Titel »Krieg der Welten«
Originaltitel »The War of the Worlds«
Erscheinungsjahr 2005
Regie Steven Spielberg
Schauspieler Tom Cruise, Dakota Fanning, Tim Robbins
Unterhaltungswert 5/5. Sehr actionreich und angsteinflößend inszeniert! Apokalypse hautnah.
Auweia-Faktor 1/5. Sind dreibeinige Kampfmaschinen fortgeschrittene Hochtechnologie?
Science-Faktor 0/5. Wissenschaftlich eher anspruchslos.
Größter Aufreger Erstaunlich, wie die Hauptfigur Ray Ferrier das Chaos von Zerstörung und Tod überlebt.
Besonderes Die Vernichtung von Menschen wurde sehr drastisch dargestellt.
Auszeichnungen Saturn Award für Dakota Fanning als beste Nachwuchsschauspielerin. Drei Oscar-Nominierungen in 2006, aber keine Auszeichnung.

Zur Handlung von »Krieg der Welten«

2005 wurde die Geschichte von »Krieg der Welten« unter dem gleichen Titel von Steven Spielberg neu aufgelegt. Dem Starregisseur, dem wir Blockbuster wie »Der Weiße Hai« oder »Indiana Jones« verdanken, lieferte hier ein Remake mit atemloser Action und einer düsteren Endzeitvision ab. Die Hauptfigur, ein getrennt lebender Kranführer aus New Jersey, wird von Hollywood-Superstar Tom Cruise gespielt. Die Außerirdischen hatten die Menschen auf der Erde lange unbemerkt beobachtet und eine vernichtende Invasion vorbereitet. In den USA schlagen sie dann zu. Im Film wird nicht explizit klar, wo die Aliens eigentlich herkommen. Im Original »The War of the Worlds« kommen sie vom Mars und greifen das viktorianische England an. Der Zuschauer bekommt die Außerirdischen über eine lange Strecke des Films erst einmal nicht zu Gesicht, was die Spannung natürlich in die Höhe treibt. Die dreibeinigen Kampfmaschinen (»Tripods«) dominieren die Schlachtszenen. Angriffe der Armee werden mit Schutzschilden abgewehrt.

Doch was wollen die Aliens auf der Erde? Mit dem Blut gefangener Menschen züchten sie merkwürdige rote Pflanzen, die sich überall ausbreiten. Sie wollen die Menschheit vernichten und sich die Erde untertan machen. Als das apokalyptische Ende unausweichlich scheint, gibt es eine verblüffende Auflösung mit Happy End für die Menschheit: Irdische Mikroorganismen machen den Außerirdischen und ihren Pflanzen so sehr zu schaffen, dass sie absterben. Zum Ende hin stellt sich auch erst heraus, dass die kleinen, sehr menschenähnlichen Aliens in den Kampfmaschinen sitzen und sie steuern. Den Schluss fand ich recht stimmig. Es ist durchaus realistisch, dass außerirdische Lebensformen Probleme mit den Mikroorganismen der Erde bekommen könnten.

Mein Fazit zu »Krieg der Welten«

Die Neuverfilmung von »Krieg der Welten« war visuell beeindruckend und mit viel Action umgesetzt worden. Es ist wie das Romanoriginal eine düstere Vision von bösartigen Aliens, die die Menschheit vernichten wollen. Mit der Besetzung von Tom Cruise ist es auch ein typischer Tom-Cruise-Film geworden. Während Filme mit ihm aus der »Mission Impossible«-Reihe die Action

»Krieg der Welten«

noch höher kitzeln und die Heldenfigur für meinen Geschmack ins Groteske überzeichnen, kommt Cruise in »Krieg der Welten« als Familienvater daher, der in einer kriegerischen Auseinandersetzung Aliens versus Menschen irgendwie überleben, seine Familie retten und über sich hinauswachsen muss.

Wissenschaftlich betrachtet fällt wenig »Futter« für den Science-Fan ab. Streckenweise ist da zu viel Schlachtgetümmel in Haudrauf-Manier wie in »Independence Day«. Spielbergs Film ist für mich kein Überflieger, den man gesehen haben muss, und auch kein tiefgründig-philosophischer Film. Vermutlich erwartet das hier auch kein Kinogänger. Der Streifen überzeugt jedoch als Popcorntüten-Film, wo man zwischendurch schon einmal vergisst, in die Tüte zu greifen.

Bei »Krieg der Welten« war der Handlungsschauplatz ausschließlich die Erde. Der Heimatplanet der Aliens kam nicht vor. Wie wäre eigentlich ein Spaziergang auf dem Mars? Davon vermittelt der Film »Der Marsianer« einen bislang nicht dagewesenen Eindruck.

▶ Unser Nachbarplanet Mars ist etwa halb so groß wie die Erde und von rostbrauner Farbe geprägt. Die quer verlaufenden Valles Marineris (»Mariner-Täler«) sind ein riesiges Grabensystem in der Tharsis-Region, gegen das der Grand Canyon in den USA ein Kindergeburtstag ist. Die »Mariner-Täler« sind rund 4000 Kilometer lang, 700 Kilometer breit und bis zu 7000 Meter tief!
(Credit: NASA/JPL-Caltech)

> *Kapitel 3: Reiseziel Mars*

Titel »Der Marsianer«
Originaltitel »The Martian«
Erscheinungsjahr 2015
Regie Ridley Scott
Schauspieler Matt Damon, Jessica Chastain, Kate Mara
Unterhaltungswert 5/5. Jihah, MacGyver auf dem Mars!
Auweia-Faktor 2/5. Eine echt durchgeknallte finale Rettungsaktion.
Science-Faktor 5/5. Viel Augen- und Hirnfutter für Weltraum-Nerds!
Größter Aufreger So sieht kein Sonnenuntergang auf dem Mars aus!
Besonderes Buchautor Andy Weir nutzte die Schwarmintelligenz des WWW und schrieb mit »The Martian« einen Bestseller!
Auszeichnungen Sieben Oscar-Nominierungen, aber keine Auszeichnung; zwei Golden Globes (Film und Hauptdarsteller)

Zur Handlung von »Der Marsianer«

Wie es im Film »Der Marsianer« vollkommen korrekt dargestellt wurde, ist der rote Nachbarplanet eine lebensfeindliche, staubige und stürmische Welt ohne Meere oder Pflanzenbewuchs. Der Mars sieht fast überall aus wie eine riesige orangerote Wüstenlandschaft. Die berüchtigten, spektakulären Marsstürme wurden von der NASA-Raumsonde »Mars Reconnaissance Orbiter« (MRO) von oben aus der Umlaufbahn im Jahr 2012 in der Region »Amazonis Planitia« fotografiert.

Im Film befindet sich eine Crew der Mission »Ares III« auf dem Mars in der Region »Acidalia Planitia«, um verschiedene Forschungsarbeiten durchzuführen. Bei »Ares« macht sich ein wohlwollendes Lächeln bei Kennern breit, denn Ares ist der griechi-

▶ Wirbelsturm auf dem Mars, ein sogenannter »Staubteufel«, mit etwa 140 Metern Durchmesser, der bis zu 20 Kilometer hoch aufragt. (Credit: HiRISE, MRO, LPL, University of Arizona, NASA)

sche Kriegsgott, den die Römer »Mars« nennen. Passt also. Das Gebiet Acidalia Planitia gibt es tatsächlich. Auch schön ist die Verwendung der Bezeichnung »Sol« für den Marstag, weil das ebenfalls wissenschaftlich vollkommen korrekt ist. Zufälligerweise ist der Marstag nur etwas länger als ein Erdtag. Die Rotationsperiode des Mars beträgt nämlich 24 Stunden, 37 Minuten und 22 Sekunden.

Im Film geschieht bei Sol 18, also dem 18. Marstag des Aufenthalts, ein verhängnisvoller Zwischenfall. Ein berüchtigter Marssturm zwingt zum Abbruch der Mission, und die Crew flieht zum Mars-Rückkehr-Modul, einer Rakete, um zur Raumfähre »Hermes« im Orbit zu entkommen. Unter den Mannschaftsmitgliedern ist Mark Watney, gespielt von US-Frauenliebling Matt Damon. Der Sturm tobt heftig und löst ein Teil des Sendemasts der Station. Watney wird von dem Teil getroffen und verletzt sich schwer. Sein Anzug wird beschädigt, und ein gefährlicher Druckabfall beginnt. Das kann er nur eine Minute überleben. Da die Zeit drängt und zu befürchten ist, dass keiner mehr vom Mars lebend entkommen kann, ordnet die Kommandantin Lewis – gespielt von Jessica Chastain – an aufzubrechen. Sie unternimmt zwar noch einen Rettungsversuch, schafft es aber nicht zu Watney. So lässt die Crew den todgeweihten Watney allein auf dem Mars zurück! Im Film geht es nun darum, wie der schwer verletzte und einsame Astronaut aus dieser scheinbar ausweglosen Situation herauskommt. Überlebt er? Wird er gerettet? Kommt er wieder nach Hause auf die Erde? Eine echt spannende Ausgangssituation für eine SF-Geschichte!

Filmszene: Die Crew hat ordentlich mit dem Marssturm zu kämpfen.

Regisseur Ridley Scott, der sich unter anderem mit der SF-Reihe »Alien« verdient gemacht hat, arbeitete eng mit der NASA zusammen. Klar, das war eine Win-win-Situation. Den Filmemachern ist mit dem NASA-Know-how und deren Ausstattung ein sehr realistischer Film gelungen. Und die NASA bekommt mit einem millionenfach gesehenen Kinofilm Werbung und Unterstützung für ihre kommenden Vorhaben. Denn eine echte Marsmission ist nicht billig. Wir reden hier von Milliarden von Euro.

Der Marssturm wird im Film so dargestellt wie ein Sturm auf der Erde. Alles Mögliche fliegt durch die Gegend, und der Sturm rüttelt ordentlich an allem herum. Allerdings ist in Wirklichkeit die Marsatmosphäre tausendmal dünner als die Erdatmosphäre. Ein so laues Lüftchen könnte keine großen Gegenstände herumwirbeln. Das bestätigte auch der Direktor der Planetenabteilung der NASA, James L. Green. Dem Autor Weir war das auch klar, aber er benötigte aus dramaturgischen Gründen den heftigen Sturm. Es passte außerdem gut zum Grundthema des Films »Watney gegen den Mars«.

Apropos Lüftchen. Die Zusammensetzung der Marsatmosphäre ist vollkommen anders als auf der Erde. In der Gashülle des Mars befindet sich fast ausschließlich Kohlendioxid (CO_2). Die dünne Marsatmosphäre kann die von der viel weiter entfernten Sonne eingestrahlte Energie kaum als Wärme speichern. Deshalb ist es durchschnittlich auf dem Mars viel kälter als auf der Erde. Minustemperaturen sind normal. Auch das wurde bei »Der Marsianer« glänzend umgesetzt. Watney friert sich echt einen Wolf.

Im Film kommt auch die Einheit »psi« für den Druck vor. Es handelt sich dabei um eine angloamerikanische Druckeinheit. Sie steht für »pound-force per square inch«, also »Pfund pro Quadratzoll«. Zur Umrechnung in die bei uns übliche SI-Druckeinheit »Pascal« (Pa), was einem Newton pro Quadratmeter entspricht, gilt: 1 psi = 6895 Pa. Der mittlere Atmosphärendruck auf der Erde auf Meereshöhe beträgt etwa 100.000 Pa oder 1000 hPa (Hek-

damit die Kartoffeln gedeihen können. Da hat also jemand mitgedacht.

Tatsächlich gelang es der NASA bereits, unter Marsbedingungen Pflanzen zu züchten. Kohlendioxid hat es in der Marsatmosphäre schließlich genug. Denn Pflanzen nehmen ja CO_2 aus der Umgebungsluft auf und produzieren unter Zugabe von Wasser und der Einwirkung von Sonnenlicht Sauerstoff und Glucose. Bionerds nennen das oxygene Fotosynthese.

Filmszene: Watney mit Kartoffelzucht im Habitat.

Cool war es nämlich, wie Watney seine Wasserstoffvorräte aufstockte. Er benutzte den Raketentreibstoff Hydrazin. Das Wort klingt erfunden, aber das Zeug gibt's wirklich. Chemiker nennen es N_2H_4, was dem Kenner verrät, dass Hydrazin aus Stickstoff und Wasserstoff besteht. Es ist eine farblose, ölige Substanz (macht sich das etwa Schorsch Kluni ins Haar?), die nach Ammoniak riecht (dann wohl eher nicht). Hydrazin verbrennt mit kaum sichtbarer Flamme und ist leider sehr giftig sowie krebserregend. Im Film hatte Watney das Hydrazin mit einem Iridium-Katalysator in Stickstoff und Wasserstoff gespalten. Durch Verbrennen des Wasserstoffs hat er sich Wasser hergestellt – nach anfänglichen Schwierigkeiten bei der Optimierung des Herstellungsverfahrens. Der Haken: Wasser kommt in gefrorener Form auch im Marsboden vor. Unser Marsbotaniker hätte es deshalb ebenso gut aus Bodenproben extrahieren können. Wäre halt nicht so cool gewesen.

Zum Thema Wasser im Weltraum hätte ich noch einen wichtigen Hinweis. Falls Sie es in Erwägung ziehen, Astronaut/-in auf der ISS zu werden, kann ich nur sagen: Augen auf bei der Berufswahl. Dort oben geht kein Wasser verloren. Klingt erst mal gut, aber bedenken Sie, was das heißt: Schweiß, Tränen und – ich wage es kaum zu tippen – Urin. Alles bleibt im sogenannten »Water Recovery System« der ISS. Eine Zentrifuge trennt Gas von Wasser im Urin, weil sie sich unter Schwerelosigkeit nicht von selbst trennen. Auf der ISS lebt man nach dem selbstironischen Motto: »Der Kaffee von gestern wird zum Kaffee von morgen.«

Die Macher von »Der Marsianer« haben auf einige weitere wissenschaftliche Details geachtet, bei denen Physiknerds Pipi in die Augen bekommen. Sauerstoff ist ja kein Bestandteil der Marsatmosphäre, sodass er mitgebracht oder hergestellt werden muss. Im Film gibt es den »Oxygenator«. In ihm wird das Kohlendioxid (CO_2) des MAV (»Mars Ascent Vehicle«, eine Rakete) in Sauerstoff (O_2) umgewandelt. Das erfolgt nach der Grundreaktion:

$$CO_2 + H_2O + \text{Strahlung} \rightarrow \text{Kohlenhydrate} + O_2$$

Auf dem Mars sollte die Herstellung von Sauerstoff auch ohne Wasser funktionieren. So könnte man mittels eines Keramikkatalysators und Einwirkung von Hitze Kohlendioxid in Kohlenmonoxid und Sauerstoff aufspalten.

Auf der ISS wendet man zur Produktion von Sauerstoff ein Verfahren namens Elektrolyse an. Hierbei wird Wasser (H_2O) in Wasserstoff und Sauerstoff gespalten. Der sehr leichte Wasserstoff entweicht in den Weltraum oder wird wiederverwendet.

Tatsächlich gibt es immer wieder Medienberichte zu Wasserfunden auf dem Mars. Die letzte, aufsehenerregende Meldung war 2015. Die NASA konnte mit dem Orbiter MRO tatsächlich fließendes Wasser auf der Marsoberfläche nachweisen, und zwar im Hale-Krater. Wie das, wenn es doch so kalt ist, dass es gefrieren müsste? Zunächst darf man es sich nicht wie einen Fluss vorstellen. Vielmehr sind das lediglich an einigen bestimmten Stellen sich langsam bewegende Wasservorkommen. Es ist flüssig, weil im Wasser Spuren hydrierter Mineralien enthalten sind. Im

▶ Wasser oder kein Wasser? MRO entdeckte im September 2015 fließendes, salziges Wasser (braun dargestellt) auf der Marsoberfläche. (Credit: NASA/JPL)

irdischen Winter nutzen wir genau diesen Effekt aus: Streusalz senkt den Gefrierpunkt von Wasser, sodass es trotz Minusgraden flüssig wird. Genau das passiert auf dem Mars. Natürlich wurde kein grünes Männchen gesichtet, das hier auf dem Mars Salz streut. Es scheint ein ganz natürliches Phänomen zu sein, nur ist die Quelle für das Salz bislang unklar. Kondensiert es aus der Marsatmosphäre? Gibt es unterirdische Quellen? Fakt ist, dass es Variationen mit den Marsjahreszeiten gibt. Die Äquatorebene des Roten Planeten ist um etwa 25 Grad gegen die Bahnebene geneigt – ähnlich wie bei der Erde. Deshalb gibt es überhaupt Jahreszeiten. Beim Mars dauern sie allerdings fast doppelt so lange wie die irdischen Jahreszeiten, da ihnen das viel längere Marsjahr mit 687 Tagen zugrunde liegt. Zudem sind sie unterschiedlich lang, da die Bahn des Mars um die Sonne elliptischer (»ovaler«) ist als die der Erde. Wie anzunehmen war, fließt das salzige Marswasser besonders gut in den Warmzeiten.

Im Film werden auf wunderbare Weise reale und fiktive Elemente verknüpft. So gräbt Watney den real existierenden NASA-Marsroboter »Pathfinder« aus, zu dem die Erde seit 1997 keinen Kontakt mehr hat. Er nutzt dessen Kamera, um mit der Erde zu kommunizieren. Zunächst schreibt er Fragen auf Tafeln, die vom NASA-Team auf der Erde über die Pathfinder-Kamera gelesen werden können. Die NASA kann nur antworten, indem sie die Kamera ausrichtet, beispielsweise auf eine Ja- oder Nein-Tafel.

Wenn Watney später mit der Erde per Funk kommuniziert, so geschieht dies immer mit einer Verzögerung von einigen Minuten. Das ist korrekt. Denn je nachdem, wie weit Erde und Mars voneinander entfernt sind, variiert die einfache Laufzeit für Funksignale, die ja so schnell sind wie das Licht, zwischen mindestens drei Minuten (Erde am sonnenfernsten Punkt und Mars am sonnennächsten Punkt; beide Planeten auf der gleichen Seite der Sonne) und maximal 22 Minuten (Erde und Mars an ihren sonnenfernsten Punkten, aber auf gegenüberliegenden Seiten zur Sonne). Ein Frage-Antwort-Spiel dauert die doppelte Lichtlaufzeit, demnach mindestens sechs und maximal 44 Minuten. Im Film war von 32 Minuten die Rede. Das passt.

Sehr cool war auch die Art und Weise, wie Watney die Pathfinder-Kamera nutzt, um mit der Erde zu kommunizieren. Das NASA-Team auf der Erde verfügt über einen Zwilling der Pathfinder-Kamera und löst Kommandos aus, um die Kamera zu bewegen. Sie richtet sich dann auf Tafeln, die Zeichen des Hexadezimalsystems zeigt. Watney hat den identischen Aufbau von Kamera und Tafeln auf dem Mars. Die Folge der anvisierten Zeichen gibt dann einen Text im ASCII-Format wieder, sodass Watney die Nachrichten der Erde verstehen kann. In solchen Momenten schlägt das Herz eines Mathematik-affinen Naturwissenschaftlers höher. Die NASA-Techniker der Erde leiten Watney so bei weiteren Modifikationen von Instrumenten an – Watney ist eben doch nicht MacGyver.

Bei »Der Marsianer« brennen die Macher ein echtes Science-Feuerwerk ab. So ist die Schwerebeschleunigung auf dem Mars nur das 0,4-Fache der Erde. Die Folge: Alle Gegenstände fallen auf dem Mars langsamer, und zwar ist die Fallzeit (die ja mit eins durch Wurzel der Schwerebeschleunigung geht), um den Faktor 1,6 länger. Tatsächlich wurde das beachtet. Nachdem das »Hab« explodiert war, wirft Watney in einer Außenszene Behälter auf den Marsboden, die gut sichtbar langsamer herunterfallen. Sehr schön! Die Macher konnten das allerdings nicht in allen Szenen durchhalten. Beispielsweise, wenn beim Schaufeln Marssand herunterrieselt, sieht das aus wie auf der Erde, weil es natürlich auf der Erde gedreht wurde.

Wenn Sie Ihre Personenwaage mit auf den Mars nähmen, würden Sie auch staunen: Eine 70 Kilogramm schwere Person würde dort nur noch 26 Kilogramm wiegen! Mit den g-Kräften vom Mars können Sie hervorragend abnehmen, ganz ohne Sport! Die Ernüchterung kommt dann mit der Rückkehr zur Erde.

Mark Watney hatte beim Start seines MAV im Film satte 12 g überlebt. MAV, das war das »Mars Ascent Vehicle«, eine Rettungsrakete von »Ares III« beziehungsweise »Ares IV«, um vom Mars in den Orbit zu fliegen. 12 g, ist das viel? Zum Vergleich: Auf einer Kinderschaukel schaffen Sie 2,5 g und in der Achterbahn etwa 4 g. Beim Kunstflug erreicht der waghalsige Pilot für wenige Sekunden 8 g. Eine 70-Kilogramm-Person wiegt bei 8 g so viel wie ein 560-Kilogramm-Kleinwagen. Verständlich, dass da Kunstfliegern die Gesichtszüge entgleisen und es ihnen die Wangen in die Kniekehlen zieht.

Für extrem kurze Zeit kann man sehr hohe g-Kräfte sogar überleben. So hatte ein Rennfahrer bei einem Crash rund 180 g überlebt. Er hatte sich aber einige Knochenbrüche zugezogen. Es kommt immer darauf an, an welchen Körperteilen die g-Kräfte angreifen und für wie lange. Watney kann die 12 g schon unverletzt überstanden haben. Aber er kommt hier in den Bereich, wo

Bewusstlosigkeit, Atemnot und ein sogenanntes »Redout« einsetzen können. Bei negativen g-Kräften fließt Blut in Richtung Kopf. Ist das zu heftig, tritt Blut aus Augen und Ohren, daher Redout. Bei positiven g-Kräften fließt Blut vom Kopf weg in die Füße. Man wird dann bewusstlos (»Blackout«) und kommt leider nicht in den Genuss des Anblicks wunderhübscher roter Füße.

Kritisch ist auch der Nacken. Wird der Kopf nicht durch Helm und Anzug gestützt, wird der Kopf abgeknickt. Das ist alles nicht schön und deshalb ist es gut, dass wir im Alltag normalerweise geringen g-Kräften ausgesetzt sind.

Was ist ein Mann ohne sein Auto? Selbstverständlich darf deshalb »Der Marsianer« im Marsstaub richtig Asche geben. Das fiktive »Red Planet Vehicle« aus dem Film hat verdächtig viel Ähnlichkeit mit dem ebenfalls sechsrädrigen real existierenden »Multi-Mission Space Exploration Vehicle« (MMSEV) der NASA. Wie das in Filmen so ist, ist der findige Botaniker offenbar auch ein begabter Mechaniker. Er baut das Marsfahrzeug um und verbessert es. Ein solches Fahrzeug erhöht die Reichweite beträchtlich.

▸ Mars macht mobil. Mit dem MMSEV lässt sich die Marslandschaft hervorragend erkunden. (Credit: Giles Keyte, NASA)

Der Mars hat sich im Film von seiner besten Seite gezeigt. Um die Marslandschaft so realistisch wie möglich nachzuahmen, war übrigens einer der Drehorte die Wüste Wadi Rum in Jordanien. In den echt sehenswerten Großaufnahmen sehen wir die einzigartige Marslandschaft im Sonnenuntergang, zum Beispiel bei Sol 36. Aber Moment mal! Hier kratzt sich der Experte am Kopf und beginnt ihn dann heftig zu schütteln. Nee, so nicht, liebe Marsianer-Freunde. So hübsch orange sieht kein Sonnenuntergang oder -aufgang auf dem Mars aus. Klassischer Fall von Filmfehler. Und ehrlich gesagt schade! Ein echter Sonnenauf- und -untergang auf dem Mars sieht nämlich echt abgefahren aus. Die Filmemacher haben hier eine Chance vertan, uns Erdlingen die exotischen Marsbedingungen optisch eindrucksvoll vor Augen zu führen. Beim Sonnenauf- und -untergang müssen wir zwei Dinge beachten: Größe und Farbe der Sonne.

Die Größe können wir schnell abhaken. Die scheinbare Größe der Sonne ist vom Mars aus gesehen natürlich kleiner als von der Erde aus, weil der Mars viel weiter von der Sonne entfernt ist. Die Sonne ist vom Mars aus fast nur noch halb so groß.

Scheinbare Größe

Wenn Sie Ihren Daumen nah ans Gesicht halten, sieht er größer aus, als wenn Sie ihn am ausgestreckten Arm betrachten. Diese banale Alltagserfahrung bezeichnet der Astronom als »scheinbare Größe«. Sie nimmt mit der Entfernung ab. Bei bekannter Entfernung und bekannter Ausdehnung des Objekts können Sie mit der trigonometrischen Tangens-Funktion den Winkel ausrechnen, unter dem das Objekt erscheint (Vorsicht bei Winkelgrad oder Bogenmaß am Taschenrechner). Ein Astronom misst die scheinbare Größe als Winkel, weil das leicht am Objekt direkt zu beobachten ist, und er berechnet aus bekannter Entfernung (die er sich irgendwie beschaffen muss) des Objekts die echte Größe des Objekts. Zufälligerweise ist die scheinbare Größe der Sonne (Entfernung: 150 Millionen Kilometer; Durchmesser: 1,4 Millionen Kilometer) und des Mondes (Entfernung: 380.000 Kilometer; Durchmesser: 3476 Kilometer) am Himmel nahezu identisch, nämlich ein halbes Winkelgrad. Der Mars ist in Sonnennähe (Perihel) 0,4 und in Sonnenferne (Aphel) 0,3 Grad groß. Die Berechnungen stelle ich mal ganz frech als Hausaufgabe.

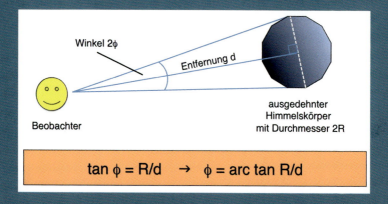

▶ Eine Kugel, zum Beispiel ein Planet oder die Sonne, erscheint in der Entfernung d unter dem Winkel 2φ, der sich mit der trigonometrischen Funktion Tangens (tan; »Gegenkathete durch Ankathete«) ausrechnen lässt. (Credit: A. Müller)

Nun zur Farbe der Sonne. Dazu muss ich weiter ausholen, denn im Prinzip müssen wir erst mal verstehen, warum der irdische Sonnenauf- und -untergang orange und der Himmel blau ist. Das Ganze beruht auf einer Wechselwirkung des Sonnenlichts mit Teilchen in der Erdatmosphäre: Streuung. Streuung ist eine Art Ablenkung des Lichts, wenn es mit Teilchen zusammenstößt. Das funktioniert besonders gut, wenn die Wellenlänge des Lichts zur Teilchengröße passt. Die Teilchen beziehungsweise Moleküle haben Größen im Bereich von einem milliardstel Meter (Nanometer, kurz nm). Im sichtbaren Bereich variiert die Wellenlänge von 380 nm (blau) bis 780 nm (rot). Die Teilchen sind demnach etwa um den Faktor 100 kleiner als die Wellenlänge von blauem Licht. Dieses Regime heißt »Rayleigh-Streuung«. Blaues Licht wird besser gestreut als rotes Licht und verteilt sich von der Sonne ausgehend in alle Richtungen. Der Himmel erscheint deshalb blau.

Bei Sonnenauf- oder -untergang steht die Sonne tief am Horizont. Der Lichtweg durch die Atmosphäre ist viel größer als bei hoch stehender Sonne. Die Streuung von blauem Licht findet immer noch statt, nun jedoch immer wieder und wieder, weil das blaue Licht einen längeren Weg durch die Atmosphäre zurücklegt. Mit jedem Streuakt geht jedoch Lichtintensität, also Helligkeit, verloren. Der Blauanteil wird somit »herausgestreut«. Übrig bleiben die anderen Farben, die sich zur Komplementärfarbe von Blau, nämlich Orange, mischen. Der Sonnenauf- und -untergang auf der Erde sieht in der Regel orange aus (Ausnahme: Gibt es viel große Staubpartikel – Aerosole wie Vulkanasche – in der Atmosphäre, so erscheinen Sonnenauf- und -untergang purpurfarben).

So, und nun zum Mars. Im Prinzip haben Sie alles beisammen, um einen Tipp abzugeben. Wie oben ausgeführt, haben wir in der Marsatmosphäre immer einen hohen Staubanteil. Die Marspartikel haben Größen von 1 bis 1,5 millionstel Metern (Mikrometer, µm). Diese Partikel sind also viel größer als typische Teilchen der Erdatmosphäre. Deshalb wird bei tief stehender Marssonne nun der Rotanteil des Sonnenlichts viel besser gestreut, weil die Wellenlänge von rotem Licht viel größer ist als von blauem. Die

Folge: Der Rotanteil geht verloren. Daher sieht der Sonnenauf- und -untergang auf dem Mars blau aus! Glauben Sie nicht? Ich habe ein Beweisfoto. Die NASA hat diese absolute Kuriosität mit dem Mars-Rover »Curiosity« geknipst. Es gehört zu den Top 10 meiner liebsten Astrobilder.

▶ Echter blauer Sonnenuntergang auf dem Mars,
fotografiert vom NASA-Rover »Curiosity« am 15. April 2015.
(Credit: NASA/JPL-Caltech/MSSS/Texas A&M Univ.)

Auf dem Mars ist es saukalt. Die mittlere Bodentemperatur liegt bei −55 Grad Celsius, und häufig ist es noch kälter, Verhältnisse wie in der Antarktis und schlimmer. Matt Damon bringt glaubhaft rüber, wie sehr Watney friert. Um zum entfernten Schiaparelli-Krater zu gelangen (warum, klären wir gleich), muss er mit seinem Mars-Vehikel auch nachts unterwegs sein. Dabei wird es natürlich im Fahrzeug extrem kalt. Watney hat eine MacGyver-mäßig pfiffige Idee, um sich einzuheizen: Er buddelt eine radioaktive Batterie mit Plutonium aus und klemmt sie hinter den Fahrersitz! Das klingt so bescheuert, dass es schon wieder cool ist. Erste Frage: Wärmt das? Zweite Frage: Wann strahlt das Lächeln so sehr, dass es eher ein Symptom für die Strahlenkrankheit ist? Dem gehen wir natürlich nach.

Die Batterie gibt es wirklich. Offiziell heißt sie Radionuklidbatterie oder im Fachenglisch »Radioisotope Thermoelectric Generator«, kurz RTG. Die NASA benutzt sie seit rund vier Jahrzehnten. Das Problem im sonnenfernen Weltraum ist, dass Solarzellen keine Option mehr sind, weil das Sonnenlicht kaum noch dahin kommt. Also muss eine alternative Energiequelle her, und das ist Radioaktivität. Beim radioaktiven Zerfall sendet ein instabiler Atomkern energiereiche Teilchen oder elektromagnetische Strahlung aus. Sie wärmt die Umgebung auf, ist allerdings auch ionisierend (das heißt, sie erzeugt elektrische Ladungen) und vor allem zerstörerisch.

Beim RTG verwendet die NASA Plutonium-238. Die Zahl steht für die Summe der elektrisch positiven Protonen (94) und elektrisch neutralen Neutronen (144) im Atomkern. Das schwere chemische Element hat nicht umsonst den Gott der Unterwelt beziehungsweise des Totenreichs (griechisch: Hades, römisch: Pluto) als Namenspaten, denn Plutonium ist nicht nur radioaktiv, sondern auch hochgiftig. Daher wird es gekapselt, also dicht von einem ungiftigen Material umschlossen. Die NASA setzt tatsächlich die Radionuklidbatterie bei Mars-Instrumenten ein, zum Beispiel beim Rover »Curiosity«. Dieses RTG produziert immerhin 110 Watt, fast die doppelte Leistung einer klassischen 60-Watt-Glühbirne.

Hm, bei 110 Watt legte sich meine Stirn auch in Falten. Ich habe zu Hause einen kleinen elektrischen Heizlüfter. Der hat 2400

Watt und macht mein Büro innerhalb weniger Minuten kuschelig warm. Bei 110 Watt wird man entsprechend länger warten müssen, aber Watney muss ja nur die kleine Fahrgastzelle seines Marsfahrzeugs erwärmen. Läuft.

Doch wie steht's mit der Radioaktivität? Seit Tschernobyl und Fukushima wissen wir, dass damit nicht zu spaßen ist. Aber man muss das schon differenziert anschauen. Es gibt verschiedene Formen von Radioaktivität, die unterschiedlich gefährlich und abzuschirmen sind. Außerdem sind wir ständig einer natürlichen Form von Radioaktivität ausgesetzt (Wände, Gesteine, Höhenstrahlung etc.), die uns offenbar nicht nachhaltig gefährlich wird. Plutonium-238 ist ein Alpha-Strahler, das heißt, es sendet Heliumatomkerne aus, die aus zwei Protonen und zwei Neutronen bestehen. Die Reichweite von solchen Alpha-Teilchen in Luft ist auf wenige Zentimeter beschränkt, in Kleidung bleiben sie gleich stecken. Die Alpha-Teilchen sind nur gefährlich, wenn sie eingeatmet werden (liebe Raucher, auch im Tabakrauch stecken Alpha-Teilchen …).

Unterm Strich muss man sagen: Die kosmische Strahlung auf dem Mars ist viel gefährlicher als die radioaktive Strahlung des RTGs im Rücken. Auch wenn Watney nur Botaniker ist, so hat er die notwendigen physikalischen Kenntnisse, dass er weiß: Der RTG schadet mir nicht. Hier gibt es also wissenschaftlich nichts zu beanstanden. Und mir ist nun klar geworden, woher Matt Damon sein strahlendes Lächeln hat. Im Film »Bourne Identity« (2002) hat er noch viel grimmiger geguckt.

Was ist kosmische Strahlung?

Darunter verstehen Physiker sehr energiereiche Strahlung, die uns aus dem Weltall erreicht. Sie hat Energien von 10^7 bis 10^{20} eV, wobei 1 Elektronvolt (eV) gleich $1{,}602 \cdot 10^{-19}$ Joule. Zum Vergleich: Sichtbares Licht hat Energien von einigen wenigen eV, Röntgenstrahlung einige Tausend eV und Gammastrahlung einige Millionen eV. Kosmische Strahlung hat so viel Energie, dass sie tief in Wasser und sogar in Gestein eindringen kann.

Kosmische Strahlung bezeichnet nicht nur Gammastrahlung in Form elektromagnetischer Strahlung, sondern auch Teilchenkomponenten, wie elektrisch positiv geladene Protonen, elektrisch negativ geladene Elektronen und schwere Ionen, darunter sogar Eisenatomkerne (Myonen und elektrisch neutrale Neutronen bilden sich als Sekundärprodukte in der Erdatmosphäre).

Kosmische Strahlung wird auch Höhenstrahlung genannt, weil sie weit über dem Boden deutlich stärker ist und dort gravierende Schäden anrichten kann. Bei einem Transkontinentalflug oder in der ISS ist man deutlich energiereicherer Strahlung ausgesetzt. Unsere Erdatmosphäre schützt uns davor, indem sie die Teilchen abbremst und in energiearme, harmlosere Teilchen umwandelt.

Der Ursprung kosmischer Strahlung ist vor allem unsere Sonne. Sie kommt allerdings auch aus den Tiefen des Weltalls, zum Beispiel von Sternleichen wie den Neutronensternen oder von Materie verschlingenden Schwarzen Löchern (Röntgendoppelsterne, Quasare, Blazare).

In »Der Marsianer« gewinnt man den Eindruck, dass der Mars eigentlich gar nicht so ein schlechter Ort zum Leben ist. Klar, man muss Luft zum Atmen mitbringen, weil die Atmosphäre keinen freien Sauerstoff enthält; man muss Wasser und Nahrung mitführen oder vor Ort herstellen. Aber dann scheint alles prima. Eine wichtige Sache wurde meines Erachtens im Film nicht angesprochen: Der Mars ist auf Dauer ein sehr gefährlicher Ort. Aus demselben Grund sind die ISS und der Mond suboptimal, um sich gepflegt in einer Liege zu lümmeln – selbst im Raumanzug. Der Grund ist die kosmische Strahlung. Der Mix aus sehr energiereicher elektromagnetischer Strahlung und energiereichen Teilchen prasselt auf ISS, Mond und Mars mehr oder weniger ungebremst herab. Es gibt weniger (ISS) bis keinen (Mond und Mars) Schutz durch die Atmosphäre.

Darüber hinaus hat der Mars ein ganz spezielles Planetenproblem: Er hat kein Magnetfeld mehr. Die Erde hingegen hat ein Magnetfeld, das uns wie ein unsichtbares Kraftfeld vor gefährlichen, elektrisch geladenen Teilchen schützt. Planetare Magnetfelder entstehen durch aufsteigende und wieder herabfallende Materieströme im Planeteninnern. Sie werden durch Wärmequellen angetrieben, im Wesentlichen durch Radioaktivität. Bei der Erde funktioniert dieser Prozess noch, aber beim Mars kam er vor etwa 500 Millionen Jahren zum Erliegen.

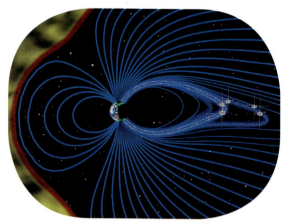

▶ Das Magnetfeld der Erde (blaue Linien) wird vom Teilchenstrom der Sonne (links; nicht im Bild) verformt. Dort, wo die Linien auf der Erde zusammenlaufen, befinden sich die beiden magnetischen Pole. Geladene Teilchen fallen wie in einem Trichter an den Polen auf die Erde hinab und erzeugen durch ihre Wechselwirkung mit Gasmolekülen Polarlichter (grün). Rechts messen NASA-Sonden das Magnetfeld.
(Credit: Emmanuel Masongsong/UCLA EPSS/NASA)

Experten vermuten, dass die Radioaktivität im Innern des Mars nicht mehr genügend Wärme lieferte, aber richtig geklärt ist das nicht. Ein weiterer Unterschied: Die Erde hat einen festen Eisen-Nickel-Kern, aber der Mars nicht. Ein sich drehender, fester Kern, der elektrische Ladungen enthält, erzeugt ein Magnetfeld wie ein Fahrraddynamo. Dieser Dynamo-Effekt greift beim Mars auch nicht. Unterm Strich bedeutet das, dass Watney bei einem Langzeitaufenthalt auf der Marsoberfläche ständig von kosmischer Strahlung bombardiert wird. Sie ist sehr schädigend, zerstört Körperzellen und kann Krebs hervorrufen. Die Symptome sind dann wie bei der Strahlenkrankheit, wenn Menschen radioaktiv verseucht werden. Deshalb benötigt man auf dem Mars unbedingt ein Habitat! Eine schützende, dicke Kuppel, am besten aus einem Material wie Blei, das das Innere vor der kosmischen Strahlung abschirmt.

Nach meiner Wahrnehmung wird das Problem der kosmischen Strahlung beim Mars oft vergessen. Immer wieder hört man, dass der Mars ein Zufluchtsort für die Menschheit sein könnte. Erstens ist die Marsoberfläche nur ein Viertel so groß wie die der Erde. Zweitens müssten wir alle Marsstädte unter Kuppeln mit dicken Wänden bauen. Ein teurer Spaß. Wir sollten lieber hart daran arbeiten, dass wir alle noch eine schöne und lange Zeit auf der Erde haben können.

▶ So sieht die NASA-Vision eines Marshabitats aus. Der Quadratmeterpreis liegt bestimmt über München. (Credit: LIQUIFER Systems Group and ESA-Spaceship EAC team)

Im weiteren Plot von »Der Marsianer« ereignen sich schicksalhafte Explosionen. Die erste zerstört Watneys Habitat und vernichtet fast die komplette Kartoffelzucht. Die andere ereignet sich auf der Erde: Eine von der NASA gestartete Versorgungsrakete für Watney ist hin. Der einsame Astronaut hat nun zu wenig Vorräte und ein Riesenproblem am Hals. In diesem Moment kommt der JPL-Astrodynamiker Rich Purnell ins Spiel, der einen tollkühnen Rettungsplan entwickelt: Das sich gerade im Rückflug befindliche Ares-III-Team soll mit seiner Raumfähre per Swing-by-Manöver an der Erde zurück zum Mars und Watney aufnehmen. NASA-Direktor Sanders, verkörpert von Jeff Daniels (der 1994 in »Dumm und Dümmer« mit der Zunge am Sessel des Skilifts festfror), ist gegen den Plan. Doch die Crew bekommt den Rettungsplan von NASA-Crewleiter Henderson (dargestellt von Sean Bean, Boromir aus »Der Herr der Ringe«) zugespielt und beschließt trotz anderthalbjähriger Verlängerung der Mission die Rettung von Mark Watney.

Bei der Darstellung von Purnell musste ich echt den Kopf schütteln. Das war ein Computernerd-Stereotyp par excellence: Der leicht verwirrte, kaffeesüchtige Computerfetischist ist natürlich ein recht durchgeknallter Freak. Der Brüller war: Er sitzt mit seinem Laptop inmitten des Supercomputer-Raums und hat sich per Kabel (!) am Supercomputer angeschlossen. Durch die Kühlung des Rechnerraums scheint es auch arktisch kalt zu sein, weil sein Atem an der Luft beschlägt. Mannomann, wahrscheinlich schläft er auch dort. Echte Supercomputernutzer bekommen den Rechner nie zu Gesicht. Sie loggen sich per Internet (ja, das ist für uns alle Neuland) über eine sichere Verbindung (»SSH Command« um mal ein bisschen IT-Jargon raushängen zu lassen) auf dem Supercomputer ein, starten ihren Job und lassen sich die Ergebnisse schicken oder speichern sie lokal. Gut, wir sind es ja gewohnt, wie Computerfreaks in Filmen dargestellt werden, aber dass »Der Marsianer« auch die Karte spielen muss?

Die Lage spitzt sich zu, und Matt Damons Strahlelächeln bekommt auch Risse. Des heimeligen Habitats beraubt, beschließt er, zum Schiaparelli-Krater aufzubrechen. Ich weiß, was Sie jetzt denken, und Sie haben recht: Was will er da? Nun, das ist der Landeplatz der »Ares IV«-Mission, aber vor allem parkt dort ein MAV!

▶ Watneys Trip auf dem Mars von Acidalia Planitia zum Schiaparelli-Krater.
(Credit: NASA; mit Bezeichnungen von A. Müller)

Sie wissen schon, das »Mars Ascent Vehicle«, eine Rakete, mit der Astronauten in einen Marsorbit fliegen können. Der Haken: Vom »Hab« ist der Schiaparelli-Krater etwa 3200 Kilometer entfernt! Tatsächlich schafft Watney die beschwerliche Reise dorthin und bereitet das MAV für ein Rendezvous mit der Raumfähre »Hermes« im Orbit vor. Es ist ein waghalsiges, riskantes und natürlich lebensgefährliches Manöver. Watney macht das MAV so leicht wie möglich, baut Teile aus, um die notwendige Flughöhe erreichen zu können. Sogar eine schwere Schutzplatte muss raus. Am Ende katapultiert sich Watney mit einer »Cabriolet-Version« des MAVs in den Orbit. Dennoch reicht die Höhe nicht aus, und nun kommt die dramatische Schlusssequenz, in der sicher keiner mehr in die Popcorntüte greift, sondern mit weit geöffnetem Mund die Rettungsaktion von Mark Watney verfolgt.

Teamkollege Martinez in der »Hermes« steuert das MAV aus der Ferne. Als er feststellt, dass es für das Rendezvous nicht reicht, versucht er ein Korrekturmanöver mit den Steuerdüsen. Aber die »Hermes« ist mit einer Abfanggeschwindigkeit von 42 Metern pro Sekunde, also 150 Kilometern pro Stunde, viel zu schnell! Crewmitglied Vogel (Deutscher; ein Schelm, wer Böses dabei denkt) konstruiert daher eilig eine Bombe, um mit deren Explosionswelle die Geschwindigkeit der »Hermes« zu vermindern. Das gelingt, und die Relativgeschwindigkeit der »Hermes« zu Watneys Kapsel verringert sich auf zwölf Meter pro Sekunde, rund 43 Kilometer pro Stunde. Dennoch ist der Abstand zu groß beziehungsweise alle beteiligten Arme zu kurz.

Und jetzt kommt's: Watney schlitzt sich spontan den Handschuh auf und nutzt die ausgestoßenen Gase als Antrieb. So fliegt er wie »Rocketman« aus seinem »Cabrio« heraus. Tatsächlich gelingt ihm so die Annäherung an Kommandantin Lewis, die sich im Außenbordeinsatz befindet und nur noch mit einer Leine mit der »Hermes« verbunden ist. Sie wissen ja jetzt, wie das die Profis ausdrücken: Sie macht eine EVA mit einer MMU. Ein beherzter Griff schlägt fehl, aber Watney verheddert sich in Lewis' Leine. So schaffen es die beiden zueinanderzufinden. Alle sind glücklich.

Puh, dieser Watney ist schon ein durchtriebener Tausendsassa. Das war ganz großes Tennis! Aber ist ein dermaßen überzogenes, irrwitziges Manöver wissenschaftlich korrekt? »Ja gut, ich sach ma: läuft«, möchte ich da antworten.

Also, wenn ich beide Augen ganz fest zudrücke und mir dabei die Ohren zuhalte, dann sieht das nicht nur doof aus, sondern dann würde ich sogar sagen, dass Watney diese navigatorischen und dramaturgischen Haken schlagen kann. Bei der Rettungsaktion kamen die üblichen Handlungsmuster von Actionfilmen zum Tragen, bei denen die Freundin im Kino zu ihrem aufgeregt den Film verfolgenden Freund nüchtern sagt: »Das kann der doch gar nicht schaffen!«. In solchen Momenten raunzt der Freund typischerweise nur ein lapidares »Schnauze!«, und es gibt mindestens zwei Wochenenden lang keinen Sex.

▶ Marspanorama: So sieht es wirklich aus, hier Gale-Krater. (Credit: NASA)

Jedenfalls sind die einzelnen Elemente der Rettungsaktion wissenschaftlich schon haltbar: Klar kann ich eine Rakete durch Leichter-Machen besser beschleunigen und so höher schießen. Klar kann ich mit einer Explosionswelle eine Raumfähre bremsen. Klar erzeugt ein Handschuh, aus dem Gas austritt, einen Rückstoß. Aber die Verkettung all dieser Handlungselemente zu einem solch geglückten Rettungsfinale ist schon absurd unwahrscheinlich.

Kapitel 3: Reiseziel Mars

Wechselspiel von Marsforschung und Fiktion

1877: Schiaparelli entdeckte die »Marskanäle«. Der Mars-Hype beginnt.

1960er-Jahre: Erste Satellitenvorbeiflüge: Mars ist öde, trocken, kalt.

1971: »Orbiter Mariner 9«, der erste künstliche Mars-Satellit. Entdeckt Riesenvulkan »Olympus Mons« und vertrocknete Wasseradern.

1975: »Viking 1 und 2«, Mission mit Lander. Kein Leben. Ernüchterung! Aber Entdeckung des »Marsgesichts«. Doch Marsianer in the House?

1996: Fund des Mars-Meteoriten »ALH84001« in der Antarktis. Ein Lebensfossil? Nein.

1996: Start von »Mars Global Surveyor«. Wiederbelebtes Interesse!

1997: Sonde »Pathfinder« mit Rover »Sojourner«: Messungen von Boden, Wind, Wetter.

2001: »Mars Odyssey« (NASA) schwenkte in Marsorbit ein und fotografiert ihn seitdem.

2003: »Mars Exploration Rover«: Die NASA schickte die Rover »Spirit« und »Opportunity«. Sie lieferten spektakuläre Fotos von der Marslandschaft.

2005: »Mars Reconnaissance Orbiter« (MRO) brach zum Mars auf und umkreist ihn seit 2006. Das »Marsgesicht« entpuppte sich als schnöde Felsformation.

2007: NASA-Raumsonde »Phoenix« startete zum Mars, landete und lieferte Daten. Kontakt brach 2008 ab.

2012: NASAs Riesen-Rover »Curiosity« landete auf dem Mars. Wieder spektakuläre neue Marsfotos.

2015: Kinofilm »Der Marsianer« lief an.

2018: NASA-Marssonde »InSight« landete auf dem Mars und wird in 2019 fünf Meter tief bohren.

Mein Fazit zu »Der Marsianer«

Zuletzt habe ich noch einen vom Leder gezogen, ich will jedoch nicht mäkeln. Kleine Filmfehler wie den nicht korrekt dargestellten Sonnenuntergang oder Sternenhimmel oder die mehr hängenden als schwerelos schwebenden Astronauten in der »Hermes« kann man großzügig verzeihen. Allein die Fülle der hier betrachteten wissenschaftlichen Details aus dem Film zeigt, wie viel Mühe sich die Filmbosse, Drehbuchautoren und allen voran Buchautor Andy Weir gemacht haben. Das war Wissenschaft im Kino auf einem ganz hohen Niveau und mit großer Detailverliebtheit, die dem ambitionierten Zuschauer bei anderer SF-Kost eher abgeht. Außerdem macht der Film richtig Spaß! Die Gags am Rande sind sehr stimmig und zum Teil echt der Brüller. Dann sieht der Film optisch richtig schick und realistisch aus. Mit Sicherheit war es gut, dass die Filmemacher die NASA als Partner bei der Produktion gewinnen konnten und dass sie einmalige Instrumente und Fahrzeuge der Weltraumorganisation einsetzen konnten. Dem Film hat es gutgetan. Das »Look-and-feel« vom Mars, den der Zuschauer hier hautnah miterleben kann, hat es so noch nie gegeben. Ich verneige mich in Ehrfurcht.

Kapitel 3: Reiseziel Mars

Titel »Die totale Erinnerung«
Originaltitel »Total Recall«
Erscheinungsjahr 1990
Regie Paul Verhoeven
Schauspieler Arnold Schwarzenegger, Rachel Ticotin, Sharon Stone
Unterhaltungswert 4/5. Mit Arnie wird's imma an Äktschnfuim!
Auweia-Faktor 4/5. Marsmonde. Mutanten mit drei Brüsten. Diverse abgetrennte Gliedmaßen. Noch Fragen?
Science-Faktor 2/5. Die Wissenschaft wurde der Action geopfert. Immerhin ist der Mars rot.
Größter Aufreger Quellen einem echt die Augen raus, wenn man auf dem Mars den Helm abnimmt? Wahaha!
Besonderes Das Drehbuch basiert auf der Kurzgeschichte »Erinnerungen en gros« von Philip K. Dick.
Auszeichnungen Zwei Oscar-Nominierungen, Saturn Award

Zur Handlung von »Die totale Erinnerung«

Ein Mars-Film von einem ganz anderen Kaliber ist »Die totale Erinnerung« mit Haudrauf-Ikone Arnold Schwarzenegger. Am Anfang sind wir noch auf der Erde. Der Bauarbeiter Douglas Quaid – gespielt von Arnie – ist verheiratet mit Lori, dargestellt von Sharon »OMG« Stone. In Quaids Träumen taucht eine attraktive, rätselhafte, brünette Frau auf. Sie wird von Rachel Ticotin verkörpert. Quaid möchte sich bei der Firma »Rekall« künstliche Erinnerungen einpflanzen lassen. Sie sind von echten nicht zu unterscheiden. Quaid bestellt Erinnerungen an einen Marsurlaub und dass er außerdem ein Geheimagent sei. Beim Implantieren der Erinnerungen kann Rekall jedoch den Eingriff nicht zu Ende bringen. Denn ein paar böse Jungs stürzen sich auf Quaid und wollen ihn töten. Nach einigen derben Brachialszenen, die in der ungeschnittenen Fassung echt nicht schön anzusehen sind, kann unser Protagonist fliehen. Quaid findet eine Videobotschaft, in der ihm sein Double Hauser, ein Geheimagent, vorschlägt, Antworten auf dem Mars zu finden. Es gelingt Quaid, zum Mars zu reisen. Dort taucht er unter und findet Zuflucht bei Mutanten. Sie gehören Rebellen an, die sich gegen den diktatorischen Mars-Gouverneur Cohaagen auflehnen wollen. Der Gouverneur ist der Filmbösewicht, der mit seiner Firma die Rohstoffe des Mars scheffeln und die Menschen unterjochen will. Zu den Rebellen gehört auch die brünette Schönheit aus Quaids Träumen. Sie heißt Melina. Sie entdecken eine unterirdische, altertümliche Vorrichtung, die Aliens gebaut hatten, um Terraforming mit dem Mars zu betreiben, das heißt, die Marsatmosphäre erdähnlich zu machen. Cohaagen hatte die Anlage geheim gehalten, um die Bewohner des Mars weiter ausbeuten zu können. Mit viel Actiongedöns gelingt es Arnie und den Mars-Aufständlern, den Mars-Gouverneur und seine Schergen zu besiegen und den Mars zu einem angenehmeren Lebensraum zu machen.

Eine Szene bleibt nachhaltig in Erinnerung. Im Showdown wird eine schützende Kuppel eines Mars-Habitats zerstört. Die Hauptfiguren Quaid und Melina werden aus dem schützenden Habitat geschleudert und sind schutzlos der Marsatmosphäre ausgeliefert – ohne Raumanzug. Im Film wurde es so dargestellt, dass einem Menschen ohne Raumanzug und Helm die Augen herausquellen. Ist das realistisch? Was passiert wirklich, wenn man auf dem Mars den Helm absetzt?

Nein, das war natürlich viel zu übertrieben dargestellt. Es ist schon so, dass die Mars-Atmosphäre einen rund 1000-fach geringeren Druck hat, aber das würde nicht dazu führen, dass einem die Augen aus dem Kopf ploppen. Vielmehr würde Folgendes passieren: Nach wenigen Sekunden würde die Person das Bewusstsein verlieren und nach einigen Minuten eine akute Mangelversorgung mit Sauerstoff erleiden. Mediziner nennen das »Hypoxie«. Die Haut verfärbt sich dabei grau und blau. Die Symptome sind eher eine Folge des Sauerstoffmangels als des geringen Drucks auf dem Mars. Der geringere Druck äußert sich normalerweise darin, dass Flüssigkeiten schon bei kleineren Temperaturen zu sieden anfangen. Das wird jeder bestätigen können, der schon einmal Wasser in den Bergen gekocht hat. Es kocht dann bei Temperaturen deutlich unter 100 Grad Celsius. Nun könnte man deshalb erwarten, dass Körperflüssigkeiten und insbesondere Blut zu sieden anfangen. Tatsächlich können dehnbare Haut und Blutgefäße das verhindern.

Noch extremer ist es, wenn ein menschlicher Körper plötzlich dem Vakuum ausgesetzt wird (Landis 2007). Die gerade beschriebenen Vorgänge infolge des plötzlichen Sauerstoffmangels würden auch hier eintreten. Tatsächlich würde sich der Körper durch den Druckabfall aufblähen – sogar bis zum doppelten Volumen! Die Person würde aber nicht ballonartig wie ein Michelin-Männchen aussehen, sondern eher wie ein Bodybuilder. Der Körper würde dabei nicht platzen oder Augen herausquellen, weil das Körpergewebe sehr dehnbar ist. Ein eng anliegender Druckanzug, wie ihn Piloten und Astronauten tragen, würde verhindern, dass sich

"Die totale Erinnerung"

Was passiert bei der Taucherkrankheit?

Beim Tauchen gilt die Regel, dass pro getauchte zehn Meter der Umgebungsdruck um etwa 1 Bar (1000 Hektopascal) zunimmt. Beim Auftauchen verringert sich der Druck entsprechend wieder, und es wandeln sich Teile von Flüssigkeiten in Gasbläschen um. Das Phänomen wird »Ebullismus« genannt und ist besonders kritisch bei einem schnellen Druckabfall. Genau das passiert bei Tauchern, die zu schnell aus tiefem Wasser mit hohem Druck auf Meereshöhe mit niedrigerem Druck auftauchen. Die sich bildenden Gasbläschen lösen die Dekompressions- oder Taucherkrankheit aus. Physikalisch erklärt: Nach dem Henry-Gesetz werden mit steigendem Umgebungsdruck mehr Gase wie Stickstoff im Blut gelöst. Wechselt man zu schnell in eine Region niedrigen Drucks, fällt das gelöste Gas in Form von Blasen aus. Stickstoff reichert sich danach in den Geweben an, und es kommt zur Übersättigung. Das macht Probleme, insbesondere beim gut durchbluteten Gehirn. Plötzliche Gasbildung im Gewebe kann es mechanisch verletzen oder in Adern Gasembolien hervorrufen. Übrigens kennen Sie den Effekt aus dem Alltag: Wenn Sie eine Flasche Mineralwasser oder Limo öffnen, verringert sich schlagartig der Druck in der Flasche und oben bilden sich kurzeitig Gasblasen aus zuvor gelöstem Kohlendioxid.

Vermeiden lässt sich die Taucherkrankheit durch langsames Auftauchen und Durchführen von Dekompressionspausen. Ähnliches geschieht bei der Höhenkrankheit beim Besteigen hoher Berge oder Flügen in großen Höhen ab 7600 Metern (25.000 Fuß).

der Körper aufbläht. Deshalb entwickelten zum Beispiel die US Air Force und die NASA eine ganze Reihe spezieller Anzüge.

Beim ungeschützten Kontakt (hab ich das gerade wirklich getippt?) mit der Marsatmosphäre oder mit dem Vakuum müssten Blutgefäße platzen oder Blut an Körperöffnungen austreten. Das wurde zum Beispiel im SF-Hollywoodstreifen »Event Horizon – Am Rande des Universums« (USA 1997) so gezeigt. Das junge Crewmitglied Justin, das von den Kollegen »Baby Bär« genannt wird, stirbt in der Druckschleuse, als er ohne Raumanzug die Tür zum Weltraum öffnet. Bei ihm tritt Blut aus Nase, Ohren und Augen aus. Ein aufgedunsener Körper war hingegen nicht zu sehen.

Zurück zu »Total Recall«. Auf dem Filmplakat sind zwei kugelrunde Marsmonde zu sehen, der eine etwas größer als der andere. Hier gibt es leider etwas auszusetzen: Es stimmt, dass der Mars zwei Monde hat, aber sie sind nicht kugelig wie unser Mond. Vielmehr sind sie kartoffelförmig. Das ist auf ihre kleine Größe zurückzuführen. Die unregelmäßigen Marsmonde »Phobos« und »Deimos« haben an ihren breitesten Stellen nur Durchmesser zwischen knapp 30 und zehn Kilometern. Unser Erdmond ist dagegen mit fast 3500 Kilometern Durchmesser ein Gigant. Die Monde sind sehr wahrscheinlich auf vollkommen verschiedene Arten entstanden. Der Erdmond bildete

▸ Echte Fotos der kleinen Marsmonde »Deimos« (15 x 12 x 11 km) und »Phobos« (27 x 22 x 18 km). (Credit: NASA)

»Die totale Erinnerung«

sich aus einer Kollision mit dem etwa marsgroßen Körper namens »Theia« vor rund vier Milliarden Jahren. Die Wucht des Zusammenstoßes schmolz beide Körper komplett auf und bildete eine neue Erde und den Mond. Für dieses Entstehungsszenario sprechen die nahezu identische chemische Zusammensetzung von Erde und Mond sowie ihr gleiches geologisches Alter. Die kleinen Monde des Mars hingegen wurden sehr wahrscheinlich vom Roten Planeten eingefangen. Zwischen Mars und Jupiter ist mit dem Asteroidengürtel ein riesiges Reservoir von Kleinkörpern, die sich zum Mars verirrt haben könnten.

Die vielen Kleinkörper des Sonnensystems zeigen, dass die kugelrunde Form erst ab Durchmessern von einigen Hundert bis etwa 1000 Kilometern auftritt – je nach Zusammensetzung. Das liegt daran, weil erst dann genügend Masse da ist, sodass sich der Körper durch seine eigene Gravitation kugelrund formen kann.

»Phobos« und »Deimos« wurden beide erst 1877 vom US-Astronomen Asaph Hall entdeckt. Phobos umkreist in nur 0,32 Tagen den Mars in 9200 bis 9500 Kilometern Höhe. »Deimos« umrundet den Roten Planeten in 1,26 Tagen im nahezu gleichbleibenden Abstand von 23.460 Kilometern. Vom Mars aus gesehen erscheinen »Phobos« und »Deimos« deutlich kleiner als der Erdmond von der Erde aus – Sie können das jetzt nachrechnen mit der Formel zur scheinbaren Größe.

Übrigens erschien 2012 ein Remake des Films »Total Recall«, unter anderen mit den Hauptdarstellern Colin Farrell, Kate Beckinsale und Jessica Biel. Wenn Sie mich fragen, war der Streifen mit Arnie & Co. besser.

Kapitel 3: Reiseziel Mars

Mein Fazit zu »Die totale Erinnerung«

Der Film von 1990 ist ein moderner Klassiker. Vermutlich ist das rüde Gewalt-Kino mit einem wenig zimperlichen, aber sehr selbstironischen Arnie nicht jedermanns Sache. Der männliche Zuschauer wird den Auftritt der Sex-Ikone der 90er-Jahre Sharon Stone als Arnies nicht minder wehrlose Gattin zu schätzen wissen. In einer Szene hat sie den schönen Satz: »Unsere Ehe ist ein Gedächtnisimplantat.«

Die Physik des Mars spielte sicherlich keine Hauptrolle. Die Marsatmosphäre wurde viel zu rot dargestellt. Das deckt sich nicht mit echten Fotos vom Mars, die heutzutage von Rovern geschossen und zur Erde gefunkt werden. Den Kopf schütteln müssen wir ebenfalls bei dem Thema Terraforming. Damit ist ja gemeint, dass Experten einen unwirtlichen Planeten in eine bewohnbare Heimat für Menschen verwandeln. Ein ähnliches Experiment führt die Menschheit gerade mit CO_2 und anderen Killergasen für die Atmosphäre durch. In Arnies Film ging das definitiv zu fix.

Im Gegensatz zu »Der Marsianer« fällt bei »Die totale Erinnerung« kaum wissenschaftliches Futter ab. Aber unterhaltsam ist der Film allemal.

Bleibt nur noch zu sagen, dass Arnold Schwarzenegger der Muskelheld meiner ungetrübten Kindheit in den 80er-Jahren war. Besser war eigentlich nur Chuck Norris. Wissen Sie warum? Na, es gibt doch diesen Spruch: »Wie viele Liegestütze schafft Chuck Norris? – Alle!«

➡ Hasta la vista, Mars.

»Box Office«

Filmliebhaber haben diesen Begriff bestimmt schon gehört. Wörtlich übersetzt ist es das »Schalterhäuschen« aus der guten alten Zeit der ersten Kinos, bei dem man die Kinokarten kaufen konnte. Die Einnahmen dieser »Box Offices« sind maßgebend, wie erfolgreich ein Film im Kino lief, und sie entscheiden auch über die Spielzeit des Streifens im Kino. In Deutschland laufen Filme donnerstags an. Dann wird besondere Aufmerksamkeit dem Einspielergebnis am darauffolgenden Wochenende (»Opening Weekend«) geschenkt. Dies entscheidet über die künftige Spielzeit.

Etwas mehr als die Hälfte der Brutto-Einspielergebnisse geht in der Regel als Miete an die Verleiher; die andere Hälfte bekommen die Kinos. Die Verleihmiete wird benutzt, um Kosten für Produktion und Marketing zu finanzieren.

Filmflops werden in der Branche als »Box Office Bombs« bezeichnet. Seit 1999 berichtet der US-Webdienstleister »Box Office Mojo« über die Kinocharts. In Deutschland ermittelt Media Control zusammen mit dem Verband der Filmverleiher die deutschen Kino-Besuchercharts.

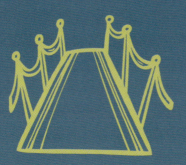

Die erfolgreichsten Filme aller Zeiten!

Das wollten Sie bestimmt schon immer mal wissen. Was sind nach Box-Office-Einspielergebnissen die kommerziell erfolgreichsten Filme aller Zeiten? Hier kommt eine Auswahl der Top-100-Liste, nämlich die Top 3 gefolgt von Science-Fiction-Filmen (Stand: August 2018):

Platz 1: »Avatar – Aufbruch nach Pandora« (2009)

Platz 2: »Titanic« (1997)

Platz 3: »Star Wars – Das Erwachen der Macht« (2015)

Platz 11: »Star Wars – Die letzten Jedi« (2017)

Platz 27: »Rogue One – A Star Wars Story« (2016)

Platz 32: »Star Wars: Episode I – Die dunkle Bedrohung« (1999)

Platz 63: »Guardians of the Galaxy Vol. 22 « (2017)

Platz 66: »Star Wars: Episode III – Die Rache der Sith« (2005)

Platz 72: »Independence Day« (1996)

Platz 78: »E. T. – Der Außerirdische« (1982)

Platz 83: »Krieg der Sterne« (1977)

Platz 84: »Guardians of the Galaxy« (2014)

Platz 85: »2012« (2009)

Platz 99: »Gravity« (2013)

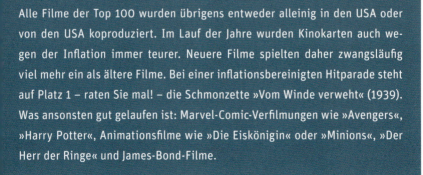

Alle Filme der Top 100 wurden übrigens entweder alleinig in den USA oder von den USA koproduziert. Im Lauf der Jahre wurden Kinokarten auch wegen der Inflation immer teurer. Neuere Filme spielten daher zwangsläufig viel mehr ein als ältere Filme. Bei einer inflationsbereinigten Hitparade steht auf Platz 1 – raten Sie mal! – die Schmonzette »Vom Winde verweht« (1939). Was ansonsten gut gelaufen ist: Marvel-Comic-Verfilmungen wie »Avengers«, »Harry Potter«, Animationsfilme wie »Die Eiskönigin« oder »Minions«, »Der Herr der Ringe« und James-Bond-Filme.

Kapitel 4: Die fremden Welten ferner Planeten

Ich persönlich finde es in der Science-Fiction immer sehr spannend zu sehen, wie andere Planeten und Aliens dargestellt werden. SF-Filme bieten hier inzwischen schier endlose Variationen an. Der Fantasie sind keine Grenzen gesetzt. Beschränken wir uns auf die Planeten des »Star Trek«- und »Star Wars«-Universums, so fällt auf, dass Menschen meistens ganz normal auf den Planeten herumlaufen und in der dortigen Atmosphäre ohne Raumanzug und Sauerstoffgerät atmen können. Im Allgemeinen sind solche Bedingungen auf anderen Planeten nicht zu erwarten. Das zeigt schon unser Sonnensystem.

In den Anfängen von »Star Trek« in den 1960er-Jahren wurden andere Welten aus Kostengründen und in Ermangelung aufwendiger technischer Tricks auf sehr rührende Weise im Studio dargestellt. Es sah aus wie eine bunt beleuchtete Styropor-Landschaft, untermalt von sphärischen Klängen einer merkwürdigen Musik – das war's, und es hinterließ beim Zuschauer eine »Äh, ja«-Reaktion.

Schwamm drüber über die Weltraum-Tricks der 1960er-Jahre. Denn schon Ende der 1970er-Jahre wurden die Maßstäbe für die SF-Trickkiste neu definiert. »Star Wars«, also »Krieg der Sterne«, zeigt atemberaubende Weltraumschlachten, fremdartige Planeten und Völker und begeistert damit bis heute Generationen von SF-Fans. Der »Star Wars«-Schöpfer George Lucas, der mittlerweile die ein oder andere Milliarde am »Star Wars«-Franchise verdient hat, gründete 1975 ein eigenes Unternehmen, damit er seine Visionen mit visuellen Spezialeffekten umsetzen konnte: die Firma »Industrial Light and Magic«. In den Anfängen wurde noch ohne Computer-Generated-Techniken gearbeitet, und es kamen Miniaturen zum Einsatz. Für den ersten »Star Wars«-Film – heute unter »Episode IV« bekannt – gab es 1978 den Oscar für die wegweisenden visuellen Effekte.

Ein Riesenbrüller war im zweiten »Star Wars«-Film »Das Imperium schlägt zurück« (Episode V) der Eisplanet namens – halten Sie sich fest – »Hoth«. Welch cooler und vor allem passender Name! Dort hatte die Rebellen-Allianz um Prinzessin Leia und Luke Skywalker einen geheimen Stützpunkt errichtet, der in einer spektakulären Szene von den gigantischen Roboter-Vierbeinern »AT-ATs« (*All Terrain Armored Transport*, deutsch: gepanzerter Gelände-Angriffstransporter) angegriffen wird. Im Film wirkt die Eiswelt sehr realistisch, weil die Szenen zum Teil in der echten Winterwelt von Finse in Norwegen gedreht wurden.

»Star Wars: Episode V«

Titel »Star Wars: Episode V – Das Imperium schlägt zurück«
Originaltitel »The Empire Strikes Back«
Erscheinungsjahr 1980
Regie Irvin Kershner
Schauspieler Mark Hamill, Harrison Ford, Carrie Fisher
Unterhaltungswert 5/5. Der Weltraumtrip mit lieb gewonnenen Figuren geht in die zweite Runde.
Auweia-Faktor 1/5. Nur wegen der gängigen Weltraumgeräusche.
Science-Faktor 3/5. Wissenschaft steht nicht im Vordergrund, aber alles passt.
Größter Aufreger Der ganze Film war extrem aufregend – im positiven Sinn!
Besonderes Die markanten deutschen Stimmen von Darth Vader stammen von Heinz Petruo (1918–2001) und später Reiner Schöne (geb. 1942).
Auszeichnungen 2 Oscars (Bester Ton, Visuelle Effekte) u. v. m.

Zur Handlung von »Star Wars: Episode V – Das Imperium schlägt zurück«

Im ersten Teil der ursprünglichen »Star Wars«-Trilogie (heute Episode IV) wurde der Todesstern des Imperiums – der »Bösen« – zerstört. Doch so leicht gibt sich Darth Vader nicht geschlagen. In »Das Imperium schlägt zurück« findet er auf dem Eisplaneten Hoth einen geheimen Stützpunkt der Rebellen – der »Guten« um Luke Skywalker. Es kommt zur legendären Schlacht auf dem Eisplaneten, bei der die Rebellen fliehen müssen. Luke begibt sich auf Rat von Obi-Wan Kenobi, der ihm in einer Vision erscheint, ins Dagobah-System. Dort versteckt sich Meister Yoda, der berühmte kleine grüne

Kapitel 4: Die fremden Welten ferner Planeten

Giftzwerg mit den spitzen Ohren und dem schlitzohrigen Humor. Luke möchte sich von ihm zum Jedi-Meister ausbilden lassen. An Lukes Seite ist der kleine, piepsige Roboter R2-D2.
Unterdessen fliehen Prinzessin Leia, Han Solo und der »goldige« Protokolldroide C-3PO im Millennium-Falken. Sie werden aber von imperialen Streitkräften verfolgt. Bei einer spektakulären Jagd durch ein Asteroidenfeld können sie die Verfolger abschütteln. Um sie aufzuspüren, beauftragt Darth Vader den Kopfgeldjäger Boba Fett. In der Tat kann Luke Yoda überzeugen, ihn zum Jedi zu machen. Es gibt einige witzige, aber auch gruselige Szenen auf Dagobah, zu denen man nur sagen kann: »Die gesehen haben du musst!« Lukes Macht wächst, und er wird zum ernst zu nehmenden Jedi-Ritter. Das verfolgt die Inkarnation des Bösen – der runzelhäutige, greisenhafte Imperator – mit Sorge. Doch Vader ist überzeugt, ihn mit Hassgefühlen auf die dunkle Seite der Macht ziehen zu können.
Die Ereignisse überschlagen sich: Han Solos alter Weggefährte Lando Calrissian verrät ihn, sodass er vom Imperium in der Wolkenstadt Bespin gefangen genommen und in Karbonit eingefroren wird. C-3PO zerlegt es im wahrsten Sinne des Wortes, weil er von einem Laserstrahl erwischt wird. Wir erinnern uns alle an die drolligen Szenen, in denen Han Solos Co-Pilot Chewbacca die goldfarbenen Metallteile des Droiden auf dem Rücken trägt. Leia, Chewie und Lando entkommen gemeinsam.
Im Showdown stehen sich Luke Skywalker und Darth Vader in einem sehenswerten Lichtschwert-Duell gegenüber. Der schwarze Lord provoziert Luke so sehr, dass er voller Hass auf Vader eindrischt. Das Böse überkommt ihn, und

Vader gelingt es, Lukes rechte Hand abzuschneiden. Es kommt zu der legendären »Ich bin dein Vater«-Szene. Luke wird verschont und kann fliehen. Der Zuschauer wird mit einem mehrfachen Cliffhanger zurückgelassen und dürstet bereits nach Teil 3 beziehungsweise Episode VI. Wenn Sie mal einen schlechten Tag haben, habe ich hier einen Tipp, um Sie aufzuheitern: Auf Youtube gibt es eine absolut geniale schwäbische Version einer »Star Wars«-Szene von Dominik Kuhn. Sie hat den Titel »Virales Marketing im Todesstern Stuttgart« und wurde schon mehr als fünf Millionen Mal geklickt.

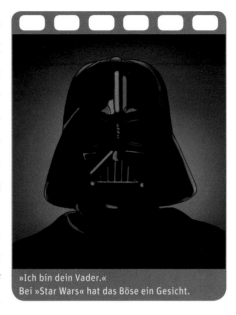

»Ich bin dein Vader.«
Bei »Star Wars« hat das Böse ein Gesicht.

Mein Fazit zu »Star Wars: Episode V – Das Imperium schlägt zurück«

Nach dem riesigen Erfolg des ersten Teils (Episode IV) war das Publikum natürlich gespannt, wie es weitergehen würde. Mir persönlich hat die Fortsetzung noch besser gefallen als Teil 1. Der Zuschauer bekam noch mehr Augenfutter und spektakuläre Szenen geboten. Die Schlacht auf dem Eisplaneten mit den AT-ATs des Imperiums hatte mich damals schwer beeindruckt.

Ausgehend von den Welten des »Star Wars«-Universums wie dem Eisplaneten Hoth oder dem Sumpfplaneten Dagobah wollen wir

Kapitel 4: Die fremden Welten ferner Planeten

leuchtungssituation wäre anders. Wenn unsere Sonne untergeht, könnte die »Jupitersonne« noch hoch am Himmel stehen. Es würde nicht dunkel werden. Nehmen wir an, dass sich die »Jupitersonne« an der Position Jupiters befindet, also ihr Sonnenabstand etwa fünf Astronomische Einheiten beträgt. Nehmen wir weiterhin an, dass sie nur ein Roter Zwergstern wie Proxima wäre und damit eine absolute Helligkeit von 10,3 Magnituden hätte. Dann wäre diese »Jupitersonne« natürlich viel heller als der Vollmond, aber nicht so hell wie die Sonne. Sie würde so wie unsere Sonne auf dem Neptun aussehen, der ungefähr 30 Astronomische Einheiten entfernt ist. Nehmen wir auch an, dass die »Jupitersonne« so groß wie Proxima (0,15 Sonnenradien) wäre, dann würde in vier Astronomischen Einheiten Entfernung die »Scheibe der Jupitersonne« am Himmel 25-fach kleiner aussehen als unsere Sonne. Es wäre bei Weitem nicht so imposant wie im »Star Wars«-Film mit zwei großen Sonnenscheiben. Die kleine Jupitersonne wäre nur dreimal größer als die Venusscheibe, aber viel heller.

Helligkeit und Magnitude

Wenn Sie mal den Sternenhimmel betrachten, können Sie mit bloßem Auge sechs verschiedene Helligkeits- oder Größenklassen wahrnehmen (Sonne, Mond und Planeten lassen wir außen vor). Achtung: »Größe« hat hierbei nichts mit der räumlichen Ausdehnung des Sterns zu tun! Ein Stern erster Größe gehört zu den hellsten Sternen; ein Stern sechster Größe ist sehr dunkel und gerade noch zu sehen.

»Star Wars Episode V«

> Die Helligkeit von einer Klasse zur anderen variiert nicht linear, sondern logarithmisch, weil unsere Augen nach dem Weber-Fechner-Gesetz logarithmische Detektoren sind. Die Einheit der Helligkeitsklasse heißt Magnitude. Beispiel: Ein Stern fünfter Größe hat die Helligkeit von 5^{mag} oder 5^m.
>
> Ein mehr physikalisches Maß für die Helligkeit in der Astronomie ist der Strahlungsfluss. »Fluss« meint immer eine Anzahl von Teilchen pro Zeit und Fläche. Daher hat der Strahlungsfluss die Einheit »Watt pro Quadratmeter«. Von einer Größenklasse zur nächsten ändert sich der Strahlungsfluss um den Faktor 2,5. Ein Stern erster Größe hat einen Strahlungsfluss, der $2,5^5$-fach, also ziemlich genau hundertmal größer ist als bei einem Stern sechster Größe.

Zwei dominante Sterne in einem Sonnensystem würden die Bahnen von nahen Planeten in ein Chaos stürzen. Denn geschlossene kreis- oder ellipsenförmige Bahnen wären da kaum möglich. Die Folgen sind klar: Der Zyklus der Jahreszeiten, die damit periodisch wiederkehrenden Beleuchtungs- und Temperaturverhältnisse, entfielen. Die Wetter- und Klimaverhältnisse und der Wechsel von Tag und Nacht wären unregelmäßig und nicht vorhersagbar.

Es kommt noch schlimmer: Wenn mehrere große Körper in einem Sonnensystem unterwegs sind, kommt es zu Mehrkörper-Wechselwirkungen, die typischerweise dazu führen, dass kleine Körper, nämlich Asteroiden und kleine Planeten, herauskatapultiert werden! In der Vergangenheit unseres Sonnensystems war genau das passiert, als die Gasgiganten Jupiter und Saturn ins innere Sonnensystem wanderten. Stellen Sie sich vor, Sie sitzen gerade beim Frühstück. Die Sonne scheint, es ist ein schöner Tag. Doch dann stellen Sie fest, dass die Sonnenkugel immer kleiner und dunkler wird. Und es wird spürbar kalt. Warum? Na, weil unser Heimatplanet gerade aus dem Sonnensystem geschleudert wird. Das Frühstück wäre so was von versaut, und an morgen sollten Sie lieber nicht denken, denn es wird keinen Sonnenaufgang geben. Wir müssen uns dann warm anziehen ...

Weit weg von einem Doppelstern sind stabile Verhältnisse wieder gut möglich. Denn in größeren Entfernungen wirkt ein Doppelstern wie eine einzige Masse, das heißt, hier könnte ein Planet auch wieder gemächliche Kreisbahnen ziehen. Ein Planet, der in dieser Weise um zwei Sterne kreist, heißt »zirkumbinär«. Im Sternbild Schwan befindet sich in ungefähr 200 Lichtjahren Entfernung der Doppelstern Kepler-16 (AB), der 2011 entdeckt wurde. Es ist ein Bedeckungsveränderlicher, bei dem sich der eine Stern zeitweise vor den anderen schiebt und diesen verdunkelt. Um den Doppelstern kreist in 228 Tagen der zirkumbinäre Planet Kepler-16b. Er hat etwa ein Drittel der Jupitermasse und einen Abstand von 0,7 Astronomischen Einheiten vom Doppelstern. Solche Systeme haben nur einen Haken: Bei den größeren Abständen, wo der Planet stabil um seinen Doppelstern kreisen kann, wird es kalt und dunkel.

Eine kreis- oder ellipsenförmige Bahn allein ist allerdings noch kein Garant für einen Wechsel von Tag und Nacht und für geeignete Klimaverhältnisse. Auch die Stellung der Rotationsachse des Planeten ist wichtig. Wenn das nördliche Ende der irdischen Drehachse zur Sonne zeigen würde, wäre es auf der Nordhalbku-

»Star Wars Episode V«

gel ein halbes Jahr lang nicht mehr dunkel! Der übliche Wechsel der Jahreszeiten in gemäßigten Breiten würde nicht mehr funktionieren.

Wir haben mit unserer Singlesonne offenbar eine ganze Reihe günstiger Verhältnisse vorgefunden. Das ist natürlich kein Zufall. Das Leben auf der Erde hat sich entwickeln können, gerade *weil* die irdischen Bedingungen so gemäßigt, stetig wiederkehrend und optimal abgestimmt sind. Schon bei unseren Nachbarplaneten sieht es da anders aus.

Zurück zu den Exoplaneten. Die Anzahl fremder Welten lässt sich ganz gut abschätzen. Die Milchstraße besteht aus rund einhundert Milliarden Sternen. Es gibt im ganzen Universum rund hundert Milliarden (10^{11}) Galaxien, wie aus groß angelegten Beobachtungen bis in die Tiefen des Weltalls ermittelt werden kann. Weil die Bildung von Sternen mit der Entstehung von Planeten einhergeht, dürfen wir annehmen, dass auf jeden Stern etwa (von der Größenordnung her) ein Planet kommt. 10^{11} mal 10^{11} ergibt 10^{22}, also eine Eins mit 22 Nullen. Die Zahl heißt zehn Trilliarden, und so viele Sonnensysteme und Planeten sollte es größenordnungsmäßig geben. Das ist eine echt große Zahl! Faszinierend ist jedoch, dass sich in einem herkömmlichen Spielwürfel schon mehr Atome befinden, etwa 10^{23}. Anderes Beispiel: In den Ozeanen tummeln sich 10^{30} Lebewesen. Große Zahlen sind eben relativ.

Von den so abgeschätzten 10^{22} Exoplaneten sind bei Weitem nicht alle erdähnlich; und noch viel weniger davon werden Lebewesen und noch weit weniger intelligente Zivilisationen hervorgebracht haben.

Wie viele Exoplaneten kennt man nun eigentlich sicher? Wie viele davon sind gute Kandidaten für Leben, wie wir es auf der Erde kennen?

Die Geschichte begann am 6. Oktober 1995. Die schweizerischen Astronomen Michel Mayor und Didier Queloz gaben die Entdeckung des ersten Exoplaneten um einen normalen Stern bekannt. Er befindet sich im Sternbild Pegasus, dem fliegenden Pferd aus der griechischen Mythologie, und heißt 51 Pegasi b. Er ist rund 50 Lichtjahre entfernt. Eine 2019 auf der Erde abgeschickte WhatsApp-Nachricht, die Sie mit Ihrem Smartphone per Radiowellen auf den Weg schicken, kommt erst im Jahr 2069 dort an. Eine mögliche Antwort eines Pegasusianers erhalten Sie erst nach weiteren 50 Jahren, im Jahr 2119.

Der erste Exoplanet 51 Pegasi b wurde mit der Radialgeschwindigkeitsmethode entdeckt. Es ist ein »Hot Jupiter« (Achtung, nicht Hoth!), weil ein sehr großer Gasplanet mit etwa halber Jupitermasse extrem nah um sein Heimatgestirn namens »Helvetios« (51 Pegasi) kreist, und zwar in nur vier Tagen! Vier Tage? Wow, das ist richtig, richtig sportlich! Zum Vergleich: Merkur, der innerste Planet im Sonnensystem, benötigt für einen Umlauf 88 Tage. Es gibt schon viele Kids, die auf den Planeten 51 Pegasi b ziehen wollen, weil sie alle vier Tage Geburtstag hätten. Geschenke en masse!

Bei nur vier Tagen wie bei 51 Pegasi b müssen sich Stern und Planet verdammt nah sein. Tatsächlich sind es nur 7,5 Millionen

»Star Wars Episode V«

Die Radialgeschwindigkeitsmethode

Mit dieser Methode wurde der erste Exoplanet 51 Pegasi b nachgewiesen. Die Verbindungslinie von der Erde mit dem Stern, um den der Exoplanet kreist, ist der Sehstrahl. Die Geschwindigkeit des Sterns entlang dieser Richtung heißt Radialgeschwindigkeit und lässt sich ermitteln, indem man das Licht des Sterns aufnimmt und in Einzelteile zerlegt. Die Zerlegung heißt Spektrum, das Sie vom Regenbogen her kennen. Sternspektren sehen aber anders aus als der aufgefächerte Regenbogen. Komischerweise fehlen da in der Regel Farben. Dort befinden sich dann schwarze Linien. Astronomen können in den Linien lesen wie in einem Fingerabdruck. So verraten die berühmten schwarzen Linien im Sonnenspektrum – die »Fraunhofer-Linien« –, dass die Sonnenhülle (Photosphäre) aus Helium und anderen chemischen Elementen besteht. Die Linien verändern nun aufgrund des Doppler-Effekts ihre Position im Spektrum periodisch, falls der Stern sich regelmäßig relativ zu uns vor- und zurückbewegt. Das wird er tun, falls ein großer Planet in seiner Nähe ist und sich die beiden um den gemeinsamen Schwerpunkt bewegen. Nähert sich der Stern gerade uns an, wird die Linie zum blauen Ende des Spektrums verschoben. Entfernt er sich von uns, verschiebt sich die Linie zum roten Ende. Die Linien tanzen Samba im Spektrum! Je größer der Betrag der Verschiebung ist, umso höher ist die Geschwindigkeit des Sterns relativ zu uns. Aus der Verschiebung der Wellenlänge schließen die Astronomen mit dem Doppler-Effekt auf die Bewegung des Sterns in unsere Blickrichtung.

Diese Radialgeschwindigkeitsmethode heißt im Englischen »Doppler Wobble«.

▶ Bewegt sich der Stern auf die Erde zu, wird sein Licht Doppler-blauverschoben, also energiereicher und heller. Entfernt er sich von der Erde, wird das Sternenlicht Doppler-rotverschoben und damit energieärmer und dunkler. (Credit: ESO)

Kapitel 4: Die fremden Welten ferner Planeten

Kilometer oder 0,05 Astronomische Einheiten. An der Oberfläche des Heimatgestirns 51 Pegasi ist es mit etwa 5400 Grad Celsius ähnlich heiß wie auf der Sonnenoberfläche mit 5500 Grad Celsius. Deshalb haben beide Sterne auch dieselbe Farbe (gelb) und Spektralklasse (G).

Das »Very Large Telescope« VLT der Europäischen Südsternwarte ESO ging 1998 in Betrieb. Es sind vier Einzelteleskope mit je einem großen 8,2-Meter-Hauptspiegel. Sie können aber auch »zusammengeschlossen« werden und synchron dieselbe Quelle beobachten, was die räumliche Auflösung erhöht: Das Himmelsobjekt wird viel schärfer und detailreicher. Im Jahr 2004 knipste das VLT das erste Foto eines Exoplaneten namens 2M1207b. Das System befindet sich im Sternbild Wasserschlange (Hydra) in 230 Lichtjahren Entfernung. Es handelt sich um einen jupiterähnlichen Planeten mit der fünffachen Jupitermasse, der in 55 Astronomischen Einheiten Distanz einen Braunen Zwerg mit dem Namen 2M1207 umkreist. Braune Zwerge sind Übergangsobjekte zwischen großen Gasplaneten und leichten Sternen. Sie sind zu massearm für das Wasserstoffbrennen. Nur sehr wenige Exoplaneten wie dieser können von der Erde aus direkt beobachtet werden.

▶ Das erste direkte Foto eines Exoplaneten, das 2004 geschossen wurde. Es hat Seltenheitswert. (Credit: ESO)

Die Bedeckungs- oder Transitmethode

Exoplaneten sind klein und unsichtbar. Sie sind so klein und vor allem so weit weg, dass man sie (bis auf wenige Ausnahmen) nicht fotografieren kann. Dazu reicht das Auflösungsvermögen selbst der besten Teleskope nicht aus. Doch es gibt einen Trick: Schiebt sich ein Exoplanet vor seinen Hauptstern, so verdunkelt er ihn für eine gewisse Zeit. Von der Erde aus ist dieser Durchgang (»Transit«) nur zu sehen, falls unsere Erde in etwa in der Bahnebene des Exoplaneten liegt. Je größer der Planet ist, umso mehr verdunkelt er den Stern (höhere »Transittiefe«). Aus der Wiederkehr des Durchgangs kann ein Astronom über die Kepler-Gesetze auf den Abstand des Exoplaneten von seinem Heimatgestirn schließen. Dumm ist nur, dass die Wiederkehr Jahrzehnte dauern kann. Bedenken Sie, dass schon die äußeren Planeten im Sonnensystem Saturn, Uranus und Neptun für einen Sonnenumlauf 30, 84 beziehungsweise 165 Jahre benötigen.

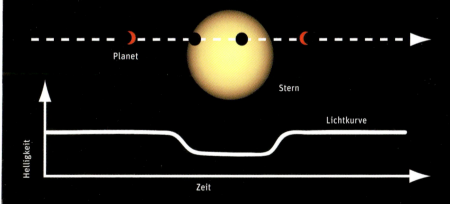

▶ Zieht der Exoplanet vor seinem Heimatgestirn vorüber (oben), so verdunkelt er es für eine gewisse Zeit: Der Stern wird lichtschwächer. Die Lichtkurve (unten) zeigt den Verlauf der Sternhelligkeit über der Zeit. (Credit: ESO)

Kapitel 4: Die fremden Welten ferner Planeten

Titel »Raumschiff Enterprise: Das nächste Jahrhundert«
Originaltitel »Star Trek: The Next Generation«
Erscheinungsjahr 1987–1994
Idee/Regie Gene Roddenberry
Schauspieler Patrick Stewart, Jonathan Frakes, Brent Spiner
Unterhaltungswert 5/5. Wenn Alien »Q« dabei ist, wird's megalustig!
Auweia-Faktor 1/5. Nur in dem Moment, wenn man zum ersten Mal einen Ferengi sieht.
Science-Faktor 5/5. Man spürt die wissenschaftlichen Berater!
Größter Aufreger Warum hat man diese Serienperle eingestellt?
Besonderes Mein absoluter Liebling der »Star Trek«-Reihe!
Auszeichnungen Primetime Emmy Award; Hugo Award

Zur Handlung der Serie »Raumschiff Enterprise: Das nächste Jahrhundert«

Wie bei der alten »Enterprise« produzierten die Macher auch in der Reihe »Raumschiff Enterprise: Das nächste Jahrhundert« sowohl TV-Folgen als auch Kinofilme. Natürlich geht es inhaltlich immer darum, dass die »Enterprise in Galaxien vordringt, die nie ein Mensch zuvor gesehen hat«. Dabei begegnet die Crew neuen Lebensformen und fremden Welten. Oft muss die Besatzung Konflikte zwischen verfeindeten Parteien lösen, oder sie gerät in einen Hinterhalt, wird angegriffen oder gefangen genommen. Ich habe die Serie in den 1990er-Jahren während meines Physikstudiums geschaut und war begeistert! Sogar unser Prof in theoretischer Physik war Trekkie und berichtete regelmäßig in seiner Vorlesung, was ihm in der letzten Folge gefallen hatte.

"Raumschiff Enterprise: Das nächste Jahrhundert"

Die Besatzung von Käpt'n Picard

Patrick Stewart spielte den väterlichen Käpt'n Jean-Luc Picard, dessen Frisur davon gekennzeichnet war, dass das Knie schon durchkam. Der Erste Offizier (»Nummer 1«) William T. Riker wurde von Jonathan Frakes verkörpert. Die rothaarige leitende Schiffsärztin Dr. Beverly Crusher spielte Gates McFadden. Zwischendurch wurde sie von Dr. Katherine Pulsaki (Diana Muldaur) vertreten.

Picards Beraterin und Schiffspsychologin ist die Halbbetazoidin Counselor Deanna Troi, verkörpert von Marina Sirtis. Betazoiden haben telepathische Fähigkeiten, was oftmals sehr nützlich war. Troi konnte fremde Intelligenzen schon spüren, bevor sie in Sichtweite gerieten. Beim Kontakt mit neuen Lebensformen schätzte sie ein, ob das Gegenüber gute oder böse Absichten hatte.

Brent Spiner spielte den blassen Androiden Data, der übermenschliche Fähigkeiten besitzt: überlegene Intelligenz, Bärenkräfte, ein rasend schnelles positronisches Computergehirn und einen riesigen Datenspeicher. Data hatte das gesammelte Wissen der Menschheit sofort parat. Er hat als Lieutenant Commander den Rang eines Zweiten Offiziers. Der »neue Scotty«, Chef auf dem Maschinendeck und Herr des Warp-Antriebs, war Lieutenant Commander Geordi La Forge. Das von Geburt an blinde Technik-Ass trug in der Serie eine Art Brille, den sogenannten »Visor«, der Geordis Augen verbarg. Damit konnte er ein breiteres Spektrum elektromagnetischer Wellen wahrnehmen als normale Menschen. Schauen Sie sich mal Fotos von Schauspieler LeVar Burton an, der Geordi mimte. Ein echt attraktiver Kerl, der sein wahres Gesicht in der TV-Serie verstecken musste. Im Kinofilm durfte er ein bisschen mehr zeigen und hatte blaue Kontaktlinsen-Implantate. Hier noch ein Riesenbrüller aus der Kategorie »Wissen, das kein Schwein braucht«: LeVar Burton war in den 80ern im Video »Word Up!« von Cameo zu sehen. Müssen Sie sich unbedingt mal auf Youtube reinziehen. Serien-

Kapitel 4. Die fremden Welten ferner Planeten

fans vergießen hier Tränen der Rührung – vielleicht auch des Fremdschämens.
Der leitende Sicherheitsoffizier wurde anfangs noch von Denise Crosby als Tasha Yar gespielt. Sie wurde von einem bösen Glibber-Alien getötet und vom Klingonen Worf abgelöst. Der hünenhafte Worf, dem man besser nicht das Frühstück wegschnappen sollte, wurde vom Schwarzen Michael Dorn gespielt. Sein Serienschicksal: Er musste immer mit einer aufgeklebten Schädelplatte und einer Fahrradkette als Schärpe herumlaufen, während er grunzende Tierlaute von sich geben musste. Identifikationsfigur für Teenie-Bratzen: Fähnrich Wesley Crusher, Sohn der Schiffsärztin, verkörpert von Will Wheaton. Er stieg als Fünfzehnjähriger in die Serie ein. Wesley war ein echt cleveres Kerlchen, das mit pfiffigen Ideen dem Plot einen besonderen Twist gab. Was mir persönlich auf den Geist ging: Seine deutsche Synchronstimme ist ziemlich quäkig-nervig; im Original deutlich cooler anzuhören.
Bis auf Stewart waren Kollegen der »Enterprise«-Schauspielerriege kaum in anderen Produktionen vertreten, die wir in Deutschland zu Gesicht bekamen. Stewart mimte Professor Charles Xavier in der »X-Men«-Reihe des »Marvel«-Franchises. Wheaton trat in »The Big Bang Theory« auf.

Picard schaffte als neuer Silberrücken auf dem Pavianfelsen stattliche 178 Folgen in sieben Staffeln. Meine persönlichen Lieblingsfolgen waren diejenigen mit dem übermächtigen Alien »Q«, gespielt von John de Lancie. Eine der witzigsten Szenen war diejenige (Staffel 6, Episode 15, »Willkommen im Leben nach dem Tode«), in der Picard neben ihm im Bett aufwacht und sich erschrocken das Bettlaken hochzieht. Verpasst? Geben Sie mal bei Youtube »Picard Q bed« ein – viel Spaß! Trekkies, die später die

Serie »Breaking Bad« schauten, konnten dort de Lancie wiederbegegnen.

Mit jeder Folge lernt man die Figuren immer besser kennen. Sie entwickeln sich, und es macht Spaß, das zu verfolgen. Und man lernt dazu. Als erfahrener, alter Trekkie-Hase roch man in Standardsituationen schon den Braten: Sobald auf der Brücke ein Crewmitglied auftauchte, das nie ein Mensch zuvor gesehen hatte, war dem eingefleischten Fan klar: Diese Person wird die Folge nicht überleben. Schmerzlich vermisst habe ich dann Pilles letzte Worte: »Er ist tot, Jim.«

Der Abschluss der Reihe mit Picards Crew war dann im Jahr 1994 mit dem fulminanten Zweiteiler »Gestern, heute, morgen« (Original: »All Good Things«). Es war eine meiner Lieblingsfolgen, und als echter Trekkie bekam ich da beim Serien-Aus schon feuchte Augen. Es war ein würdiger Abschied. Die Drehbuchautoren haben bei dem coolen Zeitreise-Plot ganz viel richtig gemacht. Beim Einstieg in die Geschichte werden wir als Zuschauer geschickt in die Irre geführt: Leidet Picard tatsächlich an dem irumodischen Syndrom, das ihn verrückt werden lässt? Oder gibt es eine plausible Erklärung für die Geschehnisse? Die Auflösung der komplexen Handlungsstränge auf verschiedenen Zeitebenen ist echt sehenswert!

Picard reist durch die Zeit, und wir begegnen ihm auf drei Zeitebenen: als junger Käpt'n, der vor sieben Jahren gerade den

Dienst auf der »Enterprise« antritt; als aktueller Käpt'n der Gegenwart und 25 Jahre in der Zukunft als alter Greis mit Hut, der das Steuerruder längst an den Nagel gehängt hat. Picard springt unkontrolliert von einer Zeitebene zur anderen, ohne dass er sich einen Reim darauf machen kann.

Für Serienfans ist der Blick in die Zukunft unserer Serienlieblinge natürlich ein absoluter Leckerbissen: Picard wurde Botschafter, pflegt sein Weingut in Frankreich, heiratete Dr. Beverly Crusher, die selbst Käpt'n bei der Sternenflotte wurde. La Forge trägt keinen Visor mehr, dafür aber Rotzbremse – schlechter Tausch. Er ist Romanautor und mit Warp-Antrieb-Expertin Dr. Leah Brahms verheiratet, die Trekkies natürlich gut kennen (Episode »Die Energiefalle«). Data ist Universitätsprofessor in Cambridge. Riker hat richtig Karriere gemacht und ist Admiral. Allerdings ist er nicht mehr gut auf Picard zu sprechen, weil er ihn dafür verantwortlich macht, dass er und Troi nicht ein Paar wurden. Alle sind etwas grau am Scheitel geworden. Picard, der sich schon vor längerer Zeit seines Haupthaars entledigte, trägt im Alter einen Weihnachtsmann-Rauschebart. Worfs wallende Haarpracht schimmert silbrig. Auch er ist aufgestiegen und hat seine Fahrradketten-Schärpe vergoldet.

Aber bitte keine Oberflächlichkeiten. Worum geht's denn nun? Hier haben die wissenschaftlichen Berater von »Star Trek« ganze Arbeit geleistet. Ursache für das Zeit-Chaos ist eine Anomalie, die sich im Devron-System befindet. Es stellt sich heraus, dass die »Enterprise« dafür verantwortlich ist. Auf allen drei Zeitebenen feuerte sie einen Tachyonenstrahl ab, der die Anomalie erst erzeugte. Nun bewegt sich die Störung des Raum-Zeit-Gefüges rückwärts in der Zeit: In der Zukunft ist die Anomalie klein, aber in der Vergangenheit sehr groß. Der Alien »Q«, der Picard auf besondere Weise ins Herz geschlossen hat, taucht auf und hilft dem Käpt'n, das Rätsel der Anomalie zu lösen. Er befördert Picard in die noch frühere Vergangenheit der Erde, just zu dem Moment, als das irdische Leben entstand. Damals war die Anomalie natürlich noch größer, so groß, dass sie das Wunder des Lebens auf der Erde verhinderte! Die Menschheit ist also in Gefahr, und Picard versucht nun, die Entstehung der Anomalie auf allen Zeitebenen zu verhindern. Denn nur er hat die Gabe, zwischen den Zeitebenen zu wechseln und sich zu erinnern, was in Vergangenheit, Gegenwart und Zukunft geschah, geschieht und geschehen wird.

In der Schlussszene sitzen alle sieben Hauptfiguren der Reihe – Picard, Riker, Crusher, Troi, Worf, Data und La Forge – am runden Tisch beisammen und spielen Karten. Sehr ungewöhnlich, denn normalerweise war da der Käpt'n nicht dabei. Der letzte Satz lautete: »... and the sky is the limit.« Mei, Pipi in den Augen.

Trocknen wir nun die Glubscher und setzen den ultrastrengen Wissenschaftlerblick auf. Typisch für Zeitreise-Geschichten sind Paradoxien. Die »Enterprise« aller drei Zeitepochen bündelte die Tachyonenstrahlen in einem Raumzeit-Punkt und erzeugte so die Anomalie, eine Antizeit-Reaktion, die sich rückwärts in der Zeit ausbreitete und die Menschheit auslöschte. Die »Enterprise« war für das Dilemma verantwortlich, das sie eigentlich verhindern wollte. Die Drehbuchschreiber vermischten auf clevere Weise Elemente der modernen Physik und mixten sie zu einem neuen SF-Cocktail, der gar nicht mal so schlecht mundet.

So gibt es den Begriff des Tachyons tatsächlich in der modernen Physik. Es handelt sich um hypothetische Teilchen, die sich schneller bewegen als das Licht. Nach Einsteins Spezieller Relativitätstheorie sind sie erstaunlicherweise nicht verboten; es ist nur nicht erlaubt, die Lichtgeschwindigkeit zu *überschreiten*.

Tachyonen haben »von Anfang an« Überlichtgeschwindigkeit. Damit bewegen sie sich rückwärts in der Zeit, haben eine imaginäre Masse (man muss da eine Wurzel aus einer negativen Zahl ziehen), und sie verdrehen die Reihenfolge von Ursache und Wirkung (Kausalitätsprinzip). Gestandene Physiker haben deshalb Riesenprobleme mit den Tachyonen und favorisieren, dass die Natur so etwas Abgefahrenes nicht existieren lässt. Tachyonen sind damit ein gefundenes Fressen für jeden Science-Fiction-Autor.

Das Konzept der Antizeit ist hingegen erfunden. Die »Star Trek«-Macher haben hierbei das bewährte Modell von Teilchen und Antiteilchen (Antimaterie) aus der Teilchenphysik zweckentfremdet. Wenn ein Teilchen, zum Beispiel ein negativ geladenes Elektron, auf sein Antiteilchen – hier wäre ein positiv geladenes Positron passend – stößt, so zerstrahlen sie in energiereiche, elektromagnetische Gammastrahlung. Der Vorgang heißt Paarvernichtung (Annihilation) und ist etablierte Alltagsphysik an Teilchenbeschleunigern, in der Hochatmosphäre der Erde und im Rest des Universums. Den Begriff der Antizeit kennt die moderne Physik hingegen nicht. Die Skriptschreiber haben sozusagen konzeptionellen Diebstahl betrieben und etwas Neues erfunden. Sie fordern, dass sich Zeit und Antizeit vernichten und die Antizeitreaktion eine Anomalie produziert. Pfiffiger Ansatz, aber am Ende vom Tag wissenschaftlich betrachtet Nonsens – zumindest nach dem gegenwärtigen Kenntnisstand. Wer weiß, ob künftige Physiker diese Idee aufgreifen und tatsächlich Anhaltspunkte für die Existenz von Antizeit finden. Derzeit sieht es nicht danach aus.

Mein Fazit zur Serie »Raumschiff Enterprise: Das nächste Jahrhundert«

Insgesamt lässt sich über »Raumschiff Enterprise: Das nächste Jahrhundert« aus wissenschaftlicher Sicht sagen, dass es oft gut durchdacht ist und von Staffel zu Staffel immer besser wurde. Man merkte den Machern die Liebe zur Wissenschaft an. Sie mussten Berater konsultiert haben, denn viele alte und neue Erkenntnisse aus der Forschung kamen in der Serie vor: die Heisenberg'sche Unschärferelation, Tachyonen, Stringtheorie, Zeitparadoxa und Wurmlöcher. Ein Fest für Nerds! Ich möchte Sie auch an den Alcubierre-Warp-Antrieb erinnern.

Ein paar Sachen blieben unklar, selbst wenn man die Serie aufmerksam verfolgte. So habe ich mich immer gefragt, wie das positronische Gehirn des Androiden Data funktioniert. Positronen sind ja wie gerade ausgeführt die Antiteilchen zu den Elektronen. Damit Positronen in Datas Hirnwindungen kreisen können, ohne zu zerstrahlen, müssen sie gut (beispielsweise mit magnetischen Feldern) von der Umgebung isoliert werden. Sorry, Data, aber da hättest du einen Riesenschwellkopp haben müssen.

Zu meinen persönlichen Highlights gehören die Episoden mit den »Borg«. Ich hoffe, das sind sie alle: »Zeitsprung mit Q«; der Zweiteiler »In den Händen der Borg« plus »Angriffsziel Erde«; »Ich bin Hugh« und der Zweiteiler »Angriff der Borg«. Die Borg sind eine gefährliche Lebensform – halb Lebewesen, halb Maschine –, die fremde Zivilisationen angreift und sie sich gewissermaßen gefügig macht und einverleibt. In der Serie wird das »assimilieren« genannt. Charakteristisch sind kybernetische Teile an humanoiden Lebensformen, zum Beispiel ein Metallarm oder ein Augenimplantat. Auch das Raumschiff der Borg ist todschick: Es ist ein gigantischer Würfel (»Borg Cube«), um ein Vielfaches größer als die »Enterprise«, in dem Tausende Borg herumwuseln und als Kollektiv agieren. Das Fatale an den Borg: Wenn man sie einmal erfolgreich abgewehrt hat, lernen sie dazu! Beim nächsten Angriff der gleichen Art haben sich die Borg angepasst und können sich besser wehren. Das gilt sowohl im Kampf Mann gegen Mann als auch bei Angriffen auf den Borg-Kubus. Es ist im Prinzip unmöglich, sie zu besiegen. Widerstand ist zwecklos!

»Star Trek: Der erste Kontakt«

Titel »Star Trek: Der erste Kontakt«
Originaltitel »Star Trek: First Contact«
Erscheinungsjahr 1996
Regie Jonathan Frakes (Darsteller von Riker!)
Schauspieler Patrick Stewart, Jonathan Frakes, LeVar Burton, Brent Spiner
Unterhaltungswert 5/5. Flott inszeniertes Zeitreiseabenteuer.
Auweia-Faktor 2/5. Der Warp-Sprung der Phoenix sah aus wie beim Millennium-Falken. So nicht!
Science-Faktor 2/5. Zeitreise- und Weltraumphysik, Warp-Sprung und Schwerelosigkeit haben wir bei »Star Trek« schon besser gesehen.
Größter Aufreger Warum entdeckten die Vulkanier nicht die an der Erde geparkte »Enterprise«?
Besonderes Schauspielerisch sehenswerter Auftritt der Borg-Queen Alice Krige.
Auszeichnungen Oscar-Nominierung »Bestes Make-up«, BMI Film Music Award; drei Saturn Awards

Zur Handlung von »Star Trek: Der erste Kontakt«

»Widerstand ist zwecklos!« war ein oft gehörter Ausruf in der Kinovariante des Themas. Der Film ist ein Zeitreise-Streifen und spielt anfangs im 24. Jahrhundert, wie wir es von Picard & Co. gewohnt sind. Die Borg wollen durch eine Zeitreise die Vergangenheit manipulieren, um so ihre Macht auszubauen. Sie besuchen die Erde des 21. Jahrhunderts, um zu vereiteln, dass die »Vereinte Föderation der Planeten« (kurz die »Föderation«) gegründet wird. Damit wollen sie verhindern, dass die Föderation ihnen in der späteren Zeit Probleme macht.

Könnte ein Exoplanet bewohnt sein? Gibt es auf ihm sogar intelligentes Leben und moderne Zivilisationen?

Tatsächlich kann man das herausfinden. Dazu muss man zum einen natürlich Leben charakterisieren und zum anderen bestimmen, was Leben benötigt. Tja, was ist Leben überhaupt? Es ist vernünftig, hier zunächst einmal von dem Leben auszugehen, das wir kennen: irdisches Leben, also Pflanzen, Tiere und Menschen. Selbst Leben auf der Erde ist schon so komplex, vielgestaltig und artenreich, dass man sich schwer mit einer Definition tut, was Leben ausmacht.

Biologen sagen, dass Leben die Fähigkeit hat,

 einen Stoffwechsel zu bewerkstelligen, um Energie aus der Umwelt aufzunehmen und zu verarbeiten;

 zu wachsen, das heißt, sich weiterzuentwickeln;

 auf Reize aus seiner Umwelt zu reagieren;

 sich zu organisieren;

 sich fortzupflanzen (Reproduktion);

 Informationen weiterzuvererben.

Ein Astronom, der Leben auf einem Exoplaneten entdecken will, muss schauen, ob er irgendwie die Voraussetzungen für Leben beziehungsweise diese Aktivitäten von Leben aus der Ferne nachweisen kann. Zu den Voraussetzungen von Leben auf der Erde scheint flüssiges Wasser zu gehören. Nach der gängigen Lehrmeinung kam das Leben aus dem Meer. Diskutiert werden »schwarze Raucher«, vom Vulkanismus gespeiste Wärmequellen in der Tiefsee oder oberirdische Vulkane. Sie scheinen den richtigen Cocktail chemischer Elemente und das richtige Milieu zu bieten, dass der entscheidende Schritt von unbelebter zu belebter Materie vollzogen werden konnte. Flüssiges Wasser dient auch als Lösemittel. Durch die besondere Ladungsverteilung im Wassermolekül (Dipol) hat es gute Eigenschaften, zum Beispiel dass sich Ionen gut in wässriger Lösung bewegen können. Daher ziehen die Astronomen Exoplaneten in die engere Auswahl, die ein Vorkommen von flüssigem Oberflächenwasser gestatten. Es kommen nur solche Planeten infrage, die genau den richtigen Abstand zu ihrem Heimatgestirn haben und sich in der habitablen Zone befinden. Damit meinen Astronomen gewissermaßen die Wohlfühlzone, in der es nicht zu heiß und nicht zu kalt ist.

Die habitable Zone

Die habitable oder bewohnbare Zone markiert denjenigen Bereich um einen Stern, in dem Oberflächenwasser auf Planeten flüssig sein kann. Ist der Planet zu nah am Heimatgestirn, verdampft das Wasser; ist er zu weit weg, gefriert es. Die Position der habitablen Zone hängt vom Heimatstern ab: Bei jungen blauen Sternen (im Bild: oben) mit hoher Oberflächentemperatur ist die Zone weit außen; bei Gelben Zwergen wie unserer Sonne ist sie in einer mittleren Entfernung und bei kalten Roten Zwergen (im Bild: unten) muss sie nah an den Stern heranrutschen, damit noch genug Wärme ankommt.

▶ In der habitablen Zone (grün) ist es warm genug, dass Oberflächenwasser auf Planeten flüssig sein kann. Von oben nach unten wird der Stern immer kühler, sodass die habitable Zone immer enger am Stern liegt. (Credit: NASA)

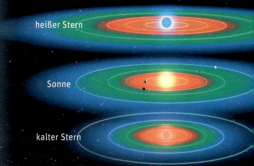

Kapitel 4 Die fremden Welten ferner Planeten

In den Episoden V und VI von »Star Wars« kommt der Sumpf-Planet Dagobah vor. Luke Skywalker fliegt zu Meister Yoda, um sich zum Jedi ausbilden zu lassen. Der abgelegene Planet scheint nahezu vollständig von Sumpfgebieten überzogen zu sein. Yoda lebt dort sehr zurückgezogen und versteckt sich vor dem Imperium.
Es ist durchaus denkbar, dass es solche Planeten gibt. Er müsste sich in der habitablen Zone seines Heimatgestirns befinden, weil er ja flüssiges Wasser in den Sümpfen aufweist. Allerdings haben Planeten typischerweise vereiste Pole. Sie treten an den kritischen Stellen auf, wo die Drehachse des Planeten seine Oberfläche durchstößt. Ist das immer so? Nun, es kommt darauf an, wie die Drehachse relativ zum Heimatgestirn steht. Diejenige der Erde zeigt nicht auf die Sonne, sodass wir vereiste Pole und den Wechsel der Jahreszeiten haben. Es gibt den Fall im Sonnensystem, dass die Drehachse auf die Sonne zeigt, nämlich Uranus. Die Drehachse liegt in der Planetenebene (Ekliptik). So »wälzt« sich der Planet gewissermaßen auf seiner Bahn fort. Auf der einen Seite herrscht für die halbe Umlaufzeit des Uranus – die Hälfte von 84 Jahren – Tag und auf der anderen Seite 42 Jahre Dunkelheit. Ganz anders bei der Venus: Sie rotiert im entgegengesetzten Drehsinn (retrograd) im Vergleich zur Erde. Somit geht auf der Venus die Sonne im Westen auf und im Osten unter – auf der Erde ist es genau umgekehrt.
Urlaub auf Dagobah? Dazu kann ich nur sagen: »Dorthin reisen du nicht willst. Gummistiefel anziehen du musst.«
Übrigens, so ganz eng darf man das mit der habitablen Zone auch wieder nicht sehen. Auch außerhalb dieser Zone mag es Leben geben. So bieten einige Eismonde der Gasplaneten Jupiter (Ga-

nymed, Kallisto, Europa) und Saturn (Enceladus) Bedingungen, dass sich unter ihrem Eispanzer flüssiges Wasser befinden könnte. Dank des Salzgehalts verringert sich der Gefrierpunkt.

Und schließlich mag es gänzlich andere Formen von Leben geben, die kein flüssiges Wasser erfordern – jedoch müssen die Astronomen die Suche mit irgendwelchen vernünftigen Kriterien beginnen.

Neben dem richtigen Abstand zum Heimatgestirn wäre es gut, wenn der Stern auch alt genug werden kann, damit sich Leben überhaupt entwickeln kann. Astrophysiker wissen, dass es da draußen Sterne gibt, die nur einige Hunderttausend bis Millionen Jahre alt werden und dann spektakulär explodieren. Diese Zeitskala klingt für einen Menschen beeindruckend lang, aber wenn wir uns die Zeitskala anschauen, auf der sich das Leben auf der Erde entwickelt hatte, reden wir von Milliarden Jahren. Vor drei Milliarden Jahren produzierten die ersten irdischen Cyanobakterien Sauerstoff in der Fotosynthese.

Die Größe, die über das erreichbare »Lebensalter« von Sternen entscheidet, ist die Sternmasse. Je schwerer der Stern, desto kurzlebiger ist er. Das klingt erst mal widersinnig, weil ein großer, schwerer Stern ja viel mehr Brennstoff für die Kernfusion zur Verfügung hat. Das stimmt schon, aber die Reaktionen laufen bei schweren Sternen viel schneller ab. Bei einem massereichen Stern lastet ein unglaublich hohes Gewicht auf seinem Zentrum. Dort wird die Zentraltemperatur deshalb viel höher als bei massearmen Sternen. Somit können dort Fusionsreaktionen von schwereren chemischen Elementen ablaufen. Das geschieht aber flotter als bei der Wasserstofffusion. Die »Maschine« läuft

Kapitel 4: Die fremden Welten ferner Planeten

dann effizienter und schneller. Die Konsequenz: Ein massereicher Stern geht viel verschwenderischer mit seinen Ressourcen um und stirbt früher. Massereiche Sterne sind daher auch viel seltener anzutreffen, wenn wir uns mal das Gros der Sterne der Milchstraße anschauen. Deutlich häufiger kommen Sterne wie unsere Sonne vor. Es klingt ein bisschen abschätzig, aber sie gehört zu den Gelben Zwergen. Gelb, weil ihr Strahlungsmaximum im Bereich der Farbe Gelb liegt, und das liegt wiederum an ihrer mittleren Oberflächentemperatur von rund 5500 Grad Celsius; und Zwerg, weil sie verhältnismäßig klein ist. Die Sterngiganten der Milchstraße haben die 100 bis 150-fache Sonnenmasse (zum Beispiel »Eta Carinae«). Die allerersten Sterne im frühen Universum waren sogar noch um ein Vielfaches größer und schwerer.

Unsere Sonne

Die Sonne ist eine Plasmakugel mit rund 1,4 Millionen Kilometern Durchmesser, deren Oberfläche 5500 Grad Celsius und deren Zentrum 15 Millionen Grad heiß ist. Durch ihre Sonnenmasse von $2 \cdot 10^{30}$ Kilogramm ist der Sonnenkern heiß genug, dass dort Wasserstoff zu Helium fusioniert, was die Energiequelle der Sonne darstellt. Die Sonne betreibt die Wasserstofffusion schon seit 4,567 Milliarden Jahren und wird etwa weitere fünf Milliarden Jahre scheinen. Im Lauf der Zeit wird sie sich aber verändern. Wenn der Brennstoff im Sonnenkern langsam zur Neige geht, verlagert sich die Fusion in die äußeren Sonnenschalen. Dort blähen sich die Hüllen auf und formen einen größeren Stern, dessen äußerste Schicht abkühlen und daher röter werden wird: die Sonne wird zum Roten Riesen. Durch das Aufblähen sind die äußersten Hüllen auch schwächer gravitativ gebunden und verlieren sich so zum Teil im Weltall. Die abgestoßenen Hüllen bilden einen farbenprächti-

»Star Trek: Der erste Kontakt«

Mehr als drei Viertel aller Sterne der Milchstraße sind Rote Zwerge. Das sind die leichtesten und langlebigsten Sterne. Der nächste Stern »Proxima Centauri« gehört dazu. Die leichtesten Roten Zwerge erreichen nur etwa ein Zehntel der Sonnenmasse und eine Oberflächentemperatur von 2000 Grad Celsius – ein bisschen heißer als eine Kerzenflamme.

Die Langlebigkeit der Roten Sterne hört sich gut an, damit Leben genug Zeit hat, um sich in Systemen mit Roten Zwergen zu entwickeln. Aber die Sache hat einen Haken. Um das zu verstehen, werfen wir einen Blick auf den Erdmond. Er zeigt nämlich genau das Phänomen, um das es geht. Sicherlich ist Ihnen aufgefallen, dass wir auf der Erde immer dasselbe »Mondgesicht« sehen. Der Mond zeigt uns also immer dieselbe Seite. Ist das nicht merkwürdig?

Erde im gleichen Maßstab

gen planetarischen Nebel. Der Sonnenkern stürzt hingegen durch die Gravitation in sich zusammen und bildet ein kompaktes, etwa erdgroßes Endobjekt: einen Weißen Zwerg mit etwas weniger als einer Sonnenmasse.

▶ Mit einem Filter fotografierte Oberfläche unserer Sonne, auf der sich ein Ausbruch, eine sogenannte »Protuberanz«, ereignet. Zum Vergleich: unsere Erde im gleichen Maßstab. (Credit: SDO, NASA)

Ich habe schon Leute getroffen, die mir weismachen wollten, dass das beweise, dass der Mond sich nicht dreht. Haha, netter Versuch! Das sollte man nie bei einem Astrophysiker versuchen. Klar rotiert er. Und die beiden rotierenden Massen Erde und Mond nehmen gegenseitig Einfluss aufeinander. Wieder ist es die Gravitation, genauer gesagt Gezeitenkräfte. Die beiden Körper verformen sich. Ebbe und Flut sind gerade die bekannten Effekte, die durch die Gezeitenkräfte von Mond (und Sonne) zustande kommen. An der mondzugewandten Seite bildet sich ein Flutberg aus Meerwasser; ebenso auf der direkt gegenüberliegenden, mondabgewandten Seite durch die Zentrifugalkraft. Die Erde dreht sich unter den Flutbergen hinweg, wird durch die Reibungseffekte jedoch abgebremst. Das geschieht kaum merklich über Jahrtausende, aber der Effekt reicht aus, dass die Tageslänge mittlerweile deutlich zugenommen hat, und zwar um ungefähr eine Sekunde in 100.000 Jahren. Der Gesamtdrehimpuls des Erde-Mond-Systems muss aber konstant bleiben. Mit dem Langsamer-Drehen der Körper muss daher einhergehen, dass sich der Abstand zwischen ihnen vergrößert. Somit entfernt sich der Mond um gut drei Zentimeter pro Jahr. Man könnte es auch so sagen, dass Eigendrehimpuls der Erdrotation in Bahndrehimpuls des Mondes umgewandelt wird. Die NASA-Astronauten der »Apollo 11«-Mission hatten bei der Mondlandung Winkelreflektoren auf der Mondoberfläche zurückgelassen. Egal wie man Licht auf diese Reflektoren schickt, kommt es in derselben Richtung zurück – wie bei »Katzenaugen« in Fahrradspeichen. So konnten Wissenschaftler mit einer Methode namens »Lunar Laser Ranging« (LLR) den Mondabstand zentimetergenau bestimmen und die allmähliche Vergrößerung des Mondabstands bestätigen. Auf lange Sicht können Sonnenfinsternisse nur noch ringförmig sein, weil die scheinbare Größe (→ Kapitel 3, Seite 113 f.) des Mondes abnimmt und er von der Erde aus immer kleiner erscheint als die Sonne. Derzeit hätten Aliens bei einem Besuch auf der Erde noch die einmalige Gelegenheit, schöne totale Sonnenfinsternisse zu beobachten, bei denen der Mond ziemlich genau die Sonne abdeckt – in Zukunft wird daraus nichts mehr.

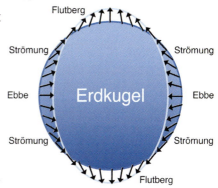

▶ Die Gezeitenkräfte von Mond (und Sonne) verformen die Erdkugel zu einem »Gezeitenellipsoid«. In diesem vereinfachten Bild werden die Flutberge, Ebbe und Strömungen verständlich. (Credit: A. Müller nach einer Vorlage von Victor Gomer, DPG, Bad Honnef)

Der Effekt der gegenseitigen Synchronisation zweier rotierender, umeinanderkreisender Massen heißt Gezeitenreibung, und an deren Ende steht die gebundene Rotation: Der Mond zeigt der Erde immer dieselbe Seite.

Millers Planet im Film »Interstellar« (→ Kapitel 2, Seite 73) ist vollständig von Wasser bedeckt. Immer wieder wird der Planet von meterhohen Monsterwellen heimgesucht, die durch die Gezeitenkräfte des Schwarzen Lochs erzeugt werden. Das ist sehr plausibel dargestellt gewesen.

Der sonnennächste Planet Merkur ist fast schon synchronisiert. Bei der Venus ist das nicht so. Neuerdings führen Forscher das auf sogenannte »thermische Gezeiten« zurück. Damit meinen sie, dass die Einstrahlung auf den Planeten im Tagesverlauf variiert und so die Atmosphäre unterschiedlich stark aufheizt. Dadurch dehnt sich die Gashülle unterschiedlich aus, das Drehmoment verändert sich und so die Planetenrotation. Thermische Gezeiten könnten die Bewohnbarkeit von Planeten, die ihrem Heimatgestirn recht nahe sind, wieder begünstigen.

Der erste entdeckte Exoplanet 51 Pegasi b, der seit 15. Dezember 2015 offiziell »Dimidium« (lat. »die Hälfte«) heißt, hat genau das Problem der gebundenen Rotation. Er ist so nah dran am Heimatgestirn, dass die beiden synchronisieren. Bei Verhältnissen wie im Erde-Mond-System, nämlich dass der Planet seinem Stern immer dieselbe Seite zeigt, ist klar, was passiert: Die sternzugewandte Seite hat den ewigen Tag und die andere Seite ewige Nacht. Im Prinzip ist das eine etwas andere Realisierung der Verhältnisse wie im Kinofilm »Pitch Black – Planet der Finsternis« (USA 2000) mit Möchtegern-Actionheld Vin Diesel. In dem Streifen lag der Grund der alle 22 Jahre wiederkehrenden Dunkelheit vielmehr in einer Sonnenfinsternis.

Gut, wenn man Helligkeit mag, reicht dann ein Umzug auf die Lichtseite. Aber es gibt da noch ein viel gravierenderes Problem: Falls der Planet eine Gasatmosphäre besitzt, wirkt sich die »Dauerberieselung« mit Sonnenlicht so aus, dass die zum Stern gewandte Atmosphäre stark aufgeheizt wird und schließlich verdampft. Aus diesem Grund hat der Exoplanet 51 Pegasi b offenbar keine Gasatmosphäre!

Ein ähnliches Problem gibt es im Trappist-1-System. Es sorgte 2017 für einen enormen Medienhype, weil es etwas ganz Besonderes ist: Um den Stern Trappist-1 wurden gleich sieben Exoplaneten auf einen Schlag entdeckt. Alle sind sogar in etwa so groß wie die Erde! Trappist-1 ist nur 40 Lichtjahre entfernt und be-

»Star Trek: Der erste Kontakt«

findet sich im Sternbild Wassermann. Es ist allerdings ein Roter Zwerg mit etwa 2300 Grad Celsius Oberflächentemperatur. Mit seinen 0,08 Sonnenmassen ist er gerade an der Grenze, dass die Fusion im Sterninnern zünden kann. Drei der sieben Exoplaneten, die von innen nach außen mit Trappist-1b bis Trappist-1h bezeichnet werden, liegen in der habitablen Zone. Alle Exoplaneten umkreisen Trappist-1 in Entfernungen zwischen 0,01 bis 0,06 Astronomischen Einheiten und unterliegen sehr wahrscheinlich der gebundenen Rotation. Die drei äußersten Planeten sind kalt und an ihren sternabgewandten Seiten vereist. Am interessantesten sind die Planeten Trappist-1c, dessen sternabgewandte Seite flüssiges Oberflächenwasser haben könnte; Trappist-1d, der an der sternabgewandten Seite Leben beheimaten könnte; und Trappist-1e, der womöglich ein kompletter Wasserplanet wie Millers Planet im Film »Interstellar« sein könnte.

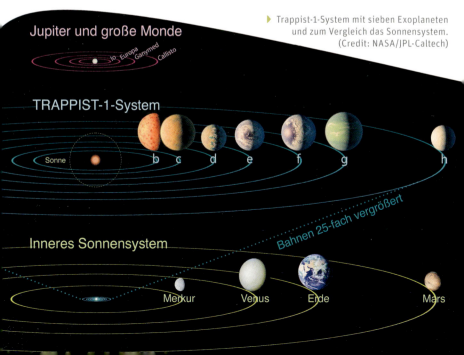

▶ Trappist-1-System mit sieben Exoplaneten und zum Vergleich das Sonnensystem. (Credit: NASA/JPL-Caltech)

Eisplaneten wie Hoth aus der »Star Wars«-Episode V sind im Universum vermutlich sehr zahlreich. Viele Exoplaneten sind von ihrem Heimatgestirn so weit entfernt, dass sie sehr kalt sind und vereisen. In unserem Sonnensystem ist das bei allen Objekten jenseits der Neptunbahn der Fall. Sie heißen »Transneptunische Objekte« (TNOs). Wir reden hier von einem Abstand zur Sonne von rund 30 Astronomischen Einheiten. Das Sonnenlicht benötigt schon vier Stunden, um hierherzugelangen. Der Zwergplanet Pluto ist in diesem Sinne ein TNO, und mit ihm die vielen Kleinkörper, die sich noch weiter draußen tummeln. Hinter der Neptunbahn befindet sich eine gigantische Ansammlung von Kleinkörpern, Asteroiden, Kometen und Zwergplaneten – ungefähr 100.000 Objekte – im sogenannten »Kuiper-Gürtel«. Da draußen ist es wirklich arschkalt, und es mag da viele »Hoths« geben. Für die größeren unter ihnen, allesamt Zwergplaneten wie Pluto, haben die Astronomen klingende Namen gefunden: Eris, Sedna, Makemake, Quaoar.

Neben einer Überprüfung der Voraussetzungen für die Existenz von Leben kann man auch versuchen, direkt Spuren von Leben, sogenannte »Biomarker«, zu finden. Beim Stoffwechsel von Leben entstehen chemische Verbindungen, zum Beispiel Sauerstoff bei der Fotosynthese. Eine spezielle Form des Sauerstoffs ist Ozon (Trisauerstoff, O_3), das entsteht, wenn das Sauerstoffmolekül O_2 unter der Einwirkung von Ultraviolettstrahlung »zerhackt« wird. Bei der Verdauung der Wirbeltiere entsteht als Abfallprodukt Methan (CH_4), ein Molekül, das unter anderem hinten aus der Kuh herauskommt. Solche Elemente und Moleküle wie Sauerstoff und Methan sind mehr oder weniger gute Biomarker. Sie erlauben Rückschlüsse darauf, dass sie biologischen Ursprungs sind und damit von Lebewesen produziert wurden. Beim Nachweis von Methan allein ist der Schluss nicht eindeutig. So kommt dieses organische Molekül beispielsweise in den Atmosphären der Gasriesen Jupiter, Saturn, Uranus und Neptun sowie des größten Saturnmonds Titan und des Zwergplaneten Pluto vor. Bislang wurden dort allerdings keine Kühe nachgewiesen; insbesondere hätten die Milchlieferanten mangels fester Oberfläche einen schweren Stand auf den Gasplaneten – aber vielleicht fliegt dort die Kuh?

Wie auch immer. Astronomen müssen sehr genau hinschauen, bevor sie verhängnisvolle Interpretationen raushauen. Das tun sie auch. So können die Sternegucker die Biomarker sogar mit raffinierten Methoden über Lichtjahre hinweg aufspüren. Das geht so: Wir müssen erst mal ein besonders orientiertes System haben, bei dem der lebensverdächtige Exoplanet wie bei der Transitmethode direkt vor seinem Heimatgestirn vorüberzieht. Der Stern dient als Lichtquelle, die von hinten auf den Exoplaneten scheint. Dabei blockiert der Planet die Strahlung. Sollte er jedoch eine dünne Atmosphäre haben, so pflanzt sich die Strahlung auch durch

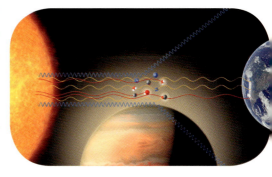

▶ Transmissionsspektroskopie am Beispiel des jupiterähnlichen Exoplaneten Wasp-19b. Ein Teil des Sternlichts passiert die Planetenatmosphäre und kommt auf der Erde an. Astronomen können daraus die Zusammensetzung der Atmosphäre bestimmen und fanden unter anderem Wasser, Natrium und Titanoxid. (Credit: ESO/M. Kornmesser)

die Atmosphäre des Planeten fort (»sie wird transmittiert«) und kommt zum Teil auf der Erde an.

Die Astronomen stellen bei der Zerlegung des Sternenlichts in Spektren fest, dass ein Teil des Sternenlichts von der Gashülle des Exoplaneten absorbiert wurde. Der physikalische Mechanismus ist wie bei den Fraunhofer-Linien der Sonne. Aus den schwarzen Linien (Absorptionslinien) können die Astronomen auf die chemischen Elemente und Moleküle schließen, die in der Atmosphäre stecken müssen. Das Verfahren heißt Transmissionsspektroskopie von Exoplaneten-Atmosphären. Finden sie nun in den Spektren Methan, könnte das ein Hinweis auf eine außerirdische Kuh sein. Wie gesagt, genügt das allein nicht, und die Sternforscher müssen weitere Indizien sammeln, wie das Methan produziert wurde und ob weitere lebensgünstige Faktoren beim Exoplaneten gefunden werden können. Das ist schon eine sehr spannende Suche, und schon morgen könnte eine positive Bestätigung von außerirdischem Leben die Welt erschüttern.

Seit 1995 hat die Zahl der bekannten Exoplaneten rapide zugenommen. Den aktuellen Stand können Sie jederzeit der Website exoplanet.eu entnehmen. Dort gibt es auch die gesammelten Daten sämtlicher Exoplaneten, die Sie selbst mit einigen Webtools in Diagrammen anzeigen lassen und analysieren können. Der Stand im November 2018: Es sind 3885 Exoplaneten bekannt. Etwa zwei Drittel aller aktuell bekannten Exoplaneten wurde mit der Transitmethode entdeckt. Das mittlerweile abgeschaltete Kepler-Teleskop der NASA war für diese Suchmethode optimiert. Nun übernehmen neue Teleskope die Suche.

ESPRESSO, bitte!

Bevor Schorsch Kluni das Kaffeewasser im Mund zusammenläuft, muss ich den Showstopper raushängen lassen. Sorry, es geht hier nicht um ein aufregendes Heißgetränk, sondern um ein astronomisches Instrument, das Ende 2017 am Very Large Telescope (VLT) der ESO installiert wurde. ESPRESSO steht für »Echelle SPectrograph for Rocky Exoplanet and Stable Spectroscopic Observations«, was so viel bedeutet wie »spektroskopisches Instrument, um gesteinsartige Exoplaneten zu entdecken und Spektren zu beobachten«. Im Prinzip ist es so was wie HARPS reloaded, also wie das erwähnte HARPS-Instrument, nur besser.

▸ Keine Kaffeemaschine, kein U-Boot, sondern ein Spektroskop. (Credit: ESO/ESPRESSO Consortium, Samuel Santana Tschudi)

Im April 2018 startete die NASA die TESS-Mission. TESS steht für »Transiting Exoplanet Survey Satellite«. Vier Kameras mit jeweils zehn Zentimetern Öffnung scannen mit diesem Weltraumteleskop den ganzen Himmel nach Exoplaneten ab. TESS visiert besonders die Roten M-Zwergsterne an.

Die Europäer stehen dem nicht nach. Die ESA wird das Projekt PLATO ins Rennen schicken. Vermutlich startet es 2026. Wie das NASA-Teleskop Kepler wird PLATO die Transitmethode ausschöpfen, um fremde Welten zu jagen. Dabei kommt ein völlig neues Konzept zum Einsatz: 26 Teleskope mit jeweils 12 Zentimetern Öffnung werden zu einem Multi-Teleskop verbaut. PLATO soll Masse, Radius und Alter von Exoplaneten bestimmen.

Kapitel 4: Die fremden Welten ferner Planeten

Titel »Avatar – Aufbruch nach Pandora«
Originaltitel »Avatar«
Erscheinungsjahr 2009
Regie James Cameron
Schauspieler Sam Worthington, Zoe Saldana, Sigourney Weaver
Unterhaltungswert 4/5. Visuell wegweisende Premiere des 3-D-Kinos!
Auweia-Faktor 1/5. Da gibt's kaum etwas auszusetzen.
Science-Faktor 3/5. Nette Idee mit dem Mond Pandora.
Größter Aufreger Technologie-, Eroberungs-, Mythen-, Liebesgeschichte und Drama – ein bisschen viel von allem?
Besonderes Bislang der erfolgreichste Film aller Zeiten!
Auszeichnungen Neun Oscar-Nominierungen, von denen drei gewonnen wurden (Beste Visuelle Effekte, Bestes Szenenbild, Beste Kamera); zwei Golden Globe Awards, zehn Saturn Awards u. v. m.

Zur Handlung von »Avatar – Aufbruch nach Pandora«

Inhaltlich ist es eine Eroberungsgeschichte interstellaren Ausmaßes. Die Menschheit benötigt im Jahr 2154 dringend Rohstoffe und will im benachbarten Alpha-Centauri-System den erdähnlichen Mond Pandora ausbeuten. Dumm nur, dass der Mond vom Volk der Na'vi besiedelt ist. Die blauhäutigen, groß gewachsenen Außerirdischen inklusive Säugetierschwanz sind freilich not amused, dass man sie ausbeuten will. Ein weiteres Problem: In Pandoras Atmosphäre können Menschen nicht überleben. Deshalb dringen die Menschen mithilfe von titelgebenden »Avataren« in die Welt der Na'vi ein. Der Ex-Marine Jake Sully (Sam

»Avatar – Aufbruch nach Pandora«

Worthington) wurde im Krieg schwer verwundet und ist seither unterhalb der Hüfte gelähmt. Die Militärs um Oberst Miles Quaritch (Stephen Lang) versprechen ihm eine heilsame Rücken-OP, um ihn für eine diplomatische Mission auf Pandora zu gewinnen. Er soll das Volk davon überzeugen, dass die Menschheit den wertvollen Rohstoff Unobtanium auf Pandora abbauen darf. An der Mission beteiligt ist auch die Wissenschaftlerin Dr. Grace Augustine (Sigourney Weaver, »Alien«). Im Einsatz auf Pandora trifft Sullys Avatar auf Neytiri (Zoe Saldana, grün in »The Guardians of the Galaxy«, hier blau), die Häuptlingstochter der Na'vi. Sie rettet ihn vor Raubtieren. Sully lernt Gesellschaft und Kultur der Na'vi kennen und schätzen. Er gerät zwischen die Fronten und schlägt sich nach kriegerischen Auseinandersetzungen zwischen Menschen und Na'vi auf die Seite des fremden Volks. Darüber hinaus verliebt er sich natürlich in Neytiri. Es gelingt ihm mithilfe eines gigantischen Flugsauriers und der Na'vi, die menschlichen Invasoren zu besiegen und die Na'vi zu retten. Sully bleibt als Avatar auf Pandora. Happy End. Kloß im Hals. Schluss.

Die Nonplusultra-Substanz Unobtanium

Hinter den Kulissen von US-Filmen spricht man häufig von diesem rätselhaften Zeug (auch: Unobtainium, Unattainium) und meint damit ein Material mit herausragenden Eigenschaften, das selten, teuer und schwer beschaffbar (engl. to obtain = erhalten, bekommen) ist. Unobtanium ist für die Filmhandlung wesentlich, weil es die Lösung für ein zentrales Problem der Filmhandlung darstellt oder – wie im Fall von »The Core« (→ Kapitel 6, Seite 271) – durch seine Spezialeigenschaften die Reise ins Erdinnere ermöglicht. Der Begriff stammt ursprünglich aus der Weltraumforschung der 1950er-Jahre, bei der Materialien mit besonderen Eigenschaften vonnöten waren, die es aber in der Form gar nicht gab. Geflügelte Sätze waren: »Hey, wenn ich ein bisschen Unobtanium hätte, wäre das alles kein Problem.« In den Filmen bekommt die Substanz klingende Fantasienamen wie »Dilithium« bei »Star Trek« oder das fiktive Metall »Mithril« bei »Der Herr der Ringe«. Das Wort Unobtanium wurde bisher nur in »The Core« und »Avatar« erwähnt.

▶ Geprägte Münze mit dem rätselhaften Element Unobtanium.
(Credit: AndreyO/Shutterstock.com)

Mein Fazit zu »Avatar – Aufbruch nach Pandora«

Das fast dreistündige Epos hat nun schon zehn Jahre auf dem Buckel. Damals war der Film ein Meilenstein der Kinogeschichte. Zum ersten Mal kam die revolutionäre 3-D-Technik zum Einsatz. Seither sitzt das Kinopublikum immer wieder mit 3-D-Brille im Kinosessel. »Avatar« gehörte aufgrund der aufwendigen Herstellungstechnik mit knapp 240 Millionen US-Dollar Produktionskosten zu den bis dato vier teuersten Kinofilmen überhaupt. Die Szenen mussten mit einem stereoskopischen Kamerasystem aufgenommen werden – im Prinzip so, wie wir mit unseren beiden

»Avatar – Aufbruch nach Pandora«

Augen die Welt wahrnehmen und damit »räumlich sehen« können. Der Film war ein echter Abräumer und wurde mit renommierten Preisen überhäuft. »Avatar« steht derzeit auf Platz 1 der erfolgreichsten Filme aller Zeiten.

Wissenschaftlich betrachtet ist die Grundidee stimmig. In einem anderen Sternsystem – in »Avatar« schon das Nachbarsystem Alpha Centauri – gibt es Rohstoffe zu bergen. Etwas weit hergeholt ist es vielleicht, das Fantasie-Element Unobtanium zu erfinden, nach dem es der Menschheit dürstet. Aber gut, irgendeine Motivation muss es ja geben.

Recht cool war die Idee, den Hype um Virtual Reality für einen Kinofilm zu nutzen. Dadurch gab es völlig neue Möglichkeiten. Der Zuschauer betrachtet nicht direkt einen am Set agierenden Schauspieler, sondern mit aufwendigem Motion-Capture-Verfahren wurde Mimik und Gestik aufgezeichnet und auf eine computergenerierte, künstliche Person übertragen. Das gibt dem Streifen zwar ein Look-and-feel von einem Animationsfilm, aber die blauen Wesen haben eine so detail- und nuancenreiche Mimik, dass wir als Zuschauer tatsächlich mit ihnen fühlen. Ich erinnere mich auch, dass sämtliche Lichteffekte des Films absolut sehenswert waren. Tausendsassa Cameron, der in seiner Person Regisseur, Produzent, Drehbuchautor und Schnittmeister vereinte, gelang hier eine richtungsweisende Umsetzung des neuen, modernen Kinos im 21. Jahrhundert.

Die CGI-Technik hätte es natürlich erlaubt, das immerhin außerirdische Volk der Na'vi äußerlich vollkommen anders darzustellen. Aber im Grunde sind die blauhäutigen, katzenäugigen und spitzohrigen Aliens mit zwei Armen und zwei Beinen sehr menschen-

Kapitel 4: Die fremden Welten ferner Planeten

ähnlich, ein Motiv, dem wir in der Science-Fiction geradezu standardmäßig begegnen (→ Kapitel 5). Gut, vielleicht hat das Ganze so ein psychologisches Moment, das wir nicht unterschätzen sollten. Denn dem Zuschauer fällt es natürlich viel leichter, sich mit einem menschenähnlichen Alien zu identifizieren. Nur so kann vielleicht Emotionskino pur funktionieren. Oder würden Sie in Tränen ausbrechen, wenn eine MiB-Riesenschabe einem Jabba-artigen Schleimwurm ihre Liebe gesteht?

»Avatar« hat in vielerlei Hinsicht Maßstäbe neu gesetzt und meines Erachtens vollkommen zu Recht viele Preise eingeheimst und auch kommerziell abgeräumt. Bei

▸ Sully beim Ritt auf dem legendären Flugsaurier.
(Credit: enchanted_fairy/Shutterstock.com)

aller Technik und dem vielen Augenfutter ist es vielleicht nicht gelungen, die Figuren in kongenialer Tiefe zu zeichnen. Dennoch funktioniert die Liebesgeschichte zwischen Mensch und Alien.

Doch wenn Sie mich nach meinen persönlichen Science-Fiction-Highlights des Kinos fragen, so schlägt mein Puls deutlich schneller, wenn Picard & Co. auf der Leinwand erscheinen. Und meine Mundwinkel zucken viel nervöser, wenn Matt Damon als Lone Ranger auf dem Roten Planeten trickreich ums Überleben kämpft. Restlos um mich geschehen ist es allerdings nur in einem Film: »Contact« mit Jodie Foster (→ Kapitel 5, Seite 226). Freuen Sie sich schon mal, dass wir dieses Meisterstück des SF-Kinos im nächsten Kapitel besprechen werden.

Kapitel 5: So sehen Aliens wirklich aus

Lassen Sie uns mit einem der süßesten Außerirdischen der Filmgeschichte beginnen: E. T., der Anfang der 1980-Jahre von Blockbuster-Regisseur Steven Spielberg in die Kinos geschickt wurde und Millionen Familien zu Tränen rührte.

Titel »E. T. – Der Außerirdische«
Originaltitel »E. T. the Extra-Terrestrial«
Erscheinungsjahr 1982
Regie Steven Spielberg
Schauspieler Henry Thomas, Drew Barrymore, Peter Coyote
Unterhaltungswert 4/5. Sehr kindgerechte Science-Fiction für Groß und Klein.
Auweia-Faktor 2/5. So sollen Aliens aussehen? Mei, wie putzig!
Science-Faktor 2/5. Wenig Science, viel Kino mit großen Emotionen.
Besonderes Im E. T.-Kostüm steckten gleich drei verschiedene Menschen!
Auszeichnungen Nominiert für neun Oscars! Vier gewonnen. Ebenfalls: Golden Globe Award, Saturn Awards, César-Preis u. v. m.

In »The Guardians of the Galaxy« (USA 2014, Teil 1) sehen die Außerirdischen ziemlich genau so aus wie Menschen, nur mit dem Unterschied, dass sie grüne, blaue oder quietschrote Hautfarbe haben.

Ein typischer Film-Alien: E.T.

Der Grund für die Menschenähnlichkeit ist natürlich klar: Auch der Film-Alien muss durch einen menschlichen Schauspieler dargestellt werden. Maskenbildner und Make-up-Artists haben alle Hände voll zu tun, um die Person zu verfremden und aufwendige Masken herzustellen. Hier wollten die Produzenten zum einen Geldmittel und Zeit einsparen; zum anderen sahen Filmaußerirdische in der Zeit, bevor es Computertricks gab, billig, lächerlich und unfreiwillig komisch aus. Sie wollen ein Beispiel? Gern. Ich denke da an »Critters – Sie sind da!« (USA 1986), eine SF-Komödie, bei der kleine, gefräßige Monster die außerirdische Hauptrolle spielen. Die putzigen Viecher waren klein, ohne Darsteller im Kostüm – leider sahen sie ziemlich unecht aus.

»E. T. – Der Außerirdische«

Gut gemachte Computertricks mit CGI & Co. waren erst in späteren Filmproduktionen machbar. Die Charaktere Jar Jar Binks in »Star Wars: Episode I« (USA 1999) oder Gollum in »Der Herr der Ringe« (USA 2001) waren sogar voll animierte Filmfiguren, die neben normalen Schauspielern in echten Szenerien agierten.

Doch es gibt auch rühmliche Ausnahmen. In Ridley Scotts »Alien« von 1979 bekamen die Zuschauer einen Furcht einflößenden, blutrünstigen und säureblütigen Außerirdischen zu Gesicht, der vom schweizerischen Künstler HR Giger designt wurde. Zwar hat dieser Alien ebenfalls Rumpf, Kopf, Arme und Beine, sieht allerdings durch die filigranen Körperteile und die Größe schon ganz anders aus als ein Mensch.

In den »Star Wars«-Episoden IV (erst später in der digital nachbearbeiteten Version) und VI tritt eine außerirdische Lebensform auf, die gänzlich anders aussieht als ein Mensch: »Jabba, der Hutte« (engl. Jabba the Hutt) ist eine fettleibige, reptilienartige Lebensform mit kurzen Armen, aber ohne Beine. Auffallend ist seine längliche, monströse Körperform. Er ist etwa fünf Meter lang, mit Sicherheit nicht der Sportlichste und liegt in allen Episoden ausnahmslos dumm rum. In der ursprünglichen Episode VI (wir sagten früher noch »Star Wars, Teil 3« dazu) war Jabba durch eine Puppe animiert worden. In den späteren, digital nachbearbeiteten Versionen war er komplett computeranimiert.

Die dreiteilige Kinofilmreihe »Men in Black« (1997, 2002, 2012; kurz MiB) sprengte hinsichtlich der Fülle von dargestellten Aliens alle Rekorde. Hier wurden massiv Computertricks eingesetzt, und der Zuschauer kam in den Genuss von mehrarmigen, viel-

Kapitel 5: So sehen Aliens wirklich aus

köpfigen Ungetümen, winzigen, insektenartigen Aliens oder außerirdischen Riesenschaben. Mein Favorit ist die Lebensform »Ballchinian« aus MiB II – googeln Sie doch mal nach Bildern.

Aber wie könnten Außerirdische wirklich aussehen?
Die Antwort auf diese Frage stellt eine mächtige Herausforderung dar. Denn allein die Vielfalt des Lebens auf der Erde führt uns vor Augen, wie unterschiedlich und anpassungsfähig Lebensformen sind. Wie sollten wir uns da jemals ausmalen können, wie die Erscheinungsform eines Aliens konkret sein würde? Um dem Ganzen auf die Spur zu kommen, ist es ein Ansatz, nach Gemeinsamkeiten bekannter Lebensformen zu suchen. Das betrifft ihr Äußeres, aber auch ihr Inneres, wenn wir uns nämlich fragen, welche biologischen und physikalischen Gemeinsamkeiten und Funktionen in Lebensformen zu finden sind. Im Folgenden stelle ich den Versuch einer Antwort vor.

Zunächst zu den Äußerlichkeiten: den Erscheinungsformen von Leben. Die Lebensformen können wir in Menschen, Tierwelt (Fauna), Pflanzenwelt (Flora) und Mikroorganismen einteilen. Innerhalb dieser Kategorien finden wir schon eine aberwitzige Fülle von Formen, die Leben annehmen kann. Manche Tiere haben zwei Beine, andere vier, sechs oder sogar acht. Einige haben gar keine Beine, wie Fische, Schnecken oder Schlangen. Die einen haben sich an ein Leben im Wasser, die anderen auf der Erde und wieder andere an ein Leben in der Luft angepasst. Jeder Lebensraum birgt seine ganz speziellen Herausforderungen, und die Natur hat unterschiedliche Lösungen für raffinierte Anpassungen gefunden.

Ebenso verhält es sich bei den Sinneswahrnehmungen. Viele Tiere können sehen, hören, riechen, schmecken und tasten. Jedoch sind diese Sinne sehr unterschiedlich ausgeprägt. Raubvögel verfügen über die berüchtigten Adleraugen. Hunde haben echte Spürnasen. Elefanten können Infraschall und Fledermäuse Ultraschall wahrnehmen.

Und dann haben wir neben der Tierwelt natürlich noch Pflanzen, die eine ganz andere Form von Leben darstellen. Pflanzen unterscheiden sich schon sehr von Tieren, stellen jedoch auch eine Lebensform dar. Man kann es offenbar nicht so sehr an Äußerlichkeiten festmachen, vielmehr geht es um innere Eigenschaften und Funktionen, die in Lebensformen ablaufen müssen, damit sie leben können. Deshalb rekapitulieren wir noch mal die gängige Definition von Leben der Biologen, wie wir sie bereits in Zusammenhang mit den Exoplaneten in Kapitel 4 kennengelernt haben: Leben hat einen Stoffwechsel, um Energie aus der Umwelt aufzunehmen und zu verarbeiten; Leben wächst und entwickelt sich weiter; Leben nimmt Reize aus seiner Umwelt auf und reagiert darauf; Leben organisiert sich selbst; Leben pflanzt sich fort, und schließlich speichert Leben Informationen, um sie auf die nächste Generation weiterzuvererben.

In dieser Allgemeinheit gibt es natürlich viel Freiheiten, wie ein Alien ausschauen könnte, aber in seinem Körper müssen ganz ähnliche Dinge ablaufen wie bei uns. Harald Lesch pflegt gern zu sagen: »Der Alien ist auch nur ein Mensch.«

Etwas wissenschaftlich nüchtern betrachtet sind Lebensformen »biologische Maschinen«, die vor allem Energie und Rohstoffe aus ihrer Umgebung aufnehmen müssen, um zu überleben. Ein Physiker würde es so formulieren, dass Lebensformen thermodynamisch betrachtet Nichtgleichgewichtssysteme sind: Sie benötigen Energie, um einen geordneten, komplexen Zustand aufrechtzuerhalten. Typischerweise haben die Lebewesen eine höhere Körpertemperatur als die Umgebung – Ausnahme: Hochsommer, klar. Die Bedeutung von Nichtgleichgewichtssystemen wird sehr drastisch klar, wenn Lebewesen sterben. Dann strebt die leblose Materie ins thermodynamische Gleichgewicht: Sie nimmt relativ schnell die gleiche Temperatur wie die Umgebung an, weil keine Nahrungsmittel, Wasser und Luft mehr dem Körper zugeführt werden. Da ohne Rohstoffe aus der Umgebung keine neuen Zellen gebildet beziehungsweise bestehende Zellen aufrechterhalten werden können, setzt der körperliche Verfall ein. Er wird beschleunigt durch allerlei Getier, das sich über den Verblichenen hermacht. Kein schönes Thema, deshalb machen wir hier mal einen Punkt. Faszinierend ist daran, wie sich selbst nach dem Tod alles in einen Kreislauf einfügt und die tote Materie recycelt wird.

Lebewesen führen sich Energie in Form von Nahrung zu. Der Verdauungsapparat zerlegt die Nahrung in ihre Bestandteile. Wir nehmen Eiweiße, Kohlenhydrate, Fette, Vitamine etc. auf und bauen sie im Körper ein. Im Prinzip gilt das auch bei Pflanzen. Sie haben sicherlich nicht den komplexen Verdauungsapparat eines Menschen, jedoch nehmen auch sie Wasser und chemische Verbindungen aus der Umgebung auf, nutzen sie, wie sie sind, oder zerlegen sie und bauen sie ein, um den Pflanzenwuchs zu fördern und um am Leben zu bleiben.

Es gehört nicht viel Fantasie dazu, sich auszumalen, dass Außerirdische einen wie auch immer gearteten Verdauungsapparat haben müssen. Auch sie müssen sich aus der Umgebung chemische Verbindungen einverleiben, sie zerlegen und für ihren Körper nutzen. Auch ein Alien sollte die chemisch gebundene Energie mit der Nahrung aufnehmen.

Bei irdischem Leben spielt Wasser eine herausragende Rolle. Ein Mensch besteht hauptsächlich aus Wasser. Im Prinzip sind Menschen kompliziert aufgebaute »Wasserbeutel«. Genau so wurden Menschen in der Episode »Ein Planet wehrt sich« aus der Reihe »Star Trek – Das nächste Jahrhundert« bezeichnet.

Wasserstoff und Sauerstoff sind kosmologisch betrachtet zu sehr unterschiedlichen Zeiten entstanden. Ein komisches Gefühl, wenn man sich da ganz gedankenverloren ein Glas Wasser in den Hals schüttet. Unser Planet Erde hat gerade den richtigen Abstand zu unserem Heimatgestirn Sonne, sodass Oberflächenwasser flüssig sein kann; wir haben Ozeane auf der Erde. Astronomen und Biophysiker gehen davon aus, dass das eine ganz wichtige Voraussetzung für Leben auf Exoplaneten sein muss. Auf der anderen Seite legen neue Erkenntnisse in unserem eigenen Sonnensystem nahe, dass Leben außerhalb der habitablen Zone möglich sein könnte. Denn einige Eismonde von Jupiter und Saturn enthalten unter ihren Eispanzern salzhaltiges und daher flüssiges Wasser. Aktuell erforschen Raumsonden – Juno der NASA, bald Juice der ESA – die Gasplaneten und ihre Monde, um nach Spuren von Leben zu suchen.

Woher kommt das ganze Wasser?

Die Chemie bringt uns auf die richtige Spur: Wasser – kurz H_2O, wie jeder schon gehört hat – besteht aus Wasserstoff (Hydrogenium, H, Ordnungszahl 1) und Sauerstoff (Oxygenium, O, Ordnungszahl 8). Wasserstoff ist das häufigste chemische Element im ganzen Universum und entstand schon in den ersten Minuten nach dem Urknall. Beim Sauerstoff musste man hingegen noch einige Hundert Millionen Jahre warten, bis er sich im Inneren der ersten Sterne per Kernfusion bildete. Beide Elemente können sich zum Wassermolekül verbinden und wurden auch schon außerhalb der Erde nachgewiesen, zum Beispiel auf dem Mars, im interstellaren Raum, vor allem aber auf Kleinkörpern.

Nach der gängigen Meinung vieler Astronomen wurde das Wasser der Erde von Asteroiden eingebracht. Im Prinzip könnte schon der Einschlag eines einzigen, sehr wasserhaltigen Körpers ausgereicht haben. Das Wasser ist im Asteroiden eingeschlossen und verdampft nicht vollständig beim Einschlag.

▶ Erstaunlich! Alles Wasser der Erde passt in eine kleine Kugel von 1400 Kilometern Durchmesser.
(Credit: »Apollo«-Mission, NASA und A. Müller)

»E.T. – Der Außerirdische«

Die Aliens in Film, Fernsehen und Literatur werden auf sehr vielfältige Weise dargestellt. Wie gesagt aus naheliegenden Gründen oft menschenähnlich, aber es gibt auch krasse Ausnahmen. So begegnete die Crew um Käpt'n Picard aus »Star Trek – Das nächste Jahrhundert« auf einem fremden Planeten einer gestaltlosen, amorphen, pechschwarzen, glibberigen Masse, die, wie sich herausstellte, eine intelligente Lebensform war, die sogar sprechen konnte. Sie hieß Armus und war »die schwarze Seele« (so hieß auch die Episode; im Original »Skin of Evil«), die auf dem Planeten allein zurückgelassen wurde. Sie war durch und durch böse. Hier sehen wir, was mit Mark Watney auf dem Mars passiert wäre, wäre er nicht gerettet worden. Allerdings muss sich der gebildete Zuschauer fragen: Kann eine niederträchtige Teerfratze derart komplexe und von hoher Intelligenz geprägte Bewegungs- und Handlungsmuster zustande bringen? Wir neigen dazu, dies zu verneinen, weil »Black Beauty« keinerlei hoch entwickelte Organe aufwies – jedenfalls nicht erkennbar. Das kann nicht funktionieren. Dennoch traf uns als nichts ahnender Zuschauer die schwarze Seele mit voller Wucht, als sie nämlich ohne Vorwarnung einem lieb gewonnenen Crewmitglied das Leben aushauchte: Armus tötete, ohne mit der Wimper zu zucken, den blonden Sicherheitsoffizier Tasha Yar, gespielt von Denise Crosby! Normalerweise wittern wir es als aufmerksame »Star Trek«-Zuschauer sofort, wenn der Tod auf leisen Sohlen um die Ecke kommt. Standardsituation: Wir bemerken, dass es auf der Brücke ein neues Besatzungsmitglied gibt. In dem Moment ist sofort klar, dass es die arme Sau ist, die diese Folge nicht überleben wird.

Nicht so bei Tasha. Ihr Tod kommt so plötzlich und sinnlos daher, dass wir Trekkies nur mit Mühe das Wasser zurückhalten können, das uns in die Augen schießt. Allerdings konnte in Sachen Sicherheit kein besserer Nachfolger gefunden werden. Der Klingone Worf wurde später der neue Sicherheitsoffizier und sorgte wie kein anderer für das Wohl von Käpt'n und Besatzung. Um Feinde in die Flucht zu schlagen, reicht schon sein legendäres Klingonenknurren – auf das übrigens auch Frauen gut ansprechen.

Bleibt die Frage, weshalb Tasha gegangen wurde. Warum schrieben die Macher diese Filmfigur bereits in der 23. Folge der ersten Staffel (1994) heraus? Wollte Crosby zu viel Gage? Nein, nein, die US-Schauspielerin und gebürtige Kalifornierin ließ verlauten, dass sie nicht für alle Zeiten auf ihre »Star Trek«-Rolle festgelegt werden wollte. Daher entschied sie sich schon früh für den Serientod. Wer jetzt einen dicken Kloß im Hals hat, mag sich damit trösten, dass Crosby als Tasha in einigen späteren Folgen noch Gastauftritte hatte.

Schwarzer böser Glibber. Dieses Motiv gab es auch im Kino-Blockbuster »Spider-Man 3«. Hier trat ein Außerirdischer in Aktion, der sowohl schwarz als auch böse war. Genauer gesagt war es eine ebenfalls teerartige Lebensform, die durch einen Asteroideneinschlag in Manhattan auf die Erde gelangte. Gewisse Ähnlichkeiten mit Armus aus »Star Trek« sind vorhanden, allerdings befällt der Symbiont seinen Wirt, verbindet sich mit ihm und verändert ihn: Einerseits werden so Spider-Mans Kräfte verstärkt, andererseits wird aus dem gut gesinnten Superhelden ein böser Spider-Man! Der Twist ist echt eine pfiffige Idee und verleiht der positiv besetzten Heldenfigur ganz neue Seiten. Endlich darf Spidy mal böse sein! Dass das Spaß macht, wissen die Zuschauer allerspätestens seit der actiongeladenen satirischen »Deadpool«-Filmreihe (Teil 1 und 2 in 2016 beziehungsweise 2018), in der Ryan Reynolds mit gesteigertem Vergnügen und politisch vollkommen unkorrekt Bösewichtern das Licht ausknipst.

Titel »Spider-Man 3«
Originaltitel »Spider-Man 3«
Erscheinungsjahr 2007
Regie Sam Raimi
Schauspieler Tobey Maguire, Kirsten Dunst, James Franco
Unterhaltungswert 4/5. Kurzweilige Comic-Helden-Action.
Auweia-Faktor 3/5. Wissenschaftler sind immer die mit dem weißen Kittel.
Science-Faktor 2/5. Der schwarze Symbiont ist eine coole Idee!
Größter Aufreger Bösewicht Flint Marko fällt in einen Teilchenbeschleuniger und mutiert zum »Sandman«.
Besonderes Nach Everybody's Darling in Teil 1 und 2 ist Spidy endlich auf der anderen Seite.
Auszeichnungen Golden Trailer Awards (2007), viele Nominierungen

Zur Handlung von »Spider-Man 3«

Im Mittelpunkt von »Spider-Man 3« steht Peter Parker, verkörpert von Tobey Maguire, der die legendären Superkräfte in Teil 1 durch den Biss einer mutierten Spinne erhalten hatte. In Teil 3 geht es nun vor allem um die Liebe zu Parkers Nachbarin und

Kapitel 5: So sehen Aliens wirklich aus

Freundin Mary Jane, gespielt von Kirsten Dunst, und die Freundschaft zu Harry, dargestellt von James Franco. Beide Beziehungen sind nicht einfach. Mit Mary Jane läuft es gerade nicht so gut, auch weil sie berufliche Misserfolge hat. Und die Freundschaft zu Harry ist seit Teil 1 belastet, weil Spidy Harrys Vater auf dem Gewissen hat. In seiner Verzweiflung lässt Spider-Man die Verbindung mit dem Symbionten zu und zieht ohne Rücksicht auf Verluste ordentlich einen vom Leder: Er bandelt mit anderen Frauen an, schaltet seinen beruflichen Konkurrenten und Fotografen Eddie Brock aus und entstellt in Notwehr seinen Freund Harry mit einer Granate.

Doch Spidys Rundumschläge führen dazu, dass Mary Jane verletzt wird. Geläutert will er daher den Symbionten loswerden. Das gelingt ihm in einem Kirchturm, weil die lärmende Glocke den Symbionten schwächt und er ihn so abschütteln kann. Der filmische Zufall will es, dass sich Widersacher Brock in der gleichen Kirche aufhält und – oh Wunder! – der Symbiont sich ausgerechnet ihn als neue Bleibe ausguckt. Der nun böse Brock wird zu »Venom«, der sich mit »Sandman« gegen Spider-Man verbündet. Natürlich gehen alle Superheldengeschichten gut aus. Wer das Ende wissen will, muss sich bitte den Film reinziehen.

Wir wollen uns hier nüchtern-wissenschaftlich fragen, wie realistisch ein derartiger Symbiont als blinder Passagier auf einem Asteroiden ist. Tatsächlich fanden Astronomen so einiges auf der Oberfläche von Asteroiden, Kometen und anderen Kleinkörpern. Zwar waren noch keine Bakterien, E.T.s oder HR-Giger-Aliens dabei, aber immerhin Moleküle wie Ameisensäure (die das Jucken der Brennnessel verursacht), Formaldehyd und sogar Aminosäuren. Es ist biochemisch und biophysikalisch betrachtet noch ein gewaltiger Schritt vom Molekül zu einer Lebensform. Bei »Spider-Man 3« handelt es sich immerhin um eine niedere, amorphe Lebensform, die erst durch den Kontakt mit einem Wirt ihre Fähigkeiten entfaltet – das ist durchaus ähnlich wie bei Viren. Denn Viren selbst gelten nicht als Lebensform, sondern als »infektiöse Partikel«, weil sie nicht aus Zellen bestehen. Sie verbreiten sich außerhalb von Zellen, dringen in eine Wirtszelle ein und wandern in ihren Zellkern, um sie dort zu manipulieren, gewissermaßen ihren Wirt »umzuprogrammieren«.

▶ Der Kleinmann-Low-Nebel (Orion-KL-Nebel). In dieser hübsch anzusehenden Molekülwolke innerhalb des Orionnebels entdeckten Astronomen Aminosäuren. (Credit: Weltraumteleskop Hubble, NASA/ESA)

Somit ist das Virus eigentlich ein optimales Vehikel, das durch das Weltall reisen kann, im interstellaren Raum überdauern und irgendwann einen ahnungslosen Wirt treffen könnte. Unterm Strich kann sich ein Wissenschaftler mit dem »Spider-Man 3«-Alien gut anfreunden (bitte nicht wörtlich nehmen). Ich persönlich

Kapitel 5: So sehen Aliens wirklich aus

würde sogar sagen: echt eine launige Idee von den »Spider-Man 3«-Machern! Allerdings müssen wir vermuten, dass komplexere Lebensformen nicht auf kosmischen Kleinkörpern anzutreffen sind, weil sie erst in der schützenden und nährenden Umgebung einer Planetenatmosphäre überleben und sich weiterentwickeln können. In der Astronomie wird in der Tat diskutiert, dass einfache und robuste Lebensformen wie zum Beispiel Einzeller oder Bakterien durch Kleinkörper auf Planetenoberflächen getragen wurden. In der Literatur ist das als »Panspermie-Hypothese« bekannt. Selbstverständlich erklärt dieser Ansatz nicht den Ursprung von Leben, sondern verlagert nur seinen Entstehungsort. Aufregend ist die Vorstellung allemal, dass irdisches Leben vielleicht gar nicht auf der Erde entstand, sondern von woanders kam. Der Nachweis dieser Hypothese wird freilich schwierig zu führen sein. Wir wissen aber, dass durchaus auch größere Objekte den Weg von einem zu einem anderen Himmelskörper finden können. Der knapp zwei Kilogramm schwere Meteorit ALH 84001 wurde zwar 1984 in der irdischen Antarktis gefunden, stammt aber nachweislich vom Mars! Der Klumpen wurde vor rund 15 Millionen Jahren von der Marsoberfläche herausgeschleudert und traf vor etwa 13.000 Jahren auf die Erde.

Mein Fazit zu »Spider-Man 3«

Ich mag die Reihe. Insbesondere verkörpert Tobey Maguire den Wandel vom schüchternen Loser zum furchtlosen Superhelden grandios mit viel Witz und Selbstironie. Da macht das Zuschauen einfach Spaß. Auch weil die Tricks technisch ziemlich gut um-

»Spider-Man 3«

gesetzt sind, zum Beispiel wie »Sandman« immer neue Gestalten annimmt. Den ein oder anderen Augenverdreher hatte ich dann doch, nämlich wenn Stereotypen bemüht werden: Wissenschaftler am Teilchenbeschleuniger tragen weiße Kittel, klar. Und sie sehen aus wie Models. Wenn Sie's nicht glauben, setzen Sie sich mal in eine Physik-Vorlesung an einer deutschen Uni Ihrer Wahl. Sie werden da mehr voll behaarte weibliche Unterschenkel vorfinden, als Ihnen lieb ist. Ich fühle mich jetzt auch besser, weil diese Bilder jetzt nicht nur in meinem Kopf sind.

Stirnrunzeln bereitet auch die Tatsache, dass der Alien-Symbiont ein Lärmproblem hat. Gut, irgendeine Schwäche hat jeder – aber Lärm? Das leuchtete zumindest mir nicht ganz ein. Bestimmt habe ich das missverstanden, und das war eine verdeckte gesellschaftskritische Anspielung auf unseren von Hektik und Lärm geprägten Alltag. Ich habe mir fest vorgenommen, mit meiner Gruppe der Anonymen Scout-Schulranzenträger einen Stuhlkreis zu bilden, um das Thema bei einer Tofuwurst im Grünkernmantel und einem Hopfensmoothie durchzudiskutieren. Jedenfalls ist das Gesamtpaket stimmig, und man geht recht gut unterhalten aus diesem Film heraus.

Zurück zu den Innereien der Aliens, also Sie wissen schon, den Funktionen in ihren Körpern. In unserer Charakterisierung waren wir auf den Verdauungsapparat gekommen, weil auch ein Außerirdischer mal einen Happen zu sich nehmen muss, um zu überleben. Was benötigt er noch?

Nun, Lebewesen nehmen auch Gase aus der Umgebung auf, damit chemische Reaktionen im Inneren ablaufen können. Auf der

Erde hat sich da ein raffiniertes Wechselspiel zwischen Pflanzen, Tieren und Menschen herausgebildet. Pflanzen nehmen Kohlendioxid auf und wandeln es über die Fotosynthese in Sauerstoff um. Tiere und Menschen nehmen ihrerseits den Sauerstoff auf, transportieren ihn durch die Blutbahnen zu Gehirn, Muskeln und anderen Organen, damit chemische Reaktionen ablaufen können. Am Ende atmen sie Kohlendioxid wieder aus, das die Pflanzen erneut aufnehmen. Ein hübscher Kreislauf.

Sauerstoff – Das Gas des Lebens

Sauerstoff ist nach Wasserstoff und Helium das dritthäufigste chemische Element im Universum. Unter irdischen Normalbedingungen ist er ein farb-, geruch- und geschmackloses Gas. Die Gesamtheit der Pflanzen sorgt dafür, dass 21 Prozent der Luft aus Sauerstoff besteht. In der Luft haben sich zwei Sauerstoffatome zu einem O_2-Molekül verbunden. In der Hochatmosphäre werden diese Paare durch energiereiche Ultraviolettstrahlung der Sonne zerhackt und bilden Ozon, auch Trisauerstoff O_3 genannt. Das stechend riechende, ungesunde Ozon bildet sich auch im Kopierer. Einzelne Sauerstoffatome kommen nur unter den extremen Bedingungen des Weltalls vor.

Chemisch betrachtet ist Sauerstoff ein äußerst reaktionsfreudiges Element, aber es kommt darauf an, welche Substanzen damit in Berührung kommen. Edelmetalle wie Gold oder Platin reagieren nicht oder kaum damit. Edelgase reagieren grundsätzlich schlecht, weil ihre äußerste Elektronenschale voll besetzt ist. Sauerstoff sorgt für Verbrennungsprozesse und Korrosion. In hohen Konzentrationen ist er für Lebewesen sogar giftig. Diese Toxizität kann gemindert werden, wenn der Sauerstoff unter sehr niedrigem Druck geatmet wird. Tatsächlich atmen Taucher und Astronauten reinen Sauerstoff, ohne gesundheitliche Schäden befürchten zu müssen.

"Spider-Man 3"

Nach gängiger Lehrmeinung stellten Cyanobakterien vor etwa drei Milliarden Jahren erstmals Sauerstoff in der oxygenen Fotosynthese her. Damit begann eine Neugestaltung der Erdatmosphäre. Organismen, die bis dato in einer sauerstofffreien »anaeroben« Gashülle lebten, mussten nun mit dem Sauerstoff klarkommen. Nun hatte die Stunde der aeroben Lebewesen geschlagen. Dazu gehören vor allem die Eukaryonten, also Lebewesen, deren Zellen Zellkerne und eine komplexe Ausgestaltung

Der Sauerstoff muss aus der Erdatmosphäre irgendwie in die Lebewesen kommen und in deren Körper verteilt werden. Die Natur hat dafür unterschiedliche Lösungen gefunden: Menschen haben Lungen, »Luftsäcke«, die durch das sich nach unten bewegende Zwerchfell mit Luft gefüllt werden. Die weintraubenartig fein verästelten Lungenbläschen (Alveolen) nehmen das Gas inklusive Sauerstoff auf und sorgen für den Gasaustausch mit dem Blut. Das Gewebe der Bläschen ist so dünn, dass Sauerstoff und Kohlendioxid hindurchdiffundieren können. Die roten Blutkörperchen (Hämoglobin) binden den Sauerstoff und bringen ihn in den Blutkreislauf. Das aus dem Körper kommende »Abfallprodukt« Kohlendioxid tritt über und wird später ausgeatmet. O_3

Bei anderen aeroben Lebewesen ist das Prinzip dasselbe, nur haben sie vielleicht Kiemen wie die Fische, um an den im Wasser gelösten Sauerstoff heranzukommen, oder sie haben Tracheen wie die Insekten, im Prinzip Röhrensysteme, in denen die Luft zirkuliert.

Damit Sauerstoff und Nährstoffe im Blutkreislauf zirkulieren können, bringt der Herzmuskel durch regelmäßige Kontraktionen eine Strömung in Gang. Pausen sind verboten. Das Herz schlägt ein Leben lang. Bei höherer körperlicher Leistung oder Aufregung schlägt das Herz schneller, weil größere Blut- beziehungsweise Sauerstoffmengen an die jeweilige »Verbrauchsstation« kommen müssen.

(Kompartimentierung) haben. In den »Kraftwerken« ihrer Zellen, den Mitochondrien, finden Reaktionen mit Sauerstoff statt. Aus diesen »Oxidationen« gewinnt die Zelle Energie. Im Wesentlichen entsteht dabei wieder Wasser, der Hauptbestandteil von Zellen – und in den »Wasserbeuteln« Menschen.

Titel »Cowboys & Aliens«
Originaltitel »Cowboys & Aliens«
Erscheinungsjahr 2011
Regie Jon Favreau
Schauspieler Daniel Craig, Harrison Ford, Olivia Wilde
Unterhaltungswert 3/5. Krasses Cross-over: Western trifft Science-Fiction.
Auweia-Faktor 3/5. Die Außerirdischen greifen zu Fuß an.
Science-Faktor 1/5. Der Zuschauer wird nicht mit Wissenschaft überfordert.
Größter Aufreger Aliens entführen Menschen mit einem lassoartigen Seil!
Besonderes Geballtes Staraufgebot auch in den Nebenrollen, u. a. Keith Carradine und Clancy Brown.
Auszeichnungen Einige Nominierungen für nicht weltbewegende Preise

---

Zur Handlung von »Cowboys & Aliens«

Dass Außerirdische auch Herz zeigen können, wurde in dem ungewöhnlichen Genremix »Cowboys & Aliens« von 2011 klar. Der Hollywoodstreifen ist sowohl Western als auch Gedöns mit Außerirdischen. Und das gelingt ihm sehr gut und sogar auf unterhaltsame Weise. Hauptakteur ist Bond-Darsteller Daniel Craig, der Jake Lonergan spielt. Er kommt in der Steppe mit einem selt-

»Cowboys & Aliens«

samen, dicken Metallarmband zu sich und kann sich nicht erinnern, wer er ist, wie das Metalldings an seinen Arm kam und was passierte. Als er in die nächste Stadt namens »Absolution« ankommt, lernt er in einer Bar Ella, gespielt von Hollywoodschönheit Olivia Wilde, kennen. Sie zeigt ein seltsames Interesse an Jake. Wir erfahren außerdem, dass Jake ein gesuchter Räuber ist und mit seiner Bande Gold geraubt hatte. Der Sheriff, gespielt von Keith Carradine, buchtet ihn deshalb ein. Im Knast sitzt auch Percy Dolarhyde, ein überheblicher, reicher Schnöselsohn, der Jake zuvor provozierte. Jake hatte ihn daraufhin Bond-mäßig cool verdroschen. Somit werden die beiden keine Freunde. Als die Knackis per Kutsche nach Santa Fe überstellt werden sollen, greifen Aliens die Stadt mit libellenartigen Fluggeräten an. Dabei offenbart sich, dass Jakes Metallmanschette eine Art Alien-Waffe ist. Eine holografische Projektion zeigt ihm darüber hinaus nahende Feinde. Gesteuert wird sie mit Jakes Willen. Ihm gelingt es, eines der Ufos abzuschießen.

Ein zweiter großer Hauptdarsteller hat seinen Auftritt: Harrison »Han-Solo/Indy« Ford spielt Colonel Woodrow Dolarhyde, Percys Vater. Der reiche Viehzüchter fordert die Herausgabe seines Sohnes, als es zum Angriff der Außerirdischen kommt. Percy wird sogar von den Aliens entführt. Dazu schleudern die Außerirdischen lassoartige Seile aus ihren Fluggeräten, mit denen sie die Menschen einsammeln und zu einem geheimen Alien-Stützpunkt bringen. Auch der Sheriff wird verschleppt. Nun verbünden sich die verbliebenen Menschen, um gemeinsam ihre Lieben aus der Gewalt der fremden Macht zu befreien. Unterstützt werden der Colonel, Jake und Ella von Indianern.

Kapitel 5: So sehen Aliens wirklich aus

Jake wird von Rückblenden geplagt, die dem Zuschauer klarmachen, dass er mit seiner Freundin Alice auf seiner Farm überfallen und entführt wurde. Die Außerirdischen hatten großes Interesse an dem geraubten Gold, das sie einschmelzen und für ihre Zwecke nutzen. Mit Alice führten die Aliens schreckliche Experimente durch, bei denen sie zu Tode kam. Als sie sich an Jake vergehen wollten, konnte er das Metalldings anlegen, seinen Alien-Peiniger schwer verletzen und fliehen. Wir erfahren auch, dass Ella eine Außerirdische ist – ich sage nur schönster Alien ever! Ihr Volk wurde von den Aliens, die nun die Erde heimsuchen, vernichtet. Deshalb möchte Ella den Menschen helfen.

Nachdem einige Spannung aufgebaut wurde, bekommt der Zuschauer erst nach rund sechzig Filmminuten die Außerirdischen wirklich zu Gesicht. Sie haben eine menschenähnliche Gestalt mit zwei großen und zwei kurzen Armen sowie zwei Beinen, sind größer und kräftiger und glotzen aus ziemlichen Glubschaugen. An ihren Händen haben sie jeweils drei Klauen beziehungsweise Finger. Außerdem sind sie recht flink unterwegs und können gut klettern. Als es zum Kampf der Aliens mit der Truppe um den Colonel kommt, zeigt sich, dass die Außerirdischen ebenfalls ein pochendes Herz haben – sogar an derselben Stelle wie Menschen. Emmett, der halbwüchsige Enkel des Sheriffs, rammt in größter Gefahr ein Messer in das Alien-Herz und tötet damit seinen Angreifer.

Am Schluss finden Jake und Ella das Alien-Versteck – ein riesiges, auf der Erde geparktes und getarntes Raumschiff – mit den entführten Menschen. Sie greifen mit Dynamit an und befreien ihre

Leute, während die Aliens versuchen, mit dem Schiff zu starten, um zu entkommen. Wir müssen geschüttelt und gerührt hinnehmen, dass sich Ella für die Menschheit opfert und das Schiff mithilfe von Jakes Metallmanschette komplett zerstören kann. Damit hat sie verhindert, dass die Aliens Verstärkung aus ihrer Heimatwelt holen, um die Erde zu unterjochen.

Ein Megabrüller für »Star Wars«-Fans kommt noch ganz am Schluss: Colonel Dolarhyde, der von Ford gespielt wird, sagt zu seinem Sohn Percy: »Erinnerst du dich an mich? Ich bin dein Vater.«

Mein Fazit zu »Cowboys & Aliens«

Ich hätte es noch cleverer gefunden, wenn der Titel nicht mit der Holzhammermethode verrät, dass die Cowboys im Verlauf des Films auf Aliens treffen werden. Wäre doch ein Wahnsinnstwist gewesen, wenn der Zuschauer mit einem Western rechnet, der plötzlich in eine Science-Fiction-Orgie umschlägt. Nun gut, die Chance wurde vertan.

Es gibt noch mehr zu mäkeln. Sehr verwundert hat mich die technische Ausstattung der außerirdischen Intelligenz. Einerseits können sie Lichtjahre bis zur Erde fliegen und zeigen dann andererseits als Kostprobe ihrer Hochtechnologie, wie sie die Bewohner anderer Welten entführen: mit einem – öh – Lasso!? Das kann man hoffentlich nur als Gag werten, weil auch dem Westerngenre Tribut gezollt werden musste. Ähnlich seltsam mutet es an, dass die Aliens in der kriegerischen Auseinandersetzung dann Mann gegen Mann kämpfen und keine besondere Technik zum Einsatz kommt.

Die Motivation für die Außerirdischen, zur Erde zu kommen, war ja gemäß Skript das Gold. Wissenschaftlich betrachtet ist auch das nicht sehr plausibel. Eine Intelligenz, die offenbar über eine Technologie verfügt, um von einem Stern zum nächsten zu fliegen, könnte das interstellare Gold an vielen Orten aufsammeln. Astrophysiker wissen, dass Gold ein seltenes, schweres Element ist, das in bestimmten kosmischen Sternexplosionen entsteht und so verteilt wurde.

Unklar ist auch, was die Außerirdischen mit dem Gold eigentlich anstellen. Sündhaft teurer Alien-Schmuck? Pokale für intergalaktische Fußballweltmeisterschaften? Eine Armee von C-3POs häkeln? Fest steht, dass alles Gold der Erde nicht ausreichen würde, um den Aliens einen goldigen Gesichtsausdruck zu verleihen.

Erstaunt hat mich jedenfalls das Staraufgebot des Films. Gleich zwei Platzhirsche spielen Seite an Seite: Ford und Craig. Der Bonus, dass Ford in diesem Film mitwirkte, wurde mit der Tatsache verspielt, dass Craig auch Hauptakteur ist. Ford hat im Film erst relativ spät seinen ersten Auftritt. Mir hat gefallen, dass er den Colonel herrlich knurrig und humorlos spielt – normalerweise kennen wir Harrison Ford mit einer guten Portion Selbstironie. Craigs Spiel finde ich persönlich zwar stimmig zum Film, allerdings eindimensional, weil er auch in anderen Streifen irgendwie immer denselben Charakter darstellt: cool, gnadenlos und unbarmherzig, aber natürlich den Good Guy. Außerdem dachte ich bei »Cowboys & Aliens«, dass jeden Moment Q um die Ecke kommt und ein paar coole neue Bond-Gadgets zeigt – war aber leider nicht.

»Cowboys & Aliens«

Den Kommentar aus wissenschaftlicher Sicht können wir schnell abhaken: Tiefgründige, naturwissenschaftlich-technische Ideen haben kaum Einzug in diesen Streifen gehalten. Die Aliens waren tumbe Ungetüme und ohne Tiefe dargestellt. Sie mussten ja eine gewisse Intelligenz mitbringen, wenn sie es schon bis zur Erde schafften. Aber im Film kommen sie als unkommunikative Bestien rüber, die echt nicht die hellsten Kerzen auf der Torte sind. Nur am Schluss zeigt Jakes Gegenspieler und Peiniger, den er bei seiner Flucht im Gesicht verletzte, eine rachsüchtige Emotion. Komischerweise unterhalten sich die Außerirdischen nicht untereinander, sondern hauen nur drauf.

Insgesamt ist der Film unterhaltsame SF-Standardware, die gut unterhält, aber nicht unbedingt lange im Gedächtnis bleibt. Umso erstaunlicher ist es, dass so viele Stars mitmachten.

Gold

Gold hat seinen Ruf weg. Frauen lieben es als Schmuck, und Männer lieben es aufgrund seines Werts – fünf Euro in die Chauvi-Kasse. Nüchtern betrachtet ist Gold ein schweres Edelmetall. Viele Hochkulturen schätzten es, weil es so schön glänzt, recht selten, doch sehr beständig ist. Als Edelmetall reagiert es kaum chemisch, ist sehr säurebeständig und oxidiert nicht. Seine Schwere beruht auf dem riesigen Atomkern, der 79 Protonen und noch mehr Neutronen enthält. Die stabile Variante natürlich vorkommenden Goldes hat 197 Nukleonen und demnach 118 Neutronen. Man kann sich fragen, weshalb Blei nicht einen ähnlichen Status wie Gold hat. Immerhin ist es noch schwerer (man denke nur an den sprichwörtlichen »Bleifuß«). Allerdings fehlt bei Blei der geheimnisvolle gelbliche Glanz, und es kommt im Sonnensystem rund zwanzigfach häufiger vor, weil es das stabile Endprodukt radioaktiver Zerfälle ist.

Wie die meisten schweren Elemente jenseits von Eisen (Ordnungszahl 26) entsteht auch das Gold in Explosionen massereicher Sterne, den sogenannten »Supernovae Typ II«, und außerdem in Verschmelzungsereignissen von Neutronensternen. Es ist deutlich seltener im Sonnensystem zu finden als andere chemische Elemente, zum Beispiel um den Faktor zehn Milliarden weniger als das häufigste Element Wasserstoff; und immer noch eine Million Mal weniger als Eisen. Das irdische Gold kommt aus einer Supernova, die sich in der Nähe des Sonnensystems ereignete.

Schon frühe Hochkulturen nutzten Gold als Schmuck und Zahlungsmittel. Goldmünzen wurden geprägt. Auch heute noch dient Gold als internationales Zahlungsmittel und Währungsreserve.

Gehen wir mal weiter auf unserer Checkliste der Must-haves der Alien-Innereien. Welche Organe, die bedeutsam beim Menschen sind, sollten auch beim Außerirdischen von Welt nicht fehlen? Klar, die Königin aller Organe ist natürlich das Gehirn. Es steuert (zusammen mit dem Rückenmark) sämtliche bewusste und unbewusste Vorgänge im Körper des Lebewesens. Fehlen Rohstoffe, signalisiert es Hunger auf Nahrung oder Durst auf Wasser. Es steuert die durchaus komplexen Bewegungsabläufe bei der Fortbewegung, bei Flucht oder Jagd. Bei höher entwickelten Lebensformen wie den Primaten und Menschen bildet das Gehirn das Zentrum für Wahrnehmung und Sinne, für Sprache und Kommunikation, für Empfindungen und Gefühle und natürlich für geistige Leistungen. Nur bei RTL2-Zuschauern reicht das Rückenmark

»Cowboys & Aliens«

völlig aus, um dem ulkigen Treiben bei »Frauentausch« oder »Love Island« zu folgen.

Viele Lebewesen besitzen Extremitäten, also Beine, Arme, Flossen oder Flügel. Das macht Sinn, um mobil zu sein. Die Organismen können so neue Nahrungsmittelquellen erschließen, vor Raubtieren fliehen oder bei Revierkämpfen in neue Territorien umsiedeln. Pflanzen dagegen sind in der Regel nicht mobil: Sie nehmen sich das, was an sie herangetragen wird (Wasser, Luft, Sonnenlicht, chemische Verbindungen aus dem Boden). Sie sterben, wenn das nicht geschieht.

Die Natur hat jedoch ebenfalls raffinierte Lösungen für die Fortbewegung ohne Extremitäten gefunden, zum Beispiel bei Schlangen oder Schnecken. Damit ist unklar, wie es bei Aliens sein könnte. Mit Recht werden sie in der Science-Fiction in allen möglichen Varianten vorgestellt: als sechsbeinige Riesenschabe Edgar in MiB, als zweibeiniger Klingone in »Star Trek« oder als Jabba ohne Beine in »Star Wars«.

Es ist außerdem interessant, sich die Wahrnehmung und Sinne anzuschauen. Ein Mensch hat fünf Sinne: Sehen, Hören, Riechen, Schmecken und Tasten. Dazu gehören die passenden Organe: Augen, Ohren, Nase, Zunge und Haut. In der Science-Fiction haben Außerirdische in der Regel ebenfalls alle diese Organe beziehungsweise Sinne, häufig in anderer Ausprägung: Glubschaugen (E.T.), spitze Ohren (Vulkanier), Riesenwascheln (Ferengi), meterlange Zunge (froschartiger Typ aus »X-Men«) oder Schuppenhaut (»Enemy Mine – Geliebter Feind«). Nicht alle Lebewesen auf der Erde haben Augen, Gegenbeispiele sind unter anderem Maulwürfe, Tiefseefische oder Pflanzen. Allerdings ist es von großem Vorteil, seine Umgebung visuell wahrnehmen zu können: Mit Augen kann man sehen, wohin man sich bewegt, Nahrungsquellen erkennen, Feinde ausmachen oder sich auf Partnersuche begeben. Sehfähige Lebewesen der Erde haben sich an die elektromagnetischen Wellen der Sonne angepasst. Die äußere Sonnenschicht, die Photosphäre, hat eine Temperatur von etwa 5500 Grad Celsius. Das Strahlungsmaximum eines Wärmestrahlers dieser Temperatur liegt bei der Farbe Gelb. Es ist daher natürlich kein Zufall, dass die Augen vieler irdischer Lebewesen bei genau dieser Farbe empfindlich sind! Wäre unser Tagesgestirn viel heißer, zum Beispiel um einige 10.000 Grad, würde sich das Intensitätsmaximum mehr in den blau-ultravioletten Bereich verschieben. Dann hätten Lebewesen sehr wahrscheinlich UV-Augen entwickelt. Tatsächlich können beispielsweise Bienen das kurzwelligere UV sehen. Für sie erstrahlen die Blütenblätter dann wie Reklameschilder.

Bezogen auf Aliens liegt es nahe zu schließen, dass sie auch über Strahlungsdetektoren, sprich Augen, verfügen sollten, um das Leuchten ihres Heimatgestirns sehen zu können. Aus den Erkenntnissen in der Sternentwicklung wissen Astronomen, dass die Lebensdauer von sonnenartigen Sternen lange genug ist, damit sich Leben in der Nähe solcher Sterne entwickeln konnte. Massereiche, leuchtkräftige und sehr heiße Sterne wie Rigel im Orion sind zu kurzlebig; bei massearmen, leuchtschwachen und kühlen Sterne wie den Roten Zwergsternen muss man zu nah heran, sodass sie durch Gezeitenreibung mit der Sternrotation synchronisieren und ihrem Heimatgestirn immer dieselbe Seite zeigen – auch schlecht für die Entwicklung von Leben. Es ist plausibel, dass Außerirdische auch über Augen verfügen, die für gelbes Licht empfindlich sind.

Ohren sind ganz andere Wunderwerke der Natur, die es ermöglichen, die Schwingungen der Luft wahrzunehmen. Die angeschubsten Luftteilchen übertragen ihre Bewegung auf Nachbarteilchen, sodass sich Schall wellenförmig in alle Richtungen ausbreitet. Irgendwann trifft diese Druckwelle unser Trommelfell, das somit ebenfalls in Schwingungen gerät und über Nerven diese Anregung an das Gehirn weitergibt. Wir hören. Ganz nüchtern naturwissenschaftlich könnte man es so formulieren, dass wir die Schwingungen auf dem Boden des Luftmeers wahrnehmen, wo wir leben. Viele Tiere nehmen den Schall ebenfalls wahr, der sich in Luft mit 330 Metern pro Sekunde ausbreitet. In Flüssigkeiten und Festkörpern ist diese Schallgeschwindigkeit höher, weil die Kopplung der schwingfähigen Teilchen viel straffer ist.

Wenn wir also mit etwas Abstand auf das Phänomen Leben schauen und uns fragen, welche Formen außerirdisches Leben angenommen haben könnte, so müssen wir in einem Fazit festhalten: Auch hoch entwickelte, intelligente Aliens haben sehr wahrscheinlich

- Augen, um das Licht ihres Heimatgestirns wahrzunehmen; es ist sogar plausibel, dass sie ebenfalls für gelbes Licht maximal empfindlich sind, weil Gelbe Sterne wie die Sonne besonders langlebig sind;

Kapitel 5: So sehen Aliens wirklich aus

 Ohren, um Schwingungen im Gas ihrer Planetenatmosphäre zu hören;

 Extremitäten, um sich fortzubewegen, zu neuen Nahrungsquellen zu gelangen, zu fliehen;

 einen Verdauungsapparat, um chemisch gebundene Energie und lebenswichtige Substanzen in ihren Körpern aufzunehmen;

 Organe wie Lungen, Kiemen oder Tracheen, um Gase aus der Atmosphäre in ihre Körper zu bringen; für Aliens könnte der Sauerstoff als reaktionsfreudiges Element eine ähnlich wichtige Rolle spielen;

 ein Herz-Kreislauf-System, um eine Körperflüssigkeit wie Blut zirkulieren zu lassen, das aufgenommene Nährstoffe und Gase im Körper verteilt;

 ein Gehirn, das sämtliche kognitive Funktionen (Wahrnehmung, Erinnerung, Orientierung, Sprache etc.) regelt.

Um die Überlegenheit von außerirdischen Intelligenzen auch äußerlich darzustellen, ist ein gern verwendetes Motiv in der Science-Fiction der typische abnorm große Alien-Kopf. Ein Extrembeispiel ist der Film »Mars Attacks!« von 1996, aber auch bei MiB durften diese Aliens nicht fehlen. Der Grund ist klar: Wenn es Aliens gelingt, zur Erde zu kommen, müssen sie besonders schlau sein und haben deshalb natürlich ein fettes Hirn unterm Scheitel.

Bis zum heutigen Tag hat die Menschheit allerdings noch keinen Kontakt zu intelligenten Außerirdischen. Zumindest offiziell. Warum ist das so? Wenn man länger darüber nachdenkt, kommen einem diese fünf Antworten in den Sinn:

Die banale Antwort Nr. 1: *Es gibt keine Aliens.* Wir sind die einzigen intelligenten Lebensformen im ganzen Universum. Damit hätten wir eine echte Sonderrolle. Angesichts der Größe des Weltalls und des Wissens, dass es einige Hundert Milliarden Galaxien mit jeweils einigen Hundert Milliarden Sternen und damit Myriaden fremder Welten gibt, klingt das sehr unwahrscheinlich.

Deshalb ist es vielleicht Antwort Nr. 2: *Es gibt Aliens, aber wir müssen einfach noch länger suchen, um sie zu finden.* Wir schauen seit etwa vier Jahrhunderten mit Teleskopen in den Weltraum. Jedoch wurde der erste Exoplanet um einen sonnenartigen Stern erst 1995 entdeckt. Aktuell kennen wir knapp 4000 Exoplaneten, von denen vielleicht 20 gute Chancen haben, ähnlich gute Bedingungen für Leben zu bieten wie die Erde. Astronomen schätzen, dass wir rund 5000 Jahre lang suchen müssten, um gemäß den Wahrscheinlichkeiten endlich fündig zu werden.

Antwort Nr. 3: *Klar, es gibt Außerirdische, aber sie sind selbst technologisch (noch) nicht dazu in der Lage, mit uns in Kontakt zu treten.* Wenn sie zum Beispiel auf dem Stand wären wie Steinzeitmenschen, was auf der Erde gerade mal 5000 bis 10.000 Jahre her ist, dann ist es schon Essig mit einer Kommunikation mittels modulierter elektromagnetischer Wellen. Diese Radiotechnik steht der Menschheit erst seit 1888 zur Verfügung, als der deutsche Physiker Heinrich Hertz elektromagnetische Wellen erzeugte und wieder empfangen konnte.

Antwort Nr. 4: *Die intelligenten Aliens sind zu weit weg.* Nachdem Hertz elektromagnetische Wellen senden konnte, wurden mit dieser Technik 1895 Informationen drahtlos übertragen. Das liegt jetzt in etwa 120 Jahre in der Vergangenheit. Nehmen wir an, dass Außerirdische über die extrem empfindliche Technologie verfügen, diese Radiowellen zu empfangen. Sie können sie aber nur empfangen haben, wenn sie maximal 120 Lichtjahre von uns entfernt sind, weil sich Radiowellen mit der Lichtgeschwindigkeit ausbreiten. Für einen Astronomen ist das eine lächerliche Entfernung, hat unsere Milchstraße doch einen Durchmesser von 160.000 Lichtjahren. Andere Galaxien sind Millionen bis Milliarden Lichtjahre entfernt.

Meine persönliche Lieblingsantwort und diese Antwort Nr. 5 ist: *Die Außerirdischen wollen gar keinen Kontakt mit uns, weil sie längst unser Radio- und Fernsehprogramm entschlüsselt haben.* Treffen sich zwei Aliens. Sagt der eine: »Ey, Yoda. Warum fliegen wir eigentlich nicht zu den Menschen?«. Darauf Yoda: »Boah, bist du verrückt, Jabba? Die schauen ›Dschungelcamp‹, ›Germany's Next Top Model‹, ›Bauer sucht Frau‹ und ›Der Bachelor‹. Mit denen will ich nix zu tun haben!«

Tatsächlich wurden schon in den 1960er-Jahren Anstrengungen unternommen, um gezielt nach außerirdischen Lebensformen zu suchen. Das Projekt wurde unter dem Namen »Search for Extraterrestrial Intelligence« (SETI) bekannt. Die Suche wurde mit Radioteleskopen wie der 300 Meter großen Radioschüssel in Arecibo (Puerto Rico) betreiben. Das Arecibo-Observatorium wurde 1963 gestartet. Sie kennen das Teil vom Showdown des Bond-Films »Golden Eye« mit Pierce Brosnan.

Warum Radiowellen? Natürlich beruht die Suche auf der Annahme, dass eine außerirdische, intelligente Lebensform mindestens genauso viel über den Kosmos weiß und ganz ähnlich kommuniziert wie wir. Radiowellen sind modulierbar, das heißt, man kann in der Wellenform Informationen »einprägen«, beispielsweise Musik oder gesprochene Nachrichten. Beim Einstellen von Radiosendern sind Sie bestimmt schon über die Bezeichnung »FM« gestolpert. Das steht für »Frequenzmodulation«, also eine Veränderung der Trägerfrequenz der Radiowelle durch das übertragene Signal. Alternativ kann man auch den Ausschlag der Welle modulieren. Das ist dann eine Amplitudenmodulation, abgekürzt »AM«. Weitere Vorteile von Radiowellen: Sie sind so schnell wie das Licht – schneller kann man Informationen nicht austauschen. Dennoch dauert es Jahre, bis eine von der Erde losgeschickte Radiowelle die nächsten Sterne erreicht. Ein Frage-Antwort-Spiel dauert schnell Jahrzehnte und Jahrhunderte. Dennoch wäre das Aufschnappen einer echten Alien-Nachricht ein spektakulärer Durchbruch der Menschheitsgeschichte. Aufregend ist, dass es im Prinzip jeden Tag passieren könnte.

Und schließlich kommt hinzu, dass Radiowellen sehr durchdringungsfähig sind und kaum bei der Fortpflanzung durch den

Kapitel 5: So sehen Aliens wirklich aus

interstellaren Raum absorbiert werden. Ein einmal losgeschicktes irdisches Signal breitet sich kugelförmig aus. Es ist nur eine Frage der Empfindlichkeit des Alien-Empfängers.

Bleibt die Frage, bei welcher Frequenz man Radiowellen austauschen sollte beziehungsweise bei welcher Frequenz oder Wellenlänge man senden (»Messaging to Extraterrestrial Intelligence«, METI) oder nach außerirdischen Signalen suchen sollte. Ist auch der Alien-Himmel weißblau und Außerirdische funken »I mog di« auf der Frequenz von Antenne Bayern? Schwätzad de gri Male midda Well SWR1? Oddä horsche di griene Mänsche uff hr3? Die Auswahl ist groß, und der SETI-Forscher schaut auf eine Vielzahl möglicher Sende- und Empfangsfrequenzen.

Was tun? Lassen Sie uns die Sache aus einem kosmischen Blickwinkel anschauen. Was könnte eine universelle Frequenz sein, sozusagen die Wellenlänge des Universums?

Erinnern wir uns an das häufigste Element im Universum. Das ist der Wasserstoff. In seiner einfachsten Form ist das Wasserstoffatom ein elektrisch positiv geladenes Proton, um das ein elektrisch negativ geladenes Elektron »kreist«. Wir gehen ja von einer intelligenten Lebensform aus, die dem Menschen mindestens intellektuell ebenbürtig ist – mit den anderen Dumpfbacken wollen wir ja eh keinen Kontakt haben. Der schlaue Alien kennt natürlich die Gesetze der Quantenphysik – wer jetzt Quanten mit Füßen in Zusammenhang bringt, gehört zu den Aliens, mit denen wir nichts zu tun haben wollen. Es geht natürlich um eine der wichtigsten physikalischen Theorien des 20. und 21. Jahrhunderts.

Diese Theorie besagt, dass Proton und Elektron eine Quanteneigenschaft namens »Spin« haben. In unserer Alltagswelt hat der Spin keine Entsprechung. Manche Physiker sprechen auch vom Eigendrehimpuls und stellen sich vor, dass der Spin eine Drehung eines kugelförmigen Teilchens um sich selbst ist. Aber das ist eigentlich eine unzulängliche Hilfsvorstellung; viele Phänomene der Quantenphysik sind nicht auf unsere Alltagswelt übertragbar und gelten nur im Mikrokosmos. Für das Verständnis reicht es aus, sich die Spins von Proton und Elektron als Pfeile vorzustellen. Die Pfeile dürfen nach den Gesetzen der Quantenphysik nicht in beliebige Richtungen zeigen, sondern entweder in die gleiche Richtung (parallel) oder genau entgegengesetzt (antiparallel). Zu den beiden Einstellungen gehört ein winziger Energieunterschied. Strahlt man eine Radiowelle der genau passenden Energie auf das Wasserstoffatom, dann dreht sich der Pfeil des Elektrons: »Der Spin klappt um.« Technisch heißt dieser Vorgang »Hyperfeinstrukturübergang« – natürlich kennen clevere Aliens so was!

Zu einer Wellenenergie gehört aber nach der Lichtquantenhypothese (dafür bekam Einstein 1921 den Physik-Nobelpreis) auch eine ganz bestimmte Wellenfrequenz oder Wellenlänge. Und jetzt halten Sie sich fest: Die Wellenlänge, um den Spin von normalem Wasserstoff, dem häufigsten Element im ganzen Universum, umzuklappen, liegt bei genau 21 Zentimetern – der Breite einer DIN-A4-Seite. Astronomen sprechen von der 21-Zentimeter-Linie und meinen damit die scharfe Spektrallinie in einem Radiowellenspektrum. Umgerechnet in eine Frequenz sind das 1,42 Gigahertz – das liegt ungefähr einen Faktor 10 über den Hörfunkfrequenzen von Radiosendern.

Die bereits erwähnten NASA-Raumsonden »Voyager 1 und 2«, die 1977 starteten, haben jeweils eine Goldene Schallplatte mit 30 Zentimetern Durchmesser an Bord. Es handelt sich um den rührenden Versuch der Menschheit, eine interstellare Flaschenpost in die Tiefen des Alls zu schicken, in der Hoffnung, dass die Schallplatte gefunden wird. Weil davon auszugehen ist, dass E. T. gerade keinen Schallplattenspieler zur Hand hat (haben Sie einen zu Hause?), befindet sich auf der Rückseite der Schallplatte eine Bauanleitung dafür! Nur die Vorderseite hat eine Rille unter anderem mit einer Ansprache des damaligen US-Präsidenten Jimmy Carter, des damaligen Generalsekretärs der Vereinten Nationen Kurt Waldheim, Naturgeräuschen der Erde und Musik.

Die Rückseite der Goldenen Schallplatte zeigt neben der Bauanleitung links unten ein sternförmiges Symbol. Dem Alien, der ja nicht auf den Kopf gefallen ist, ist sofort klar: »Leute, wir sehen hier die Positionen von 14 Pulsaren, also rotierenden Neutronensternen, in der Milchstraße. Wenn man genau hinschaut, erkennt man ihre Rotationsfrequenz, verschlüsselt im Binärcode, entlang der strahlenförmigen Linien. Die eine Linie, die waagerecht nach rechts verläuft, trägt keinen Code, weil es kein Pulsar, sondern die Richtung zum Zentrum der Milchstraße (Sagittarius A*) ist. Die Linie verbindet Sonne und Milchstraßenzentrum und dient als Längenreferenz. Dieser Abstand beträgt ja 27.000 Lichtjahre. Das sternförmige Muster ist also nichts anderes als eine Karte, um das Sonnensystem und die Erde zu finden. Strike!«

Mal Spaß beiseite. Der berühmte Physiker und Kosmologe Stephen Hawking, der leider 2018 starb, warnte vor solch leichtsinnigen Hinweisen. Er befürchtete, dass Aliens nicht mit guten Absichten zur Erde kommen würden. Sicherlich lief bei ihm »Cowboys & Aliens« in der Dauerschleife.

Ebenfalls auf der Rückseite, nun jedoch rechts unten, ist symbolisch der Hyperfeinstrukturübergang des Wasserstoffatoms dargestellt. Das Piktogramm zeigt zwei Wasserstoffatome nebeneinander. Ihre Spins sind links antiparallel und rechts parallel eingestellt. Auch die Bedeutung dieser Symbolik wird jedem Außerirdischen sofort einleuchten: Funke und empfange bei der Radiowellenlänge von 21 Zentimetern, um Kontakt mit Menschen aufzunehmen. Sowohl Pulsarkarte als auch Wasserstoffatom wurden schon auf Plaketten der Raumsonden »Pioneer 10 und 11« in den Jahren 1972 und 1973 verbaut.

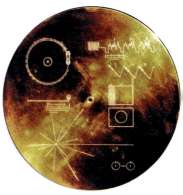

▶ Die berühmte Goldene Schallplatte mit den »Klängen der Erde« fliegt auf den »Voyager«-Raumsonden mit. Auf der Rückseite (unteres Bild) befinden sich die Bauanleitung für einen Schallplattenspieler (oben), die Position der Erde (sternförmige Struktur links unten) und zwei Wasserstoffatome als Symbol für die 21-Zentimeter-Linie (rechts unten). (Credit: NASA)

Eigentlich schade, dass der freie Platz auf der Rückseite nicht noch für ein locker-flockiges Sudoku-Zahlenrätsel genutzt wurde. Hätte den Aliens bestimmt Spaß gemacht. Für Nerds: Das konnte nix werden, weil die heutige Form des Sudokus erst 1979 erfunden wurde. Da flogen die »Voyager«-Sonden schon zwei Jahre lang durchs Sonnensystem.

Der SF-Film »Starman« (USA 1984) mit Jeff Bridges und Karen Allen in den Hauptrollen griff den Verwendungszweck der Goldenen Schallplatte auf. Der Außerirdische namens Starman findet tatsächlich die Sonde mit der goldenen Scheibe, spielt sie ab und nimmt die Einladung an, mal bei der Erde vorbeizuschauen! Er verliebt sich in eine Menschenfrau, zwitschert nach getaner Arbeit aber wieder ab. Aliens halt.

Titel »Contact«

Originaltitel »Contact«

Erscheinungsjahr 1997

Regie Robert Zemeckis

Schauspieler Jodie Foster, Matthew McConaughey, James Woods, John Hurt

Unterhaltungswert 5/5. So spannend! Wie sehen die Aliens aus?

Auweia-Faktor 1/5. Vielleicht nur, als Pilotin Ellie gefühlte dreißigmal sagt: »Ich bin auf Go. Es kann losgehen.«

Science-Faktor 5/5. Yeah! Hier weint der Astronom Tränen des Glücks. Es fallen Worte wie Wega, VLA, Einstein-Rosen-Brücke, heul.

Größter Aufreger Am VLA gibt es keinen Canyon – glauben Sie mir, ich war da.

Besonderes Astrophysiker Carl Sagan schrieb das Buch zum Film.

Auszeichnungen Golden Satellite Award, Hugo Award, Nominierungen für Oscar (Bester Ton) und Golden Globe (Foster als beste Schauspielerin)

»Contact«

Zur Handlung von »Contact«

Der berühmte Astronom, Fernsehmoderator und Autor Carl Sagan (1934–1996) war übrigens Vorsitzender des Komitees, das über die Inhalte der Goldenen Schallplatte bestimmte. Er war Mitbegründer des SETI-Projekts und Wegbereiter für die neue Disziplin »Exobiologie«, also die Erforschung von Leben außerhalb der Erde. 1986 veröffentlichte Sagan den Roman »Contact«, eine Science-Fiction-Geschichte, in der die Menschheit Kontakt mit einer außerirdischen Lebensform aufnimmt. Die Story wurde adaptiert und 1997 verfilmt.

Die zweifach Oscar-prämierte Schauspielerin Jodie Foster spielt die Radioastronomin Dr. Eleanor »Ellie« Arroway, die zufällig mit Radioantennen ein Signal einer außerirdischen Intelligenz aufspürt. Sagan schrieb eine brillante Vorlage mit Liebe zu wissenschaftlichen Details, ohne dabei nüchtern-trocken zu werden.

Noch ein Grund, den Film zu schauen, ist Frauenschwarm Matthew McConaughey (für alle, die es korrekt aussprechen wollen: »Meffju Mäck-Konahi«), der den Pater Palmer Joss darstellt. Ellie verliebt sich in ihn. Interessanterweise stehen sie auf völlig verschiedenen Seiten: sie, die rationale Wissenschaftlerin, für die Fakten zählen. Er, der Gottesmann und Theologe, für den der Glauben wichtig ist. Ellies Mentor Dr. David Drumlin – herrlich fies verkörpert von Tom »Ich hasse ihn!« Skerritt – strich ihr die Mittel, um weiter im SETI-Programm nach Aliens zu suchen. Doch in dem Großindustriellen S. R. Hadden, gespielt von John Hurt, findet sie einen Förderer, damit sie das real existierende

Very Large Array (VLA), eine Y-förmige Anordnung von Radioschüsseln in New Mexico, nutzen kann. Tatsächlich empfängt sie damit regelmäßige Pulse, die aus der Richtung des Sterns Wega kommen. Diesen Stern gibt es übrigens wirklich, und Sie können ihn gut am Nordhimmel sehen. Es ist der hellste Stern im Sternbild Leier (Lyra) in einer Entfernung von 25 Lichtjahren. Wega ist superauffällig, steht sie doch auf Platz 5 der hellsten Sterne nach der Sonne (Platz 1 bis 4: Sirius, Canopus, Arcturus und Alpha Centauri A; nicht zu verwechseln mit Proxima = Alpha Centauri C!). Einen Riesengag haben die Macher von »Contact« leider liegen gelassen: Die Aliens sind Weganer!

Natürlich ist das empfangene Signal verschlüsselt, doch dem Team um Ellie gelingt es, die darin enthaltenen Informationen herauszukitzeln. Es handelt

▶ Das Very Large Array (VLA) befindet sich in New Mexico (USA) und besteht aus 27 Radioschüsseln mit jeweils 25 Metern Durchmesser. Wo ist da ein Canyon?
(Credit: National Radio Astronomy Observatory)

sich um eine Bauanleitung für eine riesige, mehrstöckige Anlage. Skepsis macht sich breit. Ist es eine Art Trojanisches Pferd, aus dem nach dem Aufbau unzählige böse Außerirdische strömen, um die Menschheit zu überfallen? Die Wissenschaftler und Politiker einigen sich dennoch auf den Bau des Geräts. Obwohl Ellie das Signal entdeckte, wird sie übergangen, und ihr Mentor Drumlin soll die rätselhafte Maschine besteigen, um als erster Mensch, der mit Außerirdischen Kontakt aufnimmt, in die Geschichtsbücher einzugehen.

Spätestens hier macht sich beim Zuschauer eine megafette Halsverdickung breit – ich persönlich krallte mich da bereits mit puterrotem Gesicht und unterbrochen von Anfällen heftigster Schnappatmung an der Sofalehne fest. Doch es kommt alles anders! Religiöse Fanatiker sabotieren den Start und sprengen das mysteriöse Vehikel mitsamt Doc Drumlin (das Leben ist fair und gerecht, ätsch!) in die Luft. Der Film hätte jetzt zu Ende sein können, doch Ellies Unterstützer Hadden hat nun seinen Auftritt: Heimlich ließ er eine baugleiche Alien-Anlage in Japan bauen, von der keine Regierung Kenntnis hat. Er bietet Ellie mit dem extrem coolen Satz »Wollen Sie eine Runde drehen?« den Pilotensitz an! Schon als junges Mädchen hatte sie zu den Sternen geschaut und sich gefragt, ob da draußen jemand sein könnte. Ihr Vater pflegte dann zu sagen: »Wenn wir die Einzigen im Universum sind, ist das eine ziemliche Platzverschwendung.« Wie wahr! Das motivierte Klein Ellie, SETI-Forscherin zu werden. Und jetzt hat sie die Chance schlechthin, um als Erste mit Außerirdischen in Kontakt zu treten. Klar, es ist gefährlich, und sie könnte vielleicht niemals heimkehren oder sogar sterben. WTF, natürlich macht sie es! Spätestens jetzt sind wir als Zuschauer gespannt wie ein Flitzebogen, was es mit der monumentalen Alien-Maschine auf sich hat und was Ellie widerfahren wird.

Sie besteigt eine Metallkugel, in der sich ein Pilotensitz befindet. Es gibt ansonsten im Prinzip keinen Bildschirm, kein Kontrollpult, nicht einmal einen Joystick. Heißer Alien-Scheiß halt, nich' so 'n Lassogedöns. Die Astronomin hat allerdings eine irdische Videokamera dabei, um aufzuzeichnen, was im Innern der Kugel geschieht.

Als Ellie endlich startet, bekommen wir mit, was außerirdische Hochtechnologie ist. Die Metallwand der Reisekugel wird plötzlich durchsichtig, und die Pilotin tritt eine Reise durch ein tunnelartiges Wurmloch an. Sie fliegt überlichtschnell durch die Milchstraße, sieht unsere wunderschöne Heimatgalaxie von außen und reist weiter zu fremden Orten des Universums von bizarrer Schönheit. Schließlich kommt sie in einer Art Traumsequenz an einen wundervollen Sandstrand am Meer und begegnet – ihrem Vater! Offenbar sieht der Typ nur so aus wie ihr längst verstorbener Vater, denn mit sanfter Stimme erzählt er, dass er in Wahrheit ein Alien sei und ihr nur in dieser Form gegenübertrete, damit sie es leichter hat. Auf diese Weise seien sie schon mit vielen kosmischen Zivilisationen in Kontakt getreten. Die Wurmlochmaschine haben sie allerdings nicht selbst gebaut – sozusagen vom Lkw gefallen.

Nach dem netten Gespräch, in dem Ellie eigentlich nichts Substanzielles erfährt, kehrt sie unvermittelt zur Erde zurück. Als Zuschauer sind wir hin- und hergerissen, ob sie einen echt abgefahrenen Fiebertraum durchlitten hatte und alles nur ein Fake war; oder ob sie doch soeben ein paar Tausend Lichtjahre in wenigen Minuten überbrückt und einen Plausch mit einer außerirdischen Lebensform hatte. Um der Sache auf den Grund zu gehen, wird Ellie sogar vorgeladen und muss einem Gremium aus Politikern, Wissenschaftlern, Technikern und Geistlichen Rede und Antwort stehen. Hatte vielleicht sogar Hadden mit seinen unerschöpflichen Geldmitteln das Ganze inszeniert, damit Ellie der Welt eine Lügengeschichte von Aliens auftischt? Bei allen kritischen Fragen entpuppt sich ausgerechnet ihr Schwarm Mäck-Konahi als schärfster Interviewer. Bloßgestellt muss die Astronomin klein beigeben. Doch der Schluss hat eine Pointe, die sich echt gewaschen hat: Ellie hatte ja die Kamera dabei. Zwar hatte diese komischerweise nur Rauschen und kein klares Bild aufgezeichnet, aber die Aufzeichnungsdauer des Rauschens entspricht exakt Ellies Aussage, dass sie 18 Stunden gereist war! Für die Erdbewohner war sie nur wenige Sekunden weg – das war nämlich die Zeit, die die Metallkugel samt Ellie durch eine merkwürdige Anordnung von Ringen fiel. Die Erklärung: Die Reise der Astronomin unterlag den Effekten der Relativitätstheorie, die besagt, dass Zeit relativ ist. Ellies Uhr beziehungsweise die Kamera tickte anders als eine Uhr auf der Erde, weil sie durch ein Wurmloch gereist war. Somit ist klar: Das war kein Fiebertraum einer Verrückten!

Mein Fazit zu »Contact«

Ich hatte echt 'ne Gänsehaut, als ich gerade die Geschichte von »Contact« hier runtertippte. Andere haben »Dirty Dancing« fünfzigmal gesehen, bei mir ist es halt »Contact« – deshalb kann ich auch keinen Mambo tanzen. »Contact« ist einer meiner absoluten SF-Lieblingsfilme! Daran hat Sagans gut durchdachte und astronomielastige Buchvorlage einen großen Anteil, ebenso wie die realistischen Filmcharaktere mit enormer Tiefe sowie deren stimmige Besetzung. Regisseur Zemeckis ist sicherlich auch

Kapitel 5: So sehen Aliens wirklich aus

nicht ganz unschuldig, hatte er doch Geniestreiche wie »Zurück in die Zukunft« oder »Forrest Gump« verbrochen.

So verwundert es nicht, dass im Film der Profiausdruck für ein Wurmloch vorkommt, die »Einstein-Rosen-Brücke«. Und auch hierbei leuchten die Augen des Wissenschaftsnerds: Wegas Distanz von 25 Lichtjahren passt hervorragend zur Signallaufzeit. Denn vermutlich haben die Außerirdischen das starke Radiosignal der Olympischen Spiele von 1936 aufgefangen, das die Nazis gesendet hatten. »Contact« spielt im Erscheinungsjahr 1997 des Films, sodass die Jahresdifferenz 1997 – 1936 = 61 Jahre bestens passt. Die Aliens hatten offenbar wenige Jahre nach dem Empfang des Nazi-Signals die Erde angepeilt und gesendet – dieses Antwortsignal war wieder 25 Jahre unterwegs und kam 1997 an. Auch die Spezialeffekte sind echt sehenswert, zum Beispiel wenn die Pilotin Ellie Raumzeitverzerrungen erlebt und Mehrfachbilder ihrer selbst auftauchen. Richtig punkten kann »Contact« bei dem eigentlichen Sujet des Streifens, nämlich als die Wissenschaftlerin von ihrer Reise zurückkommt, aber allen andern glaubhaft vermitteln muss, dass sie das alles wirklich erlebt hat. Es kommt zum Konflikt der Wissenschaftlerin Ellie mit ihrem Geliebten und Geistlichen Palmer. Man könnte es auch als Streit zwischen Wissenschaft und Glauben bezeichnen. Der Zuschauer wird im Verlauf des Films wechselseitig den Motiven von Naturwissenschaft und Glauben ausgesetzt. Zunächst kündigen sich die Aliens nicht als wundersame Erscheinung (Epiphanie) à la brennender Dornbusch an, sondern ihr Signal kommt in der Sprache der Wissenschaft, verschlüsselt mit Primzahlen, in Radiowellen auf der Erde an. Dennoch muss die Menschheit glauben – man könnte auch sagen, vertrauen –, dass es die außerirdische Intelligenz gut meint. Nur wenn sie vertrauen, werden sie die Maschine bauen. Die nüchterne Astronomin Ellie glaubt nicht an Gott. Doch religiöse Fanatiker begehren gegen die wissenschaftliche Forschung auf und zerstören die erste Maschine. Zum Glück kann sie ihren Trip mit der zweiten Maschine antreten und kehrt zur Erde zurück. Besonders pikant: Am Ende ihrer Reise fehlen Ellie wissenschaftliche Fakten, um zu beweisen, was sie erlebt hat. Ein Funkkontakt zur Erde während des Flugs war nicht möglich. Die mitgenommene Kamera zeichnete nicht auf.

Nach ihrer Rückkehr ist Ellie gezwungen, sich zu verteidigen und zu rechtfertigen. Es entspinnt sich ein kongenialer Schlagabtausch zwischen ihr als Naturwissenschaftlerin und dem Geistlichen Palmer. Darin zitiert die Astronomin Ockhams Rasiermesser und fragt in ihrem leidenschaftlichen Plädoyer: »Was ist wahrscheinlicher? Ein omnipotentes Wesen, das die Welt erschaffen hat, aber keinen Beweis seiner Existenz hinterlässt? Oder dass die Menschen einen Gott erschaffen haben, damit sie sich nicht so klein und allein fühlen?« Daraufhin kontert Pater Palmer: »Hast du deinen Vater geliebt?« Ellie: »Ja, sehr.« Palmer: »Beweise es.« Gänsehaut!

So geht nachdenklich stimmende Unterhaltung auf ganz hohem Niveau. Mit Genugtuung nehmen wir zur Kenntnis, dass der scheinbare Konflikt zwischen Naturwissenschaft und Religion am Ende von Palmer aufgelöst wird, indem er versöhnlich meint: »Unser Ziel ist dasselbe: das Streben nach der Wahrheit.« Ich bekomme schon wieder richtig Bock, den Film ein 51. Mal zu schauen. Machen Sie mit?

Kapitel 5: So sehen Aliens wirklich aus

Zur Handlung von »Arrival«

Amy Adams spielt die Linguistin Dr. Louise Banks, die vom US-Militär beauftragt wird, die Sprache von Außerirdischen zu entschlüsseln, um mit ihnen zu kommunizieren. Der vielseitige, mehrfach prämierte US-Schauspieler Forest Whitaker ist der bekannteste aller Akteure und stellt den Auftraggeber Colonel Weber dar. Dr. Banks erhält bei ihrer schwierigen Aufgabe Hilfe von dem Physiker Ian Donnelly, der von US-Star Jeremy Renner verkörpert wird. Ausgangslage ist das Auftauchen einiger seltsamen Flugkörper, die an zwölf Orten der Erde gesichtet werden. Sie sind äußerlich fensterlos, monolithisch, glatt, ohne Anzeichen für einen Antrieb oder eine Besatzung und etwa 500 Meter lang. Sie schweben senkrecht in der Landschaft. Es stellt sich heraus, dass es muschelförmige Raumschiffe einer außerirdischen Intelligenz sind. Offenbar können die Außerirdischen geschickt die Gravitation beeinflussen. Das Militär kommt nun jedoch ohne naturwissenschaftliche und sprachliche Expertise nicht weiter. Daher betreten Banks und Donnelly das Raumschiff, das über Montana schwebt, und treten in Kontakt mit den Wesen. Nun sehen wir als Zuschauer endlich, wie sie aussehen. Die Aliens werden als »Heptapoden« bezeichnet, weil sie sieben tentakelartige Extremitäten haben. Sie sind friedlich und versuchen, mit tintenklecksartigen Mustern, die sie mit einer Art Rauch in die Luft zeichnen, zu kommunizieren. Banks und Donnelly gehen immer wieder zu zweien der Wesen, die sie »Abbott und Costello« nach einem US-Komiker-Duo tauften. In mühevoller Kleinarbeit analysieren sie die »Tintenkleckse«. Die Linguistin und der Physiker arbeiten intensiv zusammen und kommen sich dabei auch näher. Tatsächlich gelingt es ihnen nach und nach, sich mit der außerirdischen Intelligenz zu unterhalten. Währenddessen wird Banks von seltsamen Visionen geplagt, in denen ein Mädchen auftaucht.

Natürlich haben die Bedeutungen der Muster einen interpretatorischen Freiraum, wie es bei jeder Symbolik von Sprache ist. Dadurch ist nicht immer genau klar, was die Aliens sagen möchten. Die Angelegenheit verschärft sich, als die Linguistin ein Muster der Fremden als »Waffe anbieten« übersetzt, das das chinesische Übersetzungsteam als »Waffe nutzen« interpretiert. Aus Angst vor einem Vernichtungsschlag durch die außerirdische Intelligenz will vor allem der chinesische General Shang die Aliens zuerst angreifen. Die Lage spitzt sich zu, und Banks gerät mit den Kollegen unter Zugzwang. Sie bemüht sich um Deeskalation. In dieser brisanten Gemengelage ticken ein paar amerikanische Soldaten aus und wollen auf eigene Faust den Aliens den Garaus machen. Sie platzieren eine Bombe im Alien-Raumschiff in Montana, die tatsächlich zündet. Die außerirdischen Freunde können die Linguistin und den Physiker gerade noch so retten, aber leider wird Abbott getötet.

Im Gespräch mit Costello wird klar, dass die Aliens keine Waffe einsetzen wollen, sondern vielmehr ihre Sprache ein Geschenk an die Menschheit sein soll. Wer ihre Sprache beherrscht, kommt in den Genuss, Zeit nicht linear wahrnehmen zu können. Das bedeutet, dass man unter anderem in die Zukunft schauen kann. Bei der Linguistin hatten sich die Effekte bereits bemerkbar gemacht: Banks' Visionen waren tatsächliche Blicke in die Zukunft. Sie sah ihre eigene Tochter, die sie mit Physiker Donnelly haben wird! Mit ihrer neuen Fähigkeit gelingt es ihr auch, telefonisch den chinesischen General von seinen Kriegsplänen abzubringen.

Mein Fazit zu »Arrival«

Es geht ganz gemütlich los mit Science-Fiction zum Zurücklehnen. Dass der Erstkontakt mit dem Militär geschieht, ist durchaus realistisch. Erst mal die Lage sichern und falls erforderlich aggressiven Aliens eins auf die Mütze geben. So wurde es ja in Actionkrachern wie »Independence Day« (USA 1996) vom deutschen Regisseur Roland Emmerich mehr als zwei Stunden lang ausgeschlachtet. Mich hat gefreut, dass »Arrival« hier einen ganz anderen Weg einschlägt und dem Genre eine neue, geisteswissenschaftliche Facette angedeihen lässt. Ähnlich ruhig und friedlich ging es schon 1977 in Steven Spielbergs »Die unheimliche Begegnung der dritten Art« zu, bei der die Kommunikation im Vordergrund stand und eher auf der musikalisch-klanglichen Ebene ablief.

»Arrival« steigert dann die Spannung und nutzt dafür die für das Genre üblichen Kriegstreibermotive. Dabei verwebt der Streifen geschickt die sprachliche Komponente mit dem Schicksal der Hauptfiguren. Verblüffend! Die eigentliche Hochtechnologie der außerirdischen Lebensform ist ihre Sprache, die eine nie dagewesene Wahrnehmung von Zeit ermöglicht, von Vergangenheit, Gegenwart und Zukunft.

Dass die Aliens sich auch bestens mit Gravitationsforschung auskennen, wird ganz offenkundig, wenn man sich nur die senkrecht schwebenden »Riesenmuscheln« anschaut. Auch beim Betreten des Raumschiffes bekommt der Zuschauer mit, dass sie die

»Independence Day«

Schwerkraft manipulieren können. Komisch ist nur, dass keiner der Militärs ein Interesse an dieser überlegenen Gravitationstechnologie entwickelt. Hätte man ja mal beiläufig fragen können, wie sie das machen. Insgesamt bleiben viele Details über die außerirdische Lebensform im Verborgenen: Woher kommen sie? Wie lange gibt es sie schon? Wie groß ist ihre Zivilisation? Welche anderen Lebensformen hatten sie bereits im All kontaktiert? Wie pflanzen sie sich fort? Okay, manchmal ist es vielleicht auch gut, dass nicht alles ausgewalzt wird.

Alles in allem ist »Arrival« ein kluger und nachdenklich stimmender Film, der seine besondere Magie daraus bezieht, dass diesmal nicht Action und Naturwissenschaft im Vordergrund stehen.

Titel »Independence Day«

Originaltitel »Independence Day«

Erscheinungsjahr 1996

Regie Roland Emmerich

Schauspieler Will Smith, Bill Pullman, Jeff Goldblum

Unterhaltungswert 3/5. Popcornkino ohne Tiefgang.

Auweia-Faktor 1/5. Hier fliegt der US-Präsident noch den Jet persönlich.

Science-Faktor 1/5. Wie schreibt man »Seijens« und »Wischenschaf«?

Größter Aufreger Die Wir-kämpfen-für-unser-Recht-zu-leben-Rede des US-Präsidenten, unterstützt von Trompeten und Militärtrommeln

Besonderes Erkannt? Brent Spiner, »Star Treks« Data, spielt den Leiter der Area 51.

Auszeichnungen Oscar (Best Visual Effects), Oscar-Nominierung und weitere Preise

Kapitel 5. So sehen Aliens wirklich aus

Zur Handlung von »Independence Day«

In eine ganz andere Kiste griffen die Macher von »Independence Day«. In dem schlichten Plot geht es darum, dass Aliens mit überlegener Technologie die Erde angreifen und die Menschheit vernichten wollen. Angeführt von den USA, wehren sich die Menschen. Titelgebend war der US-amerikanische Unabhängigkeitstag, der Feiertag am 4. Juli und der Tag, an dem sich die Menschheit gegen außerirdische Invasoren behauptet.

Zur Schauspieler-Riege: Bill Pullman spielt den fiktiven US-Präsidenten Whitmore, der sich zum Anführer der Menschheit aufschwingt. Will Smith verkörpert den coolen US-Marine und Militärpilot Captain Hiller. Jeff Goldblum stellt den Satellitentechniker Levinson dar – merke: Der Schlaue ist immer der mit Brille. Ein riesiges Alien-Raumschiff mit einem halben Kilometer Durchmesser erreicht die Erde. Viele mittelgroße, fliegende Untertassen lösen sich von diesem Mutterschiff und beziehen Stellung über einigen Groß- und Hauptstädten wie Los Angeles, New York, Paris und Berlin. Schließlich beginnt eine wilde Zerstörungsorgie. Die bekannteste Szene ist die, als das Weiße Haus in Washington D.C. von der außerirdischen Macht in einer spektakulären, bombastischen Explosion komplett zerstört wird. Zum Glück gelang dem US-Präsidenten mit seiner Air Force One rechtzeitig die Flucht. Er zieht sich zur »Area 51« zurück, einer sagenumwobenen geheimen US-Militärbasis, die – ein Gag am Rande – zumindest im Film tatsächlich existiert. Von dort aus befehligt der Präsident die Armee. Unter seiner Führung versuchen die Menschen, sich mit aller Waffen-

gewalt zu wehren. Der US-Präsident befiehlt sogar den Nuklearschlag, aber die Außerirdischen können dank überlegener Schutzschildtechnologie diesen erfolgreich abwehren. Die Raumschiffe legen weitere Städte in Schutt und Asche. Kleine, Ufo-ähnliche Fluggeräte greifen mit laserartigen Waffen an. Die Lage scheint aussichtslos.
Der Streifen verwurstet geschickt Alien-Mythen wie »Area 51« oder den Roswell-Zwischenfall. 1947 soll ja über der US-Kleinstadt Roswell in New Mexico ein Alien-Fluggerät abgestürzt sein. In »Independence Day« spielt das Gerät inklusive Alien-Pilot eine zentrale Rolle. Denn mit der Ankunft des gigantischen Mutterschiffs regt sich auch etwas im Roswell-Bruchpiloten. Wissenschaftlicher Chef der »Area 51« ist Dr. Brackish Okun, der – ich hatte ihn kaum wiedererkannt – von Brent Spiner verkörpert wird. SF-Fans ist er als Android Data aus der Serie »Star Trek – Das nächste Jahrhundert« wohlbekannt. In der Autopsie-Szene seziert er den Roswell-Alien, was mit viel Ekel- und Schockeffekten inszeniert wurde. Doc Okun wird verletzt und fällt ins Koma. Wir halten fest fürs Protokoll, dass die Independence-Day-Außerirdischen wie üblich aussehen: großer Kopf, große Augen, Extremitäten wie die Menschen.
Der US-Präsident kann mit dem gefangenen Alien telepathisch in Kontakt treten und erkennt, dass die Außerirdischen die Vernichtung der Menschheit planen. Er bereitet den Gegenschlag der Menschen vor und steigt als ehemaliger Kampfflieger auch selbst ins Cockpit.
Unterdessen schlägt die Stunde der spärlich gesäten Intellektuellen von »Independence Day«: Satellitentechniker Levinson hat

die Idee, im Mutterschiff einen Computervirus einzuschleusen, um die Schutzschilde lahmzulegen. Militärpilot Captain Hiller assistiert ihm dabei, weil er als Einziger das Alien-Fluggerät fliegen kann.

Natürlich gelingt es der Menschheit, die in den 90ern mit PCs und Internet gerade erst Computerneuland betreten hatte, die überlegene Alien-Technologie zu hacken – klar! Die irdischen Waffen und Raketen können nun die Schiffe der außerirdischen Invasoren zerstören. Das Mutterschiff verglüht in der Erdatmosphäre. Mission accomplished!

Mein Fazit zu »Independence Day«

Markige Sprüche werden schon im Filmtrailer gerissen: »We have always believed we weren't alone. On July 4th we'll wish we were.« Übersetzt: »Wir glaubten schon immer, dass wir nicht allein sind. Am 4. Juli werden wir uns wünschen, wir wären es.« Der nette Außerirdische von nebenan kam nicht mit Blumen vorbei. »Independence Day« schlachtet das aus und nutzt dabei ein bewährtes Rezept: Spezialeffekte und viel Action kleistern eine oberflächliche und dünne Filmhandlung zu.

Die USA retten wieder mal die Welt, und das auch noch an ihrem höchsten Feiertag! Am allernervigsten ist bei »Independence Day« die klebrig-dicke Schicht Pathos, gewürzt mit einer großen Portion Patriotismus! Damit katapultierte sich der Streifen in den Olymp aller Alien-Gedöns-Trashfilme. Der US-Präsident fliegt selbst? Muahaha, klar, hier lässt der Chef der USA nichts anbrennen und führt den Krieg der Welten höchstselbst – Mann will ja gewinnen. Apropos Mann, starke Frauenfiguren sucht man in dem Film vergebens, was durchaus dem Frauenbild der 1990er-Jahre entsprach.

Spätestens bei der Szene, als Militärpilot Captain Hiller sagt: »Ich glaube kaum, dass sie 90 Milliarden Lichtjahre geflogen sind, um hier Streit anzufangen« (»Look, I really don't think they flew 90 billion light years to come down here and start a fight«), wirft die Stirn eines Astronomiekenners tiefe Furchen. Die Distanzangabe ist lächerlich und zeugt davon, dass die Drehbuchschreiber keine Ahnung von Astronomie hatten. Denn die Entfernung ist so gigantisch, dass in einer so frühen kosmologischen Epoche kaum irgendeine Lebensform existiert haben könnte.

»Independence Day« bewegt sich als Actionkracher ohne Tiefgang in den üblichen Mustern des Genres. Aliens werden so dargestellt, wie ein Außerirdischer nun mal auszusehen hat. Auch die Raumschifftechnologie bietet nichts Neues. Laserstrahlen züngeln aus Ufo-ähnlichen Untertassen. Innovativ geht anders. Unklar bleiben auch die Motive der Aliens. Warum wollen sie die Menschheit vernichten? Warum fliegen sie unzählige Lichtjahre, um Krawall auf unserer kleinen Erde zu machen? Bei »Cowboys & Aliens« war ja wenigstens das Gold ein Antrieb, bei der Erde vorbeizuschauen. Demnach auch hier eine filmische Schwäche.

Dennoch hat sich das Gespann Roland Emmerich und Dean Devlin, verantwortlich für Regie, Drehbuch und Produktion, ganz offensichtlich eine goldene Nase verdient: »Independence Day« soll das Zehnfache des Budgets eingespielt haben. Der kommerzielle Erfolg des Hollywood-Krachers ist auch einer geschickten Marketing-Kampagne zu verdanken. In den USA lief der Film

Kapitel 5: So sehen Aliens wirklich aus

am gleichen Tag an, als die Alien-Invasoren auf der Erde landen. Werbespots liefen während des Superbowls. Das nationale Sport-Großereignis im American Football wird von rund 100 Millionen Nordamerikanern gesehen.

Bei all dem Erfolg war klar, dass es ein Sequel geben muss. »Independence Day: Wiederkehr« erschien allerdings erst 20 Jahre nach Teil 1. Hier verzichten wir auf eine Besprechung, und ich sage nur: Schwamm drüber. Die Macher durften das ganz ähnlich sehen, spielte die Fortsetzung doch nicht einmal die Hälfte des ersten Teils ein.

Im Kino mit dem US-Präsidenten

In einem Spiegel-Interview von 2008 bestätigte Regisseur Roland Emmerich, dass der damalige US-Präsident Bill Clinton ihn ins Weiße Haus einlud, um mit ihm »Independence Day« zu schauen. Der Filmemacher gab zu, dass es ein bisschen surreal war, dass er in dem Haus saß, das Außerirdische im Film in die Luft sprengten. In Plauderlaune gab er zu, dass der Vorführraum – eine umgebaute Kegelbahn! – den schlimmsten Sound habe, den er je gehört hatte. Der Darsteller des US-Präsidenten Bill Pullman war auch dabei und musste ganz vorn sitzen.

Kapitel 6: Killerasteroiden und andere Katastrophen

Der Weltuntergang ist ein Thema, das in Science-Fiction-Filmen immer wieder gern genommen wird. Es sind da ganz unterschiedliche Szenarien denkbar, die zur Vernichtung der Menschheit führen können: eine Virus-Epidemie, der Ausbruch eines Supervulkans, Anomalien der Sonne oder der Erde, Erdbeben, Tsunamis und natürlich der Einschlag eines Killerasteroiden. Diese verhängnisvollen Katastrophen sind wissenschaftlich mehr oder weniger gut motiviert. Natürlich geht es in diesen Filmen darum, den Weltuntergang abzuwenden, was meistens gelingt. Nicht selten stehen dabei dem nüchternen Wissenschaftler die Haare zu Berge. In diesem Kapitel erfahren Sie warum.

▶ Beunruhigend: In der Nähe der Erdbahn wimmelt es von Asteroiden, die früher oder später mit unserem Heimatplaneten kollidieren könnten. Hier sind mehr als tausend Objekte zu sehen. Längst sind nicht alle entdeckt. (Credit: NASA, JPL/Caltech)

Titel »Deep Impact«

Originaltitel »Deep Impact«

Erscheinungsjahr 1998

Regie Mimi Leder

Schauspieler Robert Duvall, Morgan Freeman, Elijah Wood

Unterhaltungswert 1/5. Ich war irgendwann eingeschlafen, als ich wach wurde, war die Welt gerettet.

Auweia-Faktor 2/5. Der Film versucht einen wissenschaftlich-seriösen Zugang, aber auch hier darf die dicke Pathoskruste nicht fehlen.

Science-Faktor 3/5. Im Zeugnis würde stehen: »stets bemüht«.

Größter Aufreger Stinklangweilig, ein Weltuntergang ohne Bums.

Besonderes Wer wach war, konnte entdecken, dass Denise Crosby (»Tasha Yar« in »Star Trek«) in einer Nebenrolle auftrat.

Auszeichnungen Viele Nominierungen, aber nicht wirklich renommierte Preise darunter.

Zur Handlung von »Deep Impact«

Gleich zu Beginn des Films rast ein Killerkomet auf die Erde zu. Regisseurin Mimi Leder zog hier weder einen vom Leder noch die Wursthaut vom Teller. Die Katastrophe plätschert nur so dahin, und zwar so langsam, dass die Augenlider schwer werden und sich langsam der Mund des Zuschauers öffnet.

Elijah Wood (Hobbit »Frodo« aus »Der Herr der Ringe«) spielt den Hobbyastronomen Leo Biederman, der zufällig den verhängnisvollen Kleinkörper entdeckt. Die Filmhandlung ist anfangs recht verschwurbelt. Zunächst wird von der US-Regierung die Existenz des tödlichen Erdbahnkreuzers geheim gehalten. Aber

»Deep Impact«

die Journalistin Jenny Lerner, dargestellt von Tea Leoni, kommt der Sache auf die Schliche. Der US-Präsident, verkörpert von US-Superstar Morgan Freeman, macht in einer Pressekonferenz die drohende Kollision öffentlich. Bis zum Zusammenstoß bleibt noch ein Jahr Zeit. Genug Zeit, dass sich der Zuschauer noch mal umdrehen kann.

Der Komet hat eine durchaus realistische Größe von elf Kilometern. Ein von den USA und Russland gebautes Raumschiff »Messiah« landet auf dem Himmelskörper. Der in die Jahre gekommene »Apollo«-Astronaut Captain Spurgeon »Fish« Tanner, gespielt von Altstar Robert Duvall (»Bullitt«, »Der Pate«), ist der Pilot. Das Team will in sieben Stunden vier hundert Meter tiefe Löcher bohren, um darin Nuklearsprengköpfe zu platzieren. Dummerweise bleiben die Bohrer stecken, weil das Innere des Kometen vorher nicht bekannt war. Ein Wettlauf mit der Zeit beginnt. Als die Sonne Teile der Kometenoberfläche verdampft, werden Crewmitglieder von Gasen und Ausbrüchen getroffen, werden verletzt oder getötet. Tanner gelingt die Sprengung, aber es bleibt ein mit 2,5 Kilometern Durchmesser zu großes Stück vom Kometen übrig.

Unterdessen bringt sich ein Teil der Menschheit in Bunkern in Sicherheit. Eine Zerstörung des Kometenrests mit Interkontinentalraketen scheitert. Deshalb schlägt ein Trümmerteil tatsächlich an der US-Ostküste im Atlantik auf. Der daraufhin ausgelöste Tsunami zerstört New York. Viele werden getötet, darunter Jenny Lerner. Leo kann sich und andere durch eine Flucht ins Gebirge retten.

Tanner und sein Team beschließen, sich zu opfern und den anderen Teil des Kometen zu zerstören. Ihr Raumschiff stürzt in einen gasgefüllten Krater des Kometen. Der Aufprall zusammen mit der Auslösung der vier Nuklearsprengköpfe zerreißt das Kometenbruchstück in einer verheerenden Explosion. Die Trümmerteile verglühen in der Erdatmosphäre, und die Menschheit ist gerettet. Zum Schluss bekommen wir die übliche Rede des US-Präsidenten mit viel Pathos und Gedöns serviert. Da wurde ich wach.

Mein Fazit zu »Deep Impact«

Der Film ist um einiges seriöser als der nachfolgend zu besprechende, zeitgleich erschienene Kracher »Armageddon« – aber leider auch langweiliger. An der Schauspielerriege kann es nicht gelegen haben. Ich mag Morgan Freeman sehr. Er ist für mich immer ein Garant für einen sehenswerten Film. Ob als schwertschwingender Maure Azeem in »Robin Hood – König der Diebe«

Das Ende der Dinosaurier

Nach gängiger Lehrmeinung sollen die Dinos durch den Einschlag eines Killerasteroiden plattgemacht worden sein – gut, sagen wir etwas wissenschaftlicher: Die nachfolgend einsetzende Klimaveränderung schadete den Riesenechsen. Für diese Hypothese sprechen zum einen Fossilienfunde, die ein rätselhaftes Dinosauriersterben vor 65 Millionen Jahren dokumentieren.

Zum anderen konnte geologisch nachgewiesen werden, dass am mutmaßlichen Einschlagort auf der Yucatán-Halbinsel in Mexiko in einer Grenzschicht zwischen Kreidezeit und Tertiär eine dünne Schicht mit Iridium-haltigem Gestein existiert. Diese Signatur spricht nach Luis Walter Alvarez und seinem Sohn Walter Alvarez für einen 10 bis 15 Kilometer großen Brocken. Bei dieser Größe wird der Körper als

»Deep Impact«

(1991), als Oscar-nominierter Knacki in »Die Verurteilten« (1994), als gewiefter Detective Somerset in »Sieben« (1995), als Boxstudio-Hausmeister Scrap in »Million Dollar Baby« (2004) oder als Q-Verschnitt und »Batman«-Techniker in »The Dark Knight« (2008) – Freeman spielt sich immer in die Herzen der Zuschauer. »Deep Impact« zeigt, dass auch Superstars wie er mitunter danebengreifen. Vielleicht müssen wir das in der Er-war-alt-und-brauchte-das-Geld-Schublade ablegen.

Schon beim Einstieg in den Film bekommt ein Astronom die Krise: Als Leo den Nachthimmel beobachtet, entdeckt der himmelsaffine Zuschauer immerhin unterschiedlich helle »Sterne«, aber der Kenner versucht vergeblich, bekannte Sternbilder zu erkennen. Keine Chance, denn es war der übliche Fake-Himmel, den wir in Hollywoodfilmen immer wieder gern aufgetischt kriegen. Genauso stereotyp sind die Computer, die rattern und piepsen.

»Civilisation Ending Impact« kategorisiert, weil seine Explosionsenergie auf 100 Millionen Megatonnen TNT geschätzt wird. Statistisch müssen wir alle 100 Millionen Jahre mit dem Einschlag eines solchen Giganten rechnen. Das Tunguska-Ereignis von 1908 in Sibirien war dagegen ein Kindergeburtstag, weil dessen Sprengkraft dreimillionenfach schwächer war. Forscher konnten in Mexiko den unterirdischen Chicxulub-Krater nachweisen, den sie dem Dino-Ereignis zuordnen. »Chicxulub« ist das Mayawort für »Schwanz des Teufels« – noch Fragen?

Ich hätte das Teil schon längst entnervt erschlagen, wenn mein Compi solche Töne von sich geben würde.

Wissenschaftlich positiv vermerkt werden muss, dass der Katastrophenstreifen nicht so sehr aufdreht wie Genre-Konkurrenten. Der gefahrvolle Himmelskörper ist mit elf Kilometern nicht so überdimensioniert und damit realistischer; seine Größe reicht vollkommen aus. Bedenken Sie, dass der Asteroid, der vor etwa 65 Millionen Jahren im heutigen Mexiko herunterging und die Dinos auslöschte, genauso groß gewesen sein soll.

Eine detaillierte Besprechung des Films muss entfallen, weil ich aufgrund defizitär-mitreißender Handlung eingepennt war. Andere Konsumenten fühlten da offenbar ganz ähnlich: »Deep Impact« kam zwar früher in die Kinos als der fast handlungsidentische »Armageddon«, hatte aber deutlich weniger Zuschauerzahlen. Häufiger Kommentar: »Ich hatte den Schlaf meines Lebens!« oder »Warum nannten sie den Film nicht ›Deep Valium‹?«.

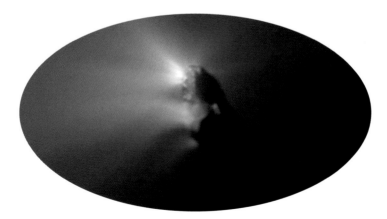

▸ Am 14. März 1986 gelang mit der ESA-Raumsonde »Giotto« erstmals der direkte Blick in die Koma eines Kometen aus nächster Nähe.
Es ist der Halley'sche Komet, der eine Umlaufzeit von 75 Jahren hat.
(Credit: Halley Multicolour Camera Team, Giotto, ESA, MPS)

»Deep Impact«

Komet ist nicht gleich Asteroid

Astronomen unterscheiden Kometen und Asteroiden nach ihrer Größe und ihrem Entstehungsort. Asteroiden sind kleiner als Planeten, aber größer als Meteoroide. Ihre Durchmesser sind kleiner als etwa 800 Kilometer. Die Gravitation kann sie deshalb nicht kugelrund formen, und sie schauen aus wie Kartoffeln oder Hundeknochen. Zwischen der Mars- und Jupiterbahn tummeln sich einige Hunderttausend Asteroiden.

Meteoroiden sind kleiner als Asteroiden. Ihre Durchmesser reichen von Bruchteilen eines Millimeters bis einige Meter. Oftmals handelt es sich um Bruchstücke von Kometen, die als Sternschnuppen auf die Erde niedergehen. Die Leuchterscheinung heißt Meteor und falls etwas übrig bleibt, das auf der Erde aufschlägt, nennt man dies Meteorit.

Kometen wie »Churyumov-Gerasimenko« (»Tschuri« oder 67P) sind Kleinkörper von einigen Kilometern Größe. In der Nähe der Sonne »verdampfen« (Klugscheißer sagen: sublimieren) feste Bestandteile des Kometen und bilden um den Kometenkern eine Gashülle: die Koma. Durch die Wechselwirkung mit Sonnenlicht und Sonnenwind formen sich daraus die berühmten Kometenschweife: ein scharf gebündelter Ionenschweif sowie ein breiter, diffuser Staubschweif (und sogar ein dritter, sogenannter »Natriumschweif«).

Jenseits der Plutobahn gibt es den Kuiper-Gürtel, der aus Hunderttausenden Kleinkörpern, zum Teil auch Zwergplaneten, besteht. Noch weiter draußen ist die kugelförmige Oort'sche Wolke. Von dort kommen langperiodische Kometen mit Umlaufzeiten von mehr als 200 Jahren.

Titel »Armageddon – Das jüngste Gericht«
Originaltitel »Armageddon«
Erscheinungsjahr 1998
Regie Michael Bay
Schauspieler Bruce Willis, Ben Affleck, Liv Tyler
Unterhaltungswert 4/5. Wissenschaftler ertragen dieses Werk nur mit Sarkasmus, aber die Selbstironie stimmt.
Auweia-Faktor 5/5. Wo soll ich da anfangen?
Science-Faktor 1/5. Ein Fußtritt gegen die Wissenschaft.
Größter Aufreger Und wieder retten die USA im Alleingang die Welt, während die anderen Nationen blökenden Schafen gleich die Apokalypse bestaunen. Näääh!
Besonderes »Armageddon« toppte an den Kinokassen »Godzilla«.
Auszeichnungen Vier Oscar-Nominierungen ohne Oscar-Gewinn und sieben Nominierungen für die Saturn Awards, von denen zwei eingeheimst wurden. Goldene Himbeere für Bruce Willis.

Zur Handlung von »Armageddon«

Im Kinojahr 1998 gingen gleich zwei Killerasteroiden-Streifen an den Start. »Armageddon« handelt ebenfalls von einem Asteroiden auf Kollisionskurs mit der Erde, und auch diesem Brocken sollen Nuklearwaffen den Garaus machen.

In der Hauptrolle ist US-Actionstar Bruce Willis, bekannt für seine Stunt-Haftigkeit. Er spielt den Ölbohrspezialisten Harry Stamper. Auch sonst kann sich das Schauspielerensemble sehen lassen: Ben Affleck verkörpert A.J. Frost, Hollywood-Beauty Liv Tyler (Elbenschönheit Arwen aus »Der Herr der Ringe«) stellt Harrys Tochter Grace Stamper dar, und Billy Bob Thornton spielt

»Armageddon – Das jüngste Gericht«

NASA-Chef Dan Truman. Kurios: Der deutsche Schauspieler Udo Kier verkörpert einen Psychologen (!) der NASA. Er nimmt die Eignungstests von Stampers privater Gurkentruppe vor, die weniger mit NASA-Tauglichkeit als mit krimineller Energie glänzen kann.

Der sich auf Kollisionskurs mit der Erde befindliche Asteroid ist mit 1000 Kilometern Durchmesser wahrhaft gewaltig. Zum Vergleich: Der Zwergplanet Ceres zwischen Mars- und Jupiterbahn hat ziemlich genau diese Größe. Pluto ist mit 2400 Kilometern Durchmesser etwa zweieinhalbmal so groß, und unser Erdmond hat knapp 3500 Kilometer Durchmesser. »Armageddons« Killerasteroid hat damit ordentlich Bums. Die gute Nachricht: Solche Asteroiden sind eigentlich sehr, sehr selten, was aber auch nicht wirklich hilft, sollte sich ein solches Objekt gefährlich der Erde nähern. Stamper hat nun definitiv ein Riesenbrocken-Problem an der Jippi-ei-jey-Schweinebacke. Was tun?

Die NASA hat nur 18 Tage Zeit, um die Welt zu retten. Sie schmieden mit einem Spezialistenteam den Plan, den Erdbahnkreuzer zu sprengen, und zwar, indem Astronauten zu dem Brocken fliegen, landen, ein 250 Meter tiefes (!) Loch bohren, um im Innern einen Nuklearsprengsatz zu platzieren. Ein MIT-Nerd erklärt's im Film einem Dumbo-Militär so: »Wenn du einen Feuerwerkskörper auf offener Handfläche explodieren lässt, verpufft die Energie, und die Hand bleibt dran. Wenn du aber den Kracher mit der Hand fest umschließt und anzündest, dann muss dir deine Freundin für den Rest deines Lebens die Ketchupflasche schütteln.« Ich sag da nur eins: Liebe Kinder, bitte nicht nachmachen! Vor allem solltet ihr den Deckel der Ketchupflasche drauflassen.

Jedenfalls kommt hier Willis ins Spiel, der als Ölbohrexperte der NASA helfen soll. Weil er kein Astronaut ist, bekommt er von der NASA einen Crashkurs. Für Stamper kein Problem, denn Bruce will es. Zwei Teams fliegen mit zwei Raumschiffen, einer Art Weiterentwicklung des Spaceshuttles, zum Killerasteroiden. Team 1 im Shuttle »Freedom« wird geleitet von Stamper und soll die Bohrung durchführen. Team 2 im Shuttle »Independence« führt Stampers Zieh- und Bald-Schwiegersohn A. J. Frost an. Um den Asteroiden zu erreichen, muss der Mond für ein Swing-by-Manöver herhalten. Bei der Annäherung an den Asteroiden wird die »Independence« von einem Gesteinsbrocken getroffen, und nur A. J. sowie zwei Crewmitglieder überleben. Team 1 hat bereits mit den Bohrarbeiten begonnen. Als jedoch die Kommunikation mit den Teams abzubrechen droht, ordnet die US-Regierung die Fernzündung der Atombombe an. Zum Glück konnten die Teams die Bombe kurz zuvor entschärfen. Beide Teams arbeiten nun fieberhaft an der Rettungsmission. Dummerweise stellt sich heraus, dass die Bombe nur noch »von Hand« gezündet werden kann. Derjenige, der den Job übernehmen soll, darf für den Rest seines Lebens den Inhalt einer Ketchupflasche spielen. Beim Losen zieht A. J. den Kürzeren, und er soll als Todgeweihter die Welt retten. Allerdings gelingt es Harry Stamper, seinen Schwiegersohn in spe auszutricksen, sodass Papa Bruce einspringt. Er will, dass A. J. zu seiner Tochter zurückkehrt und sie auf ewig glücklich zusammenleben. Die Abschiedsszene zwischen Stamper und A. J. war einem Abschied in Berlins Tränenpalast würdig. Doch jetzt bricht wirklich Hektik aus: Die »Freedom« entkommt mit den letzten Überlebenden,

»Armageddon – Das jüngste Gericht«

Harry opfert sich für die Menschheit und stirbt langsam, nachdem er den Himmelskörper in zwei ordnungsgemäße Hälften sprengte. Beide Trümmerteile fliegen mit höchster Präzision – eins brav links, das andere brav rechts – an der Erde vorbei, und die Menschheit ist gerettet. Jippi-ei-jey, Schweine-Asteroid!

Die Asteroidenklassen

Astronomen unterscheiden die Asteroiden gemäß ihrer Zusammensetzung. Mit einem Anteil von 75 Prozent sind kohlige, pechschwarze Objekte am häufigsten. Sie gehören zur »Klasse C« (»C« für »carbon«, also Kohlenstoff) und könnten ehemals Kometen gewesen sein. Die »Klasse S« macht 20 Prozent aus und verdankt ihre Bezeichnung der silikatischen Zusammensetzung. Sie sind gesteinsartig und typischerweise heller als »Klasse C«. Nur einen Anteil von fünf Prozent machen die metallischen Asteroiden aus, die »Klasse M« für »metallisch« oder »Mann, der wird wehtun!«. Sie bestehen aus Eisen und Nickel und sind damit besonders massiv. Deshalb zerplatzen sie nicht unbedingt in der Erdatmosphäre und hinterlassen ordentliche Einschlagkrater.

Mein Fazit zu »Armageddon«

»Armageddon« ist die Mutter aller Killerasteroidenfilme. Der Hollywoodstreifen enthält unzählige wissenschaftliche Unmöglichkeiten und Ungereimtheiten, bei denen ein Kenner vom Fluchtinstinkt gepackt wird. Bevor ich wegmuss, lassen Sie uns ein paar dieser Punkte herausgreifen.

In zweieinhalb Wochen die Welt retten? Die Zeitskala ist aberwitzig unrealistisch! Das wäre selbst für Scotty nicht machbar. Aber

verglichen mit dem Killerasteroiden ähnlich großen Zwergplaneten Ceres beträgt nur 0,3 m/s², also nur 1/33 der Erdbeschleunigung oder 1/5 der Fallbeschleunigung des Erdmondes. Unter diesen Bedingungen können sich Astronauten kaum in normalen Schritten auf der Oberfläche des Asteroiden fortbewegen. Sie würden von dem Kleinkörper kaum festgehalten werden. Vielleicht war mir auch nur entgangen, dass Willis & Co. eine ordentliche Wurst Epoxidharzkleber an den Schlappen hatten.
Abenteuerlich war es auch, dass die Shuttles zur russischen Raumstation MIR fliegen mussten, um Treibstoff aufzunehmen. Die MIR flog zwischen 1986 und 2001 in knapp 400 Kilometern Höhe. In der Raumfahrt gilt das als erdnaher Orbit. Warum müssen nach einer derart kurzen Flugzeit die Shuttles schon tanken?

Die kosmische Gefahr

Zwischen der Mars- und Jupiterbahn sind rund 300.000 Asteroiden erfasst, von denen rund 1000 potenziell gefährlich für die Erde sind. Weitere Reservoirs für eiskalte Killer sind der Kuiper-Gürtel jenseits der Plutobahn und die noch weiter entfernte Oort'sche Wolke.
Besonders beunruhigend: Es kann jederzeit passieren, dass aus den Randbereichen des Sonnensystems ein zuvor unbekannter Kleinkörper auf Kollisionskurs mit der Erde gerät. Dies geschieht unter anderem durch ungünstiges Zusammenwirken von Gravitationskräften der Sonne und der Planeten oder durch eine gravitative Störung, die ein am Sonnensystem nah vorüberziehender Stern auslöst.
Ende 2017 wurde sogar ein interstellarer Himmelskörper namens 1I/2017 U1 'Oumuamua entdeckt, der von außerhalb des Sonnensystems eindrang und bis auf 0,25 Astronomische Einheiten herankam. Seine Abmessungen waren viel kleiner als der »Armageddon«-Asteroid.

Komisch kam auch rüber, *was* sie tanken mussten. Im Film ist von flüssigem Sauerstoff die Rede. Der kommt in der Raumfahrt bei chemischen Treibstoffen natürlich zum Einsatz, dient jedoch nur als Oxidator. Der eigentliche Treibstoff oder Brennstoff ist eine andere Substanz, die flüssig oder fest sein kann. Die Chemieküche der Raketenwissenschaftler bietet da ein ganzes Arsenal verschiedener Substanzen und Gemische an. Bei »Der Marsianer« hatten wir Hydrazin, eine Verbindung aus Stickstoff und Wasserstoff (N_2H_4), kennengelernt. Bei den schlanken Feststoff-Boostern des Spaceshuttles wurde Ammoniumperchlorat als Oxidator und Aluminiumpulver als Treibstoff verwendet. Wird das Zeug heißer als 200 Grad Celsius, zersetzt es sich explosionsartig in die Gase Chlor, Sauerstoff, Stickstoff und Wasserdampf. Sie treten an der Düse aus und schieben das Shuttle nach oben. Okay, derartige Details waren sicherlich zu viel für »Armageddon«, sodass es die Macher bei »Wir müssen flüssigen Sauerstoff tanken« belassen wollten.

Kurios war auch: An Bord der MIR war nur ein Russe! In der echten MIR waren ab 1986 wenigstens zwei Mann an Bord, danach sogar mehr.

In der Tränendrüsen-Abschiedssequenz von Harry und A. J. spielt natürlich ein Streichquartett auf. Standard. Geschenkt. Aber was mich danach echt genervt hat, ist, dass Papa Harry noch in aller Ruhe per Funk- *und* Videoverbindung (!) mit seiner Tochter quatschen muss, um leise Servus zu sagen. Da muss der Asteroid schon mal warten. Diese Kommunikation lief natürlich störungs- und verzögerungsfrei. Bitte bedenken Sie, dass ein Asteroid in

Kapitel 6: Killerasteroiden und andere Katastrophen

Entfernung des Mondes dazu führt, dass die Funkwellen etwa eine Sekunde unterwegs sind – entsprechend verzögert sich das Frage-Antwort-Spiel auf zwei Sekunden. Außerdem war Harry gerade auf einem wild trudelnden Asteroiden unterwegs, sodass Senden und Empfangen der Signale signifikant gestört sein sollten. Bei »Armageddon« war das alles kein Problem; die lockere Unterhaltung war sogar per Videoübertragung möglich. Da darf man schon staunen.

Nachdem sich Bruce für die Menschheit geopfert und sich die Asteroidenhälften elegant um die Erde herumgeschlängelt hatten, kehrten die verbliebenen Crewmitglieder zur Erde zurück. Erinnern Sie sich, wie solche Szenen aussahen, wenn Kosmonauten oder »Apollo«-Astronauten heimkamen? Aus Sicherheitsgründen werden sogar Quarantäne-Vorkehrungen getroffen. Selbst bei

Die Raumsonde »Deep Impact«

Der kurzperiodische Komet »Tempel 1« wurde 1859 von dem sächsischen Astronomen Ernst W. L. Tempel entdeckt. Mit einer Umlaufzeit von nur 5,5 Jahren nähert er sich der Sonne bis auf 1,5 Astronomische Einheiten an, um sich dann wieder bis 4,7 Astronomische Einheiten zu entfernen. »Tempel 1« hat Abmessungen von 7,6 mal 4,9 Kilometern. NASA-Forscher statteten diesem sächsischen »Komötn« im Sommer 2005 mit der Sonde namens

▶ Komet »Tempel 1« im Moment des Einschlags. 2005 schoss aus dem Kometen eine 3500 Grad Celsius heiße Fontäne mit geschmolzenem Kernmaterial, nachdem ein NASA-Projektil der Sonde »Deep Impact« einschlug. (Credit: NASA/JPL-Caltech/UMD)

»Armageddon – Das jüngste Gericht«

»Gravity« (→ Kapitel 1, Seite 25) hatten die Macher daran gedacht, dass Doc Stone durch die Schwerelosigkeit und die Strapazen im Weltraum sehr geschwächt auf der Erde ankommt und sie unseren Heimatplaneten erst mal auf allen vieren erkundet. Nicht so bei »Armageddon«: Unsere Helden können bei ihrer Rückkehr locker mit geschwollener Brust herumstolzieren – natürlich in Zeitlupe. Wie bei James Bond suchen wir Knitterfalten und Flecken auf den Raumanzügen nach überstandener Mission vergebens. Sie waren ja nur mal eben die Welt retten.

Aber der Streifen hatte auch seine guten Seiten beziehungsweise Saiten. Denn die Filmmusik wurde unter anderem von der US-Rockband *Aerosmith* beigesteuert. Leadsänger Steven Tyler ist übrigens der echte Paps von Harrys Filmtochter Liv Tyler. Der Song »I don't want to miss a thing« war im Herbst 1998 vier Wo-

»Deep Impact« einen spektakulären Besuch ab. Sie beschossen den Kometen mit einem 372-Kilogramm-Projektil und beobachteten mit der Sondenkamera aus zunächst 8600 und später 500 Kilometern Entfernung den Einschlag. Daraufhin schoss eine Fontäne geschmolzenen Materials aus dem Himmelskörper und hinterließ einen 30 Meter tiefen und 100 Meter breiten Krater. Die Forscher schlossen daraus, dass »Tempel 1« keine harte Kruste, sondern eine weiche Staubschicht sowie einen porösen Kern habe.

▶ Der berühmte Barringer-Krater in Arizona, USA, hat einen Durchmesser von 1,2 Kilometern und ist 180 Meter tief. Er ist das Werk eines metallischen 50-Meter-Asteroiden, der erst vor rund 50.000 Jahren einschlug.
(Credit: NASA Earth Observatory)

chen lang auf Platz 1 in den US-Billboard-Top-100. Als Wissenschaftler ist man versucht zurückzusingen: »What I missed was the scientific correctness!« Willis erhielt für seine Darstellung den Negativ-Filmpreis »Goldene Himbeere«.

Zum Abschluss noch ein Ausflug in die Etymologie, um der Diskussion einen Hauch von Niveau zu geben: »Armageddon« verdankt seinen Namen dem griechischen Wort »Harmagedon«, dem biblischen Ort der endzeitlichen Entscheidungsschlacht. Aber was soll das ganze Gemaule? Unterm Strich hatte sich »Armageddon« vor allem monetär gelohnt: Mit mehr als einer halben Milliarde US-Dollar war »Armageddon« 1998 der kommerziell erfolgreichste Film. »Armageddon« erschien im gleichen Jahr wie »Deep Impact« und wurde aufgrund ähnlichen Plots mit diesem Film verglichen. Urteilen Sie selbst.

A schwäbisch's Kraterle

Im Nördlinger Ries gibt es Spuren eines gewaltigen Einschlags, der vor allem aus dem Weltraum gut zu sehen ist. Die mittlerweile verwitterte Kraterstruktur hat einen Durchmesser von rund 25 Kilometern. Der Impakt des Ein-Kilometer-Brockens geschah vor rund 15 Millionen Jahren. Am Einschlagpunkt wurde es mehr als 20.000 Grad Celsius heiß – dreimal heißer als die Sonnenoberfläche. Die Todeszone soll einen geschätzten Durchmesser von 200 Kilometern gehabt haben. Viel später bauten schwäbische Eingeborene getreu dem Motto »Schaffe, schaffe, Häusle baue und net nach de Bröckle schaue« die Stadt Nördlingen. Für den Ort hat die kuriose Vergangenheit erstaunliche Konsequenzen: Heranziehende Wolken regnen schon am kreisförmigen Kraterrand ab und erreichen kaum die Stadt, was dazu führt, dass sie zu den niederschlagsärmsten Städten Deutschlands gehört.

»Asteroid«

Titel »Asteroid«

Originaltitel »Meteor Assault«

Erscheinungsjahr 2015

Regie Jason Bourque

Schauspieler Mark Lutz, Robin Dunne, Anna van Hoft – die kennen Sie nicht?

Unterhaltungswert 3/5. Belustigend, wenn man sich darauf einlässt.

Auweia-Faktor 4/5. Die Tricks waren unterirdisch, und das bei einem Film von 2015!

Science-Faktor 2/5. Bullshit-Bingo für Forscher: Finde den Fehler.

Größter Aufreger Ein Asteroid aus Dunkler Materie? Hahaha.

Besonderes Äh, nein.

Auszeichnungen Reichte nicht mal für 'ne Goldene Himbeere. Die hat ja auch ihren Stolz.

Zur Handlung von »Asteroid«

Das Thema Killerasteroiden poppt immer wieder aufs Neue in der Filmlandschaft auf. 2015 erschien »Asteroid«, den ich im Free-TV auf RTL2 verfolgen durfte. Ich sollte besser sagen: Der Film verfolgt mich noch heute.

Die Handlung ist schnell erzählt: Auf der Erde gehen viele Meteorschauer nieder. Die Behörden beschwichtigen und tun es als einmaliges Naturgeschehen ab. Doch der Astrophysiker Steve Thomas, gespielt von Mark Lutz (»Who the f*** is this??«), weiß mehr: Er entdeckt mit einem Infrarotsatelliten, was allen anderen entging: Ein großer Asteroid befindet sich – raten Sie mal! – auf Kollisionskurs mit der Erde. Er soll im Westen der USA heruntergehen und einen globalen nuklearen Fallout auslösen. Von den

Abmessungen her ist das Ungetüm doppelt so groß wie das Empire State Building, also etwa 800 Meter.

▶ Die Erde wurde schon häufig von kleinen und großen Asteroiden getroffen.
(Credit: muratart/Shutterstock.com)

Als Steve bemerkt, dass das Militär seinen Satelliten missbraucht, macht er das über die Presse publik. Er verliert seinen Job, seine Reputation, seine Freunde und sein Gespür für ein glanzvolles Ende dieses Films. In Ungnade gefallen, muss Steve die Welt im Alleingang retten. Leider heißt er nicht Bruce Willis. Doch ganz allein ist er auch wieder nicht, denn seine Familie unterstützt ihn. Aberwitzig und in dieser Form einzigartig ist die Lösung, um den verhängnisvollen Brocken abzuwehren: Mithilfe einer chemischen Reaktion (!) soll der Asteroid verkleinert beziehungsweise aufgelöst werden. Steve füllt die Plempe in so 'ne Röhre und packt das Ganze in eine Rakete. Sein Oberstreber-Hobby-Raketentechnikersohn programmiert in Sekunden den Kurs, und dann schießen die beiden das Teil unter den Augen der stolzen Ehegattin und direkt unter dem einfallenden Kometen ab. Asteroid zerstört, Erde gerettet, alles gut. Natürlich darf dieser Schlusssatz nicht fehlen: »Er ist ein amerikanischer Patriot und Held.« Die Amerikaner haben schon öfter die Welt gerettet, als Trump Tweets rausgehauen hat – aber Trump holt auf!

»Asteroid«

Sternschnuppen »Perseiden« am 12. August

Jedes Jahr, um den 12. August herum, wandert unsere Erde am gleichen Ort im Sonnensystem vorbei und durchquert die Bahn des Kometen 109P/Swift-Tuttle. Dieser Komet hat 26 Kilometer Durchmesser und wurde 1862 entdeckt. Die sehr lang gestreckte Bahn führt den Kleinkörper bis auf eine Astronomische Einheit an die Sonne heran. Dann entfernt sich der Komet bis auf etwa 51 Astronomische Einheiten, also knapp hinter die Plutobahn. Ein Umlauf dauert 133 Jahre. Swift-Tuttle kam zuletzt 1992 der Erde beunruhigend nahe; Astronomen wissen schon heute, dass es bei der nächsten Begegnung im Jahr 2126 zum Glück keinen Zusammenstoß geben wird.

Winzige Bruchstücke des Kometen verteilen sich entlang der kompletten Umlaufbahn. Immer am 12. August wandert unsere Erde durch diesen »Staubstreifen« und sammelt einige Teile auf. Sie fallen mit ungefähr 200.000 Kilometern pro Stunde hinunter auf die Erde und verglühen in der Erdatmosphäre. Diese Sternschnuppen nennt der Experte Meteor. Größere Bruchstücke mit einigen Zentimetern Durchmesser verglühen nicht vollständig. Selten fallen dann echte außerirdische Steine auf die Erde: die Meteoriten. Physikalisch ist die Leuchtspur dadurch zu erklären, dass durch die Hitze Gasmoleküle der Atmosphäre Elektronen in ihrer Außenschale verlieren, also ionisiert werden. Kurz danach werden Elektronen aus der Umgebung wieder von den Ionen eingefangen. Dabei wird Licht frei (Rekombinationsleuchten).

Verfolgt man die Leuchtspuren am Himmel, fällt auf, dass sie sich in einem bestimmten Sternbild zu treffen scheinen, und zwar im Perseus. Deshalb heißt der am 12. August zu sehende Meteorstrom »Perseiden«. Eigentlich fallen die Bruchstücke parallel auf die Erde hinunter. Durch einen Projektionseffekt des großen Himmels auf die viel kleinere Netzhaut werden die parallelen Linien zu radialen Linien (vgl. in der Kunst: »stürzende Linien« und »Zentralperspektive«). Sie treffen sich in einem Fluchtpunkt, dem Radianten. Seine Position am Himmel hängt davon ab, aus welcher Richtung die Bruchstücke parallel einfallen. Sternschnuppen sieht man das ganze Jahr über, aber die Perseiden sind so spektakulär, weil sie mit rund Hundert Meteoren pro Stunde die höchste Fallrate haben. Andere Meteorströme, die aus anderen Richtungen kommen, haben Radianten, die in anderen Sternbildern liegen, nach denen sie benannt wurden, zum Beispiel Leoniden (Löwe), Geminiden (Zwillinge) und Sagittariden (Schütze).

▶ Schnappschuss von gleich mehreren Sternschnuppen (hier Geminiden). Die Leuchtspuren entstehen in der Erdatmosphäre in rund 80 Kilometern Höhe. (Credit: NASA)

Mein Fazit zu »Asteroid«

Ein Film zum (R)Einschlagen! Ich bin ja eine Persönlichkeit, die Gewalt zutiefst verabscheut, aber selten hat mich ein Streifen so aggressiv gemacht. Nachdem ich mehrfach in ein Kissen geboxt und meinen Fernseher mit Wattebäuschchen beworfen hatte, war ich in der richtigen Stimmung, um mich zu dieser Bewertung hinzureißen:

Wieder ist man als Wissenschaftler überfordert und weiß gar nicht, wo man anfangen soll. Mein Psychologe riet mir, immer erst das Gute in den Vordergrund zu stellen. Das werde ich nun tun, wenngleich es da nur eine Sache zu erwähnen gibt. Der Film-Asteroid war ein Trojaner – bevor IT-Experten vor Freude glucksen, muss ich den Showstopper raushängen lassen: Trojaner sind für uns Astronomen Kleinkörper, die den Gasriesen Jupiter auf seiner Bahn um die Sonne verfolgen. Es handelt sich also um »interplanetare Stalker« oder, wie Fachleute sagen, »koorbitale Objekte« – ein Begriff, den der durchschnittliche RTL2-Zuschauer vermutlich noch nie im Leben gehört hat. Was ich damit sagen will: Es gibt sie wirklich, diese Trojaner, und es war eine durchaus pfiffige und wissenschaftlich korrekte Idee, den Film-Asteroiden aus dieser Ecke des Sonnensystems auf die Erde fallen zu lassen. Bravo, und vielleicht hören Sie den durchaus ernst gemeinten Beifall, den ich gerade zwischen den Zeilen klatsche. Apropos »klatsche«, jetzt verstummt schon das Loblied. Denn »Asteroid« birgt eine ganze Reihe von wissenschaftlichem Nonsens. So löst der Katastrophenfilm leider ein wissenschaftliches Mysterium nicht auf: Woher wissen Asteroiden, dass sie nur Hauptstädte treffen sollen? In »Asteroid« hagelt es nämlich Kleinkörper in Rom, Berlin und London. Wir werden leider nie erfahren, ob Meteorschauer im norddeutschen Luschendorf, im bayerischen Dorf Prügel oder in Da-Lang, einer beschaulichen Kleinstadt in China, niedergingen.

In dem Streifen war davon die Rede, dass es sich um einen »dunklen Asteroiden« handele, der mit herkömmlichen Detektionsmethoden nicht sichtbar sei. Klingt gefährlich, und selbst in den X-Akten konnte ich darüber nichts finden. Es gibt da aber viel vertrauenswürdigere Quellen. So wird über den Film auf der RTL2-Website sogar behauptet, dass der Killerkörper aus Dunkler Materie zusammengesetzt sei und nach derzeitigem Kenntnisstand der größte Teil der Masse im Universum aus Dunkler Materie bestehe, die für uns aber nicht sichtbar ist. Letzteres ist zwar richtig, aber von Asteroiden aus Dunkler Materie habe zumindest ich noch nie etwas gehört. Die Dunkle Materie in der Kosmologie kann nur indirekt aufgespürt werden. Denn sie lenkt das Licht von Galaxien ab; sie beschleunigt die Bewegung von Sternen in Spiralgalaxien; sie hält gigantische Galaxienhaufen zusammen. Der Asteroid im Film hat mit dieser Dunklen Materie rein gar nichts zu tun. Er war sogar mittels Wärmestrahlung im Infraroten beobachtbar – mit kosmologischer Dunkler Materie würde das nicht funktionieren. Tatsächlich – und da fällt mir doch glatt noch ein zweiter Bonus für den Katastrophenfilm auf – spüren Profiastronomen die Kleinkörper (Kometen, Asteroiden, Meteoroiden) im Sonnensystem auf, indem sie Infrarot- und Radiobeobachtungen durchführen. Die Körper sind so kalt, dass sie Wärmestrahlung in genau diesen Wellenlängenbereichen abgeben. Radioastronomen gehen sogar ähnlich vor wie die Polizei: Sie schießen Radarwellen ins All, die von kaum sichtbaren Kleinkörpern reflektiert und mit Radioschüsseln wieder aufgefangen werden. So entdecken Astronomen heranfliegende Brocken und können ihre Form und Zusammensetzung ableiten.

Sehr belustigt hat mich dann, was die deutsche Übersetzung aus einem englischen Fachbegriff fabriziert hatte. In dem Streifen war von »2,5 Mikronen« die Rede. Haben Sie das schon mal gehört? Nein? Kein Wunder, denn im Deutschen gibt es das Wort nicht, und auch Fachastronomen verwenden es nicht. Im englischsprachigen Original war von »microns« die Rede. Das ist eine Wellenlängeneinheit für Infrarotstrahlung und ist identisch mit Mikrometern, also millionstel Metern. Was sagt uns das? Es gab offenbar keine wissenschaftlichen Berater, die bei der Übersetzung geholfen haben! Auch sonst gab es wenig fachlichen Beistand, wie der ein oder andere Zuschauer bemerkt haben mag.

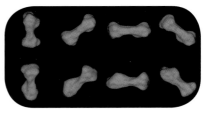

▶ Asteroiden haben mitunter bizarre Formen: »216 Kleopatra« sieht aus wie ein Hundeknochen und zieht seine Bahn zwischen Mars und Jupiter. Was würde geschehen, wenn er Pluto zu nah kommt? (Credit: Stephen Ostro et al., JPL; Arecibo Radio Telescope, NSF, NASA)

Irritiert hat mich außerdem, dass der Film-Astrophysiker Steve Thomas als Einziger den dunklen Asteroiden beobachten konnte. Von anderen Astronomen in Europa, Russland, Japan oder China war keine Rede. Das ist vollkommen unrealistisch! Hier, nimm dieses Wattebäuschchen! Natürlich gibt es eine ganze Armada von Infrarot- und Radioteleskopen, an denen große Teams arbeiten. Echte, forschende Astronomie ist ein internationales Gemeinschaftsprojekt.

Okay, das mag alles Jammern auf hohem wissenschaftlichen Niveau sein, aber dem gemeinen Durchschnittszuschauer wird etwas aufgefallen sein, was in dem Genre absolut unverzeihlich ist: Die Einschläge und Explosionen waren dermaßen schlecht animiert, dass man sich wirklich fragte, ob das Erscheinungsjahr des Films ein Tippfehler war. Was für ein SF-Trash!

Einen guten Film macht aus, dass ein plausibles Ausgangsproblem mit einen oder mehreren Handlungssträngen dramaturgisch geschickt, fesselnd und mit Spannung zu einem filmischen Höhepunkt geführt und am Ende vielleicht sogar mit einem Überra-

Das Celjabinsk-Ereignis 2013

Sie werden vielleicht fragen: Wie sicher sind wir vor Einschlägen kosmischer Körper? Ich sag's mal so: Teile meiner Antwort könnten Sie verunsichern. Immer wieder wird die Erde von größeren Himmelskörpern getroffen, und die wollen nicht nur spielen. Die letzte Demonstration der Naturgewalten erlebten wir alle am 15. Februar 2013. Über der russischen Stadt Celjabinsk explodierte ein Meteor. Viele Dash-Cams, die die Russen in ihren Autos mit Sicht nach vorn montiert hatten, dokumentierten das Ereignis, das wir daher auf Youtube bestaunen können. Kurzzeitig überstieg die Helligkeit der Explosion die der Sonne. Zum Glück zerplatzte das Objekt in der Atmosphäre, ohne einen Krater zu hinterlassen. Wie durch ein Wunder gab es nur Leichtverletzte, vor allem durch berstende Fensterscheiben, die der Druckwelle nicht standhielten. Sollten Sie so einen Lichtblitz sehen, gehen Sie vom Fenster weg, und suchen Sie Schutz! Dennoch kamen im Celjabinsk-Ereignis einige Hundert kleine Meteorite runter. Ungefähr 40 Kilometer weiter schlug ein Trümmerteil in einen zugefrorenen See ein.

Die kosmische Gefahr ist real. Es ist kein schönes Gefühl, aber die Natur würfelt, und es ist eine Frage der Zeit, bis es wieder geschieht.

▶ Kurz nachdem der Celjabinsk-Meteor niederging, hinterließ er diese Spur am Himmel.
(Credit: Migel/Shutterstock.com)

»The Core – Der innere Kern«

schungseffekt raffiniert aufgelöst wird. »Asteroid« konnte da nur mit einem finalen Rohrkrepierer aufwarten. Der Schluss mit der »genialen« chemischen Zerstörungslösung kam so hopplahoppmäßig schnell um die Ecke, dass man sich als Zuschauer nur noch verwundert die Augen reiben konnte. Schon vorbei? Vielleicht war's besser so.

Der Regisseur von »Asteroid« drehte schon andere Katastrophenfilme, wie »Flug 507«, »Der Supersturm« oder »Stonados«. Kennen Sie nicht? Sehen'se!

Zuletzt kann ich doch noch eine dritte gute Sache dem Streifen abgewinnen: Nach so viel Gesichtsmassage (Augenverdrehern, Stirnrunzlern, Kopfschüttlern und Hand-an-die-Stirn-Klatschern) können Sie auf die Gurkenmaske verzichten. Dem Regisseur sollte man jedoch eins mit der Tofu-Wurst überbraten.

Titel »The Core – Der innere Kern«
Originaltitel »The Core«
Erscheinungsjahr 2003
Regie Jon Amiel
Schauspieler Aaron Eckhart, Hilary Swank, Delroy Lindo
Unterhaltungswert 3/5. Einige Szenen sind gut getrickst und fesselnd.
Auweia-Faktor 4/5. Geht so viel Physik den Bach runter? Kein Problem für »The Core«.
Größter Aufreger Grundidee eines Fahrzeugs im glühenden Erdinneren haut nicht hin.
Science-Faktor 2/5. Naturgesetze machen hier Urlaub.
Besonderes Es gibt die Romanvorlage »Core« (1993) von Paul Preuss.
Auszeichnungen Offenbar nicht.

Zur Handlung von »The Core«

Szenenwechsel. Der Hollywoodkracher »The Core« bedient zwar auch das Katastrophenfilmgenre, hat aber mit Asteroiden gar nichts zu tun. Vielmehr geht es um eine Anomalie im Erdkern, der auch namensgebend für den Film war. Positiv vermerkt werden muss das Staraufgebot: Mit der US-Schauspielerin Hilary Swank ist sogar eine zweifache Oscar-Preisträgerin mit am Start. Sie spielt Major Rebecca Childs. Aaron Eckhart ist auch kein Unbekannter, verkörperte er doch unter anderem Two-Face im »Batman«-Kinofilm »The Dark Knight« (2008). Er spielt in »The Core« den Wissenschaftler Dr. Joshua »Josh« Keyes.

Zu Beginn des Streifens häuft sich eine Reihe merkwürdiger Vorfälle:
- Menschen fallen plötzlich im gleichen Moment tot um.
- Tauben stürzen vom Himmel und prallen gegen Häuser, Statuen und Menschen.
- Das Spaceshuttle kommt vom Kurs ab und crasht. Coole Filmszene: Das Shuttle rast mit 300 Knoten über ein Baseball-Stadion.
- Polarlichter häufen sich, allerdings mitten in den USA.
- Supergewitter ziehen auf, deren Blitze Gebäude pulverisieren, unter anderem das Kolosseum in Rom – Hauptstädte ziehen das Pech magisch an.

Die Regierung setzt General Thomas Purcell, gespielt von Richard Jenkins, ein, der herausfinden soll, was da los ist. Er bittet zwei befreundete Wissenschaftler um Hilfe: den Geophysiker Dr. Joshua Keyes und den französischen Waffenexperten Dr. Serge Leveque, verkörpert von Tchéky Karyo, der eine Synchronstimme mit einem ziemlich beknackten französischen Akzent verpasst bekommen hat. Das Wissenschaftlerteam findet schließlich den Grund für die mysteriösen Vorfälle. Das elektromagnetische Feld der Erde bricht zusammen, weil der Erdkern (deshalb »The Core«) sich nicht mehr dreht! Das kommt schon mal vor und geschieht den besten Planeten.

So erklären sich die mysteriösen Vorkommnisse: Die Personen, die tot zusammenbrachen, hatten alle einen Herzschrittmacher, der elektromagnetisch reagierte. Bei den Tauben versagte der magnetische Orientierungssinn; ähnlich beim Spaceshuttle. Die

Seismologie versus Seismik

Unser Wissen um das Erdinnere verdanken wir der Seismologie und der Seismik. Kennen Sie den Unterschied? Beides sind Spezialgebiete der Geophysik zur Erforschung des Inneren der Erde. In der Seismik werden künstliche Quellen eingesetzt, also unterirdische Explosionen mit Sprengstoff, Druckluft-»Schüsse« einer »Airgun« oder Schwingungen, die an der Oberfläche (zum Beispiel mit einem Spezial-Lkw, dem »Vibroseis-Truck«) erzeugt werden. Die Seismologen untersuchen hingegen natürliche Quellen, wie Erdbeben oder Meteoriteneinschläge. Den Blick ins Innere erlauben unterschiedliche mechanische Wellen, die mit verteilten Stationen gemessen und interpretiert werden. Dabei kommen Geofone zum Einsatz, um Schall an der Erdoberfläche zu messen, und Hydrofone für Schallmessungen im Meer.

Polarlichter drangen weiter zum Äquator vor, weil sich das Erdmagnetfeld abschwächte. Die Aussichten sind alles andere als rosig: Derartige Vorfälle werden sich häufen. Die Wissenschaftler sagen voraus, dass es vermehrt zu Blitzeinschlägen kommen wird, und in etwa einem Jahr würde die Mikrowellenstrahlung der Sonne die Erde kochen. Was tun?

Das Team beschließt, ins Innere der Erde vorzudringen, um (schon wieder) mit Nuklearexplosionen dem schwächelnden Erdkern einen Schubs zu geben, damit er sich wieder dreht. Sie

Die tiefste Bohrung

Entgegen der landläufigen Vermutung war die tiefste Bohrung der Welt nicht in Bordeaux, sondern auf der russischen Halbinsel Kola. Sie ging daher als die »Kola-Bohrung« in die Geschichte ein. Von 1970 bis 1989 wurde zu geologischen Forschungszwecken bis in eine Tiefe von 12.262 Metern gebohrt. Kola wurde nicht zufällig ausgewählt. Hier befinden sich 2,5 Milliarden Jahre alte Gesteinsformationen. Die Bohrung wurde nicht tiefer vorangetrieben, weil es da unten mit 180 Grad Celsius unerwartet heiß wurde.

Gruselig: 1989 kamen Gerüchte in den Umlauf, wonach mit der Kola-Bohrung die Hölle angebohrt worden sei. Geräusche, die in der Tiefe aufgezeichnet wurden, klangen wie Schreie gequälter Menschen. Einer von ihnen sang »Hölle, Hölle, Hölle« und sah aus wie Wolle Petry.

Auch in Deutschland wurde gebohrt. In dem geowissenschaftlichen Großforschungsprojekt »Kontinentales Tiefbohrprogramm der BRD« entstand zwischen 1987 und 1995 für knapp 300 Millionen Euro ein 9100 Meter tiefes Bohrloch im bayerischen Windischeschenbach. Als Startkommando wurde bestimmt »Do borst eini!« gerufen.

»The Core – Der innere Kern«

kontaktieren den Kollegen Dr. Ed Brazzelton, gespielt von Delroy Lindo, der einen Laser-Ultraschall-Bohrer und das extrem druck- und hitzebeständige Material Unobtanium erfunden hat.

In kürzester Zeit baut das Team ein zugartiges Bohrfahrzeug namens »Virgil«. Damit reisen sechs »Terranauten« ins Erdinnere. Der Eintritt geschieht sinnigerweise an der tiefsten Stelle im Meer, dem knapp elf Kilometer tiefen Marianengraben im Pazifik. Mittels Brazzeltons Laser bohrt das Team immer tiefer.

Im flüssigen Erdplasma taucht es gewissermaßen. Ein Kühlsystem schützt das »Schiff« vor der Hitze im Erdinneren. In einer Geode, einem unterirdischen Hohlraum, bleibt die »Virgil« stecken. Zwar gelingt es, das Fahrzeug wieder in Gang zu bringen, doch durch einen herabstürzenden Kristall verliert die Crew ein Mitglied. Dann verursacht der Diamant einen Schaden am letzten »Waggon«. Er wird zerstört, und der Franzose Serge stirbt; aber er kann Josh vorher noch seine Notizen reichen. Ein Crewmitglied, Dr. Conrad Zimsky, verkörpert von Stanley Tucci, spielt nicht mit offenen Karten. Er steckt zusammen mit Purcell hinter einem Geheimprojekt namens DESTINI (»Deep Earth Seismic Trigger Initiative«), einer seismischen Waffe, mit der andere Länder »beschossen« werden können. Es stellt sich heraus, dass erste Tests mit DESTINI der wahre Grund dafür waren, dass der Erdkern seine Rotation einstellte. Überdies erkennt das Team, dass die Nuklearwaffen zu wenig Bums haben, um den Erdkern wieder in Gang zu bringen. Purcell und Zimsky wollen es mit DESTINI richten. Josh ist damit nicht einverstanden, und es gelingt ihm mithilfe des Hackers

Rat, den Start von DESTINI zu verhindern. Sie versuchen nun doch, mit den nuklearen Sprengkörpern das Problem zu lösen, indem sie sie an verschiedenen Stellen des Erdinneren zünden. Brazzelton opfert sich. Zimsky kommt ebenfalls um, kann aber noch darauf hinweisen, die Detonation mit Plutonium aus »Virgils« Antrieb zu verstärken. Tatsächlich dreht sich der Erdkern wieder, und das Erdmagnetfeld regeneriert sich. Die Erde ist gerettet! Das Vehikel inklusive Josh und Kommandantin Childs werden durch die Wucht der Explosion in höhere Erdschichten geschleudert und havarieren auf dem Meeresgrund, wo sie die US-Navy rettet. Alle Beteiligten vereinbaren Stillschweigen über das Geheimprojekt, doch ganz am Ende verbreitet Hacker Rat die wahre Geschichte um DESTINI im Internet.

Mein Fazit zu »The Core«

Die Story ist zum Teil echt hanebüchen. Nicht umsonst wurde »The Core« von der Website »Insulting Stupid Movie Physics« (»Beleidigend dumme Filmphysik«) zum schlechtesten Physik-Film aller Zeiten gekürt. Auch bei einer Umfrage bewerteten einige Hundert Wissenschaftler »The Core« als schlimmster Film. Wenn man sich als popcornsüchtiger Zuschauer mit Hang zur Grenzdebilität darauf einlässt, dass Naturgesetze aus den Angeln gehoben werden, ist der Streifen jedoch echt unterhaltsam!
Beim Verfolgen der Vorbereitungsphase zum Bau des Bohrfahrzeugs »Virgil« klatscht sich der Science-Nerd schon an die Stirn: Das Vehikel wurde in wenigen Monaten gebaut, und dieser Prototyp funktionierte auf Anhieb ohne Test. Das ist superunrealistisch.

»The Core – Der innere Kern«

Als Zuschauer stellen wir uns natürlich die zwei Schlüsselfragen von »The Core« schlechthin. Erstens: Kann der Erdkern wirklich aufhören, sich zu drehen? Und zweitens: Kann es ein so hitzebeständiges Material geben, das der extremen Hitze des Erdinneren standhalten kann, um daraus ein Bohrfahrzeug zu bauen?

Zunächst zur Drehung des Erdkerns: Ja, das tut er, und das macht er sehr zuverlässig. Die Rotation ist auf die Entstehungsgeschichte der Erde zurückzuführen. Wie Computersimulationen zeigen, rotieren die Materiekonfigurationen, die später zu Sternen oder Planeten werden, immer. Das liegt wiederum am Ausgangsmaterial, nämlich interstellare Materie, deren Gasteilchen durch turbulente Effekte einen Drehimpuls erhalten. Dieser Drehimpuls wird unter anderem durch Reibung nach außen umverteilt, sodass sich die Materie überhaupt zusammenballen kann. Das erklärt die Drehung der Urerde. Nach gängiger Lehrmeinung wurde die Urerde vor etwa 4,5 Milliarden Jahren von einem etwa marsgroßen Himmelskörper namens »Theia« getroffen. Aus der Kollision entstand unser heutiger Erdmond. Zwar wurden beide Körper – Urerde und »Theia« – bei dem interplanetaren Unfall komplett aufgeschmolzen, und sie formten sich neu; aber ihre Rotation blieb weitgehend erhalten.

Wir können noch etwas subtiler fragen: Kann man mit Nuklearexplosionen einen flott rotierenden Erdkern stoppen beziehungsweise wieder in Drehung versetzen?
Nein, ich habe es für Sie nachgerechnet. Der innere plus äußere Erdkern haben etwa ein Drittel der Gesamtmasse der Erde und

ein bisschen mehr als die Hälfte des Erdradius. Das Trägheitsmoment dieser Flüssigkeitskugel ist gewaltig. Mit der bekannten Rotationsperiode der Erde von einem Tag folgt die Rotationsenergie zu rund 10^{28} Joule. Eine typische Atombombe hat rund zehn Megatonnen TNT-Äquivalent, entsprechend haben vier Atombomben, die in »The Core« mitgenommen wurden, rund 10^{17} Joule Explosionsenergie. Das sind viele Zehnerpotenzen weniger, sodass es unmöglich wäre, einen Erdkern durch gezielte Detonationen wieder in die ursprüngliche Drehung zu versetzen.

Zur zweiten Schlüsselfrage mit dem hitzebeständigen Material: Wir reden ja von einigen Tausend Grad Celsius. Wir schlagen nach: Die Schmelzpunkte von Eisen, Nickel und Gold liegen (unter Atmosphärendruck) bei 1538, 1455 und 1064 Grad Celsius. Ein Fahrzeug aus diesen Materialien würde schon im Erdmantel, also bei Tiefen ab 700 Kilometern, schmelzen. Im Film wurde gesagt, dass »Virgil« schon nach 35 Stunden 1900 Meilen, entsprechend 3000 Kilometer, tief war. Übrigens kann man sich fragen, wie sich der Schmelzpunkt im Innern der Erde ändert, da dort ja viel größere Drücke herrschen. Eine berechtigte Frage. Aber der Schmelzpunkt hat im Gegensatz zum Siedepunkt eine nur geringe Abhängigkeit vom Druck. Es gilt die Faustformel, dass sich der Schmelzpunkt um nur ein Grad ändert, wenn man den Druck um 100 Bar erhöht.

Wie sieht es mit Spezialmaterialien aus? In der Industrie und Raumfahrt werden Keramiken wegen ihrer besonderen Hitzebeständigkeit eingesetzt. Keramiken aus Berylliumoxid, Siliziumcarbid und Aluminiumoxid schmelzen (ebenfalls bei Atmosphä-

»The Core – Der innere Kern«

Das Innere der Erde

Von außen nach innen nehmen durchschnittliche Dichte und Temperatur zu. Wir leben auf der nur 35 Kilometer dünnen Erdkruste, der Schicht mit der geringsten Dichte. Der Erdkern ist eine Vollkugel, die vor allem aus Eisen und Nickel besteht (»NiFe-Kern«). Sein Radius beträgt etwa 3400 Kilometer. Zum Vergleich: Der Erdradius ist 6370 Kilometer groß. Am Äquator ist es etwas mehr, weil die Erdkugel durch die Rotation abgeplattet ist. Zwischen Kruste und Kern liegen oberer Erdmantel, eine Übergangszone, unterer Erdmantel und äußerer Erdkern, der flüssig ist. Diese Einteilung basiert auf der chemischen Zusammensetzung der Schichten. Die bei »The Core« angesprochene Kern-Mantel-Diskontinuität gibt es tatsächlich. Bei einem Radius von etwa 3400 Kilometern macht an dieser Stelle die Massendichte einen Sprung und verdoppelt sich. Der vermutete Temperaturverlauf reicht von etwa 5700 Grad Celsius im inneren Erdkern über 3000 bis 5000 Grad Celsius im äußeren Erdkern und 2000 Grad Celsius im Erdmantel. Die Hitzequelle ist radioaktiver Zerfall in Gesteinen.

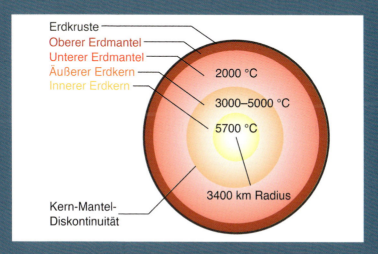

▶ Schnitt durch die Erdkugel mit Schalenstruktur und Temperaturen. (Credit: A. Müller)

rendruck) erst bei 2600, 2300 und 2000 Grad Celsius – also deutlich oberhalb der Schmelztemperaturen von Eisen oder Nickel. In Vakuum oder Schutzgasatmosphären zersetzt sich Siliziumcarbid sogar erst bei rund 3000 Grad Celsius. Keramiken würden dennoch nicht funktionieren, weil der flüssige äußere Erdkern mit 3000 bis 5000 Grad Celsius deutlich heißer ist als die Schmelztemperatur. Das war in »The Core« die Zone, in der das Bohrfahrzeug unterwegs war. Es war ein passender filmischer Kniff, das fiktive Material »Unobtanium« einzuführen, das hitzebeständiger ist als alles, was die Menschheit kennt.

Bei vielen weiteren Details von »The Core« muss man sich fragen, ob das funktionieren kann. Und meistens ist die Antwort »Nein«. So gab es eine Röntgenkamera am Bohrvehikel, die gestochen scharfe Bilder vom Erdinneren lieferte. Wie ist die Kamera gekapselt, damit sie der Hitze standhalten kann – mit Unobtanium? Die Fotos der Kamera muteten eher wie optische Bilder an und waren viel zu scharf. Außerdem wurde das Erdplasma zu durchsichtig dargestellt. Bei dem hohen Druck im Erdinneren ist zu erwarten, dass das ein flüssiger, undurchsichtiger Gesteinsbrei ist. Aus filmischen Gründen ist klar, dass die Macher spektakuläre Bilder vom Erd-

▶ Blick in den Fusionsreaktor »ASDEX Upgrade«: leeres Plasmagefäß (oben) und mit ultradünnem, heißem Plasma (unten). Das 100 bis 200 Millionen Grad heiße Plasma gibt energiereiche Röntgenstrahlung ab. (Credit: Max-Planck-Institut für Plasmaphysik, Garching)

»The Core – Der innere Kern«

inneren zeigen wollten. Echte Röntgenfotos sind viel unschärfer. Tatsächlich gibt es bei Fusionsreaktoren Röntgenkameras, um einen Blick in das Fusionsplasma zu werfen.

Auch die Kommunikation der »Virgil«-Crew mit dem Hacker Rat im Kontrollzentrum würde nicht hinhauen. Funkwellen können nicht verlust- und störungsfrei durch flüssiges Gestein geschickt werden. Das Einzige, was da durchkommt, sind Neutrinos: elektrisch neutrale, extrem leichte und fast lichtschnelle Elementarteilchen, die es tatsächlich gibt. Ich hätte es cool gefunden, wenn die Macher auf die Idee gekommen wären, dass Kontrollzentrum und Crew per Neutrinos kommunizieren. Wenngleich das Modulieren eines Neutrinosignals und der Empfang selbstverständlich in der Praxis schwierig umzusetzen sind. Tatsächlich können Teilchenphysiker Neutrinos aus dem Erinnern nachweisen, die als Abfallprodukt bei radioaktiven Zerfällen entstehen. Diese »Geoneutrinos« werden benutzt, um die Zerfallswärme des Erdinneren zu bestimmen. Sie wurden zum Beispiel mit den Experimenten »Borexino« im italienischen »Gran Sasso«-Untergrundlabor und mit dem Neutrinodetektor »IceCube« am Südpol gemessen. Echt faszinierend, dass Neutrinos uns einen Blick in unseren Heimatplaneten gestatten.

Lassen Sie mich Bilanz ziehen: »The Core« hebelt eine ganze Reihe von Naturgesetzen außer Kraft und ist damit eine Beleidigung für jeden gestandenen Physiker. Dennoch teile ich nicht die Einschätzung der Website »Insulting Stupid Movie Physics«, die den Film als schlechtesten Physik-Streifen disqualifizierte.

Für meinen Geschmack ist da »Armageddon« insbesondere wegen des Heldenpathosgedönses unerträglich. Hat man ein paar Unmöglichkeiten, die bei »The Core« funktionieren, geschluckt, tut sich dem Zuschauer eine faszinierende neue, unterirdische Welt auf, die wir täglich mit Füßen treten. Ein Geophysiker mag Momente des Stolzes empfinden, wenn Fachbegriffe seiner Disziplin zum Besten gegeben werden, die man in anderen filmischen Werken schon immer schmerzlich vermisst hat, so zum Beispiel »Kern-Mantel-Diskontinuität« oder »Geode«. Beides gibt es ja tatsächlich.

Putzig auch der Einfall, dass die »Virgil«-Crew bei ihrer Reise ins Unbekannte auf eine gigantische Schicht aus Diamanten trifft. Da mögen nicht nur die Augen von Geschmeidefans gefunkelt haben. Falls Sie nun Lust bekommen haben, diese Edelsteine selbst zu basteln, müssten Sie einiges an Aufwand betreiben: Diamanten können erst unter Drücken von 60.000 Bar (6 Gigapascal) und Temperaturen von 1500 Grad Celsius künstlich hergestellt werden.

Bei der Rettung am Filmende war es eine drollige Idee, dass Walgesänge helfen, die Crew zu finden und zu bergen. Denn die Buckelwale reagierten auf das Ultraschallsignal von »Virgil« und führten die Navy so zu den beiden Überlebenden Keyes und Childs.

Alles in allem freue ich mich, dass ich »The Core« für diese Besprechung angeschaut habe und nicht eingeschlafen bin.

Weise Worte zum Schluss

Ich hoffe, dass Ihnen diese Filmbesprechungen genauso viel Spaß gemacht haben wie mir. Physiker und Astronomen wissen es einfach zu schätzen, wenn ihr Metier würdig in Szene gesetzt wird und die Filme realistisch sind. Wenn ich einen Wunsch frei hätte, so würde ich mir wünschen, dass Science-Fiction-Filme standardmäßig mindestens einen wissenschaftlichen Berater haben – muss ja nicht gleich Counselor Troi sein.

Aber bevor Sie mir vorwerfen, dass ich einen Stock verschluckt hätte und mich als wissenschaftlich stark vorbelasteter Kinogänger nicht locker machen kann: Alles gut. Unterm Strich sollen Kinofilme vor allem unterhalten und Spaß machen – wenn man Glück hat, führen sie zu einem Kloß im Hals, einem leisen Schluchzen, einem tief emotionalen Gefühlsausbruch, einem herzlichen Lachanfall, regen zum Nachdenken an oder führen dazu, dass man sich mit den Naturwissenschaften auseinandersetzt.

Jedenfalls wünsche ich mir, dass ich irgendwann in ferner Zukunft glückselig, sehr weich gebettet und mit einem breiten Grinsen im Gesicht vorgefunden werde, weil ich es wieder nicht lassen konnte und einen Science-Fiction-Streifen bis zum bitteren Ende geschaut habe. Neben mir beugt sich ein nicht ganz unbekannter Mann zu mir hinunter, kniet, fasst mich am Arm, schaut sehr betroffen und sagt: »Er ist tot, Jim.«

Anhang

Personenverzeichnis

Adams, Amy 235 f.
Affleck, Ben 252, 256
Alcubierre, Miguel 91 ff., 161
Aldrin, Edwin 59
Amiel, Jon 271
Armstrong, Neil 59, 234

Barrymore, Drew 187 f.
Bay, Michael 252, 256
Biehn, Michael 65, 68
Bourque, Jason 263
Braun, Michael 17
Bullock, Sandra 25, 27, 32, 36, 41, 43 ff.
Burton, LeVar 155, 163

C-3PO 47 f., 140, 212
Cameron, James 65, 69, 182, 185
Carradine, Keith 208 f.
Chastain, Jessica 73, 78, 100, 102
Chewbacca 49, 140, 191
Clooney, George 25, 41
Collins, Michael 59
Coyote, Peter 187 f.
Craig, Daniel 208, 212
Crosby, Denise 156, 199 f., 246
Cruise, Tom 97 ff.
Cuarón, Alfonso 25

Damon, Matt 75, 100 f., 116, 118, 123, 186
Darth Vader 48 ff., 139 f.
de Lancie, John 156 f.
Dick, Philip K. 128

Dullea, Keir 20 f.
Dunst, Kirsten 201 f.
Duvall, Robert 246 f.

Eckhart, Aaron 271 f.
Einstein, Albert 15, 55 f., 79 f., 85 f., 90 ff., 160, 223, 226, 232
Eleniak, Erika 188
Emmerich, Roland 238 f., 243 f.

Fanning, Dakota 97
Favreau, Jon 208
Fisher, Carrie 47 f., 51, 139
Ford, Harrison 47, 49, 51, 139, 208 f., 211 f.
Foster, Jodie 186, 226 f.
Frakes, Jonathan 154 f., 163, 166
Franco, James 201 f.
Freeman, Morgan 246 ff.

Gagarin, Juri 59
Giger, HR 66 f., 188, 193, 202
Goldblum, Jeff 239 f.

Han Solo 46, 49, 52, 61, 64, 140, 209
Hamill, Mark 47 f., 51, 139
Hathaway, Anne 73, 75
Hawking, Stephen 80, 83, 225
Henriksen, Lance 65, 67
Honold, Rolf 17
Hurt, John 226 f.

Jabba, der Hutte 186, 193, 215, 220

Käpt'n Kirk 14, 16 f., 153
Käpt'n Picard 16, 61, 153, 155 ff., 163 ff., 167, 186, 199
Kelley, DeForest 13 f.
Kershner, Irvin 139
Kubrick, Stanley 20, 23 f.

La Forge, Geordi 155, 158
Leder, Mimi 246
Lindo, Delroy 271, 275
Lockwood, Gary 20 f.
Lucas, George 47, 50 f., 138
Lutz, Mark 263

Maguire, Tobey 201, 204
Mara, Kate 100
McConaughey, Matthew 73 f., 226 f.
Mezger, Theo 17

Nimoy, Leonard 13 f.
Nolan, Christopher 73

Paxton, Bill 65
Pflug, Eva 17 f.
Pullman, Bill 239 f., 244

R2-D2 47 f., 140
Raimi, Sam 201
Renner, Jeremy 235 f.
Robbins, Tim 97
Roddenberry, Gene 13, 16, 64, 153 f.

Sagan, Carl 24, 226 f., 231
Saldana, Zoe 182 f.

Schiaparelli, Giovanni 96, 116, 123, 126
Schönherr, Dietmar 17f.
Schwarzenegger, Arnold 128, 134
Scott, Ridley 67, 69, 100, 102, 193
Shatner, William 13f.
Skywalker, Luke 48, 52, 69, 138ff., 143, 170
Smith, Will 239f.
Spielberg, Steven 97, 99, 187, 190f., 238
Spiner, Brent 154f., 163, 239, 241

Stewart, Patrick 153ff., 163, 166
Stone, Sharon 128, 134
Swank, Hilary 271f.
Sylvester, William 20f.

Tasha Yar 156, 199f., 246
Thomas, Henry 187
Thorne, Kip 72f., 80, 82f., 85
Ticotin, Rachel 128
Tyler, Liv 252, 261

Verhoeven, Paul 128
Villeneuve, Denis 235

Völz, Wolfgang 17
Weaver, Sigourney 65, 67, 182f.
Whitaker, Forest 235f.
Wilde, Olivia 208f.
Willis, Bruce 252, 254, 257f., 262, 264
Wood, Elijah 246
Woods, James 226
Worthington, Sam 182f.

Yoda 5, 139f., 170, 220

Zemeckis, Robert 226, 231

Stichwortverzeichnis

21-Zentimeter-Linie 225
51 Pegasi b 148ff., 176
90-Minuten-Orbit 40, 42

Aberration, relativistische 64
Aggregat-4 56f.
ALH 84001 204
»Alien«-Franchise 65, 67
Alpha Centauri 87, 89, 182, 185, 228
Ammoniumperchlorat 259
Andromedagalaxie 55
Annihilation 161
Antigravitation 92
Antimaterie 160
Antizeit 159ff.
»Apollo«-Kapsel 59
Area 51 239ff.
Arecibo-Observatorium 221
Armus 199f.

Assimilation 162, 164, 167
Asteroid 61, 63, 145, 178, 198, 202, 245, 250ff., 256ff., 263f., 267ff., 272
Asteroidenklassen 255
Astronomische Einheit 62, 144, 150, 258, 260, 265
Avogadro-Zahl 11

Barringer-Krater 261
Bedeckungsmethode 151
Biomarker 178f.
Bohrung, tiefste 274
Box Office 135f.
»Breakthrough Starshot«-Projekt 88

Celjabinsk-Ereignis 270
CGI-Technik 185
Chicxulub-Krater 249
Churyumov-Gerasimenko 251

»Deep Impact«-Raumsonde 260f.
Deimos 132f.
Dimidium 176
Dinosaurieraussterben 248f.
Doppelstern 146
Doppler-Effekt 64, 149
Dunkle Energie 92
Dunkle Materie 54, 263, 267f.

Ebullismus 131
Einstein-Rosen-Brücke 226, 232
Ekliptik 170
Elektronvolt 119
Enceladus 171
Erde-Mond-System 174, 176
ESPRESSO 181
Eta Carinae 172

EVA, Extra-Vehicular Activity 23, 28 f., 124
Exomond 152
Exoplanet 87, 142, 147 ff., 167 ff., 176 ff., 180, 195, 197, 219

Fallbeschleunigung 257 f.
Fallrate 266
Feldgleichung 90 f.
Filme, erfolgreichste 136
Fusion 172, 177

Gasembolie 131
Geode 275, 282
Geoneutrino 281
Geophysik 273
Gezeitenreibung 175, 216
Gravitationswelle 93
Größe, scheinbare 113 f., 133, 175

Habitable Zone 169 f., 177, 197
Halleyscher Komet 250
HARPS 152, 181
Helligkeit 144 f.
Henry-Gesetz 131
Heptapode 236
Hibernation 72
Höhenkrankheit 131
HR-Giger-Alien 66 f., 188, 202
HST, Hubble Space Telescope 26 f.
Hubble 26 f.
Hyperfeinstrukturübergang 223, 225
Hypothermie 71 f.
Hypoxie 130

Impulserhaltung 35 f., 56
Infrarotstrahlung 268

Insulting Stupid Movie Physics 276, 281
Internationale Raumstation 39 f.
Interstellare Materie 142, 277
ISS, International Space Station 28, 32, 39 ff., 107 f., 119 f.

Kallisto 171
Kälteschlaf 66, 70 f., 75, 81
Kepler-16 (AB) 146
Kepler-Weltraumteleskop 180 f.
Kernfusion 63, 142 f., 171, 198
Kern-Mantel-Diskontinuität 279, 282
Kleopatra-Asteroid 269
Kola-Bohrung 274
Komet 60, 178, 202, 247 f., 250 f., 255, 260, 264 f., 268
Kosmische Strahlung 39, 118 ff.
Kosmologische Konstante 92
Kuiper-Gürtel 178, 251, 258

Laika 58
Leben, Definition 168
Lichtgeschwindigkeit 55 f., 59, 62, 64, 72 f., 81, 87 f., 92 f., 160, 220
Lichtkurve 151
Lunar Laser Ranging 174

Magellan'sche Wolken 55
Magnitude 144 f.
»Mariner«-Raumsonde 95
MAV, Mars Ascent Vehicle 107, 111, 123 f.

Meteor 251, 265, 270
Meteorit 126, 204, 265, 270
Meteoroid 251, 268
METI, Messaging to Extraterrestrial Intelligence 222
Mikron 268
Milchstraße 11, 53 ff., 87, 142, 147, 172 f., 220, 224, 230
MIR, Raumstation 259
MMU, Manned Maneuvering Unit 28 f., 124
Molekülwolke 142, 203
Motion-Capture-Verfahren 185

NEO, Near Earth Object 257
Neutrino 281
Neutronenstern 119, 214, 224
NiFe-Kern 279
»Nördlinger Ries«-Krater 262
Nuklearwaffe 63, 252, 275

Oort'sche Wolke 251, 258
Orion 203, 216
Ozon 178, 206

Paarvernichtung 161
Paradoxon 159, 161
Parallaxensekunde 62
Parsec 61 f.
Perseiden 265 f.
Phobos 132 f.
»Pioneer«-Raumsonde 225
PLATO 181
Positron 160 ff.

pp-Kette 143
Proxima b 87
Proxima Centauri 87 f., 173

Quantengravitation 77 f., 85
Quantenphysik 222 f.

Radialgeschwindigkeitsmethode 148 f.
Radiant 55, 266
Radiowellen 148, 220 ff., 232
Rakete 28, 56, 58 f., 87, 101, 107, 111, 123, 125, 242, 264
Raumzeit 90 ff., 159, 232
Rekominationsleuchten 265
Relativitätstheorie 15, 56, 72, 74, 80, 82, 86, 90 ff., 160, 231
»Rosetta«-Raumsonde 60, 88
Roswell-Zwischenfall 241
RTG, Radioisotope Thermoelectric Generator 117

SAFER, Simplified Aid for EVA Rescue 29
Saturn V 59
Sauerstoff 31, 38 f., 57, 106 ff., 119, 130, 153, 171, 178, 197 f., 206 ff., 218, 259
Schall 20, 167, 217, 273
Schallplatte, Goldene 224 ff.
Schiaparelli-Krater 116, 123
Schwarzes Loch 12, 54, 73 ff., 80 ff., 90
Schwerebeschleunigung 88, 110, 152 f.

Schwerelosigkeit 10, 31, 33 f., 36, 40, 44, 107, 163, 166 f., 261
Searchlight-Effekt 64, 166
Seismik 273
Seismologie 273
SETI, Search for Extraterrestrial Intelligence 220, 222, 227, 229
Sonnenfinsternis 175 f.
Sonnenmasse 142 f., 172 f., 177
Spektralklasse 150
Spektrallinie 224
Sputnik 58
»Star Trek«-Faktenwissen 16
»Star Wars«-Kinofilme 50 f.
Sternentstehung 142
Sternschnuppen 33, 55, 251, 265 f.
Strahlungsfluss 145
Supernova 214
Swift-Tuttle-Komet 265
Swing-by-Manöver 59 f., 76, 95, 122, 254
Symbiont 200 ff., 205

Tachyon 160 f.
Tachyonenstrahl 158 f.
Taucherkrankheit 31, 131
Teilchenbeschleuniger 161, 201, 205
Teilchendichte 12
Tempel 1 260 f.
Terraforming 129, 134
Terranaut 275
TESS, Transiting Exoplanet Survey Satellite 181
Tesserakt 84
TNO, Transneptunische Objekte 178
Trägheit 34, 37, 56, 88
Transitmethode 151, 179 ff.

Transmissionsspektroskopie 179 f.
Trappist-1 176 f.
Trisauerstoff 178, 206
Trojaner 267
Tschuri 60, 251

Unobtanium 183 ff., 275, 280

V2 57
Vakuum 11 ff., 20, 37, 62, 130, 132, 167, 280
»Venera«-Raumsonde 94
»Viking«-Raumsonde 126
VLA, Very Large Array 228
VLT, Very Large Telescope 150, 181
»Voyager«-Raumsonde 59, 61, 88, 224 ff.

Wärmestrahlung 216, 268
Warp-Antrieb 91, 155, 158
Wasserstoff 54, 63, 106 ff., 172, 197 f., 206, 214, 222 f., 259
Wasserstoffbrennen 143, 150
Wega 226, 228, 232
Winterschlaf 72
Wurmloch 24, 74 f., 77 ff., 86, 161, 230 ff.

Xenomorph 66 ff.

Yucatán-Halbinsel 248

Zeitdehnung 80 ff.
Zeitdilatation 73, 80
Zwerg, Roter 144, 169, 173, 177, 216
Zwergplanet 178 f., 251, 253, 258

Die Deutsche Bibliothek - CIP-Einheitsaufnahme

Lieber, Bernd:
Personalimage : explorative Studien zum Image und zur Attraktivität von Unternehmen als Arbeitgeber / Bernd Lieber. - München ; Mering : Hampp, 1995
ISBN 3-87988-119-7

Copyright: Rainer Hampp Verlag   München und Mering
             Meringerzellerstr. 16   D - 86415 Mering

Alle Rechte vorbehalten.

ISBN 3-87988-119-7

Inhaltsverzeichnis:

1. Terminologische Grundlegung 1

   1.1 Der Begriff " Image" 2

      1.1.1 Die ökonomisch orientierte Imagetheorie 3

      1.1.2 Die gestaltpsychologisch orientierte Imagetheorie 3

      1.1.3 Die einstellungspsychologisch orientierte Imagetheorie 4

      1.1.4 Bewertung der verschiedenen Imagekonzeptionen 5

      1.1.5 Der Imagebegriff und andere verwandte Begriffe (Stereotyp und Vorurteil) 6

      1.1.6 Abgrenzungen zu den Begriffen Corporate Identity und Corporate Image 7

   1.2 Die Begriffe "Personalimage" und "Beschäftigungswunsch" 8

      1.2.1 Zur Entwicklung des Verständnisses der Begriffe "Personalimage" und "Beschäftigungswunsch" 8

      1.2.2 Funktionen von Personalimages 11

      1.2.3 Strukurmerkmale von Personalimages 12

          1.2.3.1 Allgemeine Strukturmerkmale von Personalimages 13

          1.2.3.2 Strukturmerkmale der kognitiven Imagekomponente 15

          1.2.3.3 Strukturmerkmale der affektiven Imagekomponenten 16

      1.2.4 Kategorien von Personalimages 17

      1.2.5 Zum Verhältnis von Unternehmens- und Personalimage 18

      1.2.6 Entstehung und Veränderung von Personalimages 20

          1.2.6.1 Konsistenztheoretische Ansätze 20

          1.2.6.2 Wahrnehmungstheoretische Ansätze 22

          1.2.6.3 Funktionale Ansätze 22

          1.2.6.4 Ansätze der Informationsverarbeitung 22

          1.2.6.5 Das integrierte Regelkreismodell von Fopp zur Erklärung der Image - Entstehung und der Image - Änderung 23

   1.3 Erläuterung der Begriffe "Führungskraft" und "Führungsnachwuchskraft" 25

      1.3.1 Zum Begriff "Führungskraft" 26

      1.3.2 Zum Begriff Führungsnachwuchskraft 27

      1.3.3 Anmerkungen zu Perspektiven der Entwicklung von Angebot und Nachfrage auf dem Arbeitsmarktsegment für Führungsnachwuchskräfte 28

1.4 Strategische Konstellationen auf dem Arbeitsmarkt für
Führungsnachwuchskräfte 29

    1.4.1 Attraktivitätsvorteile und strategisches Dreieck auf dem Arbeitsmarkt 30

    1.4.2 Annahmen über den Stellenwert des Personalimages auf das
Bewerberverhalten 31

        1.4.2.1. In der Phase der Selbstselektion 32

        1.4.2.2 In der Phase der Fremdselektion und des Vertragsabschlusses 33

    1.4.3 Personalimage und Ökonomie der Personalbeschaffung und Selektion 33

    1.4.4 Personalimage und Beschäftigungswunsch als Ziel- und Erfolgsgrößen
einer Personalmarketingkonzeption 34

2. Ziele und Gestaltung der Arbeit 38

    2.1 Darstellung empirischer Untersuchungen zum Personalimage und zum
Beschäftigungswunsch 38

        2.1.1 Untersuchungen in den U.S.A. 38

        2.1.2 Untersuchungen in Deutschland 39

            2.1.2.1 Die Untersuchung von Simon: "Die Attraktivität von
Großunternehmen beim kaufmännischen Führungsnachwuchs" 39

            2.1.2.2 Die Untersuchung von Böckenholt/Homburg: "Ansehen, Karriere
oder Sicherheit" 40

            2.1.2.3 Die Untersuchung von Schwaab: "Die Attraktivität der deutschen
Kreditinstitute bei Hochschulabsolventen" 41

        2.1.3 Zusammenfassende Bewertung des Stands der Forschung 42

    2.2 Methodologische Vorbemerkungen zur Funktion und Gestaltung explorativer
Studien 43

        2.2.1 Anmerkungen zum Begriff "theoretischer Bezugsrahmen" 43

        2.2.2 Funktionen theoretischer Bezugsrahmen 44

            2.2.2.1 Zum theoretischen Wissenschaftsziel 44

            2.2.2.2 Zum pragmatischen Wissenschaftsziel 45

        2.2.3 Zur forschungsstrategischen Funktion theoretischer Bezugsrahmen bei
explorativen Studien 46

    2.3 Gegenstand der Untersuchung: Die inhaltliche Zielsetzung 47

    2.4 Die konzeptionelle Zielsetzung 48

    2.5 Interessenbezug und technologische (pragmatische) Perspektiven: Anmerkungen
zur Relevanz der Untersuchung 49

    2.6 Meßqualität und Skalenniveau 50

        2.6.1 Zum Begriff der "Messung" 50

        2.6.2 Skalenniveau 51

2.7 Auswertungsmethoden 54

   2.7.1 Univariate Auswertungsmethoden 54

   2.7.2 Bivariate Auswertungsmethoden 55

      2.7.2.1 Analyse von Unterschieden bei Maßen der zentralen Tendenz 55

      2.7.2.2 Assoziationsmaße 58

   2.7.3 Multivariate Auswertungsmethoden 62

   2.7.4 Zur Generalisierbarkeit der Ergebnisse 63

   2.7.5 Das Statistikprogramm SPSS/PC 63

2.8 Zur schriftlichen Befragung als Forschungsmethode 64

2.9 Aufbau der Arbeit 64

3. Konstruktion eines erwartungswerttheoretischen Bezugsrahmens 65

   3.1 Darstellung erwartungswerttheoretischer Ansätze 65

      3.1.1 Das Modell von Peak 65

      3.1.2 Der Ansatz von Rosenberg 66

      3.1.3 Die Instrumentalitätsmodelle von Vroom 66

      3.1.4 Das multidimensionale Einstellungsmodell von Fishbein und Ajzen ... 67

      3.1.5 Zusammenfassender Vergleich der Modelle 68

   3.2 Zur empirischen Bewährung erwartungswerttheoretischer Ansätze 68

   3.3 Kritische Analyse der erwartungswerttheoretischen Ansätze 70

   3.4 Das integrierte Motivations- und Handlungsmodell von Kuhl als differenzierte Weiterentwicklung erwartungswerttheoretischer Verhaltensmodelle 71

      3.4.1 Überblick über das Modell von Kuhl 72

      3.4.2 Die Selektionsmotivation 73

         3.4.2.1 Anforderungen an das Teilmodell der Selektionsmotivation 73

         3.4.2.2 Überblick über das Teilmodells der Selektionsmotivation 73

         3.4.2.3 Das Valenz-Potenz-Aktivierungs-Modell (VPA Modell) 74

            3.4.2.3.1 Instrumentelle Ebene 74

            3.4.2.3.2 Prozeßphasen 75

            3.4.2.3.3 Valenz und Potenz des Ziels 75

            3.4.2.3.4 Valenz und Potenz des Mittels 75

            3.4.2.3.5 Valenz und Potenz der Handlung 76

         3.4.2.4 Typen von Handlungstendenzen 76

3.4.3 Darstellung des Teilmodells der Handlungskontrolle 78

    3.4.3.1 Phasen des Prozesses der Handlungskontrolle 79

    3.4.3.2 Realisationsmotivation 80

    3.4.3.3 Der Handlungsentschluß 81

    3.4.3.4 Ausführungsregulation 83

    3.4.3.5 Handlungsbeendigende Prozesse 84

3.4.4 Bewertung des Modells von Kuhl 85

3.5 Erklärungs- oder Deutungsskizze 86

    3.5.1 Handlungsalternativen zum Ende des Studiums 86

    3.5.2 Skizzierung von Entscheidungsprozessen nach der Wahl der Handlungsalternative " Aufnahme einer unselbständigen Beschäftigung" 86

        3.5.2.1 Ziel-oder Folgeebene: Beschäftigungsziele 87

        3.5.2.2 Mittel - oder Handlungsergebnisebene: Personalimage und Beschäftigungswunsch 87

        3.5.2.3 Handlungsebene: Bewerbungsstrategien 88

3.6 Darstellung des erwartungswerttheoretischen Bezugsrahmens und Gestaltung der Untersuchung 94

    3.6.1 Annahmen über die Struktur der Beziehungen zwischen den Variablen des Bezugsrahmens 95

    3.6.2 Konzeptualisierung und Operationalisierung der Variablen des Bezugsrahmens 96

        3.6.2.1 Implikationen der Untersuchungsmethode 96

        3.6.2.2 Konzeptualisierung und Operationalisierung des Personalimages 97

            3.6.2.2.1 Bestimmung und Auswahl der Beschäftigungsziele 98

            3.6.2.2.2 Operationalisierung der affektiven Komponenten 99

            3.6.2.2.3.Operationalisierung der kognitiven Komponente (Instrumentalität) 100

        3.6.2.3 Konzeptualisierung und Operationalisierung des Beschäftigungswunsches 101

        3.6.2.4 Die Operationalisierung der personalen und situativen Variablen 101

        3.6.2.5 Operationalisierung der Bedeutung von Informationsquellen 102

    3.6.3 Auswahl der Unternehmen zur Untersuchung von Personalimage und Beschäftigungswunsch 103

    3.6.4 Bestimmung der Untersuchungspersonen und die Untersuchungsrealisation 106

4. Darstellung und Interpretation der Ergebnisse der Untersuchung auf Basis des erwartungswerttheoretischen Bezugsrahmens 107

4.1 Soziodemographische Struktur der Untersuchungspopulation 107

4.2 Stellenwert von Informationsquellen für die Bewertung von Unternehmen 110

4.3 Valenz der Beschäftigungsziele 111

    4.3.1 Rangfolge der Valenz von Beschäftigungszielen 111

    4.3.2 Faktorenstruktur der Beschäftigungsziele: Zur Mehrdimensionalität des Personalimages 113

    4.3.3 Vergleich der Untersuchungsergebnisse zur Rangfolge von Beschäftigungszielen und zur Faktorenstruktur von Beschäftigungszielen mit den Ergebnissen anderer Untersuchungen 114

    4.3.4 Anmerkungen zum Einfluß von Erhebungs- und Auswertungstechnik auf die Feststellung der Rangfolge der Valenz von Beschäftigungszielen 117

    4.3.5 Bevorzugte Beschäftigungsregionen 120

    4.3.6 Bevorzugte Betriebsgröße 129

    4.3.7 Bevorzugte Branchen 130

4.4 Attraktivität von Unternehmen als Arbeitgeber: Der Beschäftigungswunsch 131

    4.4.1 Der Beschäftigungswunsch im überregionalen Vergleich 132

    4.4.2 Die Attraktivität von Unternehmen als Arbeitgeber aus der Sicht von Fachhochschulstudenten 132

    4.4.3 Die Attraktivität von Unternehmen als Arbeitgeber aus der Sicht von Universitätsstudenten 133

    4.4.4 Vergleich der Ergebnisse verschiedener Untersuchungen zu der Attraktivität von Unternehmen als potentielle Arbeitgeber (Beschäftigungswunsch) 134

4.5 Instrumentalitität der Beschäftigung bei einem Unternehmen zur Realisierung von Beschäftigungszielen 136

    4.5.1 Instrumentalitäten der überregional untersuchten Unternehmen 136

    4.5.2 Instrumentalität der Beschäftigung bei einem Unternehmen zur Erreichung von Beschäftigungszielen aus der Sicht von FH - Studenten 139

    4.5.3 Instrumentalität der Beschäftigung bei einem Unternehmen zur Erreichung von Beschäftigungszielen aus der Sicht von Universitätsstudenten 140

        4.5.3.1 Vergleich der Finanzdienstleistungsunternehmen Magdeburger, HDI und BHW mit der Commerzbank 141

        4.5.3.2 Vergleich von Bayer und Conti 142

4.6. Soziodemographische Einflußfaktoren 143

    4.6.1 Analyse von Einflüssen aufgrund des Alters und abgeschlossener Berufsausbildung 143

    4.6.2 Geschlechtsspezifische Unterschiede 144

4.6.3 Einflüsse aufgrund des Studiums an der Fachhochschule im Vergleich zum Studium an einer Universität. ... 145

4.7 Analyse der Assoziation zwischen Attraktivität als Arbeitgeber und den Instrumentalitäten ... 147

4.8 Zum "Erklärungswert" des erwartungswerttheoretischen Bezugsrahmens ... 151

5. Analyse des Personalimages im Hinblick auf eine schematheoretische Fundierung ... 156

5.1 Ausgangsfragestellung der schematheoretisch fundierten Analyse ... 157

5.2 Darstellung ausgewählter Schemakonzeptionen ... 158

    5.2.1 Der Schemaansatz von Bartlett ... 158

    5.2.2 Der Schemaansatz von Rumelhart ... 159

    5.2.3 Das Schemakonzept von Minsky ... 161

5.3 Grundlegende Merkmale der Schemakonzeption ... 161

    5.3.1 Schemata als allgemeine Wissensstrukturen ... 162

    5.3.2 Objekte von Schemata ... 162

    5.3.3 Hierarchische Strukturen ... 162

    5.3.4 Schemavariablen ... 162

5.4 Schemata als Strukturen der Informationsverarbeitung und der Verhaltenssteuerung ... 163

    5.4.1 Formen der Aktivierung von Schemata und der Informationsverarbeitung mittels Schemata ... 163

    5.4.2 Wahrnehmung, Aufnahme und Speicherung von Informationen und die Identifikation von Mustern ... 163

    5.4.3. Schemata und Speicherung und Erinnerung von Informationen ... 165

    5.4.4 Die Bedeutung von Schemata für das Verstehen, Schließen (Inferenz) und Problemlösen ... 168

    5.4.5 Schemabedingtes Ergänzen von Sinnesdaten ... 168

    5.4.6 Schemata und rationales Problemlösen ... 168

    5.4.7 Schemata und Verhaltenssteuerung ... 169

5.5 Genese und Veränderung von Schemata ... 170

5.6 Präzisierung der Ziele der schematheoretisch fundierten empirischen Untersuchung zum Personalimage ... 172

5.7 Untersuchungsdesign und Untersuchungsrealisation ... 174

    5.7.1 Forschungsmethode ... 174

    5.7.2 Konzeptualisierung der Untersuchung und Gestaltung des Fragebogens ... 174

    5.7.3 Durchführung und Auswertung der Befragung ... 180

5.8 Untersuchungsergebnisse 180

    5.8.1 Befunde für das Vorhandensein von Personalimageschemata 180

    5.8.2 Befunde zum schemagesteuerten "ganzheitlichen" Ergänzen von
Informationen 184

        5.8.2.1 Schluß von der Unternehmensgröße auf die Eignung des
Unternehmens zum Erreichen von Beschäftigungszielen 184

        5.8.2.2 Schluß von der Branche auf die Eignung des Unternehmens zum
Erreichen von Beschäftigungszielen 185

        5.8.2.3 Schluß von Marketingerfolgen auf die Eignung des Unternehmens
zum Erreichen von Beschäftigungszielen 189

        5.8.2.4 Schluß von Marketingerfolgen, Branche und Unternehmensgröße
auf die Eignung des Unternehmens zum Erreichen von
Beschäftigungszielen 191

        5.8.2.5 Schluß von Marketingerfolgen, Dynamik des Unterneh-
menswachstums, Alter des Unternehmens und Eigentumsstruktur
auf die Eignung des Unternehmens zum Erreichen von
Beschäftigungszielen 193

        5.8.2.6 Vergleich der Rangfolge bei den Instrumentalitäten zwischen den
realen Unternehmen und ihren fiktiven "Pendantunternehmen" 196

    5.8.3 Prüfung erwartungswerttheoretische versus schematheoretische Konzeption 200

6. Theoretische und pragmatische Implikationen 203

    6.1 Theoretische Implikationen: Versuch einer Integration von schema -und
erwartungswerttheoretischer Konzeptionalisierung des Personalimages 203

    6. 2 Pragmatische Implikationen 205

        6.2.1 Pragmatische Implikationen für Unternehmen 205

        6.2.2 Pragmatische Implikationen für Hochschulabsolventen und
Personalvermittler und Personalberater 209

7. Literaturverzeichnis 211

Verzeichnis der Tabellen:

Tabelle 1.1: Funktionen von Images aus Abnehmersicht 11

Tabelle 1.2: Funktionen von Unternehmensimages aus der Sicht des Management 12

Tabelle 1.3: Überblick über Angebots- und Nachfragepalette auf dem Arbeitsmarkt 30

Tabelle 2.1: Ausgewählte sozio-demographische Merkmale der studentischen Stichprobe bei der Untersuchung von Simon 40

Tabelle 2.2: Ausgewählte sozio-demographische Merkmale der Stichprobe bei der Untersuchung von Böckenholt/Homburg 41

Tabelle 2.3: Ausgewählte sozio-demographische Merkmale der studentischen Stichprobe bei der Untersuchung von Schwaab 41

Tabelle 2.4: Tests zur Prüfung von Unterschieden zwischen Stichproben 57

Tabelle 2.5: Maßzahlen der Assoziation 60

Tabelle 3.1: Entscheidungstypen nach Glueck 93

Tabelle 4.1: Soziodemographische Struktur der Untersuchungspopulation 108

Tabelle 4.2: Vergleich der soziodemographischen Struktur von Untersuchungen zum Personalimage 109

Tabelle 4.3: Bedeutung von Informationsquellen über Unternehmen als Arbeitgeber 110

Tabelle 4.4: Rangfolge der Valenz von Beschäftigungszielen (FH- und Universitätsstudenten) 112

Tabelle 4.5: Faktor 1: "Marketingorientierung " 113

Tabelle 4.6: Faktor 2: "Karriereorientierung" 113

Tabelle 4.7: Faktor 3: "Auslandsorientierung" 113

Tabelle 4.8: Faktor 4: "Größe und Ansehen" 114

Tabelle 4.9: Faktor 5: "Standort und Sicherheit" 114

Tabelle 4.10 Faktor 6: "Weiterentwicklung" 114

Tabelle 4.11: Rangordnung von Beschäftigungszielen - Vergleich der Untersuchungsergebnisse mit den Ergebnissen anderer Untersuchungen 115

Tabelle 4.12: Faktoren von Beschäftigungszielen bei der Untersuchung von Böckenholt / Homburg 117

Tabelle 4.13: Präferierte Beschäftigungsregionen aus der Sicht von Studenten der FH Coburg 121

Tabelle 4.14: Präferierte Beschäftigungsregionen aus der Sicht von Studenten der Universität Hannover 121

Tabelle 4.15: Ergebnisse der Untersuchung von Vollmer zur Präferenz von Beschäftigungsregionen 122

Tabelle 4.16: Attraktivität von Städten und Regionen als Beschäftigungsorte (Capital-Umfrage) 123

Tabelle 4.17: Ergebnisse der Untersuchung von Schwaab zur Präferenz von Beschäftigungsregionen 123

Tabelle 4.18: Aggregation der präferierten Beschäftigungsregionen (FH - Studenten) 124

Tabelle 4.19: Aggregierte präferierte Beschäftigungsregionen (Universitätsstudenten) 124

Tabelle 4.20: Bewertungskriterien für Standortpräferenzen 126

Tabelle 4.21: Coburg als Unternehmensstandort im Vergleich zu München 127

Tabelle 4.22: Allgemeine Beurteilung der Freizeitmöglichkeiten in Coburg 127

Tabelle 4.23: Bewertung des Freizeitangebots in Coburg 128

Tabelle 4.24: Bewertung der Verkehrsanbindung von Coburg 128

Tabelle 4.25: Bevorzugte Betriebsgröße (Gesamtumfrage) 129

Tabelle 4.26: Bevorzugte Unternehmensgröße (Ploenzke AG; unterschiedliche Studienrichtungen) 129

Tabelle 4.27: Präferierte Branche (Universitätsstudenten) 130

Tabelle 4.28: Präferierte Branchen (FH - Studenten) 131

Tabelle 4.29: Attraktivität von Unternehmen als Arbeitgeber aus der Sicht von FH- und Universitätsstudenten (überregional untersuchte Unternehmen) 132

Tabelle 4.30: Attraktivität von Unternehmen als Arbeitgeber aus der Sicht von FH-Studenten 133

Tabelle 4.31: Attraktivität von Unternehmen als Arbeitgeber aus der Sicht von Universitätsstudenten 134

Tabelle 4.32: Rangfolge der Attraktivität von Unternehmen: Vergleich der Ergebnisse verschiedener Untersuchungen. 135

Tabelle 4.33: Vergleich der Attraktivitätsrangfolge nach der erwartungswerttheoretischen Untersuchung mit Untersuchungen mit nichtstudentischen Untersuchungspopulationen 135

Tabelle 4.34: Instrumentalitäten der überregional untersuchten Unternehmen (FH- und Universitätsstudenten) 137

Tabelle 4.35: Instrumentalität der überregional untersuchten Unternehmen und der Unternehmen aus dem Coburger Raum (FH - Studenten) 139

Tabelle 4.36: Instrumentalität der überregional untersuchten Unternehmen und der Unternehmen aus dem Raum Hannover (Universitätsstudenten) 141

Tabelle 4.37: Vergleich der Instrumentalitäten von Commerzbank, BHW, HDI und Magdeburger 142

Tabelle 4.38: Vergleich von Bayer und Conti 143

Tabelle 4.39: Vergleich zwischen Männern und Frauen in Bezug auf signifikante Mittelwertunterschiede 144

Tabelle 4.40: Vergleich FH-Studenten und Universitätsstudenten in Bezug auf signifikante Mittelwertunterschiede 146

Tabelle 4.41: Bevorzugte Betriebsgröße - Vergleich FH- und Universitätsstudenten 147

Tabelle 4.42: Proportionale Fehlerreduktion nach Gamma zwischen dem Beschäftigungswunsch und Instrumentalitäten (Gesamtstichprobe) 148

Tabelle 4.43: Proportionale Fehlerreduktion nach Gamma zwischen Beschäftigungswunsch und Instrumentalitäten (FH-Studenten; nur die untersuchten Unternehmen aus dem Coburger Raum) 150

Tabelle 4.44: Proportionale Fehlerreduktion nach Gamma zwischen Beschäftigungswunsch und Instrumentalitäten (Universitätsstudenten; nur die untersuchten Unternehmen aus dem Großraum Hannover) 151

Tabelle 4.45: Assoziation zwischen der Attraktivität eines Unternehmens als Arbeitgeber und dem Personalimage (Summe der Produkte aus Valenz und Instrumentalität):(Gesamtumfrage, nur die überregional untersuchten Unternehmen) 152

Tabelle 4.46: Assoziation zwischen der Attraktivität eines Unternehmens als Arbeitgeber und dem Personalimage (Summe der Produkte aus Valenz und Instrumentalität) (Regionalumfrage Coburg) 153

Tabelle 4.47: Assoziation zwischen der Attraktivität eines Unternehmens als Arbeitgeber und dem Personalimage (Summe der Produkte aus Valenz und Instrumentalität) (Regionalumfrage Hannover) 153

Tabelle 4.48: Angaben bei der Instrumentalität von Unternehmen für das Erreichen von Beschäftigungszielen (Gesamtumfrage; nur für die überregional abgefragten Unternehmen) 154

Tabelle 5.1: Übersicht der fiktiven Unternehmen und der Informationen, die den Befragten vorgegeben wurden. 175

Tabelle 5.2: Relation fiktive und reale Unternehmen 177

Tabelle 5.3: Soziodemographische Daten der Untersuchungspopulation 180

Tabelle 5.4: Anteil der Befragten, die Angaben zur Instrumentalität einer Beschäftigung bei den Unternehmen für das Erreichen von Beschäftigungszielen machten 181

Tabelle 5.5: Anteil der Befragten in Prozent, die Angaben über die Wahrscheinlichkeit des Zutreffens von Aussagen über EXPRO machten 182

Tabelle 5.6: Anteil der Befragten in Prozent, die Angaben über die Wahrscheinlichkeit des Zutreffens von Aussagen über AGA machten 183

Tabelle 5.7: Instrumentalität einer Beschäftigung bei dem Unternehmen für das Erreichen von Beschäftigungszielen: Vergleich von Groß - und Mittelunternehmen gleicher Branche 185

Tabelle 5.8: Branchenvergleich: Großunternehmen der Metallindustrie, der High-Tech-Industrie und des öffentlicher Dienstes 186

Tabelle 5.9: Branchenvergleich Mittelunternehmen aus der Metallindustrie, dem High-Tech-Bereich und aus dem handwerksnahen Wirtschaftsbereich 187

Tabelle 5.10: Vergleich von Unternehmen mit Hinweisen auf Marketingerfolge bei den Informationsvorgaben zu "vergleichbaren" Unternehmen ohne Hinweise auf Marketingerfolge 190

Tabelle 5.11: Gemeinsame Analyse mehrerer Merkmale 191

Tabelle 5.12: Informationsvorgabe zu den Unternehmen xyz,ukm und ziz 192

Tabelle 5.13: Informationsvorgabe zu EXPRO und AGA 193

Tabelle 5.14: Aussagen über EXPRO 194

Tabelle 5.15: Aussagen über AGA 196

Tabelle 5.16: Berechnung von Gamma für die Instrumentalität "Ruf des Unternehmens" für die Assoziation der Rangplätze der realen mit ihren jeweiligen fiktiven Pendantunternehmen 197

Tabelle 5.17: Beispiel für die Berechnung der "Ähnlichkeit" mittels der Euklidschen Distanzmatrix für den Vergleich von Daimler-Benz und xyz 198

Tabelle 5.18: Vergleich der Rangplätze nach dem Anteil der Befragten bezüglich der Eignung der Beschäftigung bei den einzelnen Unternehmen für das Erreichen der Beschäftigungsziele 199

Tabelle 5.19: Assoziation zwischen der Attraktivität eines Unternehmens als Arbeitgeber und dem Personalimage (Summe der Produkte aus Valenz und Instrumentalität) 201

Tabelle 5.20: Assoziation zwischen Beschäftigungswunsch und Personalimage (Summenwert). Vergleich der Assoziationskennziffern bei realen und bei fiktiven Unternehmen 202

Tabelle 6.1: Personalimage-Triade auf der Basis der erwartungswerttheoretischen Untersuchung des Personalimages 208

Verzeichnis der Abbildungen:

Abbildung 1.1: Das integrierte Modell von Fopp zur Imageentstehung und Imageänderung 24

Abbildung 1.2: Strategische Dreieck auf dem Arbeitsmarkt nach Simon 31

Abbildung 3.1: Das Handlungs-Motivationsmodell von Kuhl 72

Abbildung 3.2: Das Valenz - Potenz - Aktivierungsmodell von Kuhl (VPA-Modell) 74

Abbildung 3.3: Erwartungswerttheoretischer Bezugsrahmen zur Analyse von Personalimage und Beschäftigungswunsch 95

Abbildung 5.1: Gesichtsschema nach Rumelhart 164

Abbildung 5.2: Auszug aus dem Fragebogen 176

Abbildung 5.3: Auszug aus dem Fragebogen 178

Abbildung 5.4: Auszug aus dem Fragebogen 179

Abbildung 6.1: "Marken-Triade" nach Becker 207

1. Terminologische Grundlegung

Die Qualität des Führungspersonals wird zunehmend als ein wichtiger - wenn nicht gar als der wichtigste - Wettbewerbsfaktor erkannt. Peters und Waterman schätzen aufgrund ihrer Erfahrungen bei einem der bekanntesten Beratungsunternehmen den Mitarbeiterstamm als die wichtigste Markteintrittsbarriere ein. In ihrem "einfachen Schema" stellen Peters und Austin Führung als zentralen Faktor zur Deutung des Erfolgs von Unternehmen heraus.[1] Kotter belegt in seinem Buch "Erfolgsfaktor Führung" mit empirischen Untersuchungen Koinzidenzen von Unternehmenserfolg und Qualität der Rekrutierung und Integration des Führungsnachwuchs.[2] Danach zeichnen sich Unternehmen mit "überragendem" Management dadurch aus, daß sie es besser als andere Unternehmen verstehen, "Führungstalente anzuwerben, zu entwickeln, zu halten und zu motivieren".[3]

Beschaffung, Integration und Motivation von Führungsnachwuchskräften gehören somit zu den strategisch wichtigen Aufgaben eines Unternehmens. Immer mehr Unternehmen haben dies erkannt und intensivieren ihre Suche nach kaufmännisch, technisch oder naturwissenschaftlich ausgebildeten Führungsnachwuchskräften.[4]

Bei der Beobachtung mit welchem Erfolg Unternehmen Führungsnachwuchskräfte beschaffen und an sich binden, kann man feststellen, daß für manche Unternehmen Präferenzen bestehen, daß ihr Image als Arbeitgeber (Personalimage) besonders positiv eingeschätzt wird. Führungsnachwuchskräfte bevorzugen bei der Wahl ihres zukünftigen Arbeitgebers bestimmte Unternehmen. Freimuth bezieht sich mit seiner Frage auf diese Beobachtung: "Warum bewerben sich beispielsweise Hochschulabsolventen eher bei Mercedes oder bei der Deutschen Bank als bei den Mitbewerbern der gleichen Branche, obwohl diese möglicherweise ebensoviel zu bieten hätten?"[5]

Bei der zunehmend erkannten Bedeutung der Humanressourcen, speziell des Führungsnachwuchs, als ein entscheidender Wettbewerbsfaktor haben Unternehmen mit gutem Ruf als Arbeitgeber bessere Chancen, ihre Wettbewerbsfähigkeit insgesamt -also nicht nur auf dem Arbeitsmarkt- zu verbessern und auszubauen.[6] Das Image als Arbeitgeber scheint somit ein entscheidender Erfolgsfaktor im Wettbewerb um Führungsnachwuchskräfte darzustellen.

Es ist das Ziel dieser Arbeit, einen Beitrag zur Analyse des Images von Unternehmen als Arbeitgeber und dem Wunsch, bei dem Unternehmen beschäftigt zu sein, zu leisten.

Dazu werden im folgenden erste Erläuterungen zu den zentralen Begriffen dieser Arbeit gegeben. Im Verlauf der Arbeit werden im Zusammenhang mit den theoretischen Konzeptionen und den Ergebnissen der empirischen Untersuchungen Modifikationen und Präzisierungen der Begriffe Personalimage und Beschäftigungswunsch erfolgen.

---

[1] Vgl. Peters/Austin (Leistung) S. 25 -30
[2] Vgl. Kotter (Führung) insbesondere S.105-124
[3] Kotter (Führung) S.106
[4] Vgl. z.B.Bokranz/Stein (Strategische Personalbeschaffung)
[5] Freimuth (Personalimage) S. 42
[6] Vgl. Simon (Attraktivität) S.327

Zunächst werden die Begriffe "Image", "Personalimage" und "Beschäftigungswunsch" behandelt. Anschließend wird auf die Begriffe "Führungskraft" und "Führungsnachwuchskräfte" eingegangen und einige Anmerkungen zu grundsätzlichen Strukturen und aktuellen Verhältnissen auf dem Arbeitsmarkt für kaufmännische Führungs-nachwuchskräfte gemacht.

1.1 Der Begriff " Image"

Der Begriff "Image" leitet sich aus dem Lateinischen Imago (= "Bild, Bildnis oder Abbild") ab und wird in der Psychoanalyse "..für das idealisierte Bild von Personen der sozialen Umwelt, insbesondere von Vater und Mutter."[7] verwendet.

Die weite Verbreitung des Begriffs Image erfolgte aufgrund seiner Verwendung in der Werbepsychologie und bzw. in der Marktforschung und wurde vor allem auf Produkt- oder Dienstleistungsmarken angewendet. Er kann aber auch auf Personen bezogen werden, z. B. dem Image von Film-oder Sportstars oder auch von Politikern. Der Begriff Image ist inzwischen aus der Wissenschaftssprache in den allgemeinen deutschen Sprachgebrauch eingebürgert worden.

Der Imagebegriff in der deutschen betriebswirtschaftlichen und sozialpsychologischen Forschung wurde aus der englischen Sprache übernommen und kann in Deutsch mit den Begriffen Bild, Bildnis, Abbild, Ebenbild, Vorstellung, Verkörperung, Bildsäule oder Götzenbild übersetzt werden,[8] wobei für die wissenschaftliche Begriffsverwendung eher die Begriffe Vorstellungsbild, Leitbild oder Gesamteindruck angemessene Umschreibungen für den Imagebegriff darstellen.[9]

Nach Kleining ist Image ".. die als dynamisch verstandene, bedeutungsgeladene, mehr oder weniger strukturierte Ganzheit der Wahrnehmungen, Vorstellungen, Ideen und Gefühle, die eine Person - oder eine Mehrzahl von Personen von irgendeinem Gegenstand besitzt."[10] Gegenstand eines Images kann nach Kleining alles sein, worüber man sich ein Bild machen kann, wie Personen, gesellschaftliche Stellungen, Objekte.

Eine erste Unterteilung der Imagekonzeptionen kann im Anschluß an Trommsdorff erfolgen, der drei Verwendungen des Imagebegriffs in der Marktforschung unterscheidet:

1. Die ökonomisch orientierte Imagetheorie
2. Die gestaltpsychologisch orientierte Imagetheorie
3. Die einstellungspsychologisch orientierte Imagetheorie.[11]

---

[7]Meyers Großes Taschenlexikon (1987)Band 10 S. 177 und ähnlich Brockhaus Enzyklopädie (1970) Band 9 S.13 und Drever / Fröhlich (Psychologie) S. 159

[8]Vgl. Cassels Wörterbuch (1978) S. 244 (im Teil Englisch-Deutsch); vergleichbare Begriffserläuterungen finden sich auch in Oxford Advanced Learner´s Dictionary(1989) S. 619.

[9]Vgl. Henseler (Imagepolitik) S. 7; diese Begriffe werden häufig für die Begriffsbestimmung von Image verwendet, vgl. z.B. Kleining (Image) S. 357, Spiegel (Image) S. 963 oder Flögel (Image), S. 433

[10]Kleining (Image) S. 357

[11] Die folgende Darstellung und Wertung der verschiedenen Imagetheorien orientiert sich an Trommsdorff (Image)

1.1.1 Die ökonomisch orientierte Imagetheorie

Gardner und Levy führten 1955 den Imagebegriff in die Marktforschung ein.[12] Mit diesem Imagebegriff wurden Markterfolge, die nicht durch sogenannte objektive Faktoren wie Preise, Technik erklärbar waren, als "subjektiver Rest" gedeutet.

Boulding benutzte den Begriff des Images, um damit seine Forderung zu einer stärker verhaltenswissenschaftlichen Orientierung der Ökonomie zu unterstreichen.[13] Dabei legte bereits Boulding Wert darauf ".., daß Image-Systeme eine besondere Form der Umweltbewältigung, gleichsam eine eigenständige Erkenntnisform sind, die außerordentlich weit verbreitet sind und die die Voraussetzung für die Sicherheit menschlicher Verhaltensabläufe in den verschiedensten Zusammenhängen und Situationen gewährleistet."[14] Diese "Erkenntnisform" darf somit nicht als defizitär im Vergleich zum rational handelnden Modells des homo oeconomicus der Ökonomie angesehen werden.[15]

1.1.2 Die gestaltpsychologisch orientierte Imagetheorie

Die von Trommsdorff als gestaltpsychologisch bezeichnete Variante der Imagetheorie wurde durch die Arbeiten von Spiegel und Bergler bekannt.[16] Bergler betont den ganzheitlichen Charakter des Images als ein stereotypisches Orientierungssystem, dessen Funktion insbesondere darin besteht, die rational nicht bewältigbare komplexe Realität durch kognitive Reduktion bewältigbar zu machen und somit eine Orientierung und Steuerung des Verhaltens zu ermöglichen.[17]

Bei dem Image einer Marke oder einer Firma[18] handelt es sich nach Bergler ".. um stereotype, d.h. weitgehend unkritisch in immer gleicher und in stark verfestigter Form gebrauchte Erscheinungen und Systeme",[19] die er auch als "..ganzheitliche, mehrdimensionale, verfestigte, die objektive Realität vereinfachenden, kognitive Schemata.."[20] bezeichnet. Bergler sieht somit Image als eine Unterform von Stereotypen an, die sich für Firmen oder Marken gebildet haben.

---

[12] Vgl. Gardner / Levy (product)

[13] Boulding (Image) und Trommsdorff (Image)

[14] Bergler (Firmenbild) S. 143

[15] Zur Diskussion um das Modell des homo oeconomicus vgl. z. B. Scharmann (Homo Oeconomicus), Katona (rationales Verhalten), Albert (Marktsoziologie) und Simon (adminstrative) und die dort angegebene Literatur.

[16] Zur Gestaltpsychologie vgl. z.B. Paul (Gestalttheorie) und die dort angegebene Literatur

[17] Bergler (Marken- und Firmenbild) S. 20ff und Bergler (Firmenbild) S. 144ff

[18] Bergler verwendet hierfür häufig den Begriff Firmenbild als Synonym für Image einer Firma. Vgl. Bergler (Firmenbild) S. 142

[19] Bergler (Marken- und Firmenbild) S. 20

[20] Bergler (Firmenbild) S.142

1.1.3 Die einstellungspsychologisch orientierte Imagetheorie

In der Marketingtheorie heute vorherrschend ist die Konzeption des Images als eine Einstellung.

Einstellungen stellen einen der zentralen Schlüsselbegriffe der Sozialwissenschaften dar.[21] Der Einstellungsbegriff dient zur Beschreibung der Gleichartigkeit oder Kovariation einer Mehrzahl von Verhaltensweisen eines Individuums bezüglich eines Objektes oder einer Situation. Als Einstellungsobjekte kann jeder Denkgegenstand und jeder Gegenstand unserer Umwelt fungieren: Personen, politische Programme, bestimmte Situationen usw.

Es lassen sich zum Begriff Einstellung eine Vielzahl unterschiedlicher Konzeptionen feststellen. Einigkeit dürfte jedoch darin bestehen, daß Einstellung die gelernte, relativ stabile Bereitschaft einer Person ist, gegenüber dem Einstellungsobjekt tendenziell positiv oder negativ zu empfinden und sich auch tendenziell so zu verhalten.[22]

Weitgehend durchgesetzt hat sich die Konzeption von Einstellung (Einstellung i.w.S.) als der Verknüpfung von kognitiven, motivational-affektiven und konativen Komponenten gegenüber einem Objekt.[23]

Danach werden Einstellungen verstanden als ein Komplex psychischer Einheiten über das Denken, das Fühlen und über die Bereitschaft, sich in Bezug auf das Objekt der Einstellung in bestimmter Weise zu verhalten.[24]

Einstellungen als theoretische Konstrukte[25] werden ausgehend von der obigen Begriffsbildung als aus drei Komponenten bestehend angesehen:

Die kognitive Komponente

Die kognitive Komponente besagt, daß das Einstellungsobjekt in einer ganz bestimmten Weise wahrgenommen wird, daß man ihm ganz bestimmte Eigenschaften zuschreibt. Sie umfaßt das Wissen über das Einstellungsobjekt.

Die affektive Komponente

Die affektive Komponente bezieht sich auf die gefühlsmäßige Wertung. Sie gibt an, wie gut oder wie schlecht man ein Objekt einschätzt (affektive Orientierung), welche Präferenz man dem Objekt gegenüber hat (Einstellung i.e.S.).

---

[21] Eine Übersicht über die Einstellungsforschung geben z.B. Allport (attitudes); Triandis (Einstellungen); Schmidt/ Brunner/ Schmidt Mummendey (Einstellungen); Benninghaus (Einstellungs-Verhaltensforschung), Meinefeld (Einstellung);

[22] Vgl. z.B. Kaas (Einstellung)

[23] Vgl. z.B. Hormuth (Einführung)

[24] vgl. dazu z.B. Hormuth (Einführung)

[25] Als theoretische oder hypothetische Konstrukte werden nicht direkt beobachtbare Phänomene bezeichnet, die aufgrund theoretischer Überlegungen eingeführt und nur indirekt beobachtet werden können.Vgl. hierzu Drever / Fröhlich (Psychologie) S. 182

Die konative Komponente

Sie drückt die Bereitschaft aus, in bestimmter Weise in Bezug zu dem Objekt zu handeln,und gibt somit an, welche Handlungstendenzen gegenüber dem Einstellungsobjekt bestehen.

Indem bei der Begriffsbildung von Einstellungen auf ihre verhaltensrichtende Wirkung Wert gelegt wird, sind Einstellungen auch als motivationale Verhaltensdispositionen zu verstehen, wobei Motivation als eine innere Spannung beschrieben wird, die mit einer Tätigkeits- oder Zielorientierung für das Verhalten verbunden ist.[26] Das hypothetische Konstrukt "Einstellung" bezieht sich jedoch nur auf die psychische Disposition zu einem bestimmten Handeln. Der Begriffsinhalt von Einstellung umfaßt somit nicht die tatsächlich ausgeführte Handlung (overt behavior).

"Der einstellungstheoretische Ansatz betrachtet das Image als nach Merkmalen differenzierte Struktur bzw. Determinante der Einstellung. Wird eine Einstellung meist nur als Ausprägung auf dem gut-schlecht-Kontinuum angesehen, so hat das Image Ausprägungen auf mehreren Dimensionen, nämlich den subjektiven Eindrücken von einzelnen (auch nichtsprachlichen) Merkmalen des Produkts. Allgemeiner Gegenstand der einstellungsorientierten Imageforschung ist der Zusammenhang zwischen solchermaßen mehrdimensional beschriebenen Images und der eindimensional beschriebenen Einstellung (Einstellung i.e.S., Anmerkung des Verfassers)."[27]

1.1.4 Bewertung der verschiedenen Imagekonzeptionen

Trommsdorff kritisiert an dem ökonomischen Imagekonzept vor allem die mangelnde theoretische Fundierung, die sich darin zeigt, daß die Aufstellung und Prüfung empirischer Hypothesen vernachlässigt wurde[28]. Die ökonomische Imagekonzeption ist objektbezogen: "..eine Firma, eine Marke "hat" ein Image."[29] Wie es zu diesem Image kommt, wie Images verhaltensbestimmend sind, welche unterschiedlichen Ausprägungen des Images eines Gegenstandes bei verschiedenen Personen es gibt und worin diese Unterschiede begründet sein könnten, stehen nicht im Vordergrund des Interesses der Vertreter der ökonomischen Imagekonzeption bei ihren Forschungsarbeiten. Im wesentlichen dient der ökonomisch orientierte Imagebegriff als Benennung für Phänomene, für den "subjektiven Rest", der mit dem traditionellen Größen der ökonomischen Ansätze, wie Preis, Qualität usw., nicht erklärbar ist.

Die geringe Übernahme des gestaltpsychologisch orientierten Ansatzes in praktischen Verwendungszusammenhängen ist nach Trommsdorff zum einen in der nicht ausreichenden empirischen Begründung der Aussagen über Images und der Funktionen von Images und zum anderen im Fehlen meßtheoretischer Verfahren begründet.[30] Insbesondere kritisiert Trommsdorff die Meßmethode, Images als reine Konnotationssysteme zu messen, bei der Befragte dem Imageobjekt sachlich nicht assoziierbare Metapher zuzuordnen

---

[26] vgl. Irle (Sozialpsychologie), Kroeber-Riel (Konsumentenverhalten), Peak (attitude)

[27] Trommsdorff (Image) S. 121

[28] Vgl. zum folgenden Trommsdorff (Image) S.118f

[29] Trommsdorff (Image) S. 118

[30] Trommsdorff (Image) S. 119

(z.B. "jung", "sonnig" usw. zu Margarinemarken) haben[31]. Damit kann seiner Ansicht nach zwar der "Transfer" der Konnotationen von einem Objekt auf ein anderes quantifiziert werden, der nichtsprachliche Bedeutungsreichtum der gestaltpsychologischen Imagekonzeption wird damit nicht erfaßt und konkrete marketingpolitische Gestaltungsempfehlungen lassen sich daraus nicht ableiten.

Diese Mängel der ökonomisch und der gestaltpsychologisch orientierten Imagekonzeptionen haben dazu geführt, daß sich die einstellungstheoretisch fundierte Imagekonzeption durchgesetzt hat. Kroeber-Riel schlägt sogar vor: "den Image-Begriff durch den schärfer explizierten Einstellungsbegriff zu ersetzen."[32] Durch den Bezug auf den Einstellungsbegriff kann die Imageforschung auf Erfahrungen der empirischen Einstellungsforschung und die dazu entwickelten Methoden zurückgreifen. Mitentscheidend für die Dominanz der einstellungstheoretisch fundierten Imagekonzeption dürfte allerdings sein, daß das Phänomen "Image" damit in -wenn auch vielleicht nur rudimentäre - theoretische Ansätze integriert und als eine spezifische Form eines mehrdimensionalen Einstellungskonstrukts konzipiert werden kann.[33]

Der Imagebegriff ist abzugrenzen von den in der Sozialpsychologie verwendeten Begriffen Stereotyp und Vorurteil und von der Corporate-Identity-Konzeption in der Betriebswirtschaft.

1.1.5 Der Imagebegriff und andere verwandte Begriffe (Stereotyp und Vorurteil)

Stereotypen werden als relativ überdauernde, starre und festgelegte Meinungen oder Sichtweisen über Klassen von Individuen, Gruppen oder Objekte bezeichnet, die vorgefaßt sind und somit nicht aus einer differenzierten Bewertung des einzelnen Phänomens entstammen, sondern in schablonenhafter Form erfolgen. Von Vorurteilen unterscheiden sich Stereotypen dadurch, daß Vorurteile einen ausgeprägt bewertenden Charakter haben und Vorurteile - bei Anwendung des Begriffs der Einstellung als übergeordnetem Begriff - der affektiven Einstellungskomponente zuzuordnen sind, während Stereotypen Überzeugungen (beliefs) darstellen und Ausdruck der kognitiven Komponente des Einstellungsbegriffs sind.[34] Andere Autoren beschränken Stereotypen auf Überzeugungen nur über Menschen und nicht auf andere Objekte. Danach sind Stereotypen Schemata[35], Überzeugungen oder kognitive Bezugsrahmen, bei denen aufgrund der Mitgliedschaft zu einer Gruppe von Menschen auf Persönlichkeitszüge von einzelnen Personen geschlossen wird.[36]

---

[31] Vgl. Trommsdorff (Image) S. 119f, der dabei auf seine Ausführungen in Trommsdorff (Messung), S. 46ff und 80 verweist.

[32] Kroeber-Riel (Konsumentenverhalten) S.191

[33] Vgl. Kroeber-Riel (Konsumentenverhalten) S.190 und S. 274

[34] Vgl. Arnold/Eysenck/Meili (Psychologie 3) S. 2210, die sogar das Stereotyp als generelle Voraussetzung für Einstellungen sehen, und Drever/Fröhlich (Wörterbuch) S. 279

[35] Zum Schemakonzept vgl. Kapitel 5 dieser Arbeit.

[36] Baron/Greenberg (behavior) S. 127,135-138 und 145

1.1.6 Abgrenzungen zu den Begriffen Corporate Identity und Corporate Image

Nachdem immer mehr Unternehmen die Bedeutung des Unternehmensimage erkannt haben, wurden unter dem Oberbegriff Corporate Identity ein Managementansatz zu einer bewußten und zielgerichteten Gestaltung des Unternehmensimages entwickelt, bei dem zentrale Erkenntnisse der Imageforschung zur Wirkung und zur Prägnanz von Images instrumentell verwertet werden:

Prägnante Images sind ganzheitliche, vereinfachende Vorstellungsbilder, die aus wenigen, einander nicht widersprechenden Elementen bestehen.

Dementsprechend bezieht sich Corporate Identity auf die ganzheitliche Betrachtung aller kommunikativen Handlungen eines Unternehmens nach innen und außen unter einem profilierten, d.h. aus wenigen prägnanten Elementen bestehendem Leitbild.[37]

Nach Birkigt/Stadler ist der Corporate-Identity-Ansatz aufzufassen als ".. die strategisch geplante und operativ eingesetzte Selbstdarstellung und Verhaltensweise eines Unternehmens nach innen und außen auf der Basis einer festgelegten Unternehmensphilosophie, einer langfristigen Unternehmenszielsetzung und eines definierten (Soll-)Images,- mit dem Willen, alle Handlungsinstrumente des Unternehmens im einheitlichen Rahmen nach innen und außen zur Darstellung zu bringen."[38]

Als elementare Instrumente zur Realisierung der Zielvorstellungen einer ausformulierten Corporate Identity Zielvorstellung dienen Corporate Behavior, Corporate Design und Corporate Communications.

Den Begriff "Corporate Image" grenzen Böckenholt/Homburg vom Corporate Identity dadurch ab, daß ".. unter Corporate Image die Projektion der Corporate Identity im sozioökonomischen Umfeld einer Unternehmung .." zu verstehen ist,[39] d.h. im Sinne der Definition nach Birkigt/Stadler das (Ist-)Image. Corporate Image stellt somit das Ergebnis einer Corporate Identity Strategie dar. Man kann Corporate Image als ein Unternehmensimage ansehen, das als Ergebnis einer Corporate Identity Strategie entstanden ist und die Wahrnehmung der Unternehmung innerhalb und außerhalb des Unternehmens umfaßt.

Mit den Komponenten Corporate Identity als Zielvorstellung, Corporate Behavior, Corporate Design und Corporate Communication als Instrumentalvariablen und Corporate Image als Kontroll- oder Wirkungs-bzw. Ergebnisgröße stellt der Corporate - Identity - Ansatz somit einen geschlossenen Kreislauf zentraler Managementfunktionen dar.

---

[37]Vgl. dazu Diller (Öffentlichkeitsarbeit) S.245f. Interessant ist in diesem Zusammenhang auch die Rezension des Buches "Ludwig XIV. Die Inszenierung des Sonnenkönigs." von P. Burke, bei der der Rezessent Hinrichs (Schauspieler) auf die Imageproduktion des Sonnenkönigs hinweist, die bereits Elemente enthält, die auch für den Corporate Identy-Managementansatz wesentlich sind.

[38]Birkigt/Stadler (CI) S.23; vgl. dazu auch Kroehl (Corporate Identity), der die den funktionalen Ansatz der "soziologischen" Organisationstheorie nach Parsons und pragmatische Zeichentheorie nach Peirce als theoretische Grundlagen für die Analyse und Gestaltung von Corporate Identity vorschlägt.

[39]Böckenholt/Homburg (Ansehen) S.1161

1.2 Die Begriffe "Personalimage" und "Beschäftigungswunsch"

Ähnlich der Entwicklung des allgemeinen Imagebegriffs kann man bei der Entwicklung des Personalimagebegriffs eine Entwicklung von einer mehr gestalttheoretisch geprägten zu einer mehr einstellungstheoretisch geprägten Variante feststellen.

1.2.1 Zur Entwicklung des Verständnisses der Begriffe "Personalimage" und "Beschäftigungswunsch"

Unter der Überschrift "Das Unternehmen als Arbeitgeber" faßt Bergler bei seiner gestaltpsychologischen Auffassung des Imagebegriffs Gegebenheiten zusammen, deren subjektive Wahrnehmung und Bewertung den Aspekt des Gesamtimages eines Unternehmens darstellt, der sich auf das Unternehmen als Arbeitgeber bezieht.[40]

Der Begriff des Personalimages wurde insbesondere durch den gleichnamigen Beitrag von Henzler im Handwörterbuch des Personalwesens bekannt gemacht.[41]

Henzler bezeichnet das Vorstellungsbild, das sich Menschen im Arbeitsmarkt über Unternehmen als Arbeitgeber gebildet haben, als Personalimage (Employer-Image). Bei seiner Begriffsbestimmung lehnt sich Henzler an die gestaltpsychologische Imagetheorie von Spiegel an. Der Imagebegriff dient nach Henzler insbesondere dazu, emotional fundierte Sachverhalte, wie Gerüchte, Vorurteile und ähnliche "rufartige Gebilde", deren objektive Beschaffenheit dem einzelnen Individuum nicht oder nur sehr schwer erkennbar ist, zu bezeichnen.

Becker orientiert sich bei seiner Begriffsbestimmung an Henzler, indem er Personalimage bestimmt als ".. die Meinung, die sich Menschen am Arbeitsmarkt über ein Unternehmen gebildet haben. Es ist ein "rufartiges Gebilde", das im höchsten Maße subjektiv, also emotional fundiert ist...."[42]

Als "organizational image" bezeichnet Tom die Art und Weise in der Individuen eine Organisation subjektiv wahrnehmen und bewerten.[43] Das organisationale Image besteht seiner Meinung nach aus einer lockeren ("loose") Struktur von Wissen, Überzeugungen und Gefühlen über die Organisation, die mehr oder weniger vage oder klar, schwach oder stark, stabil oder instabil und unterschiedlich von Person zu Person sind. Zur Messung des organisationalen Images greift er auf Meßmethoden zurück, die zur Messung der Persönlichkeitsstruktur und der Wertvorstellungen von Individuen entwickelt worden sind, die er entsprechend anpaßt.[44] Obwohl aus seinen Ausführungen nicht klar ersichtlich, scheint seine Imagekonzeption aufgrund dieser Operationalisierung eher dem gestaltpsychologischen als dem einstellungstheoretischen Ansatz näher zu stehen. In ähnlicher Weise hat auch Bergler eine Operationalisierung von Image vorgenommen, indem

---

[40] Bergler (Firmenbild) S. 154

[41] Henzler (Personal-Image) Sp. 1563-1571

[42] Becker (Personalimage) S. 127f; ähnliche Beschreibungen lassen sich auch z.B. finden bei Freimuth (Personalimage) oder Scherm (Personalmarkt)

[43] Vgl. Tom (images) S. 576

[44] Vgl. Tom (images) S. 578 - 579

er Untersuchungspersonen nach typischen Eigenschaften von Mitarbeitern aus zwei Branchen befragte.⁴⁵

Fopp analysiert in ausführlicher Weise den Imagebegriff.⁴⁶ Obwohl er der Auffassung ist, daß in der gedanklichen Vorstellung, die als Image bezeichnet werden, ganzheitliche Elemente enthalten sind, nimmt er in seine, operable Aspekte berücksichtigende Begriffsbestimmung von Image den Begriff der "Ganzheit" nicht mit auf, da er keine gültige Meßmethode zur Erfassung dieses Aspektes sieht.⁴⁷ Er konzipiert deshalb seinen Imagebegriff auf der Basis der drei Komponenten des Einstellungsbegriffs:

"Images sind gleich der Summe aller relevanten Vorstellungen, Einstellungen sowie der entsprechenden Verhaltensabsichten, welche ein Individuum gegenüber Branchen, Firmen oder Produkten usw., also vor allem von apersonalen Meinungsgegenständen hat."⁴⁸

Nach der Terminologie von Fopp sind die Vorstellungen mit der kognitiven Einstellungskomponente, die Einstellungen (i.e.S. Anm. d. V.) mit der affektiven Komponente und die Verhaltensabsichten mit der konativen Komponente des Einstellungsbegriffs gleichzusetzen. Im Hinblick auf die Operationalisierung präzisiert er seinen Imagebegriff:

"Branchen-, Firmen- oder Produkte-Images sind gleich den entsprechenden Indikatorenwerten. Unter Indikatoren werden diejenigen Befragungsergebnisse verstanden, die Aussagen liefern über

- die Vorstellungen, die sich der Befragte über die relevanten Imagebereiche des untersuchten Meinungsgegenstandes macht,

- die Bewertung dieser Vorstellungen durch den Befragten selbst und

- seine damit verbundenen Verhaltensabsichten."⁴⁹

Seine Begriffsbestimmung von Image basiert somit an der quantitativen Variante des einstellungstheoretisch orientierten, mehrdimensionalen Imagebegriffs. Sofern es sich um das Image eines Unternehmens als Arbeitgeber handelt, verwendet er den Begriff "Arbeitgeber-Image" anstelle des hier gebrauchten Begriffs des Personalimages.

Eine quantitative und mehrdimensional einstellungstheoretisch orientierte Begriffsvariante des Imagebegriffs ist auch die Konzipierung des Personalimages durch Wanous, der allerdings hierfür den Begriff "attractiveness of an organization" wählt.⁵⁰ Die Attraktivität der Zugehörigkeit zu einer Organisation bestimmt sich nach Wanous auf der Basis einer erwartungswerttheoretischen Konzeption als die Summe der Produkte aus der Bedeutung von Zielen, die das Individuum durch die Zugehörigkeit zu der Organisation

---

⁴⁵Vgl. Bergler (Marken- und Firmenbild) S. 15ff und S. 31ff. Diese Vorgehensweise wurde wieder aufgenommen in einer Untersuchung des Wirtschaftmagazins Capital; vgl. Kroehl (Firmenimage)

⁴⁶Vgl. Fopp (Branchen-Image) S. 24ff

⁴⁷Fopp orientiert sich somit an Kritikpunkten am gestalttheoretisch orientierten Imageansatz, die auch von Trommsdorff (Image) und Krober-Riel (Konsumentenverhalten) geäußert werden; ähnlich auch Anders (Image), der Probleme bei der Operationalisierung des Aspekts der Ganzheitlichkeit sieht.

⁴⁸Fopp (Arbeitgeber-Image) S. 40; im Original ist diese Definition mit Großbuchstaben geschrieben. Da ihr in dieser Arbeit nicht die Bedeutung zukommt, die sie bei Fopp innehat, wird sie hier nur nach den Regeln der Groß- und Kleinschreibung wiedergegeben.

⁴⁹Fopp (Branchen-Image) S.40f. Im Original durchweg in Großbuchstaben geschrieben, aufgrund der hier nicht so großen Bedeutung nach den Regeln der Klein- und Großschreibung wiedergegeben.

⁵⁰Vgl. Wanous (entry) S. 93

erreichen will, und der wahrgenommenen Eignung, durch die Zugehörigkeit zu der Organisation diese Ziele zu erreichen.

Während vielfach organizational image, Arbeitgeber-Image (employer image) und Personalimage bei unterschiedlichem theoretischen Hintergrund als synonym für die Benennung des gleichen Phänomens, der subjektiven Bewertung eines Unternehmens oder eine Organisation als Arbeitgeber, verwendet werden, differenzieren Freimuth und Elfers die Begriffe Arbeitgeberimage und Personalimage. Als Personalimage bezeichnen sie: ".. die Wahrnehmung aller jener Leistungen, die durch Personalpolitik bewußt gestaltet werden, um die Leistungsbereitschaft und -fähigkeit der Mitarbeiter zu entwickeln."[51] Unter dem Begriff "Arbeitgeberimage" fassen sie zusammen ".. die Wahrnehmung aller Faktoren, die im Entscheidungsprozeß von Bewerbern, sich für ein Unternehmen als Arbeitgeber zu entscheiden, von Bedeutung sind."[52] Als umfassenderer Begriff wird nach der Begrifflichkeit von Freimuth und Elfers das Arbeitgeberimage neben der Beeinflussung durch das Personalimage auch vom Unternehmens- und Branchenimage, vom Image der Region (Standortimage) und dem Prestigewert der überwiegend gesuchten Berufsgruppe determiniert. Diese - nicht unproblematische - Differenzierung ist hier nicht erforderlich, so daß auf sie nicht weiter eingegangen werden soll[53] und im folgenden an der synonymen Verwendung der Begriffe, Arbeitgeberimage und Personalimage, festgehalten wird.

Mit dem Begriff "Beschäftigungswunsch" soll, das u.U. noch sehr vage Interesse beschrieben werden, bei einem bestimmten Unternehmen beschäftigt zu sein. Der Begriff "Beschäftigungswunsch" entspricht somit dem Begriff " Attraktivität eines Unternehmens als Arbeitgeber", wie er bei Simon[54] oder Schwaab[55] verwendet wird.

Der Begriff Beschäftigungswunsch ist nicht identisch mit dem in der amerikanischen Literatur als "organizational choice" bezeichnende Begriff.[56] Dieser Begriff soll die Entscheidung beschreiben, in welchem Unternehmen eine Beschäftigung ausgeübt werden soll, wobei in der Literatur unter diesem Begriff sowohl das tatsächliche Handeln als auch die Verhaltenstendenz gefaßt wird. Im Vergleich zur Verwendung des Begriffs Beschäftigungswunsches wird der Begriff "organizational choice" in der Forschung in den U.S.A. handlungsnäher operationalisiert. Eine mögliche Ursache dafür könnte sein, daß an den Hochschulen in den U.S.A. das Rekrutieren von Absolventen im Gegensatz zu den Verhältnissen in Deutschland eine institutionelle Verankerung hat und bei Untersuchungen hier Ansatzpunkte für eine handlungsnähere Operationalisierung gegeben sind.

Mit dem Begriff "job choice" wird die Wahl eines Berufes oder einer Beschäftigung verstanden,[57] die im Rahmen unserer Betrachtung als ein der Organisationswahl vorgelager-

---

[51]vgl. Freimuth / Elfers (Imageprobleme) S. 261f

[52]vgl. Freimuth / Elfers (Imageprobleme) S. 262

[53]Z.B. könnte es sinnvoller sein, am verbreiteten Sprachgebrauch anzuknüpfen und zwischen einem Ist- und Soll- Image als Arbeitgeber zu unterscheiden.

[54]Vgl. Simon (Attraktivität)

[55]Schwaab (Attraktivität)

[56] Vgl. Schwab / Rynes / Aldag (Job Search) S. 130

[57]Vgl. Schwab / Rynes / Aldag (Job Search) S. 130

ter Prozeß verstanden wird, obwohl durchaus iterative Abwägungsprozesse zwischen "organizational choice" und "job choice" stattfinden dürften[58].

1.2.2 Funktionen von Personalimages

Aufgrund der Unmöglichkeit einer vollständigen rationalen Umweltbewältigung durch den Menschen ist nach Bergler der Mensch zu einer vereinfachten naiven Bewältigung der Realität gezwungen: Images als stereotypen Orientierungssystemen kommt dabei neben ihrer Orientierungsfunktion auch eine Steuerungsfunktion für das Verhalten zu.[59]

In Bezug auf das Geschäftsimage von Einzelhandelsunternehmen hat Henseler eine weitergehende Differenzierung der Funktionen von Images vorgenommen. Für den Konsumenten hat nach Henseler das Image von Einzelhandelsunternehmen folgende Funktionen,[60] die in analoger Weise auch für den potentiellen Mitarbeiter auf dem Arbeitsmarkt in Bezug auf die Einschätzung von Unternehmen als Arbeitgeber zutreffen.

Tabelle 1.1: Funktionen von Images aus Abnehmersicht[61]

Funktion	Beschreibung
Vereinfachungsfunktion	Vereinfachung vielfältiger Informationen über das Imageobjekt
Ordnungsfunktion	Einordnung dieser Informationen in bereits bestehende Vorstellungsgefüge
Orientierungsfunktion	Die Realität überschaubar und bewertbar machen
Entscheidungsfunktion	Entscheidungen über die adäquate Form des Handelns gegenüber dem Imageobjekt zu erleichtern
Stabilisierungs-oder Verfestigungsfunktion	Entlasten von immer wiederkehrenden Alternativenbeurteilung und Entscheidungsfindung in Bezug auf das Imageobjekt und Alternativen zu dem Imageobjekt
Risikominderungsfunktion	Sofern mit einer Entscheidung für oder gegen ein Objekt ein Risiko verbunden ist, kann ein vorhandenes Image dem Entscheider das Gefühl der Sicherheit und Risikominimierung verleihen
Urteils-und Wahrnehmungsfunktion	Filterung von Informationen über das Imageobjekt: Wenn ein Image ausgebildet ist, werden mit dem Image übereinstimmende Informationen wahrgenommen und widersprüchliche Informationen im allgemeinen ausgefiltert

Aber auch für die Gestalter in Unternehmen erfüllt das Geschäftsimage eine Reihe von Funktionen,[62] die ebenfalls für das Personalimage zutreffen.

---

[58]Z.B. wenn ein Absolvent sich entscheiden kann zwischen einer von ihm positiv gewerteten Stelle als Unternehmensberater bei einer nicht so renommierten Unternehmensberatungsfirma oder die für ihn nicht so attraktive Stelle im Rechnungswesen eines Unternehmens mit sehr gutem Ruf.

[59]Vgl. Bergler (Firmenbild) S. 142 - 148 und Bergler (Marken - und Firmenbild) S. 20 -25

[60]Vgl. Henseler (Imagepolitik) S. 9-10

[61]Henseler (Imagepolitik) S. 9-10

[62]Vgl. Henseler (Imagepolitik) S. 10f

Tabelle 1.2 : Funktionen von Unternehmensimages aus der Sicht des Managements[63]

Funktion	Beschreibung
Wissensfunktion	Erfassung und Erklärung von Käuferverhalten bzw. Bewerberverhalten
Prognosefunktion	Vorhersage der Wirkung der Gestaltung von Instrumenten
Risikominderungsfunktion	Einengung des Entscheidungsspielraums bei der Wahl und Gestaltung von Instrumenten
Personalführungsfunktion	Formulierung und Bereitstellung von Argumentationshilfen für das Verkaufspersonal bzw. für die mit der Personalbeschaffung betrauten Mitarbeiter
Marktsegmentierungsfunktion	Vereinheitlichung der Kunden- bzw. Bewerber und Mitarbeiterstruktur als Basis für eine zielgruppenorientierte Marktbearbeitung
Individualisierungs-und Differenzierungsfunktion	Abheben von anderen Unternehmen in der Wahrnehmung durch den Kunden bzw. Bewerber oder Mitarbeiter
Bindungsfunktion	Binden von Konsumenten bzw. Mitarbeitern an das Unternehmen durch ein eindeutiges Geschäfts- bzw. Personalimage, sofern es akzeptiert wird
Sicherungsfunktion	langfristige Sicherung der Marktstellung

1.2.3 Strukurmerkmale von Personalimages

Unter Bezugnahme auf die einstellungstheoretisch orientierte Imagekonzeption werden die Strukturmerkmale von Image differenziert dargestellt als allgemeine Strukturmerkmale und als Merkmale der affektiven und der kognitiven Komponente[64]. Zur Strukturierung der konativen Komponente haben sich keine allgemein anerkannten Strukturmerkmale herausgebildet. Es ist darauf hinzuweisen, daß viele dieser Strukturmerkmale auch bereits von Vertretern der anderen Imagekonzeptionen erkannt und erörtert wurden.

---

[63] Henseler (Imagepolitik) S. 10f

[64] Die Darstellung der Strukturmerkmale von Personalimages erfolgt in enger Anlehnung an Fopp (Branchen-Image) S. 58ff

1.2.3.1 Allgemeine Strukturmerkmale von Personalimages

Allgemeine Strukturmerkmale von Images sind:

- Zentralität
- Imageschwerpunkt
- Mehrdimensionalität
- Homogenität
- Systemcharakter
- Dynamik
- Zugänglichkeit
- Realitätsbezug.

Diese allgemeinen Strukturmerkmale von Images können auch auf Personalimages angewendet werden.

Zentralität

Die Zentralität eines Images drückt die Bedeutung aus, die das Image für eine Person hat, ob es für das Individuum von zentraler oder von peripherer Bedeutung ist.

Es ist beispielsweise zu vermuten, daß das Personalimage eines Unternehmens für die dort Beschäftigten bedeutsamer ist, eine höhere Zentralität aufweist, als für Personen, die in keiner Beziehung zu dem Unternehmen stehen.

Imageschwerpunkt

Diejenige der Komponenten eines Images (affektive, kognitive und konative), die am bedeutsamsten für das Image ist, wird als Imageschwerpunkt bezeichnet.

Mehrdimensionalität

Images bestehen in der Regel aus mehreren Aspekten oder Dimensionen.

Bergler konnte z.B. feststellen, daß Facharbeiter das Personalimage eines Unternehmens nach diesen Dimensionen beurteilen: Arbeitszufriedenheit, Arbeitsplatzbedingungen, Informationsverhalten, Organisationsklima und Vorstellungen zum Beruf und Tätigkeitsfeld.[65]

Homogenität

Der Begriff Homogenität soll ausdrücken, inwieweit die Einzelimages der einzelnen Personen in Bezug auf ein Imageobjekt übereinstimmen bzw. streuen.

Schwaab konnte z. B. bei seiner Analyse des Personalimages von Kreditinstituten feststellen, daß beim Vergleich der Attraktivität der Banken (Beschäftigungswunsch) die Bewertung der Deutschen Bank deutlich inhomogener ist als bei der Dresdner Bank. Sowohl die Dresdner als auch die Deutsche Bank werden von ca. 60% der Befragten als äußerst attraktiver Arbeitgeber eingestuft. Es wird aber die Deutsche Bank von ca. 20%

---

[65]Bergler (Firmenbild) S. 183

der Befragten als sehr unattraktiver Arbeitgeber eingestuft, während dies bei der Dresdner Bank nur 7% der Befragten machten.[66]

Systemcharakter

Images werden als Systeme aufgefaßt, bei denen sich Teil und Ganzes wechselseitig beeinflussen. Nach Bergler sind Images "multivalente Ganzheiten", die durch eine Vielzahl wechselseitig integrierter Dimensionen und Qualitäten bestimmt sind.[67] Er führt zum Systemcharakter weiter aus: "Es handelt sich dabei um ein äußerst komplexes, vielschichtiges System, das sich vielfach nur in wenigen Begriffen äußert, hinter denen aber erlebnismäßig eine Vielzahl von wechselseitig miteinander verwobenen Beziehungs- und Bedeutungszusammenhängen verborgen liegt und durchaus logisch konträre Wesenszüge psychologisch gleichzeitig als existent nachgewiesen werden können."[68] Für das Personalimage könnte dies z.B. bedeuten, daß es zugleich vom Unternehmens-image beeinflußt wird und daß es wiederum Auswirkungen auf das Unternehmensimage hat, daß man z.B. ein Unternehmen als wirtschaftlich erfolgreich und deswegen auch als attraktiven Arbeitgeber ansieht.

Stabilität und Dynamik

Mit dem Aspekt der Stabilität soll ausgedrückt werden, inwieweit Images stabil sind bzw. inwieweit sie sich verändern (Dynamik).

Bergler unterscheidet fünf Entwicklungsphasen von Images: Geburt (Entstehung), Entwicklung, Verfestigung, Krisen und Rückbildung.[69]

Für Wiswede sind Images dauerhafte Gebilde von relativ hoher Stabilität, welche die Tendenz zur Erstarrung haben, und dann auch noch wirksam sind, wenn die Gegebenheiten, die zu diesem Image geführt haben, nicht mehr vorhanden sind.[70]

Schwaab hat zur Messung der Stabilität des Personalimages eines Kreditinstituts zwei Vergleichsgruppen gebildet[71]: Die eine Gruppe hat an Informationsveranstaltungen und Workshops, die von der Hochschule und Führungskräften eines Kreditinstituts gemeinsam veranstaltet wurden, teilgenommen, wohingegen die andere Gruppe nicht teilgenommen hat. Beide Gruppen wurden nach einiger Zeit zweimal befragt.

Es ergaben sich folgende Ergebnisse:

1. Das Personalimage und der Bewerbungswunsch war für beide Gruppen und für alle untersuchten Kreditinstitute stabil.

2. Bei den Teilnehmern, die an der Veranstaltung mit dem Kreditinstitut teilgenommen haben, ergaben sich jedoch in Bezug auf zwei von mehreren Imagedimensionen, und zwar die Einschätzung der Internationalität des Unternehmens und die Vereinbarkeit von Berufs- und Privatleben, signifikante Unterschiede der Mittelwerte.

---

[66]Schwaab (Attraktivität) S. 91f

[67]Vgl. Bergler (Marken- und Firmenbild) S. 17f

[68]Vgl. Bergler (Marken- und Firmenbild) S.25

[69]Vgl. Bergler (Marken- und Firmenbild) S.109

[70]Vgl. Wiswede (Verbraucherverhalten) S. 241

[71]Vgl. dazu Schwaab (Attraktivität) S. 142 - 145

3. Es zeigte sich auch, daß die Standardabweichungen hinsichtlich der verschiedenen Imagedimensionen, wie Gehaltsaussichten oder Aufstiegschancen, geringer wurden. Durch die Teilnahme an der Informationsveranstaltung hat sich die Homogenität der Einschätzung der Personalimagedimensionen erhöht.[72]

Bewußtheit

Ein Image kann mehr oder weniger bewußt und damit direkt meßbar sein.

Realitätsbezug

Images sind Vorstellungen über das Imageobjekt. Diese Vorstellungen können mehr oder weniger gut mit dem übereinstimmen, was eine dritte Person oder ein sogenannter neutraler Beobachter oder Forscher für real erachtet.

1.2.3.2 Strukturmerkmale der kognitiven Imagekomponente

Bei der kognitiven Imagekomponente lassen sich die Strukturmerkmale:

- Abstraktionsniveau
- Polarisation
- Prägnanz
- Irradiation

unterscheiden.

Abstraktionsniveau

Images lassen sich nach dem Grad der Generalisierung unterscheiden:

- Image eines Groß-, Mittel- oder Kleinunternehmen,
- eines Großunternehmen der Elektroindustrie,
- das Image der Siemens AG.

Polarisation

Die Polarisation bezieht sich auf die vergleichende Bewertung des Images verschiedener Unternehmen und drückt die Ähnlich- bzw. Unähnlichkeit der Images aus.

Schwaab konnte bei seiner Analyse des Imageprofils (kognitive Imagekomponente: Wahrnehmung der Eignung von Kreditinstituten als Arbeitgeber, differenziert nach Einzelmerkmalen) feststellen, daß sich jeweils die Imageprofile der Großbanken als einer Gruppe, der beiden großen bayerischen Regionalbanken und der Westdeutschen Landesbank als einer anderen Gruppe und der Sparkassen und Genossenschaftsbanken als dritte Gruppe untereinander sehr ähneln und fast deckungsgleich sind, d. h. keine Polarisation feststellbar ist. Andererseits ergeben sich zwischen diesen drei Gruppen erheb-

---

[72] Zur Stabilität und Dynamik von Personalimages ist auf Ansätze zur Analyse der Entstehung und Veränderung von Einstellungen zu verweisen (vgl. z.B. Hormuth (Hg.): (Einstellungsänderung), auf Fopp (Branchen-Image) und auf das Kapitel "Entstehung und Veränderung von Personalimages" in dieser Arbeit.

liche Unterschiede. Es ist demnach zu konstatieren, daß zwischen diesen Bankengruppen erhebliche Polarisationen des Personalimages vorliegen.[73]

Prägnanz

Ein Image hat eine hohe Prägnanz (Deutlichkeit oder Überdeutlichkeit), wenn es sich mit nur wenigen Aussagen beschreiben läßt oder wenn aufgrund dieser wenigen Aussagen erkannt wird, welches Unternehmen durch diese wenigen Aussagen beschrieben wird. Der Verfasser hat bei Exkursionen mit Studenten zu einem Unternehmen, dessen kaufmännischen Mitarbeiter, inklusive der Führungskräfte, alle mit weißen Kitteln bekleidet sind, festgestellt, daß für die Studenten diese Wahrnehmung äußerst prägend für die Einschätzung dieses Unternehmen als Arbeitgeber ist. Bereits der Hinweis auf die weißen Kittel reicht und jeder weiß, welches Unternehmen gemeint ist.

Irradiation

Irradiation (Ausstrahlung) bedeutet, daß ein Teilaspekt auf das Gesamtbild oder auf andere Teilaspekte ausstrahlt.

1.2.3.3 Strukturmerkmale der affektiven Imagekomponenten

Die affektive Imagekomponente läßt sich anhand der Strukturmerkmale

- Richtung
- Intensität
- Ambivalenz

beschreiben.

Richtung

Die Richtung der affektiven Imagekomponente gibt an, ob man das Imageobjekt positiv oder negativ bewertet, ob man es als sympathisch oder unsympathisch einschätzt.

Intensität

Die Intensität drückt die Stärke der positiven oder negativen Gefühle gegenüber dem Imageobjekt aus.

Beispielsweise gibt es Studenten, die extrem negative Gefühle gegenüber Unternehmen aus dem Bereich der Waffentechnik haben, und es deshalb ablehnen, sich bei einem derartigen Unternehmen zu bewerben.[74]

Ambivalenz

Einem Imageobjekt können zugleich positiv als auch negative Gefühle entgegengebracht werden können.

So kann ein Unternehmen positiv aufgrund seiner Sozialleistungen bewertet werden und zugleich negativ in Bezug auf den Einsatz moderner Führungsinstrumente eingeschätzt

---

[73] Vgl. Schwaab (Attraktivität) S. 109 - 115

[74] Vgl. Freimuth, J. (Personalimage) S.44

werden. Eine derartige Ambivalenz kann auch zwischen dem Firmenimage oder dem Image von Produkten des Unternehmens und dem Personalimage bestehen.

1.2.4 Kategorien von Personalimages

Nach Johannsen kann man u. a. Image betrachten als

- Eigen - oder Fremdimage
- Ist - oder Sollimage (Real- und Idealimage)
- Individual- und Kollektivimage
- Hersteller-, Verwender- und Ablehnerimage.[75]

Diese allgemeinen Imagekategorien lassen sich auch - u.U. mit Abwandlungen - auf das Personalimage anwenden.

Personalimage als Eigen- oder Fremdimage

Henzler unterscheidet zwischen Personalimage, das Beschäftigte von ihrem Betrieb haben (Autostereotyp oder nach Henzler: Eigenimage) und dem Bild, das Außenstehende vom Unternehmen als Arbeitgeber haben (Heterostereotyp oder nach Henzler: Fremdimage).[76] Er betont die Bedeutung des Personalimages, das die Mitarbeiter von ihrem Unternehmen haben, für die Bildung des Personalimages durch Außenstehende. Aber auch das Bild, das in der Öffentlichkeit vom Unternehmen herrscht, hat Auswirkungen auf das Personalimage der Mitarbeiter und wird von Achterholt unter dem Stichwort Innenwirkungen der Corporate Identity angedeutet.[77]

Schwaab hat verglichen, inwieweit das Personalimage, das Mitarbeiter aus dem Personalbeschaffungsbereich von bestimmten Kreditinstituten über das Personalimage ihres Unternehmens (Eigenpersonalimage) haben, mit dem übereinstimmt, das Studenten über das Unternehmen haben (Fremd-Personalimage).[78] Dabei stellt er fest ".., daß die mit Rekrutierungsfragen betrauten Mitarbeiter regelmäßig die Attraktivität ihrer Kreditinstitute bzw. - institutsgruppen überschätzt haben."[79]

Personalimage als Individual- und als Kollektivimage

Bereits Boulding unterscheidet zwischen dem privaten Image, als dem Vorstellungsbild, das sich eine Person für sich selbst vom Imageobjekt gebildet hat und somit personenspezifisch ist, und dem öffentlichen Image (public image), als der Vorstellung über ein Imageobjekt, das die Person mit anderen Mitgliedern des Kollektivs (Gruppe, Organisation, Gesellschaft usw.)teilt, der es angehört.[80] Als öffentliche Images werden demnach Vorstellungsbilder über ein Imageobjekt verstanden, über die in der Öffent-

---

[75]Vgl. Johannsen (Image)

[76]Henzler (Personal-Image) Sp. 1567

[77]Vgl. Achterholt (CI) S.147, Freimuth (Unternehmenslegitimität 1 und 2) und auch Schmidtchen (Image), insbesondere S. 970 - 972

[78]Vgl. Schwaab (Attraktivität) S.78ff

[79]Schwaab (Attraktivität) S. 96

[80]Vgl. Boulding (Image)

lichkeit eine bestimmte Übereinstimmung herrscht, als öffentliche, von vielen Personen gemeinsam getragene Einstellungen zu bestimmten Objekten. Diese als allgemein wahrgenommene Bewertung eines Objektes (public image) muß nicht mit der persönlichen Einschätzung übereinstimmen.[81]

Ideal - und Realimage

Mit dem Ideal- oder Sollimage werden Anforderungen bezeichnet, die man an ein Imageobjekt richtet, während das Real- oder Istimage die Wahrnehmung und Bewertung eines Imageobjektes beschreibt.

1.2.5 Zum Verhältnis von Unternehmens- und Personalimage

Henzler unterscheidet vier Formen des Verhältnisses von Unternehmens- und Personalimage:[82]

1. Übereinstimmung von positivem Unternehmens- und Personalimage

Dem hochgeschätzten Unternehmensimage entspricht ein ebenso hochgeschätztes Personalimage. Dieser Idealfall kann nach Henzler zwar vorkommen, es dürfte allerdings seltener der Fall sein, als viele Manager denken.

2. Übereinstimmung von mäßigem Unternehmens- und mäßigem Personalimage

Der nach Henzler nicht seltene Fall ist, daß einem negativen oder mäßigen Unternehmensimage ein ebenso negatives Personalimage entspricht. Änderungen allein des Personalimages dürften in einem derartigen Fall nur schwierig durchführbar sein.

3. Negatives Unternehmensimage und positives Personalimage

Henzler sieht diese Variante eher als eine theoretische Variante an, da alles was ein negatives Unternehmensimage ausmacht, auch Rückwirkungen auf die Einstellung der aktuellen und der potentiellen Mitarbeiter zum Unternehmen hat.

Zu Unternehmen der chemischen Industrie gibt es Befunde, die in Richtung einer derartigen Relation gehen. Danach werden Unternehmen der chemischen Industrie zwar als positiv im Hinblick auf Gehaltsaussichten, Sozialleistungen, Aufstiegschancen etc. eingeschätzt (kognitive Komponente des Personalimages), aufgrund ihres allgemein negativen Unternehmensimage als umweltbelastende Branche besteht jedoch ein nur geringer Beschäftigungswunsch (konative Komponente des Personalimages als Fremdimage).

4. Positives Unternehmensimage und negatives Personalimage

Viele Unternehmen haben nach Henzler ein positives Unternehmensimage, insbesondere auf dem Absatzmarkt, und zugleich ein negatives Image als Arbeitgeber. Diese

---

[81]Vgl. dazu Kirsch (Entscheidungsprozesse Bd. 3) S.76. Mit dem Begriff der öffentlichen Meinung weist Noelle - Nemann (vgl. dazu Noelle-Nemann / Geiger (Image)) auf einen weiteren Aspekt hin, der mit dem Begriff Image verbunden sein kann. Mit dem Begriff öffentliche Meinung bezeichnet sie eine bestimmte Art von Meinungen, die wertbehaftet sind und die man äußern muß, wenn man nicht in die Gefahr laufen will, sich zu isolieren.

[82]Vgl. Henzler (Personal-Image) Sp. 1566f

Konstellation kann für Unternehmen problematisch sein, da der Erfolg auf dem Absatzmarkt verhindert, daß die Probleme auf dem Arbeitsmarkt erkannt werden.

Bergler hat zum Verhältnis von Firmen- und Markenimage vier Relationen gebildet.[83]

- Identität
- Positive Integration
- Desintegration
- Isolation.

Diese Relationen lassen sich auch auf das Verhältnis von Unternehmensimage und Personalimage des Unternehmens anwenden, und da sie abstrakter als die Relationen von Henzler formuliert sind, werden die Konstellationen nach Henzler in die Relationen nach Bergler integriert.

Identität

Das Personalimage und das Unternehmensimage werden als identisch wahrgenommen. Diese Konstellation wird als Extremsituation kaum vorliegen. Als realistische Annäherung wäre z. B. vorstellbar, daß aufgrund des Unternehmensimages auf ein gleichartiges Personalimage geschlossen wird.

Dies entspricht dem Fall 1 und 2 nach Henzler.

Positive Integration

Es ist eine positive Verbindung zwischen dem Unternehmens- und dem Personalimage des Unternehmens gegeben, aber durchaus mit Differenzierung zwischen beiden. Eine positive Integration ist von Vorteil, wenn z.B. ein Unternehmen einen guten Ruf bezüglich seiner Kundenbetreuung hat und auch bezüglich seines Umgangs mit Bewerbern und Mitarbeitern.

Desintegration

Desintegration bedeutet, daß Unternehmensimage und Personalimage dieses Unternehmens als konträr erlebt werden. Eine derartige Desintegration haben z. B Studenten der Betriebswirtschaft bei einer Exkursion zu einem namhaften Automobilhersteller erlebt, dessen Unternehmensimage prägnant mit Exklusivität, hohen Preisen und hohe Qualität umschrieben wird, bei dem sie für belegte Brötchen minderster Qualität exklusive Preise zahlen mußten (negatives Personalimage: Umgang mit potentiellen Mitarbeitern).

Fall 4 nach Henzler ist ein Beispiel für eine derartige Desintegration

Isolation

Zwischen Unternehmens- und Personalimage besteht keine Beziehung. Diese Beziehung hat Henzler nicht vorgesehen.

---

[83]Vgl. Bergler (Firmenbild) S. 187f; Johannsen (Image) S. 134 hat diese Relationen auf das Verhältnis von Firmen- und Branchenimages übertragen

1.2.6 Entstehung und Veränderung von Personalimages

Zur Analyse der Entstehung und vor allem der Veränderung von Personalimage kann aufgrund der bisher erfolgten Konzeptualisierung als eine spezielle Einstellung auf theoretische Ansätze zur Erklärung der Entstehung und Veränderung von Einstellungen zurückgegriffen werden.

Der Neuerwerb von Einstellungen steht nicht im Mittelpunkt einstellungstheoretischer Ansätze. Irle sieht Einstellungen als das Ergebnis von Sozialisationsprozessen[84], die Fishbein und Ajzen etwas präziser als Lernprozesse bezeichnen.[85] Diese Annahme ist im allgemeinen in den verschiedenen einstellungstheoretischen Konzeptionen enthalten, ohne daß diese Hypothese weiter problematisiert wird. Generell werden Einstellungen als Ergebnisse sozialer Erfahrungen angesehen und somit als Forschungsobjekt der Sozialisationsforschung zugewiesen.[86] Hinweise auf einen bereits sehr frühen Erwerb von bereits sehr differenzierten Einstellungen (Images) gibt eine Untersuchung über das Image von Automobilmarken bei acht- bis zwölfjährigen Kindern.[87]

Zur Erklärung von Einstellungsänderungen gibt es eine Vielzahl von Ansätzen. Hormuth unterscheidet die vier Gruppen von Ansätzen zur Analyse von Einstellungsänderungen:

- konsistenztheoretische Ansätze
- wahrnehmungstheoretische Ansätze
- funktionale Ansätze
- informationsverarbeitungstheoretische Ansätze.[88]

1.2.6.1 Konsistenztheoretische Ansätze

Mit dem Begriff "konsistenztheoretische Ansätze" werden Theorien bezeichnet, die sich mit der Konsistenz bzw. Inkonsistenz von Kognitionen untereinander befassen.

Eine Kognition ist "..jede Art von Wissen, Überzeugung oder Meinung über die Umwelt, über sich selbst oder das eigene Verhalten."[89] Durch neue Informationen oder durch Umgewichtung der Bedeutung bestehender Kognitionen kann es zu einem Ungleichgewicht im kognitiven System, einer kognitiven Inkonsistenz, kommen. Da - als gemeinsame Annahme der Konsistenztheorien - Personen derartige Störungen in ihrem kognitiven System als unangenehm empfinden, versuchen sie diese Inkonsistenz, durch verschiedenen Strategien, wie z. B. die Umgewichtung bestehender Kognitionen, zu minimieren. Der bedeutendste konsistenztheoretische Ansatz ist die kognitive Dissonanztheorie[90]. Weitere bedeutsame konsistenztheoretische Ansätze sind Konzepte des Gleichgewichts

---

[84]Vgl. Irle (Sozialpsychologie)

[85]Fishbein / Ajzen (Belief)

[86]Hormuth (Einführung) S. 4

[87]Hönscheidt / Sonnenleiter (Bock) und Hönscheidt (Kindertraum). Beide beziehen sich auf eine im Ehapa Verlag Stuttgart erschienene Studie mit dem Titel: "Frühe Markenpositionierung: Neues über Kinder und Marken."

[88]Hormuth (Einführung) S.7ff

[89]Frey (Kognitive Theorien) S.53 unter Bezugnahme auf Festinger

[90]Einen Überblick über die dissonanztheoretische Forschung gibt Frey (Überblick)

und des Strebens nach Symmetrie sowie das Kongruenzprinzip von Osgood und Tannenbaum.[91]

Nach der kognitiven Dissonanztheorie von Festinger entsteht kognitive Dissonanz, wenn eine Person sich zwischen mehreren ungefähr gleichwertigen, aber einander ausschließenden Alternativen zu entscheiden hat.[92] Diese als unangenehm empfundene Dissonanz rührt her von der Erfahrung unangenehmer Eigenschaften der gewählten Alternative und dem Wissen der Person über angenehme Elemente der nicht gewählten Alternativen. Als Strategie zur Reduktion dieser "post-decisonal-dissonance oder - regret" wertet im allgemeinen die Person die Attraktivität der gewählten Alternative auf und die Attraktivität der nicht gewählten Alternativen ab.

Vroom hat auf der Basis der kognitiven Dissonanztheorie von Festinger bei einer Gruppe von Hochschulabsolventen untersucht, ob und inwieweit sich das Personalimage von Unternehmen vor und nach der Entscheidung für die Annahme des Arbeitsplatzangebots von einem Unternehmen unterscheidet.[93] Neben der Bewertung der Attraktivität der Unternehmen als Arbeitgeber (Beschäftigungswunsch) hat er auch noch die wahrgenommene Eignung eines Unternehmens zur Erreichung von Beschäftigungszielen (Instrumentalität) vor und nach der Entscheidung erhoben.

Bei ca. drei Viertel der Befragten zeigte sich, daß sich die Differenz zwischen der Attraktivität der gewählten Alternative im Vergleich zu den nicht gewählten Alternativen erhöht hat, während bei ca. 14% das Gegenteil eintraf. Dieses mit einem Signifikanzniveau von 1% signifikante Ergebnis bestätigt die aufgrund der kognitiven Dissonanztheorie vorhergesagte Attraktivitätsänderung, die allerdings im Gegensatz zur Theorie primär auf einer Abwertung der nichtgewählten Alternativen und in weitaus geringerem Maße auf einer Aufwertung der gewählten Alternative beruht.

Vroom führt die geringe Attraktivitätssteigerung der gewählten Alternative u. a. auf den meßtechnischen Umstand zurück, daß ca. 30% der Befragten, dem Unternehmen, für das sie sich später entschieden haben, bereits vorher den höchstmöglichen Wert auf der Attraktivitätsskala gegeben hatten. Sie konnten somit keine weitere Attraktivitätssteigerung ausdrücken. Die Tendenz zur Abwertung der "nichtgewählten" Unternehmen war größer, wenn der Befragte von einem Unternehmen kein Arbeitsplatzangebot erhielt, es ihm sozusagen verwehrt war, über ein Arbeitsplatzangebot dieser Unternehmen zu entscheiden.

Es zeigte sich ebenfalls, daß sich die wahrgenommenen Instrumentalitäten eines Unternehmens als Arbeitgeber nach der Entscheidung für ein Unternehmen bei den gewählten Unternehmen erhöhten, während sie sich bei den nicht gewählten Alternativen verminderten. Sofern die Studenten zwischen den beiden Messungen vor und nach der Entscheidung zusätzliche Informationen über das Unternehmen, z.B. aufgrund eines Besuchs bei dem Unternehmen oder aufgrund des Arbeitsplatzangebots erhielten, kam es zu einer Abwertung der Instrumentalitäten der nicht gewählten Unternehmen als Arbeitgeber, wohingegen es zu einer Aufwertung der Instrumentalitäten des gewählten Unternehmens als Arbeitgeber führte, wenn die Befragten keine weiteren Informationen über das Unternehmen erhielten.

---

[91]Eine "klassische" Übersicht über diese Theorien ist enthalten in Zajonc (Konzepte)

[92]Vgl. z.B. Festinger (Wahlentscheidungen)

[93]Vgl. Vroom (Choice)

In einer Nachfolgestudie stellten allerdings Vroom und Deci fest, daß nach einem Jahr der Beschäftigung in dem gewählten Unternehmen, die Attraktivität des Unternehmens als Arbeitgeber deutlich geringer war und auch in einer weiteren Messung dreieinhalb Jahre nach Beschäftigungsaufnahme bei dem gewählten Unternehmen auf diesem geringeren Niveau verblieben war.[94]

1.2.6.2 Wahrnehmungstheoretische Ansätze

Wahrnehmungstheoretische Ansätze befassen sich mit Einstellungsänderungen, die durch eine veränderte Wahrnehmung der Umwelt, wie selektive Wahrnehmung oder Wahrnehmungsverzerrung, verursacht werden.[95]

1.2.6.3 Funktionale Ansätze

Der funktionale Ansatz untersucht Einstellungen in ihrem Beitrag (Funktion) für die Befriedigung von Bedürfnissen. Bekanntester funktionaler Ansatz ist das Modell der autoritären Persönlichkeit. Nach diesem Modell dient z.B. die Einstellung gegenüber Minderheiten der Ich-Abschützung und ist möglicherweise eine defensive Maßnahme, die in einer starken Ablehnung des Vaters begründet ist.[96]

1.2.6.4 Ansätze der Informationsverarbeitung

Der Informationsverarbeitungsansatz analysiert Einstellungsänderungen anhand des Weges den die kommunizierte Botschaft von der Aufmerksamkeitszuwendung der Person zur Botschaft, dem Verständnis der Botschaft und der Ausführung des Mitgeteilten durchläuft.[97] Als zentrale Phasen für Einstellungsänderungen werden die Aufmerksamkeit für die Botschaft und der darauffolgende Lernvorgang angesehen, womit auch lerntheoretische Ansätze zur Erklärung von Einstellungsänderungen herangezogen werden. Besondere Bedeutung im Rahmen des Informationsverabeitungsansatzes zur Deutung von Einstellungsänderungen kommt der Attributionsforschung und der Selbstwahrnehmungstheorie, einem mit der kognitiven Dissonanztheorie konkurrierendem Ansatz, zu.[98]

In einem integrierten Modell hat Fopp versucht, auf der Basis verschiedener Ansätze zur Erklärung von Einstellungsänderungen ein Regelkreismodell zur Image - Entstehung und Image - Änderung zu entwickeln.

---

[94]Vgl. Vroom/Deci (Stability). Es handelt sich hierbei möglicherweise um eine Effekt traditioneller Rekrutierung im Gegensatz zu realistischer Rekrutierung wie er bei Wanous (Organizational) S. 34 - 84 beschrieben und bei Premack/Wanous (realistic) mittels einer Metaanylse untersucht wird.

[95]Vgl. Hormuth (Einführung) S. 8

[96]Das Modell der autoritären Persönlichkeit geht zurück auf Adorno / Frenkel-Brunswick / Levinson / Sanford (authoritarian). Vgl. dazu auch Hormuth (Einführung) S. 8f

[97]Vgl. Hormuth (Einführung) S.9

[98]Zur Attributionsforschung vgl. z.B. Heider (Psychologie); zum Verhältnis von Attributions- und Motivationsforschung z.B. Weiner (Motivation); zur Selbstwahrnehmungstheorie vgl. Frey (Überblick) und Cooper (Einwilligung)

1.2.6.5 Das integrierte Regelkreismodell von Fopp zur Erklärung der Image - Entstehung und der Image - Änderung

Das Regelkreismodell von Fopp soll in einer vereinfachten Form dargestellt werden:[99] Vorstellungen über das Image von Objekten fungieren als Soll - Wert. Diese "Soll - Wert - Vorstellungen" vergleicht das Individuum mit den Informationen, die das Individuum über das Imageobjekt wahrnimmt. Bei der Wahrnehmung handelt es sich um einen aktiven Prozeß der Informationsselektion, Informationsklassifikation und der Informationsbewertung, bei der insbesondere die Soll - Vorstellungen über das Imageobjekt die Wahrnehmung vorprägen und somit beeinflussen. Hierzu ist Näheres in den Ansätzen zur Analyse von Wahrnehmungen beschrieben.

Das Individuum vergleicht die wahrgenommenen Vorstellungen über das Imageobjekt mit den Soll - Vorstellungen. Konsequenzen dieses Soll - Ist - Vergleiches leitet Fopp aus der kognitiven Dissonanztheorie ab: "Bei minimer (es soll wohl heißen "minimaler" Anm. d.V.) Dissonanz wird die wahrgenommene Information weitgehend unverändert in das entsprechende Image integriert. Bei mittlerer Dissonanz, welche aber unter der Toleranzschwelle liegt, kommt es zu einem Korrekturentscheid an den Wahrnehmungsprozess, den Input entsprechend an das Orientierungssystem anzupassen. Erst wenn zwischen dem Ist- und dem Sollwert ein grösseres Ungleichgewicht vorhanden ist, die Toleranzschwelle übertreten wird, erfolgt eine Mitteilung an das zielsetzende System...Das zielsetzende System muss bei grösseren Dissonanzen die Sollgrösse an die neuen Gegebenheiten anpassen."[100] Das zielsetzende System wird bei Fopp etwas vage umschrieben als die Persönlichkeit, die Bedürfnisse, die Motive, und der kognitive Stil der Person sowie gesellschaftliche Einflüsse.

Gemäß der Dissonanztheorie von Festinger hat das Individuum vor allem drei Varianten zur Reduktion kognitiver Dissonanz zur Verfügung:

1. Änderung kognitiver Elemente

2. Neue Informationen, die mit der vorhandenen Soll - Vorstellung konsonant sind, werden gesucht und hinzugefügt

3. Umbewertung der Gewichtung von Informationen.

Mit Hilfe dieses Modells und unter Bezugnahme auf die Dissonanztheorie von Festinger versucht Fopp Entstehung und Änderung von Images zu deuten[101]:

Bei vorhandenen Images sind Änderungen nicht so schnell zu erwarten, da eine Tendenz besteht vorhandene Soll - Vorstellungen aufrecht zu erhalten, indem dazu widersprüchliche Informationen nicht wahrgenommen oder als nicht so wichtig oder glaubhaft eingestuft werden. Erst wenn die Soll - Vorstellung vom Individuum als kritisch eingestuft wird, kann über "neue" Informationen eine Image - Änderung herbeigeführt werden.

---

[99]Vgl. dazu Fopp (Branchen - Image) S. 117 - 125

[100]Fopp (Branchen - Image) S. 120

[101]Vgl. Fopp (Branchen - Image) S. 123f

Abbildung 1.1 : Das integrierte Modell von Fopp zur Imageentstehung und Imageänderung

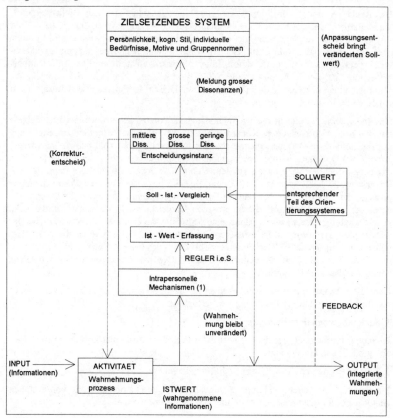

Beim Fehlen eines speziellen Images wird auf Vorstellungsbilder der nächsthöheren Abstraktionsebene zurück gegriffen. Besteht z.B. für ein Unternehmen kein Image, dann wird u.U. das Branchenimage als Bezugsgröße herangezogen. Der weitere Prozeß der Imagebildung erfolgt dann nach den Regeln der Image - Änderung bzw. der Imageresistenz. Genau genommen erklärt Fopp damit nicht die Image - Entstehung, sondern die Imagedifferenzierung von höheren Abstraktionsebenen auf konkretere Ebenen.

Obwohl dieses Modell von Fopp in vielerlei Hinsicht zu kritisieren ist, da es z. B. zu vage ist, so stellt es doch ein Raster dar, um erste Annäherungen zum Prozeß der Image - Entstehung und der Image - Änderung vornehmen zu können.

1.3 Erläuterung der Begriffe "Führungskraft" und "Führungsnachwuchskraft"

Die alltagssprachliche Verwendung des Begriffes Führung bedeutet nach Kotter zweierlei: "(1) bezeichnet es den Prozeß, eine Gruppe (oder Gruppen) von Leuten durch (vornehmlich) zwangsfreie Mittel in eine gemeinsame Richtung zu bewegen; (2) bezeichnet es Menschen, die Positionen bekleiden, in denen Führung (nach der ersten Definition) von ihnen erwartet wird."[102] Die erste Begriffsbedeutung nach Kotter beschreibt Führung als Funktion, die zweite beschreibt Führung als Institution.[103] Die zweite Definition wäre somit auch zugleich eine Begriffsbestimmung von Führungskräften: Führungskräfte sind Personen in Positionen, in denen man Führung von ihnen erwartet. Sofern der Begriff Führungskraft überhaupt bestimmt wird,[104] erfolgt seine Begriffsbestimmung i.d.R. wie bei Kotter durch einen Verweis auf den Begriff der Führung als Prozeß oder als Funktion.

Der Begriff der Führung ist jedoch keineswegs einheitlich geklärt.

In einer umfangreichen Auflistung hat Neuberger verschiedene Varianten des Führungsbegriffs aufgelistet und nach dem Subjekt der Führung ("Wer führt?"), dem Objekt ("Wer wird geführt?") und dem Prädikat ("Was, wie, wo geschieht?") einer ersten einfachen Analyse unterworfen.[105] Er stellt dabei eine Vielzahl unterschiedlichster Elemente des Führungsbegriffs fest und kommt zu dem Ergebnis, daß der Versuch, aus diesen verschiedenen Begriffsvarianten den umfassenden Führungsbegriff zu synthetisieren, nicht sinnvoll ist, da diese Begriffe eingebettet sind in theoretische Aussagensysteme und aus dieser Einordnung ihren "Sinn" erhalten: "Nicht der isolierte Begriff ist dann wichtig, sondern der theoretische Ansatz, die spezifische Hinsicht"[106]. Aufgrund dieser Einsicht verzichtet er auf eine Festlegung des Begriffs der Führung und will durch die Auswahl verschiedener Zugangswege (sprich theoretischen Ansätzen, Anm. des Verfassers) sein "Hinsehen und Wegsehen", sein Verständnis von Führung verdeutlichen. So sinnvoll diese Vorgehensweise bei einer Monographie zum Thema "Führen und geführt werden" sein mag, ist es aber keine praktikable Lösung zur Bestimmung des Arbeitsmarktsegments "Führungsnachwuchskräfte"; d. h. es muß eine detailliertere Beschreibung erfolgen.

---

[102]Kotter (Führung) S. 29

[103]Vgl. dazu auch Schirmer (Segmentationstendenzen) S. 281, Schirmer (Arbeitsverhalten) S.11ff und auch Staehle (Management) S. 74ff

[104]Bereits Faßbender (Führungskräfte) konnte eine gewisse Abstinenz bei der Verwendung des Begriffs "Führungskraft" als eigenständigem Beitrag in Lexikas festellen und dies ist z.T. auch heute noch der Fall. Weder im Handwörterbuch der Führung (Kieser/Reber/Wunderer (Hg.) (HWF)), noch im Personallexikon (Beyer (Personallexikon)) oder in Vahlens Großem Wirtschaftslexikon (Dichtl/Issing (Hg.) (Vahlens Bd, 1 u. 2)) oder im Management-Lexikon (Neske/Wiener (Hg.)(Management-Lexikon)) ist ein eigenständiger Beitrag zum Begriff "Führungskraft" oder "Führungskräfte" enthalten. Zum Begriff "Führungskräfte" vgl. auch Welge (Führungskräfte).

[105]Vgl. dazu Neuberger (Führen) S.2-7

[106]Neuberger (Führen) S.7

1.3.1 Zum Begriff "Führungskraft"

Der Begriff "Führungskraft" legt nahe, nur Personen, die andere Personen zu führen haben, als Führungskräfte anzusehen. Es gibt jedoch in vielen Unternehmen Mitarbeiter, die keine Personalverantwortung haben und die trotzdem einen erheblichen Einfluß auf den Unternehmenserfolg haben, in dem sie z.b. unternehmerische Entscheidungen vorbereiten oder ihre Umsetzung kontrollieren. Dies hat auch der Gesetzgeber bei der Bestimmung des Kreises der Leitenden Angestellten nach §5 Abs. 3. des Betriebsverfassungsgesetzes in der Fassung vom 23.12.1988 berücksichtigt.

Danach ist Leitender Angestellter, "..., wer nach Arbeitsvertrag und Stellung im Unternehmen oder im Betrieb

1. zur selbständigen Einstellung und Entlassung von im Betrieb oder in der Betriebsabteilung beschäftigten Arbeitnehmern berechtigt ist oder

2. Generalvollmacht oder Prokura hat und die Prokura auch im Verhältnis zum Arbeitgeber nicht unbedeutend ist oder

3. regelmäßig sonstige Aufgaben wahrnimmt, die für den Bestand und die Entwicklung des Unternehmens oder eines Betriebs von Bedeutung sind und deren Erfüllung besondere Erfahrungen und Kenntnisse voraussetzt, wenn er dabei Entscheidungen im wesentlichen frei von Weisungen trifft oder sie maßgeblich beeinflußt; dies kann auch bei Vorgaben insbesondere auf Grund von Rechtsvorschriften, Plänen oder Richtlinien sowie bei Zusammenarbeit mit anderen leitenden Angestellten sein."[107]

Auch Griepenkerl sieht in seiner Begriffsbestimmung als Führungskräfte Personen an, "..., die unternehmerische Aufgabe durch die Übernahme von Leitungsfunktionen und/oder Führungsfunktionen wahrnehmen. Sie wirken auf ihnen unterstellte Mitarbeiter zur Erreichung angestrebter Ziele ein und sind allgemein ermächtigt, im Rahmen ihres Aufgabenbereiches sachliche Entscheidungen zu treffen sowie Anweisungs-, Überwachungs- und Kontrollbefugnisse auszuüben. Das bedeutet, Führungskraft ist nicht nur derjenige, dem Mitarbeiter unterstellt sind, sondern auch derjenige mit bestimmten Verantwortungs- und Entscheidungsbefugnissen."[108]

Wie auch bei der Definition des Leitenden Angestellten nach dem Betriebsverfassungsgesetz in der Fassung vom 23.12.1988 §5 Abs. 3 sind nach dieser weiten Fassung des Führungskräftebegriffs nicht nur Vorgesetzte mit Personalverantwortung Führungskräfte, sondern auch Mitarbeiter ohne Personalverantwortung, wie besonders qualifizierte Spezialisten, Fachkräfte oder sogenannnte Stabskräfte, Führungskräfte, sofern sie aufgrund ihrer Funktion - und sei es nur beratend - wesentlichen Einfluß auf das Unternehmens- oder Betriebsgeschehen nehmen können.[109] Der Kreis von Führungskräften, der sich nach der Definition von Griepenkerl ergibt, ist allerdings weiter gefaßt als nach dem Betriebsverfassungsgesetz § 5 Abs. 3, da nach Griepenkerls Definition Personalverantwortung ausreicht und nicht gefordert wird, daß die Führungskraft zur selbständigen Einstellung und Entlassung von Mitarbeitern berechtigt ist[110] oder daß die Wahr-

---

[107]Betriebsverfassungsgesetz in der Fassung vom 23.12.1988

[108]Griepenkerl (Personalentwicklung) S.12. Im Unterschied zu Boeker (Führungskräfte) wird damit jede Person mit Personalverantwortung als Führungskraft angesehen.

[109]Vgl. dazu auch Weber (Fortbildung) Sp.316

[110]Zur Bestimmung des Kreises der leitenden Angestellten vgl. z. B. Hromodka (leitende Angestellte)

nehmung ihrer Aufgaben für den Bestand und die Entwicklung des Unternehmens oder des Betriebs von Bedeutung ist.

Auch Eckardstein/Fredecker und Widmaier gehen von einer weiten Fassung des Führungskräftebegriffs aus. Sie verstehen als Führungskräfte sowohl Personen, die eine Stelle mit Personalverantwortung (Führungsstelle i.e. S.) besetzen, oder die Inhaber von Stabstellen sind, die einer Führungsstelle i.e.S. zugeordnet sind, als auch besonders qualifizierte Spezialisten ohne Personalverantwortung.[111] Angesichts der Bedeutung, die der beratenden oder planenden Tätigkeit in einem Unternehmen zukommt, und angesichts des Umstands, daß zur Einstellung oder Kündigung von Mitarbeiter nur wenige Mitarbeitern eines Unternehmens auch im Innenverhältnis befugt sind, wird diese weite Begriffsbestimmung für diese Arbeit als adäquat angesehen.

Mit Hilfe der Portfoliotechnik hat Schmid eine Grafik zur Bestimmung der "Key-People (Schlüssel-Personen)" entwickelt, die sich auch auf die Bestimmung von Führungsstellen i.w.S. anwenden läßt. Als Schlüsselpositionen bestimmt er Positionen "..innerhalb eines Unternehmens, die entweder einen mittleren bis großen Einfluß auf den Unternehmenserfolg haben und/oder wichtige oder viele Mitarbeiter direkt (unterstellt) oder indirekt (durch Meinungsbildung) beeinflussen."[112]

1.3.2 Zum Begriff Führungsnachwuchskraft

Als Führungsnachwuchskräfte werden diejenige Personen verstanden, die dafür vorgesehen sind, Führungspositionen später zu übernehmen, oder die momentan dabei sind, sich für diese Positionen zu qualifizieren.[113] Dabei stellt die Bildungsqualifikation ein besonders wichtiges Selektionskriterium dar:

Nach einer Untersuchung der Kienbaum Unternehmensberatung haben 75% der Geschäftsleitungsmitglieder und über 50% der Leitenden Angestellten auf der ersten und zweiten Führungsebene unterhalb der Geschäftsleitung ein Hochschulstudium absolviert.[114]

Aufgrund dieser Untersuchungsergebnisse und der zukünftigen Herausforderungen in der Wirtschaft kommt Evers zu dem Schluß, daß " .. das akademische Studium immer mehr zum Schlüssel für Aufstieg und Berufserfolg in der Wirtschaft (wird). Zwar bietet der Studienabschluß allein heute längst keine Garantie mehr für eine erfolgreiche Managementkarriere, er wird aber in immer stärkerem Maße zu einer notwendigen Voraussetzung. Diese Feststellungen gelten nicht allein für die Absolventen der Technischen Hochschulen und Universitäten, sie treffen gleichermaßen für die FH-Absolventen zu."[115]

Das Hochschulstudium kann somit als ein wichtiges Qualifikationsmerkmal für Führungspositionen angesehen werden und Hochschulabsolventen bzw. Studenten stellen somit das Potential für zukünftige Führungskräfte dar.

---

[111]Eckardstein/Fredecker (Führungsnachfolge) Sp.630 und Widmaier (Wertewandel) S. 20

[112]Schmid (Key-People-Analyse) S. 221

[113]Widmaier (Wertewandel) S. 20

[114]Evers (FH-Absolventen) S.58

[115]Evers (FH-Absolventen) S.57

Für den Bereich der kaufmännischen Führungstätigkeiten stellen für die Unternehmen Hochschulabsolventen wirtschaftswissenschaftlicher Studiengänge die Hauptzielgruppe für die Rekrutierung von Nachwuchskräften aus dem Hochschulbereich dar.

1.3.3 Anmerkungen zu Perspektiven der Entwicklung von Angebot und Nachfrage auf dem Arbeitsmarktsegment für Führungsnachwuchskräfte

Als Arbeitsmarktsegmente werden Teilarbeitsmärkte - Segmente- des Gesamtarbeitsmarktes bezeichnet, deren Aufteilung weder zufällig noch vorübergehend ist.[116] Ihre Entstehung und Verfestigung wird primär auf betriebliche Personalbeschaffungsstrategien zurückgeführt, bei denen Bewerber nach dem Qualifikationsniveau differenziert werden oder z.b. bei der Besetzung von Führungspositionen, Mitarbeiter aus dem Unternehmen präferiert werden.

Als Anbieter von Führungsnachwuchsleistungen (als Arbeitsmarktsegment Führungsnachwuchskräfte mit wirtschaftswissenschaftlicher Ausbildung) im kaufmännischen Bereich werden Hochschulabsolventen wirtschaftswissenschaftlicher Fachrichtungen (Betriebswirtschaftslehre, Volkswirtschaftslehre und Wirtschaftsingenieurwesen) angesehen, die kurz vor Abschluß ihres Examens stehen, d.h. sich zumindest im Hauptstudium befinden, oder vor kurzem ihr Studium beendet haben und bereits in einem Unternehmen tätig sind oder noch auf Stellensuche sind. Neben den Absolventen der Hochschulen und Fachhochschulen sind dies in Deutschland in zunehmenden Maße auch Absolventen der Berufsakademien[117], der privaten Hochschulen[118] und von Programmen z.B. zum Erwerb des Masters of Business Administration (MBA)[119].

Während Unternehmen bis ca. Mitte der 80er Jahre aus vielen Kandidaten auswählen konnten, fand Ende der 80er und Anfang der 90er Jahre ein verstärkter Wettbewerb um Hochschulabsolventen statt, die besondere Qualifikationen aufweisen können. Neben Facharbeitern und Auszubildenden war dies insbesondere für Fach-und Führungskräfte mit Hochschulabschluß in den Ingenieurwissenschaften und Wirtschaftswissenschaften der Fall. Dies traf nicht nur für erfahrene Kräfte zu, sondern auch für Hochschulabsolventen dieser Studiengänge. Aufgrund genereller Überlegungen und Prognosen, insbesondere aufgrund der demographischen Entwicklung, wurde Anfang der 90er Jahre eine weitere Verschärfung im Wettbewerb um besonders qualifizierte Nachwuchskräfte erwartet.[120] Zum Zeitpunkt des Schreibens dieser Arbeit (1993) haben jedoch selbst hochqualifizierte Hochschulabsolventen erhebliche Schwierigkeiten eine Anfangsstellung zu finden[121]. Der Wandel drückt sich aus in Überschriften, die im August z.B. noch " Mehr

---

[116]Zur Theorie des segmentierten Arbeitsmarkt vgl. Sengenberger (Arbeitsmarktstruktur)

[117]Zur Konzeption und rechtlichen Gestaltung vgl. die Informationsbroschüre des Ministeriums für Wissenschaft und Kunst (Hg.) (Berufsakademie); zur zunehmenden Akzeptanz der Absolventen in der Wirtschaft vgl. Risch (Sprung)

[118]Zu den guten Berufsaussichten von Absolventen deutscher Privathochschulen vgl. Lentz (Idylle)

[119]Zur Einstufung dieser Programme (rankings) vgl. z.B. Lentz (Votum) und Cox / Cox (MBA)

[120] Vgl. z. B. Dincher/Ehreiser / Nick (Arbeitsmarkt) insbesondere S.78 ff; Franke / Buttler (Arbeitswelt 2000), insbesondere S. 143; Klauder (Arbeitsmarktperspektive); Troll (Arbeitwelt); Lentz / Plüskow (Mehr)

[121]Vgl. o. V. (Down); Barth (Klimmzüge)

Spaß - mehr Freiraum - mehr Perspektiven : Superchancen für Hochschulabsolventen.."[122] und die im Februar 1993 bereits "Klimmzüge in der Krise"[123] lauteten.

Da langfristig bei einer besseren Wirtschaftsentwicklung nicht nur aufgrund demographischer Faktoren[124] mit einer verstärkten Nachfrage von Führungsnachwuchskräften zu rechnen ist, sollten Unternehmen auch weiterhin die langfristigen und strategischen Konstellationen auf dem Arbeitsmarkt für Führungsnachwuchskräfte beachten.

1.4 Strategische Konstellationen auf dem Arbeitsmarkt für Führungsnachwuchskräfte

Nach dem traditionellen Ansatz der ökonomischen Analyse von Arbeitsmärkten suchen die Anbieter von Arbeitskraft Einkommen und bieten dafür ihre Arbeitskraft und die Nachfrager nach Arbeitskraft bieten für die Arbeitskraft Einkommen.[125]

Einkommen bzw. Entlohnung und Arbeitskraft bzw. Arbeitsleistung sind nur einzelne Aspekte des Austauschs am Arbeitsmarkt. Empirische Untersuchungen zeigen, daß Bewerber nicht nur Einkommen, sondern auch andere "Güter", wie Status, Arbeitszufriedenheit, Selbstverwirklichung, eintauschen wollen und daß Unternehmen nicht nur Arbeitszeit und Arbeitsbereitschaft, sondern auch z.b. Kompetenz, Identifikation und Kreativität einkaufen wollen.

Nach einer Umfrage des Instituts der deutschen Wirtschaft bei 158 Unternehmen werden bei der Auswahl von zukünftigen Führungskräften neben der angemessenen Fachrichtung vor allem Initiative, Fähigkeit zum problemorientierten Denken, Kontaktfähigkeit und Durchsetzungsvermögen berücksichtigt.[126] Angehende Absolventen andererseits wünschen sich nicht nur ein gutes Gehalt sondern auch z. B. ein angenehmes Betriebsklima, überdurchschnittliches Weiterbildungsangebot und gute Karrieremöglichkeiten.[127]

Folgende Übersicht in Anlehnung an Simon[128] soll einen Überblick über Angebots- und Nachfragepalette auf dem Arbeitsmarkt geben.

---

[122] Lentz / Plüskow (Mehr) S. 84

[123] Barth (Klimmzüge)

[124] Vgl. z.B. Weber (Personalarbeit) und Scherm (Unternehmensaufgabe) S. 204

[125] Vgl. z.B. Zerche (Arbeitsökonomik)

[126] Vgl. Sinn/Stelzer (Talente) S.75

[127] Vgl Sinn/Stelzer (Talente) S.74

[128] Vgl. Simon (Attraktivität) S. 325 und Sebastian/Simon/Tacke (Führungsnachwuchs) S.1000

Tabelle 1.3: Überblick über Angebots- und Nachfragepalette auf dem Arbeitsmarkt

	Angebot	Nachfrage
Unternehmen	Einkommen	Kompetenz
	Tätigkeit	Einsatzbereitschaft
	Unternehmenskultur	Arbeitszeit
	Personalimage	
Bewerber	Kompetenz	Einkommenserzielung
	Einsatzbereitschaft	Arbeitszufriedenheit
	Arbeitszeit	Selbstverwirklichung

Wie auf allen Märkten gilt es für die Marktteilnehmer eine optimale Wettbewerbsposition einzunehmen. Es bietet sich für Unternehmen deshalb an, Prinzipien und Techniken des Marketing und des strategischen Managements, die sich für den Bereich des Absatzmarkt bewährt haben, auf den Personalbereich zu übertragen und "Strategisches Personalmarketing" zu praktizieren.[129]

1.4.1 Attraktivitätsvorteile und strategisches Dreieck auf dem Arbeitsmarkt

Als einen ersten einfachen Bezugsrahmen zur Darstellung der strategischen Situation auf dem Arbeitsmarkt schlägt Simon das "strategische Dreieck" vor, mit dessen Hilfe erste strategische Überlegungen vorgenommen werden können.[130]

Das eigene Unternehmen, Bewerber/Mitarbeiter und Konkurrenzunternehmen bilden die Eckpunkte des Dreiecks. Im Wettbewerb um die besten Nachwuchskräfte werden die Unternehmen von den Nachwuchskräften bevorzugt, die Attraktivitätsvorteile bieten können, die anderen Unternehmen nicht oder nicht in diesem Ausmaß haben.

Diese Attraktivitätsvorteile müssen wahrgenommen werden, sie müssen sich von den Vorteilen der anderen Unternehmen abheben (*Differenzierung*), sie dürfen nicht von anderen Unternehmen leicht einhol- oder imitierbar sein (*Dauerhaftigkeit*) und sie müssen für die Bewerber bedeutsam sein (*Wichtigkeit*).[131]

Voraussetzung für das gezielte Management von Attraktivitätsvorteilen ist, daß man weiß, welche Merkmale ein Unternehmen als attraktiv für den Führungsnachwuchs erscheinen lassen, wie das eigene Unternehmen hinsichtlich dieser Merkmale eingeschätzt

---

[129]Zur Darstellung des Personalmarketingansatzes vgl. von Eckardstein / Schnellinger (Personalmarketing) und (Einzelhandel); Wunderer (Personalwerbung); Ruhleder (Personal-Marketing); Zimmer (Personalmarketing) und als neuere Veröffentlichungen Eckardstein/Janisch (Personalmarketing); Staude (Personalmarketing); Scholz (Personalmarketing) sowie die beiden Handbücher von Strutz (Hg.) (Personalmarketing) und (Strategien). Zur Diskussion der Anwendbarkeit des Marketingansatzes auf den Personalbereich vgl. z. B. Ende (Theorien), S. 62ff, Staffelbach (Personal-Marketing) und Bartscher/Fritsch (Personalmarketing)

[130]Vgl. Sebastian/Simon/Tacke (Führungsnachwuchs) S.1000-1002

[131]Vgl. Sebastian/Simon/Tacke (Führungsnachwuchs) S. 1000f

wird und wie es auch im Vergleich zu anderen Unternehmen, mit denen es im Wettbewerb um Führungsnachwuchskräfte steht, von den Studenten gesehen wird.[132]

Abbildung 1.2: Strategische Dreieck auf dem Arbeitsmarkt nach Simon[133]

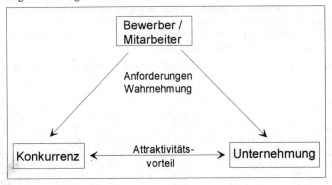

Es ist weiterhin wichtig zu wissen, wie sich diese Wahrnehmung auf das Bewerberverhalten[134] auswirkt.
Hierzu lassen sich in einer ersten Annäherung einige Annahmen formulieren[135].

1.4.2 Annahmen über den Stellenwert des Personalimages auf das Bewerberverhalten

Die Entscheidung für einen Arbeitsplatz läßt sich in einer ersten Annäherung im Regelfall[136] in drei sukzessive Teilentscheidungen zerlegen. Erst muß der Stellensuchende entscheiden, ob er sich überhaupt bei einem Unternehmen bewerben will (Selbstselektion). Anschließend muß das Unternehmen prüfen, ob es dem Bewerber ein Beschäftigungsangebot unterbreiten will (Fremdselektion). Wenn der Bewerber ein Angebot erhält, muß er entscheiden, ob er es annehmen will(Vertragsabschluß).

---

[132]Vgl. Sebastian/Simon/Tacke (Führungsnachwuchs S. 1000

[133]Vgl. Sebastian/Simon/Tacke (Führungsnachwuchs) S. 1002

[134]Der Begriff des Bewerberverhaltens ist vergleichsweise wenig verbreitet und bis jetzt noch nicht systematisch analysiert im Vergleich zum Konsumentenverhalten; vgl. dazu auch Kompa (Personalbeschaffung) S. 26ff

[135]Eine detaillierte Darstellung dieses Prozeses erfolgt in Kapitel 3 dieser Arbeit.

[136]Abweichungen von dieser Abfolge von Teilentscheidungen erfolgen z.B., wenn Unternehmen oder Personalberater Bewerber direkt ansprechen und ihm eine Stelle anbieten.

1.4.2.1. In der Phase der Selbstselektion

Der Erfolg beim Wettbewerb um die besten Nachwuchskräfte entscheidet sich demnach nicht erst bei bei dem Vorstellungsgespräch und bei den Verhandlungen über die Konditionen des Arbeitsvertrags,[137] denn dies setzt voraus, daß bereits mit dem potentiellen Mitarbeiter Kontakt aufgenommen werden konnte, daß der potentielle Mitarbeiter überhaupt bereit ist, mit dem Unternehmen Kontakt aufzunehmen, sei es durch die unaufgeforderte Bewerbung (Initiativbewerbung) oder daß auf ein Kontaktangebot (z. B. Stellenanzeige) des Unternehmens reagiert wird.

"Bestimmend für die Ausprägung der Kontaktbereitschaft eines Stellensuchenden zu einem Unternehmen ist der Grad der Übereinstimmung zwischen dem Bild, das der Stellensuchende von seinem "idealen" Arbeitgeber hat, und dem Image des konkreten, sich auf dem Arbeitsmarkt anbietenden Unternehmens."[138] Da in dieser Phase der Stellensuchende im allgemeinen keine profunden Informationen über das Unternehmen als Arbeitgeber haben wird, kann das Personalimage in dieser Phase sogar von entscheidender Bedeutung sein. In dieser Phase bestimmt das Personalimage im wesentlichen, ob ein Unternehmen zum "accepted set" gehört, ob es überhaupt als möglicher Arbeitgeber in Frage kommt und ob der Stellensuchende sich dort bewirbt.[139] Vor der Auswahlmöglichkeit durch das Unternehmen (Fremdselektion), findet in der Regel die Selbstselektion durch die Führungsnachwuchskraft statt.[140] Auch im Hinblick auf karrierestrategische Überlegungen kann das Personalimage bedeutsam sein. Falls man nicht mehr bei einem Unternehmen arbeiten will, hat man als Bewerber im allgemeinen bessere Arbeitsmarktchancen, wenn man bei einem renommierten Unternehmen beschäftigt ist.[141] Es ist weniger riskant, eine Stelle bei einem Unternehmen mit sehr positivem Personalimage anzunehmen als bei einem Unternehmen mit einem eher negativen Ruf als Arbeitgeber. Unter Umständen kann es sogar eine sehr ausgefeilte Karrierestrategie sein, sich über die Beschäftigung bei einem renommierten Unternehmen sehr attraktive Beschäftigungschancen bei anderen Unternehmen zu verschaffen.[142]

Auch in den Fällen, bei denen die Initiative vom Unternehmen ausgeht, bei denen das Unternehmen bei Führungskräften nachfragt oder über Dritte z. B. Hochschullehrer nachfragen läßt, ob die Führungsnachwuchskraft ein Interesse an einer Beschäftigung im Unternehmen hat, spielt das Personalimage bei der Prüfung und Akzeptanz des Beschäftigungsangebots durch die Führungsnachwuchskraft analog dem oben geschilderten Fall bei der Annahme eines Beschäftigungsangebots eine große Rolle.

---

[137] Vgl. Becker (Personalimage) S. 127 und Simon (Attraktivität) S. 326f

[138] Becker (Personalimage) S.127

[139] Vgl. Simon (Attraktivität) S.326f

[140] Vgl.Becker (Personalimage) S. 127 und Simon (Attraktivität) S.326f; vgl. dazu auch Mayr (Spitzenplätze)

[141] Vgl. dazu bei Schwaab (Attraktivität), S. 79ff die Einschätzung von anderen Unternehmen der gleichen Branche durch die Personaleinstellungsverantwortlichen.

[142] Neben namhaften Unternehmen wie Deutsche Bank wird dies vor allem auch von den bekannten Unternehmensberatungsfirmen erwartet. Vgl. z.B. Lentz / Plüskow (Mehr), insbesondere S. 96

1.4.2.2 In der Phase der Fremdselektion und des Vertragsabschlusses

Aber auch in der Entscheidungsphase, wenn das Unternehmen zum Kreis der akzeptierten potentiellen Arbeitgebern gehört und bereits intensive Vorstellungsgespräche stattgefunden haben, beeinflußt das Personalimage weiterhin die Entscheidung des Bewerbers. Der Bewerber kann in der Regel nur versuchen, seine Beurteilung des Unternehmens als Arbeitgeber auf der Basis allgemein zugänglicher Quellen und aufgrund seiner Beobachtungen, wie in dem Unternehmen seine Bewerbung behandelt wird und wie speziell das Vorstellungsgespräch geführt wird, durchzuführen.[143] Der Bewerber wird deshalb geneigt sein, fehlende Information durch den Rückgriff auf das Personalimage zu ersetzen.[144] Selbst die Bestimmung der Konditionen des Arbeitsvertrags kann vom Personalimage beeinflußt werden. Simon konnte feststellen, daß Unternehmen, die allgemein als nicht so attraktiv als Arbeitgeber eingeschätzt werden, bei der Auswahl von Bewerbern Abstriche vornehmen, d.h. nicht so gut eingeschätzte Bewerber einstellen, oder höhere Leistungen, z.b. ein höheres Anfangsgehalt[145], zum Ausgleich dieses Mankos bieten müssen.

Diese Überlegungen gelten generell für alle Bewerbergruppen. Sie haben aber für Hochschulabsolventen eine besondere Bedeutung: Es geht bei ihnen um die Entscheidung über die erste Arbeitsstelle im Führungsbereich bzw. im Führungsnachwuchsbereich, der u.U. eine Weichenstellung für den weiteren Berufs-und Karriereweg zukommt. Sie haben i.d.R. keine persönlichen Erfahrungen mit derartigen Stellen gemacht. Ihre Entscheidung könnte deshalb in besonderem Ausmaß vom Personalimage geprägt sein.

1.4.3 Personalimage und Ökonomie der Personalbeschaffung und Selektion

Neben dem Vorteil, daß die "besseren" Bewerber eher die Unternehmen mit gutem Ruf als Arbeitgeber bevorzugen, hat ein gutes Image als Arbeitgeber auch Auswirkungen auf die Ökonomie und Effizienz der Personalbeschaffung und Personalselektion.

"Während Markenartiklern wie Procter & Gamble oder Unilever pro Jahr Tausende von Bewerbungen unaufgefordert ins Haus flattern, können die Personalleute von Reemtsma, Reynolds oder Philipp Morris derlei Initiativbewerbungen locker an zwei Händen abzählen."[146]

Wenn man davon ausgeht, daß die Häufigkeit unaufgeforderter Bewerbungen mit dem Personalimage positiv korreliert, dann bedeutet dies, daß Unternehmen mit weniger positivem Personalimage häufiger darauf angewiesen sind, zusätzlich Personalwerbemaßnahmen durchzuführen oder potentielle Nachwuchskräfte direkt anzusprechen während Unternehmen mit positiverem Personalimage attraktive Bewerbungen sozusagen "frei Haus" zugehen.

Eine sinnvolle Personalauswahl und der ökonomische Einsatz der Personalauswahlinstrumente setzt eine im Vergleich zu den besetzenden Stellen ausreichend hohe Zahl von

---

[143]Zum Einfluß von Personalbeschaffungspraktiken, inklusive des Vorstellungsgesprächs, auf die Entscheidung des Bewerbers zur Annahme eines Stellenagebots vgl. Powell (job attributes).

[144]Vgl. Simon (Attraktivität) S. 327 und Henzler (Personal-Image) Sp. 1565

[145]Simon (Attraktivität) S. 340f konnte belegen, daß abnehmende Präferenz als Arbeitgeber zu höheren Anforderungen von Seiten der Absolventen hinsichtlich des Anfangsgehalts führt.

[146]Lentz (Kippe) S. 170

grundsätzlich geeigneten Bewerbern voraus[147], die in Zeiten hoher Beschäftigung wiederum nur dann zu erwarten ist, wenn das Unternehmen ein positives Image als Arbeitgeber aufweisen kann.

1.4.4 Personalimage und Beschäftigungswunsch als Ziel- und Erfolgsgrößen einer Personalmarketingkonzeption

Zur Darstellung der Bedeutung des Personalimages und des Bewerberverhaltens im Rahmen einer Personalmarketingstrategie wird auf einen Beitrag von Scholz Bezug genommen.[148]

Marketing heißt seiner Meinung nach, die unternehmerischen Maßnahmen an den Bedürfnissen der aktuellen und potentiellen Nachfrager auszurichten und sie diesen Bedürfnissen anzupassen.

Übertragen auf den Personalbereich bedeutet dies, daß das Personalmanagement Bedürfnisse und Interessen der relevanten Zielgruppen in Rechnung stellt, daß es das Unternehmen inklusive Arbeitsplatz (das Produkt) an gegenwärtige und zukünftige Mitarbeiter (die Kunden) zu "verkaufen" hat, wobei er klarstellt, daß Personalmarketing nicht auf eine "Vermarktung von Arbeitsplätzen" zielt, sondern eine basale Denkhaltung darstellt, die sich an den Grundbedürfnissen der Kunden - er meint wohl der aktuellen oder potentiellen Nachfrager nach Arbeitsplätzen und Arbeitsplatzinhaber - orientiert.[149]

Scholz leitet aus dieser Bestimmung von Personalmarketing drei zentrale Funktionen des Personalmarketings ab:

Die Akquisitionsfunktion:

Externe Bewerber sollen für das Unternehmen gewonnen werden. Neben dem Entgelt und z. B. Arbeitszeitregelungen wird dem Unternehmensimage eine besondere Rolle bei der Rekrutierung von Externen zugewiesen.

Die Motivationsfunktion:

Die aktuellen Mitarbeiter sollen für die Arbeit im Unternehmen motiviert werden.

Profilierungs-und Positionierungsfunktion:

Aktuelle und potentielle Mitarbeiter sollen das Besondere des Unternehmens wahrnehmen können. Da sich die Entgelte und Arbeitsbedingungen immer mehr ähnlen, müssen die Unternehmen sich in ihrer Rolle als Arbeitgeber differenzieren, insbesondere durch immaterielle Besonderheiten, die z.B. in der Unternehmenskultur begründet sind und als Personalimage wahrgenommen werden.

---

[147] Zur Bedeutung der Selektionsquote für die Güte der Personalauswahl und den Nutzen von Personalselektionsinstrumenten vgl. Taylor/Russel (Tables), die hierzu Tabellen entwickelt haben, Engelhard/Wonigeit (Selektionsstrategien), die aufbauend auf Taylor/Russel und Cronbach/Gleser (Personnel Decisions) auf aktuellen Kosten basierend eine ökonomische Nutzenbestimmung verbreiteter Selektionsstrategien vorgenommen haben, Schuler (Biographischer Fragebogen), der eine eher allgemeine Darstellung gibt, und Barthel (Nutzen), der in umfassender Weise den Nutzen eignungsdiagnostischer Verfahren bei der Bewerberauswahl darstellt und diskutiert.

[148] Vgl. Scholz (Personalmarketing)

[149] Scholz (Personalmarketing) S. 95

Primäres Ziel des Beitrags von Scholz ist die Darstellung eines idealtypischen Prozesses für eine Personalmarketingstrategie zur Positionierung eines Unternehmens als Arbeitgeber.

Die Entwicklung von Personalmarketingstrategien[150]

1. Analysieren der Situation

Unternehmen müssen zunächst ihre Ausgangssituation analysieren. Den drei Elementen - Unternehmenskultur, Erscheinungsbild (Corporate Identity) und Personalimage - kommt dabei eine grundsätzliche Bedeutung zu.

2. Konkretisieren des Problems

Aufgrund der Analyse kann die Positionierung des Unternehmens am Arbeitsmarkt bestimmt werden und die Konstellation der Nachfrage am Arbeitsmarkt konkretisiert werden. In direkter Analogie zum Produktgütermarketing ergeben sich in Abhängigkeit von der Nachfragekonstellation bestimmte Marketingaufgaben:[151]

a) fehlende Nachfrage:

Durch Anreizmarketing muß der Bedarf geweckt und dem Arbeitsmarkt vermittelt werden.

b) latente Nachfrage:

Wenn zwar grundsätzliches Interesse an einer Beschäftigung in einem Unternehmen vorhanden ist, das sich allerdings nicht in einer erforderlichen Bewerbungshäufigkeit und Annahme von Stellenangeboten niederschlägt, ist Entwicklungsmarketing erforderlich.

c) Stockende Nachfrage:

Durch Revitalisierungsmarketing müssen die Anreize an veränderte Bedürfnisse der potentiellen Mitarbeiter angepaßt werden und das Unternehmen muß sich als attraktiver Arbeitgeber wieder in Erinnerung bringen.

d) Optimale Nachfrage:

Durch Erhaltungsmarketing sollte das Unternehmen diese günstigste Situation stabilisieren.

e) übersteigerte Nachfrage:

Durch Reduktionsmarketing gilt es, die übersteigerte Nachfrage sinnvoll zu verringern, indem z.B. die Zielgruppe der Personalmarketingmaßnahmen bewußt eingegrenzt wird.

---

[150]Scholz (Personalmarketing), S. 99-102

[151]Scholz (Personalmarketing) S. 99 nimmt dabei Bezug auf Kotler; vgl. dazu Kotler/Bliemel (Marketing) S.17f, die allerdings 8 Nachfragesituatioenen unterscheiden.

3. Formulierung der Strategie[152]

Nach Scholz stehen hierzu drei Gruppen von Strategien zur Verfügung:[153]

a) Intensivstrategien

Ihre Anwendung ist vor allem sinnvoll bei Entwicklungs- und Revitalisierungsaufgaben.

Bei der Push-Strategie, als eine Variante der Intensivstrategien, konzentriert sich das Unternehmen auf bewährte Zielgruppen und Arbeitsmarktsegmente und versucht durch Intensivierung seiner Marketinganstrengungen sein Personalimage wirkungsvoller zu übermitteln, ohne es jedoch zu verändern.

Bei der Relaunch-Strategie werden Anpassungen des "Produktes" (Unternehmen / Arbeitsplatz), jedoch keine Neuentwicklungen vorgenommen.

Ohne Veränderungen des Produktes werden bei der Zielgruppenstrategie neue Zielgruppen angesprochen. Zum Beispiel könnten dies Zielgruppen in anderen Regionen oder mit anderer Qualifikation sein: anstelle von Universitätsabsolventen Fachhochschulabsolventen oder anstelle von Betriebswirten Sozialpädagogen

b) Integrativstrategien

Strategien vom Typ der Integrativstrategie passen zu Entwicklungs- und eventuell zu Reduktionsmarketingaufgaben. Bei Integrativstrategien weitet das Unternehmen sein Leistungsprogramm aus, indem es entweder Vorprodukte selbst erstellt, statt sie von anderen zu beziehen, oder indem es selbst konsumfertige Endprodukte erstellt, statt sie an andere zu liefern. Im Personalbereich könnte dies bei einer Entwicklungsstrategie z.B. bedeuten durch Personalentwicklungsmaßnahmen Mitarbeiter derartig zu qualifizieren, daß eine Beförderung aus eigenen Reihen möglich wird. Das Gegenteil wäre eine Akquisitionsstrategie, bei der z. B. keine Auszubildenden eingestellt werden, sondern Personen mit abgeschlossener Ausbildung rekrutiert werden.

c) Diversifikationsstrategien

Diversifikationsstrategien basieren auf Neuentwicklungen bei der Produktpalette und sind deshalb vorteilhaft bei Anreiz-und Entwicklungsmarketingaufgaben.

Bei einer Anreiz-Innovativstrategie entwickelt das Unternehmen neuartige Anreizsysteme während bei einer Personal-Innovationsstrategie vollkommen neue Arbeitsmarktsegmente angesprochen werden, z. B. Leasingpersonal oder ausländische Arbeitnehmer.

---

[152]Vgl. dazu auch Kotler/Bliemel (Marketing) S.65-68
[153]Scholz (Personalmarketing) S. 99-101

4. Positionierung des Produktes[154]

Eine wichtige Aufgabe des Marketings ist es, das Produkt möglichst attraktiv in den Augen der Zielgruppe erscheinen zu lassen und es von konkurrierenden Produkten zu differenzieren.

Je nachdem, inwieweit bei der Zielsetzung der Steigerung der wahrgenommenen Attraktivität des Produktes bei der Kommunikation mit der Zielgruppe Emotionen oder Informationen verwendet werden, sind drei Positionierungskonzepte zu unterscheiden:

a) Positionieren durch Informationen

Die objektiven Eigenschaften eines Arbeitsplatzes in einem Unternehmen werden dargestellt. Um sich von anderen Arbeitsplatzangeboten zu unterscheiden, müssen markante Merkmale betont werden, die diesen Angebot prägnant von konkurrierenden unterscheidet.

b) Positionierung durch Emotionen

Es wird versucht, die emotionale Ebene der Zielgruppe anzusprechen (z. B. arbeiten in einem weltbekannten Unternehmen).

c) Positionierung durch Informationen und Emotionen

Dabei werden Fakten über das Unternehmen mit emotionalen Aspekten kommuniziert.

5. Auswahl der Instrumente[155]

Hier verweist Scholz auf das Instrumentarium des Personalmanagements, wobei es auf die bewußte und strategiegerechte Anwendung dieser Instrumente im Rahmen eines Personalmarketings ankommt.

6. Erfolgskontrolle der Maßnahmen[156]

Abschließend ist zu prüfen, inwieweit die gesetzten Ziele erreicht worden sind. Dabei ist nach Scholz insbesondere ".. zu prüfen, ob und in welchem Ausmaß

- das erreichte Image dem Soll-Image nähergekommen ist,
- die tatsächlichen Kulturwerte den Soll-Kulturwerten entsprechen,
- diese beiden Bereiche aufeinander abgestimmt sind sowie
- die Personalmarketinginstrumente der sichtbaren Ebene

diese Veränderungen bewirkt haben."[157]

Wie aus dem Beitrag von Scholz deutlich wird, erfordert die Entwicklung und Realisierung einer effizienten Personalmarketingstrategie verläßliche Informationen darüber, wie das Unternehmen von der Zielgruppe wahrgenommen wird, welche Wünsche an zukünftige Arbeitgeber gerichtet werden und wie sich diese Wahrnehmung im Bewer-

---

[154]Scholz (Personalmarketing) S. 101.

[155]Scholz (Personalmarketing) S. 101

[156]Scholz (Personalmarketing) S. 101f

[157]Scholz (Personalmarketing) S. 102

berverhalten niederschlägt. Personalimage und Bewerberverhalten, insbesondere der Beschäftigungswunsch, sind somit zentrale Zielkriterien für die Entwicklung von Personalmarketingstrategien und sie stellen auch zentrale Kriterien für die Messung und Beurteilung des Erfolgs der Personalmarketingstrategien dar.

2. Ziele und Gestaltung der Arbeit

Ausgehend von der Analyse empirischer Untersuchungen zum Personalimage von Unternehmen bei kaufmännischen Führungsnachwuchskräften, insbesondere in Deutschland, werden in diesem Kapitel die Ziele dieser Arbeit formuliert und der Gang der Bearbeitung dargestellt. Anschließend wird auf die Befragung als angewendete Forschungsmethode kurz eingegangen und Methoden der Messung und der Auswertung der Untersuchung erläutert.

2.1 Darstellung empirischer Untersuchungen zum Personalimage und zum Beschäftigungswunsch

Bevor detaillierter auf Untersuchungen in Deutschland eingegangen wird, soll kurz der Forschungsstand in den U.S.A. skizziert werden.

2.1.1 Untersuchungen in den U.S.A

In der angloamerikanischen Literatur wurden Untersuchungen zum Personalimage vielfach auf der Basis eines erwartungswerttheoretischen oder auch als instrumentalitätstheoretisch bezeichneten Bezugsrahmens durchgeführt. Die Attraktivität eines Unternehmens als Arbeitgeber (Beschäftigungswunsch) wurde dabei konzipiert als eine Funktion der Summe der Produkte aus der wahrgenommenen Eignung des Unternehmens zur Erreichung von Beschäftigungszielen (Instrumentalität) multipliziert mit dem Wert oder der Bedeutung der jeweiligen Beschäftigungsziele (Valenz der Beschäftigungsziele).[158]

Insgesamt erbrachten die Untersuchungen zum Beschäftigungswunsch auf der Basis des erwartungswerttheoretischen Modells Produkt-Moment-Korrelationswerte zwischen 0,3 und 0,82 zwischen der Attraktivität eines Unternehmens als Arbeitgeber und der Summe der Multiplikation der Instrumentalitäten mit der Valenz der Beschäftigungsziele.[159] Diese Werte werden als tendenzielle Bestätigung des erwartungswerttheoretischen Modells angesehen.

---

[158] Diese Konzeptualisierung des Personalimages entspricht der mehrdimensionalen einstellungstheoretischen Imagekonzeption nach Trommsdorff. Vgl. Trommsdorff (Image) und Kapitel 1 dieser Arbeit.

[159] Vgl. Wanous (entry) S.90 - 99 und Schwab / Rynes / Aldag (job search) S. 150f und die dort jeweils angegebene Literatur

2.1.2 Untersuchungen in Deutschland

Es werden hier nur Untersuchungen erläutert, bei denen explizit der Einfluß des Personalimages, einzelner namentlich genannter Unternehmen auf die Attraktivität als Arbeitgeber für angehende Hochschulabsolventen analysiert wird.

Angesichts der oben konstatierten Bedeutung des Personalimages für die Personalarbeit und insbesondere für die Personalbeschaffung von Führungsnachwuchskräften lassen sich nur wenige veröffentlichte empirische Untersuchungen zu diesem Thema feststellen.[160]

Die Darstellung und Analyse der empirischen Untersuchungen erfolgt nach folgenden Kategorien:

1. Zielsetzung der Untersuchung

2. Untersuchungspopulation

3. Verwendete Imagekonzeption (theoretischer Ansatz)

4. Untersuchungsmethode

Ergebnisse der Untersuchungen werden im Zusammenhang mit der Darstellung und Interpretation der eigenen Untersuchungsergebnisse wiedergegeben und erläutert.

2.1.2.1 Die Untersuchung von Simon: "Die Attraktivität von Großunternehmen beim kaufmännischen Führungsnachwuchs"

Simon will mit seiner Untersuchung feststellen, wie Großunternehmen als Arbeitgeber wahrgenommen werden und welche Zusammenhänge zwischen der Wahrnehmung der Großunternehmen und ihrer Attraktivität als Arbeitgeber bestehen.[161] Es soll auch untersucht werden, inwieweit gruppenspezifische Unterschiede in der Wahrnehmung von Großunternehmen und der Bewertung als Arbeitgeber bestehen. Darauf aufbauend sollen strategische Implikationen für das Personalmarketing herausgearbeitet werden.

Simon expliziert nicht seine verwendete Imagekonzeption. Die Untersuchung fand als schriftliche Befragung im Sommersemester 1982 statt.

Die Untersuchung von Simon basiert auf einer Stichprobe mit 613 Studenten der Wirtschaftswissenschaften im Hauptstudium an deutschen Universitäten mit bekannten wirtschaftswissenschaftlichen Fachbereichen.

---

[160] Es ist zu vermuten, daß einige Untersuchungen über das Image von Unternehmen als Arbeitgeber und ihre Attraktivität für den Führungsnachwuchs für firmeninterne Zwecke durchgeführt werden und Außenstehenden nicht zugänglich sind, so daß hier nur auf öffentlich zugängliche Studien Bezug genommen werden kann. Es ist weiterhin auffällig, daß vergleichsweise viele dieser Studien primär aus kommerziellen Motiven initiiert wurden.

[161] Vgl. Simon (Attraktivität)

Tabelle 2.1: Ausgewählte sozio-demographische Merkmale der studentischen Stichprobe bei der Untersuchung von Simon

Merkmal	Ausprägung	Anteile
Studiengang	BWL	93%
Studiengang	VWL	7%
Geschlecht	männlich	78%
Geschlecht	weiblich	22%
Semesterzahl	unter 5	9%
Semesterzahl	5 und mehr	91%
Berufsausbildung	ja	26%
Berufsausbildung	nein	74%

2.1.2.2 Die Untersuchung von Böckenholt/Homburg: "Ansehen, Karriere oder Sicherheit"

Böckenholt/Homburg beabsichtigen mit ihrer Untersuchung[162] festzustellen "..., welchen Beitrag die einzelnen Komponenten des Unternehmensimages zur Attraktivität des Unternehmens als Arbeitgeber leisten, welche Beziehungen zwischen diesen Komponenten bestehen und welche Unterschiede im Beziehungsgefüge der Komponenten zwischen einzelnen Unternehmen zu beobachten sind."[163] Sie sehen auch durch ihr methodisches Vorgehen die Möglichkeit, detailliertere Handlungsempfehlungen für das Personalmarketing ableiten zu können als durch traditionelle Positionierungs- und Präferenzanalysen.[164]

Böckenholt/ Homburg ordnen ihre Untersuchung als einen Beitrag zur Bedeutung der betrieblichen Personalpolitik im Rahmen einer Corporate-Identity-Strategie ein. Eine explizite Bestimmung der verwendeten Imagekonzeption ist nicht feststellbar.

Als Untersuchungsmethode wurde eine schriftliche Befragung gewählt.

Die Studenten sollten im paarweisen Vergleich für 12 Großunternehmen die Präferenz als zukünftiger Arbeitgeber angeben und jedes Unternehmen, das ihnen hinreichend bekannt ist, auf einer fünfstufigen Ratingskala hinsichtlich vorgegebener Statements beurteilen.

Ihre Stichprobe umfaßt 91 Studenten aus dem Hauptstudium des Studiengangs "Wirtschaftsingenieurwesen" der Universität Karlsruhe.

---

[162]Böckenholt / Homburg (Ansehen)

[163]Böckenholt / Homburg (Ansehen) S.1160

[164]Die Autoren nehmen von dieser Einschätzung explizit die Studie von Simon (Attraktivität) heraus. Vgl. Böckenholt / Homburg (Ansehen) Fußnote 7, S. 1160 bzw. 1176.

Tabelle 2.2: Ausgewählte sozio-demographische Merkmale der Stichprobe bei der Untersuchung von Böckenholt/Homburg

Merkmal	Mittelwerte oder Anteile
Alter	23,9 Jahre
Studiendauer	7,8 Semester
Geschlecht	83% männlich 17% weiblich
Berufsausbildung	7% ja 93% nein
erwartete Examensnote	11% sehr gute Note 81% gute Note 8% befriedigende Note

2.1.2.3 Die Untersuchung von Schwaab: "Die Attraktivität der deutschen Kreditinstitute bei Hochschulabsolventen"

Zentrale Zielsetzung der Untersuchung von Schwaab ist die Analyse der Attraktivität von Kreditinstituten für Studenten und ihr Vergleich mit der Selbsteinschätzung der Attraktivität von Kreditinstituten durch Mitarbeiter der Kreditinstitute.[165]

Die beiden Stichproben bestehen aus 109 Mitarbeitern von Kreditinstituten, die mit Personalrekrutierungsaufgaben befasst sind, und aus 364 Studenten der Wirtschaftswissenschaften an deutschen Universitäten im Hauptstudium mit dem Schwerpunkt Bank- bzw. Kreditwirtschaft.

Auch bei Schwaab ist keine explizite Imagekonzeption feststellbar. Die Untersuchung erfolgte als schriftliche Befragung.

Tabelle 2.3: Ausgewählte sozio-demographische Merkmale der studentischen Stichprobe bei der Untersuchung von Schwaab

Merkmal	Ausprägung	Wert
Studiengang	BWL	66
	Ökonomie	26%
	VWL	6%
	Wirtschaftspädagogik	2%
Semesterzahl	im Durchschnitt	9,23 Semester
Alter	im Durchschnitt	25,8 Jahre
Geschlecht	männlich	80%
	weiblich	20%
Banklehre	ja	47%
	nein	53%

---

[165] Schwaab (Attraktivität) und Schwaab / Schuler (Attraktivität)

2.1.3 Zusammenfassende Bewertung des Stands der Forschung

In einer zusammenfassenden Bewertung des Forschungsstandes in Deutschland lassen sich die nachfolgend aufgelisteten Defizite feststellen:

1. Die empirische Forschung in Deutschland zum Personalimage basiert nicht auf einer explizit dargestellten theoretischen Konzeption:

Eine Forschung ohne theoretische Konzeption bleibt "einzelfallbezogen"; sie kann ihre spezifischen, einzelnen Untersuchungsergebnisse nicht transzendieren.[166]

2. Es wurde nur das Personalimage von Großunternehmen untersucht[167]*:*

Für die deutsche Wirtschaft und ihren Erfolg auf dem Weltmarkt sind Unternehmen kleiner und mittlerer Größe, insbesondere wenn es sich um mittelständische Unternehmen handelt, von herausragender Bedeutung.[168]

Simon bezeichnet mittelständische Unternehmen in seiner Analyse ihrer Erfolgsfaktoren als "Hidden Champions".[169] Diese Unternehmen sehen Managementengpässe noch vor einem als zu hoch eingeschätzten Lohnniveau oder Rahmenbedingungen wie Umwelt, Arbeitsrecht oder Gewerkschaften als ihr größtes Problem an. Als Ursachen für die Schwierigkeit beim Beschaffen und der Integration von Führungskräften werden angesehen:

- die hohe Spezialisierung dieser Unternehmen auf bestimmte Produkte und Marktnischen,
- die insbesondere von den Eigentümern stark geprägte Unternehmens- und Führungskultur - von Simon in Anlehnung an Leibinger als "aufgeklärtes patriarchalischen System" bezeichnet[170] - und
- die i.R. ländlichen Standorte der Unternehmen angesehen.

Selbst die durchaus erfolgreichen mittelständischen Unternehmen sind deshalb darauf angewiesen, ihre Führungskräfte möglichst selbst zu entwickeln.

---

[166]Vgl. z.B. Martin (Personalforschung) S. 9f

[167]In den oben erörterten Studien ist nicht das Personalimage von mittelständischen Unternehmen untersucht worden. Es gibt allerdings Untersuchungen zum Personalimage von mittelständischen Unternehmen als Typus, nach denen dem Unternehmenstypus mittelständisches Unternehmen in wichtigen Merkmalen als Arbeitgeber von angehenden Hochschulabsolventen positiver als Großunternehmen eingeschätzt werden. Vgl. Bergler (Marken - und Firmenbild) S. 9 -14, Tacke (Mittelstand), Simon / Sebstian / Tacke ((neunziger Jahre), Tacke (Spieglein), Pfaller (Wunsch).

[168]Zu personalpolitischen Besonderheiten von Klein- und Mittelunternehmen vgl. Scholz / Schlegel / Scholz (Mittelstand), Mank (mittelständische Unternehmen), Albers / Herrmann / Kahle / Kruschwitz / Perlitz (Hg): (mittelständische Unternehmen), Schneider /Huber / Müller (Mittelstand), Droege & Comp. (Zukunftssicherung), Eckardstein (Besonderheiten), Nicolai (Personalentwicklung) S. 23ff; Ackermann / Blumenstock (Hg.)(mittelständische Unternehmen)

[169]Vgl. auch zum folgendem Simon (Hidden Champions), insbesondere S. 876 und 886f

[170]Leibinger, Bernd in Frankfurter Allgemeine Zeitung (FAZ) vom 2.5. 1989 zitiert nach Simon (Hidden Champions) S. 886

3. Die Untersuchungsstichproben bestanden nur aus Universitätsstichproben:
Nach einer Studie von Landsberg und Kinkel kommen ca. 50% des Führungsnachwuchses mit wirtschaftswissenschaftlicher Ausbildung von den Fachhochschulen.[171] Der Referent für Bildungspolitik des Deutschen Industrie- und Handelstages, Feuchthofen, führt dazu aus: " Absolventen von Fachhochschulen sind mittlerweile zu einem interessanten Potential für den gehobenen und höheren Führungsnachwuchs in den Unternehmen geworden, obwohl es diese Form der Hochschulausbildung erst seit rund 20 Jahren gibt. Anwendungsorientierte Studiengänge, ein enger Praxisbezug und kurze Studienzeiten sind die wesentlichen Markenzeichen aus Unternehmersicht. Unter diesem Blickwinkel stehen die Chancen für eine auch weiterhin steigende Attraktivität der FH-Absolventen auf dem Arbeitsmarkt gut."[172] Inzwischen werden viele Stellen - sogar Stellen im Forschungsbereich - für Absolventen für Fachhochschul- und Universitätsabsolventen gleichermaßen ausgeschrieben.[173]

2.2 Methodologische Vorbemerkungen zur Funktion und Gestaltung explorativer Studien

Auf Grund des Status der Theorien im Bereich der Verhaltenswissenschaften kann nicht auf elaborierte, wohlformulierte und erfahrungswissenschaftlich fundierte Theorien zurückgegriffen werden. Empirische Forschung zur Prüfung von Theorien oder Hypothesen im Sinne eines fallibilistischen Prüfungsmodells kann deshalb vielfach nicht durchgeführt werden. Als Alternative zu dieser Vorgehensweise, bei der der Erklärungs- und Begründungszusammenhang von Theorie im Vordergrund steht, dienen explorative Studien auf der Basis theoretischer Bezugsrahmen, die als Vorstufe zu wohlformulierten Theorien eingestuft werden. Diese Vorgehensweise ist insbesondere dann angebracht, wenn wie hier der Zusammenhänge erst endeckt werden sollen, der Entdeckungszusammenhang somit betont ist.

2.2.1 Anmerkungen zum Begriff "theoretischer Bezugsrahmen"

Nach Kirsch hat ein theoretischer Bezugsrahmen folgenden Inhalt: "Er enthält eine Reihe theoretischer Begriffe, von denen angenommen wird, daß sie einmal Bestandteil von Modellen bzw. Theorien werden könnten. Darüberhinaus umfaßt ein theoretischer Bezugsrahmen einige, freilich sehr allgemeine Hypothesen, die jedoch meist nur tendentielle Zusammenhänge andeuten. Nicht selten beschränken sich die Aussagen darauf, daß zwischen bestimmten Variablen funktionale Beziehungen angenommen werden, ohne daß diese Funktionen präzisiert werden."[174] Theoretische Bezugsrahmen bestehen somit aus konzeptionellen Elementen (theoretisch geprägten Konstrukten), Annahmen über die Verbindung dieser konzeptionellen Elemente und evtl. Annahmen über die empirische Erfassung (Indikatoren) dieser konzeptionellen Elemente und ihrer Verbindungen.[175]

---

[171] Zitiert nach Feuchthofen (Firmenumfrage) S. 190

[172] Feuchthofen (Firmenumfrage) S.188; vgl. dazu auch Landsberg (Fachhochschulabsolventen)

[173] Vgl. z.B. Steiner (Praxis) S. 17

[174] Kirsch (Entscheidungsprozesse Bd.3) S. 241

[175] Vgl. z. B. Schirmer (Arbeitsverhalten) S. 9

2.2.2 Funktionen theoretischer Bezugsrahmen

Theoretische Bezugsrahmen werden, wie auch Theorien, für folgende Zwecke angewendet:[176]

- Erklärung von Tatbeständen (Erklärungsfunktion)
- Prüfung der Richtigkeit der Theorie bzw. des Bezugsrahmens
- Gestaltung von Tatbeständen (Technologie)
- Prognose von Tatbeständen (Prognosefunktion)
- Kritische Analyse insbesondere sozialer Tatbestände (Kritikfunktion)
- Steuerung von Forschungsstrategien und Forschungsprogrammen (forschungsheuristische Funktion).

Die Anwendung von Theorien oder Bezugsrahmen zur Erklärung von Tatbeständen und die Prüfung der Richtigkeit von theoretischen Aussagensystemen[177] werden als theoretisches Wissenschaftsziel bezeichnet, während die Anwendung von theoretischen Aussagensystemen zur Gestaltung und Prognose von Tatbeständen in der Betriebswirtschaft unter dem Begriff "pragmatisches Wissenschaftsziel" zusammengefaßt wird.

2.2.2.1 Zum theoretischen Wissenschaftsziel

a) Erklärungsfunktion

Bei der Verwendung von Bezugsrahmen zur Erklärung von Tatbeständen spricht man häufig von Erklärungsskizzen, um auch hier die formale Unvollständigkeit dieser Anwendung theoretischer Aussagensysteme in Bezug auf die vorherrschend etablierten wissenschaftstheoretischen Kriterien einer deduktiv-nomologischen Erklärung nach Hempel und Oppenheimer auszudrücken[178]. Bezugsrahmen dienen dann als Basis für die Definition von Einzelproblemen und sollen Orientierungshilfe für die Integration von Einzelergebnissen geben. Als Ersatz für gehaltvolle und voll entwickelte Theorien fungieren theoretische Bezugsrahmen neben der oben genannten Orientierungs-und Integrationsfunktion insbesondere dazu,

- " das Denken über komplexe reale System zu ordnen",[179] indem sie je nach Präzisierungsgrad auch Zusammenhänge zwischen den Variablen angeben und sie in einen übergeordneten theoretischen Zusammenhang einordnen. Sie ermöglichen damit eine rudimentäre Erklärung oder Deutung von Phänomenen. In diesem Zusammenhang dienen Bezugsrahmen als mehr oder minder taugliche Rekonstruktionsentwürfe, als

---

[176]Vgl. dazu differenzierter Spinner (Pluralismus) S.120 - 123

[177]In dieser Arbeit werden die Begriffe (theoretischer) Bezugsrahmen, theoretische Aussagensysteme, Modelle und Theorie synonym verwendet. Der Begriff "Theorie" wird in diesem Kapitel "Methodologische Vorbemerkungen" hiervon ausgenommen und bezieht sich bei diesen methodologischen Erörterungen auf sogenannte wohlformulierte Theorien. Vgl. u.a. dazu Opp (Methodologie) und Spinner (Pluralismus) und die dort jeweils angegebenen Literaturhinweise.

[178]Vgl. Hempel (Aspects) und ders. (Philosophie) S. 69ff

[179] Kirsch (Entscheidungsprozesse Bd. 3) S. 241 und vgl. auch Martin (1988) S.17f

"Auffangsmuster" für zu erforschende Realitätsausschnitte, die zur "Wahrheitsannäherung" beitragen sollen.[180]

b) Prüfung der Richtigkeit theoretischer Aussagensysteme

Sofern mehrere, unter Umständen konkurrierende Aussagensysteme zur Erklärung von Phänomenen zur Verfügung stehen, werden neben dem wichtigsten Kriterium einer möglichst guten Übereinstimmung zwischen theoretischen Sätzen und der Empirie[181] weitere komparative Gütekriterien, wie z.b. heuristische Fruchtbarkeit des Ansatzes, zur Entscheidung zwischen den Aussagesystemen herangezogen.[182]

2.2.2.2 Zum pragmatischen Wissenschaftsziel

Neben den oben genanten Kriterien für das theoretische Wissenschaftsziel kommen für die Anwendung realwissenschaftlicher Aussagensysteme für praktische Zwecke weitere Kriterien hinzu, wie praktische Verwertbarkeit oder Relevanz, Routinisierbarkeit oder Ökonomie.[183] Die praktische Anwendung von Theorien oder Bezugsrahmen stellt kein einfaches Übernehmen oder Ableiten dar, sondern es handelt sich um eine eigenständige Übertragungsleistung, wie es sich z.b. im Verhältnis von Physik und Chemie als Grundlagenwissenschaften für die Ingenieurwissenschaften ausdrückt. Indem theoretische Bezugsrahmen Hintergrundwissen für das Verständnis von Problemstellungen zur Verfügung stellen, mit dessen Hilfe Problemzusammenhänge erkannt und gestaltungsrelevante Variablen identifiziert werden können, bieten theoretische Bezugsrahmen Gestaltungshilfen für die Bewältigung praktischer Probleme.[184] 2.1.2.3 Zur forschungsstrategischen Funktion

Theoretische Bezugsrahmen unterstützen die Strukturierung von Problemstellungen und erleichtern die Erhebung und Interpretation der Forschungsergebnisse.[185]

Schirmer unterscheidet zwei Typen der Verwendung von Bezugsrahmen bei der Forschung:

- Forschung mit dem Bezugsrahmen
- Forschung an Bezugsrahmen.

Bei der Forschung mit Bezugsrahmen werden mit Hilfe des Bezugsrahmens als theoretischer Basis Fragestellungen mit dem Ziel einer Erklärung dieser Phänomene erforscht, während bei der Forschung an Bezugsrahmen die Gültigkeit, Angemessenheit oder Richtigkeit der oder des Bezugsrahmens selbst Gegenstand der Forschung sind.[186]

---

[180]Vgl. Schirmer (Arbeitsverhalten) S.8. Zur Problematik von Wahrheitskriterien vgl. z.B. Skirbekk (Hg) (Wahrheitstheorien) und auch Varela (Kognitionswissenschaft); zur Problematik der "Wahrheitsannäherung" vgl. z.B. Spinner (Pluralismus) oder Feyerabend (Methodenzwang)

[181]genauer gesagt zwischen den Aussagen zur Beschreibung der Empirie

[182]Vgl. Schirmer (Arbeitsverhalten)S.8, Kmieciak (Theorie). S. 9 -15 oder detaillierter Bunge (Scientific), Feyerabend (Methodenzwang), Spinner (Pluralismus), Kuhn (Struktur), Stegmüller (Theoriendynamik)

[183]Vgl. Schirmer (Arbeitsverhalten) S.8 und Kmieciak (Theorien) S. 9 - 15

[184]Vgl. Schimer (Arbeitsverhalten) S.8 und Kubicek (Bezugsrahmen)

[185]Vgl. Schirmer (Arbeitsverhalten) S. 9, Müller (Benutzerverhalten) S.45ff

[186]Vgl. Schirmer (Arbeitsverhalten) S.9

2.2.3 Zur forschungsstrategischen Funktion theoretischer Bezugsrahmen bei explorativen Studien

Explorative Studien werden angewendet, wenn zu einem Forschungsgebiet nur als ungenügend eingestufte Erkenntnisse vorliegen, es keine wohlformulierten Theorien zu dem Forschungsgebiet gibt und somit aufgrund zu geringer Kenntnis über das Forschungsgebiet keine spezifischen Hypothesen, die in eine umfassende Theorie eingebettet sind, formuliert und überprüft werden können[187].

Explorative Studien sollen dann dazu beitragen, den Forschungsprozeß auf der Basis theoretischer Bezugsrahmen zu leiten und u.a. auch die Gewinnung von Hypothesen über das Forschungsobjekt zu ermöglichen. Dabei werden bei explorativen Studien auf der Basis expliziter theoretischer Bezugsrahmen die Hypothesen nicht vor der Durchführung der empirischen Untersuchung aufgestellt, sondern erst im Verlauf bzw. als Ergebnis der empirischen Untersuchung formuliert. Von empirischen Untersuchungen ohne theoretischen Bezugsrahmen unterscheiden sie sich darin, daß bei ihnen nicht nur empirische Befunde festgestellt und diese dann möglicherweise als Hypothesen formuliert werden, sondern daß bei explorativen Studien auf der Basis theoretischer Bezugsrahmen Vorarbeiten zu einem emprisch fundierten theoretischen Ansatz erfolgen.

Die forschungsstrategische Funktion von Bezugsrahmen kann anhand folgender Aspekte verdeutlicht werden:

1. Basis für die Strukturierung des Forschungsproblems

Ein theoretischer Bezugsrahmen kann den Forscher dabei unterstützen, Breite und Tiefe seines Forschungsobjektes abzuschätzen, die Elemente seines Forschungsobjektes zu erfassen, sein Vorverständnis über die Problemstellung zu präzisieren, Interdependenzen zu anderen Phänomenen zu erkennen und das Forschungsproblem zu konkretisieren.

2. Basis für die Deskription des Forschungsobjektes

Mit Hilfe von Bezugsrahmen können Grundbegriffe zur Beschreibung des Forschungsobjekts entwickelt werden.

3. Basis für die Entwicklung von Annahmen über Zusammenhänge

Durch theoretische Bezugsrahmen können Annahmen über Zusammenhänge als Arbeitshypothesen formuliert werden. Diese Annahmen über Zusammenhänge sind häufig sehr vage. Es kann sein, daß nur Beziehungen zwischen Elementen des Bezugsrahmens angenommen werden ohne Präzisierung ihrer Art.

4. Anleitung zur Gestaltung und Durchführung der empirischen Erhebung

Auf der Basis von theoretischen Bezugsrahmen kann die Wahl der adäquaten Forschungsmethode und die Operationalisierung der Variablen systematisch und in einem theoretischen Kontext eingeordnet durchgeführt werden.

---

[187]Die Darstellung der forschungsstrategischen Funktion von Bezugsrahmen lehnt sich an Becker (Bezugsrahmen) an.

5. Objektivität und Intersubjektivität

Durch den Bezug auf einen theoretischen Bezugsrahmen können die einzelnen Schritte des Forschungsvorhabens, ausgehend von ersten Überlegungen zum Forschungsobjekt und der Strukturierung des Forschungsobjekts bis hin zur Interpretation der Forschungsergebnisse und die dabei zu treffenden (Vor-) Entscheidungen, explizit dargestellt und in einen theoretischen Kontext integriert werden. Damit wird Dritten ermöglicht den Forschungsprozeß und insbesondere die daraus abgeleiteten Schlußfolgerungen nachzuvollziehen und ein eigenes Urteil über den Gehalt der Forschung zu treffen.

Becker faßt die Bedeutung von Bezugsrahmen für die Steuerung von explorativen Studien folgendermaßen zusammen:

"Durch die sorgfältige Entwicklung eines Bezugsrahmens mit inhaltlichen, prozessualen und methodischen Elementen kann die explorative Studie systematisch erarbeitet, durchgeführt und nachvollzogen werden. Sie wird zu einem gezielten Erkenntnisprozeß, in dem planmäßiges Suchen, Beobachten, Formulieren, Fragen, Überprüfen, Auswerten, Präzisieren, Verwerfen von Fakten (genauer wäre: Aussagen über Fakten, Anm. des Verfassers) und Thesen nach Regeln stattfindet. Mit der Hilfe von Bezugsrahmen wird die Forschungsfragestellung und das Problem abgegrenzt, werden Rahmenbedingungen benannt, vorliegende Erkenntnisse eingeordnet, Interpretationen der zu erhebenden Daten erörtert und realwissenschaftliche Forschungshypothesen aufgestellt."[188]

2.3 Gegenstand der Untersuchung: Die inhaltliche Zielsetzung

Inhaltlicher Gegenstand dieser Untersuchung ist die Fragestellung, welche Faktoren das Image eines Unternehmens als potentieller Arbeitgeber (Personalimage) bei kaufmännischen Führungsnachwuchskräften bestimmen und welchen Einfluß das Personal - Image auf den Wunsch hat, bei einem Unternehmen beschäftigt zu sein.

Im einzelnen werden dabei folgende Fragestellungen untersucht:

Welche Erwartungen oder Wünsche haben die Studenten an ihren zukünftigen Arbeitgeber und wie gewichten sie diese Erwartungen oder Wünsche?

Welche Unterschiede gibt es bei dem Personalimage und dem Beschäftigungswunsch bei den einzelnen Unternehmen?

Welche Bedeutung hat das Personalimage für den Bewerbungswunsch?

Welchen Einfluß haben einzelne Komponenten des Personalimages (z.B. die Möglichkeit eines Auslandseinsatzes) auf den Beschäftigungswunsch und inwieweit lassen sich dabei Unterschiede zwischen den einzelnen Unternehmen feststellen?

Welche Unterschiede lassen sich beim Vergleich von Groß- und Mittelunternehmen, insbesondere von mittelständischen Unternehmen, hinsichtlich des Personalimages, seiner Komponenten und des Beschäftigungswunsches feststellen?

Inwieweit lassen sich Unterschiede bezüglich der oben genannten Fragestellungen beim Vergleich von Universitäts- und Fachhochschulstudenten sowie beim Vergleich anderer personaler Merkmale, wie Alter, Geschlecht und Berufsausbildung, feststellen?

---

[188] Becker (Bezugsrahmen) S.118

2.4 Die konzeptionelle Zielsetzung

Das Personalimage wird zwar als ein bedeutsamer Einflußfaktor auf den Bewerbungswunsch angesehen und es stellt somit eines der zentralen Zielgrößen einer Personalmarketingkonzeption dar, es ist aber in den veröffentlichten deutschen Untersuchungen nicht auf der Basis eines expliziten theoretischen Ansatzes untersucht worden, welche Struktur die begriffliche Konzeption von Personalimage hat, ob es die ihm unterstellte Generierung eines Gesamtbilds aus wenigen "Einzelqualitäten" aufweist und inwieweit es den Beschäftigungswunsch beeinflußt.

Es fehlt deshalb für die Forschung im deutschsprachigen Raum eine theoretische Fundierung der Forschung zum Personalimage, die es erlaubt die Einzelbefunde in einen theoretischen Gesamtzusammenhang einzuordnen. Anstelle einer "naiv-korrelativen" Erforschung von isolierten Einzelergebnissen und der unfruchtbaren Datenanhäufung soll daher eine theoriegeleitete Forschungskonzeption treten.

Allgemein formuliert ist es deshalb Ziel dieser Untersuchung zur Analyse der oben genannten Fragestellung, einen theoretischen Bezugsrahmen zu entwickeln und empirische Untersuchungen zur Präzisierung und zur Überprüfung der Angemessenheit dieses Bezugsrahmens durchzuführen.

Ausgehend von der Einteilung durch Trommsdorff stehen dazu drei Imagekonzeptionen zur Verfügung:

- die ökonomische Imagekonzeption
- die gestaltpsychologische Imagekonzeption
- die einstellungstheoretisch fundierte Imagekonzeption.

Da die ökonomische Imagekonzeption nur eine Bezeichnung für Phänomene, die mit der klassischen ökonomischen Perspektive nicht erklärbar sind, darstellt und somit keine theoretische Basis hat, reduziert sich die Auswahl auf die zwei verbleibenden Konzepte. Aufgrund der Entwicklung in der Imageforschung im Marketing wurde zunächst ein einstellungstheoretischer Ansatz gewählt.

Die einstellungstheoretisch fundierte Personalimageanalyse in dieser Arbeit erbrachte jedoch Ergebnisse, die nach Auffassung des Verfassers sich nicht vollständig mit dem einstellungstheoretisch fundierten Personalimagekonzept erklären lassen, sondern einen ergänzenden Ansatz erfordern. Als ein derartiger ergänzender Ansatz wurde die "Schematheorie" gewählt und eine zweite, schematheoretisch fundierte Untersuchung durchgeführt.

Es ist weiterhin eine konzeptionelle Zielsetzung dieser Arbeit, die Angemessenheit dieser beiden unterschiedlicher Ansätze für die Erklärung des Personalimages und des Beschäftigungswunsches zu überprüfen.

Nach der Unterscheidung von Schirmer, der zwischen der Forschung mit und an Bezugsrahmen differenziert[189], handelt es sich bei der konzeptionellen Zielsetzung um Forschung an Bezugsrahmen und bei der inhaltlichen Zielsetzung um eine Forschung mit einem Bezugsrahmen.

---

[189]Vgl. Schirmer (Arbeitsverhalten) S. 9

2.5 Interessenbezug und technologische (pragmatische) Perspektiven: Anmerkungen zur Relevanz der Untersuchung

Wie oben dargelegt, wird mit der Arbeit ein theoretisches Interesse verfolgt. Es ist nicht beabsichtigt, unmittelbar umsetzbare Gestaltungsempfehlungen zu entwickeln. Jedoch führt die Auswahl einer bestimmten Fragestellung implizit oder auch explizit zu einer Wertsetzung, da Erkenntnisse bestimmten Interessengruppen nützen oder schaden können.[190] Dies ist auch der Fall, wenn man in der Transformation von theoretischen Aussagen zu Gestaltungsempfehlungen oder Technologien nicht nur eine logische Transformation von Aussagen sieht, es zur Entwicklung von Technologien demgemäß eines zusätzlichen Aufwands bedarf.[191] Es sollen deshalb einige Anmerkungen zum Interessenbezug und zu möglichen (technologischen) Anwendungen der Forschungsergebnisse vorgenommen werden.

Die Fragestellung der Untersuchung wurde aus der Bedeutung qualifizierten Führungsnachwuchses als Wettbewerbsfaktor generiert. Es handelt sich hierbei um eine unternehmerische Perspektive. Die Entwicklung eines theoretischen Bezugsrahmens zum Personalimage und der Versuch einer empirisch fundierten Prüfung der Angemessenheit dieses Bezugsrahmens und seiner Präzisierung kann als ein erster Schritt in die Entwicklung eines praktisch anwendbaren Instrumentariums zur Erfassung und Gestaltung des Personalimages angesehen werden. Aufgrund eines derartigen Bezugsrahmens kann u. U. die Bedeutung einzelner Komponenten des Personalimages und seiner situativen oder personalen Determinanten identifiziert und ihr spezifischer Einfluß bestimmt werden. Derartige Informationen können dann dazu benutzt werden, Empfehlungen zur Gestaltung des Personalimages zu entwickeln.

Aber auch Hochschulabsolventen können nutzbare Erkenntnisse aus dieser Arbeit entnehmen, indem sie sich z.B. bewußt werden, von welchen Faktoren ihre Einschätzung eines Unternehmens als Arbeitgeber abhängt und dies bei ihren Bewerbungen berücksichtigen. Fehlentscheidungen aufgrund von Unkenntnis über die Entstehung und Wirkung der eigenen Präferenzen können somit möglicherweise vermieden werden.

Für Personalvermittler oder Personalberater - unabhängig ob im staatlichen Arbeitsamt oder im privaten Sektor- ist es für eine qualitativ hochwertige Beratung wichtig zu wissen, aufgrund welcher Gegebenheiten Personen sich ein Bild von einem Unternehmen als Arbeitgeber machen und wie dieses Bild deren Bereitschaft prägt, sich bei dem Unternehmen zu bewerben und gegebenenfalls dort eine Beschäftigung aufzunehmen.

---

[190]Vgl. dazu Albert (Marktsoziologie)

[191]Vgl. dazu z.B. Martin (Personalforschung) S. 42-48 und Nienhüser (Gestaltungsmaßnahmen) und (Gestaltungsvorschläge)

2.6 Meßqualität und Skalenniveau

Als Maßstab für die Bestimmung von Meßwerten fungieren in den Sozialwissenschaften häufig Skalen[192]. Die Skalen stellen einen vorgegebenen Gesamtbereich der Antworten auf eine Frage oder Aussage über das Untersuchungsobjekt dar. Sie sind in Klassen unterteilt, die bestimmte Ausprägungen der Einstellungen repräsentieren sollen und denen Zahlenwerte zugeordnet sind. Die Klassen werden anhand von verbalen oder graphischen Bezeichnungen, z.b. unterschiedliche Formen der Zustimmung oder Ablehnung einer Aussage über das Untersuchungsobjekt (Statement), kenntlich gemacht. Aufgrund der Angaben der Befragten auf die Statements oder Fragen zu dem Untersuchungsobjekt wird z. B. in der Einstellungsforschung auf deren Einstellung gegenüber dem Objekt geschlossen. Die Güte der Skalen und die Meßqualität können sich erheblich voneinander unterscheiden. Es soll deshalb im folgenden detaillierter auf Meßqualität und Skalenniveau eingegangen werden.

2.6.1 Zum Begriff der "Messung"

Ganz allgemein kann als Messen die Zuordnung von Symbolen (z.B. Zahlenwerten) zu einer Klasse von Objekten zur Erfassung von Merkmalsausprägungen dieser Objekte auf einer oder mehreren diesen Objekten gemeinsamen Dimensionen (Eigenschaften) angesehen werden.[193] Als Messen wird gelegentlich auch die Erfassung qualitativer Merkmale bezeichnet. Hierfür dürfte jedoch der Begriff der Klassifikation prägnanter sein. In der Regel versteht man unter Messen die Entwicklung und Anwendung einer Metrik.

Nach Friedrichs ist "... *Messen die systematische Zuordnung einer Menge von Zahlen zu den Ausprägungen einer Variablen, mithin auch zu den Objekten. Die Zuordnung (oder genauer: Abbildung) soll so erfolgen, daß die Relationen unter den Zahlenwerten den Relationen unter den Objekten entsprechen.*"[194]

Eine strengere - "muß" anstelle von "soll" - und mathematisch präzisere Formulierung von "Messen" gibt Kriz: "Messen ist das Zuordnen von Zahlen zu empirischen Objekten, wobei folgende Bedingung vorliegen muß: das numerische Relativ muß dem empirischen Relativ isomorph oder homomorph zugeordnet sein."[195] Es ist zu betonen, daß nicht Objekte, sondern Eigenschaften von Objekten gemessen werden. "When measuring some attribute of a class of objects or events, we associate numbers (or other familiar mathematical entities, such as vectors) with the objects in such a way that the properties of the attribute are faithfully represented as numerical properties."[196]

Bei diesen drei letzten Begriffsbestimmungen von Messen wird betont, daß beim Messen die Eigenschaften - genauer die Relationen, wie gleich, größer oder Transitivität - des

---

[192] Als Skala bezeichnet man einen "Maßstab", auf dem die zu messenden Eigenschaften graphisch oder verbal gemäß ihrer Ausprägung zugeordnet ("abgetragen") werden. Vgl. dazu Friedrichs (Methoden) S. 97 und die differenziertere Betrachtung bei Scheuch / Zehnpfennig (Skalierungsverfahren)

[193] vgl auch zum folgendem Pappert (Messen) S. 435

[194] Friedrichs (Methoden) S. 97

[195] Kriz (Statistik) S.37

[196] Krantz u.a. (Foundations) S. 1

numerischen Relativs - in der Regel die Menge aller reellen Zahlen - den Relationen im empirischen Relativ, den zu messenden Eigenschaften der Objekte entsprechen sollen. Bortz veranschaulicht dies anhand eines Beispiels: Wenn man die Kinder eines Kindergartens zufällig numeriert, dann wird man dies kaum als Messen bezeichnen. Wenn man aber die Kinder dem Alter nach numeriert und das jüngste Kind die Zahl 1 usw. erhält, dann könnte man dies bereits als eine Meßoperation ansehen. Das Kind mit der größten Zahl wäre dann das älteste Kind. Noch genauer wäre die Messung, wenn die Zahlen die Altersdifferenzen der Kinder wiedergäben.[197]

Eine Messung wird um so besser sein, "..., je eindeutiger die Beziehung der Objekte untereinander hinsichtlich der zu messenden Eigenschaften durch die Zahlen abgebildet werden."[198] Die verschiedenen Definitionen in der Literatur unterscheiden sich primär darin, welche Beziehung (i.d.R. isomorph oder homomorph) zwischen dem empirischen und dem numerischen Relativ gefordert wird.[199] Keine Messung liegt vor, wenn keine der Eigenschaften des numerischen Relativs auf das empirische Relativ und umgekehrt übertragbar ist. Es muß als "Minimaldefinition" von Messen wenigstens eine Relation des numerischen Relativs auch für das empirische Relativ gelten. Der höchste Grad von Messung ist erreicht (Maximaldefinition), wenn alle Eigenschaften des numerischen Relativs auch im empirischen Relativ gültig sind.

2.6.2 Skalenniveau

Die Beachtung der Beziehungen zwischen empirischem und numerischem Relativ, dem Skalenniveau, sind wichtig, da Messen dazu dient, aufgrund der in Zahlen ausgedrückten Meßwerte, Rückschlüsse auf die Eigenschaften der Untersuchungsobjekte vorzunehmen oder Rechenoperationen und Statistikprozeduren, die auf dem numerischen Relativ zulässig sind, vorzunehmen.

Messungen können von unterschiedlicher Güte sein in Abhängigkeit davon, welche Eigenschaften des numerischen Relativs im empirischen Relativ (und auch umgekehrt) gültig sind. Im allgemeinen werden in den Sozialwissenschaften 4 Kategorien der Meßqualität oder des Skalenniveaus unterschieden:

1. Nominalskala

2. Ordinalskala

2. Intervallskala

4. Rational- oder Verhältnisskala.

Bei einer Messung auf Nominalskalenniveau ist nur die Gleichheits- bzw. Ungleichheitsrelation übertragbar. Objekte werden im Hinblick auf bestimmte Eigenschaften in Klassen oder Kategorien eingeordnet (Klassifikation). Bei Rang- oder Ordinalskalen wird zusätzlich die Rangordnung übertragen. Intervallskalen berücksichtigen auch Unterschiede zwischen den Merkmalen. Bei Ratio- oder Verhältnisskalen gibt es einen absoluten Nullpunkt und es werden auch Verhältnisse abgebildet.

---

[197]Bortz (Statistik), S. 26

[198]Bortz (Statistik), S. 26

[199]Vgl. auch zum folgenden Bortz (Statistik), S. 27; wobei m.E. beim Vergleich der Meßgüte vom gleichen numerischen Relativ, i.d.R. der Menge der reellen Zahlen, ausgegangen werden muß.

Die grundsätzliche Frage der Quantifizierbarkeit "sozialwissenschaftlicher Phänomene" ist bis heute ebenso umstritten wie die Frage, ob es überhaupt sinnvoll ist, sie zu quantifizieren.[200] Die Durchführung dieser Untersuchung basiert auf der Vor-Entscheidung, daß es "sinnvoll" sein kann, es zu machen bzw. es zu versuchen.

Unter außer acht lassen der (ontologischen) Diskussion über die Existenz eines essentiellen Unterschieds zwischen Natur- und Sozialwissenschaften, ist allgemein ein geringeres Skalenniveau in den Sozialwissenschaften im Vergleich zu den Meßniveaus in den Naturwissenschaften zu konstatieren.[201]

Bei der Bestimmung des Meßniveaus müssen die Eigenschaften beider Relative bekannt sein.[202] Sofern das numerische Relativ die Menge der reellen, der ganzen oder der natürlichen Zahlen darstellt, sind die Eigenschaften des numerischen Relativs im Hinblick auf die Statistikprozeduren ausreichend bekannt. Bei den Eigenschaften des empirischen Relativs in den Sozialwissenschaften handelt es sich jedoch i.a. um Ausprägungen hypothetischer Konstrukte, die nicht direkt meßbar sind, sondern auf Grund von Verhaltensweisen, z. B. dem Antwortverhalten bei einer Befragung, erschlossen werden. Man ist also hinsichtlich der Eigenschaften des empirischen Relativs auf Vermutungen angewiesen. Die Qualität der Messung hypothetischer Konstrukte ist abhängig von theoretischen Entscheidungen, z. B. darüber, inwieweit Unterschiede in den festgestellten Meßwerten als gleich mit Unterschieden in den "wahren" Ausprägungen des Untersuchungsobjektes gesetzt werden können. Der Ausweg sogenannter "operationaler Definitionen" (z.B. " Intelligenz ist, was der Intelligenztest mißt") verschiebt das Problem der skalentheoretischen Einstufung der Meßoperation auf das Problem, ob die Theorie, die diese Operationalisierung vorschreibt, angemessen oder "richtig" ist.

Es ist Bortz zuzustimmen, daß die üblichen sozialwissenschaftlichen Messungen, wie Test-und Fragebogendaten, Ratingskalen etc., im allgemeinen nicht den Kriterien einer Intervallskala genügen und somit häufig streng genommen nur Ordinalskalenniveau aufweisen können.[203] Borg zeigt, daß i.d.R. auch bei Ratingskalen eine "Stauchung" stattfindet, da durch die Ratingskalierung die theoretisch unbeschränkte Verteilung des empirischen Relativs auf eine beschränkte Skala mit wenigen Abstufungen übertragen wird.[204] Selbst bei Variablen, die anscheinend offenkundig Rationalskalenniveau haben, wie z.B. Anzahl der Schuljahre, kann sich bei differenzierter Betrachtung herausstellen, daß sie u.U. maximal Ordinalskalenniveau aufweisen.[205] Zwar hat jemand, der 12 Schuljahre erfolgreich absolviert hat, doppelt soviel Schuljahre aufzuweisen wie jemand, der nur 6 Jahre die Schule erfolgreich besucht hat. Wenn die Anzahl der Schuljahre jedoch nur als Indikatorvariable für Kenntnisstand, Fertigkeiten etc. dienen soll, dann kann von dieser Indikatorvariablen nicht angenommen werden, daß sie metrisches Meßniveau aufweist, sondern evtl. nur Ordinalskalenniveau.

Andererseits gehen möglicherweise durch die Einstufung als Ordinalskala Informationen verloren und es können "informationsreichere" statistische Auswertungsprozeduren, ins-

---

[200]Vgl. dazu z.B. Kreppner (Messen), Berger (Untersuchungsmethode) und Martin (Personalforschung)

[201]Vgl. Bartel (Statistik) S. 6ff und auch wennngleich eher indirekt Bortz (Statistik), S.32

[202]Vgl. zum folgenden Bortz (Statistik), S. 32-34

[203]Vgl. Bortz (Statistik) S.32f

[204]Borg (Präsentation)

[205]Vgl. dazu Benninghaus (Deskriptive Statistik) S. 139

besondere multivariate Verfahren, nicht angewendet werden. Es wird deshalb bei den üblichen Ratingskalen versucht durch verbale, zahlenmäßige oder graphische (z.B. Kunin-Gesichter) Bildung von Skaleneinheiten, eine Äquidistanz zwischen den einzelnen Abstufungen der Skala zu erzeugen. Aufgrund dieses Vorgehens wird bei einigen Skalen im mittleren Skalenbereich eine Äquidistanz unterstellt.

"Sozialwissenschaftliche Messungen sind somit im allgemeinen besser als reine ordinale Messungen, aber schlechter als Messungen auf Intervallskalen."[206] Bortz schlägt vor bei Daten, bei denen man die Skalenqualität als annähernd intervallskaliert einschätzen kann, es dem Forscher zu überlassen, ob er annimmt, ".., daß äquidistante Beziehungen zwischen den Zahlen des numerischen Relativs äquidistante Beziehungen zwischen den gemessenen Objekten abbilden, daß also eine Intervallskala vorliegt."[207] Bortz geht davon aus , daß - falls diese Annahme falsch ist - man kaum mit sinnvollen Untersuchungsergebnissen rechnen kann.[208] "Unsinnige und widersprüchliche Ergebnisse können deshalb ein guter Indikator dafür sein, daß die Skalenqualität der Daten falsch eingeschätzt wurde. Lassen sich die Ergebnisse hingegen problemlos in einen breiteren, theoretischen Kontext eingliedern, besteht keine Veranlassung, am Intervallskalencharakter der Daten zu zweifeln."[209] Diese Vorgehensweise erscheint jedoch sehr problematisch, da Ergebnisse statistischer Prozeduren, basierend auf empirische Daten, dazu dienen sollen, Theorien bzw. theoretische Bezugsrahmen auf ihren Wahrheitsgehalt oder ihre Adäquanz zu überprüfen und gegebenenfalls zu präzisieren. Beim Vorliegen "unsinniger" Ergebnisse der statistischen Prozeduren - unabhängig von der Frage der Feststellung, des Kriteriums, der "Unsinnigkeit" von Ergebnissen - kann somit nicht entschieden werden, ob der theoretische Ansatz inadäquat ist oder ob aufgrund der angewendeten Meßmethoden das erforderliche Skalenniveau nicht erreicht wird.[210]

Es wird deshalb in dieser Arbeit eine andere Vorgehensweise gewählt. Mit Daten, die vermutlich Intervallskalenniveau oder zumindest "annähernd" Intervallskalenniveau aufweisen können, werden - sofern möglich - sowohl "vergleichbare" Statistikprozeduren, die Intervallskalenniveau voraussetzen, als auch Prozeduren, die nur Ordinalskalenniveau erfordern, durchgeführt und die Ergebnisse verglichen. Wenn sich aufgrund der Ergebnisse keine "wesentlichen"[211] Unterschiede ergeben, wird angenommen, daß die Unterstellung der Intervallskalenqualität annähernd angemessen ist. Um ein annähernd intervallskaliertes Meßniveau zu konstruieren bzw. beim Antwortverhalten zu provozieren, werden bei den Ratingskalen 5 Antwortkategorien vorgegeben und die verbalen Antwortvorgaben so formuliert, daß die Annahme gleicher Abstände zwischen ihnen akzeptabel ist und auch durch Zahlenvorgaben unterstützt wird.

---

[206]Bortz (Statistik), S. 32

[207]Bortz (Statistik), S. 34

[208]Bortz (Statistik), S. 34

[209]Bortz (Statistik) S. 34

[210]Vgl. dazu auch Scheuch / Zehnpfennig (Skalierungsverfahren) S. 99; sofern es sich nicht um eine empirische Überprüfung des Meßmodells handelt, vgl. dazu Martin (Personalforschung) S. 154f

[211]Die Erläuterung, dessen was als "wesentlicher" Unterschied angesehen wird, erfolgt jeweils bei den entsprechenden Auswertungen.

2.7 Auswertungsmethoden

Die durch die Untersuchungsmethoden erhobenen Daten werden mit statistischen Verfahren ausgewertet, d.h. ein bestimmter Kalkül wird auf diese Daten angewendet und diese werden je nach den Prämissen oder Verknüpfungsregeln des Kalküls verarbeitet oder transformiert.

Die Ergebnisse der Anwendung mathematisch-statistischer Verfahren und ihre Interpretation sind somit auch abhängig von den Prämissen und Verknüpfungsregeln des angewendeten statistischen Kalküls.

Nach Benninghaus gehören zu den drei wichtigen Tätigkeiten des empirischen Sozialforschers:

- Die Beschreibung von Untersuchungseinheiten im Hinblick auf die einzelnen Variablen bzw. Variablenausprägungen
- Die Beschreibung der Beziehungen zwischen den Variablen
- Die Generalisierung der Beobachtungsresultate.[212]

Zur Beschreibung der Untersuchungseinheiten im Hinblick auf die einzelnen Variablen werden univariate Auswertungsverfahren herangezogen.

Bi-und multivariate Auswertungsprozeduren dienen der Beschreibung der Beziehungen zwischen zwei bzw. mehr als zwei Variablen.

2.7.1 Univariate Auswertungsmethoden

Unabhängig vom Skalenniveau können für alle Variablen die Häufigkeitsverteilungen angegeben werden. Weiterhin dienen Verfahren der univariaten Analyse der Beschreibung und Kennzeichnung der Verteilung. Insbesondere "Mittelwerte" und Maßzahlen der Streuung dienen dazu, mit einem Kennwert oder wenigen Kennwerten als wesentlich erachtete Eigenschaften der Verteilung der Variablen auszudrücken.[213]

Die Mittelwerte werden auch in zutreffender Weise analog zu den englischen Begriffen "measures of central tendency" oder "representative value" als Maße der zentralen Tendenz oder als repräsentative Werte bezeichnet, da sie als "typischer" Wert für eine Verteilung fungieren sollen. Dispersions- oder Streuungsmaße dienen dazu, die Unterschiedlichkeit oder Variabilität der Merkmalsausprägungen der Variablen zu kennzeichnen.

Borg empfiehlt sogar, bei der Präsentation von Umfrageergebnissen für die nichtakademische Praxis anstelle von Mittelwerten oder unübersichtlichen Häufigkeitsverteilungen über alle Antwortkategorien nur die Prozentwerte der Personen anzugeben, die z.B. auf das Item affirmativ/positiv reagiert haben.[214] Ein derartiger Index liest sich dann wie: " So und soviel Prozent der Befragten beantworten diese Frage (mehr oder weniger) zustimmend". Ein derartiger Index bedarf einerseits keiner weiteren Erklärung im Vergleich zur Verwendung des arithmetischen Mittels. Seine leichtere Deutbarkeit geht zwar einher mit einem Informationsverlust, der aber nach Borg vertretbar ist: ".. Zustimn-

---

[212]Vgl. Benninghaus (Deskriptive Statistik) S. 11ff

[213]Vgl. dazu Bortz (Statistik) S. 46

[214]Vgl. zum folgenden Borg (Präsentation)

mungsprozente und Mittelwerte korrelieren nicht nur fast perfekt, sondern sind sogar jeweils sehr genau ineinander transformierbar. Wie die Begründung dieses Zusammenhangs auch zeigt, ist die Präsentation von Prozent-Verteilungen im allgemeinen unnötig detailliert, weil weitgehend redundant."[215] Als weiterer Vorteil führt er an, daß dann auch die Ergebnisse verschiedener Untersuchungen leichter miteinander vergleichbar sind, da Mittelwerte von der Anzahl der vorgegebenen Antwortkategorien abhängen[216] und - Borg ergänzend - auch von der Zahlenkodierung der Antwortkategorien. Ein weiteres Problem sieht Borg noch in die Vergleichbarkeit von Skalen mit und ohne neutrale Mittelwertkategorie. Borg verweist jedoch in diesem Zusammenhang auf Schumann und Presser, wonach auch dann das Verhältnis von ja % und nein % konstant bleiben sollte.[217]

Ein weiterer Vorteil bei dieser Vorgehensweise besteht darin, daß sie - im Gegensatz zum arithmetischen oder geometrischen Mittel - auch anwendbar ist bei Daten mit Ordinalskalenniveau oder bei Daten, bei denen unklar ist, ob sie als intervallskaliert oder nur als ordinalskaliert betrachtet werden können.

2.7.2 Bivariate Auswertungsmethoden

Die Beschreibung mittels univariter Methoden ist in der Regel nicht Endzweck empirischer Forschung, häufig ist man daran interessiert, Unterschiede zwischen Subgruppen der Untersuchungspopulation hinsichtlich bestimmter Merkmale festzustellen oder Beziehungen zwischen den einzelnen Variablen eines Bezugsrahmen zu untersuchen und zu bestimmen.

Verfahren zur Analyse von Unterschieden können sich auf Differenzen in Bezug auf Mittelwerte, auf Streuungen und auf den Typ der Verteilung beziehen. Eine Analyse in Bezug auf Unterschiede hinsichtlich der Streuung oder der Verteilung bzw. des Typs der Verteilung erfolgt im Rahmen dieser Arbeit nur zur Prüfung der Anwendbarkeit von statistischen Verfahren und soll deshalb hier nicht weiter behandelt werden. Es werden jedoch Verfahren durchgeführt, um Unterschiede hinsichtlich der Maße der zentralen Tendenz zu untersuchen, auf die im nächsten Kapitel näher eingegangen wird.

2.7.2.1 Analyse von Unterschieden bei Maßen der zentralen Tendenz

Zur Überprüfung von Mittelwertdifferenzen unterscheidet man

- parametrische und
- nichtparametrische oder auch als verteilungsfrei bezeichnete

Tests.[218]

Parametrische Tests basieren auf bestimmten Annahmen über die Grundgesamtheit, aus denen die Stichprobe stammt (z.B. Normalverteilung und Varianzhomogenität), und sie setzen in der Regel auch metrisch skalierte Datenmessung (Intervall- oder Rationalskala) voraus.

---

[215]Borg (Präsentation) S. 91

[216]Vgl. Borg (Präsentation) S. 94

[217]Vgl. Borg (Präsentation) S. 94f und von ihm dort zitiert Schumann / Presser (Questions)

[218]Vgl. zum folgenden Saurwein / Hönekopp (SPSS/PC) S. 258f

Häufig wird der parametrische T-Test benutzt, um zu prüfen, ob Mittelwerte zweier Stichproben aus der gleichen Grundgesamtheit stammen oder ob sie sich signifikant voneinander unterscheiden. Der T-Test ist anwendbar unter folgenden Voraussetzungen:[219]

- Intervallskalenniveau der abhängigen Variablen,
- Normalverteilung der Grundgesamtheit,
- Varianzhomogenität der beiden Stichproben in Bezug auf den Standard des Mittelwerts (ansonsten ist der T-Test für varianzheterogene Stichproben zu verwenden) und
- möglichst gleich große Stichprobenumfänge.

Bei der Anwendung des T-Tests ist weiterhin darauf zu achten, ob es sich um unabhängige oder abhängige Stichproben handelt. Abhängige Stichproben entstehen durch Meßwiederholung oder Paarbildung (Parallelisierung). Es ist dann der jeweils entsprechende T-Test für abhängige bzw. unabhängige Stichproben zu wählen.[220] In dieser Arbeit werden keine abhängigen Stichproben untersucht.

Parameterfreie Tests haben nicht diese Voraussetzungen und sie stellen vielfach auch geringere Anforderungen an das Skalenniveau.

Sie sind allerdings in ihrer Aussagekraft von geringerer Stärke in den Anwendungsbedingungen, bei denen auch parametrische Tests angewendet werden dürfen. Es werden deshalb parametrische Tests bevorzugt, u. U. selbst dann, wenn sie streng genommen nicht angewendet werden dürften. Beispielsweise ist der parametrische T-Test zum Vergleich von Mittelwerten robust gegenüber Verletzungen der Annahme der Normalverteilung und der Varianzhomogenität[221] und es kann deshalb aufgrund der höheren Aussagekraft des T-Tests gerechtfertigt sein, diesen gegenüber einem parameterfreien Test vorzuziehen.

Aus der Vielzahl parameterfreier Tests finden in dieser Arbeit Anwendung

- der Mann-Whitney U-Test und
- der Median-Test.[222]

Beide Tests setzen nur ordinalskalierte Variablen voraus. Der Mann-Whitney U-Test sollte bei größeren Stichproben (Summe der beiden Stichprobenumfänge größer 29) angewendet werden. Bei Stichproben, deren gemeinsamer Stichprobenumfang kleiner als 29 ist, kann als Ersatz für den Mann-Whitney U-Test der informationsärmere Median-Test herangezogen werden.

Für nominalskalierte Daten gibt es Tests, die auf Chi-Quadrat-Verteilungen beruhen und hier keine Anwendung finden.

---

[219] Vgl. Diehl / Kohr (Durchführungsanleitungen) S.1ff

[220] Vgl. Bortz (Statistik) S. 169f oder Saurwein / Hönekopp (SPSS/PC) S.263

[221] Zu einer detaillierten Darstellung bezüglich der Robustheit des T-Tests bezüglich Verletzungen der Annahme der Normalverteilung der Grundgesamtheit und der Varianzhomogenität vgl. Bortz (Stastitik) S. 171-174

[222] Zu diesen Tests vgl. Saurwein / Hönekopp (SPSS/PC), S. 292-294 und ausführlicher zu dem U-Test von Mann - Whitney auch Bortz (Statistik) S.178-183.

Die folgende Tabelle gibt einen Überblick über diese Verfahren.

Tabelle 2.4: Tests zur Prüfung von Unterschieden zwischen Stichproben[223]

Datenorganisation (Stichprobenart, Meßniveau)	Parametrische Verfahren	Nichtparametrische Verfahren
Eine Stichprobe		
dichotom		Binominal-Test
dichotom		Iterationstest
nominal		Chi-Quadrat
intervall / ratio		Kolmogorov-Smirnov-Test
Zwei unabhängige Stichproben		
nominal		Fisher's exakter Test
nominal		Chi-Quadrat
ordinal		Mann-Whitney U-Test
ordinal		Kolmogorov-Smirnov-Test
ordinal		Wald-Wolfowitz Test
ordinal		Moses-Test
intervall	T-Test	
K-unabhängige Stichproben		
nominal		Chi-Quadrat
ordinal		Median-Test
ordinal		Kruskal-Wallis-Test
intervall	Varianzanalysen	
Zwei abhängige Stichproben		
dichotom		McNemar-Test
ordinal		Vorzeichen-Test
ordinal		Wilcoxon-Test
intervall	T-Test	
k-abhängige Stichproben		
dichotom		Cochran's Q-Test
ordinal		Rangvarianz-Test
ordinal		Kendall's W
intervall	Varianzanalysen für Meßwiederholungen	

---

[223] Saurwein / Hönekopp (SPSS/PC), S.297f

2.7.2.2 Assoziationsmaße

Mit Hilfe der bivariaten Auswertungsmethoden soll die Untersuchung von Beziehungen zwischen zwei Variablen analysiert werden. Die Koeffizienten, die dazu dienen, die Beziehung zwischen zwei Variablen auszudrücken, werden als Kontingenz-, Assoziations- oder Korrelationskoeffizienten bezeichnet. Sie sollen den Grad (die Stärke, die Enge) und in bestimmten Fällen auch die Richtung (positiv oder negativ) der Beziehung zwischen den Variablen in einer Zahl angeben, die sich leicht mit anderen Zahlen vergleichen läßt.[224] Assoziationsmaße geben an, inwieweit steigende oder fallende Werte in Bezug auf die eine Variable mit steigenden oder fallenden Werten einer anderen Variablen einhergehen.

Sie geben unmittelbar keine Auskunft über Kausalbeziehungen.[225] Um Aussagen über die Kausalbeziehungen zwischen den Variablen machen zu können, ist auf den theoretischen Bezugsrahmen zurückzugreifen. Die statistische Assoziationsanalyse gibt nur darüber Auskunft, wie die Zahlenwerte zweier Variablen miteinander variieren. Sofern dieses Kovariieren im Einklang steht mit dem theoretischen Bezugsrahmen kann dies als Indiz oder als Bestätigung für eine vermutete Kausalbeziehung angesehen werden, falls man den Zusammenhang als stark genug einschätzt.

Assoziationsmaße können sowohl im Hinblick auf lineare oder monoton steigende Zusammenhänge als auch im Hinblick auf nichtlineare Zusammenhänge prüfen.

Zwar mag die Prüfung auf lineare oder monoton steigende Zusammenhänge in vielen Fällen keine geeignete Abbildung von Beziehungen zwischen den Variablen sein, die vielleicht kurvilinear sind.[226] Bevor aber andere, komplexe Zusammenhänge analysiert werden, erscheint es häufig angebracht, zunächst die Daten im Hinblick auf lineare oder monoton steigende Relation als eine einfache Modellvorstellung zu prüfen, wobei auch die im Bezugsrahmen formulierten Zusammenhänge zu beachten sind.

An Assoziationsmaße werden eine Reihe von Forderungen gestellt, deren wichtigsten nachfolgend aufgeführt werden:[227]

1. Aufgrund von Konventionen hat sich eingebürgert, daß der Wertebereich von Assoziationsmaßen zwischen 0 und 1, als den beiden Extremwerten, liegen sollen, sofern das Assoziationsmaß keine Angabe über die Richtung der Beziehung macht. In diesem Fall gibt der Wert 1 eine perfekte Beziehung an und der Wert 0 bedeutet die vollständige Unabhängigkeit zwischen den Variablen. Wenn das Assoziationsmaß auch die Richtung der Beziehung angibt, dann steht der Wert -1 für eine perfekt negative oder inverse Beziehung und der Wert +1 für eine perfekt positive Beziehung zwischen den Variablen. Viele auf Chi-Quadrat basierende Maßzahlen z.B. haben als Obergrenze nicht den Wert 1. Das Assoziationsmaß Lambda kann den Wert 0 annehmen, obwohl keine statistische Unabhängigkeit gegeben ist.

---

[224]Vgl. Benninghaus (DeskriptiveStatistik) S. 85

[225]vgl. Kriz (Statistik), insbesondere S. 242ff. Zum Verhältnis von Meßverfahren, statistischer Auswertung und Modellbildung vgl. auch Gigerenzer (Modellbildung)).

[226]Vgl. Müller-Böhling (Arbeitszufriedenheit) S. 202f

[227]Vgl. zum folgenden Benninghaus (Deskriptive Statistik) S. 85 - 87

2. Die Assoziationsmaße sollen eine klare inhaltliche Interpretation ermöglichen. Übereinstimmend mit Benninghaus wird das Maß der proportionalen Fehlerreduktion (proportional reduction in error (PRE)) als eine derartig inhaltlich klare Aussage angesehen.[228] PRE-Maße geben, vereinfachend ausgedrückt, an um wieviel Prozent sich der Fehler reduziert bei der Vorhersage einer Variablen aufgrund der Auswertung der Informationen einer anderen Variablen. Genauer ausgedrückt sind Maße der proportionalen Fehlerreduktion Verhältniszahlen, die angeben, inwieweit sich der Vorhersagefehler für eine Variable reduziert, den man macht, wenn man die Variable nur aufgrund ihrer eigenen Verteilung prognostiziert, im Vergleich zu dem Fehler, den man macht, wenn man die Variable aufgrund ihrer Verbindung zu einer anderen Variablen vorhersagt. Maßzahlen auf der Basis von Chi-Quadrat, wie Phi, Cramers V oder der Kontingenzkoeffizient C von Pearson, erfüllen diese Voraussetzung nicht.

3. Assoziationsmaße sollen entsprechend dem Grad der Beziehung variieren.

4. Die Maßzahlen sollen nur für unterschiedliche Proportionen und nicht für unterschiedliche Häufigkeiten empfindlich sein.

5. Die Maßzahlen sollten nicht von der Anzahl der Kategorien der Variablen abhängig sein.

In seiner Analyse kommt Benninghaus allerdings zu dem Ergebnis, daß kein Assoziationsmaß all diese Forderungen erfüllt.[229] Bei der Anwendung sind demnach Entscheidungen über das der Fragestellung und den Anwendungsbedingungen adäquate Maß zu treffen und gegebenenfalls Kompromisse einzugehen.

Als Assoziationsmaße werden hier nur Maße nach dem Modell der proportionalen Fehlerreduktion verwendet.

---

[228] Andere Interpretationskonzeptionen von Assoziationsmaßen können nach Benninghaus die Größe der Subgruppendifferenzen, die Abweichung von der statistischen Unabhängigkeit, und das Ergebnis des paarweisen Vergleichs sein. Vgl. Benninghaus, (Deskriptive Statistik), S. 83f. Das Konzept der Fehlerreduktion geht zurück auf Goodman und Kruskal (Measures).

[229] Vgl. Benninghaus (Deskriptive Statistik) S.85

Tabelle 2.5: Maßzahlen der Assoziation

Maßzahl	symmetrisch	asymmetrisch	Skalen-niveau abhängige Variable	Skalen-niveau unabhängige Variable	Richtungs-angabe	Maß für die proportionale Fehler-reduktion
Lambda	möglich	ja	nominal	nominal	nein	Lambda
Kendal's $Tau_{a,b,c}$	ja	-	ordinal	ordinal	ja	Tau_b
Somer's D_{yx}	möglich	ja	ordinal	ordinal	ja	ja
Gamma	ja	--	ordinal	ordinal	ja	Gamma
Eta	-	ja	intervall-skaliert	nominal	nein	ja: eta^2
Produkt-Moment-Korrelation	ja	--	intervall-skaliert	intervall-skaliert	ja	ja: r^2

Das bekannteste Assoziationsmaß dürfte die Produkt-Moment-Korrelation sein. Aufgrund ihrer Anwendungsbedingungen, insbesondere dem geforderten Skalenniveau, ist sie in vielen Fällen jedoch nicht einsetzbar, so daß auf das Assoziationsmaß Gamma zurückgegriffen wird. Da dieses Assoziationsmaß in der Betriebswirtschaft bisher noch wenig verwendet wird, erfolgen zu ihm einige Anmerkungen.

Das Assoziationsmaß Gamma basiert auf dem Vergleich von Paaren in Kreuztabellen. Sein grundsätzlicher Aufbau soll anhand eines Beispiels verdeutlicht werden.

Beispiel:

6 Studenten mit den Matrikelnummern von 1 - 6 nehmen an zwei Tests teil. Sie erhalten dabei die in der Tabelle angefügten Noten nach der üblichen Notenskala.

Student mit Matrikel Nr.:	Ergebnis in Test X	Ergebnis in Test Y
1	1	2
2	3	3
3	1	2
4	3	2
5	2	1
6	2	3

Es werden bei diesem Assoziationsmaß sämtliche mögliche Paare gebildet und verglichen, ob es sich um konkordante oder diskordante Paare oder um Paare mit Bindungen ("ties) handelt.

Ein konkordantes Paar stellen die Studenten mit den Matrikelnummern 1 und 2 dar. Student 1 hat ein besseres Ergebnis in Test X und in Test Y als Student 2. Zwischen den beiden Variablen Test X und Test Y besteht für diesen Fall eine positive Beziehung: Ein besseres Ergebnis in Test X geht einher mit einem besseren Ergebnis in Test Y.

Bei einem diskordanten Paar, wie das Paar der Studenten 3 und 4, ist das Ergebnis bei dem einen Studenten in dem einem Test besser und bei dem anderen Studenten in dem anderen Test. Es handelt sich in diesem Fall um eine negative Beziehung zwischen den

Variablen Test X und Test Y: Hohe Werte der einen Variablen gehen einher mit niedrigen Werten der anderen Variablen.

Paare weisen Bindungen auf oder sind miteinander verknüpft, wenn sie bei der einen oder der anderen Variablen die gleichen Werte aufweisen, wie es beim Paarvergleich von Student 5 und 6 der Fall ist.

Die Maßzahlen der ordinalen Assoziation[230] weisen alle die gleiche Struktur auf. Sie ergeben sich aus der Division der Differenz der Anzahl der konkordanten Paare minus der Anzahl der diskordanten Paare durch die Anzahl sämtlicher Paare, wobei hier eine unterschiedliche Berücksichtigung bzw. keine Berücksichtigung der Paare mit Bindungen erfolgt. Die Werte der Koeffizienten Tau a, b, c , Somers d und Gamma variieren demnach mit der Anzahl der Verknüpfungspaare.

Kendalls Tau a teilt durch die Gesamtzahl aller möglichen Paare. Es kann allerdings der Fall sein, daß trotz des Vorliegens einer perfekten Beziehung zwischen zwei Variablen der Koeffizient nicht den Wert 1 annimmt. Bei Kendalls Tau b wird eine Korrektur für Verknüpfungen vorgenommen, die sicherstellen soll, daß der Koeffizient den Wert 1 bei einer perfekten Beziehung annimmt. Tau b ist nur anwendbar bei sogenannten quadratischen Tabellen, bei denen die Anzahl der Spalten gleich der Anzahl der Zeilen ist; anderenfalls ist Kendalls Tau c zu verwenden. Gamma ignoriert Paare mit Bindungen; es wird nur durch die Anzahl der konkordanten und der diskordanten Paare geteilt. Somers d ist ein modifizierter Gammakoeffizient, bei dem der Nenner bei der asymmetrischen Version um die Anzahl der Paare mit Bindungen in Bezug auf die abhängige Variable erhöht wird und bei der symmetrischen Version um die Anzahl der Paare mit Bindungen bei beiden Variablen geteilt durch 2. Wenn die Paare mit Bindungen aufgrund unzureichender Messung zu vermuten sind, dann ist nach Leik und Gove Somers d das geeignete Maß.[231]

Die Werte bei Anwendung von Gamma können durch die Anzahl der Variablenausprägungen beeinflußt werden und lassen sich somit durch Zusammenfassen von Variablenausprägungen verändern. Es können dadurch höhere Kennziffern ausgewiesen werden. Als "Daumenregel" empfiehlt sich deshalb soviel Kategorien als möglich bei den Variablen zu nutzen. Daraus folgt, daß Gamma möglichst auf der Basis der Originalkategorien errechnet werden sollte und nicht durch Zusammenfassen von Kategorien ohne zwingenden Grund die Stärke der Beziehung erhöht wird. Im Rahmen dieser Arbeit werden deshalb bei Anwendung von Gamma Assoziationen mit den Originalkategorien errechnet. Ausnahmen werden ausdrücklich erwähnt und begründet. Beispielsweise kann es bei relativ wenig Untersuchungseinheiten zur Kontrolle von Drittvariablen sinnvoll sein, Variablenkategorien zusammenzufassen.

In der Literatur wird vielfach für die Zusammenhangsanalyse von ordinal skalierten Variablen anstelle der oben beschriebenen Verfahren die Rangkorrelation nach Spearman empfohlen.[232] Bei der Rangkorrelation nach Spearman werden die Abstände zwischen zwei aufeinanderfolgenden Rangplätzen als gleich behandelt.[233] Definitionsgemäß ist dies

---

[230] Andere sind z.B. Tau a, b und c und Somer`s d

[231] Leik / Gove (relationsship) S. 708

[232] Vgl. z.B. Scharnbacher (Statistik) S. 166-168 oder Erhard/Fischbach/Weiler (Statistik) S. 172-175 oder Emory (Business Research), S.389

[233] Zu dieser kritischen Einschätzung der Rangkorrelation nach Spearman vgl. Benninghaus (Deskriptive Statistik) S. 183 und auch Galtung (Social Research) S. 219

aber bei Rängen nicht der Fall. Daher wird die Anwendung der Rangkorrelation nach Spearman bei Ordinalskalenniveau hier nicht als sinnvoll angesehen, da bei der Rangkorrelation nach Spearman die Ränge (Ordinalskalenniveau) behandelt werden als ob sie das höhere Intervallskalenniveau hätten.

Eta ist ein asymmetrisches Assoziationsmaß. Es kann berechnet werden, wenn die als abhängig betrachtete Variable mindestens intervallskaliert ist. Die als unabhängig angesehene Variable kann jedes Meßniveau haben. Eta setzt keine Linearität voraus. Der Vergleich der Werte aufgrund einer Produkt-Moment-Korrelation r und von eta kann jedoch als ein grobes Verfahren zur Bestimmung des Grades der Linearität der Beziehung zwischen zwei Variablen dienen. Eta^2 kann als ein Maß der proportionalen Fehlerreduktion interpretiert werden: Es gibt die Reduktion des Fahlers an, die durch Kenntnis der unabhängigen Variablen bei der Vorhersage der abhängigen Variablen erreicht werden kann.

Die Werte von eta sind in starkem Maße abhängig von der Anzahl der Kategorien. "Wenn genau so viel Kategorien gebildet werden, wie unterschiedliche X - Werte, wird Eta bzw. Eta-Quadrat maximiert."[234] Bei der Klassenbildung sollte die Anzahl der Beobachtungswerte pro Klasse einen relativ stabilen Durchschnitt der Kolonnenwerte ergeben.

Für die Analyse von Zusammenhängen zwischen zwei intervallskalierten Variablen kann die Produkt-Moment-Korrelationsrechnung verwendet werden. Der Produkt-Moment-Korrelationskoeffizient (r) gibt Auskunft über die Stärke und die Richtung des gemeinsamen Zusammenhanges zwischen zwei Variablen und zwar in Bezug darauf, inwieweit Ausprägungen einer Variablen linear mit den Ausprägungen einer anderen Variablen variieren.

Dazu werden z.B. Korrelations- und Regressionsanalysen durchgeführt. Unter der Voraussetzung, daß die Prämissen der Anwendung dieser Verfahren beachtet werden, geben Korrelationskoeffizienten oder Kennwerte aus der Regressionsanalyse Auskunft darüber, inwieweit Ausprägungen einer Variablen linear mit den Ausprägungen einer anderen Variablen variieren und nicht inwieweit sie kausal zusammenhängen.[235]

Das Quadrat des Korrelationskoeffizienten (R^2) kann als ein Maß der proportionalen Fehlerreduktion interpretiert werden. Es stellt den Anteil der gemeinsamen Variation der beiden Variablen in Bezug auf ihre Gesamtvariation dar. R^2 wird häufig als Anteil der Variation der abhängigen Variablen gedeutet, der durch die Variation der unabhängigen Variablen bestimmt ist oder wie man auch sehr vereinfachend sagt, durch sie "erklärt" wird.

2.7.3 Multivariate Auswertungsmethoden

Obwohl es sich bei bivariaten Auswertungsmethoden um multivariate Auswertungsmethoden handelt, wird dieser Begriff vielfach erst angewendet, wenn es sich um die gemeinsame Analyse von mehr als zwei Variablen handelt.[236] Multivariate Auswer-

---

[234]Benninghaus (Deskriptive Statistik) S. 253

[235]vgl. Kriz (Statistik), insbesondere S. 242 ff.

[236]Vgl. Bortz (Statistik) S. 543ff

tungsmethoden lassen sich einteilen in Verfahren zur Analyse von Abhängigkeiten oder Assoziationen und in Verfahren zur Analyse latenter Strukturen.[237]

Verfahren der Analyse latenter Strukturen dienen dazu, Beziehungen zwischen den direkt erfaßten Merkmalen und nicht direkt erfaßten, sogenannten latenten Merkmalen, zu analysieren. Es gehören hierzu Verfahren der Clusteranalyse und der Faktorenanalyse.

Zu den multivariaten Verfahren zur Analyse von Abhängigkeiten oder Assoziationen gehören die partielle Korrelation und die multiple Regression.

2.7.4 Zur Generalisierbarkeit der Ergebnisse

Die Frage der Generalisierbarkeit und Repräsentativität psychologischer Untersuchungen hat Gadenne ausführlich untersucht. Er weist daraufhin, ".. daß aus unendlichen Populationen keine Zufallsstichproben gezogen werden können. Aber auch aus relativ großen endlichen Populationen werden solche Stichproben niemals gezogen, da dies technisch nicht möglich oder zu aufwendig ist."[238]

Auch im Rahmen dieser Arbeit werden mehrere Stichproben gezogen, bei denen es nicht um Zufallsstichproben handelt. Es ist auch fraglich, ob angesichts der Größe der Grundgesamtheit der Population und ihrer schwierigen Erfaßbarkeit ("studentische Freiheit") aufgrund der Kosten oder des Zugangs zu Studenten der Wirtschaftswissenschaften die Bildung einer Stichprobe in der Form möglich ist, daß jeder Student die gleiche Chance hat, in die Stichprobe zu gelangen.

Die Ergebnisse dieser Untersuchungen beziehen sich somit nur auf die untersuchten Stichproben. Da es sich aber um eine explorative Untersuchung mit der generellen Zielsetzung der Präzisierung und Prüfung von theoretischen Bezugsrahmen handelt, reicht es aus, die Untersuchungsergebnisse nur im Hinblick auf die Stichprobe und den Bezugsrahmen zu interpretieren.

2.7.5 Das Statistikprogramm SPSS/PC

Das Statistikprogramm SPSS/PC ist eine Version des weltweit am weitesten verbreiteten Statistikprogramms SPSS (Statistical Package for the Social Sciencies)[239] für Personal-Computer (PC) mit dem Betriebssystem MS-DOS[240]. Die Berechnungen in dieser Arbeit wurden mit der Version SPSS/PC + 3.1 durchgeführt.

---

[237]Vgl. Saurwein / Hönekopp (SPSS/PC) S. 182

[238]Gadenne (Gültigkeit) S.92

[239]Vgl. dazu Nie / Hull / Jenkins / Steinbrenner / Bent (SPSS) und Hull / Nie (SPSS Update). Neben der Beschreibung des Rechenprogramms werden in beiden Werken auch die statistischen Prozeduren erläutert. Weitgehend auf die Beschreibung des Rechenprogramms beschränken sich Beutel / Küffner / Rock / Schubö (SPSS 7).

[240]Vgl. Saurwein / Hönekopp (SPSS/PC) S. 5. Programmbeschreibungen und Erläuterungen zu den Statikprozeduren sind insbesondere in den Manuals zu dem Programm enthalten. Vgl. hierzu Norusis/SPSS INC. (Base Manual) und von ders. (Advanced Statitics)

2.8 Zur schriftlichen Befragung als Forschungsmethode

Bei der Verwendung der Befragung als Forschungsmethode werden den Befragungspersonen Fragen gestellt mit der Absicht, durch die Antworten der Befragten Auskunft über den Untersuchungsgegenstand zu erhalten.[241] Dabei werden sowohl die personalen und situativen Variablen als auch die aus einem bestimmten psychologischen Modell entnommenen Variablen, wie z.B. die Valenz, nicht unmittelbar erfaßt, sondern mittelbar durch die Antworten der Befragten, durch self reports erhoben.

Bei diesen Antworten handelt es sich somit um "subjektive" Mitteilungen der Befragungsperson.

Bei der Durchführung von Interviews und der Konstruktion von Fragebögen sollten deshalb neben methodischen und inhaltlichen Aspekten auch die sozialen Aspekte der Befragten berücksichtigt werden.[242]

Neben Mißverständnissen, Erinnerungsverzerrungen usw. wird die Teilnahme- und Antwortbereitschaft und die Art der Beantwortung, insbesondere ihr Wahrheitsgehalt, bei der Befragung von Mitarbeitern eines Unternehmens oder einer Organisation (Hochschule) sicherlich auch von der Einschätzung des Untersuchungszieles und der Erwartung von möglichen Rückwirkungen von bestimmten Antworten abhängen.

Angesichts des geringen, fundierten Wissensstandes über die Wirkungen der Gestaltung sozialempirischer Forschungsmethoden auf das Antwortverhalten erfolgt jedoch auch hier die Berücksichtigung sozialer Aspekte bei der Befragung zumeist durch eine Orientierung an vorherrschenden Praktiken, an Plausibilitätsüberlegungen oder an mehr oder weniger allgemein akzeptierten Regeln.

2.9 Aufbau der Arbeit

Zunächst wird ein erwartungswerttheoretischer Bezugsrahmen entwickelt und eine Befragung auf der Basis dieses erwartungswerttheoretischen Bezugsrahmens durchgeführt, ausgewertet und diskutiert. Anschließend werden grundlegende schematheoretische Konzeptionen und Forschungsergebnisse dazu dargestellt. Auf der Basis schematheoretischer Überlegungen wird eine zweite Befragung durchgeführt und analysiert. Zum Schluß wird versucht, die Ergebnisse der beiden Untersuchungen abzuwägen, zu integrieren und theoretische und praktische Konsequenzen aus den Untersuchungsergebnissen und ihrer Deutung zu ziehen.

---

[241] Zur Befragung als Forschungsmethode vgl. Friedrichs (Methoden) S. 207ff, Alemann (Forschungsprozeß) S. 207ff, Büschges / Lütke-Bornefeld (Organisationsforschung), Crano / Brewer (sozialpsychologische Forschung), S. 166ff

[242] Zu den sozialen Aspekten von Befragungen vgl. Kreutz (Soziologie), Büschges / Lütke-Bornefeld (Organisationsforschung), S. 145 ff, Alemann (Forschungsprozeß), S. 207 ff, Marr (Sozialpotential), S. 200 ff, Koolwijk / Wielken-Mayser (Hg.) (Befragung)

3. Konstruktion eines erwartungswerttheoretischen Bezugsrahmens

Bei der Analyse des Imagebegriffs wurde darauf hingewiesen, daß sich die Konzeption des einstellungstheoretischen Imagebegriffs im Marketing als dominierender Ansatz durchgesetzt hat. Dabei wird zumeist auf Einstellungsmodelle rekurriert, die als multidimensionale, erwartungswerttheoretische oder als instrumentalitätstheoretische Modelle bezeichnet werden. Nach diesen Modellen hängt die affektive Orientierung zu einem Objekt davon ab, inwieweit das Einstellungsobjekt als instrumental für die Erreichung von Zielen oder Werten angesehen wird (kognitive Komponente) und wie bedeutsam oder wertvoll die Zielerreichung oder Werterealisierung für das Individuum ist (affektive Komponente).

Da sich erwartungswerttheoretische Ansätze bei einer Vielzahl von empirischen Untersuchungen zu den unterschiedlichsten Fragestellungen bewährt haben, wurde bei der Analyse des Personalimages und seiner Wirkung auf den Beschäftigungswunsch zunächst ein erwartungswerttheoretischer Ansatz zugrundegelegt.

3.1 Darstellung erwartungswerttheoretischer Ansätze

In der Literatur lassen sich eine Vielzahl von erwartungswerttheoretischen Modellen finden. Als Grundparadigma der vielfältig modifizierten erwartungswerttheoretischen Motivationsmodelle kann in einer etwas präziseren Formulierung als oben, die aber doch noch genügend allgemein ist, die Hypothese angesehen werden ".., daß jene Ziele als attraktiv angenommen werden, bei denen das Produkt aus Nutzen mal Erreichenswahrscheinlichkeit auf der subjektiven Ebene zum Maximum wird."[243]

In der Psychologie wird zumeist auf Tolman und Lewin als "Begründer" kognitiv-affektiver Verhaltensmodelle verwiesen.[244] Atkinson und McCleland haben in ihrer Leistungsmotivationstheorie, die dann später auch auf das Macht- und das Affilitionsmotiv ausgeweitet wurde, die Entwicklung und empirische Prüfung erwartungswerttheoretischer Modelle eingeleitet,[245] die immer mehr die Bedeutung der kognitiven Komponente, z. B. an der Theorie der Kausalattribuierung und der Reinterpretation des TAT-Tests zur Bestimmung des Leistungsmotivs, aufzeigte[246]. In der Betriebspsychologie haben diese Ansätze über die Arbeit von Vroom Eingang gefunden.

3.1.1 Das Modell von Peak

Peak hat 1955 als erste den Begriff der Instrumentalität eingeführt[247]. Danach hängt die Einstellung i.e.S. (= affektive Orientierung) zu einem Sachverhalt (Objekt oder eine Situation) davon ab, inwieweit dieser Sachverhalt erstens als instrumental für die Errei-

---

[243]Rosenstiel / Kompa / Oppitz /Held (instrumentalitätstheoretische Ansätze) S. 181

[244]Zur Entwicklung erwartungswerttheoretischer Ansätze vgl. auch Heckhausen (Motivation), Werbik (Handlungstheorien), S. 106, Greif (Organisationspsychologie) S. 227ff, Lieber (Gewinnbeteiligung), S. 30-44, Weinert (Organisationspsychologie), S. 261ff

[245] Vg. Atkinson (Motivation)

[246]Vgl. Weiner (Motivation)

[247]Vgl. Peak (attitude)

chung angestrebter Ziele vom Individuum angesehen wird (Instrumentalität) und zweitens von der Befriedigung, die aus der Zielerreichung gewonnen wird. Die affektive Wertgeladenheit oder auch die affektive Orientierung ergibt sich nach Peak als Summe der Produkte aus der Multiplikation der Instrumentalität mit der Intensität der Befriedigung für jedes der mit dem Sachverhalt angestrebten Ziele.

3.1.2 Der Ansatz von Rosenberg

Rosenberg hat das Modell von Peak empirisch getestet und dabei folgende Ausformulierung vorgenommen: Eine positiv affektive Orientierung zu einem Objekt ist mit der Überzeugung verbunden, daß mit diesem Objekt vom Individuum als wichtig und wertvoll angesehene Werte oder Zielvorstellungen erreicht werden; negativ affektive Orientierungen rühren her aus der Einschätzung des Objektes als Hindernis für die Realisierung dieser Werte.[248] Die affektive Orientierung zu einem Objekt ergibt sich danach als die subjektiv wahrgenommene Eignung des Objektes zur Erreichung von vorgegebenen Zielen oder Motiven des Individuums.

Gelegentlich wird dieser Ansatz auch als Mittel-Zweck-Analyse (means-end-analysis) der Einstellung bezeichnet.

Rosenberg geht bei seinem Modell immer wieder auch gegenüber verschiedenen Objekten von demselben Bündel vorgegebener Ziele oder Motive aus, die dadurch den Charakter von grundlegenden Bedürfnissen, von Fundamentalbedürfnissen, erlangen.

Mit Hilfe dieses Modells konnte Rosenberg Unterschiede in der Einstellung zur Redefreiheit für Kommunisten und zur Aufhebung von rassenspezifischen Wohngebieten vorhersagen.

Die Relevanz der Kenntnis theoretischer Ansätze zur Struktur von Einstellungen auch im Hinblick auf ihre Veränderbarkeit konnte Carlson in einer Anschlußstudie zur Untersuchung von Rosenberg nachweisen, indem es ihm durch Beeinflussung gelang, die Befriedigungswerte der Konsequenzen der Aufhebung rassegetrennter Wohngebiete zu verändern und dadurch eine Einstellungsänderung in Bezug auf getrennte Wohngebiete für die einzelnen Rassen zu erreichen.[249]

3.1.3 Die Instrumentalitätsmodelle von Vroom

Vroom hat drei Teilmodelle für die Valenz, Handlungstendenz und die Handlungsausführung entwickelt.[250]

Das Valenzmodell von Vroom

Bei seinem Valenzmodell zur Erklärung der affektiven Orientierung gegenüber bestimmten Objekten greift Vroom auf das Modell von Rosenberg zurück. Nach

---

[248] Zum Ansatz von Rosenberg vgl. Rosenberg (Kognitive Struktur)

[249] Vgl. Carlson (Change)

[250] Zum Modell von Vroom vgl. Vroom (work). Zur Vermeidung von Mißverständnissen wird im weiteren Verlauf die Valenz, sofern sie sich auf die abhängige Variable bezieht, als affektive Orientierung oder als Einstellung im engeren Sinne bezeichnet.

Vroom hängt die allgemeine globale affektive Orientierung zu einem Objekt (die Valenz des Objektes) von der Eignung des Objektes für das Erreichen anderer Objekte und der affektiven Orientierung gegenüber diesen Objekten ab:

Die affektive Orientierung zu einem Objekt Y ist eine monoton steigende Funktion der algebraischen Summe der Produkte der wahrgenommenen Eignung des Objektes Y für das Erreichen anderer Objekte X und der Valenz dieser Objekte X.

Eine Begrenzung auf vorgegebene Grundziele oder -werte wird in seinem Modell nicht vorgenommen.

Das "Anstrengungsmodell" von Vroom (Handlungstendenzmodell)

Mit dem Valenzmodell kann man nur die affektive Orientierung zu einem Sachverhalt erklären. Es gibt aber keine Auskunft darüber, welche von mehreren Handlungstendenzen gewählt wird und mit welcher Anstrengung oder Intensität versucht wird, die ausgewählte Handlung zu realisieren. Nach Vroom hängt die Intensität zur Realisierung einer Handlungstendenz, in Anlehnung an die Lewinsche Feldtheorie von Vroom mit Force bezeichnet, von der Erwartung, der subjektiv eingeschätzten Wahrscheinlickkeit, ab, durch eine Handlung ein bestimmtes Handlungsergebnis erreichen zu können, multipliziert mit der nach dem Valenzmodell bestimmten Valenz des Handlungsergebnisses.

Das Handlungsmodell von Vroom

Inwieweit eine Handlungsabsicht realisiert werden kann, hängt nicht nur von der Motivation, der Intensität der Handlungsintention ab, sondern auch von anderen Größen, insbesondere den Fähigkeiten der Person oder von situativen Bedingungen.

Vroom hat dies in seinem Leistungsmodell (performance model) - auch als Ausführungs- oder Handlungsmodell bezeichnet - dadurch berücksichtigt, daß das Handlungsergebnis eine Funktion der Multiplikation der Fähigkeiten mit der Motivation, der Anstrengungsbereitschaft, ist.

3.1.4 Das multidimensionale Einstellungsmodell von Fishbein und Ajzen

Ein Einstellungsmodell, bei dem die kognitive Variable als die subjektive Wahrscheinlichkeit über den Zusammenhang zwischen einem Objekt X und Folgen oder Eigneschaften des Objektes X bestimmt wird, hat Fishbein entwickelt.

Ebenso wie Vroom bezieht sich auch Fishbein bei der Entwicklung seines Einstellungsmodells auf die Konzeption von Rosenberg. Nach seinem Modell hängt die affektive Orientierung gegenüber einem Objekt (Einstellung i.e.S.) von der wahrgenommenen Wahrscheinlichkeit (Erwartung) von Eigenschaften oder Folgen des Objektes und der affektiven Bewertung (Valenz) der wahrgenommenen Folgen oder Eigenschaften des Objektes ab.[251] Die affektive Orientierung gegenüber einem Objekt bestimmt sich nach der Summe der Produkte aus Erwartung und Valenz der Folgen oder Eigenschaften des Objektes.[252]

---

[251] Vgl. Fishbein (Behavior)

[252] Fishbein (Behavior), S. 394

3.1.5 Zusammenfassender Vergleich der Modelle

Obwohl die erwartungswerttheoretischen Motivationsmodelle auf einem gemeinsamen Denkansatz beruhen lassen sich Unterschiede feststellen.

Zwischen dem Modell von Fishbein und Rosenberg besteht u.a. ein Unterschied in Bezug auf die Dimensionalität der Modelle.

Bei dem Modell von Rosenberg ergibt sich die affektive Orientierung gegenüber einem Objekt über die wahrgenommene Eignung des Objektes zur Erreichung von (zentralen) Zielen oder Motiven. Dabei wird unabhängig von dem Objekt immer das gleiche Bündel von Zielen oder Motiven zugrundegelegt. In dem Modell von Fishbein wird - wie auch bei dem Modell von Vroom - die affektive Orientierung gegenüber dem Objekt über die objektspezifischen Eigenschaften oder Folgen des Objektes bestimmt.[253]

Erwartungswerttheoretische Einstellungsmodelle können sowohl für die Analyse der Entscheidung eines Individuums unter mehreren Möglichkeiten (Intrapersonenmodell) oder auch für den Vergleich der Entscheidungstendenzen mehrerer Personen in Bezug auf ein Objekt oder Handlung (Interpersonenmodell) verwendet werden.[254] Bei der interindividuellen Analyse wird z.B. die affektive Orientierung von mehreren Personen zu einem Objekt korreliert mit den Werten, die sich für die Summen der Erwartungen (E) multipliziert mit den Valenzen (V) ergeben.

Demgegenüber wird bei der intraindividuellen Analyse die affektive Orientierung einer Person zu verschiedenen Objekten mit dem Wert dieser Objekte, die nach der Formel Summe ($E_i \times V_i$) über alle (I) der wahrgenommenen Folgen eines Objektes bestimmt werden, verglichen.

Obwohl Vroom sein Modell als ein Intrapersonenmodell formulierte, wurde es nahezu ausschließlich als Interpersonenmodell bei empirischen Untersuchungen im Bereich der Industrie- und Organisationspsychologie verwendet.[255] Bei Fragestellungen aus dem Bereich des Konsumentenverhaltens werden erwartungswerttheoretische Modelle als Intrapersonenmodelle angewendet.[256]

3.2 Zur empirischen Bewährung erwartungswerttheoretischer Ansätze

Das Valenzmodell von Vroom wurde insbesondere anhand von Fragestellungen aus dem Bereich der Betriebs- und Organisationspsychologie überprüft. Als typische Untersuchungsgegenstände wurden dabei die Valenz von unterschiedlichen Tätigkeiten, die Valenz von Arbeitszufriedenheit und die Valenz von Leistung gewählt.[257] Die erklärte Varianz der abhängigen Variablen unterscheidet sich z.T.

---

[253] vgl. dazu Trommsdorff (Messung), S. 54-57

[254] vgl. dazu Freter (Einstellungsmodelle), S. 15 ff

[255] vgl. Mitchell (expectancy), S. 1068-1070; eine Intrapersonenanalyse des erwartungswerttheoretischen Ansatzes führte Muchinsky (Within-Analyses) durch.

[256] vgl. z.B. Freter (Einstellungsmodelle), S. 15 ff

[257] Einen Überblick über den Forschungsstand zum Vroom' schen Modell und den daraus abgeleiteten Modellvarianten von Lawler etc. geben: Campbel / Pritchard (Motivation)), Mitchell / Beach

recht deutlich bei den einzelnen Studien. Bei den meisten Untersuchungen wurden Korrelationen zwischen .10 und .70 gemessen, d.h. die erklärten Varianzen der abhängigen Variablen lagen im Bereich von 1% bis zu ca. 50%.

Das Einstellungsmodell von Fishbein hat sich vielfach bei Fragestellungen aus dem Bereich der allgemeinen Psychologie und des Marketings bewährt.[258]

Da häufig bei Untersuchungen aus dem Bereich der Betriebs- oder Organisationspsychologie, die sich auf das Valenzmodell von Vroom als theoretischer Basis beziehen, die Instrumentalität als Grad der wahrgenommenen Wahrscheinlichkeit operationalisiert wurde, können auch diese Untersuchungen als Bestätigungen des Ansatzes von Fishbein gewertet werden.[259]

Bei den bisher behandelten Modellen von Vroom, Rosenberg und Fishbein wird die affektive Komponente (V_i) und die kognitive Komponente (E_i) durch Multiplikation miteinander verknüpft und anschließend die Produkte zu einem (Summen-)wert addiert (Summe über alle I = 1-n von $E_i \times V_i$).

In einer Reihe von Untersuchungen wurden auch alternative Verknüpfungen geprüft, indem man anstelle der Multiplikation eine Addition der Modellkomponenten durchführte und indem die Verknüpfung der affektiven und der kognitiven Komponente vor oder nach der Aggregation der einzelnen Folgen zu einem Gesamtwert (Summenwert) erfolgte. Ebenfalls wurde bei einigen Untersuchungen auf die Summierung über Erwartung und Valenz der Folgen verzichtet und disaggregiert in Form multipler Regressionsanalysen untersucht, inwieweit die affektive Orientierung gegenüber einem Objekt durch Erwartung und Valenz der Folgen bestimmt wird.[260]

Hierbei ergab sich, daß bei den disaggregierten Analysen (multiple Regressionsanalysen) höhere Werte für die erklärte Varianz erreicht wurden als bei den aggregierten Verknüpfungen. Dies läßt sich sicherlich auf die Unterdrückung von Informationen durch die Aggregation, durch die Summenbildung zu einem Wert zurückführen, während bei der multiplen Regression der zusätzliche Informationsbeitrag von Erwartung und Valenz jeder einzelnen Folge berücksichtigt wird. Beim Vergleich von multiplikativer zu additiver Verknüpfung der affektiven mit der kognitiven Komponente konnten nur geringe Unterschiede in Bezug auf die erklärte Varianz ermittelt werden, wobei die multiplikative Verknüpfung häufiger etwas höhere Erklärungswerte erbrachte. Sofern sich die Werte der einzelnen Komponenten im mittleren Wertebereich bewegen und nicht für mindestens eine Komponente Null annähern, sind auch keine großen Unterschiede zwischen dem additiven und dem multiplikativen Modell zu erwarten.

In einigen Untersuchungen wurde geprüft, welche der beiden Komponenten allein am meisten zur erklärten Varianz der abhängigen Variablen beiträgt.[261]

(Review), House / Wahba (Expectancy), Mitchell / Biglan (Instrumentality), Mitchell (Expectancy), Miner / Dachler (Motivation)

[258] vgl. z.B. Freter (Einstellungsmodelle), (Automobilmarken) und (Aussagewert)

[259] vgl. Connolly (conceptual), S. 40 ff

[260] vgl. Freter (Einstellungsmodelle), S. 40 ff und ders.(Automobilmarken), S. 34 ff

[261] vgl. Freter (Einstellungsmodelle), S. 40 ff und ders. (Automobilmarken), S. 39 ff

Es zeigt sich, daß man bei der Berücksichtigung nur kognitiver Variablen in etwa gleich viel an erklärter Varianz (r2) der abhängigen Variablen erhält wie bei der Berücksichtigung beider Komponenten. Die affektive Komponente hingegen kann nur selten bedeutsame Anteile der Varianz der abhängigen Variablen erklären. Einige Autoren wie z.B. Trommsdorff verzichten deshalb auf die Verwendung der affektiven Komponente bei ihren Modellen. [262]

3.3 Kritische Analyse der erwartungswerttheoretischen Ansätze

Die Darstellung der Modelle mittels mathematischer Formelsprache erweckt den Eindruck, daß Menschen ihre Einstellungen und ihr Verhalten gegenüber irgendwelchen Sachverhalten in einer sehr objektiven und "mathematisch - rationalen" Weise kalkulativ entwickeln.

Dagegen wird eingewendet, daß die Modelle zu objektivistisch sind. Die Individuen nutzen in der Regel nicht alle Informationen zur Bildung ihrer Erwartungs-, Instrumentalitäts- und Wertkomponenten vollständig und fehlerfrei. Aus kognitionspsychologischen Analysen ist bekannt, daß Menschen nur in sehr begrenztem Umfang Informationen aufnehmen und verarbeiten können.

Ein weiterer, häufig geäußerter Einwand gegenüber erwartungswerttheoretischen Einstellungsmodellen besteht darin, daß diese Modelle den Individuen eine zu rationale Informationsverarbeitung unterstellen. Die in den Modellen beschriebene "Modellalgebra" der vollständigen Elaboration und Integration sämtlicher Erwartungs- und Wertkomponenten zu einem Gesamtwert entspricht nicht dem tatsächlichen Vorgehen der Individuen bei ihrer Informationsverarbeitung.[263] In der Tat kann bei den ersten Autoren, die erwartungswerttheoretische Modelle verwendeten, der Eindruck entstehen, daß sie diese Modelle auch als Abbildungen der Informationsverarbeitung der Individuen verstehen. Es hat sich heute die Deutung durchgesetzt, daß die erwartungswerttheoretischen Modelle als Modelle aufzufassen sind, die nur dazu dienen sollen, eine bestehende Einstellungs- und Motivationsstruktur in einem statischen Sinne zu erklären.[264]

Ein weiteres Problem erwartungswerttheoretischer Modelle ist das aus ihrem Formalisierungsgrad resultierende erforderliche Intervall- bzw. Rationalskalenniveau. Dieses Skalenniveau wurde i.d.R. bei den empirischen Überprüfungen erwartungswerttheoretischer Modelle nicht realisiert.

Kuhl, Jochmann und Milbach haben allerdings mittels aussagenlogischer Modelle, für die diese Probleme des Skalenniveaus nicht gegeben sind, empirische Untersuchungen zum erwartungswerttheoretischen Modell durchgeführt, die zu einer partiellen Bestätigung führten.[265]

In einer kritischer Weiterentwicklung des erwartungswerttheoretischen Ansatzes hat Kuhl basierend auf den Arbeiten von Ach ein Motivations- und Handlungs-

---

[262] vgl. Trommsdorff (Messung)

[263] vgl. z.B. Kieser/Kubicek (Organisationstheorien II), S. 30 ff und Campbell/Pritchard (motivation), S. 92 ff

[264] vgl. Freter (Einstellungsmodelle), S. 44 ff

[265] Vgl. Kuhl (Motivation) S. 86ff, Jochmann (Veränderung) und Milbach (Testung)

modell entwickelt, das diesen kritischen Einwänden gerecht werden könnte und
darüberhinaus ein differenzierteres Modell zur Analyse der Handlungsanalyse bietet
als die oben beschriebenen Modelle.

3.4 Das integrierte Motivations- und Handlungsmodell von Kuhl als differenzierte Weiterentwicklung erwartungswerttheoretischer Verhaltensmodelle

Unter dem Begriff Motivation werden eine Vielzahl unterschiedlicher Konzepte verstanden. Ganz generell dient der Begriff Motivation als ein hypothetisches Konstrukt oder als ein theoretischer Interpretationsbegriff zur Beschreibung oder Erklärung menschlichen Verhaltens. Motivation fragt nach dem "Warum" des Verhaltens. Sie bezeichnet diejenigen Variablen, die das Verhalten anregen, in Gang halten und ausrichten. Zielsetzung der Motivationspsychologie ist es, Erklärungen für die Beweggründe des Handelns zu finden. Dabei lassen sich drei Grundprobleme der Motivationspsychologie unterscheiden:[266]

1. Fragen der *Richtung* des Verhaltens: Welche Verhaltensweisen werden ausgewählt?

2. Fragen der *Stärke* oder *Intensität* des Verhaltens.

3. Fragen des *Andauerns* oder der *Persistenz* des Verhaltens.

Motivation bezieht sich nur auf den Prozeß bis zur Entstehung von Handlungsabsichten oder Intentionen.

Das Realisieren von Intentionen, das tatsächliche Handeln, wird, weil das Intendierte gewollt ist, auch als Volition bezeichnet.[267] Als Handlungen werden im Rahmen der handlungstheoretischen Ansätze i.a. nur diejenige Teilmenge der beobachtbaren Verhaltensweisen (overt behavior) bezeichnet, die als zielgerichtet, als motiviert oder als Realisation einer Intention bezeichnet werden können.[268]

Seit den 40er Jahren dieses Jahrhunderts konzentrierte sich die Motivationsforschung auf die Analyse der Entstehung von Handlungstendenzen und vernachlässigte die Erforschung der Realisierung von Handlungstendenzen. Heckhausen spricht sogar vom *"Handlungsloch"* der gegenwärtigen Motivationsforschung[269]. Kuhl hat in besonderer Weise auf die Vernachlässigung der Erforschung der Handlungsrealisierung hingewiesen und ein integriertes Motivations- und Handlungsmodell entwickelt, mit dem er versucht, das unverbundene Nebeneinander handlungs- und motivationspsychologischer Ansätze zu überwinden, indem er ein integratives Modell zur Beschreibung des Zusammenwirkens kognitiv-motivationaler, dynamisch-motivationaler und voluntionaler Prozesse entwickelt. Dabei integriert Kuhl in seinem Modell motivationspsychologische und handlungstheoretische Ansätze.[270]

---

[266]Atkinson (Motivation), S. 21

[267]Heckhausen (Motivation) S. 189

[268]Lantermann (Interaktionen), S. 117; Großkurth/Volpert (Lohnarbeitspsychologie), S. 130ff; Miller/Galanter/Pribram (Strategien)

[269]Heckhausen (Motivation) S. 189

[270]Vgl. Kuhl (Motivation), insbesondere S. 302ff

Kuhl präzisiert im Rahmen seines integrierten Ansatzes die drei Grundprobleme der Motivationspsychologie wie folgt:

1. Fragen der Auswahl von Zielen und Handlungen: Die Ziel- und Handlungsselektion
2. Fragen der zeitlichen Veränderungen von Handlungstendenzen: Die Motivationsdynamik
3. Fragen der Umsetzung einer Absicht oder Handlungstendenz zur tatsächlichen Ausführung der Handlung: Die Handlungskontrolle.

3.4.1 Überblick über das Modell von Kuhl

Sein Modell besteht aus 2 Hauptbereichen:

1. der Selektionsmotivation
2. der Handlungskontrolle.[271]

Mit dem Begriff "Selektionsmotivation" ist der Prozeß umschrieben, der sich mit dem Entstehen und der Auswahl einer Handlungstendenz befaßt.

Sobald eine Handlungstendenz (Präferenz für eine Handlung oder auch "Handlungswunsch") den Status einer Handlungsabsicht hat, wird der weitere Prozeß bis zur Durchführung oder auch "Nicht-Durchführung" der Handlung als Handlungskontrolle bezeichnet.

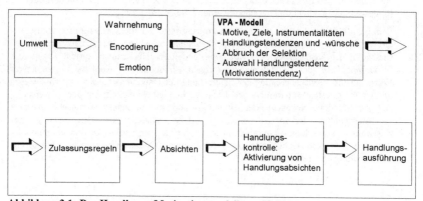

Abbildung 3.1: Das Handlungs-Motivationsmodell von Kuhl

---

[271]Die Darstellung des Modells von Kuhl erfolgt in enger Anlehnung an Kuhl (Motivation) S. 302 - 325

3.4.2 Die Selektionsmotivation

3.4.2.1 Anforderungen an das Teilmodell der Selektionsmotivation

Kuhl formuliert als programmatische Punkte acht Forderungen, die er an sein Teilmodell der Selektionsmotivation stellt:

- Berücksichtigung kognitiver Prozesse mittels Erwartungs- und Valenzparameter bei der Zielentwicklung, der Mittelauswahl und der zu erreichenden Ergebnisse und der auszuführenden Handlungen.

- Konflikte zwischen Zielalternativen (teleologische Konflikte) und zwischen Handlungsalternativen (hodologische Konflikte) sind zu beachten.

- Berücksichtigung von Konflikten zwischen konkurrierenden Motivationstendenzen, insbesondere zwischen hedonistischen Tendenzen ("Was man gerne tun möchte"), obligatorischen Tendenzen ("Wozu man verpflichtet ist, tun zu müssen"), voluntionalen Tendenzen ("Was man tun will") und impulsiven, nicht reflektiven, spontanen Tendenzen.

- Die dynamische Kumulation sukzessiver Anregung derselben Motivationstendenz ist in dem Modell zu integrieren.

- Zwischen einer Absicht und einer motivationalen Tendenz ist zu differenzieren.

- Die in den Erwartungs-mal-Wert-Modellen enthaltene einseitige Verrechnungsannahme (Modellalgebra), nach denen die Motivationstendenzen durch Addition oder Subtraktion der Tendenzbeträge bestimmt werden kann, ist zu ergänzen.

- In erwartungswerttheoretischen Modellen wird die Motivationstendenz mit dem höchsten Wert ("Force" im Modell von Vroom) ausgeführt. Dabei handelt es sich um ein quantitatives Dominanzkriterium. Im Selektionsmotivationsmodell von Kuhl sollen auch qualitative Kriterien als Zulassungskriterien bei der Auswahl konkurrierender Motivationstendenzen möglich sein.

- Es ist zu berücksichtigen, daß in der Realität i.d. R. nicht sämtliche Informationen bei der Auswahl von konkurrierenden Alternativen aufgenommen und verarbeitet werden, sondern daß die Informationsabwägung durch Entscheidungskriterien hinsichtlich der Verarbeitungsdauer und Verarbeitungstiefe begrenzt wird.

3.4.2.2 Überblick über das Teilmodells der Selektionsmotivation

Der Motivationsprozeß wird durch die Konfrontation der Person mit einem Umweltausschnitt initiiert. Die Umwelt wird zunächst wahrgenommen und aufgefaßt (enkodiert), wobei die Wahrnehmung durch Denkvorstellungen ("Konstruktion") geprägt ist. Anschließend findet eine erste vorläufige emotionale Bewertung der Situation auf der Anziehungs-Vermeidungsdimension statt.

Der sich anschließende Prozeß der Selektionsmotivation führt über verschiedene kognitive Verarbeitungsschritte, wie sie z.T. auch in den erwartungswerttheoretischen Modellen enthalten sind, zur Generierung von Handlungstendenzen.

Dieser kognitive Verarbeitungsprozeß wird von Kuhl mittels seines Valenz - Potenz - Aktivierungsmodells (VPA-Modell) beschrieben, mit dessen Hilfe er eine Verbindung von Handlungstendenzen mit Motiven, Zielen, Wertvorstellungen und Einstellungen herzustellen versucht und bei dem er auf erwartungswerttheoretische bzw. instrumentalitätstheoretische Ansätze zurückgreift.

3.4.2.3 Das Valenz-Potenz-Aktivierungs-Modell (VPA Modell)

Das VPA-Modell beschreibt den Prozeß der Handlungs- und Zielselektion mittels der zwei Dimensionen instrumentelle Ebene und Prozeßphasen.

Abbildung 3.2: Das Valenz - Potenz - Aktivierungsmodell von Kuhl (VPA-Modell)

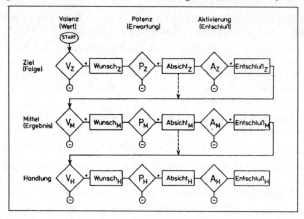

3.4.2.3.1 Instrumentelle Ebene

Kuhl unterscheidet drei instrumentelle Ebenen:

- Ziel (Folge)
- Mittel (Ergebnis)
- Handlung.

Als *Ziele* werden Kognitionen bezeichnet, die zu einem bestimmten Zeitpunkt keinen Mittelcharakter, keine Instrumentalität für übergeordnete Ziele, Motive etc. haben.

Als *Mittel* werden Kognitionen bezeichnet, die als Mittel, als Instrument angesehen werden, um das Ziel zu erreichen. Mittel haben aber auch Zielcharakter, nämlich in der Form, daß sie als Ziel oder Ergebnis einer Handlung angesehen werden können und auch für den Fall, wenn eine Sequenz von Handlungsergebnissen eintreten muß, um ein Handlungsziel zu erreichen. Wesentlich für die Einstufung als Mittel ist doppelte Instrumentalitätsbeziehung nach oben zu Zielen oder anderen Mitteln und nach unten als Ergebnis von Handlungen.

Als *Handlung* wird zielgerichtetes Verhalten bezeichnet, durch das der Handelnde in bewußter Absicht einen gegenwärtigen Zustand in einen angestrebten zukünftigen Zustand überführen will. "Handlungseinheit" ist hier die "kleinste" Handlung, deren Ausführung noch bewußt angestrebt werden kann.

3.4.2.3.2 Prozeßphasen

Die zweite Dimension betrifft den Prozeß. Dabei lassen sich Bewertungs- oder auch Abwägungsphasen und ihre Resultate unterscheiden.

Die erste Abwägungs- oder Bewertungsphase ist die Bestimmung des Wertes oder der Valenz von Zielen, Mitteln oder Handlungen. Das Resultat dieses Bewertungsprozesses drückt sich aus in einem Wunsch, diese Ziele, Mittel oder Handlungen zu realisieren ("Ich will...").

In der dann folgenden Abwägungs- oder Bewertungsphase wird die Realisierungsmöglichkeit (Potenz) geprüft. Die Potenz darf nicht mit dem Erwartungsaspekt in erwartungswerttheoretischen Modellen gleichgesetzt werden, da es sich dabei um eine ergebnis- oder handlungsspezifische Erwartung handelt, während Potenz bei Kuhl die generelle, unspezifische Kompetenz meint, d.h. ob man irgendwie die Möglichkeit sieht, das Ziel, das Mittel oder die Handlung zu realisieren. Wenn diese Fähigkeit oder Kompetenz als vorhanden angesehen wird, entsteht als Ergebnis dieses Abwägungs- oder Bewertungsprozesses eine Absicht, das Ziel, das Mittel oder die Handlung zu realisieren ("Ich kann und will...").

Erst im Anschluß daran wird der Abwägungs- und Bewertungsprozeß der Entschlußfassung (Aktivierung) eingeleitet, als dessen Ergebnis es zu einem Entschluß zur Realisierung der Ziele, Mittel oder Handlungen kommen kann. Die Entschlußfassung in dem Modell von Kuhl stellt eine eigene Prozeßphase dar, die er in seinem zweiten Teilmodell der Handlungskontrolle für die instrumentelle Ebene der Handlungen erläutert. Im Gegensatz zu den Erwartungs-mal-Wert-Modellen ergibt sich der Entschluß nicht nur aus der Beurteilung von Erwartungs- und Wertaspekten, sondern er ist auch noch abhängig von zusätzlichen Vermittlungsprozessen, von denen es abhängt, ob man selbst bei hoher Valenz und einer hoher Einschätzung der Erfolgswahrscheinlichkeit zu einem Entschluß und zur Handlungsausführung kommt ("Ich kann und will und mache oder versuche es jetzt").

Kuhl erläutert sein VPA-Modell am Sonderfall einer bewußt und differenziert kontrollierten Handlungs-und Zielselektion.

3.4.2.3.3 Valenz und Potenz des Ziels

Eine Person bewertet die Valenz verschiedener Ziele (V_Z) für sich und wählt eines für sich als Ziel aus ("Wunsch"). Das Auswahlkriterium muß dabei nicht unbedingt ein Dominanzkriterium, wie in der Erwartungswerttheorie sein, wo das Ziel mit der höchsten Valenz gewählt wird; es kann sich auch um einen Kompromiß zwischen verschiedenen Zielen handeln. Wenn ein Ziel als Wunschvorstellung gegeben ist, wird geprüft, ob man selbst generell die Fähigkeit zur Zielerreichung (Potenz: P_Z) hat, d.h. ob man das eventuell noch vage Gefühl hat, die Kompetenz zu haben, irgendeine Handlungsmöglichkeit zur Zielrealisierung zu finden. Eine Absicht muß aber nicht zum Entschluß führen, Schritte zur Zielrealisierung einzuleiten. Es kann sein, daß die Realisierung auf später verschoben wird. Der Prozeß von der Absicht zum Entschluß wird im Zusammenhang mit Handlungskontrolle erklärt.

3.4.2.3.4 Valenz und Potenz des Mittels

Wenn eine Person entschlossen ist, das Ziel zu realisieren oder bereits wenn sie beabsichtigt, (gestrichelte Linie in Abbildung 3.2) das Ziel zu realisieren, wird nach Mitteln oder Handlungsergebnissen gesucht, die instrumental zur Zielerreichung sein können. Die Valenz eines Mittels (V_M) bestimmt sich ausschließlich nach seiner subjektiv eingeschätzten Eignung oder Instrumentalität im Hinblick auf die Erreichung des übergeordneten Ziels. Eine eigenständige, intrinsische, nicht durch Instrumentalität, vermittelte Valenz kann ein Mittel oder ein Handlungsergebnis danach nur dann aufweisen, wenn es zumindest zeitweise nicht als Mittel, sondern als eigenständiges Ziel betrachtet wird, d.h. wenn eine Verschiebung der Ebenen stattfindet. Diese Bestimmung der Valenz eines Mittels entspricht dem Valenzmodell von Vroom.

Wenn ein Handlungsergebnis oder Mittel als instrumental zur Zielerreichung eingeschätzt wird, entwickelt sich der Wunsch, es zu realisieren. Wie auch auf der Zielebene prüft dann die Person, ob sie sich generell in der Lage sieht, irgendeine geeignete Handlungsmöglichkeit zu finden. Wenn dies der Fall ist, entsteht die Absicht dieses Mittel oder Handlungsergebnis zu verwirklichen. Erst wenn diese Absicht besteht, werden spezifische Handlungsmöglichkeiten gesichtet und geprüft. Ob es von der Absicht, ein Mittel zu realisieren, zum Entschluß kommt, wird wie bei Zielebene unter dem Aspekt der Handlungskontrolle erläutert.

3.4.2.3.5 Valenz und Potenz der Handlung

Auch bei der Handlungsselektion wird erst die Valenz von Handlungsmöglichkeiten geprüft (V_H), die aufgrund ihrer Instrumentalität zur Erreichung des beabsichtigten Handlungsergebnisses bestimmt werden. Dieser Handlungs-Wunsch (Handlungstendenz oder Motivationstendenz) wird erst dann zur Absicht, wenn der Handelnde seine globale Handlungspotenz (Potenz der Handlung:P_H) positiv einschätzt.

V_H entspricht der Handlungs-Ergebnis-Erwartung und V_M der Ergebnis-Folge-Erwartung im Modell von Heckhausen bzw. Lawler.

Zur Erklärung der Entstehung einer Motivationstendenz wurden bisher die Variablen V_Z, V_M, V_H und P_Z P_M, P_H gemeinsam herangezogen. Bei einer aussagenlogischen Überprüfung erwartungswerttheoretischer Modelle der Anstrengungsmotivation konnte Kuhl jedoch feststellen, daß manche Personen sich nur von den subjektiven Erfolgswahrscheinlichkeiten oder nur den Wertkomponenten leiten lassen.[272] Er berücksichtigt deshalb unterschiedlich "verursachte" Motivationstendenzen, je nach dem welche der Parameter des VPA-Modells mitwirken.

3.4.2.4 Typen von Handlungstendenzen

Kuhl unterscheidet folgende Typen von Handlungstendenzen:

1. Impulsiv-volutionale Handlungstendenzen

Ohne Abwägungsprozesse entsteht die Tendenz einer impulsiven Reaktion. Solche impulsiven Motivationstendenzen können durch instrumentelles Lernen erworben sein oder ursprünglich durch reflektive Vermittlung entstandene Handlungstendenzen sind automatisiert (Ausbildung von Gewohnheiten). Als Determinanten werden von impulsiv-voluntionalen Handlungstendenzen A_Z, A_M, A_H angesetzt.

2. Voluntional-reflektive Handlungstendenzen

Als voluntional-reflektiv werden Motivationstendenzen bezeichnet, die bereits den Status einer Absicht überschritten hatten, deren Ausführung jedoch seinerzeit aufgrund mangelnder Ausführungsbedingungen nicht realisiert werden konnten, und die

---

[272]Kuhl (Motivation) S.87 - 90

deshalb als "Vorsatz" im Langzeitgedächtnis abgespeichert sind. Diese Vorsätze müssen nur noch aus dem Gedächtnis abgerufen werden. Selbst wenn bei ihrer Entwicklung intensive Abwägungsprozesse stattgefunden haben, so ist bei ihrem Abruf aus dem Gedächtnis nur eine minimale Vermittlung oder Abwägung erforderlich.

3. Reflektiv-hedonistische Handlungstendenzen

Reflektiv-hedonistische Handlungstendenzen entstehen aufgrund der modellgemäß ausschließlichen Berücksichtigung nur der Valenzen der Handlungen, Mittel und Ziele (V_Z, V_M, V_H) ohne Berücksichtigung der Realisierungsmöglichkeiten (P_Z, P_M, P_H).

4. Reflektiv-realistische Handlungstendenzen

Reflektiv-realistische Handlungstendenzen entstehen, wenn neben den Valenzen (V_Z, V_M, V_H) auch die Realisierungsmöglichkeiten (P_Z, P_M, P_H) - analog den Erwartungswertmodellen - mit abgewogen werden.

5. Reflektiv-obligatorische Handlungstendenzen

Als reflektiv-obligatorisch werden Tendenzen benannt, die auf die Verwirklichung sozial bzw. normativ nahegelegten Absichten gerichtet sind. (OV_Z, OV_M, OV_H; O steht für obligatorisch).

Bei der Handlungsselektion handelt sich um einen "offenen Prozeß", der aber aufgrund restriktiver Gegebenheiten zu einem Abbruch und zur Entscheidung für eine präferierte Handlungstendenz führt.

Generierung und Auswahl von Handlungstendenzen als "offener" Prozeß

Der Generierungs- und Auswahlprozeß ist theoretisch unbegrenzt. Es könnten unendlich viele Handlungen mit unendlich vielen Folgen und deren Bewertungen berücksichtigt werden. In der Realität steht der Person jedoch nur ein begrenzter Zeitraum zur Verfügung und i.d.R. sind nicht Information über alle Alternativen vorhanden, so daß irgendwann der Abwägungsprozeß abgebrochen werden muß.

Der Abbruch des Prozesses der Generierung und Selektion der Handlungstendenzen erfolgt dann, wenn eine dieser Tendenzen zu einer Absicht wird. Es ist auch nicht gesagt, daß zu einem bestimmten Zeitpunkt nur die Auswahl zwischen verschiedenen Tendenztypen besteht. Es kann auch vorkommen, daß verschiedene reflektisch-hedonistische Tendenzen konkurrieren ("Eis essen wollen und zugleich Bier trinken wollen") oder ein Normenkonflikt zwischen verschiedenen reflektiv-obligatorischen Tendenzen.

Aber es besteht nicht nur Konkurrenz zwischen Handlungstendenzen, sondern es kann auch zur Kulmination von Tendenzen kommen. So können aktuell entstandene Tendenzen sich mit gleichartigen perseverierenden Tendenzen kumulieren, die aus früheren Situationen herrühren. Wenn jemand z.B. lieber Schokolade als Vanilleeis ißt, dann wird sein Wunsch Vanilleeis zu essen i.d.R. durch den stärkeren Wunsch nach Schokoladeeis überdeckt. Es kann jedoch eines Tages die bisher nicht realisierte Tendenz zum Essen von Vanilleeis sich mit der aktuellen Tendenz kumulieren und zur Ausführung gelangen.

Ebenfalls kann es zu einer pseudo-reflektiven Kumulation verschiedenartiger Handlungstendenztypen kommen, wenn eine bestimmte Handlungstendenz sowohl impulsiv als auch reflektiv angeregt wird. Auch zwischen ursprünglich divergierenden Handlungstendenzen kann es zu einer Kumulation kommen, wenn sie im Zuge einer Kompromißbildung miteinander kombiniert werden. Z.B. wenn die divergierenden Handlungstendenzen des Sprachenlernen - Müssens und des Spazierengehen - Wollens durch den Kompromiß, mit einem Walkman mit Sprachkassette einen Spaziergang zu machen, kombiniert und kumuliert werden.

Selbst wenn eine Kumulation von Motivationstendenzen stattgefunden hat, kann immer noch eine Konflikt zwischen verschiedenen Tendenzen vorhanden sein.

Die Entscheidung zwischen diesen verschiedenen Tendenzen erfolgt jedoch nicht in jedem Fall nach einem Dominanzkriterium wie in dem Erwartungswertmodell, wo diejenige Tendenz ausgeführt wird, bei der die Summe der Produkte aus Erwartungen mal Wert am größten ist (Intensität der Motivationstendenz oder "Force" nach Vroom), sondern die Auswahl, welche der Motivationstendenzen zur Absicht wird, wird aufgrund von Zulassungsregeln entschieden.

Neben quantitativen Zulassungsregeln, wie in erwartungswerttheoretischen Modellen, bei denen die Motivations-oder Handlungstendenz (Handlungswunsch im VPA-Modell) mit der größten Intensität (Dominanzkriterium) zur Absicht wird, müssen nach Kuhl auch qualitative Zulassungskriterien berücksichtigt werden.

Mit Hilfe von qualitativen Zulassungsregeln läßt sich explizit deuten, warum die Ausführung von relativ unattraktiven Handlungen beabsichtigt wird oder gar die Ausführung einer intrinsisch aversiven Tätigkeit, wie z.B. zum Zahnarzt gehen. Eine derartige Zulassungsregel könnte sein: "Pflicht geht vor Wunsch" (Muß vor Möchte).

Im Gegensatz zu Kuhl kann man m.E. auch derartige Handlungsabsichten mit Erwartungswertmodellen deuten, wenn man entsprechende "outcomes" einführt. Der Vorteil des Ansatzes von Kuhl besteht jedoch darin, daß Vermittlungsprozesse zwischen Handlungswünschen und Absichten einer expliziten Analyse und Deutung zugeführt werden. Dies wird besonders deutlich, wenn es um Deutung geht wie aus relativ schwachen Handlungstendenzen Handlungsabsichten werden können. Hierfür sind voluntionale Vermittlungsprozesse (z.B. "Motivationskontrolle und Anreizaufschaukelung") bedeutsam. Durch diese Vermittlungsprozesse wird die aus den Motivationsparametern, den Erwartungs- und Wertaspekten, ableitbare Motivationstendenz erheblich verändert, bevor es zum Handlungsentschluß kommt. Die endgültigen Stärkerelationen zum Zeitpunkt des Entschlusses lassen sich nicht aus den motivationalen Eingangsgrößen allein ableiten.

Es ist davon auszugehen, daß große interindividuelle aber auch intraindividuelle Unterschiede in Bezug auf die in bestimmten Situationen anwendbaren Zulassungsregeln gibt. Es gibt Personen, die sich stark von impulsiven Tendenzen leiten lassen. Andere Personen wiederum sind vielleicht stark normenorientiert (reflektiv-obligatorische Tendenzen).[273]

3.4.3 Darstellung des Teilmodells der Handlungskontrolle

An sein Modell der Handlungskontrolle stellt Kuhl folgende programmatische Forderungen:

- Berücksichtigung der hierarchischen Organisation von Absichten und Plänen.
- Unterscheidung zwischen der Selektions- und der Realisationsmotivation.
- Zur Selektionsmotivation zusätzliche Quellen der Realisationsmotivation sind zu benennen.

---

[273]Vgl. Kuhl (Motivation), S. 100-104 und S. 81-83

- Berücksichtigung von durch die Realisationsmotivation gesteuerten Verstärkungsprozessen der aktuellen Absicht und der verschiedenen Formen der inhaltlichen Bearbeitung der aktuellen Absicht.
- Berücksichtigung der Rückwirkung der Handlungskontrolle auf die Enkodierung die Informationsverarbeitung und die Selektionsmotivation.
- Zwischen Absicht und Entschluß, als der Einleitung der endgültigen Handlungsausführung, ist zu unterscheiden.
- Zwischen der Motivationskontrolle (Abschirmung gegenüber konkurrierenden Motivationstendenzen) und der Ausführungskontrolle (Steuerung der Ausführung eines Entschlusses) ist zu differenzieren.

3.4.3.1 Phasen des Prozesses der Handlungskontrolle

Zunächst soll ein kurzer Überblick über den Prozess der Handlungskontrolle gegeben werden:

Wenn eine Handlungstendenz die Zulassungsregel, die für die spezielle Situation anzuwenden ist, erfüllt hat, wird sie zur Absicht. Sobald Absichten entstanden sind, wird der Prozeß der Handlungskontrolle angeregt. Dabei wird zunächst entschieden, ob zur Abschirmung gegen konkurrierende Motivationstendenzen die Realisationsmotivation angeregt werden muß, bei der Vermittlungsprozeße stattfinden, die die Realisierung der aktuellen Absicht begünstigen. Ist es zu einem Entschluß gekommen, der die endgültige Ausführung einleitet, setzt der Prozeß der Ausführungskontrolle (i.e.S.) ein, bei dem über Rückkopplungsbeziehungen zwischen einem Soll-Ist-Vergleich und den auszuführenden Handlungen die Ausführung der Handlung reguliert und gesteuert wird.

Zwischen einer Absicht und einer Handlungstendenz oder einem Handlungswunsch besteht als wesentlicher Unterschied, daß Handlungstendenzen oder Handlungswünsche Präferenzen im Sinne einer affektiven Orientierung im Hinblick auf die Handlung darstellen, während Absichten handlungsnäher sind (konative Komponente) und somit auch eine größere Bedeutung und Verbindlichkeit im Hinblick auf die tatsächliche Ausführung des Intentierten aufweisen. Dies drückt sich in dem Modell von Kuhl insbesondere darin aus, daß nach dem eine Handlungstendenz zur Absicht geworden ist, Mechanismen einsetzen, die die Absicht gegen nachdrängende Motivationstendenzen abschirmen und die Kontrolle der Realisierung übernehmen.

Eine Absicht wird durch ihre Intensität (dynamischer Aspekt) und durch ihren Inhalt determiniert.

Wenn aufgrund des Fehlens der Ausführungsbedingungen eine Absicht momentan nicht realisiert werden kann, wird sie zum Vorsatz und im Langzeitgedächtnis abgespeichert.

Ist dies nicht der Fall, dann setzt ein Prozeß ein, bei dem

1. die Absicht gegen konkurrierende Motivationstendenzen abgeschirmt wird (Motivationskontrolle) und
2. die Ausführung der Absicht gesteuert wird (Ausführungskontrolle).

Kuhl bezeichnet diesen Prozeß als Handlungskontrolle i.w.S.

3.4.3.2 Realisationsmotivation

Die Realisationsmotivation stellt die motivationale Grundlage der Handlungskontrolle dar. Ihre Stärke oder Intensität wird unter anderem von der Intensität der Motivationstendenz der anstehenden Handlung bestimmt, die auf die Intensität der Absicht einwirkt und die wiederum wirkt auf die Intensität der Realisationsmotivation. Die Intensität der Handlungstendenz wird über die Intensität der Absicht vermittelt und an die Intensität der Realisationsmotivation weitergegeben. Je größer demnach der Anreiz der angestrebten Handlungsfolgen ist, desto größer ist auch die Motivation, die Handlung auch gegen Schwierigkeiten zu realisieren und nachdrängende Motivationstendenzen bis zur Realisierung der Absicht nicht aufkommen zu lassen.

Die Intensität der Realisationsmotivation unterscheidet sich durch 3 Aspekte von der Intensität der Absicht:

- Anpassung an die wahrgenommene Schwierigkeit der Aufgabe ("Anstrengungsbedarf"),
- Anpassung an den "Abschirmbedarf" und
- Apassung an ein "Entschlußkriterium".

a) Anpassung an die wahrgenommene Schwierigkeit der Aufgabe ("Anstrengungsbedarf")

Die Intensität der Absicht, die bestimmt ist von der Selektionsmotivation und ihrer Modifikation durch die Zulassungsregeln, wird verglichen mit der Motivationsstärke (Intensität), die für die Realisierung der Absicht als erforderlich erachtet wird. Reicht die Intensität der Absicht nicht aus und wird die Realisation der Absicht prinzipiell bei maximaler Realisationsmotivation für möglich gehalten, dann wird die Realisierungsmotivation entsprechend erhöht. Wird die Realisation der Absicht nicht grundsätzlich für möglich gehalten, dann wird die Handlungskontrolle abgebrochen und andere Motivationstendenzen können zum Tragen kommen.

b) "Abschirmbedarf" (Motivationskontrolle)

Die aktuelle Intensität der Absicht wird mit der Intensität konkurrierender Motivationstendenzen verglichen. Je größer die Gefahr durch konkurrierende Tendenzen eingeschätzt wird, desto eher wird der Prozeß der Abschirmung eingeleitet, unter der Voraussetzung, daß er grundsätzlich für realisierbar gehalten wird. Es sind sechs Eingriffsmöglichkeiten im Modell vorgesehen[274]:

aa) Selektive Aufmerksamkeit

Verstärkung der Absichtsintensität durch selektive Zuwendung der Aufmerksamkeit auf Elemente der Absicht.

bb) Erhöhung der Sparsamkeit der Informationsverarbeitung

Durch Erhöhung der Sparsamkeit der Informationsverarbeitung wird der Fortsetzung des Prozesses des Abwägens von Alternativen und des Generierens weiterer mit der aktuellen Absicht konkurrierenden Tendenzen entgegengewirkt.

---

[274]Ähnliche mentale Techniken werden auch beim Spitzensport zur Steigerung der Leistung verwendet. Vgl. hierzu Stemme / Reinhardt (Supertraining)

cc) Rückwirkung auf die Emotionsgenese

Die Realisierung von Absichten kann gefördert werden, wenn ausführungsfördernde Gefühle gestärkt und ausführungsblockierende Gefühle geschwächt werden. Z.B. wird beim Fremdsprachenlernen häufig empfohlen, sich das gute Gefühl vorzustellen, wenn man im Urlaub die Landessprache beherrscht.

dd) Anreizaufschaukelung

Während beim Prozeß der Sparsamkeit der Informationsverarbeitung der Prozeß des Abwägens abgebrochen wird, wird bei der Anreizaufschaukelung so fortgesetzt, daß zusätzliche absichtsfördernde Inhalte beachtet werden, indem z.b. zusätzliche Gründe für die Durchführung einer Handlung generiert werden.

ee) Enkodierung

Die Situation wird bevorzugt im Hinblick auf handlungsrelevante Bezüge wahrgenommen und entschlüsselt.

ff) Umweltveränderung

Zur Abschirmung der Handlungsabsicht oder zur Abschwächung von konkurrierenden Tendenzen werden Veränderungen in der Umwelt vorgenommen; z.B. beim Abnehmen werden Süßigkeiten aus dem Haus entfernt.

Die Vermittlungsprozesse bb) bis ee) stellen eine Rückkoppelung von der Handlungskontrolle auf die Prozesse bei der Selektionsmotivation dar.

c) Anpassung an ein Entschlußkriterium

Es muß eine Mindeststärke der Intensität erreicht werden, z.B. ein gewisses Maß an Hunger, damit es zu einem Ausführungsimpuls kommt.

3.4.3.3 Der Handlungsentschluß

Erst wenn der Vergleich der Absichtsintensität eine kritische Stärke überschritten hat, (die Anpassung an ein Entschlußkriterium) kommt es zum Entschluß.

Vom Entschluß unterscheidet sich Absicht durch die subjektive Verbindlichkeit und ihre objektive Störbarkeit. Eine Absicht kann durch stärkere Motivationstendenzen verdrängt werden, während ein Entschluß nur noch durch das Fehlen der notwendigen funktionellen Erfordernisse verhindert werden kann.

Inhaltliche Absichtsbearbeitung

Durch den Handlungsbeschluß wird der Prozeß der Ausführungskontrolle initiiert. Nach dem Modell wird vor der tatsächlichen Ausführung der Inhalt der Absicht auf Ausgewogenheit und Vollständigkeit (funktionelle Erfordernisse für einen Entschluß) geprüft.

Im einzelnen wird untersucht ob

1. die Ausführungs- oder Anwendungsbedingungen (Kontextsituation) der Handlungsabsicht gegeben sind, ob

2. die vier Elemente einer Handlung, angestrebter zukünftiger Zustand, zu verändernder gegenwärtiger Zustand, die überwindende Diskrepanz zwischen Ist- und Soll-Zustand und die konkrete Handlungsschritte zur Reduzierung der Diskrepanz) in einem ausgewogenen Verhältnis aktiviert sind und ob

3. das Individuum intensiv zur Ausführung entschlossen ist.

Wird der Inhalt einer Absicht nicht als ausgewogen oder vollständig empfunden, dann erfolgt eine Bearbeitung des Inhalts der Absicht, die

1. in einer Spezifizierung der Ausführungsbedingungen,

2. in einer Elaboration der vier Elemente einer Handlung oder

3. in einer Elaboration der Entschlußstärke des Subjekts

bestehen kann.

Wenn nicht alle 4 Elemente einer Handlungsabsicht in ausgewogenem Verhältnis stehen, degeneriert die kognitive Repräsentation der Handlungsabsicht. Im Extremfall wird die Aufmerksamkeit auf nur eines der vier Elemente gerichtet. Man kann vier Formen extremer Degeneration von Handlungsabsichten unterscheiden:

1. Planungszentrierung (übermäßige Fixierung auf das Abwägen von Handlungsalternativen vor dem Entstehen einer Absicht)

2. Zielzentrierung (übermäßige Konzentration auf den zukünftigen angestrebten Zustand, besonders während der Handlungsausführung)

3. Mißerfolgszentrierung (Fokussieren auf den Mißerfolg und seine emotionalen Folgen)

4. Erfolgszentrierung (Fokussieren auf den Erfolg und seine emotionalen Folgen).

Die Stärkung der Entschlußkraft kann z.B. dadurch erfolgen, daß in schwieriger Situation, das Können der Person bewußt erlebt wird, als einer Person, die Absichten auch trotz hoher Schwierigkeiten realisieren kann. Aber auch andere absichtsspezifische Kognitionen können erfolgen. Wenn es z.B. um die Realisierung einer schwer durchzusetzenden moralisch begründeten Handlungsabsicht geht, kann die Person sich bewußt als jemanden wahrnehmen, der eine hohe Verpflichtung zu moralischem Handeln hat. Tendenziell dürften diejenigen Wahrnehmungen des Selbstbildes realisationsfördernd sein, die solche Hervorhebungen oder Anlagerung kognitiver Elemente an das Selbstbild bewirken, die einen engen Bezug zur spezifischen Schwierigkeit der Absichtsrealisation haben und damit die "Ich-Nähe" oder die "Ich-Beteiligung" steigern: "Die Bewußtheit der Rechtschaffenheit des Ichs erhöht die Verpflichtung zum moralischen Handeln, die Identifizierung des Ichs als "Freund" eines um Hilfe bittenden Mitmenschen erhöht die Verpflichtung zur Hilfeleistung usw."[275]

---

[275] Kuhl (Motivation) S. 320

3.4.3.4 Ausführungsregulation

Wenn auch der Inhalt einer Absicht als "ausführungsreif" angesehen wird, dann kommt es zur Ausführung der Absicht, zur Handlung. Auch die Ausführung der Handlung muß gesteuert und reguliert werden. Die Durchführung der Handlung erfolgt in umgekehrter Reihenfolge wie ihre Planung. "Aus dem Ziel wird eine Sequenz von Handlungsschritten abgeleitet, deren Realisierung an die Zielebene zurückgemeldet wird (Rückkoppelung). Erst wenn alle Handlungsschritte erfolgreich realisiert sind, kann ein Folgeziel in Angriff genommen werden - falls die Absicht aus einer *Sequenz* zu realisierender Ziele besteht. Unterhalb der Handlungsebene ist die Ebene der konkreten Bewegungen (z.B. Oesterreich, 1981) oder der Operationen (von Cranach et al. 1980). Die zur Realisierung notwendige Bewegungsabfolge steht - falls hinreichende Vorerfahrungen vorliegen - als fertiges *Aktionsprogramm* zur Verfügung, welches keinen bewußten Rückgriff auf das in der Absicht spezifische Handlungsziel während der Ausführung einzelner Bewegungssegmente erfordert."[276]

"Beginn und Ende einer Handlung sind jeweils gekennzeichnet durch eine Stelle im Aktivitätsstrom, "an der wiederum die Möglichkeit vorgesehen ist, den Aktivitätsfluß in eine andere Richtung zu lenken" (Oesterreich, 1981, S. 83f)."[277] An diesen "Unterbrechungspunkten" können neue Motivationstendenzen dominierend werden und die vollständige Realisation der eingeleiteten Absicht verhindern.

Weitere Gefährdungen der Realisierung der aktuellen Handlungsausführung können bewirkt werden durch:

- Vorsätze
- Negative Bewertung der eigenen Leistung im Hinblick auf das Selbstbild bei der Bewältigung von Mißerfolgserfahrungen
- zu allgemeine oder zu spezifische Ausführungsbedingungen, da dann aus anderen Absichten herrührende Vorsätze störend wirken können
- Zielzentrierung
- Überstarke Thematisierung gegenwärtiger oder vergangener Zustände insbesondere von Mißerfolgen und ihren Folgen
- zu starke oder zu schwache Hervorhebung der Ich-Komponente.

Dies zeigt die enge Verflechtung zwischen Handlungsregulation und motivationalen Prozessen. Im Gegensatz zur traditionellen Motivations- und Handlungsforschung, die Motivation und Handlungsregulation als hintereinander geschaltete Prozeße betrachten, die arbeitsteilig untersucht werden können, betont Kuhl die enge Verschränkung von Motivation und Handlungsausführung: "Die zur Ausführung notwendige (Realisations-) Motivation muß ständig nachreguliert werden, besonders dann, wenn - wie es für alltägliche Handlungen durchaus typisch sein dürfte - ständig konkurrierende Motivationstendenzen "ausgeblendet" werden müssen und die Intensität der Realisationsmotivation ständig den sich verändernden Anforderungen angepaßt werden muß."[278]

---

[276] Kuhl (Motivation) S. 320

[277] Kuhl (Motivation) S. 320

[278] Kuhl (Motivation) S. 321

3.4.3.5 Handlungsbeendigende Prozesse

Bei klar umrissenem Endziel wird im Erfolgsfall durch die Übereinstimmung zwischen dem Zielabbild und dem erreichten Zustand die Handlung beendet. Beim Mißerfolg wird die Handlung wiederholt oder es wird eine alternative Handlung entworfen. Bei Handlungen, die aus einer Reihe von Handlungen bestehen können (Reihenhandlungen), z.B. Biertrinken, ist häufig keine klare Bestimmung der Beendigung der Handlung festgelegt. Zur Erklärung der Beendigung einer Handlung (Konsumation) reicht ein einziges Erklärungsprinzip i.d.R. nicht aus. Je mehr eine Handlung sich einer Reihenhandlung annähert, desto mehr müssen handlungsbeendigende Prozesse berücksichtigt werden, die bereits während des Handlungsvollzugs ihre Wirksamkeit aufbauen, indem z.b. Rückwirkungen von der Ausführungsregulation auf emotionale Zustände erfolgen. Bei Reihenhandlungen könnte dies z.b. sein, wenn durch die häufige Wiederholung der Handlung die Neuartigkeit nachläßt und unangenehme Gefühle, z.b. Langeweile, und somit handlungsblockierende Prozesse angeregt werden.

Idealtypisches Sequenzmodell der Anpassung an Mißerfolgsserien

Nach diesem *idealtypischen* Sequenzmodell erfolgen folgende Anpassungen bei wiederholtem Mißerfolg:

1. Invigorative Reaktanz

Die mißlungene Operation (kleinste Handlungseinheit) wird mit erhöhter Intensität (Stärke und/oder Geschwindigkeit) wiederholt

2. Reflexive Reaktanz

Ist auch nach mehrmaligen Versuchen und Steigerung der Intensität kein Erfolg eingetreten, wird immer noch auf der operativen Ebene die Handlung sorgfältiger und i.d.R. auch langsamer ausgeführt. Unter Umständen werden auch Bewegungsketten, die bisher automatisch abliefen, bewußt kontrolliert.

3. Explorative Reaktanz

Beim weiterhin wiederholten Mißerfolg kommt es auf der Handlungsebene zu einer Substitution der erfolglosen Handlungseinheit: es wird nach Handlungsalternativen gesucht. Dies kann auch bedeuten, daß die "objektiven" Ausgangsbedingungen verändert werden, um z.B. die Aufgabe zu erleichtern.

4. Zwischenziel- oder Ergebnissubstitution

Man sucht nach völlig neuen Zwischenzielen.

5. Zielsubstitution

Das Ziel wird als unerreichbar aufgegeben.

Es handelt sich um einen idealtypischen Verlauf. Einzelne Phasen können übersprungen werden oder es wird von späteren auf frühere Phasen zurückgesprungen. Gelegentlich kann es vorkommen, daß das Verhalten auf einer der Bewältigungsebenen "einfriert". Personen- und situationsspezifische Unterschiede sind zu vermuten. Ein theoretischer

Ansatz zur Analyse von Bewältigungsstrategien ist z. B. das Modell der Kausalattributierung von Erfolg und Mißerfolg.[279]

3.4.4 Bewertung des Modells von Kuhl

Zwar integriert Kuhl in seinem Modell die zentralen erwartungswerttheoretischen Elemente. In Bezug auf erwartungswerttheoretische Verhaltensmodelle weist sein Modell m.E. jedoch eine Reihe von Vorzügen auf.

Im Vergleich zu den bisher behandelten Verhaltensmodellen ist das Modell von Kuhl weitaus komplexer und differenzierter. Aufgrund seiner komplexen Struktur ist seine empirische Prüfung im Rahmen einer Untersuchung kaum vorstellbar. Für die einzelnen Elemente seines Modells kann Kuhl aber bestätigende empirische Untersuchungen anführen, wobei anzumerken ist, daß er sein Modell entwickelt hat, um diese empirisch beobachteten Ergebnisse in einem Gesamtmodell erklären zu können.

Kuhl integriert einerseits das Modell der erwartungswerttheoretischen Informationsverarbeitung und benennt andererseits aber auch andere Mechanismen der Entstehung von Motivationstendenzen, z.B. impulsive Tendenzen. Allerdings sind seine Angaben darüber, wann welcher Typ von Motivationstendenz bevorzugt wird noch sehr vage. Ebenso ist sein Hinweis auf ein Entscheidungskriterium für den Abbruch der Informationsverarbeitung des Abwägens von Handlungs- und Zielalternativen wichtig, aber noch sehr unbestimmt.

Im Vergleich zu der allgemeinen Motivationsforschung wurde in den organisations- und marktpsychologischen Forschungen von Vroom, Lawler und Porter und Fishbein und Ajzen früher versucht, das "Handlungsloch" durch den Einbezug von Konzepten wie den Fähigkeiten der Person, Arbeitsrollen oder normativen Bezügen zu schließen. Die differenzierte Betrachtung von Kuhl zur Handlungskontrolle und ihrer Wechselwirkung zur (Selektions-) Motivation dürfte aber diesen Prozessen angemessener sein. Angesichts der vielfältigen, unter Umständen sehr schnell und sehr unbewußt ablaufenden kognitiven Prozesse kann ein derartig allgemein angelegtes Modell, das sich nicht auf ganz bestimmte elementare Denkprozęsse beschränkt, nicht leisten, diese Prozesse mit all ihren Unterbrechungen, dem Überspringen von Teilprozessen oder den iterativen Annäherungen abzubilden.

Für den Anwendungszweck dieses Modells in dieser Arbeit genügt es, das Modell als ein theoretischer Bezugsrahmen mit einer Taxonomie motivationaler (affektiver, kognitiver und konativer) Variablen zu verstehen, der es erlaubt, die Motivations- und Handlungsprozesse differenzierter als mit den bisher in der Betriebswirtschaft dominierenden Modellen zu beschreiben und der auf den Ergebnisse bei empirischen Untersuchungen aufbaut, d.h. sich tendenziell bewährt hat.

Als Ausblick über die Problemstellung dieser Arbeit hinaus könnte das Kuhlschen Modell m.E. bei seiner Übernahme in die betriebswirtschaftliche Forschung beitragen, zentrale Prozesse wie die Leistungshandlung und die Kaufhandlung differenzierter zu analysieren.

---

[279] Vgl. z.B. Weiner (Motivation)

3.5 Erklärungs- oder Deutungsskizze

Bevor die Variablen der empirischen Untersuchung konzeptualisiert werden, soll zuvor eine Erklärungs- oder Deutungsskizze[280] zur Analyse der Funktion des Personalimages bei der Suche und Auswahl der Anfangsstellung von Hochschulabsolventen wirtschaftswissenschaftlicher Studiengänge gegen Ende des Studiums erstellt werden, um die theoretische Reichweite des Kuhlschen Ansatzes anzudeuten und um seine Anwendung auf die Problemstellung der Untersuchung zu verdeutlichen.

3.5.1 Handlungsalternativen zum Ende des Studiums

Mit dem Herannahen des Ende des Studiums verändert sich die Umweltsituation für die Studenten: es entsteht eine Situation, in der sich die Studenten zunehmend häufiger und intensiver mit der Zeit nach dem Studium auseinandersetzen (müssen). Es ergeben sich für die (angehenden) Absolventen u.U. mehrere Handlungsalternativen[281], wie:

- Aufnahme einer weiterführenden Ausbildung, z.B. Studium an einer Universität oder ein Aufbaustudium (z.B. MBA)
- Aufnahme einer anderen, nicht weiterführenden Ausbildung
- Aufnahme einer selbständigen Tätigkeit
- Aufnahme einer unselbständigen Tätigkeit im "ausgebildeten" Beruf
- Arbeitslosigkeit
- "Jobben"
- Ausscheiden aus dem Berufsleben (Heiraten, Kindererziehung).

3.5.2 Skizzierung von Entscheidungsprozessen nach der Wahl der Handlungsalternative " Aufnahme einer unselbständigen Beschäftigung"

Dieser Entscheidungsprozeß könnte mit Hilfe des Kuhl´schen Modells dargestellt werden. Da für unsere Fragestellung insbesondere die Phasen nach der Entscheidung für die Alternative 4 " unselbständige Tätigkeit im "ausgebildeten Beruf" relevant sind, wird darauf verzichtet und für unsere Erklärungs- oder Deutungsskizze angenommen, daß die Absolventen aus diesen Alternativen die Alternative "Aufnahme einer unselbständigen Tätigkeit" selektiert haben.

Es wird weiterhin angenommen, daß es sich um eine "typische" Anfangsstellung handelt, z.B. eines der üblichen Traineeprogramme, so daß keine Konfundierung zwischen Stellenwahl (job choice) und Unternehmenswahl (organizational choice) stattfindet. Das Personalimage soll im Rahmen des VPA-Modells konzipiert werden.

---

[280] Zum Begriff Erklärungsskizze vgl. Hempel (Aspekte). Im Hinblick auf die technologische Anwendung hat Martin (Personalforschung) S. 55ff den Begriff Handlungsskizze gewählt.

[281] Zum Übergang von der Hochschule in das Berufsleben vgl. Kaiser/Görlitz (Hg.) (Bildung) sowie Weihe/Hencke/Trunz (Berufseintrittsbedingungen)

3.5.2.1 Ziel-oder Folgeebene: Beschäftigungsziele

Als mögliche Ziele einer abhängigen Tätigkeit werden i.a. attraktives Gehalt, interessante Tätigkeit, beruflicher Aufstieg usw. angesehen. Die Studenten bewerten diese Ziele im Hinblick auf ihre Valenz. Als Ergebnis dieses Abwägungsprozesses entsteht der Wunsch, diese Ziele zu erreichen. Wenn Studenten sich grundsätzlich in der Lage sehen diese Ziele zu erreichen (Potenz), entwickeln sie die Absicht, diese Ziele zu realisieren. Die Absicht führt nicht in jedem Fall zum Entschluß, Schritte zur Zielverwirklichung einzuleiten; sie können auch zunächst abgespeichert werden. Prozesse der Aktivierung und Realisierung bzw. auch Nichtrealisierung von Absichten beschreibt Kuhl in seinem Teilmodell der Handlungsrealisierung. Wenn ein Entschluß feststeht, bestimmte Ziele zu verfolgen, wird nach Mitteln zur Realisierung der Ziele gesucht. Die Suche nach Mitteln zur Erreichung der Ziele kann allerdings bereits auch dann erfolgen, wenn noch kein Entschluß zur Zielerreichung gefaßt ist.

Hier wird davon ausgegangen, daß bereits die Absicht, diese Ziele zu realisieren, dazu führt nach Handlungsergebnissen oder Mitteln zu suchen, mit deren Hilfe man glaubt, die beruflichen Zielen realisieren zu können.

3.5.2.2 Mittel - oder Handlungsergebnisebene: Personalimage und Beschäftigungswunsch

Im Rahmen der erwartungswerttheoretischen Konzeption dieser Arbeit wird das Personalimage nach dem Vroomschen Valenzmodell auf der "Mittelebene" bestimmt:

Durch die Beschäftigung bei einem Unternehmen sollen i.d.R. Ziele wie Einkommenssicherung (attraktives Gehalt), interessante Tätigkeit, beruflicher Aufstieg realisiert werden. Die Beschäftigung in einem Unternehmen ist dann nach unserem Modell ein Mittel, um berufliche Ziele - wie oben beispielhaft aufgelistet - zu erreichen. Die Valenz von Unternehmen als Arbeitgeber ergibt sich dann aus einem Abwägungs-und Bewertungsprozeß, bei dem die Studenten die Unternehmen danach bewerten, inwieweit sie eine Beschäftigung bei den Unternehmen als instrumental zur Erreichung ihrer Beschäftigungsziele ansehen. Dieser dynamische Prozeß der Bestimmung der Valenz eines Unternehmens als Arbeitgeber soll modellhaft unter Verwendung des Vroomschen Valenzmodell als Momentaufnahme zum Zeitpunkt der Befragung nachgebildet werden und soll das Personalimage als mehrdimensionale kognitiv-affektive Struktur der Bewertung eines Unternehmens als Arbeitgeber darstellen:

Das Personalimage ergibt sich als die Summe der Produkte aus der Instrumentalität der Beschäftigung bei einem Unternehmen im Hinblick auf bestimmte, individuelle (i.d.R. berufliche) Zielsetzungen und der Valenz dieser Ziele für das Individuum.

Wird die Beschäftigung bei einem bestimmten Unternehmen als adäquates Mittel zur Zielerreichung angesehen, so entsteht der Wunsch dieses Mittel herbeizuführen, d.h. in unserem Fall bei diesem Unternehmen beschäftigt zu sein (Beschäftigungswunsch):

Der Beschäftigungswunsch wird verstanden als der aus der Valenz des Mittels "Beschäftigung bei einem bestimmten Unternehmen" (Personalimage) herrührende Wunsch, dieses Mittel zu realisieren.

Dieser Beschäftigungswunsch ist um so größer, je positiver das Personalimage der entsprechenden Unternehmung eingeschätzt wird.

Wenn der Absolvent sich generell in der Lage sieht irgendwelche Handlungen zur Realisierung dieses Wunsches durchzuführen, kommt es zur Absicht, bei der Firma eine Anstellung zu bekommen.

Wenn eine Beschäftigung grundsätzlich als realisierbar erscheint, entwickelt sich die Absicht bei einem Unternehmen, beschäftigt zu sein. Ob es zunächst nur bei der Absicht bleibt oder ob es zur Entschlußfassung kommt hängt ab vom Prozeß der Entschlußaktivierung. Aber auch wenn bereits eine Absicht besteht, das Mittel zu realisieren, kann die Handlungsselektion beginnen.

Falls jedoch die Beschäftigung bei einem bestimmten Unternehmen mit sehr positiv eingeschätztem Personalimage als nicht erreichbar angesehen wird, kann es zu einer Neuabwägung der Handlungsalternativen kommen.

Bei namhaften Unternehmensberatungsfirmen, z.B. McKinsey, wird ein Universitätsstudium mit gutem Abschluß und möglichst noch einem MBA-Studium oder einer Promotion verlangt. Damit besteht für FH-Absolventen und auch für viele Universitätsabsolventen keine Chance, den Wunsch bei McKinsey beschäftigt zu werden, unmittelbar nach dem Examen zu realisieren. Wenn der Wunsch nach einer Beschäftigung bei einem namhaften Unternehmensberatungsunternehmen sehr ausgeprägt ist, dann könnte es wieder zu einer neuerlichen Bewertung der Handlungsalternative "weiterbildendes Studium" kommen.

3.5.2.3 Handlungsebene: Bewerbungsstrategien

Für Studenten, die eine Beschäftigung bei einem Unternehmen anstreben, ergeben sich z.B. folgende Handlungsalternativen:

- Unaufgeforderte Bewerbung (schriftlich, telefonisch, oder persönlich)
- Bewerbung aufgrund einer Stellenanzeige
- Stellensuchanzeige
- Warten, daß man direkt angesprochen wird
- Dritte ansprechen und um Vermittlung bitten
- Karriereführer durchforsten, in der Hoffnung, daß die gewünschte Firma eine Anzeige aufgegeben hat
- Indirekte Bewerbungssituation schaffen und nutzen: die Chance der Direktansprache durch die Firma potenzieren, z.B. an Exkursionen und Messen teilnehmen, Praktika und Lehrveranstaltungen mit Vertretern dieser Unternehmen (Vorträge von Unternehmensvertretern) besuchen.
- Anfrage über Arbeitsamt
- Anfrage über Personalberater
- Beziehungen spielen lassen
- Aushänge der Hochschule auswerten.

Die Valenz dieser Bewerbungsmöglichkeiten für den Bewerber ergibt sich aus ihrer Instrumentalität zur Erlangung der Anfangsstellung bei der gewünschten Firma. Es könnte sich dabei folgende Rangordnung hinsichtlich ihrer Eignung aus der Sicht des Bewerbers ergeben:

- Beziehungen spielen lassen
- Bewerbung aufgrund einer Stellenanzeige
- Bewerbung unter Bezugnahme auf Karriereführer
- Bewerbung unter Bezugnahme auf Aushänge an Hochschulen
- Unaufgeforderte Bewerbung
- Indirekte Bewerbungssituation schaffen und nutzen
- Dritte (nicht so einflußreiche Personen wie unter 1.) um Vermittlung bitten
- Anfrage über Personalberater
- Anfrage über Arbeitsamt
- Warten, bis man von der Firma angesprochen wird

Es kann sich dabei um unterschiedlich determinierte Handlungstendenzen handeln. Bei Bewerbungsalternative 10 "Warten bis man von der Firma angesprochen wird" kann es sich um eine reflektiv - hedonistische Handlungstendenz handeln, die sich nur aufgrund der Valenzen der Handlung, Mittel und Ziel (V_Z, V_M, V_H) ergibt ohne Berücksichtigung der Realisierungsmöglichkeiten (P_Z, P_M, P_H), während die Bewerbungsalternative 1 "Beziehungen spielen lassen" eine reflektiv-realistische Handlungstendenz darstellen kann, bei der sowohl Valenzen wie auch Realisierungsmöglichkeiten - wie bei den Erwartungswertmodellen - berücksichtigt werden.

Nach dem Dominanzkriterium herkömmlicher Motivationstheorien würde die Handlungstendenz mit der stärksten Intensität gewählt. Das wäre in diesem Beispiel die Alternative 1: "Beziehungen spielen lassen". Dies ist nach dem Motivationsmodell von Kuhl nicht der Fall. Neben dem quantitativen Dominanzkriterium (Ausprägung oder Intensität der Motivationstendenz bzw. des Handlungswunsches), das in vielen Fällen die Genese der Motivationstendenz zur Handlungsabsicht regeln mag, kann es auch Fälle geben, bei denen zusätzlich qualitative Zulassungsregeln wirken.

In unserem Beispiel könnte das der Fall sein, indem die Person das Ausnutzen von Beziehungen als moralisch verwerflich ablehnt. In diesem Fall könnten dann die Handlungstendenzen mit der nächstgrößen Intensität nachdrängen. Da die Bewerbung aufgrund von Stellenanzeigen in Zeitungen, Karriereführern und Hochschulaushängen i.a. als nicht moralisch verwerflich angesehen werden, könnte diese Tendenz dann zur Absicht werden. Der Bewerber würde dann prüfen, ob die Ausführungsbedingungen für diese Absicht gegeben sind. In dem Beispiel würde das bedeuten, daß der Bewerber die Stellenanzeigen in den Zeitungen, Karriereführer und Anschlagbrettern der Hochschulen sichten würde. Sollte sich in einer von der Intensität der Motivationstendenz bestimmten Zeitspanne keine Stellenanzeige bestimmter hochvalenter Firmen finden lassen, dann wären die Ausführungsbedingungen nicht gegeben und die Absichten sich bei diesen Firmen zu bewerben, würden als Vorsätze ins Langzeitgedächtnis transferiert und könnte z.B. durch das Entdecken von Stellenanzeigen dieser Firmen wieder als Absicht wirksam werden. Sind bei einigen valenten Firmen die Ausführungsbedingungen gegeben, d.h. es sind "passende" Stellenanzeigen vorhanden, dann setzt der Prozeß der Handlungskontrolle i.w.S. ein. Im Prozeß der Handlungskontrolle erfolgt zum einen die Abschirmung der Absicht gegen konkurrierende Motivationstendenzen (Motivationskontrolle) und die Steuerung der Ausführung der Absicht (Ausführungskontrolle oder -regulation). Konkurrierende Motivationstendenzen könnten Handlungstendenzen sein, die nicht auf die Bewerbung gerichtet sind, z.B. zum Ende des Studiums erst mal langen Urlaub machen, oder aber andere Bewerbungsmöglichkeiten in Bezug auf die gewünschten Unternehmen realisieren, z.b. hoffen auf Direktansprache, oder aber sich bei anderen Firmen zu bewerben.

Die motivationale Basis für den Prozeß der Handlungskontrolle bildet die Realisationsmotivation. Deren Intensität hängt vor allem von der Intensität der Selektionsmotivation ab. Die Intensität der Motivationstendenz wirkt auf die Intensität der Absicht und diese wiederum bestimmt die Intensität der Realisationsmotivation. Die Intensität der Motivationstendenz hängt in starkem Maß vom Personalimage ab. Je größer der Wunsch ist bei einer bestimmten Firma zu arbeiten, d.h. auch je valenter ihr Personalimage eingeschätzt wird, desto stärker ist nach dem Modell, die Realisationsmotivation, auftretende Schwierigkeiten zu überwinden und konkurrierende Motivationstendenzen, z.B. sich bei anderen Firmen zu bewerben oder deren Stellenangebote anzunehmen, bis zur Abwicklung der Bewerbungshandlung zurückzudrängen.

Falls die von der ursprünglichen Motivationstendenz ausgehende Intensität der Absicht nicht für ausreichend gehalten wird, Schwierigkeiten bei Handlungsausführung motivational zu bewältigen, kommt es - sofern die Realisation grundsätzlich, d.h. bei maximaler Realisationsmotivation - für möglich gehalten wird - zu einer entsprechenden Erhöhung der Realisationsmotivation (z.B. durch Selbstbekräftigung). Neben ihrem direkten Einfluß auf die Intensität der Realisationsmotivation wirkt die Intensität der Absicht, und somit auch das Personalimage und der Beschäftigungswunsch, indirekt über den Anstrengungsbedarf und über die erforderliche Motivationskontrolle. Die Motivationskontrolle ist um so notwendiger, je stärker die konkurrierenden Tendenzen anzusehen sind.

Wenn die Intensität der Realisationsmotivation einen kritischen Wert überschritten hat, kommt es zum Ausführungsimpuls und es wird der Prozeß der Ausführungskontrolle eingeleitet. Zunächst wird geprüft, ob die Absicht ausführungsreif ist; d.h. z.B. ob man die Anforderungen der Stellenanzeige auch wirklich erfüllen kann, ob die Anzeige noch aktuell, ob man die erforderlichen Mittel zum Reagieren auf die Anzeige zur Verfügung hat oder beschaffen kann (Paßfoto, Bewerbungsunterlagen, fehlende Zeugnisse beschaffen kann, Hilfsmittel zum normgerechten Schreiben der Bewerbung etc.) und ob man tatsächlich in der Lage ist, eine überzeugende Bewerbungshandlung durchzuführen.

Wenn die Absicht als ausführungsreif angesehen wird, kommt es zur Ausführung der Handlung, zum Erstellen und Versenden der Bewerbungsunterlagen. Da das Erstellen und Versenden der Bewerbungsunterlagen sich aus mehreren Teilschritten (einzelnen Operationen) zusammensetzt, kann es sein, daß nach den einzelnen Operationen, andere Absichten die aktuelle Absicht verdrängen. Die Handlung "schriftliches Bewerben aufgrund einer Stellenanzeige" wäre als einzelne Handlung damit beendet. Da sich Hochschulabsolventen häufig gegen Ende ihres Studiums bei mehreren Firmen bewerben, kann die Handlung "schriftliches Bewerben aufgrund einer Stellenanzeige" auch als eine Reihenhandlung aufgefaßt werden.

Bei wiederholtem Mißerfolg der Bewerbung, z.B. keine Einladungen zum Vorstellungsgespräch, kann es beispielsweise zu folgenden Anpassungen kommen:

1. Reflektive Reaktanz:
Es wird versucht die Bewerbungsunterlagen noch perfekter zu erstellen.

2. Explorative Reaktanz:
Es werden alternative Handlungsmöglichkeiten gesucht, z.b. Unterstützung bei der Erstellung der Unterlagen durch Bekannte oder Spezialisten, oder es wird an einem Bewerbertraining teilgenommen.

3. Zielsubstitution
Bewerbungen erfolgen auf Stellen und bei Unternehmen, bei denen man sich bessere Chancen ausrechnen kann oder es werden andere Bewerbungshandlungen, z.b. "Beziehungen spielen lassen" in Angriff genommen oder aber auch es wird das übergeordnete Ziel "Stellensuche" aufgegeben und es wird eine andere Alternative, z.b. Weiterbildungsstudium erwogen.[282]

Wenn die Einladung zu einem Vorstellungsgespräch erfolgt, sind ebenfalls Motivation und Handlung beim Vorstellungsgespräch und den anderen Auswahlprozeduren, wie Tests, Assessment Center, biographischer Fragebogen, zu beachten. Es handelt sich hierbei um Prozeduren, die sehr anstrengend und sogar belastend sein können. Die Motivation sich bei diesen besonders schwierigen Situationen anzustrengen, hängt auch in starkem Maß vom Wunsch ab, bei einer bestimmten Firma beschäftigt zu sein. Bei einem zu starken Interesse kann es allerdings vorkommen, daß der Bewerber blockiert ist (zu starke Ich - Beteiligung).

In der Literatur herrscht Uneinigkeit darüber, wann der Bewerbungsprozeß beendet wird, wie und wann der Stellenbewerber sich für ein Angebot entscheidet.[283] Es lassen sich dabei zwei Dimensionen unterscheiden:

1. Welche Faktoren zieht der Bewerber bei seiner Entscheidungsfindung heran (Inhaltsebene)?

2. Wann bricht er den Prozeß der Entscheidungsfindung ab und entscheidet sich für ein Unternehmen (Prozeßebene)

---

[282]Zu einer empirischen Analyse der Verarbeitungsmechanismen von Erfolg bzw. Miserfolg bei der Arbeitsplatzsuche unter Verwendung des im Kuhl'schen Modells nicht berücksichtigten Ansatzes der Kausalattribuierung vgl. Kulik / Rowland (job seeker)

[283]Vgl. dazu auch Schuler / Moser (Bewerber)

ad)1 Inhaltsebene

Behling, Labovitz und Gainer unterscheiden drei theoretische Ansätze zur Erklärung für welches Unternehmen sich Bewerber entscheiden[284].

Nach der *Theorie der objektiven Faktoren (Objective Factor Theory)* erfolgt die Entscheidung für ein Unternehmen aufgrund einer objektiven Bewertung und Gewichtung von Faktoren, wie Entlohnung, Sozialleistungen, Standort usw., die nach diesen Autoren als objektiv meßbar angesehen werden.

Die *Theorie der subjektiven Faktoren (Subjective Factor Theory)* betont die Kongruenz zwischen grundlegenden, weitgehend unbewußten Bedürfnissen und Motiven und dem Personal- oder Organisations - Image des Unternehmens, das als die subjektiv wahrgenommene (Anm. d.V.) Fähigkeit des Unternehmens zur Befriedigung dieser Bedürfnisse verstanden wird.[285]

Die *Theorie des kritischen Kontakts (Critical Contact Theory)* geht davon aus, daß der typische Bewerber, insbesondere wenn es sich um einen Hochschulabsolventen handelt und nicht um Bewerber mit umfänglicher Berufserfahrung, nicht in der Lage ist sinnvolle oder vernünftige Differenzierungen zwischen den verschiedenen Unternehmen als Arbeitgeber nach subjektiven oder objektiven Faktoren vorzunehmen, da sein Kontakt mit dem Unternehmen zeitlich zu limitiert ist und der Hochschulabsolvent in dieser Hinsicht zu unerfahren ist. Seine Entscheidung wird deshalb auf Faktoren basieren, die er während des Bewerbungsvorgangs mit dem Unternehmen erfährt, wie dem Erscheinungsbild des Unternehmens in den Bewerbungsbroschüren, dem Aussehen und Verhalten der mit der Personalbeschaffung betrauten Mitarbeiter des Unternehmens.

ad2) Prozeßebene

Großes Aufsehen bewirkte die Untersuchung von Soelberg.[286] Soelberg konnte feststellen, daß die Studenten nicht das erste befriedigende Angebot annahmen, das einem vorher entwickelten Anspruchsniveau entsprach, sondern daß sie für ihre Entscheidung noch mindestens ein weiteres Angebot brauchten, um es sehr intensiv und lange mit dem ersten Angebot zu vergleichen. Dabei findet ein kognitiver Umbewertungsprozeß statt, bei dem Zielvorstellungen verändert werden, so daß das bevorzugte Angebot zum besseren Angebot wird und damit die Entscheidung dafür gerechtfertigt werden kann. Nach seiner Untersuchung versuchen Stellungsuchende - in seiner Studie Studenten des sehr renommierten MIT - nicht wie in der ökonomischen Theorie angenommen, bei der Arbeitsplatzwahl ihren Nutzen zu maximieren.

Glueck nimmt Bezug auf die Untersuchung von Soelberg und versucht unter zugrundelegen von drei Entscheidungstypen zu erforschen, nach welchen Kriterien Studenten den Entscheidungsprozeß bei der Wahl von Arbeitsplatzangeboten abbrechen.[287]

---

[284]Vgl. Behling / Labovitz / Gainer (college recruiting)

[285]Zu einer empirischen Untersuchung dieses Ansatzes vgl. Tom (images)

[286]Vgl. Soelberg (unprogrammed)

[287]Glueck (organization choice) S. 80

Tabelle 3.1: Entscheidungstypen nach Glueck

Typ (Autor)	Suchverhalten	Entscheidungskriterium
Maximierer (Grundtyp der klassischen ökonomischen Theorie)	so allumfassend und intensiv, wie es die Zeitbegrenzung zuläßt	Wählt das Unternehmen, das am meisten von dem bietet, was der Bewerber sucht
Validators oder Rechtfertiger (Soelberg)	gemäßigte Suche bis zwei akzeptable Angebote vorliegen	Rechtfertigen und bestätigen das ursprünglich zunächst nicht als ideal eingestandene Angebot, wenn eine oder mehrere Alternativen vorliegen
befriedigende Lösungen anstreben (Simon)	beschränkte Suche, die sofort beendet wird, wenn ein akzeptables Angebot vorliegt	Akzeptiert das erste befriedigende Angebot

In einer empirischen Untersuchung von Glueck an einer US amerikanischen Universität mit einer Stichprobe von 30 "undergraduate" Studenten waren 14 Maximierer, 8 Rechtfertiger und 7 suchten befriedigende Lösungen.[288]

Auch Susan Taylor konnte in ihrer empirischen Untersuchung mit 118 Betriebswirtschaftsstudenten einer Universität im Mittelwesten der USA feststellen, daß zu Beginn der Arbeitsplatzsuche 63% beabsichtigten ihr Arbeitsplatzangeboten maximieren wollten, 20% mit dem ersten akzeptablen Angebot zufrieden wären und 16% die Annahme eines Angebots erst dann rechtfertigen könnten, wenn sie sich erfolgreich um ein alternatives Angebot bemüht hätten.[289] Sie konnte jedoch feststellen, daß im Verlauf des Suchprozesses die Studenten ihre Strategien änderten. Die größte Änderung fand bei der Gruppe der Maximierer statt, die zu spezialisierten Maximierungsstrategie übergingen, z.B. Bewerbungsaktivitäten mit soviel Unternehmen in einer bestimmten Region oder einer bestimmten Branche und Größe einzuleiten. Sie führt diese Strategieänderung darauf zurück, daß die Studenten sich des Zeitaufwands bei einer Maximierungsstrategie bewußt wurden und deshalb eine spezialisierte Maximierungsstrategie wählten. Die Befragungsergebnisse zeigten auch, daß keiner der Studenten, der ursprünglich die "Rechtfertigungsstrategie" anwenden wollte, sie tatsächlich angewendet hat. Dagegen wurde die Rechtfertigungsstrategie angewendet von Studenten, die ursprünglich eine andere Strategie beabsichtigten. Taylor erklärt diesen Sachverhalt, damit daß es hierbei um eine "mangelhafte" Strategie handelt, die angewendet wird von denjenigen, die aufgrund der Arbeitsmarktbedingungen nicht ihre Arbeitsplatzangebote maximieren können.

Anschließend vergleicht der Bewerber u.U. die Angebote mehrerer Unternehmen. Sofern keine gravierenden Unterschiede zwischen den Angeboten bestehen, wird der Bewerber sich vermutlich für das Unternehmen mit dem als "besten" eingeschätzten Personalimage

---

[288]Glueck (organization choice)

[289]Taylor (job)

entscheiden. Das muß nicht mehr identisch sein mit dem Image zu Beginn der Prozedur, da der Bewerber inzwischen durch das Bewerbungsprozedere zusätzliche Informationen erhalten hat. Mit der Annahme eines Angebots ist jedoch nicht gesagt, daß der Bewerbungsprozß abgeschlossen ist. In zunehmendem Ausmaß müssen Unternehmen in den USA feststellen, daß Bewerber nach der Akzeptanz eines Angebots doch nach absagen. [290]

Bereits bei dieser knappen Erklärungsskizze des Bewerbungsvorgangs auf der Basis des Kuhlschen Motivations-und Handlungsmodells unter weitgehender Vernachlässigung von iterativen Motivations- und Handlungsprozessen wird deutlich, welch vielschichtiger Prozeß ein Bewerbungsvorgang darstellt und an wievielen Schnittstellen es zum Abbruch des Verfahrens kommen kann, je nachdem wie wichtig die Beschäftigung bei einem Unternehmen für den potentiellen Bewerber ist, wie positiv er das Personalimage einschätzt und wie groß sein Wunsch nach einer Beschäftigung bei dem Unternehmen ist. Die im ersten Kapitel dieser Arbeit dargestellten Annahmen über den Stellenwert des Personalimages für das Bewerberverhalten sind demnach zu relativieren als erste Überlegungen, die sich einer differenzierten Betrachtung zuführen lassen. Diese Annahmen liegen auch mehr oder weniger explizit den deutschsprachigen Untersuchungen zum Personalimage und zur Attraktivität von Unternehmen als Arbeitgeber für Hochschulabsolventen zugrunde.[291] Danach wird suggeriert, das Personalimage wäre der zentrale und entscheidende Faktor für die Entscheidung sich bei einem Unternehmen zu bewerben und eine Stelle dort anzunehmen. Wenn dieser einfache und direkte Zusammenhang bestehen würde, dann müßten sich angesichts der in den diversen Untersuchungen weitgehende ähnlichen Präferenz für Unternehmen wie Daimler-Benz usw. nahezu alle Hochschulabsolventen bei diesen Unternehmen bewerben. Selbst wenn Mitarbeiter in der Personalbeschaffung dieser Unternehmen angesichts der "Berge" von Bewerbungseingängen dies gelegentlich meinen können, ist es nicht der Fall. Bei Verwendung dieses Modells von Kuhl, das zugleich auch einen Beitrag zu einer differenzierteren Analyse der Kontroverse zum Zusammenhang von Einstellung i.e.S. als affektive Orientierung verstanden und dem Handeln ermöglicht, wird man quasi durch das Modell auf mögliche Brüche der Beziehung zwischen Personalimage, Beschäftigungswunsch und tatsächlichen Bewerbungshandlungen und letztendlich der Stellenannahme "gestoßen".

3.6 Darstellung des erwartungswerttheoretischen Bezugsrahmens und Gestaltung der Untersuchung

Die empirische Analyse des Personalimages und des Bewerbungswunsches bezieht sich nur auf wenige Elemente des Kuhlschen Modells. Durch das Modell von Kuhl steht jedoch ein Bezugsrahmen zur Verfügung mit dessen Hilfe die Untersuchungsergebnisse in einen größeren theoretischen Rahmen eingeordnet und auch Hinweise für weitere Fragestellungen entwickelt werden können.

---

[290]Greenberg / Kinzer (offers)

[291]Vgl. Kapitel 2 dieser Arbeit

3.6.1 Annahmen über die Struktur der Beziehungen zwischen den Variablen des Bezugsrahmens

In der folgenden Abbildung ist der theoretische Bezugsrahmen graphisch veranschaulicht. Die Pfeile zwischen den Elementen des Bezugsrahmens geben die unterstellten Kausalbeziehungen wieder.

Abbildung 3.3: Erwartungswerttheoretischer Bezugsrahmen zur Analyse von Personalimage und Beschäftigungswunsch

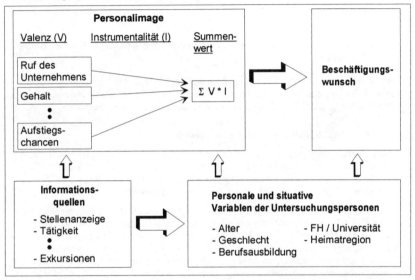

Je positiver bzw. je negativer das Unternehmen als Arbeitgeber in dem oben dargestellten Bewertungsprozeß bewertet wird, desto positiver oder negativer ist der Beschäftigungswunsch oder hier als synonym verwendet, das Beschäftigungsinteresse oder die Attraktivität des Unternehmens als Arbeitgeber. Zwischen Personalimage und Beschäftigungswunsch wird somit wie beim Vroomschen Valenzmodell eine monoton positive Beziehung postuliert. Mehr oder weniger implizit ist damit auch eine Vermutung über einen Kausalzusammenhang enthalten, wenn die Beschäftigung bei einem Unternehmen als ein Mittel angesehen wird, um Beschäftigungsziele zu erreichen. Die Valenz der Beschäftigungsziele und die Instrumentalität der Beschäftigung bei einem Unternehmen im Hinblick auf die Erreichung der Beschäftigungsziele werden als Ursache für den daraus resultierenden Beschäftigungswunsch angesehen. Als Formel drückt sich dieser Zusammenhang darin aus, daß der Beschäftigungswunsch als abhängige Variable und das Personalimage (Summenwert wie oben gebildet) als unabhängige Variable angesehen werden.

Zur Wahrnehmung und Bewertung von Unternehmen ziehen Studenten Informationen heran.[292] Es ist deshalb zur Einschätzung des Personalimages und für Kommunikationsstrategien zur Gestaltung des Personalimages wichtig zu wissen, welche Bedeutung Informationsquellen über ein Unternehmen als Arbeitgeber zugeordnet wird. Es wird deshalb mit untersucht, welche Informationsquellen für die Einschätzung von Unternehmen als Arbeitgeber einen besonderen Stellenwert beigemessen wird.

Studenten unterscheiden sich in Hinblick auf personale Variablen und auf situative Bedingungen, in denen sie sich befinden. Es wird vermutet, daß personale und situative Variablen möglicherweise einen Einfluss auf das Personalimage und auf den Beschäftigungswunsch haben.[293]

3.6.2 Konzeptualisierung und Operationalisierung der Variablen des Bezugsrahmens

Bevor auf die Konzeptualisierung und Operationalisierung der Variablen des Bezugsrahmens eingegangen wird, sind einige Vorbemerkungen zur Untersuchungsmethode und ihrer Konsequenzen für die Operationalisierung der Variablen vorzunehmen.

3.6.2.1 Implikationen der Untersuchungsmethode

Als Forschungsmethode wird eine schriftliche Befragung von angehenden Absolventen wirtschaftswissenschaftlicher Studienrichtungen mit weitgehend geschlossenen Fragen und i.d.R. vorformulierten Antwortvorgaben gewählt. Die Entscheidung für Antwortvorgaben erfolgte auch im Hinblick auf die leichtere Auswertung.

Die Entscheidung für eine schriftliche Befragung mit weitgehend geschlossenen Fragen beeinflußt die Operationalisierung der Untersuchungsvariablen. Der Forscher muß mehr als bei offenen Fragen sicherstellen, daß seine Frageformulierung und seine Antwortvorgaben nicht einen zu verfälschenden Einfluß haben, daß sie von den Untersuchungspersonen adäquat interpretiert oder verstanden werden und daß die Untersuchungspersonen bei der Beantwortung der Fragen motiviert sind, ihre tatsächlichen Ansichten wiederzugeben. Auf diese Probleme soll im folgenden eingegangen werden:

Bei schriftlichen Befragungen mit Antwortvorgaben besteht die Gefahr, daß der Forscher durch seine Antwortvorgaben bestimmte Antworten stimuliert oder daß die Fragen und Antwortvorgaben so formuliert sind, daß die Untersuchungspersonen sie nicht oder falsch verstehen. Diese Gefahr dürfte bei der hier gewählten Vorgehensweise relativ gering sein, da Betroffene bei der Fragenbogenentwicklung und - auswertung beteiligt waren. Die Fragen wurden von Studenten der Betriebswirtschaft während einer Lehrveranstaltung mit der Themenstellung " Personalplanung und Personalbeschaffung" entwickelt, formuliert und gestaltet. In dem Fragebogen wurden bei mehreren Fragen Antwortalternativen vorgegeben. Die Antwortalternativen wurden in Brainstormings mit Hilfe der Metaplanmethode von den Studenten entwickelt, wobei der Verfasser und einzelne Studenten als Moderatoren fungierten.

---

[292]Vgl. dazu Gellermann (Motivation) S.287; Schanz (Verhalten) S. 138ff und Sehringer (Personalrekrutierung) S. 55ff

[293]Einen umfassenden Überblick über Persönlichkeitsfaktoren und deren Bedeutung für das Arbeitsleben gibt Furnham (Personality)

Auch an der Eingabe und Auswertung der Antworten waren Studenten ebenso beteiligt wie an der Interpretation und Diskussion der Untersuchungsergebnisse sowie an der kritischen ex-post Evaluation der Forschungsmethode.

Ein derartige enge Kooperation von Forschern und Untersuchungspersonen weicht ab von der üblichen Vorgehensweise bei empirischen Forschungen in den Sozialwissenschaften, bei denen den Untersuchungspersonen i.d.R. nur eine relativ passiv Rolle als Untersuchungsobjekt zugewiesen wird, die keinen Einfluß auf Gestaltung und Auswertung der Untersuchung nehmen können. Demgegenüber sind bei der hier gewählten Vorgehensweise die Untersuchungspersonen zugleich auch an der Erforschung aktiv beteiligt. Man kann demnach auch von einer Aktionsforschung sprechen.[294]

Bei der Bestimmung der Anzahl der Fragen wurde davon ausgegangen, daß die Bereitschaft zur Mitarbeit auch vom Ort und Zeitpunkt als auch von der Länge des Fragebogens abhängt. Als Grenzwert wurde von ca einer dreiviertel Stunde Beantwortungszeit ausgegangen. Die Befragungen fanden innerhalb von Lehrveranstaltungen statt, da hier die Studenten am leichtesten zu erreichen waren.

Zur Messung der Variablen Valenz, Instrumentalität und Verhaltensintention werden 5-stufige Ratingskalen verwendet.[295]

Ratingskalen stellen eine verbreitete Form der Messung von Variablen in der Sozialpsychologie dar. Sie haben sich vielfach als eine vergleichsweise einfache Form der Messung bewährt. Bei der Messung mittels Ratingskalen werden den Befragten Fragen oder Statements (Items) über das Untersuchungsobjekt vorgelegt, zu denen sie Stellung nehmen sollen.

3.6.2.2 Konzeptualisierung und Operationalisierung des Personalimages

Nach dem theoretischen Bezugsrahmen wird davon ausgegangen, daß sich das Personalimage eines Unternehmens daraus ergibt, inwieweit die Beschäftigung bei einem Unternehmen von den Studenten als geeignet angesehen wird, Beschäftigungsziele zu realisieren und wie wertvoll oder wichtig die Realisierung dieser Beschäftigungsziele für die Studenten ist. Dieser kognitiv-affektive Bewertungsprozesses soll wie oben bereits beschrieben durch die nachstehend angegebene Formel abgebildet werden :

Personalimage ist die Summe der Produkte aus der (wahrgenommenen) Instrumentalität der Tätigkeit bei einem Unternehmen für das Erreichen bestimmte (Beschäftigungs-) Ziele (kognitive Komponente) und dem Wert oder der Bedeutung (affektive Komponente), die man diesen Zielen beimißt.

Zur Erfassung des Personalimages sind somit die potentiellen Beschäftigungsziele, die wahrgenommene Eignung der Beschäftigung bei einem Unternehmen zur Erreichung dieser Beschäftigungsziele (Instrumentalität) und die Valenz der Beschäftigungsziele zu bestimmen.

---

[294] Vgl. Schanz (Aktionsforschung) S.47

[295] Zur Einstellungsmessung vgl. Schmidt/Brunner/Schmidt-Mummendey (Einstellungen), S. 29 ff; Klapprott (Methodik), S. 98 ff und S. 117-119; Dawes (Einstellungsforschung), S. 197 ff;

3.6.2.2.1 Bestimmung und Auswahl der Beschäftigungsziele

Die Beschäftigungsziele werden im Rahmen dieser Arbeit als Kognitionen verstanden, die im Untersuchungskontext keinerlei Instrumentalitität für übergeordnete Ziele, wie z.b. Befriedigung des Leistungsmotivs oder Realisierung von Wertvorstellungen, wie Karriereorientierung haben. Die Beschäftigungsziele sind somit der Ziel- oder Folgeebene im VPA-Modell von Kuhl zuzuordnen.

Instrumentalitätstheoretische Einstellungsmodelle beziehen sich nur auf den allgemeinen Zusammenhang zwischen Erwartungen, Instrumentalitäten, Valenzen und Verhaltensreaktionen. Sie geben keine inhaltliche Information über die einzelnen Folgen von Einstellungsobjekten, und sie sagen auch nichts aus über Verfahren zur Gewinnung von möglichen Folgen eines Einstellungsobjektes.[296] Sie werden deshalb auch zur Gruppe der sogenannten Prozeßmodelle gezählt, weil sie nur Aussagen über das Zusammenwirken der einzelnen Variablen wie Instrumentalität, Valenz und Erwartungen machen und nicht wie die sogenannten Inhaltstheorien, z. B. den Motivationstheorien von Maslow oder Alderfer, Auskunft über Ziele oder Motive, die die Menschen anstreben, geben.

Instrumentalitätstheoretische Einstellungsmodelle lassen sich demnach nur dann anwenden, wenn die wesentlichen Folgen erfaßt werden und die Summe der Produkte von Instrumentalität und Valenz der Folgen oder Ziele gebildet werden kann.

Die Liste der Beschäftigungsziele, die in den Fragebogen aufgenommen wurde, wurden ausgehend von einer Literaturanalyse aufgrund eines Brainstormings in Zusammenarbeit mit Studenten der Betriebswirtschaft der FH Coburg entwickelt.

Es wurde folgenden Liste von Beschäftigungszielen im Fragebogen vorgegeben:

- Betriebsgröße
- Standort
- Nähe zur Heimat
- Aufstiegschancen
- Gehaltsaussichten
- abwechslungsreiche Tätigkeit
- Arbeitsplatzsicherheit
- Weiterbildungsmöglichkeiten
- Auslandseinsatzchancen
- Arbeitszeiten
- Ruf der Firma
- attraktives Produktprogramm
- Branche
- Messepräsenz
- gute Produktwerbung.

---

[296]vgl. Campbell/Pritchard (motivation), S. 94 und Mitchell (expectancy), S. 1061-1063

Um eine inhaltlich konkretere Information zu erhalten wurde neben der Frage nach der Valenz der Beschäftigungsziele Betriebsgröße, Standort und Branche ergänzende Fragen gestellt.

Hinsichtlich der Betriebsgröße wurde gefragt, welche Betriebsgröße bevorzugt werden, wobei folgende Antwortalternativen vorgegeben wurden:

< 10 MA

10 -99 MA

100 - 999 MA

1000 - 5000 MA

> 5000 MA

unwichtig.

In Bezug auf den Standort wurden im Fragebogen mehrere Alternativen vorgeben, aus denen die Befragten einen auszuwählen bzw. eine Wunschregion selbst anzugeben haben.

Es wurden folgende Auswahlmöglichkeiten gegeben:

- Hannover
- München
- Rhein / Main (Frankfurt)
- Oberfranken
- Hamburg
- Stuttgart
- Köln / Ruhrgebiet
- Ausland
- Sonstige..........
- unwichtig.

Bei den Branchen wurde eine offene Frage nach der bevorzugten Branche gestellt.

3.6.2.2.2 Operationalisierung der affektiven Komponenten

Die Variable "Valenz" soll die antizipierte Befriedigung aus einem Ergebnis, die affektive Orientierung gegenüber dem Ergebnis ausdrücken. Dabei lassen sich zwei Interpretationen feststellen: Einige Autoren bestimmen sie auf der Dimension Bedeutung oder Wichtigkeit (wichtig bis unwichtig), andere wiederum als eine Bewertung (gut bis schlecht, positiv bis negativ).[297]

Aufgrund sprachlicher/semantischer Überlegungen wurde Valenz als Bedeutung verbalisiert und die Befragten wurden aufgefordert, die Bedeutung der aufgelisteten Beschäftigungsziele zu bewerten.

---

[297]Vgl. Mitchell (expectancy), S. 1064 f

Dabei wurden als Kategorien vorgegeben:
- sehr wichtig
- wichtig
- weder noch
- weniger wichtig
- unwichtig.

3.6.2.2.3. Operationalisierung der kognitiven Komponente (Instrumentalität)

Als problematisch hat sich bei erwartungswert- oder instrumentalitätstheoretischen Modellen vielfach die Operationalisierung der "Instrumentalität" erwiesen, [298] die als Maß für die wahrgenommene Eignung eines Objektes X für das Erreichen eines anderen Objektes J keine Auskunft darüber gibt, mit welcher Sicherheit, mit welcher subjektiven Wahrscheinlichkeit ein Individuum mit dem Erreichen des anderen Objektes J aufgrund des Auftretens von Objekt X rechnet. Wird z.B. für eine Automobilmarke X das wahrgenommene Ausmaß an Reparaturanfälligkeit erfragt, dann geben die sich ergebenden Werte keine Auskunft über den Grad der Sicherheit, mit dem der Befragte seine Bewertung vornimmt.[299] Vermutlich wird er die wahrscheinlichste Ausprägung angeben. Für die affektive Orientierung gegenüber einem Automobil könnte jedoch auch die subjektive Sicherheit über Reparaturanfälligkeit eines Automobils bedeutsam sein.

Auch hier wird auf die Erfassung der subjektiven Sicherheit verzichtet und nur nach der Eignung, der mit größter Wahrscheinlichkeit erwarteten Ausprägung gefragt. Den Befragten wurde folgende Liste von Beschäftigungszielen vorgegeben und sie sollten auf einer 5er-Skala von sehr gut bis sehr schlecht angeben, inwieweit diese Aspekte bei den einzelnen Unternehmen gegeben ist. Da für jedes Unternehmen die Ausprägung für jedes Beschäftigungsziel zu erfragen ist, kann aufgrund beschränktem Fragebogenumfangs nur für eine Auswahl von Beschäftigungszielen die Instrumentalität erfaßt werden. Es wurde sich für folgende Vorgabeliste entschieden:

- Ruf der Firma
- Betriebsklima
- Aufstiegschancen
- herausfordernde Tätigkeit
- Sicherheit des Arbeitsplatzes
- Verdienstmöglichkeiten
- Weiterbildungsmöglichkeiten
- Auslandseinsazchancen
- Bekanntheit.

---

[298] vgl. dazu z.B. Connolly (conceptual), S. 40 ff

[299] vgl. H. Freter (Einstellungsmodell), S. 24; ähnlich auch Kaas (Einstellungsforschung) und (Einstellungsmodelle)

3.6.2.3 Konzeptualisierung und Operationalisierung des Beschäftigungswunsches

Der Beschäftigungswunsch ist das Resultat des Abwägungsprozesses zur Eignung eines Unternehmens zur Erreichung von Beschäftigungszielen (Personalimage). Er drückt die "Will-Proposition: Ich will (mehr oder weniger) bei dem Unternehmen XY beschäftigt sein". Er wurde durch die Frage erfaßt: "Wie attraktiv erscheinen Ihnen diese Firmen als mögliche Arbeitgeber nach Beendigung Ihres Studiums?"

Als Antwortalternativen wurden vorgegeben:

- sehr attraktiv
- attraktiv
- weder noch
- unattraktiv
- sehr unattraktiv.

3.6.2.4 Die Operationalisierung der personalen und situativen Variablen

Es wird bei der Konstruktion des Bezugsrahmens unterstellt, daß folgende personale und situative Variablen als unabhängige Variablen Personalimage und Beschäftigungswunsch beeinflussen:

- Alter
- Geschlecht
- Fachhochschul-oder Universitätsstudiengang
- Berufsausbildung.

Aufgrund unterschiedlicher Lebens- und Bildungswege ist bei Absolventen in der Regel mit einer Altersspannweite von Anfang 20 bis Anfang oder Mitte 30 Jahre zu rechnen. Bei einer derartigen Altersspannweite könnten sehr unterschiedliche Wahrnehmungen und Bewertungen im Hinblick auf das Personalimage vorkommen.

Zunehmend mehr Frauen studieren Betriebswirtschaft und immer mehr Unternehmen entdecken Frauen als Potential für Führungsnachwuchs und initiieren speziellen Frauenförderungsprogramme. Es interessiert deshalb, ob es geschlechtsspezifische Unterschiede in Bezug auf das Personalimage gibt.[300]

Fachhochschulen und Universitäten unterscheiden sich unter anderem in Bezug auf ihren Bildungsauftrag. Fachhochschulen sollen eine mehr praxisorientierte und Universitäten eine mehr wissenschaftsorientierte Ausbildung vermitteln. Winkler hat Unterschiede zwischen Fachhochschulstudenten und Universitätsstudenten mittels einer Befragung untersucht.[301] Er faßt seine Ergebnisse der Unterschiede bis zum Zeitpunkt des Studienabschlusses folgendermaßen zusammen:

---

[300]In zunehmendem Maß werden Unterschiede zwischen Männern und Frauen festgestellt. Zu Unterschieden im kommunikativen Verhalten vgl. Tannen (verstehen); zu zu biologischen, hormonellen und gehirnphysiologischen Unterschieden vgl. das populärwissenschaftliche Werk von Moir / Jessel (Brainsex)

[301]Vgl. zum folgenden Winkler (Unterschiede)

"Fachhochschulabsolventen unterscheiden sich in zahlreichen Merkmalsausprägungen von ihren Kommilitonen an Universitäten bereits vor Studienbeginn so weit, daß man von einer "typischen Fachhochschul-Klientel" sprechen kann, .."[302] Nach Winkler entstammen Fachhochschulstudenten eher bildungsferneren Schichten, haben vor Studienbeginn eher in kleinen und mittleren Gemeinden gewohnt, sind häufiger praxis- und berufsorientierter und hegen eher realistischere, weil "bescheidenere" Berufserwartungen als Absolventen von Universitäten.[303] Auch durch die unterschiedliche Strukturierung von Inhalt, Form und Organisation ihres Studiums unterscheiden sich beide Hochschularten derartig".., daß Hochschulabsolventen beider Hochschultypen auf unterschiedliche Sozialisationsprozesse beim Abschluß ihres Studiums zurückblicken können."[304]

Eine weitere Fragestellung ist, ob Personen, die durch eine Berufsausbildung bereits 2-3 Jahre berufliche Erfahrung haben eine andere Bewertung vornehmen als Personen ohne diese Erfahrung.

Die Messung der personalen und situativen Variablen innerhalb dieser Untersuchung wird als weitgehend unproblematisch angesehen.

Nach dem Alter wurde als offene Frage gefragt, für das Geschlecht wurde die zwei Antwortalternativen männlich und weiblich und für die Frage nach einer abgeschlossenen Berufsausbildung die Alternativen ja bzw. nein vorgegeben. Die Herkunft wurde durch die Frage nach dem Bundesland erfaßt, aus dem der Befragte stammt. Dabei wurden neben den Bundesländern der Bundesrepublik vor der Wiedervereinigung auch die Antwortalternative Ausland vorgesehen.

3.6.2.5 Operationalisierung der Bedeutung von Informationsquellen

Das Personalimage eines Unternehmens kann durch Erfahrungen, die die Person selbst mit dem Unternehmen gemacht hat, oder durch Kommunikation mit anderen gebildet werden.

Es wurden als mögliche Informationsquellen vorgegeben:

- Tätigkeit in dem Unternehmen
- Exkursion
- Vorträge von Firmenvertretern
- Informationen aus dem Bekanntenkreis[305]
- Hochschulaushänge
- Stellenanzeige
- Berichte in Fachzeitschriften
- Fernsehen/Rundfunk
- Erfahrungen mit dem Produkt.

---

[302]Winkler (Unterschiede) S. 279

[303]Vgl. Winkler (Unterschiede) S. 276 und 278

[304]Winkler (Unterschiede) S. 280

[305]Vgl. Kilduff (decision making)

3.6.3 Auswahl der Unternehmen zur Untersuchung von Personalimage und Beschäftigungswunsch

Bei der Auswahl der Unternehmen spielten folgende Gesichtspunkte eine Rolle:

- Es sollten sowohl weltweit bekannte als auch primär regional bedeutsame Unternehmen untersucht werden.
- Die Unternehmen sollten verschiedenen Branchen angehören.
- Die Unternehmen sollten aus verschiedenen Sektoren, nämlich der Industrie, dem Dienstleistungssektor und den öffentlichen Diensten, sein.
- Es sollte sich sowohl um Groß- als auch um Mittelunternehmen handeln. Bei den Mittelunternehmen sollten auch mittelständische Unternehmen mitberücksichtigt werden. Während die Unterscheidung von Klein-, Mittel- und Großunternehmen nach quantitativen Größen, wie Beschäftigtenzahl, Umsatz, Bilanzsumme, erfolgt, werden zur Kennzeichnung von mittelständischen Unternehmen auch qualitative Kriterien herangezogen. Allgemein anerkannt dürfte sein, daß es sich bei mittelständischen Unternehmen um Klein- und Mittelunternehmen handelt, bei denen die Eigentümer des Unternehmens ständig im Unternehmen mitarbeiten und das Unternehmen leiten.[306]
- Zumindest zwei Unternehmen sollten aus der gleichen Branche sein, um auch einen brancheninternen Vergleich durchführen zu können.

Als international bekannte Firmen wurden

- Daimler-Benz
- IBM
- Volkswagen (VW)
- Siemens
- Bayer[307]
- Commerzbank[308]
- Bundespost

ausgewählt.

Die Commerzbank wurde z. B. der Deutschen Bank vorgezogen, da sie sich seit kurzem um eine Verbesserung ihres Personalimages durch auffällige Personalimageanzeigen für Hochschulabsolventen bemüht.[309] Interessant ist deshalb die Frage, ob sich diese Anzeigenkampagne bereits in einem positiven Personalimage niederschlägt.

Bayer steht stellvertretend für die Großunternehmen der Chemieindustrie, wobei vermutet wird, das sich das Image von Bayer nicht wesentlich von dem von BASF oder Hoechst unterscheidet.

---

[306]Vgl. Mank (mitttelständische Unternehmen) S. 32ff

[307] Informationen zu diesen Unternehmen sind z.B. enthalten in forum (Top).

[308]Informationen zur Commmerzbank sind z.b. enthalten in forum (Praxis)

[309]Vgl. hierzu Pers/Federau (Commerzbank),

Siemens ist einer der größten industriellen Arbeitgeber und zugleich auch eines der größten Unternehmen der Elektroindustrie in der Welt.

IBM wurde als größtes Unternehmen der Computerindustrie und somit auch als ein High-Tech Unternehmen ausgewählt, von denen man vermutet, daß sie als besonders attraktive Arbeitgeber gelten. In der Vergangenheit hatte IBM auch den Ruf im Personalmanagementbereich besonders fortschrittlich zu sein.[310]

Daimler-Benz ist einer -wenn nicht sogar der - weltweit bekanntesten Hersteller von Personenkraftwagen der Mittel-und Oberklasse und darüberhinaus auch bundesweit stärker präsent als Arbeitgeber als BMW.[311]

VW ist der größte Hersteller von PKW in Deutschland und zeitweise in Europa.[312] Mit VW und Daimler-Benz wurden zwei Unternehmen aus der gleichen Brache ausgewählt, um auch einen brancheninternen Vergleich durchführen zu können.

Im Raum Coburg wurde als regional bedeutsame Firmen gewählt:

- HUK Coburg
- Brose
- Willi Schillig
- Loewe Opta.[313]

Die Versicherungsgruppe HUK Coburg ist der zweitgrößte Kraftfahrzeugversicherer in Deutschland[314]. Die Versicherungsgruppe HUK Coburg hatte 1991 über 5000 Mitarbeiter, wobei mehr als die Hälfte in der Zentrale in Coburg beschäftigt war.[315]

Die Firma Brose ist das größte industrielle Unternehmen in Coburg und Zulieferer der Automobilindustrie für Fensterheber, Sicherheitsgurtzuführungssysteme und elektrische Autositzverstellungen.[316] Brose hat auch Werke in England, Spanien und Mexiko. Das mittelständische Unternehmen beschäftigt in drei Standorten in Deutschland 2700 Mitarbeiter.[317]

Die Region um Coburg ist das Zentrum der deutschen Polstermöbelindustrie. Die Firma Willi Schillig, als größtes in der Region ansässiges Unternehmen der Polstermöbelindustrie mit ca. 900 Mitarbeitern, wurde als Repräsentant für die Polstermöbelindustrie ausgewählt.[318] Alleininhaber dieses mittelständischen Unternehmens ist Willi Schillig.[319]

---

[310] Zu IBM vgl. Rodgers (IBM), Drucker (Management) S. 270ff, Peters/Austin (Leistung) und o.V. (Überfordert)

[311] Zur Personalmarketingkonzeption von Daimler - Benz vgl. Esbach (Mercedes)

[312] Zur Personalmarketingkonzeption von VW vgl. Berk (VW)

[313] Zur Wirtschaft im Coburger Raum vgl. Falkenberg / Dlouhy (Coburg) und Horn (Coburg)

[314] Zur HUK Coburg vgl. Grauf (Versicherungswesen) und forum (Praxis), S. 416f

[315] Vgl. HUK Coburg (Berichte) S. 4

[316] Vgl. Kaeser (Metallindustrie)

[317] o.V. (Brose)

[318] Spiess (Polstermöbelindustrie), insbesondere S.124f und o.v. (Meister)

[319] Vgl. o.V. (Meister)

Loewe Opta (Loewe) hat seinen Sitz im Nachbarkreis Kronach.[320] Bei Loewe Opta handelt es sich um ein Unternehmen der Elektroindustrie mit den Schwerpunkten in der Unterhaltungselektronik (Fernseh-und Videogeräte) und Btx-Geräte. Loewe Opta wurde 1923 gegründet und ist eines der ältesten Unternehmen der Unterhaltungselektronik. Es ist bekannt als innovatives Unternehmen. 1993 waren bei Loewe ca. 1600 Mitarbeiter beschäftigt. Aufgrund eines "management - buy- outs" sind neben Matsushita und BMW die leitenden Mitarbeiter des Unternehmens Eigentümer des Unternehmens. Aufgrund dieser Konstellation wird Loewe als mittelständisches Unternehmen gewertet.

Die Unternehmen Brose, Willi Schillig und Loewe Opta werden als mittelständische Unternehmen eingestuft.

Im Raum Hannover wurden die Unternehmen

- Haftpflichtverband der Deutschen Industrie (HDI)
- Magdeburger Versicherungen
- Beamtenheimstättenwerk (BHW)
- Continental

ausgewählt.

Der Haftpflichtverband der Deutschen Industrie (HDI) zählt zu den größten deutschen Versicherungsunternehmen mit Schwerpunkt in der Industrieversicherung. Beim HDI sind ca. 2500 Mitarbeitern beschäftigt.[321]

Die Magdeburger Versicherungsgruppe (Magdeburger) ist ein mittelgroßer Kompositversicherer mit ca. 2300 Mitarbeitern und war zum Zeitpunkt der Befragung überwiegend im Besitz der Schweizer Rückversicherungsgesellschaft.[322]

Das Beamtenheimstättenwerk (BHW) gehört zu den großen Bausparkassen mit Sitz in Hameln bei Hannover.[323] Inklusive des Außendienstes hat das BHW 1993 ca. 4500 Mitarbeiter.[324]

Die Continental AG (Conti) zählt zu den führenden Kautschukverarbeitern der Welt und ist einer der weltgrößten Reifenhersteller mit Sitz in Hannover.[325] 1990 waren im Konzern über 50 000 Mitarbeiter beschäftigt.[326]

Mit den Unternehmensgruppen der HUK Coburg, der Magdeburger Versicherungsgruppe, und dem HDI sind - bezogen auf die Branchenstrukturen in Deutschland sowohl in Bezug auf die Anzahl der Unternehmen als auch in Bezug auf die Mitarbeiterzahlen - relativ viele Versicherungsunternehmen in die Untersuchung einbezogen. Neben den beruflichen Beziehungen des Verfassers zur Versicherungswirtschaft ist dieser Sachverhalt

---

[320]Zu Loewe vgl. o. V. (Innovationen)

[321]Zum HDI vgl. forum (Praxis) S. 407f, Gaulke/Hoffmann (Matt) und o. V. (Verfolger)

[322]Vgl. forum (Praxis) S. 425o. V. (Verfolger). Zum Zeitpunkt des Schreibens dieser Arbeit 1993 findet eine Fusion der Magdeburger mit der Vereinten Versicherungsgruppe statt, die ebenfalls im Besitz der Schweizer Rückversicherung ist.

[323]Zur Größe des BHWs vgl. z.B. o.V. (Bausparkassen)

[324]hmr. (BHW)

[325]Vgl. forum (Top) S. 99f

[326]Vgl. forum (Top) S. 100; zur aktuellen Entwicklungen bei Conti vgl. z.B. Stiller (Wechsel)

auch darin begründet, daß Versicherungsunternehmen sowohl für Hannover als auch für Coburg bedeutsame Unternehmen mit Hauptsitz in diesen Städten darstellen und andererseits auch die Versicherungswirtschaft Imageprobleme sowohl in der Öffentlichkeit als auch beim kaufmännischen Führungsnachwuchs aufzuweisen hat und gleichzeitig einen hohen Bedarf an Nachwuchskräften hat.[327]

3.6.4 Bestimmung der Untersuchungspersonen und die Untersuchungsrealisation

In die Untersuchung wurden 111 Studenten der Wirtschaftswissenschaften an der Universität Hannover und der Fachhochschule Coburg einbezogen, die Lehrveranstaltungen beim Verfasser besuchten und sich im Hauptstudium befanden. Bei diesen Studenten kann davon ausgegangen werden, daß sie sich bereits mit ihrem Eintritt ins Berufsleben befassen, daß sie sich über Unternehmen und Bedingungen von Anfangsstellungen informieren und daß sie sich über ihre eigenen Berufs-und Beschäftigungswünsche erste Vorstellungen entwickeln.

Die Fragebogen wurden in den Lehrveranstaltungen ausgeteilt und ausgefüllt. Die Rücklaufquote beträgt 99,8 %.

Der Untersuchungszeitraum reicht vom WS 89/90 bis zum WS 90/91.

---

[327]Vgl. Noelle-Neumann/Geiger (Image) und Netta (Nachwuchsorgen)

4. Darstellung und Interpretation der Ergebnisse der Untersuchung auf Basis des erwartungswerttheoretischen Bezugsrahmens

Zunächst werden mittels uni- und multivariaten Analysen dargestellt und erläutert:

- Sozio-demographische Struktur der Untersuchungspopulationen
- Bedeutung von Informationsquellen
- Valenz und Faktorenstruktur von Beschäftigungszielen
- Attraktivität von Unternehmen als potentielle Arbeitgeber (Beschäftigungswunsch)
- Instrumentalität der Beschäftigung bei einem bestimmten Unternehmen zur Realisierung von Beschäftigungszielen.

Danach wird versucht mittels bivariater Analysen Beziehungen zwischen den einzelnen Variablen des Modells festzustellen:

- Analyse personen - und situationsspezifischer Unterschiede
- Zusammenhang zwischen Beschäftigungswunsch bei einem Unternehmen und den Instrumentalitäten der Beschäftigung bei dem Unternehmen im Hinblick auf die Realisierung von Beschäftigungszielen
- Zusammenhang zwischen dem Beschäftigungswunsch und dem Summenwert nach dem erwartungswerttheoretischen Bezugsrahmen.

4.1 Sozio-demographische Struktur der Untersuchungspopulation

In die Untersuchung wurden 111 Studenten der Wirtschaftswissenschaften an der Universität Hannover und der Fachhochschule Coburg einbezogen, die sich im Hauptstudium befanden. 66 Studenten (59%) sind an der FH Coburg und 45 Studenten (41%) sind an der Universität Hannover immatrikuliert.

Tabelle 4.1: Soziodemographische Struktur der Untersuchungspopulation

Merkmal	Umfrage Coburg	Umfrage Hannover	Gesamtumfrage
Stichprobenumfang	66	45	111
Studiengang	Dipl. Betriebswirt / in (FH)	Dipl. Ökonom / in	Dipl. Betriebswirt / in (FH) Dipl. Ökonom / in
Geschlecht	männlich 58% weiblich 42%	männlich 58% weiblich 42%	männlich 58% weiblich 42%
Merkmal	Umfrage Coburg	Umfrage Hannover	Gesamtumfrage
abgeschlossene Berufsausbildung	ja 38% nein 62%	ja 36% nein 64%	37% 63%
Durchschnittsalter	24,5	23,7	24,2
Herkunft Bundesland	Bayern 79% Nordrhein-Westfalen 3% Niedersachsen 1% Baden-Württemberg 14% Ausland 1%	Niedersachsen 91% Nordrhein-Westfalen 2% Schleswig-Holstein 4% Bremen 2%	Bayern 47% Nordrhein-Westfalen 3% Niedersachsen 38% Schleswig-Holstein 3% Bremen 1% Baden-Württemberg 8% Ausland 1%

Zur besseren Vergleichbarkeit ist die sozio-demographische Zusammensetzung der Untersuchungspopulation in einer Tabelle dargestellt, in der auch die sozio-demographische Struktur anderer Untersuchungen zum Personalimage enthalten ist.[328]

Das vergleichsweise hohe Durchschnittsalter in der Untersuchung von Schwaab ist vermutlich in dem hohen Anteil von Studenten mit Berufsausbildung in seiner Untersuchungspopulation begründet.

Inwieweit das hohe Durchschnittsalter in der Untersuchung von Schwaab und der hohe Frauenanteil in der erwartungswerttheoretischen Untersuchung für die Untersuchungsergebnisse relevant ist, wird bei der Analyse personen- und situationsspezifischer Merkmale behandelt.

---

[328] Vgl. danzu Tabelle 4.2 dieser Arbeit

Tabelle 4.2: Vergleich der soziodemographischen Struktur von Untersuchungen zum Personalimage

Merkmal	erwartungs-werttheoretische Untersuchung[329]	schematheoretische Untersuchung[330]	Untersuchung Simon	Untersuchung Böckenholt / Homburg	Untersuchung Schwaab
Stichprobenumfang	111	42	613	91	364
Studiengang	Diplom-Ökonom/in Diplom Betriebswirt/ in (FH)	Dipl. Betriebswirt / in (FH)	BWL 92,7% VWL 7,3%	Wirtschaftsingenieurwesen	Studienschwerpunkt Bankbetriebslehre oder ähnliche bei wirtschaftswissenschaftl. Studiengängen
Studienorte	Universität Hannover FH Coburg	FH Coburg	Universitäten aus den alten Bundesländern	Universität Karlsruhe	Universitäten aus den alten Bundesländern
Geschlecht	männlich 58% weiblich 42%	männlich 64% weiblich 36%	männlich 77,9% weiblich 22,1%	männlich 83% weiblich 17%	männlich 80% weiblich 20%
abgeschlossene Berufsausbildung	ja 37% nein 63%	ja 19% nein 81%	ja 26,4% nein 73,6%	ja 7% nein 93%	Banklehre 47,1% keine Banklehre 52,9%
Durchschnittsalter	24,2 Jahre	24,4	k.A.	23,9 Jahre	25,8 Jahre

---

[329] Im Rahmen dieser Arbeit werden zwei empirische Untersuchungen durchgeführt, die nach den emprischen Bezugsrahmen - sofern eine Verwechslungsgefahr besteht - verkürzt als erwartungswerttheoretische Untersuchung und als schematheoretische Untersuchung bezeichnet werden. Schwerpunktmäßig werden die Ergebnisse der erwartungswerttheoretischen Untersuchung in diesem 4. Kapitel und die Ergebnisse der schematheoretischen Untersuchung mit 5. Kapitel dargestellt.

[330] Die schematheoretische Untersuchung ist detailliert in Kapitel 5 dieser Arbeit beschrieben. Da die Untersuchung der Rangfolge der Valenz von Beschäftigungszielen nicht das primäre Ziel der schematheoretischen Untersuchung ist, werden die Ergebnisse der schematheoretischen Untersuchung hierzu vorgezogen, um sie mit den Ergebnissen der anderen Untersuchungen vergleichen zu können

4.2 Stellenwert von Informationsquellen für die Bewertung von Unternehmen

Die Akzeptanz von Informationen, die man durch Kommunikation mit anderen erhält, hängt auch davon ab, wie glaubwürdig der Kommunikator oder das Kommunikationsmedium eingeschätzt wird.[331]

Die Glaubwürdigkeit eines Kommunikators hängen ab von dem Sachverstand und der Vertrauenswürdigkeit, die ihm von dem Adressaten seiner Kommunikationsbotschaft zugemessen wird.

Die Vertrauenswürdigkeit kann aus der Position resultieren, die der Kommunikator innehat, kann durch persönliche Merkmale (sprachliches Ausdrucksvermögen, körperliches Erscheinungsbild etc.) bedingt sein und kann insbesondere davon abhängen, wie die Absicht, die der Kommunikator bei der Kommunikation hat, von anderen wahrgenommen wird. Wenn davon ausgegangen wird, daß der Kommunikator die Kommunikation deshalb durchführt, weil er einen Vorteil hat, wenn seine Botschaft übernommen wird, dann wird er als nicht so vertrauenswürdig angesehen.

Für die in die Untersuchung einbezogenen Informationsquellen ergaben sich folgende Werte.

Tabelle 4.3: Bedeutung von Informationsquellen über Unternehmen als Arbeitgeber

Informationsquelle	Anteil der Befragten in %, die die Informationsquelle für wichtig oder sehr wichtig erachten	arithmetisches Mittel Skalenverankerung 0= unwichtig, 4=sehr wichtig	Standardabweichung
eigene Tätigkeit	92,8	3,505	0,796
Exkursionen	74,8	2,811	1,023
Fachzeitschrift	71,2	2,757	0,917
Vorträge Firmenvertreter	71,2	2,658	0,958
Erfahrungen mit Produkt und Service	69,3	2,694	1,102
Bekanntenkreis	48,6	2,324	1,055
Hochschulaushänge	47,7	2,171	1,008
Stellenanzeige	33,3	1,874	1,184
Fernsehen	20,9	1,564	0,991
Arbeitsamt	10,8	1,333	0,937

Der persönlichen Erfahrung durch eine Tätigkeit bei dem betreffenden Unternehmen messen die Studenten den mit deutlichem Abstand höchsten Stellenwert als Informationsquelle für die Einschätzung von Unternehmen als potentieller Arbeitgeber zu. Exkur-

---

[331] Vgl. dazu z.B. Secord / Backman (Sozialpsychologie) S. 113ff

sionen, Berichte in Fachzeitschriften, eigene Erfahrungen mit Produkten und Vorträgen von Firmenvertretern folgen als nächste, wichtige Informationsquellen, die auch in etwa als gleich bedeutsam eingestuft werden.

Bei einer Exkursion können sich die Studenten zwar persönlich ein Bild von dem Unternehmen machen; sie bieten allerdings nicht die Informationsmöglichkeiten wie die eigene Tätigkeit im Unternehmen. Exkursionen dauern in der Regel nur einige Stunden und ein Unternehmen wird i. a. die versuchen bei einer Exkursion den Studenten ein möglichst gutes Bild vom Unternehmen zu vermitteln.

Auffallend ist der hohe Stellenwert, der Berichten aus Fachzeitschriften zuerkannt wird, da es sich hierbei nicht um persönliche Erfahrungen handelt. Es scheint, daß Fachzeitschriften eine hohe Kompetenz zugewiesen wird und daß deshalb Berichte über Unternehmen in Fachzeitschriften einen vergleichsweise hohen Stellenwert als Informationsquelle haben.

Auch einen hohen Stellenwert als Informationsquelle für das Personalimage wird Erfahrungen zugewiesen, die man mit den Produkten und Dienstleistungen des Unternehmens gemacht hat. Bei der Präsentation der Untersuchungsergebnisse erklärten Untersuchungsteilnehmer explizit, daß die Qualität von Produkten als ein Maßstab, als ein Indikator für die Art und Weise und die Qualität der Personalarbeit des Unternehmens herangezogen wird.

Informationen aus zweiter Hand durch Bekannte oder das Arbeitsamt beziehungsweise durch nicht persönliche Kommunikation in Form von Aushängen in Hochschulen oder Fernsehberichten werden als nicht so valide eingeschätzt.

Der geringe Stellenwert der Information durch Bekannte wurde bei der Präsentation der Untersuchungsergebnisse mit der Vermutung begründet, daß die meisten Personen dazu neigen, ihr Unternehmen in der Öffentlichkeit möglichst positiv darzustellen und somit auch sich selbst als dort Beschäftigte.

Aufgrund ihrer Erfahrungen bei der Berufsberatung wird dem Arbeitsamt eine ausgesprochen niedrige Kompetenz zugesprochen.[332]

4.3 Valenz der Beschäftigungsziele

Zunächst werden die Ergebnisse der Gesamtumfrage dargestellt und mittels einer Faktorenanalyse versucht, die Faktorenstruktur der Beschäftigungsziele zu ermitteln. Anschließend werden die Ergebnisse zur Valenz von Beschäftigungszielen und zu ihrer Struktur mit den Ergebnissen anderer Untersuchungen verglichen.

4.3.1 Rangfolge der Valenz von Beschäftigungszielen

Für die befragten Studenten ergab sich die in der folgenden Tabelle oder Diagramm enthaltene Rangfolge der Bedeutung von Beschäftigungszielen für die Entscheidung, sich um einen Arbeitsplatz bei einer Unternehmung zu bewerben.

---

[332] Diese geringe Einschätzung des Arbeitsamtes als Hilfe bei der Stellensuche deckt sich mit der Einschätzung vieler Unternehmen über das Arbeitsamt als Hilfe bei der Personalbeschaffung. Vgl. dazu o.V. (Angekratztes Image).

Tabelle 4.4: Rangfolge der Valenz von Beschäftigungszielen (FH- und Universitätsstudenten)

Parameter	% der Angaben mit wichtig oder sehr wichtig
abwechslungsreiche Tätigkeit	99,1
Aufstiegschancen	94,6
Weiterbildung	91,9
Gehaltsausichten	89,2
Arbeitsplatzsicherheit	78,4
Standort	68,5
Betriebsgröße	68,5
Arbeitszeiten	52,4
Ruf der Firma	51,4
Produktprogramm	45,0
Auslandseinsatzchancen	42,3
Produktwerbung	39,6
Branchenzugehörigkeit	28,8
Nähe zur Heimat	22,5
Messepräsenz	13,5

Ca. 90% bis 99% der befragten Studenten sehen abwechslungsreiche Tätigkeit, gute Aufstiegschancen, Weiterbildungsmöglichkeiten und Gehaltsaussichten als sehr wichtige oder als wichtige Beschäftigungsziele bei der Bewertung eines Unternehmens als potentieller Arbeitgeber an.

Ein deutlich geringerer Stellenwert wird der Arbeitsplatzsicherheit beigemessen.

Als fast gleich wichtig werden der Standort des Unternehmens und die Betriebsgröße eingestuft.

Die Arbeitszeiten werden wichtiger als der Ruf der Firma der Firma angesehen.

Weniger als die Hälfte der Befragten bewerten das Produktprogramm, die Auslandseinsatzchancen, die Produktwerbung, die Branchenzugehörigkeit, die Heimatnähe des Unternehmens und die Präsenz bei Messen als wichtig oder als sehr wichtig.

Eine vergleichsweise geringe Bedeutung werden dem Firmenimage, dem Produktprogramm, der Produktwerbung und der Branche beigemessen. Inwiefern diese Einstufung, die durch die Befragten vorgenommen wird, ihrer tatsächlichen Bedeutung entspricht, die diese Beschäftigungsziele für die Bewerbung bei einer Unternehmung haben, wird im Kapitel " Analyse der Assoziation zwischen Attraktivität als Arbeitgeber und den Instrumentalitäten" diskutiert.

4.3.2 Faktorenstruktur der Beschäftigungsziele: Zur Mehrdimensionalität des Personalimages

Die Analyse der korrelativen Beziehungsstrukturen zwischen den vorgegebenen Beschäftigungszielen wird mittels einer Faktorenanalyse durchgeführt.

Bei der Faktorenanalyse nach dem Hauptkomponentenverfahren ergaben sich 15 Faktoren, die zusammen 100% der Varianz erklären. Mittels einer Faktorenanalyse sollen jedoch nur die "wesentlichen" Faktoren entwickelt werden. Als Kriterien für die Auswahl von Faktoren werden das Kaiser-Kriterium, der Scree-Test und die Anzahl hochladender Items pro Faktor angewendet. Nach dem Kaiser-Kriterium werden die Faktoren ausgewählt, deren Eigenwerte größer 1 sind. Bei dem Scree-Test werden die Faktoren der Größe ihrer Eigenwerte entsprechend in ein Diagramm eingezeichnet. Als bedeutsam für die weitere Analyse werden die Faktoren angesehen, die vor dem "Knick" liegen.

Das Kriterium nach der "Anzahl hochladender Items" besagt, daß nur die Faktoren ausgewählt werden, auf die mindestens zwei Items hochladen, die ansonsten auf keinen anderen Faktor hochladen.

Sowohl nach dem Kaiser Kriterium als auch nach dem Scree-Test und dem Kriterium "Anzahl hochladende Items" ergeben sich 6 Faktoren. Diese 6 Faktoren "erklären" 66% der Varianz.

Zur Interpretation der Faktoren werden die Items herangezogen, die auf die einzelnen Faktoren hochladen.

Tabelle 4.5: Faktor 1: "Marketingorientierung " (18,1 % Varianz)

hochladende Items auf Faktor 1	Faktorenladungszahl
attraktives Produktprogramm	.82
Messepräsenz	.67
gute Produktwerbung	.66
Branche	.65

Tabelle 4.6: Faktor 2: "Karriereorientierung" (12,9 % Varianz)

hochladende Items auf Faktor 2	Faktorenladungszahl
Gehaltsaussichten	.87
Aufstiegschancen	.82

Tabelle 4.7: Faktor 3: "Auslandsorientierung" (11% Varianz)

hochladende Items auf Faktor 3	Faktorenladungszahl
(Ablehnung) Nähe zur Heimat	-.81
Auslandseinsatzmöglichkeiten	.73

Tabelle 4.8: Faktor 4: "Größe und Ansehen" (8,7% Varianz)

hochladende Items auf Faktor 4	Faktorenladungszahl
Betriebsgröße	.86
Ruf der Firma	.54

Tabelle 4.9: Faktor 5: "Standort und Sicherheit" (8,1% Varianz)

hochladende Items auf Faktor 5	Faktorenladungszahl
Standort	.76
Arbeitsplatzsicherheit	.59
abwechslungsreiche Tätigkeit	.49
Nähe zur Heimat (zweithöchste Ladung dieses Items; in Klammern, da bereits bei Faktor 3 berücksichtigt)	(.25)

Tabelle 4.10 Faktor 6: "Weiterentwicklung" (6,8% Varianz)

hochladende Items auf Faktor 6	Faktorenladungszahl
Weiterbildungsmöglichkeiten	.83
Arbeitszeiten	.68

4.3.3 Vergleich der Untersuchungsergebnisse zur Rangfolge von Beschäftigungszielen und zur Faktorenstruktur von Beschäftigungszielen mit den Ergebnissen anderer Untersuchungen

Nachdem auch in anderen Untersuchungen die Bedeutung von Beschäftigungszielen erhoben wurde, sollen im folgenden die Ergebnisse verglichen werden. Es ist dabei zu beachten, daß jeweils unterschiedliche Antwortvorgaben gemacht wurden und daß die Bedeutung in unterschiedlicher Art und Weise erhoben wurde. Die Antwortvorgaben ergeben sich aus der folgenden Tabelle.

Tabelle 4.11: Rangordnung von Beschäftigungszielen - Vergleich der Untersuchungsergebnisse mit den Ergebnissen anderer Untersuchungen

Untersuchung: Parameter	erwartungswerttheoretische Untersuchung	schematheoretische Untersuchung	Simon	von Landsberg	Böckenholt und Homburg	Schwaab
Tätigkeit	1	4	1und 2	---	---	1
Betriebsklima		1		1		2
Aufstiegschancen	2	3	6	3	1	5
Weiterbildung	3	6	3	2	3	6
Gehalt	4	2	7	14	4	---
sicherer Arbeitsplatz	5	8	9	7	7	---
Standort	6	--	---	9	2	
Betriebsgröße	7	--	--	---	--	---
Arbeitszeiten	8	--	5	---	---	11
Ruf der Firma	9	10	10	13	11	--
Produktprogramm	10	12	---	5	---	7
Auslandseinsatzchancen	11	9	--	6		8
Produktwerbung	12	--	--	---	---	---
Branche	13	--	---	---	----	-----
Nähe zur Heimat	14	--				
Messepräsenz	15	--	---	-----	-----	---
moderne Führung	----	--	4	--	6	--
innovatives Unternehmen	---	12		4	8	
Marktstellung	---	--	---	8	9	---
Umweltschutz	---	5	----	10	5	---
Sozialleistungen	---	---	----	11	---	---
umsatz- u. finanzstark	---	---	---	---	10	---
Harmon. Privatleben	--	----	---	----	----	3
faire Personalauswahl	--	--	---	---	---	10
Leistungsprinzip	--	---	---	---	---	12

Bei den Untersuchungen von Simon und von Landsberg geht nicht klar hervor, wie sie die Wichtigkeit gemessen haben. Es ist jedoch zu vermuten, daß sie, wie in der erwartungswerttheoretischen Untersuchung, direkt nach der Bedeutung der vorgegebenen Beschäftigungsziele für die Bewerbung bei einem Unternehmen gefragt haben. Bei Schwaab haben die Befragten aus 12 vorgegebenen Items die fünf aus ihrer Sicht wichtigsten ausgewählt. Im Gegensatz zu den oben genannten Untersuchungen ist bei der schematheoretisch fundierten Untersuchung von Lieber[333] und bei der Untersuchung von Böckenholt und Homburg eine Abwägung der Bedeutung der Beschäftigungsziele untereinander erforderlich. Bei der schematheoretischen Untersuchung wurde den Befragten vorgegeben, daß sie 30 Punkte auf einzelne Beschäftigungsziele, die in einer Liste vorgegeben sind, gemäß ihrer Bedeutung für den jeweiligen Befragten verteilen sollen. Böckenholt und Homburg haben bei ihrer Untersuchung die Bedeutung der bewerbungsrelevanten Beschäftigungsziele durch paarweise Vergleichsurteile der Probanden erhoben und diese Erhebungen mittels Methoden der probalistischen mehrdimensionalen Skalierung ausgewertet.

Bei fast allen Untersuchungen nehmen eine interessante, abwechslungsreiche oder herausfordernde Tätigkeit und ein gutes Betriebsklima, sofern sie vorgegeben waren, die ersten beiden Rangplätze ein.

Ebenfalls einen hohen Rangplatz werden Aspekte des Privatlebens und Freizeit zugewiesen, wenn sie erhoben wurden. Bei der Untersuchung von Böckenholt und Homberg nimmt das Item "Bietet in der nahen Umgebung eine hohe Lebens- und Freizeitqualität" den zweiten Rangplatz ein nach dem Beschäftigungsziel gute Karrierechancen.

Bei der Untersuchung von Schwaab erhält die Antwortvorgabe

" Mein "idealer" Arbeitgeber sollte ....

10. den Mitarbeitern ermöglichen, Berufs- und Privatleben harmonisch miteinander zu verbinden... "[334]

den dritten Rangplatz nach interessanter Tätigkeit und gutem Betriebsklima.

Danach folgen im Vergleich der verschiedenen Untersuchungen Aufstiegschancen und Weiterbildungsmöglichkeiten.

Ambivalent ist die Einstufung des Gehalts. Sie reicht von den vordersten bis zu den hintersten Rangplätzen.[335] Auffällig ist, daß bei der schematheoretischen Untersuchung, bei der die Valenz über die Methode der konstanten Punktsumme bestimmt wird, das Gehalt den zweithöchsten Rangplatz innehat.

All die übrigen bewerbungsrelevanten Beschäftigungsziele, wie Arbeitsplatzsicherheit, Ruf des Unternehmens, Umweltschutz befinden sich am Ende der ersten Hälfte der Rangplätze oder in der zweiten Hälfte.

---

[333]Näheres vgl. Kapitel 5 dieser Arbeit

[334]Zum hohen Stellenwert der Vereinbarkeit von Berufs- und Privatleben vgl. auch Rosenstiel / Nerdinger / Spieß / Stengel (Führungsnachwuchs), insbesondere S. 1 - 33.

[335]Auch in anderen Untersuchungen kann man diese ambivalente Bewertung monetärer Anreize feststellen. Vgl. z.B. Herzberg (Hygiene) Abb. 1 auf S. 111

Es lassen sich in diesen Untersuchungen demnach vier "Ranggruppen" der Wichtigkeit von Beschäftigungszielen feststellen:

1. Ranggruppe: interessante Tätigkeit und Betriebsklima
2. Ranggruppe: Vereinbarkeit von Berufs- und Privatleben und Lebensqualität des Standorts
3. Ranggruppe: Entwicklungsmöglichkeiten durch Aufstiegschancen und Weiterbildung
4. Ranggruppe: Sonstige Beschäftigungsziele, wie Ruf der Firma, Umweltschutz, Arbeitsplatzsicherheit;

Gehalt ist sowohl in der 1., der 3. und auch in der 4. Ranggruppe zu finden.

Da Böckenholt und Homburg ebenfalls eine Faktorenanalyse ihrer bewerbungsrelevanten Beschäftigungsziele durchgeführt haben, kann auch ein Vergleich bezüglich der Faktorenstruktur vorgenommen werden. Böckenholt und Homburg konnten folgende Faktoren extrahieren:

Tabelle 4.12: Faktoren von Beschäftigungszielen bei der Untersuchung von Böckenholt / Homburg

Beschäftigungsziele	Faktor (-oberbegriff)
umsatz- und finanzstark krisensichere Arbeitsplätze	Sicherheit
marktführend hohes Ansehen	Ansehen
hohes Gehalt Weiterbildung Karrierechance	Karriere
moderne Unternehmensführung Innovationskraft	Zukunftsorientierung
Lebensqualität Umweltschutz	keine Zuordnung zu einem der Faktoren

Die Ergebnisse der Faktorenanalyse sind nur sehr bedingt vergleichbar, da sie auf unterschiedlichen Itemvorgaben beruhen. Allerdings bei den Items, die vergleichbar sind, ergeben sich sowohl bei der Untersuchung von Böckenholt/Homburg und bei der erwartungswerttheoretischen Untersuchung die gleichen Faktoren Karriere, Ansehen und Sicherheit.

4.3.4 Anmerkungen zum Einfluß von Erhebungs- und Auswertungstechnik auf die Feststellung der Rangfolge der Valenz von Beschäftigungszielen

Der Vergleich der Ergebnisse verschiedener Untersuchungen zu Beschäftigungszielen zeigt auf den ersten Blick eine große Übereinstimmung, die auch im Vergleich mit Untersuchungen aus den USA oder England und auch im zeitlichen Vergleich über einen längeren Zeitraum feststellbar sind. Nach Schwab, Rynes und Aldag hat bereits Adam Smith vor über 200 Jahren auf Entlohnung, Arbeitsbedingungen, erforderliche Aus- und Weiterbildung, Verantwortung und Chancen auf Erfolg bei der Tätigkeit als wesentliche bewerbungsrelevante Beschäftigungsziele hingewiesen.[336] Eine detailliertere Analyse zeigt jedoch, daß die Benennung und die Rangfolge von Beschäftigungszielen in starkem Maße von der gewählten Operationalisierung abhängt.

Zu einem ähnlichen Ergebnis kommen Schwab, Rynes und Aldag: " Despite theory and the volume of empirical studies, our knowledge of the importance of job attributes is limited. One very important limitation is that obtained results tend do be study-specific. Therefore, it is difficult to determine whether observed differences across studies reflect "real" differencies in tastes or preferences, or just methodological artifacts."[337]

Insbesondere folgende Aspekte dürften hierbei bedeutsam sein:

- offene Frage nach Beschäftigungszielen oder Vorgabe einer geschlossenen Liste,
- bei der Vorgabe eine geschlossenen Liste von Beschäftigungszielen, deren Formulierung und deren Abstraktionsgrad,
- eine isolierte Bewertung der Bedeutung von Beschäftigungszielen oder der Zwang, die Bedeutung von Beschäftigungszielen gegeneinander abzuwägen, z.B. durch den Paarvergleich oder durch die Methode der konstanten Punktsumme und
- die gewählte statistische Kennziffer, die für die Bestimmung der Rangordnung der Beschäftigungsziele herangezogen wird.

Bei der Vorgabe geschlossener Listen von Beschäftigungszielen besteht die Gefahr, daß wesentliche Beschäftigungsziele nicht vorgegeben werden oder aber, daß durch die Vorgabe Beschäftigungsziele von den Befragten als relevant eingestuft werden, an die sie ohne die Vorgaben nicht gedacht hätten. Andererseits kann es sein, daß in der kurzen Zeitspanne der Befragungssituation bei offenen Fragen Beschäftigungsziele nicht einfallen, die bei einer realen Suche nach einer Beschäftigung auf keinen Fall vergessen würden, oder daß aufgrund von Formulierungsproblemen Beschäftigungsziele nicht genannt werden. Nahezu vehement vertritt Wooler aufgrund seiner empirischen Untersuchung die Auffassung, daß es keinen allgemeinen oder von vielen gemeinsam geteilten Katalog von Beschäftigungszielen gibt.[338]

Der Konkretisierungsgrad ist häufig ein Kompromiß.[339] Unter dem Beschäftigungsziel "interessante oder herausfordernde Tätigkeit" z. B. können bei konkreter und individueller Betrachtung höchst unterschiedliche Vorstellungen gemeint sein.

Unterschiede lassen sich auch feststellen, wenn die Befragten nicht nur z.B. auf einer Ratingskala mit mehreren Skalenstufen die Wichtigkeit von Beschäftigungszielen angeben, sondern wenn sie im Paarvergleich oder bei der Methode der konstanten Punktsumme eine Abwägung der Valenz der Beschäftigungsziele untereinander vornehmen müssen.

---

[336]Vgl. Schwab / Rynes / Aldag / (job search) S. 140

[337]Schwab / Rynes / Aldag (job search) S.144

[338]Vgl. Wooler (let)

[339]Vgl. dazu z. B. Rosenstiel / Kompa / Oppitz / Held (instrumentalitätstheoretische Ansätze) S. 196 - 200 oder Vaassen (Werteforschung). Zu einer Analyse der Erfassung und Interpretation der Ziele bei der Arbeit (Arbeitswerte) und des Wandels der Einstellung zur Arbeit (Wertewandel) vgl. auch den Sammelband von Gehrmann (Hg.) (Arbeitsmoral).

Eine große Bedeutung scheint auch der Auswertungstechnik, dem gewählten statistischen Verfahren zuzukommen. Es lassen sich dabei zwei grundlegende Vorgehensweisen unterscheiden:

- direkte Messungen und Auswertungen ("direct estimations")
- indirekte Methoden.

Direkte Messungen und Auswertungen liegen vor, wenn wie oben die Rangfolge der Valenz von Beschäftigungszielen wie in diesem Kapitel über z. B. Mittelwerte oder Häufigkeitsverteilungen bestimmt werden. Als "indirekte" Methoden werden hier die Bestimmung der Valenz von Beschäftigungszielen über Assoziationsmaße bezeichnet, bei denen z. B. die Stärke der Assoziation zwischen Beschäftigungswunsch und wahrgenommener Instrumentalität des Unternehmens zur Erreichung von Beschäftigungszielen als Indikator für die Valenz dieser Beschäftigungsziele genommen wird. In Kapitel 4.7 dieser Arbeit sind die Ergebnisse der Assoziationsanalyse mittels des Zusammenhangsmaßes Gamma zur Assoziation zwischen dem Wunsch bei einem bestimmten Unternehmen arbeiten zu wollen und der wahrgenommenen Eignung durch die Beschäftigung bei diesem Unternehmen Beschäftigungsziele realisieren zu können. Es stellte sich dabei u.a. heraus, daß der Ruf eines Unternehmens, der bei direkter Messung durchweg als vergleichsweise unwichtig eingestuft wird, aufgrund der Assoziationsanalyse als äußerst bedeutsam einzustufen ist. Eine andere Technik nicht-direkter Messung bezeichnen Schwab, Rynes und Aldag als "policy-capturing".[340]

Beim policy-capturing handelt es sich um eine "holistische" Beurteilung. Den Befragten werden als experimentelle Manipulation Beschreibungen von Arbeitsplätzen mit unterschiedlichen Konstellationen von mehreren Arbeitsplatzmerkmalen vorgegeben und sie sollen diese Arbeitsplätze insgesamt beurteilen. Die Bedeutung einzelner Arbeitsplatzmerkmale - beziehungsweise der Ausprägung einzelner Arbeitsplatzmerkmale - wird dann z.B. mittels multipler Regression oder mittels Varianzanalyse "errechnet", bei der die Präferenz für einen Arbeitsplatz als abhängige Variable fungiert und bei Anwendung der multiplen Regression der standardisierte Regressionskoeffizient der einzelnen Arbeitsplatzmerkmale die relative Bedeutung des Arbeitsplatzmerkmals indiziert.[341]

Die allerdings methodische aufwendigere Bestimmung der Valenz von Beschäftigungszielen über policy - capturing hat eine Reihe von Vorteilen aufzuweisen.

Während bei der direkten Messung üblicherweise nur die Bedeutung einer bestimmten Ausprägung eines Arbeitsplatzmerkmals, z. B. gute Entlohnung, erhoben wird, kann mittels policy - capturing festgestellt werden, inwieweit die Bedeutung eines Arbeitsplatzattributs abhängt von seiner Ausprägung und bzw. oder von den Ausprägungen der anderen Arbeitsplatzmerkmale.[342]

Ein weiteres Problem direkter Messung ist, daß diese Methode eine größere Einsicht in den Entscheidungsprozeß der Untersuchungsperson erfordert als es diese zu leisten vermag. Untersuchungen zu Entscheidungsprozessen in anderen Zusammenhängen zeigen, daß Untersuchungspersonen in der Regel dazu neigen, die Bedeutungen kritischer

---

[340] Vgl. dazu Schwab / Rynes / Aldag (job search) S. 143

[341] Derartige Auswertungstechniken lassen sich auch in der Marktforschung unter dem Begriff "conjoint measurement" finden. Vgl. dazu z.B. Loesch (Conjoint Measurement) oder Green / Tull (marketing) S. 477ff.

[342] Vgl. Schwab / Rynes / Aldag (job search) S. 144f

Entscheidungskriterien zu unterschätzen und die Bedeutung eher unwichtiger Kriterien zu überschätzen.[343]

Bei direkten Methoden ist auch eher die Gefahr gegeben, daß die Antworten durch wahrgenommene oder vermutete soziale Erwünschtheit von Antworten beeinflußt wird.[344] Ein weiterer Vorteil der policy - capturing Technik könnte sein, daß sie eher der tatsächlichen Entscheidungssituation bei der Arbeitsplatzsuche bzw. Arbeitsplatzwahl entspricht, bei der der Arbeitsplatzsuchende i.d.R. nicht einzelne Merkmale beurteilt, sondern eher eine Gesamtbeurteilung von Arbeitsplätzen vornimmt.[345]

Als Probleme der policy - capturing Technik sind neben ihrer aufwendigeren Erstellung (Skalenniveau) und Auswertung (z.B. multiple Regressionsanalyse anstelle von Häufigkeitsverteilung) insbesondere zu nennen[346]:

- adäquate Wahl der relevanten Arbeitsplatzmerkmale und ihrer Ausprägungen
- keine Überforderung der Probanden hinsichtlich der Anzahl von zu bewertenden Arbeitsplätzen und Arbeitsplatzmerkmalen.

4.3.5 Bevorzugte Beschäftigungsregionen

Unter Bezug auf eine Untersuchung von Vollmer weisen Sinn und Stelzer dem Unternehmensstandort für die Rekrutierung von Führungsnachwuchskräften einen hohen Stellenwert zu: "Für die künftigen Standortentscheidungen der Unternehmen wird die imagemäßige Positionierung der Städte immer wichtiger. Denn gerade die heißbegehrte Truppe der High Potentials wird sich allen "Wüstenzuschlägen" zu Trotz, an Städten orientieren, in denen die Lebensperspektiven (Wohnen, Kultur, Sport, Umwelt, Freizeit) am meisten versprechen."[347] Nach Sinn und Stelzer sieht Vollmer sogar die Gefahr, daß durch ein schlechtes Standortimage sogar das Unternehmensimage beeinträchtigt wird. Dies kann insbesondere der Fall sein, wenn bestimmte Städte mit bestimmten Unternehmen eng assoziiert werden, wie z.B. VW und Wolfsburg und Bertelsmann und Gütersloh sowie für Coburg die Versicherung HUK Coburg.

Bei der erwartungswerttheoretischen Untersuchung belegen als Bewertungskriterien für die Attraktivität eines Unternehmens als Arbeitgeber der Standort Rangplatz 6 und die Nähe zur Heimat den vorletzten Rangplatz 14. Trotz dieses nur mittleren bzw. vorletzten Rangplatzes ist der Standort für 68,5% der Befragten und die Nähe zur Heimat für immerhin noch 22,5% der Befragten ein wichtiges oder sehr wichtiges Entscheidungskriterium bei der Wahl des zukünftigen Arbeitgebers.

Bei der Frageformulierung bei Böckenholt und Homburg, bei denen Standort und Lebensqualität miteinander verknüpft sind, nimmt dieses Kriterium sogar den Rangplatz 2

---

[343] Vgl. Schwab / Rynes / Aldag (job search) S. 144

[344] Vgl. Schwab / Rynes / Aldag (job search) S. 144f und die Beobachtung in dieser Arbeit zur Bedeutung des Rufes von Unternehmen im Hinblick auf den Beschäftigungswunsch bei der direkten Messung über Mittelwerte und Häufigkeitsverteilung und bei der indirekten Messung mittels Assoziationsanalyse.

[345] Vgl. Schwab / Rynes / Aldag (job search) S. 146

[346] Vgl. Schwab / Rynes / Aldag (job search) S. 146

[347] Sinn / Stelzer (Talente) S. 74

ein. Insbesondere im Zusammenhang mit der Lebensqualität messen die Studenten dem Unternehmensstandort eine hohe Bedeutung zu.

Aufgrund dieser Bedeutung des Unternehmensstandorts wurde bei der erwartungswerttheoretischen Untersuchung auch danach gefragt, welche Standorte die Studenten als zukünftige Arbeitsorte oder -regionen präferieren. Die Befragten hatten sich für **eine** der Vorgaben zu entscheiden.

Für die Studenten der FH Coburg ergibt sich folgende Rangliste der präferierten Beschäftigungsregionen.

Tabelle 4.13: Präferierte Beschäftigungsregionen aus der Sicht von Studenten der FH Coburg

Beschäftigungsregion	Präferenz in % der Befragten
Oberfranken	28
München	12
Stuttgart	6
Rhein/Main (Frankfurt)	3
Köln/Ruhrgebiet	2
sonstige	10
Ausland	5
unwichtig	34

Die Studenten der Universität Hannover präferieren folgende Beschäftigungsregionen.

Tabelle 4.14: Präferierte Beschäftigungsregionen aus der Sicht von Studenten der Universität Hannover

Beschäftigungsregion	Präferenz in % der Befragten
Hannover	44
Hamburg	9
Köln/Ruhrgebiet	7
Rhein/Main (Frankfurt)	4
München	4
sonstige	7
Ausland	7
unwichtig	17

Es zeigt sich, daß von den Befragten der Universität Hannover mit 44% ein fast doppelt so großer Anteil in Hannover verbleiben möchte im Vergleich zu den Befragten der FH Coburg, bei denen nur 28% nach dem Studium in Coburg arbeiten möchten.

Diese Ergebnisse sollen im folgenden mit den Ergebnissen anderer Studien zur Standortpräferenz von Hochschulabsolventen verglichen werden.

In seiner Untersuchung zur Standortpräferenz hat Vollmer 2124 Studenten der Ingenieur- und Wirtschaftswissenschaften sowie der Informatik, die sich in Abschlußsemestern befinden, befragt, in welche Großstadt sie bei Vorliegen eines sehr guten Stellenangebots ziehen würden.[348]

Tabelle 4.15: Ergebnisse der Untersuchung von Vollmer zur Präferenz von Beschäftigungsregionen

Teil A: Städte mit hoher Präferenz

Stadt	in % Zustimmung als Standort
München	77
Stuttgart	69
Freiburg	69
Heidelberg	67
Nürnberg	62
Hamburg	59
Köln	57
Düsseldorf	56

Teil B: Städte mit niedriger Präferenz

Stadt	in % Zustimmung als Standort
Hannover	unter 50%
Wolfsburg	27
Krefeld	25
Bochum	23
Leverkusen	22
Hamm	20
Duisburg	19
Gütersloh	19

In einer Umfrage der Wirtschaftszeitschrift Capital, bei denen ca. 600 Studenten verschiedener Studiengänge aus 22 Hochschulen befragt wurden, wurde ebenfalls die Attraktivität von Städten bzw. Regionen als Beschäftigungsorte erhoben.[349]

Als attraktivste Beschäftigungsorte werden dabei die Ballungsgebiete mit ihrem umfassenden Freizeitangebot gewertet. Weiterhin werden tendenziell Regionen, in denen

---

[348]Zur Untersuchung von Vollmer vgl. Sinn / Stelzer (Talente)

[349]Vgl. Seyfried (Berufsanfänger) S. 218; diese Umfrage wird im folgenden auch als Capital-Umfrage bezeichnet.

man lebt oder studiert, als attraktiver eingestuft. Dies wird besonders deutlich beim Ruhrgebiet.

Tabelle 4.16: Attraktivität von Städten und Regionen als Beschäftigungsorte (Capital-Umfrage)

(Durchschnittswerte; 1 = sehr attraktiv / 7 = unattraktiv; * Studenten dieser Hochschule wurden nicht befragt)

Stadt / Region	Befragte, die dort leben	Befragte, die die Region gut kennen	Alle Befragten
Hamburg	1,7	2,5	2,9
München	1,6	3,0	3,4
Rhein-Main	2,3	3,0	3,7
Berlin	2,3	3,5	3,7
Köln / Bonn	2,5	3,3	3,7
Düsseldorf	*	3,4	3,8
Rhein-Neckar	2,1 3,0	3,8	3,8
Stuttgart	*	3,3	3,8
Hannover	2,7	3,6	4,0
Münsterland	3,3	3,4	4,3
Ruhrgebiet	2,2	4,1	4,5
Saarland	3,2	3,7	4,5
Rostock / Schwerin	3,0	3,8	4,8
Ostwestfalen / Lippe	3,7	3,7	4,8
Magdeburg	*	4,8	5,1
Halle / Leipzig	*	5,3	5,5

In seiner Untersuchung zur Attraktivität von Kreditinstituten hat Schwaab die Standortpräferenz mittels eines meines Erachtens zu groben Raster erhoben.

Tabelle 4.17: Ergebnisse der Untersuchung von Schwaab zur Präferenz von Beschäftigungsregionen

Region	Prozentualer Anteil
Süddeutschland	48,9
Norddeutschland	28,4
Europäisches Ausland	11,8
Außereuropäisches Ausland	11,0

In den Untersuchungen von Vollmer und Schwaab ist übereinstimmend eine Präferenz für Süddeutschland bzw. für süddeutsche Städte im Vergleich zu Norddeutschland und nord- und westdeutschen Städten feststellbar.

Diese Ergebnisse stimmen nicht mit den Ergebnissen der erwartungswerttheoretischen Untersuchung und der Capital-Umfrage überein.

Bei der Capital-Umfrage konnte festgestellt werden, daß jeweils ca. ein Drittel der Befragten im Hochschulort verbleiben wollen, in einer anderen Region als der Hochschulregion arbeiten wollen oder noch nicht festgelegt sind.[350]

Bei einer Aggregation der Untersuchungsergebnisse der erwartungswerttheoretischen Untersuchung läßt sich je nach Hochschulort eine unterschiedliche Präferenz feststellen:

Tabelle 4.18: Aggregation der präferierten Beschäftigungsregionen (FH - Studenten)

Region	Präferenz in % der Befragten
Süddeutschland (Oberfranken,München,Stuttgart, Rhein/Main/Frankfurt)	49%
Rest	17%
unwichtig	34%

Tabelle 4.19: Aggregierte präferierte Beschäftigungsregionen (Universitätsstudenten)

Beschäftigungsregion	Präferenz in % der Befragten
Nord- und Westdeutschland (Hannover,Hamburg,Köln/Ruhrgebiet)	58%
Rest	22%
unwichtig	17%

In der Befragung im "süddeutschen" Coburg hat fast die Hälfte der Befragten ihre Präferenz für süddeutsche Standorte geäußert und im Gegensatz dazu haben bei der Befragung im "norddeutschen" Hannover mehr als die Hälfte der Befragten kundgetan, daß sie nord- oder westdeutsche Beschäftigungsregionen bevorzugen.

Nach diesen Ergebnissen scheint die Präferenz für Beschäftigungsregionen in starkem Maße vom Hochschulstandort abzuhängen[351], wobei zu beachten ist, daß der Hochschulstandort selbst wiederum von der Heimatregion abhängt. Immerhin haben 22,5 % der Befragten die Nähe des Beschäftigungsstandorts zur Heimat als wichtig oder sehr wichtig eingestuft.

Dieser Befund wird auch durch die Assotiationskennziffern zwischen der Valenz der Beschäftigungsziele "Standort" und "Nähe zur Heimat" gestützt, wobei zu beachten ist, daß

---

[350]Vgl. Seyfried (Berufsanfänger) S. 214

[351]Dies wird auch durch die Capital-Umfrage bestätigt. Vgl. Tabelle oben und Seyfried (Berufsanfänger) S. 214 und S. 216.

der Hochschulort zumeist in der Nähe der Heimat ist. Zwischen der Bedeutung des Beschäftigungsziels "Standort" und der Bedeutung des Beschäftigungsziels "Nähe zur Heimat" ist eine positive Assoziation mit dem Wert von .27 für die Produkt-Moment-Korrelation und dem Wert von .32 für Gamma feststellbar. Je mehr Wert Studenten darauf legen, eine Beschäftigung in der Nähe ihrer Heimat zu finden, desto bedeutsamer ist für diese Studenten auch (konsequenterweise) der Standort des Unternehmens.

Möglicherweise liegt den Untersuchungsergebnissen von Schwaab die gleiche Ursache zugrunde. Zwar hat Schwaab keine Angaben zur Präferenz von Beschäftigungsregionen getrennt nach den einzelnen Hochschulstandorten der Befragten vorgelegt, es ist allerdings fast die gleiche Relation zwischen Nord- und Süddeutschland als Beschäftigungsregion (48,9% / 28,4% = 1,72) wie zwischen der Anzahl der Befragten in den süd- und norddeutschen Hochschulstandorten (218 / 146 = 1,5), wobei Frankfurt als nördlichsten süddeutsche Stadt eingestuft wurde.

Auffällig ist der recht große Anteil der Studenten (ca. 23%) mit einer Präferenz für ausländische Beschäftigungsregionen in der Befragung von Schwaab im Vergleich zur erwartungswerttheoretischen Untersuchung (5% bzw 7%). Möglicherweise ist die hohe Auslandspräferenz bei Schwaab durch die wenig differenzierte und abstraktere Vorgabe Süddeutschland, Norddeutschland, Europäisches Ausland und außereuropäisches Ausland bedingt.

Neben der Nähe zur Heimat und dem Wunsch auch nach dem Ende des Studiums am Hochschulort bleiben zu wollen, scheinen weitere Kriterien die Attraktivität eines Unternehmensstandorts zu bestimmen.

Nach der Umfrage der Wirtschaftszeitschrift Capital ergibt sich die in der folgenden Tabelle angegebene Reihenfolge der Bedeutung von Kriterien für die Bewertung der Attraktivität von Regionen als Ort der Beschäftigung.[352]

---

[352] Vgl. dazu Seyfried (Berufsanfänger) S. 216

Tabelle 4.20: Bewertungskriterien für Standortpräferenzen

Kriterium	Bedeutung (1= sehr wichtig / 7 = unwichtig) Durchschnittswerte
Möglichkeiten für Sport und Naherholung	1,8
Umweltqualität	1,8
Kulturangebot	2,0
Wohnungsangebot	2,1
öffentl. Verkehrsmittel	2,2
attraktive Landschaft	2,2
Arbeitsmarktlage	2,3
Schulen, Kindergärten	2,3
Bevölkerungsmentalität	2,4
Gehaltsniveau und Aufstiegschancen	2,4
(Weiter-)bildung	2,5
Lebenshaltungskosten	2,6
Gastronomie	2,7
günstiges Klima	2,8
Freunde / Bekannte am Ort	2,8
Einkaufsmöglichkeiten	3,0
Straßennetz	3,1
Wirtschaftskraft	3,1

Aufgrund dieser Ergebnisse gehören weder Coburg noch Hannover zu den besonders präferierten Standorten. Insbesondere Coburg scheint als Standort für die Beschaffung von Hochschulabsolventen ein eher problematischer Unternehmensstandort zu sein. Es soll deshalb auf die Standortsituation von Coburg näher eingegangen werden.

In einer differenzierten Analyse bewertet Unger den Unternehmensstandort Coburg.[353] Danach hat Coburg deutliche Defizite als Unternehmensstandort aufgrund seiner Attraktivität als Wohnort im Vergleich zu München aufzuweisen.

---

[353]Vgl. Unger (Unternehmensstandort)

Tabelle 4.21: Coburg als Unternehmensstandort im Vergleich zu München[354]
(- - = sehr negativ / + + = sehr positiv / 0 = indifferent)

Kriterium	Bewertung Coburg	Bewertung München
Image	- -	+
Geographische Lage	-	+ +
Klima / Umwelt	+	0
Stadtbild	+ +	+ +
überregionale Verkehrsanbindung	-	+ +
regionales Verkehrsnetz	+	+
Versorgung	+ +	+ +
Gesundheitswesen	+	+ +
Bildung	+ +	+ +
Wohnung	+	- -
Erholungswert	+ +	+
Kulturelles Angebot	-	+ +
Sportmöglichkeiten	0	+ +

Bei einer früheren Befragung von 229 Studenten von damals ca. 400 Studenten der Betriebswirtschaft der FH-Coburg zur Zufriedenheit mit der Studiensituation durch den Verfasser im SS 1988 wurde auch die Zufriedenheit mit dem Angebot an Freizeitmöglichkeiten in Coburg und mit der Verkehrsanbindung von Coburg erhoben.[355]

Bei der allgemeinen Frage zur Beurteilung der Freizeitsituation ergibt sich bei der obigen Untersuchung zur Studienzufriedenheit die in der folgende Tabelle enthaltene Verteilung der Zufriedenheitswerte.

Tabelle 4.22: Allgemeine Beurteilung der Freizeitmöglichkeiten in Coburg

Bewertung	Anteil der Befragten in %
sehr gut	2%
gut	34%
weder gut noch schlecht	30%
schlecht	24%
sehr schlecht	7%
k.A.	3%

---

[354]Vgl. Unger (Unternehmensstandort) S. 48

[355]Vgl. dazu Tabelle 4.17 dieser Arbeit

Insgesamt wird das Freizeitangebot in Coburg nur von etwas mehr als einem Drittel der Befragten als sehr gut oder gut eingestuft. Bei der differenzierten Befragung nach einzelnen Angeboten werden insbesondere die Sportmöglichkeiten und das Angebot an Diskotheken kritisch eingeschätzt.

Tabelle 4.23: Bewertung des Freizeitangebots in Coburg

(1 = sehr gut / 5 = sehr schlecht)

Angebotsart	Bewertung (arith. Mittel)
Theater	2,2
Kino	2,4
Cafes	2,4
Sportangebot	2,4
Stadt- bzw. Landesbibliothek	2,5
sonstige Freizeitmöglichkeiten	2,5
Kneipen	2,6
Ausflugsmöglichkeiten	2,8
Bade- Surf - etc Möglichkeiten	2,8
Hochschulsport	3,1
kulturelle Veranstaltungen an der FH	3,1
Nachtclubs	3,2
Diskotheken	3,5

Noch negativer als die Bewertung der Freizeitmöglichkeiten ist die Beurteilung der Verkehrsanbindung von Coburg in der Befragung zur Studienzufriedenheit.

Tabelle 4.24: Bewertung der Verkehrsanbindung von Coburg

Bewertung	Anteil der Befragten in %
sehr gut	0%
gut	23%
weder gut noch schlecht	13%
schlecht	40%
sehr schlecht	34%
k.A.	2%

Ca. drei Viertel der Befragten bewerten die Verkehrsanbindung von Coburg als schlecht oder sehr schlecht.

Es handelt sich demnach bei Coburg um einen Standort, dessen Freizeitmöglichkeiten überwiegend als nicht gut oder sehr gut eingeschätzt werden und der darüberhinaus noch eine schlechte Verkehrsanbindung aufzuweisen hat. Diese Faktoren erschweren insbesondere in Zeiten mit großer Nachfrage nach Hochschulabsolventen die Beschaffung von qualifizierten Kräften durch Coburger Unternehmen.

4.3.6 Bevorzugte Betriebsgröße

Die bevorzugte Betriebsgröße spielt insbesondere im Zusammenhang mit der Frage nach einer Beschäftigung bei einem Groß- oder mittelständischen Unternehmen eine Rolle.

Tabelle 4.25: Bevorzugte Betriebsgröße (Gesamtumfrage)

Betriebsgröße	Anteil in Prozent
weniger als 10 Mitarbeiter	0%
10 - 99 Mitarbeiter	3%
100 - 999 Mitarbeiter	42%
1 000 - 5 000 Mitarbeiter	37%
mehr als 5 000 Mitarbeiter	5%
unwichtig	13%

Danach bestehen die größten Präferenzen für Betriebsgrößen zwischen 100 und 999 Mitarbeitern und für 1000 bis 5000 Mitarbeiter.[356]

Nach der Untersuchung der Ploenzke AG, bei der auch andere Studienrichtungen befragt wurden, ergab sich auch eine Präferenz für die eher mittelgroßen Unternehmen.

Tabelle 4.26: Bevorzugte Unternehmensgröße (Ploenzke AG; unterschiedliche Studienrichtungen)[357]

Bevorzugte Unternehmensgröße	Anteil der Befragten in %
Bis 50 Mitarbeiter	2,0%
51 - 500 Mitarbeiter	35,7%
501 - 5000 Mitarbeiter	54,3%
Über 5000 Mitarbeiter	14,4 %
unwichtig	19,4%

---

[356] Es ist bereits hier anzumerken, daß diese Präferenzen für bestimmte Betriebsgrößen nicht übereinstimmen mit den Betriebsgrößen der präferierten Unternehmen, da bei dieser Fragestellung die Studenten die großen Unternehmen, wie Daimler-Benz und VW, bevorzugen, die als Unternehmen weit mehr als 100.000 Mitarbeiter beschäftigen und deren großen Betriebe im allgemeinen auch mehr als 5000 Beschäftigte haben.

[357] Vgl. Ploenzke AG (Hrsg.) (Absolventenreport) zitiert nach Risch (Ansprüche) S. 217 und Pfaller (Wunsch) JK 12

Es ist allerdings bereits hier darauf hinzuweisen, daß obwohl bei der direkten Messung bei der erwartungswerttheoretischen Untersuchung als auch bei der Untersuchung der Ploenzke AG Betriebsgrößen zwischen 50 und 5000 Mitarbeitern von ca. 80% der Befragten bevorzugt werden, bei der Frage nach dem Beschäftigungswunsch insbesondere Unternehmen, wie Daimler-Benz mit mehr als 100 000 Mitarbeitern präferiert wurden.[358] Möglicherweise liegen auch hier ähnliche Fehldeutungen ihrer Entscheidungskriterien vor, wie sie in Kapitel 4.3.3 unter dem Stichwort "policy-capturing" beschrieben sind.

4.3.7 Bevorzugte Branchen

Ergänzend zur Bedeutung von Branchen wurde in einer offenen Frage auch danach gefragt, welche Branchen bevorzugt werden.[359]

Nur wenige Studenten äußerten Präferenzen für bestimmte Branchen. Soweit Präferenzen angegeben werden, verteilen sie sich auf viele verschiedene Branchen. Auffällig ist, daß einige Universitätsstudenten bestimmte Branchen ausschließen, während dies bei den FH - Studenten nicht der Fall ist. Es sind dies die Branchen Rüstung und Chemie. Zwar sind es nur zwei Nennungen für die Branchen non-business und ökologische Produkte, aber auch diese beiden "Branchen" werden von Universitätsstudenten genannt.

Tabelle 4.27: Präferierte Branche (Universitätsstudenten)

Branche	Frauen	Männer
keine Angabe	10	10
Werbung/Messe	3	1
Bank	2	1
Versicherung	0	3
Automobil	0	2
Unternehmensberatung	0	1
Industrie	0	1
keine Rüstung	1	0
keine Chemie	0	1
Lebensmittel	0	1
ökologische Produkte	0	1
Dienstleistung	0	1
non-business	0	1

---

[358]Vgl. Kapitel 4.4 dieser Arbeit.
[359]Vgl. dazu die Tabellen 4.21 und 4.22 dieser Arbeit

Tabelle 4.28: Präferierte Branchen (FH - Studenten)

Branche	Frauen	Männer
keine Angabe	18	17
Kfz/Elektronik	0	2
Bank/Versicherung	0	2
Kunststoff	0	2
Dienstleistung	0	1
Freizeit	0	1
Unterhaltungselektronik	0	1
Bekleidung/Mode	2	0
Möbel	0	1
Chemie	0	1
Industrie	0	1
Beratung	1	0

4.4 Attraktivität von Unternehmen als Arbeitgeber: Der Beschäftigungswunsch

Da bei den Befragungen in Hannover und Coburg jeweils regionale Unternehmen mit Hauptsitz in Coburg bzw. Hannover einbezogen wurden, erfolgt die Analyse des Beschäftigungswunsches in drei Schritten:

- als überregionaler Vergleich für die Unternehmen, die sowohl in Coburg als auch in Hannover abgefragt wurden und
- als regionaler Vergleich für Coburg und Hannover getrennt.

Die Bereitschaft, sich bei einem Unternehmen zu bewerben, wurde dann als gegeben angesehen, wenn der Student, die Beschäftigung bei einem dieser Unternehmen als "attraktiv" oder als "sehr attraktiv" einstufte. Die Unternehmen wurden danach geordnet, wieviel Prozent eine Beschäftigung bei diesen Unternehmen als attraktiv bzw. sehr attraktiv ansehen. Diese Vorgehensweise ist anschaulicher und auch der Fragestellung angemessener, nämlich der Frage, wieviel Prozent der Studenten sind daran interessiert, bei einem der untersuchten Unternehmen eine Beschäftigung aufzunehmen.

Die angegebenen Prozentzahlen beziehen sich auf den Anteil in Prozent aller Befragten, die eine Beschäftigung bei den vorgegebenen Unternehmen als gut oder sehr gut geeignet ansehen, um die einzelnen Arbeitswerte zu realisieren. In den 100% sind demnach auch die Angaben derjenigen enthalten, die keine Angaben zu ihrem Beschäftigungswunsch machten.[360]

---

[360] Es wurde die Werte unter "PERCENT" aus der Häufigkeitsverteilungstabelle ("FREQUENCIES" in SPSSPC) entnommen und nicht die Werte unter "VALID PERCENT":

4.4.1 Der Beschäftigungswunsch im überregionalen Vergleich

Für die überregional abgefragten Unternehmen ergibt sich folgende Reihenfolge. Die höchste Attraktivität als Arbeitgeber weisen im überregionalen Vergleich Daimler-Benz und VW auf. Siemens als größter deutscher Hersteller von Elektro- und Elektroartikeln folgt mit deutlichem Abstand zu IBM auf Platz 4. Fast 10% weniger der Befragten finden Siemens im Vergleich zu IBM als Arbeitgeber attraktiv. Bayer als eines der weltgrößten Chemieunternehmen mit weltweiter Ausrichtung ist nur für 39,1 % der Befragten als Arbeitgeber attraktiv. Für die Commerzbank als Arbeitgeber interessieren sich 32,4 % der Befragten. Deutlich das geringste Interesse besteht an einer Beschäftigung bei der Post.

Tabelle 4.29: Attraktivität von Unternehmen als Arbeitgeber aus der Sicht von FH- und Universitätsstudenten (überregional untersuchte Unternehmen)

Unternehmen	Attraktivität als Arbeitgeber in % der Befragten[361]	arithmetisches Mittel (von 0= sehr unattraktiv bis 4= sehr attraktiv)	Standardabweichung
Daimler-Benz	73	2,784	1,013
VW	64	2,595	1,003
IBM	59,1	2,627	0,956
Siemens	49,5	2,324	1,080
Bayer	39,1	2,037	1,090
Commerzbank	32,4	2,009	1,006
Post	12,6	1,099	1,018

4.4.2 Die Attraktivität von Unternehmen als Arbeitgeber aus der Sicht von Fachhochschulstudenten

Bei der Umfrage in Coburg besteht bis auf eine Ausnahme - Loewe-Opta - das größte Beschäftigungsinteresse bei den großen privatwirtschaftlichen überregionalen Unternehmen. Das deutlich höchste Interesse besteht an einer Beschäftigung bei Daimler-Benz, gefolgt von VW und IBM. An einer Beschäftigung bei Loewe-Opta haben genauso viele Studenten Interesse wie an einer Beschäftigung bei Siemens. Es besteht ein größeres Interesse an einer Beschäftigung bei Loewe-Opta als bei Bayer und bei der Commerzbank. Loewe-Opta ist somit das einzige regionale Unternehmen, das als attraktiver Arbeitgeber höher als große private überregionale Unternehmen eingestuft wird. Die beiden großen Coburger Arbeitgeber erhalten mit jeweils 20% die gleiche Zustimmung. Die Polstermöbelfirma WiSchi wird von 18 % der Befragten als potentiell

---

[361]Es wurden die Werte unter "PERCENT" aus der Häufigkeitsverteilungstabelle ("FREQUENCIES" in SPSSPC) entnommen und nicht die Werte unter "VALID PERCENT":

attraktiver Arbeitgeber eingestuft. Mit deutlichem Abstand auf dem letzten Platz in der Präferenzskala als attraktiver Arbeitgeber befindet sich die Post.

Tabelle 4.30: Attraktivität von Unternehmen als Arbeitgeber aus der Sicht von FH-Studenten

Unternehmen	Anteil der Befragten in der Stichprobe Coburg in %, die das Unternehmen als attraktiven oder sehr attraktiven Arbeitgeber einstufen[362]	arithmetisches Mittel Skalenverankerung 0= sehr unattraktiv 4= sehr attraktiv	Standardabweichung
Daimler-Benz	75,7	2,864	0,892
VW	60,6	2,5	0,932
IBM	56,6	2,561	1,025
Siemens	45,5	2,242	1,009
Bayer	33,8	2,015	1,008
Commerzbank	30,3	1,985	1,060
Post	6,0	0,864	0,857
Brose	19,7	1,485	1,056
HUK	19,7	1,591	1,052
Loewe Opta	43,9	2,136	1,051
Wischi	18,2	1,545	1,026

4.4.3 Die Attraktivität von Unternehmen als Arbeitgeber aus der Sicht von Universitätsstudenten

Auch in Hannover besteht bis auf eine Ausnahme - Conti - das größte Interesse an einer Beschäftigung bei den großen überregionalen privatwirtschaftlichen Unternehmen. Auf den ersten vier Plätzen ergibt sich bei der Umfrage in Hannover fast die gleiche Reihenfolge wie in Coburg, wobei Daimler-Benz und VW im Gegensatz zur Umfrage in Coburg gleich attraktiv als potentielle Arbeitgeber eingestuft werden. Es ist anzumerken, daß VW in Hannover eine große Betriebsstätte hat und daß Hannover nicht weit von Wolfsburg, dem Hauptsitz von VW, entfernt ist. Conti, im Rahmen dieser Untersuchung als regionales Unternehmen eingestuft und im weiteren Sinn auch der chemischen Industrie zuordenbar, fand mit 51% eine höhere Zustimmung als möglicher Arbeitgeber als Bayer, eines der weltweit bekanntesten und größten Unternehmen der chemischen Industrie. Das BHW fand mit 38% mehr Zustimmung als potentieller Arbeitgeber als die

---

[362]Es wurden die Werte unter "PERCENT" aus der Häufigkeitsverteilungstabelle ("FREQUENCIES" in SPSSPC) entnommen und nicht die Werte unter "VALID PERCENT":

Commerzbank. Es folgen die Versicherer HDI und Magdeburger. Auch bei der Umfrage in Hannover besteht an einer Beschäftigung bei der Post das geringste Interesse.

Tabelle 4.31: Attraktivität von Unternehmen als Arbeitgeber aus der Sicht von Universitätsstudenten

Unternehmen	Anteil der Befragten in der Stichprobe Hannover in %, die das Unternehmen als attraktiven oder sehr attraktiven Arbeitgeber einstufen[363]	arithmetisches Mittel Skalenverankerung 0= sehr unattraktiv 4= sehr attraktiv	Standardabweichung
Daimler-Benz	68,9	2,667	1,168
VW	68,8	2,733	1,095
IBM	60,0	2,667	0,929
Siemens	55,6	2,444	1,179
Bayer	36,7	2,156	1,205
Commerzbank	35,5	2,055	1,086
Post	22,2	1,44	1,139
Magdeburger	24,4	1,733	0,986
HDI	26,6	1,844	0,976
BHW	37,8	2,044	1,107
Conti	51,2	2,178	1,267

4.4.4 Vergleich der Ergebnisse verschiedener Untersuchungen zu der Attraktivität von Unternehmen als potentielle Arbeitgeber (Beschäftigungswunsch)

Es sollen im folgenden die Ergebnisse der eigenen, erwartungswerttheoretischen Untersuchung zur Rangfolge der Präferenz von Unternehmen mit den Ergebnissen der Untersuchungen von Simon und Böckenholt / Homburg verglichen werden, da in diesen Untersuchungen z.T. die gleichen Unternehmen miteinbezogen sind.

---

[363] Es wurden die Werte unter "PERCENT" aus der Häufigkeitsverteilungstabelle ("FREQUENCIES" in SPSSPC) entnommen und nicht die Werte unter "VALID PERCENT":

Tabelle 4.32: Rangfolge der Attraktivität von Unternehmen: Vergleich der Ergebnisse verschiedener Untersuchungen.

Unternehmen[364]	Rangplatz bei der erwartungswerttheoretische Untersuchung	Rangplatz bei der Untersuchung Simon	Rangplatz bei der Untersuchung Böckenholt/Homburg
Daimler-Benz	1	1	1
VW	2	5	---
IBM	3	3	2
Siemens	4	4	7
Bayer	5	9	---
Commerzbank	6	--	---
Post	7	---	---

In den drei Untersuchungen läßt sich eine fast gleiche Attraktivitätsrangfolge feststellen. Die einzige Ausnahme bildet VW, das in der Untersuchung von Simon erst nach IBM und Siemens rangiert, während es in der erwartungswerttheoretische Untersuchung vor IBM und Siemens eingeordnet ist.

In der Wirtschaftszeitschrift "manager magazin" werden regelmäßig Studien zum Image von Unternehmen veröffentlicht, die auf einer als repräsentativ bezeichneten Stichprobe von 1000 Führungskräften der ersten und zweiten Führungsebene beruhen.[365]

Tabelle 4.33: Vergleich der Attraktivitätsrangfolge nach der erwartungswerttheoretischen Untersuchung mit Untersuchungen mit nichtstudentischen Untersuchungspopulationen

Unternehmen	Rangfolge nach erwartungswerttheoretischen Untersuchung	Rangfolge nach Untersuchung Manager Magazin 1990[366]	Rangfolge nach der Untersuchung Manager Magazin 1992[367]
Daimler-Benz	1	2	1
VW	2	8	5
IBM	3	7	11
Siemens	4	3	6
Bayer	5	11	8
Commerzbank	6	20	15
Post	7	--	--

---

[364]In den Vergleich werden nur die Unternehmen einbezogen, die auch in der eigenen Untersuchung vorgegeben waren.

[365]Zu den beiden hier referierten Untersuchungen des manager magazins vgl. o.V. (imageprofile '92) und (imageprofile '90)

[366]Vgl. o.V. (imageprofile '90)

[367]Vgl. o.V. (imageprofile '92)

Auch beim Vergleich mit der Imageeinschätzung durch Manager ergibt sich eine recht hohe Übereinstimmung. Danach wird Daimler-Benz am höchsten eingestuft und Bayer vor der Commerzbank am niedrigsten eingeordnet. VW, IBM und Siemens werden zwischen Daimler-Benz und Bayer eingeordnet. In Bezug auf das Ranking zwischen VW, Siemens und IBM lassen sich allerdings Unterschiede zwischen den einzelnen Untersuchungen feststellen.

Zusammenfassend kann festgestellt werden, daß in Bezug auf bekannten Großunternehmen sich bei den Untersuchungsgruppen Führungskräfte und Führungsnachwuchskräfte eine weitgehend übereinstimmende Attraktivitätsrangfolge feststellen läßt.[368]

4.5 Instrumentalitität der Beschäftigung bei einem Unternehmen zur Realisierung von Beschäftigungszielen

Mit der Beschäftigung bei einem Unternehmen sollen bestimmte Beschäftigungsziele erreicht werden. Die wahrgenommene Eignung der Beschäftigung bei einem Unternehmen zur Erreichung der Beschäftigungsziele durch die befragten Studenten wird im folgenden dargestellt, wobei zunächst die Ergebnisse der Gesamtumfrage und anschließend getrennt die Ergebnisse der Befragung der FH - Studenten und der Universitätsstudenten referiert werden.

Bevor auf die Ergebnisse eingegangen werden kann, ist auf die geänderte Bezugsbasis für die Bestimmung der Häufigkeitsanteile einzugehen:

Bei der Analyse des Beschäftigungswunsches wurden alle Befragten als Bezugsbasis (111=100%) gewählt, und zwar unabhängig davon, ob sie eine Antwort gaben oder nicht (Werte unter "PERCENT" der Prozedur "FREQUENCIES" von SPSSPC). Damit soll der Anteil unter den Befragten bestimmt werden, die ein Interesse an einer Beschäftigung in dem Unternehmen haben. Für die Analyse der Instrumentalitäten wird eine andere Vorgehensweise gewählt. Hier wird als Bezugsbasis für jede Instrumentalität nur die Anzahl der gültigen Angaben, d.h. ohne Berücksichtigung der Antworten mit "keine Angabe", gewählt. Es handelt sich dabei um die Werte, die in der Prozedur "FREQUENCIES" unter "VALID PERCENT" aufgeführt sind. Diese Vorgehensweise ist erforderlich, um die Antworten zu den Instrumentalitäten auch bei z.T. sehr unterschiedlichem Anteil von "keine Angabe" vergleichen zu können.

4.5.1 Instrumentalitäten der überregional untersuchten Unternehmen

Für die überregional untersuchten Unternehmen ergibt sich die in der folgenden Tabelle enthaltene wahrgenommene Eignung der Beschäftigung in diesen Unternehmen zur Erreichung der aufgeführten Beschäftigungsziele.

---

[368] Weitere, aufgrund der Erhebungstechnik und der Frageformulierung nicht vergleichbare Untersuchungen zum Image von Unternehmen sind z.B.:
- mit einer repräsentativen Stichprobe aus der Gesamtbevölkerung Rüßmann (Umweltschutz)
- zur Frage nach dem besten Management Developpment und 40 renommierten bundesdeutschen Personalberatern Demmer (Goldmedaillen)
- zu der Beurteilung von Pharmaunternehmen aus der Sicht von 90 Ärzten o.V. (Mondgesicht), bei der die Untersuchungsergebnisse in "Mondgesichtern" veranschaulicht werden.

Zunächst werden einige Anmerkungen zur Wahrnehmung der einzelnen Unternehmen als Arbeitgeber zum Erreichen von Beschäftigungszielen vorgenommen und anschließend die Ergebnisse der Unternehmen miteinander verglichen.

a) Anmerkungen zu den einzelnen Unternehmen

VW weist in Bezug auf nahezu alle Beschäftigungsziele einen hohen Anteil von Befragten auf, die eine Beschäftigung bei VW als gut oder sehr gut geeignet ansehen, um die abgefragten Beschäftigungsziele zu erreichen. Soweit die Befragten Angaben zu den Instrumentalitäten machten gab es hohe bis sehr hohe Einschätzungen der Instrumentalitäten. Nur bezüglich des Betriebsklimas sehen weniger als 60% der Befragten, die diese Frage beantworteten, eine Beschäftigung bei VW als instrumental für die Erreichung dieses Zieles an.

Tabelle 4.34: Instrumentalitäten der überregional untersuchten Unternehmen (FH- und Universitätsstudenten)

Instrumentalität	Daimler-Benz	VW	IBM	Siemens	Bayer	Commerzbank	Post
Ruf der Firma	91,7	88,8	85,1	82,2	44,4	57,5	4,6
Betriebsklima	55,1	56,8	54,8	37,8	46,9	47,8	26,6
Aufstiegchancen	70,0	70,4	73,8	49,5	62,4	48,4	15,0
herausfordernde Tätigkeit	61,6	61,5	76,2	50,0	51,5	37,2	6,9
Arbeitsplatzsicherheit	82,6	78,7	63,5	81,9	73,6	78,1	90,9
Verdienstmöglichkeiten	90,0	79,4	87,3	74,7	81,5	66,3	9,2
Weiterbildungsmöglichkeit.	89,1	79,0	93,0	80,0	74,3	74,8	16,5
Auslandseinsatzchancen	72,4	67,3	84,4	69,2	65,3	34,0	5,0
Bekanntheit	97,3	98,2	97,3	95,5	94,6	85,5	92,7

Die Antworten bei der Daimler - Benz entsprechen weitgehend denen bei VW, so daß auf diese Ausführungen verwiesen wird.

Bayer wird als ein sehr bekanntes Unternehmen eingeschätzt, dem allerdings weniger als die Hälfte der antwortgebenden Befragten einen guten Ruf attestieren. Verkürzt ausgedrückt handelt es sich bei Bayer um ein sehr bekanntes Unternehmen mit einem verglichen mit anderen Großunternehmen weniger guten Ruf. In diesem Fall kann Bekanntheit eher negativ wirken. Auch in anderen Umfragen werden Unternehmen der chemischen Industrie relativ negativ bewertet. Gaterman faßt dies in der Aussage zusammen: "Die Chemie stinkt. Das Image der Farben - Nachfolger bei den Studenten ist schlecht".[369]. Bei einer Umfrage in der Gesamtbevölkerung wird die chemische Industrie am meisten abgelehnt und die bekannten Großunternehmen der chemischen Industrie und der Pharmaindustrie Bayer, Sandoz, BASF und Hoechst gehören zu den am stärksten abge-

---

[369] Gaterman (Erste Wahl) S. 78

lehnten Einzelunternehmen.[370] Bei dieser Untersuchung wurde auch erhoben, was die Unternehmen tun müssen, um ihren Ruf zu verbessern. 35% der Antworten als häufigste Nennung waren Umweltschutz und Vermeidung von Umweltschädigung.

Bei der Commerzbank sehen vergleichsweise wenige der Befragten die Chance für eine Beschäftigung im Ausland und - angesichts der Valenz dieses Zieles bedeutsamer- auch nur eine geringe Chance für eine herausfordernde Tätigkeit.

Eine Beschäftigung bei IBM wird von der überwiegenden Anzahl der Befragten als gut oder sehr gut geeignet zur Erreichung der vorgegebenen Beschäftigungsziele angesehen. Selbst in Bezug auf das Betriebsklima ergibt sich eine positive Einschätzung von mehr als 50%.

Siemens wird von sehr vielen Befragten als ein bekanntes Unternehmen mit einem guten Ruf eingeschätzt. Für das Erreichen der Beschäftigungsziele "Arbeiten in einem Unternehmen mit einem guten Betriebsklima" und "Arbeiten in einem Unternehmen mit guten Aufstiegschancen" wird eine Beschäftigung bei Siemens von weniger als der Hälfte der Befragten als guter oder sehr guter Arbeitgeber eingeschätzt. Auch in Bezug auf das sehr valente Beschäftigungsziel "herausfordernde Tätigkeit" sehen nur knapp 50% der Befragten, die diese Frage beantworteten, eine Beschäftigung bei Siemens als geeignet an.

Aus der Sicht der Befragten handelt es sich bei der Post um ein sehr bekanntes Unternehmen mit sehr hoher Arbeitsplatzsicherheit. In Bezug auf all die anderen Beschäftigungsziele wird jedoch eine Beschäftigung bei der Post nur von sehr wenigen der Befragten als instrumental eingestuft.

b) Vergleich der Unternehmen untereinander

Die Rangordnung in Bezug auf die wahrgenommene Eignung der Beschäftigung bei einem Unternehmen zur Erreichung von Beschäftigungszielen entspricht weitgehend der Rangordnung bezüglich des Beschäftigungswunsches. Eine Beschäftigung bei Daimler-Benz, VW und IBM wird durchweg von einem sehr hohen Anteil der Befragten als sehr gut oder gut geeignet angesehen, um Beschäftigungsziele zu realisieren. Insbesondere eine Beschäftigung bei IBM sieht ein hoher Anteil der Befragten als instrumental zur Realisierung von Beschäftigungszielen an. IBM weist in Bezug auf die Beschäftigungsziele Aufstiegschancen, herausfordernde Tätigkeit, Weiterbildungsmöglichkeiten und Auslandseinsatzchancen die höchsten Anteile auf, Daimler-Benz wird von den meisten Befragten als Unternehmen mit gutem Ruf und guten Verdienstmöglichkeiten angesehen und VW hat die höchste Zustimmungsquote beim Betriebsklima und bei der Bekanntheit. Die Post wird von den meisten Befragten als Unternehmen mit hoher Arbeitsplatzsicherheit eingeschätzt. Ansonsten hat die Post bis auf die Ausnahme "Bekanntheit des Unternehmens" durchweg den deutlich geringsten Anteil der Befragten, die eine Beschäftigung bei der Post als instrumental zur Erreichung von Beschäftigungszielen ansehen. Siemens, Bayer und die Commerzbank liegen mit ihren Anteilen in Bezug auf die meisten Instrumentalitäten zwischen den Anteilsrechten von Daimler-Benz, VW, IBM und der Post. Vergleichsweise hohe Anteilswerte weisen Siemens bei der Arbeitsplatzsicherheit und bei den Weiterbildungsmöglichkeiten und Bayer bei den Verdienstchancen auf.

---

[370] Rüßmann (Umweltschutz)

4.5.2 Instrumentalität der Beschäftigung bei einem Unternehmen zur Erreichung von Beschäftigungszielen aus der Sicht von FH - Studenten

Die Instrumentalität einer Beschäftigung bei den überregional untersuchten Unternehmen zur Erreichung von Beschäftigungszielen wird nur kurz dargestellt, da hierzu bereits im vorigen Kapitel Ausführungen vorgenommen worden sind. Insbesondere interessiert in diesem Kapitel die Wahrnehmung der Eignung der regionalen Unternehmen als Arbeitgeber im Hinblick auf die Realisierung von Beschäftigungszielen untereinander und im generellen Vergleich zu den überregional untersuchten Unternehmen.

Tabelle 4.35: Instrumentalität der überregional untersuchten Unternehmen und der Unternehmen aus dem Coburger Raum (FH - Studenten)[371]

Instrumentalität	Daimler - Benz	VW	IBM	Siemens	Bayer	Commerzbank	Post	Brose	HUK	Loewe	Wischi
Ruf der Firma	90,6	84,1	84,4	79,7	46,8	56,5	1,6	33,3	47,6	45,8	29,5
Betriebsklima	56,8	50,0	53,0	37,1	53,5	47,9	26,9	17,9	31,5	29,2	25,0
Aufstiegschancen	77,0	71,7	69,8	44,5	63,8	40,0	14,7	34,4	21,7	32,7	27,6
herausfordernde Tätigkeit	65,0	62,5	79,6	50,0	58,7	32,7	10,0	37,3	16,4	47,2	25,0
Arbeitsplatzsicherheit	74,7	70,3	60,4	87,3	69,9	76,6	87,7	39,7	72,5	33,3	26,7
Verdienstmöglichkeiten	87,9	78,4	83,3	70,8	75,7	63,6	4,8	33,3	47,0	28,1	10,0
Weiterbildungsmöglichkt.	93,9	82,9	95,4	83,3	73,0	77,3	11,1	59,7	39,6	33,9	9,5
Auslandseinsatzchancen	78,7	70,8	81,8	72,3	70,3	33,3	8,1	42,8	6,9	10,3	6,8
Bekanntheit	97,9	96,9	98,5	94,0	92,5	86,4	90,8	29,2	67,7	45,3	8,8

Bis auf die Arbeitsplatzsicherheit haben Daimler-Benz und IBM die größten Anteile an Befragten aufzuweisen, die eine Beschäftigung bei diesen Unternehmen als instrumental für das Erreichen von Beschäftigungszielen ansehen. VW wird zwar in Bezug auf keine Instrumentalität von den meisten Befragten als ein zur Erreichung von Beschäftigungszielen geeignetes oder sehr geeignetes Unternehmen angesehen, es hat jedoch auch mit Ausnahme der Arbeitsplatzsicherheit den zweit - bzw. dritthöchsten Anteil aufzuweisen. Es folgen dann Siemens, Bayer und die Commerzbank. Die Post wird auch im Vergleich zu den regionalen Unternehmen von nur sehr wenigen der Befragten als zur Erreichung von Beschäftigungszielen geeignet angesehen. Nur in Bezug auf die Arbeitsplatzsicherheit hat sie den größten Anteil aufzuweisen. Auffällig ist, daß die Post in Bezug auf die Bekanntheit nur den sechstgrößten Anteil der Befragten hat, die die Post als sehr bekannt oder bekannt einstufen. Die Unternehmen aus der Region Coburg werden in Bezug auf die Instrumentalitäten in den meisten Fällen zwischen der Post und den überregional abgefragten Unternehmen eingeschätzt.

---

[371]Es wurden die Werte unter "VALID PERCENT" aus der Häufigkeitsverteilungstabelle ("FREQUENCIES" in SPSSPC) entnommen und nicht die Werte unter "PERCENT".

Aufgrund der regionalen Konkurrenz auf dem Arbeitsmarkt sollen im folgenden nur die Coburger Unternehmen untereinander verglichen werden.

Einschätzung der Firma Brose

Nur sehr wenige der Befragten bewerten das Betriebsklima bei Brose positiv. Im Vergleich der Unternehmen aus dem Coburger Raum bewerten die meisten der Befragten die Weiterbildungsmöglichkeiten und die Auslandseinsatzchancen positiv. Die Firma Brose ist als einziges der untersuchten Unternehmen aus dem Coburger Raum mit nennenswerten Produktionsniederlassungen im Ausland vertreten.

Einschätzung der HUK Coburg

Bei der HUK werden die geringsten Chancen für eine herausfordernde Tätigkeit gesehen. Die Befragten erwarten bei der HUK die beste Arbeitsplatzsicherheit und die besten Verdienstmöglichkeiten. Die HUK wird auch als bekanntestes Unternehmen eingeschätzt und als Unternehmen mit dem besten Ruf.

Einschätzung von Loewe-Opta

Nach Meinung der meisten Befragten hat Loewe-Opta das beste Betriebsklima, die besten Aufstiegschancen und die größten Chancen für eine herausfordernde Tätigkeit. Loewe-Opta wird in Bezug auf keines der Beschäftigungsziele am negativsten eingeschätzt.

Einschätzung des Unternehmens Willi Schillig

In Bezug auf kein Beschäftigungsziel wird das Unternehmen Willi Schillig von dem größten Anteil der Befragten positiv eingeschätzt. Der geringste Anteil der Befragten im Vergleich der Unternehmen aus der Region Coburg schätzt das Unternehmen Willi Schilling als ein Unternehmen ein mit gutem Ruf, hoher Arbeitsplatzsicherheit, guten Verdienstmöglichkeiten, guten Weiterbildungsmöglichkeiten, guten Chancen für einen Auslandseinsatz und als ein Unternehmen mit einem hohen Bekanntheitsgrad.

4.5.3 Instrumentalität der Beschäftigung bei einem Unternehmen zur Erreichung von Beschäftigungszielen aus der Sicht von Universitätsstudenten

Auch in diesem Kapitel wird insbesondere auf die Instrumentalität der regional untersuchten Unternehmen als geeigneter Arbeitgeber zum Erreichen valenter Beschäftigungsziele eingegangen.[372]

Bei der Befragung in Hannover ergibt sich ein ähnliches Ergebnis wie bei der Befragung in Coburg. Mit Ausnahme der Instrumentalität hinsichtlich der Beschäftigungsziele Arbeitsplatzsicherheit und Bekanntheit des Unternehmens liegt der Anteil der Befragten, die eine Beschäftigung bei den Unternehmen aus der Region Hannover als geeignet zur Erreichung der vorgegebenen Beschäftigungsziele einschätzen, mit wenigen Ausnahmen zwischen den überregional untersuchten privatwirtschaftlichen Unternehmen und der Post.

---

[372]Vgl. Tabelle 4.30 dieser Arbeit

Tabelle 4.36: Instrumentalität der überregional untersuchten Unternehmen und der Unternehmen aus dem Raum Hannover (Universitätsstudenten)[373]

Instrumentalität	Daimler-Benz	VW	IBM	Siemens	Bayer	Commerzbank	Post	Magdeburger	HDI	BHW	Conti
Ruf der Firma	93,2	95,4	86,4	96,3	40,9	59,1	9,1	26,9	46,2	39,4	68,2
Betriebsklima	51,8	66,7	59,0	40,0	33,3	47,4	25,9	33,3	45,5	53,4	48,1
Aufstiegschancen	58,9	68,4	80,5	58,4	60,0	64,6	15,4	41,7	38,9	31,8	35,1
herausfordernde Tätigkeit	57,2	60,0	71,5	50,0	41,5	43,6	2,4	22,6	33,3	26,9	42,1
Arbeitsplatzsicherheit	79,6	90,9	68,3	73,8	79,1	80,5	95,5	53,4	48,2	76,7	52,5
Verdienstmöglichkeiten	93,2	80,9	93,1	81,0	90,5	70,8	15,6	51,6	61,3	45,1	53,5
Weiterbildungsmöglichkt.	80,6	72,2	88,9	73,5	76,4	69,7	26,5	23,8	33,3	36,8	40,6
Auslandseinsatzchancen	61,5	61,9	87,4	64,1	56,7	35,1	0,0	7,7	3,8	0,0	45,9
Bekanntheit	97,7	100,0	95,5	97,7	97,7	84,1	95,5	23,8	27,5	42,5	90,7

4.5.3.1 Vergleich der Finanzdienstleistungsunternehmen Magdeburger, HDI und BHW mit der Commerzbank

Da bei der Befragung in Hannover nach der Einschätzung von drei Unternehmen aus dem Finanzdienstleistungssektor und einem Unternehmen aus der chemischen Industrie i.w.S. als Arbeitgeber gefragt wurde, soll ein Vergleich der Finanzdienstleistungsunternehmen aus dem Raum Hannover untereinander und mit der Commerzbank als einzigem überregionalen Finanzdienstleistungsunternehmen der Untersuchung und ein Vergleich von Conti und Bayer als Unternehmen aus dem Bereich der Chemischen Industrie i.w.S. erfolgen.

---

[373] Es wurden die Werte unter "VALID PERCENT" aus der Häufigkeitsverteilungstabelle ("FREQUENCIES" in SPSSPC) entnommen und nicht die Werte unter "PERCENT".

Tabelle 4.37: Vergleich der Instrumentalitäten von Commerzbank, BHW, HDI und Magdeburger[374]

Instrumentalitäten	Commerzbank	Magdeburger	HDI	BHW
Ruf der Firma	59,1	26,9	46,2	39,4
Betriebsklima	47,4	33,3	45,5	53,4
Aufstiegschancen	64,6	41,7	38,9	31,8
herausfordernde Tätigkeit	43,6	22,6	33,3	26,9
Arbeitsplatzsicherheit	80,5	53,4	48,2	76,7
Verdienstmöglichkeiten	70,8	51,6	61,3	45,1
Weiterbildungsmöglichkeiten	69,7	23,8	33,3	36,8
Auslandseinsatzchancen	35,1	7,7	3,8	0,0
Bekanntheit	84,1	23,8	27,5	42,5

Nur in Bezug auf das Betriebsklima hat das BHW den höchsten Anteil aufzuweisen. Eine mögliche Ursache für diese Einschätzung könnte darin begründet sein, daß die Befragten beim BHW als einem gewerkschaftsnahen Unternehmen eine stärkere Berücksichtigung von Mitarbeiterbedürfnissen erwarten. In Bezug auf all die anderen Beschäftigungsziele schätzt ein jeweils höherer Anteil der Befragten die Commerzbank als besser geeignet zur Erreichung der Beschäftigungsziele ein als bei den Finanzdienstleistungsunternehmen aus dem Raum Hannover.

4.5.3.2 Vergleich von Bayer und Conti

Bayer wird bis auf die Beschäftigungsziele Ruf der Firma, Betriebsklima und in sehr geringem Umfang auch herausfordernde Tätigkeit von einem weitaus größeren Anteil der Befragten positiver als Conti eingeschätzt. Da jedoch Conti von einem größeren Anteil der Befragten als ein attraktiver Arbeitgeber eingestuft wird, könnte diese Diskrepanz in der Einschätzung des Rufes von Bayer, als einem der weltgrößten Chemie- und Pharmaunternehmen, begründet sein.

---

[374]Es wurden die Werte unter "VALID PERCENT" aus der Häufigkeitsverteilungstabelle ("FREQUENCIES" in SPSSPC) entnommen und nicht die Werte unter "PERCENT".

Tabelle 4.38: Vergleich von Bayer und Conti

Instrumentalitäten[375]	Bayer	Conti
Ruf der Firma	40,9	68,2
Betriebsklima	33,3	48,1
Aufstiegschancen	60,0	35,1
herausfordernde Tätigkeit	41,5	42,1
Arbeitsplatzsicherheit	79,1	52,5
Verdienstmöglichkeiten	90,5	53,5
Weiterbildungsmöglichkeiten	76,4	40,6
Auslandseinsatzchancen	56,7	45,9
Bekanntheit	97,7	90,7

4.6. Soziodemographische Einflußfaktoren

Aufgrund der Konzipierung des theoretischen Bezugsrahmens wurden die soziodemographischen Variablen

- Alter
- Geschlecht
- Abgeschlossene Berufsausbildung
- Universitätsstudium oder Fachhochschulstudium

erfaßt und versucht, deren Einfluß auf den Stellenwert von Informationsquellen über Unternehmen als Arbeitgeber, die Bedeutung von Beschäftigungszielen, die Attraktivität von Unternehmen als Arbeitgeber und die wahrgenommene Eignung von Unternehmen als Arbeitgeber zum Erreichen der Beschäftigungsziele (Instrumentalitäten) festzustellen.

4.6.1 Analyse von Einflüssen aufgrund des Alters und abgeschlossener Berufsausbildung

Zur Analyse von Alterseinflüssen wurden die Produkt-Moment-Korrelationen errechnet. Es ergaben sich dabei keine wesentlichen Einflüsse aufgrund des Alters.

Einflüsse aufgrund einer abgeschlossenen Berufsausbildung wurden mittels T-Tests und Man-Whitney U-Tests untersucht.

Es konnten ebenfalls keine besonderen Unterschiede festgestellt werden.

---

[375] Es wurden die Werte unter "VALID PERCENT" aus der Häufigkeitsverteilungstabelle ("FREQUENCIES" in SPSSPC) entnommen und nicht die Werte unter "PERCENT".

Gemäß den Überlegungen bei der Konzipierung des theoretischen Bezugsrahmens wurde der Einfluss der regionalen Herkunft nur für den Beschäftigungswunsch bei den mittleren Unternehmen untersucht.

4.6.2 Geschlechtsspezifische Unterschiede

Zur Untersuchung von geschlechtsspezifischen Unterschieden wurden ebenfalls der T-Test und der Man-Whitney-U-Test angewendet.
Es ergaben sich dabei die nachstehend aufgeführten signifikanten Unterschiede.

Tabelle 4.39: Vergleich zwischen Männern und Frauen in Bezug auf signifikante Mittelwertunterschiede

(Ergebnisse T-Test und Man-Whitney U-Test ; Signifikanzniveau 5% oder beinahe 5%)

Merkmal	Männer	Frauen	Signifikanzniveau T-Test	Signifikanzniveau Man-Whitney-Test
Alter	24,7	23,5	.005	.003
Bedeutung abwechslungsreiche Tätigkeit	3,6	3,8	.006	.01
Bedeutung Arbeitsplatzsicherheit	2,8	3,1	.02	.03
Bedeutung Auslandseinsatzchancen	2,0	2,4	.07	.07
Bedeutung Produktprogramm	1,9	2,5	.01	.01
Bedeutung Messepräsenz	1,0	1,6	.001	.001
Exkursionen	2,6	3,1	.01	.02
Erfahrungen mit Produkt, Service	2,5	3,0	.1	.01

Altersunterschiede zwischen Männern und Frauen

Das höhere Alter der Männer (ca. 1,2 Jahre) dürfte auf Wehr - oder Ersatzdienst zurückzuführen sein.

Unterschiede in der Gewichtung der Beschäftigungsziele

Frauen gewichten die folgenden Beschäftigungsziele signifikant höher als die Männer:
- abwechslungsreiche Tätigkeit
- Arbeitsplatzsicherheit
- Auslandseinsatz
- Arbeiten in einem Unternehmen mit einem guten Produktprogramm
- Arbeiten in einem Unternehmen mit Präsenz bei Messen.

Da Männer kein Beschäftigungsziel signifikant höher als Frauen bewerten, könnte vermutet werden, daß sich diese Unterschiede auch auf ein anderes Antwortverhalten von Frauen bei der Gewichtung von Beschäftigungszielen zurückführen lassen. Für diese Vermutung spricht, daß Frauen in Bezug auf die Gewichtung von Beschäftigungszielen durchweg höher oder maximal in etwa gleich hohe Mittelwerte aufzuweisen als die Männer, sodaß die oben aufgeführten signifikant höher bewerteten Mittelwertunterschiede nicht überbewertet werden dürfen. Trotz dieses anderen Antwortverhaltens ist zu beachten, daß diese Beschäftigungsziele von Frauen im Vergleich zur Bewertung dieser Beschäftigungsziele durch die Männer besonders hoch gewichtet werden.[376] Zu einem ähnlichen Ergebnis kommt Sandberger aufgrund einer Befragung von fast 9000 Studierenden verschiedener Fachrichtungen an acht Universitäten und sechs Fachhochschulen: "Freilich zeigt sich auch dann, wenn man die Fachzugehörigkeit kontrolliert, daß Studentinnen sozial - altruistische Berufswerte und die Vereinbarkeit von Beruf und Familie stärker betonen, auf eine wenig anstrengende Tätigkeit dagegen noch geringeren Wert legen als die männlichen Kommilitonen".[377]

4.6.3 Einflüsse aufgrund des Studiums an der Fachhochschule im Vergleich zum Studium an einer Universität.

Mit dieser Untersuchung sollte auch geprüft werden, ob und inwieweit sich Studenten der Wirtschaftswissenschaften bzw. der Betriebswirtschaftslehre an Universitäten und an Fachhochschulen in Bezug auf die Untersuchungsvariablen unterscheiden oder nicht.

Hierzu wurden mittels eines T-Tests und eines Man-Whitney U-Tests Mittelwertunterschiede zwischen FH- und Universitätsstudenten untersucht. In der folgenden Tabelle sind die signifikanten Unterschiede zusammengefaßt. In der Regel waren auch die Ergebnisse, die aufgrund des T-Tests als signifikant (p < oder = 5%) auch signifikant nach dem Man-Whitney Test.

---

[376] Zu einer allerdings knappen Diskussion von Forschungen zum Einfluß des Geschlechts auf Berufswünsche, bevorzugte Kompensationen und Beschäftigungs- bzw. Arbeitszielen oder -werten vgl. Furnham (personality) S. 245 - 248, der auch auf methodische Probleme dieser Untersuchungen und Befragungen eingeht.

[377] Sandberger (Berufswahl) S. 155

Tabelle 4.40: Vergleich FH-Studenten und Universitätsstudenten in Bezug auf signifikante Mittelwertunterschiede

(Ergebnisse T-Test und Man-Whitney U-Test ; Signifikanzniveau 5% oder beinahe 5%)

Merkmal	Mittelwert FH	Mittelwert Uni	Signifikanzniveau T-Test	Signifikanzniveau Man-Whitney-Test
Alter	24,5	23,7	.06	.12
Bedeutung Betriebsgröße	2,4	2,7	.06	.07
Bedeutung Gehaltsaussichten	3,3	3,0	.06	.17
Bedeutung Arbeitsplatzsicherheit	2,8	3,1	.01	.01
Bedeutung Auslandseinsatz	2,3	1,9	.06	.06
Bedeutung Messepräsenz	1,5	1,0	.02	.01
Bedeutung Produktwerbung	2,3	1,8	.01	.01
Attraktivität Post	.09	1,4	.01	.01

Altersunterschiede zwischen FH- und Universitätsstudenten

Die Studenten an der Fachhochschule sind ca. ein dreiviertel Jahr älter. Eine mögliche Ursache für diesen Unterschied könnte das Semester sein, in dem Lehrveranstaltungen stattfinden, in denen die Befragung vorgenommen wurde. Die Befragung der Universitätsstudenten erfolgte in einer Lehrveranstaltung, die im Anschluß an das Grundstudium angeboten wird, d. h. im 5. Semester, während die Studenten an der Fachhochschule sich mindestens im 7. Semester befanden.

Unterschiede in der Bedeutungsgewichtung von Beschäftigungszielen

FH-Studenten legen mehr Wert auf gute Gehaltsaussichten[378], die Möglichkeit eines Auslandseinsatzes, auf Messepräsenz und auf gute Produktwerbung als Merkmale des Unternehmens bei dem sie gerne arbeiten würden als Universitätstudenten.

Universitätsstudenten bewerten die Betriebsgröße und die Arbeitsplatzsicherheit höher als die FH-Studenten.

Es zeigt sich dabei auch, daß die Universitätsstudenten eher größere Betriebe als Arbeitgeber präferieren als die FH - Studenten.

---

[378] Auch Sandberger konnte feststellen, daß FH-Studenten größeres Gewicht auf "extrinsisch - materielle Gratifikationen" als Universitätsstudenten legen. Vgl. Sandberger (Beufswahl) S. 155.

Tabelle 4.41: Bevorzugte Betriebsgröße - Vergleich FH- und Universitätsstudenten

Bevorzugte Betriebsgröße	FH-Studenten in %	Universitätsstudenten in %
weniger als 10 Mitarbeiter	2%	0%
10 - 99 Mitarbeiter	3%	2%
100 - 999 Mitarbeiter	47%	36%
1 000 - 5 000 Mitarbeiter	32%	44%
mehr als 5 000 Mitarbeiter	5%	4%
unwichtig	12%	13%

Während die meisten FH-Studenten Betriebe mit 100 - 999 Mitarbeitern bevorzugen, würden die meisten Universitätsstudenten am liebsten in größeren Betrieben mit 1000 - 5000 Beschäftigten arbeiten.

Unterschiede in der Attraktivität von Unternehmen als Arbeitgeber

Hier läßt sich nur ein signifikanter Unterschied bei der Einschätzung der Post als Arbeitgeber feststellen, die die Universitätsstudenten als positiver einschätzen als die FH-Studenten. Diese Einschätzung läßt sich mit den oben genannten Unterschieden hinsichtlich des Stellenwerts von Beschäftigungszielen deuten. Die Post stellt zum Zeitpunkt der Befragung ein sehr großes Unternehmen mit einer sehr hohen Arbeitsplatzsicherheit dar. Beide sind Beschäftigungsziele, die für die Studenten an Universitäten eine größere Bedeutung als für die FH- Studenten darstellen. Andererseits sind die Gehaltsaussichten bei der Post, ein Beschäftigungsziel, das die FH-Studenten signifikant höher als die Universitätsstudenten bewerten, insbesondere für FH-Absolventen aufgrund der Besoldungsregelungen für den öffentlichen Dienst[379] äußerst niedrig.

4.7 Analyse der Assoziation zwischen Attraktivität als Arbeitgeber und den Instrumentalitäten

Zur Analyse des Zusammenhangs zwischen der wahrgenommenen Eignung (Instrumentalität) der Beschäftigung bei einem Unternehmen zum Erreichen von Beschäftigungszielen und dem Beschäftigungswunsch sind folgende Maße des Zusammenhangs erhoben worden: Produkt-Moment-Korrelation, Bestimmtheitsmaß, Somers D und Gamma.

Sofern man die Produkt-Moment-Korrelation quadriert, die dann das Bestimmtheitsmaß ergibt, lassen sich diese Maße als Maße der proportionalen Fehlerreduktion interpretieren. Sehr vereinfachend geben Maße der proportionalen Fehlerreduktion an, um wieviel Prozent sich der Fehler bei der Vorhersage der einen Variablen aufgrund der Kenntnis der anderen Variablen und der Kenntnis des Maßes der proportionalen Fehlerreduktion reduziert. Die Maße der proportionalen Fehlerreduktion variieren in

---

[379] Zum Zeitpunkt der Befragung gelten für die Post die Besoldungsregelungen für den öffentlichen Dienst.

ihrem Aussagegehalt. Das Bestimmtheitsmaß basiert auf metrischem Skalenniveau und analysiert i.d. R. im Hinblick auf eine lineare Beziehung zwischen den Variablen. Somers D und Gamma setzen nur Ordinalskalenniveau voraus und analysieren nur im Hinblick auf eine monoton steigende oder fallende Beziehung zwischen den Variablen. Sie sind somit in ihrem "Informationsgehalt" als geringer als das Bestimmtheitsmaß einzuschätzen. Da aber das Modell nur eine monoton steigende oder fallende Beziehung zwischen den Variablen unterstellt und da in Bezug auf die Variablen Instrumentalität und Beschäftigungswunsch nicht mit Sicherheit angenommen werden kann, daß sie intervallskaliert sind, sondern nur, daß sie zumindest ordinalskaliert sind, sind das Bestimmtheitsmaß und die Produkt-Moment-Korrelation keine angemessenen Zusammenhangsmaße.

Da aufgrund der Skalierung der Variablen Instrumentalität und Beschäftigungswunsch häufig verbundenen Paare zu erwarten sind, ist Somers D als Prüfgröße mit zu berücksichtigen. Somers D ist eine Ableitung aus Gamma und kann aufgrund seiner Konstruktion keine größeren Werte als Gamma aufweisen. Sofern die Werte nach Somers D und Gamma in ihrer Ausprägung "ähnlich" sind, kann Gamma als Zusammenhangsmaß auch beim Vorliegen von vielen verbundenen Paaren verwendet werden. Da dies bei den nachfolgenden Tabellen der Fall ist, wird in der Analyse des Zusammenhangs zwischen Instrumentalität und Beschäftigungswunsch nur Gamma als Zusammenhangsmaß verwendet.

Tabelle 4.42: Proportionale Fehlerreduktion nach Gamma zwischen dem Beschäftigungswunsch und Instrumentalitäten (Gesamtstichprobe)

Instrumentalität	Daimler-Benz	VW	IBM	Siemens	Bayer	Commerzbank	Post
Ruf der Firma	.52	.51	.44	.42	.46	.24	.47
Betriebsklima	.54	.65	.47	.33	.16	.22	.04
Aufstiegschancen	.03	.27	.11	.09	.19	21	.25
herausfordernde Tätigkeit	.52	.52	.58	.20	.43	.60	.40
Arbeitsplatzsicherheit	.09	.20	.16	.02	.30	-.04	-.01
Verdienstmöglichkeiten	.42	.52	.35	.20	.05	.01	.43
Weiterbildungsmöglichkeiten.	.28	.53	.42	.17	.14	.28	.08
Auslandseinsatzchancen	.18	.27	.08	.02	.13	.34	.20
Bekanntheit	.59	.47	.34	.38	.16	.11	.12

a) Anmerkungen zu den einzelnen Unternehmen

Der Beschäftigungswunsch bei Daimler - Benz ist nach diesen Daten und dem theoretischen Bezugsrahmen, der die Wirkungsrichtung zwischen den Variablen angibt, um so positiver, je positiver Daimler - Benz in Bezug auf seinen Bekanntheitsgrad, das Betriebsklima, den Ruf der Firma und die Möglichkeit, eine herausfordernde Tätigkeit zu erhalten, eingeschätzt wird.

Bei VW ist dies bei den Instrumentalitäten im Hinblick auf die Beschäftigungsziele Betriebsklima, Weiterbildungsmöglichkeiten, herausfordernde Tätigkeit, Verdienstmöglichkeiten und Ruf der Firma gegeben.

Bei IBM ist ein hoher positiver Zusammenhang zwischen Beschäftigungswunsch und der wahrgenommenen Eignung einer Beschäftigung bei IBM für das Erreichen der Beschäftigungsziele herausfordernde Tätigkeit, gutes Betriebsklima, guter Ruf des Unternehmens und Weiterbildungsmöglichkeiten festzustellen.

Der Beschäftigungswunsch bei Siemens scheint im wesentlichen vom wahrgenommenen guten Ruf des Unternehmens, seinem Bekanntheitsgrad und mit Abstrichen vom guten Betriebsklima bestimmt zu sein.

In Bezug auf eine Beschäftigung bei Bayer ist der Beschäftigungswunsch abhängig vom wahrgenommenen Ruf des Unternehmens und der wahrgenommenen Möglichkeit, bei Bayer herausfordernder Tätigkeiten ausführen zu können.

Bei der Commerzbank ist der Gammakoeffizient zwischen Beschäftigungswunsch und der wahrgenommenen Möglichkeit bei der Commerzbank herausfordernde Tätigkeiten ausführen zu können relativ hoch im Vergleich zur Instrumentalität der anderen Beschäftigungsziele.

Für die Post lassen sich hohe positive Zusammenhänge zwischen dem Beschäftigungswunsch bei der Post und den Instrumentalitäten der Beschäftigungsziele Arbeiten in einem Unternehmen, das einen guten Ruf, gute Verdienstmöglichkeiten und herausfordernde Tätigkeiten aufzuweisen hat.

b) Vergleich der Unternehmen

Beim Vergleich dieser Kennwerte in Bezug auf den Assoziationskoeffizienten Gamma für den Zusammenhang zwischen Beschäftigungswunsch bei den einzelnen Unternehmen und der Instrumentalität einer Beschäftigung bei diesen Unternehmen für das Realisieren von Beschäftigungszielen mit den Ausprägungen der Instrumentalitäten lassen sich einige Besonderheiten feststellen:

Die Post wird in Bezug auf die Beschäftigungsziele Ruf des Unternehmens, Aufstiegschancen und Verdienstmöglichkeiten jeweils am negativsten von allen überregionalen Unternehmen eingeschätzt. Andererseits besteht ein hoher positiver Zusammenhang zwischen dem Wunsch nach einer Beschäftigung bei der Post und der Instrumentalität einer Beschäftigung bei der Post für das Realisieren der Ziele bei einem Unternehmen mit gutem Ruf, guten Verdienstmöglichkeiten und herausfordernden Tätigkeiten beschäftigt zu sein. Daraus folgt, daß die Post in Bezug auf diese Beschäftigungsziele insgesamt als sehr wenig instrumental eingeschätzt wird, daß aber Studenten, die gern bei der Post beschäftigt wären, die die Post in Bezug auf diese Beschäftigungsziele als instrumenteller, als positiver als ihre Kommilitonen einschätzen. Die gleiche Beziehung läßt sich für die Commerzbank in Bezug auf das Beschäftigungsziel herausfordernde Tätigkeit und für Bayer in Bezug auf den Ruf des Unternehmens feststellen.

Durchweg einen hohen positiven Zusammenhang mit dem Beschäftigungswunsch weist die Instrumentalität des Beschäftigungszieles Ruf der Firma auf. Die Instrumentalität dieses Beschäftigungszieles scheint demnach in diesem Stadium des Übergangs vom Studium in den Beruf die Attraktivität eines Unternehmens als potentieller Arbeitgeber wesentlich mitzubestimmen. Obwohl die Valenz dieses Beschäftigungsziels bei der Beantwortung der Frage nach der Valenz von Beschäftigungszielen relativ gering eingeschätzt wird, hat die Instrumentalität dieses Beschäftigungszieles aufgrund der

Assoziationsanalyse einen relativ großen Einfluß auf den Beschäftigungswunsch. Es ist deshalb zu vermuten, daß der Ruf des Unternehmens vielfach einen weitaus größeren Einfluß auf den Beschäftigungswunsch hat, als es den Befragten bewußt ist oder als sie bereit sind, sich selbst oder anderen zuzugestehen.[380]

Aufgrund dieser Befragungsergebnisse erscheint die vielfach empfohlene und auch durchgeführte Praxis bei der Reduktion potentieller Ergebnisse - in dem speziellen Kontext hier als Beschäftigungsziele bezeichnet - als äußerst problematisch, da auch bei der direkten Frage als weniger valent eingestufte Ergebnisse einen sehr hohen Einfluß haben können.

Ebenfalls hohe Gammawerte im Zusammenhang mit dem Wunsch nach einer Beschäftigung bei einem Unternehmen lassen sich für das Beschäftigungsziel nach einer herausfordernden Tätigkeit feststellen, das zugleich das Beschäftigungsziel mit der höchsten Valenz darstellt.

Nur geringe Bedeutung für den Beschäftigungswunsch haben die Instrumentalität der Beschäftigungsziele Arbeitsplatzsicherheit und Auslandseinsatzchancen.

Tabelle 4.43: Proportionale Fehlerreduktion nach Gamma zwischen Beschäftigungswunsch und Instrumentalitäten (FH-Studenten; nur die untersuchten Unternehmen aus dem Coburger Raum)

Instrumentalität	Brose	HUK	Loewe Opta	WiSchi
Ruf der Firma	.57	.28	.37	.69
Betriebsklima	.47	.08	.33	.37
Aufstiegschancen	.64	.31	.29	.30
herausfordernde Tätigkeit	.75	.36	.54	.39
Sicherheit des Arbeitsplatzes	.38	.05	.20	.15
Verdienstmöglichkeiten	.58	.37	.54	.51
Weiterbildungsmöglichkeiten	.65	.11	.23	.29
Auslandseinsatzchancen	.47	.15	.01	-.01
Bekanntheit	.40	.05	.38	.34

Für die Firma Brose lassen sich in Bezug auf sämtliche Beschäftigungsziele hohe positive Gammawerte zwischen dem Beschäftigungswunsch und der Instrumentalität einer Beschäftigung bei Brose für das Erreichen dieser Beschäftigungsziele feststellen. Besonders hohe Werte sind für den Zusammenhang zwischen dem Beschäftigungswunsch und der Instrumentalität einer Beschäftigung bei Brose im Hinblick auf die Beschäftigungsziele

---

[380] In ähnlicher Weise täuschen sich Verantwortliche für die Beschaffung und Auswahl von Hochschulabsolventen. Gardner / Kozioski / Hults (real) konnten bei einer empirischen Untersuchung eine große Diskrepanz feststellen zwischen den Kriterien, die die Rekrutierer meinten anzuwenden und den Kriterien, die sie tatsächlich anwenden. Während die Verantwortlichen für die Beschaffung und Auswahl von Hochschulabsolventen angeben, daß sie ein breites Spektrum von Kriterien bei der Bewerberauswahl anwenden, konnte mittels Regressionsanalyse festgestellt werden, daß sie sich im wesentlichen nach den Gesamtnoten und der Kommunikationsfähigkeit der Bewerber richteten.

herausfordernde Tätigkeit, Möglichkeiten der Weiterbildung und Aufstiegschancen zu beobachten.

Der Beschäftigungswunsch bei der HUK ist positiv assoziiert mit der Wahrnehmung einer Beschäftigung bei der HUK als instrumental für das Erreichen der Beschäftigungsziele gute Verdienstmöglichkeiten und herausfordernde Tätigkeit.

Bei Loewe Opta besteht ein besonders hoher Zusammenhang zwischen Beschäftigungswunsch und Instrumentalität einer Beschäftigung bei Loewe - Opta für das Erreichen der Beschäftigungsziele herausfordernde Tätigkeit und gute Verdienstmöglichkeiten, während dies bei Wischi zwischen der Instrumentalität der Beschäftigungsziele Ruf der Firma und herausfordernde Tätigkeit und dem Beschäftigungswunsch der Fall ist.

Bei der Befragung in Hannover sind folgende Zusammenhangswerte feststellbar:

Tabelle 4.44: Proportionale Fehlerreduktion nach Gamma zwischen Beschäftigungswunsch und Instrumentalitäten
(Universitätsstudenten; nur die untersuchten Unternehmen aus dem Großraum Hannover)

Instrumentalität	Magdeburger	HDI	BHW	Conti
Ruf der Firma	-.19	.36	.48	.83
Betriebsklima	.23	.75	.49	.57
Aufstiegschancen	.23	.74	.15	.57
herausfordernde Tätigkeit	.69	.80	.52	.73
Sicherheit des Arbeitsplatzes	.19	.34	.20	.46
Verdienst möglichkeiten	.17	.38	.15	.69
Weiterbildungsmöglichkeiten	.03	.43	.20	.75
Auslandseinsatzchancen	.30	.63	.38	.77
Bekanntheit	-.00	.24	.37	.35

Bei allen vier Unternehmen mit Sitz im Raum Hannover ist der Beschäftigungswunsch insbesondere mit der Wahrnehmung assoziiert, inwieweit die Unternehmen herausfordernde Tätigkeiten anzubieten haben. Beim HDI weisen noch das Betriebsklima und die Aufstiegschancen vergleichsweise hohe Gammawerte auf, während dies beim BHW für den Ruf des Unternehmens und das Betriebsklima der Fall ist. Der Beschäftigungswunsch bei Conti ist sehr hoch positiv assoziiert mit der Wahrnehmung, daß Conti einen guten Ruf hat, daß es bei Conti herausfordernde Tätigkeiten gibt, daß bei Conti gute Weiterbildungsmöglichkeiten und Auslandseinsatzchancen geboten werden.

4.8 Zum "Erklärungswert" des erwartungswerttheoretischen Bezugsrahmens

Nach dem erwartungswerttheoretischen Bezugsrahmen dieser Untersuchung hängt der Beschäftigungswunsch von der Summe ab, die gebildet wird aus dem Produkt der wahrgenommenen Eignung der Beschäftigung bei einem Unternehmen zur Erreichung von Beschäftigungszielen (Instrumentalität) und der Valenz dieser Beschäftigungsziele. Je höher diese Summe ist, um so größer sollte nach dem erwartungswerttheoretischen Modell die Motivationstendenz sein, eine Beschäftigung bei dem entsprechenden

Unternehmen aufzunehmen (Beschäftigungswunsch). Nach dem theoretischen Bezugsrahmen wird nur eine monoton steigende Beziehung zwischen dem "Summenwert" und dem Beschäftigungswunsch unterstellt. Zur Überprüfung dieser Relation reichen demnach ordinale Assoziationsmaße, wie Gamma oder Sommers D aus, die keine Prüfung auf z.B. einen linearen Zusammenhang vornehmen.

Da aber Korrelations- und Regressionsrechnungen zu den am weitesten verbreiteten und informativsten Verfahren gehören, werden sie hier ergänzend als Prüfverfahren eingesetzt, um auch einen Vergleich der Untersuchungsergebnisse mit anderen Untersuchungen zu ermöglichen. Ausgehend von dem theoretischen Bezugsrahmen wird anhand von Korrelations- und Regressionsanalysen überprüft, inwieweit sich die im theoretischen Bezugsrahmen implizierten Wirkungsrichtungen als gemeinsame lineare Variation der untersuchten Variablen erkennen lassen. Dabei wird eine strengere Prüfung vorgenommen als im erwartungswerttheoretischen Modell vorgesehen.

Handelt es sich dabei um einen ausgeprägten Zusammenhang, dann wird dieser Sachverhalt als Indiz, als Bestätigung des vermuteten (Kausal-)Zusammenhanges gedeutet.

Diese Zusammenhangsmaße werden sowohl für die Gesamtstichprobe als auch für die Stichproben der Umfrage in Coburg und Hannover in den folgenden Tabellen wiedergegeben.

Die Zusammenhangsmaße in allen drei Populationen weisen - bis auf wenige Ausnahmen - einen deutlichen positiven Zusammenhang zwischen dem Beschäftigungswunsch und der Summe der Produkte zwischen Instrumentalität und Valenz der Beschäftigungsziele ("Summenwert") auf. Zusammenhangswerte in dieser Größenordnung werden als eine Bestätigung des theoretischen Bezugsrahmens gedeutet.

Tabelle 4.45: Assoziation zwischen der Attraktivität eines Unternehmens als Arbeitgeber und dem Personalimage (Summe der Produkte aus Valenz und Instrumentalität):(Gesamtumfrage, nur die überregional untersuchten Unternehmen)

Unternehmen	Gamma	Somers D (mit Attraktivität als abhängiger Variablen)	Produkt-Moment-Korrelation R	R^2
Daimler-Benz	.42	.27	.4150	.18
VW	.47	.33	.5170	.27
IBM	.35	.25	.3364	.12
Siemens	.26	.19	.2645	.07
Bayer	.33	.25	.3752	.14
Commerzbank	.39	.29	.3875	.15
Post	.32	.22	.3190	.10

Tabelle 4.46: Assoziation zwischen der Attraktivität eines Unternehmens als Arbeitgeber und dem Personalimage (Summe der Produkte aus Valenz und Instrumentalität) (Regionalumfrage Coburg)

Unternehmen	Gamma	Somers D (mit Attraktivität als abhängiger Variablen)	R	R^2
Daimler-Benz	.48	.30	.45	.20
VW	.46	.32	.47	.22
IBM	.32	.23	.32	.10
Siemens	.27	.19	.29	.08
Bayer	.33	.25	.40	.16
Commerzbank	.41	.31	.39	.15
Post	.8	.09	.16	.03
Brose	.62	.46	.69	.48
HUK	.29	21	35	.12
Loewe Opta	.42	.31	.51	.26
WiSchi	.52	.40	.53	.28

Tabelle 4.47: Assoziation zwischen der Attraktivität eines Unternehmens als Arbeitgeber und dem Personalimage (Summe der Produkte aus Valenz und Instrumentalität) (Regionalumfrage Hannover)

Unternehmen	Gamma	Somers D (mit Attraktivität als abhängiger Variablen)	R	R^2
Daimler-Benz	.29	.21	.34	.12
VW	.48	.36	.62	.38
IBM	.36	.26	.38	.14
Siemens	.21	.17	.21	.04
Bayer	.36	.27	.36	.13
Commerzbank	.36	.27	.39	.15
Post	.43	.35	.52	.27
Magdeburger	.09	.07	.12	.01
HDI	.96	.71	.75	.56
BHW	.21	.12	.16	.03
Conti	.67	.55	.79	.62

Es ergab sich jedoch bei der Auswertung der Untersuchungsergebnisse ein Befund, der zu einer weiteren Untersuchung führte:

In erstaunlich großem Ausmaß waren die Studenten bereit Aussagen über Aufstiegschancen, Betriebsklima, Verdienstmöglichkeiten, herausfordernde Tätigkeiten etc. bei den einzelnen Unternehmen zu treffen, obwohl nur wenige derartig detaillierte Kenntnisse darüber haben dürften.

Eine Erklärung für dieses Phänomen könnte sein, daß die Studenten "gedankenlos" ihre Angaben gemacht haben. Dagegen spricht jedoch die Differenziertheit der Angaben sowohl bei den einzelnen Fragebogen als auch in der Gesamtheit der Fragebögen, sei es die Gesamtumfrage oder die Umfragen in Coburg und Hannover getrennt betrachtet. Deutlich wird dies auch anhand der folgenden Tabelle, bei der für die Einschätzung des Betriebsklimas die mit Abstand niedrigsten Anteile von Antworten gegeben wurden, während für die Bekanntheit des Unternehmens, die für Externe leichter einschätzbar ist, der höchste Anteil an Angaben festzustellen ist.

Tabelle 4.48: Angaben bei der Instrumentalität von Unternehmen für das Erreichen von Beschäftigungszielen (Gesamtumfrage; nur für die überregional abgefragten Unternehmen)

% der Befragten, die in Bezug auf einzelne Instrumentalitäten Angaben machten	Daimler-Benz	VW	IBM	Siemens	Bayer	Commerzbank	Post
Ruf der Firma	96,4	96,4	97,3	97,3	95,5	95,5	95,5
Betriebsklima	63,1	64,9	61,3	70,3	50,3	54,1	68,5
Aufstiegschancen	90,1	86,5	88,3	88,3	81,1	81,1	88,3
herausfordernde Tätigkeit	89,2	85,6	91,0	90,1	87,4	87,4	91,9
Arbeitsplatzsicherheit	98,2	96,4	93,7	94,6	93,7	94,6	98,2
Verdienstmöglichkeiten	99,1	96,4	99,1	96,4	95,5	96,4	97,3
Weiterbildungsmöglichktn.	91,0	88,3	91,0	90,1	85,6	89,2	87,4
Auslandseinsatzchancen	94,6	95,5	98,2	93,7	88,3	90,1	91,0
Bekanntheit	99,1	100,0	100,0	100,0	99,1	99,1	98,2

Da die Studenten nur über wenige Unternehmen derartig profunde Kenntnisse haben können, ist zu prüfen, wie die Studenten zu diesen Urteilen kommen.

Eine weitere Beobachtung, die zum Zweifel an der Angemessenheit der zugrundegelegten erwartungswerttheoretischen Imagekonzeption führte, läßt sich anhand von Angaben zur Instrumentalität einer Beschäftigung bei der Firma Loewe-Opta, bei der Post sowie beim Vergleich von Groß- und Mittelunternehmen zur Erreichung von Beschäftigungszielen verdeutlichen.

Auffällig war m.E. z.B. die sehr positive Bewertung der Firma Loewe Opta hinsichtlich ihrer Eignung als Arbeitgeber für den kaufmännischen Führungsnachwuchs. Studenten, die an der Befragung teilgenommen haben, wurden deshalb bei der Präsentation von Befragungsergebnissen danach befragt, wie sie zu diesen Einschätzungen gekommen sind. Aus den Angaben der Studenten ergab sich, daß aufgrund des modernen Designs und der modernen Technik der Loewe-Opta Produkte auch auf modernes

Personalmanagement geschlossen wurde. Diese Einschätzung schlägt sich in entsprechenden Angaben zur Instrumentalität einer Beschäftigung bei Loewe-Opta für das Erreichen von Beschäftigungszielen nieder.

Bei der Post ist meines Erachtens auffällig, daß die Post in ihrem Bekanntheitsgrad bei der Gesamtumfrage nur den vorletzten Rangplatz bei den überregional abgefragten Unternehmen einnimmt. Bei aller Wertschätzung des Bekanntheitsgrads von Unternehmen, wie Daimler-Benz, VW, IBM, Siemens und Bayer dürfte doch die Post bekannter sein. Ebenfalls ist auffällig, daß die Post, die zum Zeitpunkt der Befragung ihren Mitarbeitern den Beamtenstatus anbieten konnte, in Bezug auf die Arbeitsplatzsicherheit relativ skeptisch eingeschätzt wurde im Vergleich zu den privatwirtschaftlich organisierten Unternehmen in der Befragung. Eine mögliche Deutung für dieses Phänomen könnte darin begründet sein, daß aufgrund einer insgesamt negativen Einschätzung der Post als möglicher Arbeitgeber auch die Einschätzung im Hinblick auf einzelne Beschäftigungsziele negativer ausfällt, als es " eigentlich sein dürfte", daß möglicherweise **Ausstrahlungseffekte** von dem Gesamtimage als Arbeitgeber oder gar als Unternehmen insgesamt auf einzelne Instrumentalitäten erfolgt.

Auf Ausstrahlungseffekte oder auch **Irradiationen** als ein Wirkungsphänomen von Image weist bereits Spiegel. Er versteht darunter die Beeinflussung des Ganzen durch einen Aspekt des Imageobjekts.[381]

Auch beim Vergleich von Groß- zu mittleren oder mittelständischen Unternehmen zeigen sich auffällige Tendenzen. Da bei der Post aufgrund ihres Status als Behörde und bei Bayer aufgrund der Zugehörigkeit zur als umweltbelastend angesehenen chemischen Industrie besondere Aspekte zu beachten sind, werden diese bei der folgenden Betrachtung außerachtgelassen.

Daß es sich bei den überregional erfaßten Unternehmen um bekanntere Unternehmen handelt, die auch für Außenstehende erkennbar mehr Chancen für einen Auslandseinsatz bieten können als die nur regional untersuchten kleineren Unternehmen dürfte nachvollziehbar sein. Problematischer dürfte jedoch die Einschätzung sein, daß diese großen Unternehmen herausforderndere Tätigkeiten und bessere Aufstiegschancen aufzuweisen haben.

Das zugrundegelegte erwartungswerttheoretische Modell legt eine kausale Deutung der Bildung des Personalimages aus der wahrgenommenen Instrumentalität der Beschäftigung bei einer Firma zur Erreichung von für das Arbeitsleben als bedeutsam eingeschätzten Parametern nah. Danach werden Unternehmen als Arbeitgeber geschätzt, weil eine Beschäftigung bei ihnen als ein Mittel oder Weg angesehen wird, valente Beschäftigungsziele zu erreichen. Obwohl das erwartungswerttheoretische Modell dieser Untersuchung für den Zusammenhang von Personalimage und Beschäftigungswunsch nach den gängigen Methoden für die Prüfung derartiger Modelle mit seinen z.T. hohen Zusammenhangsmaßen als bewährt angesehen werden kann, erscheint es doch fraglich, ob angesichts der oben aufgeführten Beobachtungen, die Annahme einer Wirkungsrichtung von den wahrgenommenen Instrumentalitäten hin zum Beschäftigungswunsch aufrecht gehalten werden kann oder ob sie nicht möglicherweise revidiert oder modifiziert oder ganz aufgegeben werden muß.

Aufgrund der oben aufgeführten Beobachtungen bildete sich die Vermutung, daß anscheinend bestimmte Denkvorstellungen oder Muster über Typen von Unternehmen

---

[381] vgl. Spiegel, B. (psychologisches Marktmodell) S. 36ff

existieren und daß aufgrund der Kenntnis bestimmter Merkmale andere nicht bekannte Merkmale über die Zuordnung zu einem Muster erschlossen werden. Es scheint somit, daß die Studenten ausgehend von einigen zugänglichen Wahrnehmungen, wie z. B. Produkt, Produktwerbung, Größe, Branche etc. sich ein Bild von einem Unternehmen machen und ausgehend von diesem Bild in konsistenter Weise fehlende Informationen "spekulativ" ergänzen oder hinzufügen.

Zur Analyse derartiger Prozesse wurde von Wissenschaftlern, die aus unterschiedlichen Wissenschaftsdisziplinen stammen, Konzepte entwickelt, die im allgemeinen als Schematheorien bezeichnet werden. Anhand einer schematheoretisch fundierten Untersuchung soll deshalb im nächsten Kapitel geprüft werden, inwieweit eine schematheoretische Auffassung zur Beschreibung des Phänomens Personalimage angemessen ist.

5. Analyse des Personalimages im Hinblick auf eine schematheoretische Fundierung

Bereits Henzler hatte in seiner gestaltpsychologisch orientierten Analyse des Personalimagebegriffs Vermutungen über die Wirkung und Funktion von Images geäußert, die eine schematheoretische Deutung zulassen. Da die meisten Akteure im Arbeitsmarkt im allgemeinen keine Möglichkeit haben, sich selbst ein profundes Bild von einem Unternehmen als Arbeitgeber zu machen, bewirkt dies nach Henzler "..daß entweder

- wesentliche Einzelqualitäten weniger beachtet werden zugunsten einer unkritischen Pauschalbewertung, d.h.: Tendenz zur Annäherung des Bildes an den uncharakteristischen Mittelwert, also Grau-in-Grau-Zeichnung oder

- Einzelqualitäten kritiklos zu einer Gesamtbewertung potenziert werden; d.h.: Tendenz zur übermäßigen Vereinfachung des Bildes, als Schwarz-Weiß-Zeichnung bzw. sog. Halo-Effekt."[382]

Insbesondere in dem zweiten Aspekt, bei dem einzelne Merkmale oder Gerüchte das Gesamtbild und Urteil bestimmen, sieht Henzler eine große Gefahr, da eine derartige Image-Bildung durch tiefere Schichten des seelischen Geschehens (Unbewußtes, Es etc.) zustande kommt, da die rationale Schicht (Bewußtsein, Ich etc) nicht beteiligt ist und da eine Veränderung eines derartig emotional gebildeten Vorstellungsbildes nur äußerst schwierig, langwierig und somit auch nur kostspielig ist.[383]

Auch Becker sieht in enger Anlehnung an Henzler ähnliche Funktionen des Personalimages: "Die verhaltenssteuernde Wirkung des Personalimage als eine "subjektive Erlebnisstruktur" ist ähnlich dem eines ersten Eindrucks, eines Vorurteils: Das Image wirkt als Wahrnehmungsfilter, es läßt nur die Informationen zur meinungsbildenden Verarbeitung zu, die ins einmal gefaßte Bild passen. Außerdem müssen Informationen über den zukünftigen Arbeitsplatz in der Regel lückenhaft bleiben; das gilt besonders für die nur "erlebbaren" Informationen wie Betriebsklima, Führungsstil. Diese

---

[382]Henzler (Personal-Image) Sp. 1565

[383]Henzler (Personal-Image) Sp 1565f

Informationslücken werden im psychischen Bestreben nach einem "ganzheitlichen Bild" durch die allgemeine Wahrnehmung, das Image des Unternehmens geschlossen."[384]

Sollte dies der Fall sein, dann könnte es sich bei der Bildung des Images von Unternehmen als potentielle Arbeitgeber um einen Prozeß handeln, der sehr viel Ähnlichkeiten mit den Prozessen aufzuweisen hat, die in der Sozialpsychologie unter den Begriffen

- Entwicklung von Personenkonzepten
- Soziale Stereotype
- Organisationsprozesse bei Personenbeschreibung, insbesondere die auf Schlußfolgerungen basierende Eindrucksbildung

analysiert werden.[385]

5.1 Ausgangsfragestellung der schematheoretisch fundierten Analyse

Mit dieser Auffassung der Konzeption von Personalimage wird an Auffassungen angeknüpft, die als qualitative oder ganzheitliche Begriffsvarianten des Imagebegriffs bezeichnet werden.[386]

Diese Auffassung von Image ist sowohl aufgrund von Problemen ihrer Operationalisierung und Messung als auch aufgrund ihrer als mangelhaft eingestuften theoretischen "Einbettung" in bewährte Konzeptionen in den Hintergrund getreten im Vergleich zu der einstellungstheoretisch fundierten, "quantitativen" Begriffsvariante.

Trommsdorff kritisiert an der qualitativen, ganzheitlichen Begriffsvariante, daß es nicht angebracht ist, "..ein hypothetisches Konstrukt so zu operationalisieren, wie es dem Gebrauch seines Namens entspricht. Vielmehr müssen Indikatoren des Konstrukts theoretisch begründet sein."[387] Er bemängelt darüberhinaus, daß viele der Merkmale dieser Begriffsvariante in den durchgeführten empirischen Untersuchungen nicht erfaßt werden.[388]

Als problematisch erwies sich insbesondere die Messung, des von den Vertretern der "qualitativen" Begriffsvariante als zentral betonten Merkmals der Ganzheitlichkeit, das bei der "quantitiven" Imagekonzeption aufgrund der Modellkonstruktion als mehrdimensionales Einstellungsmodell nicht operationalisiert werden konnte.[389]

Nach den gängigen Maßstäben für die Bewertung empirischer Untersuchungen zu erwartungswerttheoretischen Modellen hat die im vorigen Kapitel dargestellte mehrdimensionale, erwartungswerttheoretische und "quantitative" Untersuchung mit ihren z.T. hohen Zusammenhangsmaßen eine Bestätigung erfahren. Die Skepsis gegenüber dem erwar-

---

[384]Becker (Personalimage) S. 127f; ähnliche Argumentationen lassen sich auch z.B. finden bei Freimuth (Personalimage) oder Scherm (Personalmarkt)

[385]Vgl. z.B. Rosemann / Kerres (Wahrnehmen)

[386]Vgl. Anders (Image) S. 17 - 20, Trommsdorff (Image) und die Erläuterungen zum Imagebegriff in dieser Arbeit

[387]Trommsdorff (Messung) S. 22

[388]Vgl. Trommsdorf (Messung) S. 23

[389]Vgl. Trommsdorff (Messung) S. 78f und Anders (Image) Fußnote 5, S.20

tungswerttheoretisch fundierten Modell ergaben sich nicht aufgrund der Ergebnisse des üblichen "Prüfungsverfahrens", sondern aufgrund von Plausibilitätsüberlegungen im Zusammenhang mit den Ergebnissen der empirischen Untersuchung.

Aufgrund der Zweifel an den Ergebnissen der an dem "quantitiven", mehrdimensionalen Einstellungs- und Motivationsmodell orientierten empirischen Untersuchung im vorhergehenden Kapitel dieser Arbeit, erscheint ein "Wiederaufgreifen" der qualitativen, ganzheitlichen Begriffskonzeption erforderlich, um die am Ende des 4. Kapitels beschriebenen Beobachtungen bei der obengenannten Untersuchung zu deuten. Mit dem Schemaansatz ist nunmehr auch ein empirisch fundierter theoretischer Ansatz vorhanden, um diese empirische Forschung in einen theoretischen Kontext einzuordnen.

Es ist die konzeptionelle Zielsetzung der nachfolgenden empirischen Studie zu überprüfen, ob ein schematheoretischer Bezugsrahmen für die Konzeptualisierung des Personalimages angemessener als ein erwartungswerttheoretischer Ansatz ist und ob mit seiner Hilfe die Befunde, die aufgrund der erwartungswerttheoretischen Untersuchung als noch offene Fragestellungen eingestuft worden waren, einer empirisch belegten und schematheoretisch fundierten Deutung zugeführt werden können.

Es soll im folgenden diese Fragestellung überprüft werden. Dazu wird zunächst der Schemaansatz dargestellt.

5.2 Darstellung ausgewählter Schemakonzeptionen

Es lassen sich bereits in den Schriften von Kant, Piaget, Nietzsche und Jung Hinweise auf Schemakonzepte finden.[390] In der heutigen wissenschaftlichen Diskussion wird der Schemabegriff zumeist auf Arbeiten von Bartlett zurück geführt, die dieser in den 30er Jahren dieses Jahrhunderts veröffentlicht hat[391]. Das Schemakonzept spielte jedoch nach den Arbeiten von Bartlett in der psychologischen Forschung eine geringe Rolle. Erst Mitte der 70er Jahre wurde dieses Konzept wiederbelebt und avancierte zu einem der zentralen Begriffe der kognitiven Psychologie.[392]

In ihrer modernen Version ist der Schemaansatz insbesondere durch die Arbeiten von Rumelhart und Minsky bekannt geworden.

5.2.1 Der Schemaansatz von Bartlett

Bartlett entwickelte seinen Schemaansatz in der Auseinandersetzung mit dem Assoziationismus als dem dominierenden gedächtnispsychologischen Ansatz seiner Zeit.[393]

---

[390]Rumelhart (schemata) verweist auf Kant und Piaget. Detaillierter wird dieser Zusammenhang dargestellt bei Gardner (Denken) S. 69ff, S.112, S. 130ff. Auch bei Nietzsche (Wahrheit) lassen sich derartige Gedankengänge finden. Interessant sind hierbei auch Parallelen zur Argumentation von Maturana / Varela (Baum), indem auf die Problematik hingewiesen wird, daß vielfältige Vorstellungen auf einfachen Nervenimpulsen beruhen.

[391]Bartlett (remembering)

[392]Rumelhart (schemata) S. 161f

[393]Vgl. Gardner (Denken) S. 118 und S.128ff und Baddeley (denkt) S. 29ff

Die assoziationistische Einschätzung der Funktionsweise des menschlichen Gedächtnisses läßt sich zurückführen auf Aristoteles und wurde wesentlich weiter formuliert durch Hobbes, Locke und Berkley[394]. Bekannt ist die Vorstellung von Locke, der das Gedächtnis mit einem leeren Blatt Papier vergleicht, auf dem die Geschehnisse nach ihrer räumlichen und zeitlichen Nähe, ihrer Ähnlichkeit usw. niedergeschrieben, d.h. gespeichert werden.[395]

Diesem Ansatz liegt die Vorstellung des Gedächtnisses als ein weitgehend passives Speicherungsinstrument zugrunde, bei dem Ereignisse passiv im Sinne einer "Aufsteigenden Informationsverarbeitung" registriert und verknüpft werden.

Auch die Konzeption von Ebbinghaus, die lange Zeit die vorherrschende Konzeption in der Gedächtnispsychologie darstellte, basiert auf diesen Überlegungen. Ebbinghaus und seine Nachfolger benutzten bei ihren empirischen Arbeiten zur Funktionsweise des menschlichen Gedächtnisses sinnlose Silben, um Störungen, die mit bedeutungshaltigen Silben verbunden sein könnten, zu vermeiden.[396]

Bartlett wollte ursprünglich die strikten Untersuchungsmethoden von Ebbinghaus übernehmen. Er kam jedoch zu dem Schluß, daß diese Methoden nicht geeignet sind, wesentliche Merkmale des Gedächtnisses zu erfassen. Er hatte die Vorstellung, daß das Gedächtnis auch ein soziales und kulturelles Phänomen ist und daß das "Setting", die Situation, in die Erfahrung eingebettet ist, die Gedächtnisleistung entscheidend bestimmt.[397]

Eine zentrale Rolle spielen dabei nach Bartlett Schemata. Bartlett betrachtet Schemata als abstrakte, unbewußte, aber organisierte Wissensstrukturen, die aus altem Wissen aufgebaut sind. Zentrale Annahme von Bartlett ist, daß neue Informationen mit alten Informationen, die in Schemata gespeichert sind, in einem aktiven Prozess interagieren. Das Individuum versucht neue Informationen sinnvoll im Kontext der bestehenden Schemata einzuordnen.[398]

5.2.2 Der Schemaansatz von Rumelhart

Nach Rumelhart ist eine Schematheorie eine Theorie über das Wissen, wie das Wissen repräsentiert ist und wie wir das Wissen in bestimmten Situationen anwenden oder nutzen.[399] Er definiert Schema als ".. a data structure for representing the generic concepts stored in memory."[400] Schemata repräsentieren nach Rumelhart unser Wissen über alle Konzepte, unabhängig ob sie sich auf Objekte, Situationen, Ereignisse oder Handlungen

---

[394]Vgl. Schwarz (Theorien) S. 271 und ausführlicher Gardner (Denken) S. 66ff oder z.B. Hirschberger (Geschichte 2) S. 189 - 223.

[395]Vgl. Schwarz (Theorien) S.271 und Gardner (Denken) S. 66, bei dem diese berühmte Passage aus Locke (Versuch) S. 107f abgedruckt ist.

[396]Vgl. Ebbinghaus (Gedächtnis) und populärwissenschaftlich Baddeley (denkt) S. 29ff, der hierzu auch ein Beispiel angibt.

[397]Vgl. Bartlett (remembering)

[398]Dies kann dazu führen, daß manchen Stimuli mehr Bedeutung zugewiesen wird als sie ursprünglich hatten. Bartlett (remembering) S. 123 bezeichnet diesen Prozeß als "effort after meaning".

[399]Rumelhart (schemata) S. 163

[400]Rumelhart (schemata) S. 163

beziehen[401]. Schemata enthalten die Netzwerke der Beziehungen, die zwischen den Bestandteilen des Schemas üblicherweise vermutet werden. In Ergänzung zu diesem Wissen über die Elemente des Schemas und ihren Beziehungen enthält ein Schema auch Informationen darüber, wie und wann das Schema und das darin enthaltene Wissen anzuwenden ist.

Rumelhart veranschaulicht sein Schemakonzept durch folgende Beispiele[402]:

Skript oder Drehbuch:

So wie eine Rolle im Film oder Theater durch verschiedene Schauspieler gespielt werden kann, ohne daß sich dadurch der Charakter des Schauspiels ändert, so hat ein Schema Variablen, die durch unterschiedliche konkrete Elemente der jeweiligen Situation, in der das Schema zum Tragen kommt, ausgefüllt werden.

Theorien:

Schemata haben ähnliche Funktionen für das Individuum, wie man sie von wissenschaftlichen Theorien in der Wissenschaft erwartet. Schemata stellen informale, private, häufig nicht explizit ausformulierte Theorien dar, mit deren Hilfe Individuen, Objekte und Ereignisse einzuordnen und zu verstehen versuchen.

Computerprogramme:

Schemata unterscheiden sich vom Rollenbuch und von Theorien unter anderem in bedeutsamer Hinsicht: Während Rollenbuch und Theorien eher passiven, deskriptiven Charakter haben, stellen Schemata aktive Prozesse dar, die auch eine genau bestimmte Struktur zwischen den Komponenten aufweisen können. Damit ähneln Schemata Computerprogrammen. Schemata sind aktive Verfahren, die in der Lage sind, ihre Anpassungsgüte an die jeweilige Situation mittels der verfügbaren Informationen zu überprüfen. Ähnlich wie Computerprogramme auch Subprozeduren enthalten, bestehen auch Schemata häufig aus Subschemata.

Parser:

Parser stellen Prozeduren dar, die in Computerprogrammen prüfen, ob eine Folge von Symbolen im Sinne einer "Grammatik" zulässig ist. Wenn dies der Fall ist, bestimmen Parser, welche Symbole in der Symbolsequenz welchen Elementen des "Programms" zuzuordnen ist. Der Prozeß des Findens und des adäquaten Zuordnens von Informationen in einer Schema und in seine Subschemata ist mit dem Funktionieren von Parsern vergleichbar.

---

[401]Rumelhart (schemata) S. 163

[402]Rumelhart (schemata) S.163-169

5.2.3 Das Schemakonzept von Minsky

Minsky bezeichnet sein Konzept zur Analyse sowohl des menschlichen Denkens als auch zur Entwicklung und Gestaltung Künstlicher Intelligenz als "Rahmen" (frame)[403]. Sein Rahmenkonzept soll Wissensstrukturen darstellen, die stereotypische Gegebenheiten repräsentieren.

Ein Rahmen hat Knotenpunkte, die seine basale Struktur fixieren und hat Leerstellen ("Terminals"), die durch situationsspezifischen Informationen gefüllt werden können. Sofern keine situationsspezifische Informationen vorhanden sind, werden Ersatzannahmen vorgenommen. "Unsere Idee ist, daß jede Wahrnehmungserfahrung Strukturen aktiviert, die wir *Rahmen* nennen werden - Strukturen, die wir uns im Laufe früherer Erfahrungen angeeignet haben. Wir alle erinnern uns an Millionen solcher Rahmen, deren jeder eine stereotype Situation repräsentiert, wie etwa mit Personen bestimmter Art zusammenzutreffen, sich in einer bestimmten Art von Raum zu befinden oder an einer bestimmten Art von Festen teilzunehmen. Ein Rahmen ist eine Art Skelett, etwa wie ein Antragsformular mit vielen Leerstellen oder Lücken, die ausgefüllt werden müssen. Wir werden diese Leerstellen *Terminals* nennen; wir benutzen sie als Verbindungsstellen, mit deren Hilfe wir andersgeartete Informationen hinzufügen können. Zum Beispiel kann ein Rahmen, der einen "Stuhl" repräsentiert, Terminals haben, die einen Sitz, eine Lehne und Beine repräsentieren, während ein eine "Person" repräsentierender Rahmen Terminals für einen Leib, einen Kopf, Arme und Beine hätte. Um einen *bestimmten* Stuhl oder Menschen zu repräsentieren, füllen wir lediglich die Terminals des entsprechenden Rahmens mit den Strukturen, die im Detail bestimmte Besonderheiten der Lehne beziehungsweise des Rückens, des Sitzes oder Gesäßes(,) und der Beine des besonderen Menschen oder Stuhles repräsentieren"[404]

Rahmenkonzepte enthalten viele Informationen, die sich nicht direkt aus der Situation ableiten lassen, wie die am wahrscheinlichsten zu erwartenden Gegebenheiten. Wie auch beim Schemakonzept von Rumelhart sind im Rahmenkonzept von Minsky Informationen über die Anwendung des Rahmens enthalten. Ähnlich wie beim Skriptkonzept von Abelson und Schank[405] können in Rahmenkonzepten Informationen über Folgen von zu erwartenden Ereignissen enthalten sein und auch Informationen darüber, was zu tun ist, wenn diese erwartenden Ereignisse nicht eintreten.

5.3 Grundlegende Merkmale der Schemakonzeption

In der Sozialpsychologie wird der Schemabegriff häufig weiter aufgefaßt als in der kognitiven Psychologie. Es wird in der Sozialpsychologie häufig jede Art konzeptgesteuerter Informationsverarbeitung als schemagesteuerte Informationsverarbeitung verstanden. Auch wird der Begriff "Schema" von vielen Autoren unterschiedlich verstanden und es

---

[403] Vgl. auch zum folgendem Minsky (Mentopolis), S. 244ff; Minsky versucht in der Struktur seines Buches sein Modell des menschlichen Geistes dadurch abzubilden, daß man dieses Buch nicht von vorn nach hinten lesen soll, sondern daß man frei zwischen den Kapiteln hin und her springen und somit Querverbindungen erkunden kann, die vom Autor selbst nicht vorgesehen sind (vgl. Klappentext der deutschen Ausgabe).

[404] Minsky (Mentopolis) S. 244f

[405] Schank / Abelson (scripts)

existieren auch andere Begriffe, die für Schema-ähnliche Konstrukte verwendet werden, wie "frame", "script", "prototype", "category".[406]

Obwohl somit keine Einigung darüber besteht, was man genau unter Schema verstehen will, lassen sich dennoch einige zentrale Elemente aus den verschiedenen Konzeptionen herausarbeiten, die Gemeinsamkeiten dieser Konzeptionen darstellen.[407]

5.3.1 Schemata als allgemeine Wissensstrukturen

Gemeinsamer Nenner vieler unterschiedlicher Auffassungen dürfte die Vorstellung sein, Schemata als allgemeine Wissensstrukturen anzusehen, die die wesentlichen Merkmale des Gegenstandsbereichs und die Beziehungen zwischen diesen Merkmalen angeben.[408]

Schemata als allgemeine Wissensstrukturen enthalten demnach die wichtigsten Elemente oder Merkmale des Gegenstandsbereichs auf den sie sich beziehen und geben auch die zentralen Beziehungen zwischen diesen Merkmalen an. Sie stellen abstrakte Wissensrepräsentationen dar, die sich auf Klassen von Phänomenen beziehen und nicht auf einzelne konkrete Gegebenheiten beschränkt sind. Sie haben einen höheren Allgemeinheitsgrad.

5.3.2 Objekte von Schemata

Objekte eines Schemas kann jegliches Wissen, gleichgültig über welche Gegebenheiten, sein.

Rumelhart sieht sogar unser gesamtes Wissen als in Schemata eingebettet: " Our Schemata *are* our knowledge. All of our genetic knowledge is embedded in Schemata."[409]

In sozialpsychologischen Kontexten wurden insbesondere Schemata über Personen, über Handlungsfolgen und über Denkregeln untersucht.

5.3.3 Hierarchische Strukturen

Schemata sind hierarchisch organisiert. Schemata höherer Ordnung haben Sub-Schemata, für die eventuelle weitere Sub-Schemata bestehen

5.3.4 Schemavariablen

Schemata haben Variablen oder Leerstellen (terminals oder slots), die analog der Rollenbesetzungsliste in einem Film oder Theaterstück durch konkrete Gegebenheiten ausgefüllt werden können. Für die Besetzung der Leerstellen oder das Einsetzen von konkreten Elementen in die Variablen gibt es Variablen-Begrenzungen ("variable-con-

---

[406]Vgl. Schwarz (Theorien) S. 272

[407]Zur Darstellung grundlegender Merkmale als gemeinsame Basis verschiedener Schemakonzeptionen vgl. Schwarz (Theorien) S. 272ff.

[408]Schwarz (Theorien) S. 273

[409]Rumelhart (building) S. 41

straints"), die angeben, welche Elemente in dem Schema für diese Variable eingesetzt werden dürfen. Solange eine situationsspezifische Ausfüllung dieser Leerstelle nicht erfolgt ist, werden Standardwerte (default values) angenommen.

5.4 Schemata als Strukturen der Informationsverarbeitung und der Verhaltenssteuerung

Schemakonzepten werden zentrale Funktionen bei der Informationsverarbeitung zugewiesen. Sie stellen aktive Informationsverarbeitungsstrukturen dar und steuern und bestimmen den gesamten Prozeß der Informationsverarbeitung.

Mit ihrer Hilfe versucht man

- Prozesse der Wahrnehmung, Aufnahme und Speicherung von Informationen und der Identifikation von Mustern,
- Prozesse des Verstehens und des Ziehens von Schlüssen (Inferenz)
- Prozesse des Erinnerns und
- Prozesse der Verhaltenssteuerung

zu deuten und zu erklären.

5.4.1 Formen der Aktivierung von Schemata und der Informationsverarbeitung mittels Schemata

Es werden zwei Arten der Schemaaktivierung unterschieden:

1. datengesteuert (data-driven processing) oder aufsteigend (bottom-up processing)
2. konzeptgesteuert (conceptually-driven) oder absteigende (top-down) Informationsverarbeitung.

Bei der datengesteuerten Aktivierung werden Merkmale der dargebotenen Informationen mit Merkmalen von Schemata verglichen. Wird ein Schema identifiziert, dann wird dieses Schema zur weiteren Informationsverarbeitung herangezogen. Dabei kann es zur konzeptgesteuerten Informationsverarbeitung kommen, wenn Subschemata aktiviert werden und die dargebotenen Informationen damit konfrontiert werden. Bei der Aktivierung von Schemata wird häufig zwischen beiden Methoden "hin und her gependelt".

5.4.2 Wahrnehmung, Aufnahme und Speicherung von Informationen und die Identifikation von Mustern

Für Neisser ist der Schemaansatz die zentrale Konzeption zur Analyse von Wahrnehmungsvorgängen. Schemata bestimmen unsere Wahrnehmung, da "..wir nur sehen können, wonach wir zu suchen vermögen, bestimmen diese Schemata (zusammen mit der wirklich verfügbaren Information), was wahrgenommen wird." [410]

---

[410]Neisser (Kognition) S. 26

Anhand eines Beispiels von Rumelhart soll die Bedeutung von Schemata bei der Wahrnehmung verdeutlicht werden.[411]

Wahrnehmung ist ein interaktiver Prozeß. Über unsere Sinnesorgane erhalten wir Informationen, die bestimmte Schemata zur Interpretation der Sinnesdaten zwar nahelegen, jedoch nicht festlegen. Oftmals können einzelne Aspekte nur im Kontext der Gesamtheit identifiziert werden und zugleich kann die Gesamtheit nicht ohne ihre Bestandteile erkannt werden. Das Erkennen von Teilen und Gesamtheit muß parallel erfolgen. Anhand des folgenden Bildes sollen diese Aussagen verdeutlicht werden.

Abbildung 5.1: Gesichtsschema nach Rumelhart[412]

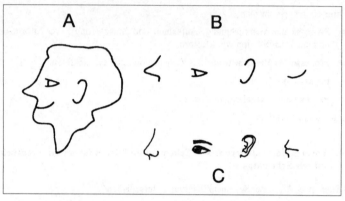

Das Bild auf der linken Seite kann als Gesicht identifiziert werden. Seine Bestandteile sind jedoch außerhalb des Kontextes nicht als Nase, Auge usw. zu erkennen. Folglich kann es nicht sein, daß wir zuerst die Teile sehen und daraus auf die Gesamtheit schließen, sondern ausgehend von der Aktivierung des Gesichtsschemas als übergeordnetem Schema werden die Subschemata für Auge, Nase etc. aktiviert. Außerhalb des Kontextes Gesicht sind diese Skizzen von Teilen des Gesichts nicht konkret genug, um als solche erkannt zu werden (siehe Skizze im Bild unter Teil B). Erst durch die Einordnung in das Gesichtsschema werden sie als Lippen erkannt. Dies bedeutet allerdings nicht, daß wir Teile eines Gesichts nur im Kontext mit einem Gesicht erkennen können. Die Skizzen unter Teil C zeigen, daß - wenn die Teile eines Gesichts genügend detailliert gezeichnet werden - sie auch außerhalb des Gesichtsschemas erkannt werden. Schemata steuern, welche Informationen überhaupt wahrgenommen werden. Diese Erklärungen lassen sich durchaus verallgemeinern.

Zu Informationen, die in das sensorische System des Menschen gelangen, wird versucht, passende Schemata zu finden (Schemaidentifikation), wobei sowohl daten- als auch konzeptgesteuerte Informationsverarbeitungsprozesse stattfinden.[413] Beim Prozeß der

---

[411] Vgl. zum folgenden Rumelhart (schemata) S. 174

[412] Aus Rumelhart (schemata), S. 174

[413] Vgl. zum folgenden Schwarz (Theorien) S. 278f

Schemaidentifikation werden somit Merkmale in der zu verarbeitenden Information mit Merkmalen verfügbarer Schemata verglichen. Es handelt sich um einen Prozeß der Mustererkennung ("pattern recognition"). Die Schemaidentifikation kann sich als sehr schwierig erweisen und es kann auch vorkommen, daß unklar ist, welches von mehreren aktivierten Schemata das angemessene darstellt. Personen prüfen dann, welches der ihnen bekannten Schemata brauchbar ist und brechen den Prozeß ab, sobald sie ein Schema gefunden haben, das paßt.

Neben der Übereinstimmung mit den aufgenommen Informationen hängt die Wahl von Schemata auch ab von ihrer kognitiven Verfügbarkeit. Die kognitive Verfügbarkeit hängt ab von der Zeitspanne seit der letzten Benutzung des Schemas und wie differenziert und ausgearbeitet das Schema ist. Wenn kein geeignetes Schema gefunden werden kann, ist die Informationsverarbeitung erschwert und unter Umständen bleiben die empfangenen Informationen unverständlich.

Die aktivierten und identifizierten Schemata beeinflussen den gesamten weiteren Prozeß der Informationsverarbeitung.

Diese Wirkung von Schemata illustriert eine Untersuchung von Higgins, Rholes und Jones[414]: Unter einem Vorwand ließen Higgins, Rholes und Jones einen Teil ihrer Versuchspersonen über positive Personeneigenschaften nachdenken und einen anderen Teil über negative Eigenschaften. Angeblich unabhängig von diesem Nachdenken über positive oder negative Personeneigenschaften wurde den Versuchspersonen eine mehrdeutige Beschreibung über eine Person vorgelesen, die eine positive Deutung dieser Person als selbstbewußt oder eine negative Deutung als eingebildet zuläßt. Versuchspersonen, die vorher über positive Eigenschaften nachgedacht hatten, präferierten die Deutung der Person als selbstbewußt, während Versuchspersonen, die vorher über negative Personeneigenschaften nachzudenken hatten, die Deutung der Person als eingebildet vorzogen.

Dieses Experiment belegt, daß zur Deutung von Informationen Schemata herangezogen werden. Es zeigt weiterhin, daß Schemata benutzt werden, die einerseits sinnvoll auf das Material anwendbar sind und die andererseits kognitiv leicht zugänglich sind. Die kognitive Zugänglichkeit von Schemata hängt wiederum auch ab von der Zeit, die seit ihrer letzten Benutzung verstrichen sind. Welche Schemata für die Deutung der Sinnesdaten angewendet werden, bestimmt, ob und was verstanden wird. Schemata strukturieren somit die Erfahrung und bestimmen, welche Bedeutung den Sinnesdaten beigemessen wird.[415]

5.4.3. Schemata und Speicherung und Erinnerung von Informationen

Schemata bestimmen, welche Informationen im Gedächtnis gespeichert werden, an welche Informationen erinnert wird und auch wie schnell das Erinnern erfolgt.[416] Schemata bieten eine effiziente Form der Speicherung und Erinnerung von Informationen.

---

[414] Vgl. Higgins / Rholes / Jones (category)

[415] Vgl. Schwarz (Theorien) S. 279

[416] Vgl. auch zum folgenden Schwarz (Theorien) S.280-283

Bei Informationen, die in ein Schema passen, reicht es aus, einen Bezug zu dem Schema zu speichern. Das Schema erleichtert dann später die Erinnerung an die schemakonsistente Information.

Unterschiedliche Befunde waren bei schemainkonsistenter Information festzustellen, d.h. an Informationen, die im Zusammenhang mit dem Schema als sehr unwahrscheinlich oder gar unmöglich angesehen werden. Bei einigen Untersuchungen konnte festgestellt werden, daß sich die Versuchspersonen kurzfristig besser an schemainkonsistente Informationen erinnern konnten.

Experimente von Hastie[417] zeigen, daß Personen versuchen, Erklärungen für diese Inkonsistenzen zu finden. Inkonsistente Informationen können demnach mehr Aufmerksamkeit erregen und die Personen können sich deshalb leichter an sie erinnern. Untersuchungen von Graesser und anderen zeigen jedoch, daß Personen nach einer gewissen Zeitdauer sich nur noch an die schemakonsistente Information erinnern konnten.[418]

Schwarz faßt diese Untersuchungsergebnisse folgendermaßen zusammen:

"Schemata fördern somit die Erinnerung schemakonsistenter Information durch Rekonstruktion anhand des Schemas. Und sie fördern - zumindest zeitlich begrenzt - die Erinnerung schemainkonsistenter Information, indem sie diese Information als unerwartet ausweisen, weshalb sie mehr Aufmerksamkeit erhält. Information, die mit dem Schema weder konsistent noch inkonsistent ist, schema-irrelevante Information also, wird hingegen mit besonderer Wahrscheinlichkeit schon nach kurzer Zeit vergessen. Außerdem gibt es Hinweise darauf, daß Information, die mit dem Schema so extrem inkonsistent ist, daß sie nicht mehr plausibel erscheint, leicht vergessen wird (Hastie & Kumar 1979; Hastie 1980), vermutlich weil sie erst gar nicht in die Repräsentation der Person oder des Ereignisses aufgenommen wird."[419]

Schemata erhöhen nicht nur die Erinnerungsfähigkeit, sie können auch zu Erinnerungsfehlern führen.

Solche systematischen Erinnerungsfehler können entstehen, wenn sich an Informationen erinnert wird, die zwar Bestandteil des Schemas sind, die aber nicht in den Originalinformationen enthalten waren. Weil sich diese Informationen in die "Erinnerung einschleichen", werden sie auch als "intrusion errors" bezeichnet. Je zentraler diese nicht in den Originalinformationen enthaltenen Informationen für das entsprechende Schema sind, desto wahrscheinlicher ist es, daß derartige Erinnerungsfehler erfolgen.[420]

Aus der Beobachtung derartiger Erinnerungsfehler entwickelte Bartlett seinen Schemaansatz.

Seine Überlegungen hat Bartlett mit einem Forschungsaufbau nach dem Prinzip des Gesellschaftsspiels "Stille Post" untersucht. Bei diesem Gesellschaftsspiel, geben die Spieler flüsternd eine Botschaft weiter und man beobachtet, wie sich die Geschichte im Verlauf ihrer Weitergabe verändert. Bartlett nimmt diese Spielidee in seinen Experimenten auf, indem seinen (abendländischen) Versuchspersonen fremdartige

---

[417]Hastie (Memory)

[418]Graesser / Nakamura (impact)

[419]Schwarz (Theorien) S. 281

[420] Vgl. Bower / Black / Turner (scripts) und Graesser / Woll / Kowalski / Smith: (actions)

Volkssagen vorgelesen wurden und geprüft wurde, wie sie diese Geschichten nach unterschiedlich langer Zeit wiedergeben konnten. Bartlett konnte bei der Wiedergabe systematische Fehler feststellen. Die Versuchspersonen näherten bei der Wiedergabe die fremdartigen Geschichten den vertrauten abendländischen Sagen an. Bei weiteren Wiederholungen näherten sich die Geschichten immer mehr den abendländischen Sagen an und bekamen eine immer stabilere Form.[421] Bartlett interpretierte seine Forschungsergebnisse dahingehend, daß Erinnern nicht die Reaktivierung von abgespeicherten Inhalten ist, sondern ein aktive Konstruktion oder Rekonstruktion ist. Als die Versuchspersonen die für sie fremdartigen Volkssagen hörten, griffen sie auf die ihnen vertrauten Schemata der abendländischen Volkssagen zurück, um diese Geschichten zu deuten und zu speichern. Soweit die Strukturen der fremden Volkssagen mit den Strukturen der eigenen Sagen übereinstimmen, erleichtert dies das "Verstehen" und das Merken der Geschichte. Diskrepanzen zwischen den Schemata der eigenen Volkssagen und der fremden Sagen führten zu systematischen Verfremdungen bei der Wiedergabe.

In ähnlicher Weise verdeutlicht eine Untersuchung von Snyder und Uranowitz die Wirkung von Schemata für die Entstehung von Erinnerungsfehlern: Versuchspersonen lasen die Lebensgeschichte von einer Frau namens Betty K. bis zu ihrer erfolgreichen Karriere als Ärztin. Nach der Lektüre erfuhr ein Teil der Versuchspersonen, daß Betty lesbisch sei und mit einer anderen Frau zusammenlebt. Nach einer Woche wurde den Versuchspersonen Aussagen über Betty vorgelegt und sie sollten angeben, welche der Aussagen in der Fallgeschichte enthalten sind. Die Versuchspersonen, die erfahren hatten, daß Betty lesbisch sei, gaben mehr Aussagen, die mit den stereotypen Vorstellungen über das Leben einer lesbischen Frau vereinbar sind, als in der Fallgeschichte enthalten war als die anderen Versuchspersonen.[422] Über weitere Untersuchungen zu dem Phänomen der "intrusion errors", zu denen auch die Untersuchungen von Bartlett zur Anpassung fremder Volkssagen an den vertrauten Typ der Volkssagen der eigenen Kultur, berichten Spiro[423] und Wyer und Srull.[424]

Untersuchungen zeigten auch, daß die Einflüsse von Schemata stärker sind, wenn sie bereits vor der Informationsaufnahme und nicht erst nach der Informationsaufnahme aktiviert werden. Diese Differenz läßt sich damit erklären, daß Schemata, die vor der Informationsaufnahme aktiviert werden, sowohl die Informationsaufnahme als auch die Rekonstruktion beeinflussen können, während erst nachträglich aktivierte Schemata nur auf die Rekonstruktion einwirken können.[425]

---

[421] Der Verfasser hat mit einer "optischen" Version des Gesellschaftsspiels "Stille Post" ähnliche Beobachtungen machen können. Ca. 10 bis 12 Studenten werden gebeten den Raum zu verlassen. Den verbliebenen Studenten wird mittels over-head Projektion eine Folie gezeigt und ein Student, dem dies vorher bereits mitgeteilt wurde, berichtet dann dem ersten wieder hereingebetenen Studenten, was er gesehen hat. Dieser teilt dann, dem nächsten hereingebeten Student mit, was ihm erzählt wurde. I. d. R. nach ca. 7 oder 8 Personen werden beim Weitererzählen immer mehr Details vergessen und die Mitteilung immer abstrakter. Gelegentlich werden Details neu hinzugedichtet.

[422] Snyder / Uranowitz (reconstructing). Derartige Erinnerungsfehler dürften auch für die Schwierigkeiten verantwortlich sein, die bei Übungen zum aktiven Zuhören entstehen, wenn den Übenden nach dem Hören einer Geschichte Fragen zu dieser Geschichte gestellt werden. Beispiele für derartige Übungen sind enthalten z.B. in Neuberger (reden) S. 25f

[423] Spiro (remembering)

[424] Wyer / Srull (processing)

[425] Vgl. Schwarz (Theorien) S. 282f

5.4.4 Die Bedeutung von Schemata für das Verstehen, Schließen (Inferenz) und Problemlösen

Die Bedeutung von Schemata für das Verstehen erläutert Schwarz anhand des Satzes "Der Heuhaufen war wichtig, weil der Stoff riß." Dieser Satz wird erst dann "sinn-voll", wenn man erfährt, daß es sich um den Stoff eines Fallschirms handelt. Mit dem Wissen über die Funktion eines Fallschirms und dem Wissen über die falldämpfende Eigenschaft eines Heuhaufens wird dieser Satz verständlich. "Etwas verstehen heißt immer, es in vorhandene Wissensbestände einordnen zu können,..".[426] Das heißt, eine Information muß in einen Kontext eingeordnet werden können, um als sinnvoll interpretiert oder verstanden werden zu können. Schemata steuern auf zweierlei Arten die Gewinnung von zusätzlichen Daten, damit eine Information verstanden oder besser verstanden werden kann.

5.4.5 Schemabedingtes Ergänzen von Sinnesdaten

Ist eine Information nicht genügend verständlich, dann steuern Schemata aktiv die Suche nach weiteren Informationen. Diese Informationen können entweder aus der Umwelt gewonnen werden oder aber in einem Prozeß des Schließens mittels Schemata konstruiert werden. Ist ein Schema instantiiert, so werden für bestimmte Variablen oder Terminals Erfahrungs- oder Standardwerte erwartet. Wenn die Werte für diese Variablen fehlen, dann werden die Standardwerte angenommen. Es werden als zusätzliche Informationen generiert, die nicht in den Originalinformationen enthalten waren. Dieses "going beyond the information" tritt nicht nur im Fall zu geringer Informationen auf, sondern auch bei Informationsüberflutung und gibt der Person, eine Chance mittels Komplexitätsreduktion handlungsfähig zu bleiben. Es kann allerdings, wie oben aufgezeigt, zu Erinnerungsfehlern führen.

5.4.6 Schemata und rationales Problemlösen

Neben Wason, Johnson-Laird und D'Andrade haben insbesondere Tversky und Kahneman Untersuchungen zum Einfluß von Schemata auf die Rationalität von Problemlösungen vorgenommen.

In einem ihrer Experimente wird den Versuchspersonen eine fiktive Person namens Linda beschrieben[427]:

Linda, 31 Jahre alt, ist unverheiratet, extrovertiert und sehr intelligent. Während ihres Studiums hat Linda Seminare in Philosophie belegt. Sie war während ihres Studiums sehr an Problemen der Rassendiskriminierung und der sozialen Ungerechtigkeit interessiert. Sie nahm auch an Demonstrationen gegen Atomwaffen teil.

Die Versuchspersonen sollten anschließend für acht Aussagen angeben, wie wahrscheinlich sie diese Aussagen halten. Die Skala reicht von "sehr wahrscheinlich" bis "sehr unwahrscheinlich". In den acht Aussagen waren Sätze enthalten wie " Linda ist Sozialarbeiterin in der Psychiatrie", " Linda ist Bankangestellte" und "Linda ist Bankangestellte und aktive Feministin". Obwohl es wahrscheinlicher ist, daß Linda Bankangestellte ist, als daß sie Bankangestellte und aktive Feministin ist

---

[426]Schwarz (Theorien) S. 278

[427]Vgl. dazu und zu anderen "Fehldeutungen" Kahnemann / Slovic / Tversky. (Hg.) (Judgement)

(Multiplikationssatz der Wahrscheinlichkeitsrechnung), stimmten 80% der Versuchspersonen, darunter viele, die in Statistik bewandert sind, eher der Aussage zu, daß Linda Bankangestellte und aktive Feministin ist, als daß sie nur Bankangestellte ist. Auf die Frage: "Was ist wahrscheinlicher, nur x oder x und y?" gaben die Versuchspersonen an, daß "nur x" wahrscheinlicher ist. Daraus folgt, daß den Versuchspersonen bei der abstrakten Fragestellung die Wahrscheinlichkeitsgesetze sehr wohl bekannt sind. Bei Konfrontierung der Versuchspersonen mit ihrer abstrakten Wahrscheinlichkeitseinschätzung und dem Widerspruch bei ihrer Bewertung der Aussagen zu Linda, erkennen die Versuchspersonen sofort ihren Fehler.

Tversky und Kahneman deuten dieses Ergebnis dahingehend, daß Menschen vermuten, wenn Personen bestimmte Charakterzüge aufweisen, daß sie dann auch bestimmte andere Charakterzüge haben. Je besser bestimmte Vorgaben in das repräsentative Bild passen, die sich die Versuchspersonen von einer Person gemacht haben, desto bereitwilliger sind sie, neuen Angaben zu dieser Person zuzustimmen, selbst wenn diese zusätzlichen Angaben diese Aussagen weniger wahrscheinlich werden lassen. Aufgrund der Information, daß Linda bestimmte Charakterzüge und Verhaltensweisen während ihres Studiums gezeigt hat, fügen die Versuchspersonen zusätzliche Annahmen in ihr Bild über die Person ein, die sie für "typisch" für derartige Personen halten und ignorieren dabei ihre Kenntnisse über Wahrscheinlichkeiten.

5.4.7 Schemata und Verhaltenssteuerung

Das Skriptkonzept von Abelson und Schank bezieht sich auf Sequenzen von Handlungen.[428] Ähnlich wie ein Drehbuch die Abfolge von Handlungen beschreibt, sind Skripte kohärente Handlungssequenzen, die von Personen - sei es als Teilnehmer oder als Beobachter - in vertrauten Alltagssituationen erwartet werden. Die einzelnen (kurzen und ereignishaften) Handlungssequenzen bezeichnen Abelson und Schank als Vignetten (Szenen). Skripte werden sowohl als kulturelle Standards als auch personenspezifisch ausgebildet. Schwarz erläutert die Skripttheorie anhand des Beispiels eines typischen Restaurantbesuchs.[429] Wie andere Schematheorien enthält auch die Skripttheorie Variablen oder Leerstellen, z.B. für die Akteure Gast, Kellner etc. und für die Objekte Tisch, Speisen usw. Skripte geben an, unter welchen Voraussetzungen sie sich ereignen und was das Ergebnis des Skriptes sein soll, z.B. daß der Gast hungrig ist und bereit ist für seine Speisen und Getränke zu bezahlen und daß er danach gesättigt ist. Skripte beschreiben auch das typische Aufeinanderfolgen der einzelnen Szenen oder Vignette (zeitliche Organisation) aus der Sicht eines bestimmten Akteurs, z.B. des Gasts. Ähnlich wie auch in den Schematheorien von Rumelhart und Minsky weisen Skripte und ihre Szenen eine hierarchische Organisation auf und können sich auf unterschiedliche Ebenen der Abstraktion beziehen. Die Szene "Bestellen" im Skript "Restaurantbesuch" kann wiederum selbst als Skript aufgefaßt werden mit Szenen wie Speisekarte anfordern, erhalten und Bestellung aufgeben.

---

[428] Zur Skripttheorie von Abelson und Schank vgl. Schank / Abelson (scripts)

[429] Vgl. Schwarz (Theorien) S.283

5.5 Genese und Veränderung von Schemata

Rumelhard und Norman beschreiben zwei Möglichkeiten des Erwerbs neuer Schemata:
- Beim Prozeß der "patterned generation" wird ein neues Schema durch Schließen mittels Analogien als Modifikation eines alten Schemas erzeugt
- Als kontingentes Lernen aufgrund sich wiederholenden Stimuluskonfigurationen wird ein Schema herausgebildet.

Schwarz kritisiert, daß die Untersuchung der Entstehung und Änderung von Schemata in der Sozialpsychologie bisher vernachlässigt wurde, indem ihre Entstehung auf konkrete Erfahrungen zurückgeführt und Änderungen von Schemata auch auf allerdings andere Erfahrungen zurück geführt werden.

Zwar steuern Schemata einerseits unseren Such-und Wahrnehmungsprozeß, andererseits aber werden Schemata auch durch die aufgenommenen Informationen variiert.[430]

Die meisten Forschungsarbeiten haben sich mit der Wirkung von Schemata auf die Informationsverarbeitung und die Verhaltenssteuerung beschäftigt. Die Entstehung und Veränderung von Schemata stand bisher nicht im Mittelpunkt der Forschung.[431]

Im allgemeinen wird angenommen, daß Schemata durch Lernprozesse erworben werden und relativ resistent gegenüber Änderungen sind. Es werden eher schemainkonsistente Informationen dem Schema angepaßt ("Assimilation") als daß das Schema den Daten gemäß geändert wird ("Akkommodation").

Die Resistenz gegenüber Schemaänderungen zeigt sich darin, daß nicht einzelne schemainkonsistente Daten eine Änderung bewirken können, sondern erst eine größere Menge von unvereinbaren Daten. Einzelne unpassende Daten werden entweder in das Schema assimiliert oder als "schlechte (fehlerhafte) Daten" ausgesondert.[432]

Rothbart differenziert drei Modelle der Schemaakkommodation[433]:
- Beim "Buchhaltungsmodell" wird das Schema allmählich mit dem Auftreten von widersprüchlichen Informationen korrigiert.
- Beim "Bekehrungsmodell" wird das Schema plötzlich geändert, wenn die inkonsistenten Informationen eine kritische Grenze überschritten haben.
- Beim "Substitutionsmodell" erfolgt die Schemaänderung über die Bildung von Subschemata, in die zunächst die inkonsistenten Informationen integriert werden.

Nach den bisherigen Untersuchungen erfolgt eine Schemaänderung über das Buchhaltungsmodell dann, wenn die widersprüchlichen Informationen verstreut auftreten, während eine Schemaänderung nach dem Substitutionsmodell dann stattfindet, wenn widersprüchliche Informationen konzentriert auftreten. Eine Änderung nach dem Bekehrungsmodell erwartet Schwarz nur dann, wenn die Person bereits über ein neues Schema verfügt, das an die Stelle des alten treten kann.

---

[430] Neisser (Kognition) S. 26

[431] Vgl. zum folgendem Schwarz (Theorien) S. 284f

[432] Vgl. dazu auch den Prozeß der Entwicklung und Änderung von Theorien in der Wissenschaft nach Kuhn (Struktur)

[433] Vgl. Schwarz (Theorien) S. 285 und Rothbart (memory)

Diese Resistenz von Schemata gegenüber schemainkonsistenten Daten läßt sich mit der Funktion von Schemata für die Reduktion von Komplexität und der Sicherstellung von Handlungsbereitschaft und Handlungsstabilität angesichts komplexer Situationen funktionalistisch deuten: Schemata vermitteln Ordnung, Struktur und Kohärenz bei ansonsten komplexen, kontingenten Reizen, die dadurch auch zu einer Reizüberflutung führen würden. Erfolgte bei jedem Reiz, der nicht exakt in das Schema "paßt", eine Schemaanpassung, dann gäbe es für die Individuen keine kognitive Ordnung und Vorhersagbarkeit von Ereignissen mehr.[434]

Allerdings kann das Festhalten an Schemata, die inkonsistent mit den vorhandenen Daten sind, zu vielfältigen Interpretations-, Urteils-, Erinnerungs- und Verhaltensfehlern führen.

Zusammenfassend kann festgestellt werden, Schemakonzepte oder ähnliche Konzepte stellen fundamentale Ansätze zur Analyse der Informationsverarbeitung dar, wie Informationen wahrgenommen werden, wie Informationen vom Gedächtnis "abgerufen" werden, wie Handlungen organisiert und gesteuert werden usw. Der Schemaansatz könnte somit geeignet sein, als theoretischer Ansatz zur Überprüfung der Vermutung zu dienen, daß es "Mustervorstellungen" oder bei Anwendung der Begrifflichkeit des Schemaansatzes, daß es Schemata über Unternehmen als Arbeitgeber gibt, die die Wahrnehmung und Beurteilung konkreter Unternehmen als Arbeitgeber steuern und die es ermöglichen, daß Urteile über Aspekte der Arbeitssituation abgegeben werden, ohne daß hierzu konkrete Informationen vorliegen.

Beim Vergleich der Strukturmerkmale von Schemata und stereotypen Orientierungssystemen nach Bergler lassen sich viele Gemeinsamkeiten feststellen[435]:

1. Stereotypen sind Formeln hoher Prägnanz, mit deren Hilfe das Individuum Situationen emotional oder pseudorational bewältigt, die es objektiv nicht rational erhellen und bewältigen kann.

2. Stereotypen sind ein überschaubares ganzheitliches und mehrdimensionales System von Merkmalsausprägungen.

3. Stereotypen sind das Ergebnis von subjektiv erforderlichen kognitiven Reduktionen komplexer Sachverhalte, wobei wesentliche Elemente des Sachverhalts nicht berücksichtigt werden und vorschnell Generalisierungen von Einzelerfahrungen erfolgen.

4. Stereotypen sind sozial "abgesichert". Sie werden gemeinsam von einer Gruppe von Menschen geteilt.

5. Stereotypen weisen eine hohe zeitliche Stabilität auf.

6. Stereotypen sind schematische Interpretationsformen der Realität, mit deren Hilfe eine Orientierung und Steuerung des Verhaltens in ansonsten unüberschaubaren Situationen ermöglicht wird.

7. Neben diesen oben erwähnten Eigenschaften ist auch auf das Phänomen der Irradiation nach Spiegel hinzuweisen.

---

[434]Vgl. Schwarz (Theorien) S.284

[435]Vgl. Bergler (Marken- und Firmenbild) S. 21-28

5.6 Präzisierung der Ziele der schematheoretisch fundierten empirischen Untersuchung zum Personalimage

Als Zielsetzung der empirischen Studie wurde in Kapitel 5.1 formuliert:

Es ist zu überprüfen, ob ein schematheoretischer Bezugsrahmen für die Konzeptualisierung des Personalimages angemessener als ein erwartungswerttheoretischer Bezugsrahmen ist und ob mit Hilfe eines schematheoretischen Bezugsrahmens die Befunde, die aufgrund der erwartungswerttheoretischen Untersuchung als noch offene Fragestellungen eingestuft worden waren, einer empirisch belegten und schematheoretisch fundierten Deutung zugeführt werden können.

Aufgrund der Ergebnisse der erwartungswerttheoretisch fundierten Studie und der Analyse schematheoretischer Konzeptionen und ihrer empirischen Belege werden folgende Präzisierungen dieser Zielsetzung in Form von Fragestellungen vorgenommen:

1. Fragestellung:

Haben Studenten bestimmte generelle Vorstellungsmuster (Schemata) über das Image von Unternehmen als potentielle Arbeitgeber, die unabhängig von konkreten Informationen über singuläre Unternehmen existieren?

Es ist eine Zielsetzung dieser empirischen Untersuchung, zu prüfen, ob die Aussagen von Studenten zum Image von Unternehmen als Arbeitgeber auf Personalimageschemata beruhen.

2. Fragestellung:

Haben diese Personalimageschemata einen "ganzheitlichen" Charakter?

Der Begriff der "Ganzheitlichkeit" wird häufig ohne weitere Erläuterung in sehr vielfältiger Weise verwendet. Er soll hier in folgender Weise verstanden werden:

1. Die Studenten versuchen ein möglichst konsistente Vorstellung über ein Unternehmen als Arbeitgeber zu entwickeln. Dies bedeutet, daß die Einschätzung zu einzelnen Merkmalen einem Gesamtbild angepaßt wird.

2. Fehlende Informationen werden schemagemäß ergänzt oder - in der Terminologie von Minsky - Leerstellen werden gemäß den Restriktionen gefüllt.

3. Elemente eines Personalimages, zu denen keine Informationen vorliegen, werden auf der Basis von "Schlüsselstimuli" oder "Schlüsselinformationen" im Hinblick auf ein ganzheitliches, konsistentes Bild erschlossen, d.h. gedanklich konstruiert oder noch deutlicher dazu erfunden oder gedacht.[436] Durch diese Schlüsselstimuli werden Personalimage**sub**schmata instantiiert.Es wird vermutet, daß in Ermangelung profunderen Wissens oder Kenntnisse über ein Unternehmen als Arbeitgeber häufig von "außen" zugängliche Informationen die Instantiierung der "Personalimageschemata" bestimmen, wie

- *Branche*
- *Unternehmensgröße*
- Erfolge in Bezug auf Produktprogramm, Produktwerbung, Design, im folgenden als *Marketingerfolg* bezeichnet
- *Alter des Unternehmens* und
- *Dynamik des Unternehmenswachstums.*

Die Zielsetzung 1 und 2 der Untersuchung beziehen sich nur auf eine schematheoretische Konzeption des Personalimages. Ziel dieser Untersuchung ist es jedoch auch, eine vergleichende Bewertung einer schematheoretischen oder erwartungswerttheoretischen Konzeption des Personalimages vornehmen zu können.

Die dritte Zielsetzung ist es, einen Beitrag zur Beantwortung der Fragestellung zu leisten:

3. Fragestellung:

Ist der erwartungswerttheoretische Bezugsrahmen als ungeeignet für die Deutung von Personalimage und Beschäftigungswunsch gegenüber der Annahme einer schematheoretischen Konzeption aufzugeben oder lassen sich erwartungswerttheoretischer und schematheoretischer Ansatz miteinander in einer noch zu präzisierenden Weise "kombinieren"?

---

[436]Kroeber-Riel (Konsumentenverhalten) S. 282 verwendet hierfür den Begriff "Schlüsselinformation" und bezeichnet damit Informationen "..., die für die Produktbeurteilung besonders wichtig sind und mehrere andere Informationen substituieren oder bündeln." Als Schlüsselinformationen für Produkte sieht er den Preis, wenn von ihm auf die Qualität geschlossen wird, Testurteile oder der Markenname.

5.7 Untersuchungsdesign und Untersuchungsrealisation

Im folgenden werden insbesondere die Konzeptualisierung der Untersuchung dargestellt und Hinweise zur Forschungsmethode, zur Durchführung und zur Auswertung der Untersuchung gegeben.

5.7.1 Forschungsmethode

Als Forschungsmethode wird wie bei der erwartungswerttheoretischen Untersuchung eine schriftliche Befragung mit weitgehend geschlossenen Fragen und i.d.R. vorformulierten Antwortvorgaben gewählt, die sich möglichst eng an die Formulierungen bei der erwartungswerttheoretischen Untersuchung anschließen, damit unterschiedliche Befunde nicht auf Einflüsse unterschiedlicher Forschungsmethoden zurückzuführen sind.

5.7.2 Konzeptualisierung der Untersuchung und Gestaltung der Fragebogens

Die Erläuterung der Konzeptualisierung der Untersuchung und der Gestaltung des Fragebogens erfolgt anhand der drei oben genannten präzisierten Zielsetzungen der schematheoretisch fundierten Untersuchung.

Danach ist es eine Zielsetzung dieser empirischen Untersuchung zu prüfen, ob Studenten Schemata über das Image von Unternehmen als Arbeitgeber (Personalimageschemata) haben.

Bei Fragen zu konkreten, existierenden Unternehmen besteht für den Untersuchenden die Schwierigkeit, zu entscheiden, inwieweit die Befragten Fragen zum Personalimage aufgrund von Kenntnissen über das Unternehmen oder aufgrund der Initiierung von Personalimageschemata beantworten. Zur Vermeidung dieser Schwierigkeit wurden als Untersuchungsobjekte fiktive Unternehmen "erfunden" und gezielt und somit auch kontrolliert Informationen über diese fiktiven Unternehmen den Befragten vorgegeben. Durch diese Vorgehensweise ist nachprüfbar, welche Antworten aufgrund der Informationsvorgaben erfolgen können und welche Antworten aufgrund von Vermutungen über das Unternehmen erfolgen.

Da vermutet wird, daß von "außen" zugängliche Informationen wie

- Branche
- Unternehmensgröße
- Produktionsprogramm
- Produktwerbung, Design
- Alter des Unternehmens, Dynamik des Wachstums

als "Schlüsselstimuli" die Instantiierung der "Personalimageschemata" bestimmen und damit auch steuern, welche weiteren Annahmen über das Unternehmen aufgrund des Schemas generiert werden, werden bei der Informationsvorgabe zu den fiktiven Unternehmen derartige Angaben gemacht, um diese Annahme prüfen zu können.

In der folgenden Tabelle sind die Namen der fiktiven Unternehmen und die Informationsvorgaben, die die Befragten erhielten, enthalten.

Tabelle 5.1: Übersicht der fiktiven Unternehmen und der Informationen, die den Befragten vorgegeben wurden.

"Name" des Unternehmens	Informationsvorgabe für die Befragten
xyz	Die Produkte der Firma xyz sind weltweit bekannt für ihre Exklusivität und Qualität. Die Firma xyz kann deshalb das höchste Preisniveau der Branche fordern. In ihrem (Top-) Marktsegment ist die Firma xyz Marktführer. Es sind bei ihr ca. 150.000 Mitarbeiter beschäftigt.
GRO	Das Unternehmen GRO ist ein großes Industrieunternehmen aus dem Bereich der Metallindustrie mit weit über 60.000 Mitarbeitern.
AKA	Die Firma AKA ist ein kleines Industrieunternehmen aus dem Bereich der Metallindustrie mit ca. 1.500 Mitarbeitern
WIS	Das Unternehmen WIS ist aus einem Handwerksbetrieb entstanden. Es stellt heute mit seinen ca. 300 Mitarbeitern langlebige Gebrauchsgüter für private Haushalte her, die über den Handel zum Kunden gelangen.
ukm	Die Firma ukm ist anerkannter Weltmarktführer und ist mit seinen Produkten aus dem High-Tech-Bereich richtungsweisend. Es sind bei ihr weltweit mehr als hunderttausend Mitarbeiter beschäftigt.
ziz	Die Firma ziz mit ca. 800 Mitarbeitern ist bekannt für das klare, zeitlose und klassische Design ihrer Produkte aus dem High-Tech-Bereich.
LOS	Das Unternehmen LOS ist ein Unternehmen des öffentlichen Dienstes, dessen Leistungen von jedem in Anspruch genommen werden.

Zu diesen fiktiven Unternehmen wurden Fragen in Analogie zum erwartungswerttheoretischen Ansatz nach der Instrumentalität einer Beschäftigung bei einem Unternehmen für das Erreichen von Beschäftigungszielen gestellt, wobei aufgrund der Informationsvorgabe nur wenige dieser Fragen aufgrund dieser Antwortvorgaben beantwortbar sind.

Anhand des folgenden Beispiels für das Unternehmen LOS wird dies verdeutlicht.

Abbildung 5.2: Auszug aus dem Fragebogen

Das Unternehmen LOS ist ein Unternehmen des öffentlichen Dienstes, dessen Leistungen von jedem in Anspruch genommen werden.

Geben Sie bitte an, in welchem Ausmaß die folgenden Aussagen Ihrer Meinung nach auf das Unternehmen zutreffen.

	keine Angabe	trifft voll zu				trifft überhaupt nicht zu
	0	1	2	3	4	5

hat einen guten Ruf in der Bevölkerung

hat ein gutes Betriebsklima

bietet gute Aufstiegschancen

bietet herausfordernde Tätigkeiten

hat krisensichere Arbeitsplätze

bietet gute Verdienstmöglichkeiten

hat gute Weiterbildungsmöglichkeiten

gute Chancen für Auslandstätigkeiten

hat einen hohen Bekanntheitsgrad

ist ein innovatives Unternehmen

hat ein hochwertiges Produktprogramm

leistet viel für den Umweltschutz

Als erste Antwortkategorie wurde die Kategorie "keine Angabe" gewählt, um die Befragten explizit auf diese Möglichkeit hinzuweisen, so daß sie keine "Verlegenheitsangaben" machen mußten.

Da die meisten dieser Fragen nach der Instrumentalität aufgrund der Informationsvorgaben nicht beantwortbar sind, werden Antworten als ein Beleg für ein Personalimageschema angesehen, das durch die vorgegebene Information "angeregt" wird.

Die zweite Zielsetzung der Untersuchung bezieht sich auf den sogenannten "ganzheitlichen" Charakter, den auch Personalimageschemata wie auch andere Schemata aufweisen sollen.

In diesem Zusammenhang soll geprüft werden, ob Studenten versuchen, eine möglichst konsistente Vorstellung über ein Unternehmen als Arbeitgeber zu entwickeln, in dem Einschätzung zu einzelnen Merkmalen einem Gesamtbild angepaßt wird oder in dem fehlende Informationen schemagemäß ergänzt werden.

Um einen Vergleich der erwartungswerttheoretisch fundierten Untersuchung mit der schematheoretisch fundierten Untersuchung auch im Hinblick auf das "ganzheitliche" Ergänzen fehlender Informationen zu ermöglichen, wurde bei der Beschreibung der fiktiven Unternehmen prägnante Merkmale der realen Unternehmen als Information vorgegeben. Diese Informationsvorgabe erfolgte jedoch in einer recht allgemeinen Form, um keine Assoziationen an diese z.T. sehr bekannten Unternehmen zu bewirken. Eine hohe

Übereinstimmung beim Ergänzen fehlender Informationen bei den fiktiven Unternehmen mit der Wahrnehmung der realen Unternehmen wird als Beleg für das "ganzheitliche" Ergänzen im Hinblick auf Schemata gewertet.

Tabelle 5.2: Relation fiktive und reale Unternehmen

"Name" des Unternehmens	Reales Bezugsunternehmen
xyz	Daimler-Benz
GRO	kein reales Unternehmen; als Vergleichsunternehmen für AKA gewählt, für den Vergleich von Groß - und Mittelunternehmen
AKA	Firma Brose in Coburg
WIS	Polstermöbelhersteller Willi Schillig
ukm	IBM
ziz	Loewe-Opta
LOS	Bundespost

Zur Überprüfung dieser Untersuchungszielsetzung dient auch eine in Anlehnung an die Vorgehensweise von Tversky und Kahnemann bei ihrem "Linda-Experiment" entwickelte Vorgabe von Aussagen zu zwei fiktiven Unternehmen EXPRO und AGA.

Da es bei der Fragestellung hier nicht um das Prüfen des Einflusses von schemabedingtem Denken auf die Rationalität des Denkens im statistisch-mathematischen Sinn geht, sondern um die Fragestellung nach bestimmten Schemata, die durch bestimmte Schlüsselstimuli angeregt werden, wurden entweder Sätze kombiniert, die von vornherein als vermutlich passend bzw. nicht passend für das durch die Vorinformation angeregte Schema angesehen wurde.

Durch die Informationsvorgabe über die fiktiven Unternehmen EXPRO und AGA sollten Schemata über Unternehmen als Arbeitgeber initiiert werden, die nach Vermutung des Verfassers bei den Studenten vorhanden sind. Keine der Aussagen zu diesen beiden Unternehmen, für die die Studenten die Wahrscheinlichkeit ihres Zutreffens angeben sollten, ist in der Informationsvorgabe über diese Unternehmen enthalten. Die Aussagen zu diesen beiden Unternehmen wurden bewußt vom Verfasser so formuliert, daß jeweils die eine Hälfte der Aussagen auf das vermutete Personalimageschema zutrifft und die andere nicht.

Als Personalimageschemata sollten zwei Typen untersucht werden:

Zum einen Unternehmen, die im High-Tech-Bereich tätig sind, die sich innerhalb kürzester Zeit eine Entwicklung von Kleinstunternehmen - z.T. waren Garagen die ersten Produktionsstätten - zu bekannten Unternehmen entwickelt haben und denen ein unkonventioneller und kooperativer Führungsstil nachgesagt wird. Als Prototypen dafür gelten Unternehmen wie Apple oder Hewlett - Packard[437]. Dieser Unternehmenstyp soll durch das fiktive Unternehmen EXPRO repräsentiert werden. EXPRO wird durch folgende Informationsvorgabe den Befragten dargestellt:

"Das Unternehmen EXPRO ist ein junges Unternehmen mit dynamischer Entwicklung. Es zeichnet sich durch sein innovatives Produktprogramm und seine einfallsreiche und spaßige Werbung aus."

Den Befragten wurden die nachstehend aufgeführten Aussagen zu diesem Unternehmen vorgelegt und sie sollten auf einer Skala von 1 bis 5 mit den verbalen Verankerungen 1= sehr wahrscheinlich und 5 = sehr unwahrscheinlich angeben, wie wahrscheinlich ihrer Meinung nach diese Aussagen für das Unternehmen zutreffen. Als erste Antwortmöglichkeit war "keine Angabe" vorgegeben.

Die Frage nach dem "Herausforderungsgrad" der Tätigkeit wurde vorgegeben, da für den Verfasser überraschend bei der erwartungswerttheoretisch fundierten Untersuchung die Firma Loewe - Opta in dieser Hinsicht so positiv eingeschätzt wurde. Es ist darauf hinzuweisen, daß es sich bei den Befragten um kaufmännische und nicht um technische Führungsnachwuchskräfte handelt.

Abbildung 5.3: Auszug aus dem Fragebogen

1. Bei EXPRO wird autoritär geführt.
2. Bei EXPRO wird kooperativ geführt.
3. Bei EXPRO gibt es viele formale (bürokratische) Regelungen.
4. Bei EXPRO haben die Mitarbeiter herausfordernde Tätigkeiten.
5. Bei EXPRO wird gute Teamarbeit praktiziert.
6. Bei EXPRO ist das Betriebsklima schlecht.
7. Bei EXPRO wird kooperativ geführt und die Mitarbeiter haben herausfordernde Tätigkeiten.
8. Bei EXPRO wird kooperativ geführt,die Mitarbeiter haben herausfordernde Tätigkeiten und es wird gute Teamarbeit praktiziert.
9. Bei EXPRO wird autoritär geführt und es gibt viele bürokratische Regelungen
10. Bei EXPRO wird autoritär geführt, es gibt viele bürokratische Regelungen und das Betriebsklima ist schlecht.

Als Gegenstück zu diesem als modern, unkonventionell, unbürokratisch eingestuften Unternehmenstyp mit kooperativem, teamorientierten Führungsstil sollte ein Unternehmenstyp stehen, der mit Begriffen wie altes Familienunternehmen mit vielen

---

[437]Zu Hewlett - Packard vgl. z.B. Derschka (Hewlett - Packard)

Regelungen und lang andauerenden Kundenbeziehungen auf solider Basis mit eher patriarchalischem Führungsstil und mit kaum Teamarbeit charkterisiert werden kann.

Dieser Unternehmenstyp wurde den Befragten folgendermaßen vorgestellt:

"Das Unternehmen AGA ist ein Unternehmen, das über Jahrzehnte hinweg kontinuierlich gewachsen ist. Es befindet sich bereits in der 4. Generation in Familienbesitz und unter der persönlichen Leitung der Familie. Bei seinen Kunden, mit denen in der Regel langjährige Verbindungen bestehen, wird das Unternehmen wegen der Qualität und Solidität seiner Produkte und der Zuverlässigkeit seines Kundendienstes geschätzt".

Analog zu dem fiktiven Unternehmen EXPRO wurden auch zu AGA den Befragten Aussagen vorgegeben, deren Wahrscheinlichkeit sie einschätzen sollten.

Abbildung 5.4: Auszug aus dem Fragebogen

1. Bei AGA wird patriarchalisch geführt.
2. Bei AGA wird kooperativ geführt.
3. Bei AGA gibt es viele formale (bürokratische) Regelungen.
4. Bei AGA haben die Mitarbeiter herausfordernde Tätigkeiten.
5. Bei AGA wird gute Teamarbeit praktiziert.
6. Bei AGA sind die Arbeitsplätze krisensicher.
7. Bei AGA wird kooperativ geführt und die Mitarbeiter haben herausfordernde Tätigkeiten.
8. Bei AGA wird kooperativ geführt, die Mitarbeiter haben herausfordernde Tätigkeiten und es wird gute Teamarbeit praktiziert.
9. Bei AGA wird autoritär geführt und es gibt viele bürokratische Regelungen
10. Bei AGA wird patriarchalisch geführt, es gibt viele bürokratische Regelungen und die Arbeitsplätze sind krisensicher.

Die dritte Zielsetzung der Untersuchung ist zu prüfen, ob der schematheoretische Ansatz oder der erwartungswerttheoretische Ansatz als geeigneter Bezugsrahmen für die Konzipierung des Personalimages anzusehen ist.

Deshalb wurde die "schematheoretische" Untersuchung zum Teil so konzipiert, als ob es sich um eine erwartungswerttheoretische Untersuchung handeln würde, um so eine vergleichende Bewertung beider Konzeptionen vornehmen zu können.

Es wurde daher die Valenz von Beschäftigungszielen, die wahrgenommene Eignung der Beschäftigung bei den Unternehmen für das Erreichen der Beschäftigungsziele (Instrumentalität) und der Wunsch nach einer Beschäftigung bei einem dieser Unternehmen erhoben. Es interessierte insbesondere, ob auch für diese fiktiven Unternehmen Zusammenhangswerte zwischen dem Summenwert der Produkte gebildet aus Valenz und Instrumentalität und dem Beschäftigungswunsch in ähnlicher

Größenordnung feststellbar sind, wie sie für erwartungswerttheoretische Untersuchungen an "realen" Untersuchungsobjekten oder speziell bei der erwartungswerttheoretischen Untersuchung in dieser Arbeit feststellbar sind.

5.7.3 Durchführung und Auswertung der Befragung

Die Untersuchung erfolgte ebenfalls während einer Lehrveranstaltung, so daß auch in dieser Hinsicht gleiche Bedingungen vorlagen wie bei der erwartungswerttheoretisch fundierten Untersuchung. Befragt wurden Studenten der Betriebswirtschaft an der Fachhochschule Coburg im SS 91 im Rahmen der Pflichtlehrveranstaltung "Personalführung" für Studenten des 4. Semesters. Die Rücklaufquote betrug 100%. Die Auswertung erfolgte ebenfalls mit SPSSPC.

Tabelle 5.3: Soziodemographische Daten der Untersuchungspopulation

Merkmal	Ausprägungen / Einheiten	Werte
Geschlecht	männlich	64%
	weiblich	36%
Alter	Jahre (arithm. Mittel)	24,4
abgeschlossene	Ja	19%
Berufsausbildung	Nein	81%

5.8 Untersuchungsergebnisse

Zunächst werden die Ergebnisse der Untersuchung im Hinblick auf Belege für die Existenz von Personalimageschemata dargestellt. Anschließend wird das schemabedingte Ergänzen von Informationen untersucht. Der dritte Teil der Untersuchung bezieht sich auf die Angemessenheit eines schematheoretischen oder eines erwartungswerttheoretischen Bezugsrahmens.

5.8.1 Befunde für das Vorhandensein von Personalimageschemata

Bei der erwartungswerttheoretischen Untersuchung des Personalimages war aufgefallen, daß - angesichts des zu unterstellenden Kenntnisstands der Befragten in Bezug auf Einzelheiten des Arbeitslebens in den einzelnen Unternehmen - ein überraschend hoher Anteil der Befragten Angaben zu den einzelnen Instrumentalitäten der Unternehmen für das Erreichen von Beschäftigungszielen, wie z.B. gute Gehaltsaussichten, gegeben hat. Es wurde vermutet, daß diese Angaben auf der Basis von allgemeinen Vorstellungen über bestimmte Unternehmen als Arbeitgeber gemacht wurden, die entsprechend der hier zugrundegelegten theoretischen Konzeption als Personalimageschemata bezeichnet werden.

Als Prüfkriterium für das Vorhandensein von Personalimageschemata soll der Anteil der Befragten dienen, die Angaben zu einzelnen Instrumentalitäten der Beschäftigung bei einem Unternehmen machen, obwohl hierzu keine Informationen den Befragten vorgegeben worden waren.

Das Ergebnis dieser Untersuchung ist in der folgenden Tabelle enthalten. Die fett hervorgehobenen Zahlen beziehen sich auf Informationen zu Instrumentalitäten, die bei der Beschreibung der Unternehmen den Befragten wortwörtlich oder sinngemäß vorgegeben wurden.

Tabelle 5.4: Anteil der Befragten, die Angaben zur Instrumentalität einer Beschäftigung bei den Unternehmen für das Erreichen von Beschäftigungszielen machten

Instrumentalität	xyz	GRO	AKA	WIS	ukm	ziz	LOS
guter Ruf	83 %	71 %	50 %	74 %	78 %	74 %	81 %
gutes Betriebsklima	67 %	69 %	81 %	76 %	59 %	67 %	67 %
gute Aufstiegschancen	88 %	81 %	83 %	86 %	88 %	81 %	88 %
herausfordernde Tätigkeiten	83 %	87 %	83 %	83 %	90 %	88 %	88 %
krisensichere Arbeitsplätze	93 %	88 %	81 %	83 %	88 %	83 %	100 %
guter Verdienst	95 %	81 %	83 %	87 %	86 %	76 %	90 %
Weiterbildung	90 %	79 %	81 %	87 %	90 %	79 %	86 %
Auslandseinsatzchancen	95 %	74 %	81 %	93 %	100 %	83 %	83 %
hohe Bekanntheit	100 %	81 %	88 %	83 %	100 %	98 %	95 %
innovative Firma	90 %	79 %	69 %	79 %	93 %	87 %	81 %
hochwertiges Produktprogr.	95%	69 %	61 %	78 %	95 %	90 %	67 %
Umweltschutz	53 %	67 %	55 %	57 %	48 %	50 %	45 %

Die Frage zum Umweltschutz ausgenommen, liegen die Antwortquoten bei 75 - 100 %. Über 95% und z.T. sogar 100% Antwortquoten gibt es nur bei den Instrumentalitäten, für die klare Hinweise in den Informationsvorgaben enthalten sind. In Bezug auf diese Instrumentalitäten kann der jeweils größte Anteil an Befragten festgestellt werden, die hierzu Angaben machten. Diese besonders hohen Antwortquoten bei den Instrumentalitäten, bei denen Informationen vorgegeben sind, im Vergleich zu den anderen Instrumentalitäten kann als Indiz dafür gewertet werden, daß die Befragten ernsthaft und mit großer Sorgfalt geantwortet haben.

Die geringsten Antwortquoten sind in Bezug auf die Leistungen der Unternehmen für den Umweltschutz feststellbar. Aber auch hier gaben ca. die Hälfte der Befragten Antworten, obwohl in den Informationsvorgaben keine Hinweise auf den Umweltschutz - auch nicht durch die Angabe von Branchen, wie chemische Industrie, die allgemein in Bezug auf den Umweltschutz skeptisch angesehen wird,- enthalten sind. Aufgrund dieser niedrigen Antwortquoten werden Untersuchungsergebnisse zum Umweltschutz im weiteren Verlauf der Arbeit ohne ergänzenden Kommentar wiedergegeben.

Eine Analyse des Anteils der Befragten, die die Fragen zu dem "Linda-Experiment" von Tversky und Kahnemann nachempfundenen Fragekomplex zu den Unternehmen EXPRO und AGA beantwortet bzw. nicht beantwortet haben, bestätigen ebenfalls das Vorliegen von Personalimageschemata.

Aufgrund der Informationsvorgaben zu den Unternehmen EXPRO und AGA sahen sich die in den folgenden beiden Tabellen wiedergegebenen Anteile der Befragten in der Lage, Antworten zu den Fragen zu EXPRO und AGA zu geben, obwohl in den Vorgaben explizit keine Informationen in Bezug auf diese Fragen enthalten sind.

Tabelle 5.5: Anteil der Befragten in Prozent, die Angaben über die Wahrscheinlichkeit des Zutreffens von Aussagen über EXPRO machten

Aussagen über EXPRO	Anteil der Befragten in Prozent, die Angaben über die Wahrscheinlichkeit des Zutreffens dieser Aussagen machten
Bei EXPRO wird autoritär geführt	98
Bei EXPRO wird kooperativ geführt	100
Bei EXPRO gibt es viele formale (bürokratische) Regelungen.	100
Bei EXPRO haben die Mitarbeiter herausfordernde Tätigkeiten.	98
Bei EXPRO wird gute Teamarbeit praktiziert.	95
Bei EXPRO ist das Betriebsklima schlecht	93
Bei EXPRO wird kooperativ geführt und die Mitarbeiter haben herausfordernde Tätigkeiten.	100
Bei EXPRO wird kooperativ geführt, die Mitarbeiter haben herausfordernde Tätigkeiten und es wird gute Teamarbeit praktiziert.	98
Bei EXPRO wird autoritär geführt und es gibt viele bürokratische Regelungen	100
Bei EXPRO wird autoritär geführt, es gibt viele bürokratische Regelungen und das Betriebsklima ist schlecht.	100

Obwohl sowohl in den Angaben zum Unternehmen EXPRO als auch zu dem Unternehmen AGA keine Angaben zu den jeweils nachfolgenden Aussagen enthalten sind, haben nahezu zwischen 87% und 100% der Befragten die Fragen beantwortet.

Tabelle 5.6: Anteil der Befragten in Prozent, die Angaben über die Wahrscheinlichkeit des Zutreffens von Aussagen über AGA machten

Aussagen über AGA	Anteil der Befragten in Prozent, die Angaben über die Wahrscheinlichkeit des Zutreffens dieser Aussagen machten
Bei AGA wird patriarchalisch geführt	95
Bei AGA wird kooperativ geführt	93
Bei AGA gibt es viele formale (bürokratische) Regelungen	98
Bei AGA haben die Mitarbeiter herausfordernde Tätigkeiten	93
Bei AGA wird gute Teamarbeit praktiziert	87
Bei AGA sind die Arbeitsplätze krisensicher	95
Bei AGA wird kooperativ geführt und die Mitarbeiter haben herausfordernde Tätigkeiten	90
Bei AGA wird kooperativ geführt, die Mitarbeiter haben herausfordernde Tätigkeiten und es wird gute Teamarbeit praktiziert	93
Bei AGA wird patriarchalisch geführt und es gibt viele bürokratische Regelungen	93
Bei AGA wird patriarchalisch geführt, es gibt viele bürokratische Regelungen und die Arbeitsplätze sind krisensicher	95

Auch hier zeigen sich die Befragten als sehr homogen in ihrem Antwortverhalten.

Zusammenfassend kann man feststellen, daß die Befragten Angaben zu einzelnen Instrumentalitäten der Unternehmen zur Erreichung von Beschäftigungszielen machten, obwohl zu den meisten Instrumentalitäten keine Informationen vorliegen. Da die Befragten die ebenfalls angebotene Möglichkeit " keine Angabe" kaum wählten, scheint es, daß durch die knappen Informationsvorgaben zu den einzelnen Unternehmen allgemeine Personalimageschemata angeregt und in Form einer "bottom-down-Informationsverarbeitung" detailliertere Informationen zu einzelnen Instrumentalitäten generiert werden.

Diese Ergebnisse werden als Beleg für das Vorhandensein von Personalimageschemata gewertet.

5.8.2 Befunde zum schemagesteuerten "ganzheitlichen" Ergänzen von Informationen

In diesem Kapitel soll untersucht werden, welche Schlüsselreize welche Schemata initiieren und wie durch die angeregten Schemata fehlende Informationen schemagemäß konsistent ergänzt werden.

Als vermutlich bedeutsame Schlüsselreize wurden aufgrund der erwartungswerttheoretischen Untersuchung herausgearbeitet:

- Unternehmensgröße
- Branche
- Marketingerfolge
- Alter des Unternehmens, Dynamik des Wachstums.

5.8.2.1 Schluß von der Unternehmensgröße auf die Eignung des Unternehmens zum Erreichen von Beschäftigungszielen

Die Analyse des Einflusses der Unternehmensgröße erfolgt anhand des Vergleichs der fiktiven Unternehmen GRO mit AKA und ukm mit ziz, die sich jeweils nur in der Unternehmensgröße unterscheiden.[438]

Bei den Mittelunternehmen erwartet die Mehrzahl der Befragten eher ein gutes Betriebsklima als bei den Großunternehmen. Ansonsten sieht jedoch die Mehrzahl der Befragten eher in Großunternehmen die Möglichkeit Beschäftigungsziele zu realisieren.

Zusammenfassend kann man feststellen:

Großunternehmen werden als Beschäftigungsorte angesehen, die im Vergleich zu Mittelunternehmen folgenden Vorteilen aufweisen:

- *guter Ruf*
- *gute Aufstiegschancen*
- *krisensichere Arbeitsplätze*
- *gute Verdienstchancen*
- *guter Weiterbildung*
- *gute Auslandseinsatzchancen*
- *hoher Bekanntheitsgrad.*[439]

---

[438]Vgl. Tabelle 5.7

[439]Dieser Befund deckt sich auch mit Ergebnissen auf die Barth (Generalisten) S. 1 verweist.

Tabelle 5.7: Instrumentalität einer Beschäftigung bei dem Unternehmen für das Erreichen von Beschäftigungszielen: Vergleich von Groß - und Mittelunternehmen gleicher Branche

(Addition der Anteile der Befragten mit den ersten beiden Kategorien der Zustimmung: trifft voll zu bzw. mit großer Wahrscheinlichkeit ; Valid Percent)

Instrumentalität	GRO	AKA	ukm	ziz
	großes Unternehmen der Metallindustrie, keine Angabe über Marketingerfolg	kleines Unternehmen der Metallindustrie, keine Angabe über Marketingerfolg	großes High-Tech-Unternehmen, beachtliche Marketingerfolge	kleines High-Tech-Unternehmen, beachtliche Marketingerfolge
guter Ruf	20	19	87	64
gutes Betriebsklima	10	65	8	57
gute Aufstiegsshancen	35	20	76	29
heraus-fordernde Tätigkeiten	23	37	66	46
krisensichere Arbeitsplätze	38	9	57	29
guter Verdienst	35	26	81	56
Weiterbildung	36	12	87	27
Auslands-einsatzchancen	23	0	98	11
hohe Bekanntheit	41	0	93	34
innovative Firma	24	38	90	50
hochwertiges Produkt-programm	41	48	93	87
Umweltschutz	11	13	10	14

5.8.2.2 Schluß von der Branche auf die Eignung des Unternehmens zum Erreichen von Beschäftigungszielen

Als weiterer Schlüsselstimulus wird die Branchenzugehörigkeit vermutet. Zur Überprüfung dieser Vermutung wird getrennt für Groß- und Mittelunternehmen ein Branchenvergleich durchgeführt.[440]

Nur in Bezug auf Krisensicherheit der Arbeitsplätze und Bekanntheit sieht der größte Anteil der Befragten große öffentliche Unternehmen als besonders vorteilhaft im Vergleich zu großen Unternehmen aus dem High-Tech-Bereich oder aus der Metallindustrie an; ansonsten bewerten nur sehr wenige der Befragten eine Beschäftigung bei einem großen öffentlichen Unternehmen als besonders gut geeignet zur Erreichung von Beschäftigungszielen.

---

[440] Vgl. Tabelle 5.8

Tabelle 5.8: **Branchenvergleich: Großunternehmen der Metallindustrie, der High-Tech-Industrie und des öffentlicher Dienstes im Hinblick auf die Instrumentalität einer Beschäftigung bei dem Unternehmen für das Erreichen von Beschäftigungszielen.**

(Addition der Anteile der Befragten mit den ersten beiden Kategorien der Zustimmung: trifft voll zu bzw. mit großer Wahrscheinlichkeit; Valid Percent)

Instrumentalität	GRO	ukm	LOS
	großes Unternehmen der Metallindustrie, keine Angabe über Marketingerfolge	großes High-Tech-Unternehmen, beachtliche Marketingerfolge	großes Unternehmen des öffentlichen Dienstes, keine Angaben über Marketingerfolge
guter Ruf	20	87	15
gutes Betriebsklima	10	8	17
gute Aufstiegschancen	35	76	5
herausfordernde Tätigkeiten	23	66	3
krisensichere Arbeitsplätze	38	57	95
guter Verdienst	35	81	16
Weiterbildung	36	87	17
Auslandseinsatzchancen	23	98	0
hohe Bekanntheit	41	93	95
innovative Firma	24	90	9
hochwertiges Produktprogramm	41	93	7
Umweltschutz	11	10	21

Mit Ausnahme der Beschäftigungsziele krisensicherer Arbeitsplatz und Arbeiten in einem bekannten Unternehmen wird von den meisten Befragten ukm, das große High-Tech-Unternehmen als das am besten geeignete Unternehmen zur Erreichung von Beschäftigungszielen eingeschätzt. Die Anteile der Befragten, die eine Beschäftigung bei ukm zur Erreichung dieser Arbeitsziele als besonders geeignet ansehen, sind z.T. erheblich größer als bei den beiden anderen Unternehmen.

Das Unternehmen GRO, beschrieben als ein großes Unternehmen der Metallindustrie, wird durchweg von weniger der Befragten als geeignet zur Erreichung der Beschäftigungsziele eingestuft als ukm, jedoch - Krisensicherheit und Bekanntheit ausgenommen - von einem größeren Anteil als das öffentliche Unternehmen LOS als geeigneter zur Realisierung von Beschäftigungszielen angesehen.

Als Resümee kann man festhalten, daß große High-Tech-Unternehmen beinahe als ideale Arbeitgeber angesehen werden. Große öffentliche Unternehmen werden nur in Bezug auf Arbeitsplatzsicherheit und Bekanntheit des Unternehmens am höchsten eingeschätzt, ansonsten werden sie als sehr wenig geeignet zur Erreichung von Beschäftigungszielen eingestuft. Die Bewertung große Unternehmen der Metallindustrie als Arbeitgeber im Hinblick auf ihre Eignung zur Erreichung von Beschäftigungszielen liegt zwischen der Bewertung großer High-Tech-Unternehmen und der Bewertung großer Unternehmen des öffentlichen Dienstes, wobei Arbeitsplatzsicherheit und Bekanntheitsgrad ausgenommen sind. Hinsichtlich der Arbeitsplatzsicherheit und des Bekanntheitsgrades werden große Unternehmen der Metallindustrie am schwächsten bewertet.

Tabelle 5.9: Branchenvergleich Mittelunternehmen aus der Metallindustrie, dem High-Tech-Bereich und aus dem handwerksnahen Wirtschaftsbereich im Hinblick auf die Instrumentalität einer Beschäftigung bei dem Unternehmen für das Erreichen von Beschäftigungszielen.

(Addition der Anteile der Befragten mit den ersten beiden Kategorien der Zustimmung: trifft voll zu bzw. mit großer Wahrscheinlichkeit; Valid Percent)

Instrumentalität	AKA	WIS	ziz
	Metallunternehmen, keine Angaben über Marketingerfolge	aus dem handwerksnahen Bereich, keine Angaben über Marketingerfolge	High-Tech-Unternehmen, beachtliche Marketingerfolge
guter Ruf	19	19	64
gutes Betriebsklima	65	81	57
gute Aufstiegschancen	20	8	29
herausfordernde Tätigkeiten	37	26	46
krisensichere Arbeitsplätze	9	17	29
guter Verdienst	26	9	56
Weiterbildung	12	0	27
Auslandseinsatzchancen	0	3	11
hohe Bekanntheit	0	26	34
innovative Firma	38	18	50
hochwertiges Produktprogramm	48	78	87
Umweltschutz	13	13	14

Mittlere Unternehmen aus dem High-Tech-Bereich werden mit Ausnahme des Betriebsklimas in Bezug auf sämtliche anderen Instrumentalitäten am positivsten eingeschätzt. Das beste Betriebsklima erwarten die Studenten bei mittleren Unternehmen aus dem handwerksnahen Bereich, gefolgt von mittleren Metallunternehmen. Bei mittleren High-Tech-Unternehmen wird das relativ schlechteste Betriebsklima erwartet. Nachdem auch bei dem Branchenvergleich der Großunternehmen das High-Tech-Unternehmen nur hinsichtlich des Betriebsklimas am schlechtesten eingeschätzt wurde, könnte hier eine generelle Assoziation vorliegen, die High-Tech mit relativ schlechtem Betriebsklima verknüpft. Eine spekulative Deutung dieses Phänomens könnte in der Verknüpfung von "kalter, unpersönlicher Technik" mit einem analogen Umgang miteinander im Unternehmen sein.

Da sowohl bei den mittleren als auch bei den großen Unternehmen High-Tech-Unternehmen in Bezug auf sämtliche anderen Beschäftigungsziele als instrumenteller eingeschätzt werden, scheint sich die Vermutung zu bestätigen, die sich im Zusammenhang mit der erwartungswerttheoretischen Untersuchung ergeben hat, *daß die Studenten aufgrund "moderner" Technologie und "moderner" Produkte ("High-Tech") auch auf "moderne High-Tech" im Personalbereich, wie herausfordernde Tätigkeit auch im kaufmännischen Tätigkeitsbereich, schließen.*

Bei dem Vergleich von mittleren Unternehmen aus dem Metallbereich und aus dem handwerksnahen Bereich werden für das Metallunternehmen Vorteile gesehen

- bei den Aufstiegschancen
- in Bezug auf herausforderndere Arbeitsplätze
- bessere Verdienstchancen
- bessere Weiterbildungsmöglichkeiten
- Innovativität des Unternehmens,

während das mittlere Unternehmen aus dem handwerksnahen Bereich Vorteile aufzuweisen hat

- bei dem Betriebsklima
- bei der Arbeitsplatzsicherheit
- bei dem Bekanntheitsgrad
- beim Produktprogramm.

In Bezug auf die Vorteile des Unternehmens aus dem handwerksnahen Bereich beim Bekanntheitsgrad und beim Produktprogramm ist darauf hinzuweisen, daß bei dem Unternehmen aus dem handwerksnahen Bereich die Information vorgegeben wurde, daß es langlebige Gebrauchsgüter für private Haushalte herstellt, die über den Handel zum Kunden gelangen, während diesbezüglich beim Metallunternehmen keine Angaben gemacht wurden, so daß die Wahrnehmung diese Vorteile des handwerksnahen Unternehmen möglicherweise durch die Informationsvorgabe bewirkt ist.

5.8.2.3 Schluß von Marketingerfolgen auf die Eignung des Unternehmens zum Erreichen von Beschäftigungszielen

Als eine weitere Vermutung ergab sich aufgrund der erwartungswerttheoretischen Untersuchung, daß aufgrund von hochwertigem Produktprogramm, Produktdesign und darauf basierendem hohen Bekanntheitsgrad - verkürzt als "Marketingerfolge" bezeichnet - auch auf hohe Leistungen für die Mitarbeiter hinsichtlich Gehalt, Weiterbildung etc. geschlossen wird.

Beim Vergleich der Unternehmen mit Hinweisen auf Marketingerfolge mit den Unternehmen ohne Marketingerfolge werden nur diejenigen Instrumentalitäten als Vorteile gewertet, die jeweils alle drei Unternehmen mit Marketingerfolgen gegenüber den Unternehmen ohne Marketingerfolgen aufzuweisen haben, da ansonsten andere Faktoren, wie Unternehmensgröße verursachend sein könnten.

Bei Anwendung dieser Prozedur weisen Unternehmen, denen "Marketingerfolge" zugeschrieben werden, nach Ansicht der Befragten auch Vorteile auf hinsichtlich

- des Rufes des Unternehmens
- herausfordernder Tätigkeiten
- der Gehaltsaussichten
- der Innovativität des Unternehmens
- des Produktprogramms.[441]

Während in den Informationsvorgaben zu den Marketingerfolgen Hinweise enthalten sind, die in Verbindung mit dem Ruf des Unternehmens und seinem Produktprogramm gebracht werden können[442], sind keine Hinweise zur Innovativität, zu den Gehaltsaussichten und zum Herausforderungsgrad der Arbeit in den Unternehmen enthalten.

Diese Ergebnisse bestätigen die Vermutung, die aufgrund der erwartungswerttheoretischen Analyse formuliert wurde:

Sofern keine besonderen Informationen vorliegen, werden Unternehmen mit "Marketingerfolgen" auch positiver hinsichtlich personalwirtschaftlicher Größen, wie Gehaltsaussichten und Herausforderungsgrad der Tätigkeit, bewertet.

---

[441]Vgl. Tabelle 5.10

[442]Vgl. dazu auch Jetter (Frankreichs Unternehmen).

Tabelle 5.10: Vergleich von Unternehmen mit Hinweisen auf Marketingerfolge bei den Informationsvorgaben zu "vergleichbaren" Unternehmen ohne Hinweise auf Marketingerfolge hinsichtlich der Instrumentalität einer Beschäftigung bei dem Unternehmen für das Erreichen von Beschäftigungszielen.

(Addition der Anteile der Befragten mit den ersten beiden Kategorien der Zustimmung: trifft voll zu bzw. mit großer Wahrscheinlichkeit; Valid Percent)

Instrumentalität	xyz	ukm	ziz	WIS	AKA	GRO
	weltweit bekannte exklusive Höchstpreis-qualitätsprodukte => hoher Marketingerfolg	Weltmarkt-führer mit richtungsweisenden Produkten => hoher Marketingerfolg	bekannt für das Design => hoher Marketingerfolg	=> kaum ein Hinweis auf Marketingerfolg	=>kein Hinweis auf Marketingerfolg	=>kein Hinweis auf Marketingerfolg
guter Ruf	77	87	64	19	19	20
gutes Betriebsklima	11	8	57	81	65	10
gute Aufstiegschancen	51	76	29	8	20	35
herausfordernde Tätigkeiten	43	66	46	26	37	23
krisensichere Arbeitsplätze	62	57	29	17	9	38
guter Verdienst	73	81	56	9	26	35
Weiterbildung	58	87	27	0	12	36
Auslandseinsatzchancen	70	98	11	3	0	23
hohe Bekanntheit	98	93	34	26	0	41
innovative Firma	53	90	50	18	38	24
hochwertiges Produktprogramm	95	93	87	78	48	41
Umweltschutz	41	10	14	13	13	11

5.8.2.4 Schluß von Marketingerfolgen, Branche und Unternehmensgröße auf die Eignung des Unternehmens zum Erreichen von Beschäftigungszielen

Nachdem die Unternehmen jeweils isoliert im Hinblick auf einzelne Merkmale miteinander verglichen wurden, soll nun versucht werden, sie in Bezug auf mehrere Merkmale gemeinsam zu analysieren.

Tabelle 5.11: Gemeinsame Analyse mehrerer Merkmale

Unternehmensmerkmal / Instrumentalitäten	xyz	ukm	ziz	WIS	AKA	GRO	Interpretation
Branche	k.A.	High Tech	High Tech	handwerksnah	Metallindustrie	Metallindustrie	
Marketingerfolg	ja	ja	ja	nein	nein	nein	
Unternehmensgröße	groß	groß	klein	klein	klein	groß	
guter Ruf	77	87	64	19	19	20	High -Tech / Marketingerfolg
gutes Betriebsklima	11	8	57	81	65	10	Kleinunternehmen
gute Aufstiegschancen	51	76	29	8	20	35	Großunternehmen
herausfordernde Tätigkeiten	43	66	46	26	37	23	High -Tech / Marketingerfolg
krisensichere Arbeitsplätze	62	57	29	17	9	38	Großunternehmen
guter Verdienst	73	81	56	9	26	35	High-Tech / Marketingerfolg
Weiterbildung	58	87	27	0	12	36	Großunternehmen
Auslandseinsatzchancen	70	98	11	3	0	23	Großunternehmen
hohe Bekanntheit	98	93	34	26	0	41	Großunternehmen
innovative Firma	53	90	50	18	38	24	High-Tech und Marketingerfolg
hochwertiges Produktprogramm	95	93	87	78	48	41	Marketingerfolg
Umweltschutz	41	10	14	13	13	11	nicht analysiert

Sowohl die Zugehörigkeit zur High-Tech-Branche, Marketingerfolge und die Qualifizierung als Großunternehmen scheinen - das Betriebsklima ausgenommen - zu einer positiven Bewertung von Unternehmens hinsichtlich ihrer Instrumentalität als Arbeitgeber zu führen. Der Versuch, die relative Bedeutung dieser Merkmale zu bestimmen, ist aufgrund des hier gewählten Untersuchungsdesigns nur sehr bedingt möglich. Trotz dieser Einschränkung wird versucht, einige Tendenzen herauszuarbeiten.

Die Ermittlung der relativen Bedeutung des Einflusses der Zugehörigkeit zur High-Tech-Branche in Relation zum Einfluss von Marketingerfolgen auf die Instrumentalitäten erfolgt durch den Vergleich der Unternehmen xyz, ukm und ziz. All diesen drei Unternehmen wurden als Informationsvorgabe Marketingerfolge zugeschrieben. xyz und ukm haben als gemeinsames Merkmal auch die Unternehmensgröße und unterscheiden sich nur hinsichtlich der Branchenzugehörigkeit. ukm als High-Tech-Unternehmen weist in Bezug auf nahezu alle Instrumentalitäten deutlich positivere oder zumindest in etwa gleich positive Bewertungen auf als xyz. Daraus könnte man schließen, daß die Zugehörigkeit zur High-Tech-Branche zu einer positiveren Bewertung eines Unternehmens führt hinsichtlich seiner Instrumentalität für das Erreichen von Beschäftigungszielen. Diese Bewertung wird noch bestärkt, wenn man die Informationsvorgaben dieser beiden Unternehmen vergleicht, bei der die Marketingerfolge von xyz wesentlich mehr betont werden als die "trockenere" Beschreibung von ukm.

Tabelle 5.12: Informationsvorgabe zu den Unternehmen xyz, ukm und ziz

"Name" des Unternehmens	Informationsvorgabe für die Befragten
xyz	Die Produkte der Firma xyz sind weltweit bekannt für ihre Exklusivität und Qualität. Die Firma xyz kann deshalb das höchste Preisniveau der Branche fordern. In ihrem (Top-) Marktsegment ist die Firma xyz Marktführer. Es sind bei ihr ca. 150.000 Mitarbeiter beschäftigt.
ukm	Die Firma ukm ist anerkannter Weltmarktführer und ist mit seinen Produkten aus dem High-Tech-Bereich richtungsweisend. Es sind bei ihm weltweit mehr als hunderttausend Mitarbeiter beschäftigt.
ziz	Die Firma ziz mit ca. 800 Mitarbeitern ist bekannt für das klare, zeitlose und klassische Design ihrer Produkte aus dem High-Tech-Bereich.

Es ist jedoch darauf hinzuweisen, daß auch eine folgende Interpretation möglich ist: Zusätzlich zu den beiden gemeinsamen Merkmalen Unternehmensgröße und Marketingerfolge weist ukm noch das positiv bewertete Merkmal Zugehörigkeit zur High-Tech-Branche auf und wird deshalb aufgrund dieses zusätzlichen positiven Merkmals positiver hinsichtlich seiner Eignung zum Erreichen von Beschäftigungszielen eingeschätzt.

Aufgrund des vorliegenden Datenmaterials und der Informationsvorgaben zu den Unternehmen kann nur mit Willkür zwischen diesen beiden Interpretationen entschieden werden. Es scheint jedoch, daß die Zugehörigkeit zur High-Tech-Branche in

Kombination mit Marketingerfolgen die wahrgenommene Eignung eines Unternehmens zur Erreichung der Beschäftigungsziele

- Arbeiten in einem Unternehmen mit gutem Ruf
- herausfordernde Tätigkeiten ausüben können
- gute Verdienstchancen zu haben
- in einem innovativen Unternehmen zu arbeiten

verstärkt.

Ein gutes Betriebsklima erwartet die überwiegende Mehrheit der Befragten nicht in den Groß- sondern in den Mittelunternehmen. Der weitaus größte Anteil der Befragten (81%) erwartet in dem kleinsten Unternehmen WIS aus dem handwerksnahen Bereich das beste Betriebsklima. Anscheinend wird ein gutes Betriebsklima eher Unternehmen mit überschaubarer Größenordnung, in denen sich viele Mitarbeiter persönlich kennen, als in anonymen Großunternehmen vermutet. Der besonders hohe Anteil der Befragten, der bei WIS ein gutes Betriebsklima erwartet, könnte möglicherweise auch in der Assoziation von WIS mit Handwerk liegen.

5.8.2.5 Schluß von Marketingerfolgen, Dynamik des Unternehmenswachstums, Alter des Unternehmens und Eigentumsstruktur auf die Eignung des Unternehmens zum Erreichen von Beschäftigungszielen

Zur Analyse der Informationsergänzungen aufgrund von Informationsvorgaben über das Alter der Unternehmens, der Dynamik des Unternehmenswachstums und der Besitz- und Leitungsstruktur wurden Informationen zu den zwei fiktiven Unternehmen EXPRO und AGA gegeben, die nochmals in der folgenden Übersicht enthalten sind.

Tabelle 5.13: Informationsvorgabe zu EXPRO und AGA

EXPRO	Das Unternehmen EXPRO ist ein junges Unternehmen mit dynamischer Entwicklung. Es zeichnet sich durch sein innovatives Produktprogramm und seine einfallsreiche und spaßige Werbung aus.
AGA	Das Unternehmen AGA ist ein Unternehmen, das über Jahrzehnte hinweg kontinuierlich gewachsen ist. Es befindet sich bereits in der 4. Generation in Familienbesitz und unter der persönlichen Leitung der Familie. Bei seinen Kunden, mit denen in der Regel langjährige Verbindungen bestehen, wird das Unternehmen wegen der Qualität und Solidität seiner Produkte und der Zuverlässigkeit seines Kundendienstes geschätzt.

Aufgrund dieser Informationsvorgaben ergab sich folgende Struktur der Beantwortung der Fragen zu den beiden Unternehmen.

Tabelle 5.14: Aussagen über EXPRO

Aussagen über EXPRO	Anteil der Befragten in Prozent, die diese Aussage für sehr wahrscheinlich oder für wahrscheinlich halten (valid percent)	arithmetisches Mittel (1 = sehr wahrscheinlich, 5 = sehr unwahrscheinlich)
Bei EXPRO wird autoritär geführt	0	4,415
Bei EXPRO wird kooperativ geführt	91	1,667
Bei EXPRO gibt es viele formale (bürokratische) Regelungen.	5	3,976
Bei EXPRO haben die Mitarbeiter herausfordernde Tätigkeiten.	88	1,902
Bei EXPRO wird gute Teamarbeit praktiziert.	85	1,925
Bei EXPRO ist das Betriebsklima schlecht.	5	4,000
Bei EXPRO wird kooperativ geführt und die Mitarbeiter haben herausfordernde Tätigkeiten.	83	2,071
Bei EXPRO wird kooperativ geführt, die Mitarbeiter haben herausfordernde Tätigkeiten und es wird gute Teamarbeit praktiziert.	88	1,927
Bei EXPRO wird autoritär geführt und es gibt viele bürokratische Regelungen	0	4,548
Bei EXPRO wird autoritär geführt, es gibt viele bürokratische Regelungen und das Betriebsklima ist schlecht.	2	4,571

In Bezug auf das junge dynamische Unternehmen EXPRO erwarten mit sehr großer oder mit großer Wahrscheinlichkeit 91 % der Befragten, daß EXPRO kooperativ geführt wird, 88 % der Befragten, daß bei EXPRO die Mitarbeiter herausfordernde Tätigkeiten haben und 85 % der Befragten erwarten, daß bei EXPRO gute Teamarbeit praktiziert wird. Auch die Kombinationen dieser Erwartungen an das Arbeitsleben bei EXPRO werden mit großer Wahrscheinlichkeit erwartet. 83 % der Befragten erwarten mit sehr großer oder mit großer Wahrscheinlichkeit die Kombination, daß bei EXPRO kooperativ geführt und (zugleich) die Mitarbeiter herausfordernde Tätigkeiten haben. Sogar 88% der Befragten erwarten, daß bei EXPRO kooperativ geführt wird und die Mitarbeiter herausfordernde Tätigkeiten haben und daß bei EXPRO gute Teamarbeit praktiziert wird. Demgegenüber ist der Anteil der Befragten, die bei EXPRO autoritäre Führung, viele bürokratische Regelungen und ein schlechtes Betriebsklima erwarten, sehr gering. Er liegt sowohl für die Einzelmerkmale als auch für die Kombinationen zwischen 0% und 5%.

Obwohl keine derartigen Informationen in der Informationsvorgabe zu EXPRO enthalten sind, zeigt sich, daß sich der weit überwiegende Anteil der Befragten sehr einig ist in der Vorstellung von EXPRO als einem Unternehmen

- mit kooperativer und nicht autoritärer Führung,
- mit herausfordernden Tätigkeiten für die Mitarbeiter,
- ohne bürokratische Regelungen,
- mit guter Teamarbeit und
- mit gutem Betriebsklima (genauer: sehr großer Wahrscheinlichkeit auch ohne ein schlechtes Betriebsklima).

Aufgrund der Informationsvorgabe, daß EXPRO ein junges Unternehmen mit dynamischer Entwicklung, einem innovativen Produktionsprogramm und mit einer einfallsreichen und spaßigen Werbung ist, schließen die Befragten, daß bei EXPRO auch ein "jugendlicher, moderner, unkonventioneller, unbürokratischer" Führungsstil herrscht mit kooperativer Führung, Teamarbeit und gutem Betriebsklima. Die Informationsvorgaben zur Unternehmensdynamik und zum Marketingstil werden "ganzheitlich" übertragen auch auf den Personal- und Führungsbereich, für den ebenfalls unkonventionelle, unbürokratische und kooperative Führungsformen erwartet werden.

Auch bei dem fiktiven Unternehmen AGA ist ein "ganzheitliches" Schließen von Informationslücken erkennbar, indem aufgrund der Informationsvorgaben als altes, solides Familienunternehmen 83% der Befragten einen eher traditionellen Führungsstil, den patriarchalischen Führungsstil erwarten.

In Bezug auf die anderen Fragestellungen zum Arbeitsleben bei AGA sind sich die Befragten nicht ganz so einig. Aber auch hier schließen zwischen 45 und 49% aufgrund der Informationsvorgaben, daß es sich bei AGA um ein altes Familienunternehmen mit langjährigen Beziehungen zu den Kunden handelt, auch auf eine eher bedächtige, konservative Personal-und Führungspolitik mit vielen bürokratischen Regelungen und krisensicheren Arbeitsplätzen. Ein Ergänzen fehlender Informationen im Sinne einer ganzheitlichen Vorstellung über Unternehmen ist auch erkennbar in den Aspekten, die bei AGA als nicht sehr wahrscheinlich bzw. als wahrscheinlich erwartet werden. 87% der Befragten erwarten nicht, daß bei AGA kooperativ geführt wird, 85% erwarten nicht, daß die Mitarbeiter bei AGA herausfordernde Tätigkeiten haben, und 80% der Befragten erwarten nicht, daß bei AGA gute Teamarbeit praktiziert wird.

Tabelle 5.15: Aussagen über AGA

Aussagen über AGA	Anteil der Befragten in Prozent, die diese Aussage für sehr wahrscheinlich oder für wahrscheinlich halten (valid percent)	arithmetisches Mittel (1 = sehr wahrscheinlich, 5 = sehr unwahrscheinlich)
Bei AGA wird patriarchalisch geführt	83	1,875
Bei AGA wird kooperativ geführt	13	3,7
Bei AGA gibt es viele formale (bürokratische) Regelungen	49	2,5
Bei AGA haben die Mitarbeiter herausfordernde Tätigkeiten	15	3,205
Bei AGA wird gute Teamarbeit praktiziert	20	3,029
Bei AGA sind die Arbeitsplätze krisensicher	45	2,575
Bei AGA wird kooperativ geführt und die Mitarbeiter haben herausfordernde Tätigkeiten	8	3,658
Bei AGA wird kooperativ geführt, die Mitarbeiter haben herausfordernde Tätigkeiten und es wird gute Teamarbeit praktiziert	13	3,641
Bei AGA wird patriarchalisch geführt und es gibt viele bürokratische Regelungen	46	2,795
Bei AGA wird patriarchalisch geführt, es gibt viele bürokratische Regelungen und die Arbeitsplätze sind krisensicher	45	2,675

Die obigen Untersuchungsergebnisse belegen die Vermutung, daß eine "ganzheitliche" Ergänzung fehlender Informationen auf der Basis der durch die Informationsvorgabe angeregten Personalimageschemata erfolgt.

5.8.2.6 Vergleich der Rangfolge bei den Instrumentalitäten zwischen den realen Unternehmen und ihren fiktiven "Pendantunternehmen"

Bei der Informationsvorgabe für die fiktiven Unternehmen waren Informationen ausgewählt worden, die einerseits als charakteristisch für einige der realen Unternehmen angesehen wurden, andererseits so allgemein gehalten wurden, daß sie nicht unmittelbar eine Assoziation zu den realen Unternehmen bewirken. Es sollte damit geprüft werden, ob sich eine "ähnliche" Struktur der wahrgenommenen Eignung von Unternehmen als Arbeitgeber (Instrumentalitäten) sowohl für die realen als auch für ihre jeweiligen fiktiven Pendantunternehmen ergibt. Die "Ähnlichkeit" der Instrumentalitätenstruktur wird für die einzelnen Instrumentalitäten mittels des Assoziationskoeffizienten Gamma und für den Profilvergleich zwischen realem und fiktivem Unternehmen mittels der Euklidschen Distanzmatrix ermittelt.

Die Berechnung von Gamma wird anhand eines Beispiels veranschaulicht.

Tabelle 5.16: Berechnung von Gamma für die Instrumentalität "Ruf des Unternehmens" für die Assoziation der Rangplätze der realen mit ihren jeweiligen fiktiven Pendantunternehmen

Rangplatz reales Unternehmen (nach rechts abgetragen) Rangplatz fiktives Unternehmen (nach unten abgetragen)	1.	2.	3.	4.	5.	6.
1.			IBM/ ukm			
2.		DB/ xyz				
3.				Loewe/ ziz		
4.				Brose/ AKA	Wischi/ WIS	
5.						
6.						Post/ LOS

Anzahl der konkordanten Paare: 13; Anzahl der diskordanten Paare: 1

Gamma ist gleich Anzahl der konkordanten Paare minus Anzahl der diskordanten Paare geteilt durch die Summe der Anzahl der konkordanten und der diskordanten Paare = 12/14=0,86

Die Euklidsche Distanzmatrix ergibt sich als Quadratwurzel aus der Summe der quadrierten Differenzen zwischen den Rangplätzen des realen Unternehmens und dem Rangplatz des fiktiven Pendantunternehmens.

Auch die Berechnung der Euklidschen Distanzmatrix soll anhand eines Beispiels verdeutlicht werden.

Tabelle 5.17: Beispiel für die Berechnung der "Ähnlichkeit" mittels der Euklidschen Distanzmatrix für den Vergleich von Daimler-Benz und xyz

Instrumentalität	Rangplatz DB	Rangplatz xyz	Rangplatzdifferenz	Quadrat der Rangplatzdifferenz
guter Ruf	1	2	1	1
gutes Betriebsklima	1	5	4	16
gute Aufstiegschancen	1	2	1	1
herausfordernde Tätigkeiten	2	2	0	0
krisensichere Arbeitsplätze	2	2	0	0
guter Verdienst	1	2	1	1
Weiterbildung	2	2	0	0
Auslandseinsatzchancen	2	2	0	0
hohe Bekanntheit	2	1	1	1
Summe (mit Betriebsklima)				20
Euklidsche Distanz (mit **Betriebsklima**)				$20^{1/2}=4,5$
Summe (ohne Betriebsklima)				4
Euklidsche Distanz (ohne **Betriebsklima**)				2

In der nachfolgenden Tabelle sind sowohl die Gamma-Werte als auch die Werte für das Euklidsche Distanzmaß enthalten.

Wie aus der Tabelle ersichtlich, besteht eine sehr hohe Übereinstimmung beim Vergleich der Rangplätze der Instrumentalitäten der realen mit ihren jeweiligen fiktiven Unternehmen. Bereits bei einem ersten Überblick wird diese Übereinstimmung deutlich. Bei dem Vergleich von 6 Unternehmenspaaren im Hinblick auf 9 Instrumentalitäten ergibt es 9*6 = 54 Möglichkeiten der Differenz zwischen den Rangplätzen. Davon sind bei 23 Fällen keine Differenzen beim Vergleich der Rangordnungen feststellbar. In weiteren 23 Fällen beträgt die Abweichung jeweils nur eine Rangordnung, so daß insgesamt bei 23+23= 46 Fällen keine oder nur eine geringe Abweichung der Rangordnung feststellbar ist. Nur in 8 Fällen ist eine Rangdifferenz von mehr als einem Rangplatz feststellbar; davon 4 beim Betriebsklima. Beim Betriebsklima ist auffällig, daß bei den fiktiven Unternehmen ein gutes Betriebsklima bei den Mittelunternehmen erwartet wird, während bei den realen Unternehmen ein gutes Betriebsklima bei den Großunternehmen vermutet wird. Dies drückt sich auch aus in dem negativen Vorzeichen für Gamma für das Betriebsklima.

Tabelle 5.18: Vergleich der Rangplätze nach dem Anteil der Befragten bezüglich der Eignung (Antwortkategorien 1 und 2; nur valid percent der Häufigkeitstabelle) der Beschäftigung bei den einzelnen Unternehmen für das Erreichen der Beschäftigungsziele aufgrund der erwartungswerttheoretischen Untersuchung mit der Schema-Untersuchung

Instrumentalität	DB-xyz	IBM-ukm	Brose-AKA	Loewe-ziz	Wischi-WIS	Post-LOS	Gamma-Wert
guter Ruf	1	2	4	3	5	6	0,86
	2	1	4	3	4	6	
gutes Betriebsklima	1	2	6	3	5	4	- 0,6
	5	6	2	3	1	4	
gute Aufstiegschancen	1	2	3	4	5	6	0,73
	2	1	4	3	5	6	
herausfordernde Tätigkeiten	2	1	4	3	5	6	1,0
	2	1	4	3	5	6	
krisensichere Arbeitsplätze	2	3	4	5	6	1	0,75
	2	3	6	4	5	1	
guter Verdienst	1	2	3	4	5	6	0,6
	2	1	4	3	6	5	
gute Weiterbildungsmöglichkeiten	2	1	3	4	6	5	0,86
	2	1	4	3	5	5	
gute Auslandseinsatzchancen	2	1	3	4	6	5	0,57
	2	1	5	3	4	5	
hohe Bekanntheit	2	1	5	4	6	3	0,6
	1	3	6	4	5	2	
Anzahl der gleichen Rangplätze für reales und fiktives Unternehmen	4	4	2	4	2	7	
Einen Rangplatz Differenz	4	3	4	5	5	2	
Mehr als ein Rangplatz Differenz	1	2	3	0	2	0	
Euklidsches Distanzmaß (Rangplätze)	4,5	4,8	5,3	2,2	5	1,41	
Euklidsches Distanzmaß ohne Betriebsklima (Rangplätze)	2	2,6	3,5	2,2	3	1,41	

Die auffällige Diskrepanz zwischen der Einstufung der realen und der fiktiven Unternehmen bezüglich des Betriebsklimas kann aufgrund des angewendeten Untersuchungsdesigns nur als Vermutung gedeutet werden: Solange es sich nicht um konkrete Unternehmen handelt, wird mit Klein- und Mittelunternehmen eher Überschaubarkeit und keine Anonymität verbunden und damit ein besseres Betriebsklima als im anonymen Großunternehmen erwartet. Bei den abgefragten Mittelunternehmen kommen jedoch möglicherweise zusätzliche Informationen hinzu. In Bezug auf die Firma Brose wird des öfteren eine eher negative Einschätzung des Betriebsklimas kolportiert und in Bezug auf Polstermöbelunternehmen im Coburger Raum, wie WiSchi, erwarten die Studenten - nach dem Kenntnisstand des Verfassers aufgrund mehrerer Andeutungen von Studenten- keineswegs moderne, partizipative Führungsmethoden, sondern eher das Gegenteil.

Das Betriebsklima ausgenommen, zeigt sich eine hohe Ähnlichkeit zwischen der Einstufung der realen und der fiktiven Unternehmen auch in den recht hohen Gammawerten, die zwischen 0,57 und dem maximal erreichbaren Wert einer perfekten Übereinstimmung der Rangordnungen von 1,0 für die Instrumentalität "herausfordernde Tätigkeit" liegen.

Ebenfalls ergeben sich recht niedrige Werte bei der Euklidschen Distanzmatrix für die Distanz zwischen realem und fiktivem Unternehmen, d.h. zwischen den jeweiligen Unternehmenspaaren herrscht eine sehr hohe Ähnlichkeit. Die Ähnlichkeit ist am größten zwischen der Post und LOS und am geringsten zwischen Brose und AKA. Das durch die Informationsvorgabe bei LOS angeregte Schema eines großen öffentlichen Unternehmens erscheint demnach sehr gut durch die Post repräsentiert bzw. auch umgekehrt, wohingegen bei Brose -das Betriebsklima ausgenommen- positivere Einordnungen vorgenommen werden als bei dem fiktiven Unternehmen.

Insgesamt kann festgestellt werden, daß eine hohe Ähnlichkeit zwischen der Wahrnehmung der fiktiven und der jeweiligen realen Unternehmen bezüglich ihrer Eignung zum Erreichen von Beschäftigungszielen. Da zu den einzelnen Instrumentalitäten der fiktiven Unternehmen nur in wenigen Fällen Angaben in den Informationsvorgaben enthalten sind, wird diese derartig weitgehende Übereinstimmung der Bewertung der Instrumentalitäten der fiktiven und der realen Unternehmen als Beleg dafür angesehen, daß fehlende Informationen schemabedingt konsistent und ganzheitlich ergänzt werden.

5.8.3 Prüfung erwartungswerttheoretische versus schematheoretische Konzeption

Wie auch bei der erwartungswerttheoretischen Untersuchung wird auch für die fiktiven Unternehmen ihr Personalimage als der Wert der Summen der Produkte der Valenz und der Instrumentalität (Summenwert) berechnet.

Tabelle 5.19: Assoziation zwischen der Attraktivität eines Unternehmens als Arbeitgeber und dem Personalimage (Summe der Produkte aus Valenz und Instrumentalität)

Unternehmen	Gamma	Somers D (mit Attraktivität als abhängiger Variablen)	Produkt-Moment-Korrelation R	Bestimmtheitsmaß R^2
xyz	.36	.33	.20	.04
GRO	.18	.16	.22	.05
AKA	.32	.28	.28	.08
WIS	.55	.28	.64	.41
ukm	.36	.34	.41	.17
ziz	.47	.42	.49	.24
LOS	.09	.06	.00	.00

Obwohl Gamma das modelladäquate Assoziationsmaß darstellt, wird im allgemeinen R oder R^2 bei erwartungswerttheoretischen Untersuchungen verwendet. Beim Vergleich mit anderen erwartungswerttheoretischen Untersuchungen zeigt sich, daß die hier festgestellten Werte in den Bereichen liegen, wie sie bei anderen Untersuchungen erzielt werden und die als Beleg für eine tendenzielle Gültigkeit des erwartungswerttheoretischen Modells angesehen werden.

Dieser Vergleich kann hier auch für die realen und ihre jeweiligen fiktiven Pendantunternehmen durchgeführt werden.

Dieser Vergleich zeigt, daß bei den fiktiven Unternehmen zwar geringere Assoziationswerte als bei den realen Unternehmen feststellbar sind, daß sie aber auch für die fiktiven Unternehmen in beachtlicher Größenordnung vorliegen.

Tabelle 5.20: Assoziation zwischen Beschäftigungswunsch und Personalimage (Summenwert). Vergleich der Assoziationskennziffern bei realen und bei fiktiven Unternehmen

(obere Werte Assoziationswerte bei den fiktiven Unternehmen, untere Werte Assoziationswerte bei den realen Unternehmen)

Unternehmenspaar	Gamma	Somers D (mit Attraktivität als abhängiger Variablen)	R	R^2
xyz	.36	.33	.20	.04
Daimler-Benz	.47	.30	.45	.20
AKA	.32	.28	.28	.08
Brose	.62	.46	.69	.48
WIS	.55	.28	.64	.41
WiSchi	.52	.40	.53	.28
ukm	.36	.34	.41	.17
IBM	.32	.23	.32	.10
ziz	.47	.42	.49	.24
Loewe	.42	.31	.51	.26
LOS	.09	.06	.00	.00
Post	.08	.09	.16	.03

Obwohl den Befragten nur wenige Informationen über die Eignung von fiktiven Unternehmen als potentielle Arbeitgeber vorgegeben wurden, haben sie Vorstellungen darüber, inwieweit eine Beschäftigung bei diesen fiktiven Unternehmen geeignet ist, Beschäftigungsziele zu erreichen. Bei einer Verrechnung und Validitätsprüfung dieser Angaben, wie sie bei Anwendung und Validierung des erwartungswerttheoretischen Modells üblich ist, ergeben sich Kennwerte in den Größenordnungen, wie sie bei der Überprüfung des erwartungswerttheoretischen Modells anhand realer Objekte üblich sind und die als tendenzielle Bestätigung des erwartungswerttheoretischen Modells gewertet werden. Da aber bei nahezu allen der Validierung verrechneten Instrumentalitäten die Befragten keine Informationen erhalten haben, erfolgt folgende Deutung dieses Phänomens:

Durch die Informationsvorgabe werden Personalimageschemata angeregt. Aufgrund diese Personalimageschemata schließen die Befragten Informationslücken in schemakonsistenter Weise, so daß auch eine Verrechnung der Angaben der Befragten gemäß dem erwartungswerttheoretischen Modell zu einem Personalimagewert (Summenwert) und dessen Assoziation mit dem Beschäftigungswunsch Größenordnungen aufweisen, die als eine konsistente Reaktion zu werten sind: Je geeigneter eine Beschäftigung bei einem Unternehmen zur Erreichung von Beschäftigungszielen angesehen wird, desto größer ist der Wunsch bei diesem Unternehmen beschäftigt zu werden. Es ist jedoch dabei zu bedenken, daß dies nicht die Wirkungsrichtung sein kann, da hierzu keine Informationen vorliegen. Weil die Befragten aufgrund weniger Angaben ein Unternehmen mehr oder weniger gut als potentieller Arbeitgeber einordnen, entwickeln sie in konsistenter Weise ausgehend von bestimmten Schlüsselinformationen Vorstellungen zu einzelnen Aspekten des Arbeiten in diesem Unternehmen.

6. Theoretische und pragmatische Implikationen

Wie bereits in Kapitel 2 beschrieben, werden mit der vorliegenden Arbeit explorative Zielsetzungen verbunden. Es sollen trotz des Wissens um die Vorläufigkeit der Ergebnisse sowohl einige theoretische als auch praktische Folgerungen aus den Untersuchungsergebnissen und ihrer Deutung dargestellt werden.

6.1 Theoretische Implikationen: Versuch einer Integration von schema -und erwartungswerttheoretischer Konzeptionalisierung des Personalimages

Aufgrund der Ergebnisse der schematheoretisch fundierten Analyse mit kontrollierten Informationsvorgaben erscheint es als sehr wahrscheinlich, daß die Befragten auch bei der Befragung nach der Eignung realer Unternehmen bei der erwartungswerttheoretischen Untersuchung in schemakonsistenter Weise Informationen zu den einzelnen Unternehmen und zu ihrer Eignung als Arbeitgeber für das Erreichen von Beschäftigungszielen aus vorhandenen Schemata über Unternehmen oder "Unternehmenstypen" generieren.

Die Untersuchungsergebnisse der schematheoretisch fundierten Untersuchung belegen die Vermutung, daß die Wahrnehmung von Unternehmen in starkem Maße durch Schemata, durch Personalimageschemata geprägt werden

Das Personalimage eines Unternehmens wird somit von den Studenten als Außenstehenden in starkem Maße nicht aufgrund profunder Kenntnisse und Informationen über das spezifische Unternehmen gebildet, sondern aufgrund von vorhandenen Mustervorstellungen oder Schemata konstruiert.

Damit bestätigen sich Vorstellungen über Images, die Trommsdorff unter dem Begriff gestaltpsychologische Imagetheorie zusammengefaßt und kritisiert hat[443].

Daraus nun zu folgern, daß der erwartungswerttheoretische Ansatz obsolet ist, wäre u. U. voreilig, da der Schemaansatz ein sehr abstrakter Ansatz ist, der nur wenig über die Informationsverarbeitung bei einzelnen Untersuchungsobjekten aussagt und der erwartungswerttheoretische Ansatz in dieser Hinsicht sich in einer Vielzahl von Untersuchungen bewährt hat bzw. nach Meinung vieler Forscher für Motivation- und Einstellungsforschungen in der Organisationspsychologie noch keine "bessere" Alternative vorhanden ist.

Es ist allerdings eine Uminterpretation oder Klärung des erwartungswerttheoretischen Ansatzes des Personalimages erforderlich:

Es werden nicht in Form einer "objektiv-rationalen" Vorgehensweise erst systematisch sämtliche Beschäftigungsziele "aufgelistet" und bewertet und anschließend abgeschätzt, inwieweit durch eine Beschäftigung bei einem Unternehmen diese Ziele realisiert werden können, um zum Schluß die Produkte aus Instrumentalität und Valenz zu einem Gesamtwert (Summenwert) zu addieren. Vielmehr werden ausgehend von u.U. mini-

---

[443]Vgl. Trommsdorff (Image)

malen Informationen, die dann als sogenannte "Schlüsselinformationen" fungieren, weitere Vorstellungen über die Eignung des Unternehmens von den Befragten generiert oder auch konstruiert. Die algebraische Verarbeitung dieser Wahrnehmungen (Instrumentalitäten) und Valenzen gemäß der erwartungswerttheoretischen Summenformel ergibt befriedigende Assoziationswerte mit dem Beschäftigungswunsch. Eine "objektive" Verursachung kann allerdings nicht angenommen werden.

Inwieweit die Summenformel gemäß dem erwartungswerttheoretischen Modell die angemessenste algebraische Verarbeitung dieser Prozesse darstellt, bleibt hier offen. Vielfach lassen sich höhere Assoziationswerte erreichen, wenn nur die "Schlüsselinformationen" verwendet werden.[444]

Eine weitere Konsequenz für die Anwendung erwartungswerttheoretischer Ansätze ist, daß nicht wie bisher eine möglichst umfängliche Liste möglicher Folgen eines Objektes oder Handlung gesucht werden sollte, aus denen dann in direkter Vor - Befragung die wichtigsten selektiert werden, die dann in der Haupt-Untersuchung weiterverwendet werden, sondern daß primär festgestellt wird, welches die "Schlüsselinformationen" in Bezug auf das Untersuchungsobjekt sind, da diesen eine besondere Bedeutung zukommt.

Ergänzend ist anzumerken, daß mit dieser Deutung möglicherweise die vielfach geäußerte Kritik gegenüber erwartungswerttheoretischen Modellen in Frage gestellt werden kann, daß erwartungswerttheoretische Modelle eine zu hohe Rationalität der Informationsbeschaffung und Informationsverarbeitung implizieren, die in der Realität aufgrund vielfältiger Restriktionen und der beschränkten Möglichkeiten der Informationsbeschaffung und -verarbeitung nicht möglich ist[445]. Diese umfassende Informationsbeschaffung und -verarbeitung wäre demnach nicht erforderlich, da Individuen bereits aufgrund minimaler Informationen auf vorhandene Schemata zurückgreifen und die Bewertung aufgrund der Schemata durchführen und gegebenenfalls fehlende Informationen schemagemäß u. U. in sehr kurzer Informationsverarbeitungszeit ergänzen.

Daß Individuen in hohem Maße ihre Vorstellungen über die "Realität" von Objekten nicht aufgrund profunder Informationen entwickeln, sondern aufgrund von Denkschemata, Denkmustern oder impliziten Vorstellungen über Objekte und Abläufe konnte man bei vielen anderen Untersuchungsgegenständen feststellen, so daß viele Forscher nicht mehr vom Erkennen der Wirklichkeit sprechen, sondern vom Erfinden[446], Errechnen[447] oder Konstruieren[448] der Wirklichkeit durch das Individuum ausgehen. Als erkenntnistheoretische Richtung hat sich für diese Auffassung der Wirklichkeitskonstruktion der Begriff Konstruktivismus oder radikaler Konstruktivismus etabliert[449].

---

[444]Vgl. dazu auch Milbach (Testung), zusammenfassend insbesondere S. 333

[445]Zusammenfassend enthalten in Heckhausen (Motivation) S. 188

[446]Vgl. Watzlawick (Hg.) (erfundene Wirklichkeit)

[447]Foerster (Konstruieren) S. 44

[448]Foerster (Konstruieren)

[449]Vgl. hierzu z. B. Watzlawick (Hg.) (erfundene Wirklichkeit); Kruse/Stadler (Wahrnehmen); Scheffer (Konstruktion); Schmidt (verstehen); Merten (Inszenierung); Maturana / Varela (Baum);

Auch in der betriebswirtschaftlichen Forschung werden in zunehmenden Maße derartige Prozesse untersucht und auf Schemata oder subjektive Theorien zur Erklärung betriebswirtschaftlicher Sachverhalte zurückgegriffen[450].

6.2 Pragmatische Implikationen

Da die technologische Anwendung theoretischen Wissens in vielfältigen Ausprägungen je nach Zielen, Möglichkeiten und der Kreativität bzw. der "Ingenieurskunst" der Anwender erfolgen kann[451] und da es nicht das Ziel dieser Arbeit ist, konkrete praktische Handlungsempfehlungen zu entwickeln, sollen zu der praktischen Anwendung der Untersuchungsergebnisse und ihrer Deutung nur einige skizzenhafte Anmerkungen vorgenommen werden.

6.2.1 Pragmatische Implikationen für Unternehmen

Aus Unternehmenssicht dürfte es zunächst wichtig sein, welche Schemata und welche Schlüsselinformationen das Personalimage bestimmen.

Dabei ist zu beachten, daß in dieser Arbeit nur angehende Hochschulabsolventen wirtschaftswissenschaftlicher Fachrichtungen untersucht und die Ergebnisse mit anderen Gruppen von Hochschulabsolventen oder mit Managern, die zum größten Teil auch Hochschulen absolviert haben, verglichen wurden. Es ist noch zu überprüfen, ob verschiedene Bezugsgruppen unterschiedliche Personalimageschema ihrer Wahrnehmung und Bewertung von Unternehmen als Arbeitgeber zugrundelegen.

In einem nächsten Schritt könnte überprüft werden, inwieweit das Ist-Personalimage mit dem Soll-Personalimage übereinstimmt[452].

Da Schemata häufig sehr stabil sind, sollten bei negativ eingestuften Abweichungen des Ist- vom Soll-Personalimage gezielte und konzentrierte Maßnahmen ergriffen werden, um die erforderlichen Korrekturen zu erreichen. Im Regelfall dürften Maßnahmen, wie geänderte Stellenanzeigen, nicht ausreichen, da hier die Streuwirkung zu groß ist und insbesondere da die Kommunikation via Stellenanzeige vom Kommunikator von der Zielgruppe als absichtsgeleitet wahrgenommen und entsprechend als nicht besonders glaubwürdig eingeschätzt werden. Änderungen von Personalimageschemata dürften wirtschaftlicher über Techniken erreichbar sein, die häufig unter dem Begriff des Hochschulrekrutierens oder der Hochschulkontakte zusammengefaßt werden und die auch längerfristig anzuwenden sind.[453] Insbesondere Praktika können sich als sehr wirkungsvoll erweisen.

---

[450]Vgl. z.B. Schuh (Organisationskultur); Weber (subjektive Organisationstheorien); Schirmer (Arbeitsverhalten) und Lord / Maher (leadership)

[451]Vgl. dazu detaillierter Nienhüser (Gestaltungsmaßnahmen) und (Gestaltungsvorschläge)

[452]Im Hinblick auf das Problem der adäquaten Festlegung des Soll-Personalimages soll an dieser Stelle nur auf den Aspekt der realistischen Rekrutierung verwiesen werden. Vgl. Wanous (entry)

[453]Vgl. z.B. Strutz (Hg.)(Personalmarketing) und (Strategien); Bokranz / Steiner (Strategische Personalbeschaffung); Paul (Messen); Strategien von Unternehmen der Tabakindustrie, die ein Negativimage als Hersteller gesundheitsschädlicher Produkte haben, stellt Lentz (Kippe) dar.

Andererseits kann es sein, daß in Personalimageschemata Chancen enthalten sind, die es aufzugreifen und zu verstärken gilt. Als Beispiel ist auf die Annahme eines positiven Betriebsklimas zu verweisen, das mit mittelständischen Unternehmen als Arbeitgeber assoziiert wird. Während in der Vergangenheit mittelständische Unternehmen sich im Vergleich zu Großunternehmen eher als defizitär als Arbeitgeber für Hochschulabsolventen empfunden haben und gegen vorhandene Vorstellungen über das Arbeitsleben in mittelständischen Unternehmen aufgrund von Personalimageschemata über mittelständische Unternehmen wenig glaubwürdig versuchten, diese Defizit durch die Imitation von Personalmanagementinstrumenten von Großunternehmen auszugleichen, wie Traineeprogramme oder Assessment Center, erscheint es als chancenreicher, Wettbewerbsvorteile aufgrund des Personalimageschemas auszunutzen, indem z. B. das positive Betriebsklima und unbürokratisches Arbeiten hervorgehoben werden. Zwar werden herausfordernde Tätigkeiten eher bei Großunternehmen assoziiert, die Wahrnehmung des fiktiven Unternehmens EXPRO bei der schematheoretischen Untersuchung zeigt jedoch Bedingungen auf, bei denen auch bei Mittelunternehmen herausfordernde Tätigkeiten etc. schemagemäß erwartet werden. Selbst bei Mittelunternehmen, die nicht die Merkmale aufweisen, die bei EXPRO als Information vorgegeben sind, können m.E. durch gezielte Informationen, Praktika etc. den Zielgruppen vermitteln, daß in überschaubaren Unternehmenseinheiten vielfältige Aufgaben zu erledigen sind und daß man eher an wichtigen Entscheidungen mitwirken kann als in großen und eher anonymen Unternehmen.

Seit kurzem läßt sich auch feststellen, daß in zunehmendem Maße mittelständische Unternehmen positiver als Arbeitgeber eingeschätzt werden.[454] Während Sinn und Stelzer noch 1991 betonten: " Das Rennen um die Gunst der High Potentials machen meist die Großunternehmen"[455] und "Künftig müssen auch kleinere Firmen intensiver um die jungen werben"[456], stellt Pfaller 1993 fest "..: Noch bestechen die Konzerne durch ihr Image. Allmählich aber bekommen die Goliaths von den Davids Konkurrenz. Mittelständische Betriebe - vor Jahren noch weit abgeschlagen in den Gunst Rankings der Studenten - rücken peu à peu in den Mittelpunkt des Interesses."[457]

Eine weitere praktische Anwendung könnte an der Wirkungskette der "Marken-Triade" anknüpfen.[458] Die Wirkungskette der Marketing Triade basiert auf der Vorstellung, daß die Markenverwendung u.a. abhängt von der Markensympathie und diese wiederum u.a. abhängt von der Markenbekanntheit.

Becker unterscheidet vier Situationen in Abhängigkeit von der relativen Ausprägung der Bekanntheit, Sympathie und Verwendung und beurteilt diese Situationen.[459]

Bei Situation A ist eine ausgewogene Abstufung festzustellen, während bei Situation B bereits das Sympathisanten-Potential durch die Verwender ausgeschöpft ist und die Gefahr besteht, daß der "Verwender-Nachwuchs" fehlt. Bei Situation C wird das

---

[454]Vgl. o.V. (Land); o.V. (Top Jobs) oder o. V. (down)

[455]Sinn / Stelzer (Talente) S. 67

[456]Sinn / Stelzer (Talente) S. 70

[457]Pfaller (Wunsch) S. JK12

[458]Zur Wirkungskette der "Marketing-Triade" und ihrer Anwendung im (Absatz)-Marketing vgl. Becker (Marketing-Konzeption) S.62ff

[459]Vgl. Becker (Marketing-Konzeption) S. 64 und Abbildung 6.1 in dieser Arbeit, die aus Becker S. 64 entnommen ist.

Sympathie-Potential nur zu einem geringen Anteil ausgeschöpft. Dies könnte in Kaufhindernissen, wie zu hoher Preis oder zu schwierige Erhältlichkeit, begründet sein. Situation D ist gekennzeichnet durch eine geringe Ausschöpfung des Bekanntheits-Potentials durch Sympathisanten und Verwender.

Abbildung 6.1: "Marken-Triade" nach Becker

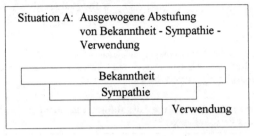

Situation A: Ausgewogene Abstufung von Bekanntheit - Sympathie - Verwendung

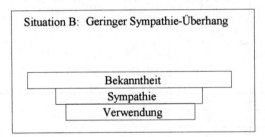

Situation B: Geringer Sympathie-Überhang

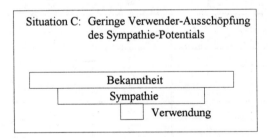

Situation C: Geringe Verwender-Ausschöpfung des Sympathie-Potentials

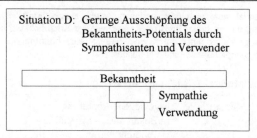

In analoger Weise könnte man eine Personalimage-Triade z. B. aus Bekanntheit des Unternehmens, Ruf des Unternehmens und Attraktivität des Unternehmens als Arbeitgeber (Beschäftigungswunsch) bilden.

Tabelle 6.1: Personalimage-Triade auf der Basis der erwartungswerttheoretischen Untersuchung des Personalimages[460]

Unternehmen	Bekanntheit	Ruf	Beschäftigungs-wunsch	Situation A-D nach Becker E und F eigene Einstufung
Daimler-Benz	97	92	73	A
VW	98	89	64	A
IBM	97	89	64	A
Siemens	96	85	50	A
Commerzbank	86	58	39	B
Post	93	5	13	D
Magdeburger	24	27	24	F
HDI	28	46	38	E
BHW	43	39	38	B
Conti	90	68	51	A
Brose	29	33	20	F
HUK Coburg	68	48	20	C
Loewe	45	46	44	F
Wischi	9	30	18	E

Aufgrund dieser "Personalimage-Triade" könnte man z. B. für die HUK Coburg eine geringe Ausschöpfung des Potentials des allgemeinen Rufs des Unternehmens im Hinblick auf die Attraktivität als Arbeitgeber feststellen. Unternehmen, die als in der Situation E

---

[460] Anteile der Befragten, die eine Beschäftigung bei dem Unternehmen als gut oder sehr gut geeignet ansehen, um dieses Beschäftigungsziel zu erreichen (Instrumentalität); bzw die ein großes oder sehr großes Interesse an einer Beschäftigung bei dem entsprechenden Unternehmen haben.
Stichproben: Daimler-Benz bis Post jeweils Werte aus der Gesamtstichprobe, Magdeburger bis Conti nur Werte der Umfrage Hannover und Brose bis WiSchi nur Umfrage Coburg.

befindlich klassifiziert werden, haben Nachteile aufgrund ihres Bekanntheitsgrads ("Licht unter den Scheffel stellen"). Diese Unternehmen könnten versuchen, zumindest auf dem regionalen Arbeitsmarkt ihren Bekanntheitsgrad zu steigern. Die Unternehmen, die sich in Situation F befinden weisen einen geringen oder sogar keinen Überhang auf in Bezug auf den Ruf des Unternehmens und auf den Bekanntheitsgrad. Da dies in dieser Untersuchung bei den Unternehmen Magdeburger und Brose auf sehr niedrigem Niveau der Zustimmung erfolgt, dürften diese Unternehmen erhebliche Schwierigkeiten haben bei der Beschaffung von qualifizierten kaufmännischen Führungskräften,[461] während bei gleichen relativen Konstellation die absoluten Werte für Loewe-Opta weitaus positiver zu bewerten sind.

Es wurde weiterhin deutlich, welche Bedeutung Informationen zukommt, die Außenstehenden zugänglich sind und die als Schlüsselinformationen Schemata über das Personalimage instantiieren. Damit wird die Bedeutung einer Corporate - Identity - Strategie mit ihren Auswirkungen auch im Personalbereich unterstrichen.

6.2.2 Pragmatische Implikationen für Hochschulabsolventen und Personalvermittler und Personalberater

Die Untersuchung ergab, daß angehende Hochschulabsolventen ihr Bild von einem Unternehmen i.d. R. nicht aufgrund profunder Informationen entwerfen, sondern daß sie in starkem Maße auf ihnen u.U. selbst nicht bewußte Schemata zurückgreifen. Es zeigt sich sogar darüberhinaus, daß sich die Studenten Illusionen über Bedeutung der Kriterien machen, die sie bei der Einschätzung von Unternehmen zugrundelegen. Bei den verschiedenen Studien wurde der Ruf des Unternehmens bei der direkten Befragung durchweg als vergleichsweise unbedeutendes Kriterium eingestuft. Bei der Assoziationsanalyse zeigte es sich jedoch, daß der Ruf des Unternehmens einen hohen Erklärungswert in Bezug auf den Beschäftigungswunsch aufzuweisen hat. Angesichts dieser in starkem Maße durch implizite Personalimageschemata und falschen Vorstellungen über die tatsächlichen Beurteilungskriterien von Unternehmen bestimmte Entwicklung der Präferenz für oder auch gegen Unternehmen oder Typen von Unternehmen, kann dringend empfohlen werden, in verstärktem Maße Hilfen bei der Entscheidungsfindung zu nutzen und Informationen zu sammeln und auszuwerten. Da es für den Betroffenen schwierig sein dürfte, die Vorprägung seiner Präferenzen durch ihm in der Regel unbewußte Schemata zu erkennen, besteht in der Aufklärung darüber ein wesentlicher Beitrag, den Personalvermittler oder Personalberater und auch die Verantwortlichen für die Personalbeschaffung bzw. für Hochschulkontakte aus den Unternehmen für die Hochschulabsolventen leisten können.

Insbesondere Unternehmen, die realistisches Rekrutieren praktizieren wollen,[462] sollten die Wirkung von Personalimageschemata bei der Gestaltung ihrer Personalbeschaffung beachten. Durch das Erkennen von u.U. sachlich unbegründete Vor-Entscheidungen oder Präferenzen für oder vor allem auch *gegen* bestimmte Unternehmen durch die Hochschulabsolventen besteht die Chancen, daß die Hochschulabsolventen ihren

---

[461]Es ist anzumerken, daß sich diese Aussagen auf den Zeitpunkt der Befragung bezieht und daß andere Gründe, wie z.B. private Gründe, an einem bestimmten Ort arbeiten zu wollen, nicht berücksichtigt sind.

[462]Zum realistischen Rekrutieren vgl. Wanous (entry)

Bewerbungshandlungsspielraum nicht vorschnell einengen und u.U. eine bessere Wahl ihres ersten Arbeitgebers treffen.

7. Literaturverzeichnis

Achtenholt, G. (CI) Corporate Identity. In: Strutz, Hans (Hg.): (Personalmarketing), S. 143 - 151

Ackermann, K.-F. / Blumenstock, H. (Hg.) (mittelständische Unternehmen) Personalmanagement in mittelständischen Unternehmen. Stutttgart 1973

Ackermann, K.-F. / Scholz, C. (Hg.) (Personalimanagement) Personalmanagement für die 90er Jahre: Neuere Entwicklungen - Neues Denken - Neue Strategien. Stuttgart 1991

Adorno, T.W. / Frenkel-Brunswick, E. / Levinson, D. J. / Sanford, R. N. (Authoritarian) The authoritarian Personality. New York 1950

Albers,S. / Herrmann, H. / Kahle, E. / Kruschwitz,L, / Perlitz, M. (Hg.) (mittelständische Unternehmen) Elemente erfolgreicher Unternehmenspoltik in mittelständischen Unternehmen. Stuttgart 1991

Albert, H. (Marktsoziologie) Marktsoziologie und Entscheidungslogik. Neuwied 1967

Albert, H. (Traktat) Traktat über kritische Vernunft. 3. erweiterte Auflage Tübingen 1975

Alemann, H.v. (Forschungsprozeß) Der Forschungsprozeß. Eine Einführung in die Praxis der empirischen Sozialforschung. Stuttgart 1977

Allport, G. W. (Attitudes) Attitudes. In : Muchison, C. (Hg.): Handbook of Social Psychology. Worcester / Mass. 1935. Als Auszug abgedruckt in : Fishbein (Hg.) : (Readings) S. 3 - 13

Althauser, U. (Organisation) Strategische Personalarbeit und Organisation der Personalabteilung. In: Weber / Weinmann (Hg.): (Personalmanagement) S. 267-284

Anders, F. (Image) Sozialbilanz und Image: Eine Untersuchung zur kommunikationswirksamen Gestaltung gesetzlich nicht normierter Unternehmensberichterstattung auf der Grundlage der Rahmensempfehlung des Arbeitskreises "Sozialbilanz-Praxis". Diss. Univ. Erlangen-Nürnberg 1988

Anderson, R.C. / Spiro, R.J. / Montague,W.E. (Hg.) (schooling) Schooling and the acquisition of language. Hillsdale N.J. 1977

Arnold, W. / Eysenck, H.J. / Meili, R. (Hg.) (Psychologie 1-3) Lexikon der Psychologie. Band 1 - 3. (Nachdruck der Neuausgabe von 1980) Freiburg, Basel und Wien 1991

Atkinson, J.W. (Motivation)	Einführung in die Motivationsforschung. (Titel der Originalausgabe: An Introduction to Motivation) Stuttgart 1975
Baddeley, A. (denkt)	So denkt der Mensch: Unser Gedächtnis und wie es funktioniert. (Titel der Originalausgabe: Your memory) München 1986
Baron, R.A. / Greenberg, J. (Behavior)	Behavior in organizations: Understanding and managing the human side of work. 3. Aufl. Boston usw. 1989
Bartel, H. Unter Mitarbeit von Glaser, W. und Metzger, H.-D. (Statistik 1)	Statistik 1 für Psychologen, Pädagogen und Sozialwissenschaftler: Als Studienbegleiter, zum Selbststudium und als Orientierungshilfe in der empirischen Forschung. 4. verbesserte Aufl. Stuttgart und New York 1983
Bartel, H.. Unter Mitarbeit von Glaser, W. und Metzger, H.-D. (Statistik 2)	Statistik 2 für Psychologen, Pädagogen und Sozialwissenschaftler: Als Studienbegleiter, zum Selbststudium und als Orientierungshilfe in der empirischen Forschung. 2. verbesserte Aufl. Stuttgart und New York 1976
Barth, P. J. (Generalisten)	Weg frei für Generalisten: Berufseinstieg im Mittelstand. In: forum Aktuell Juli 1991, Ausgabe Nr. 24, Seite 1f
Barth, P.J. (Klimmzüge)	Klimmzüge in der Krise. In: FORUM Februar 1993 S. 22 - 23
Bartlett, F.C. (remembering)	Remembering: A study in experimental and social psychology. London 1932
Bartscher, T.R. / Fritsch, S. (Personalmarketing)	Personalmarketing. In: Gaugler / Weber (Hg.): (HWP 2.Aufl.) Sp. 1747 - 1758
Becker, F. (Bezugsrahmen)	Explorative Forschung mittels Bezugsrahmen - ein Beitrag zur Methodologie des Entdeckungszusammenhangs. In: Becker / Martin (Hg.) (Personalforschung) S. 111 - 127
Becker, F. / Martin, A. (Hg.) (Personalforschung)	Empirische Personalforschung. Methoden und Beispiele. Sonderband 1993 der Zeitschrift für Personalforschung. München - Mering 1993
Becker, J. (Marketing - Konzeption)	Marketing - Konzeption. Grundlagen des strategischen Marketing - Managements. 2. verb. u. erw. Aufl. München 1988
Becker, W. (Personalimage)	Personalimage. In : Strutz, Hans (Hg): (Personalmarketing) S. 127 - 133

Behling, O. / Labovitz, G. / Gainer, M. (college recruiting)	College recruiting: A theoretical base. In: Personnel Journal 1968, S. 13 - 19
Benninghaus, H. (Einstellungs - Verhaltensforschung)	Ergebnisse und Perspektiven der Einstellungs - Verhaltensforschung. Meisenheim am Glahn 1976
Benninghaus, H. (Deskriptive Statistik)	Statistik für Soziologen: Deskriptive Statistik. 2. durchgesehene Aufl. Stuttgart 1976
Berger, H. (Untersuchungsmethode)	Untersuchungsmethode und soziale Wirklichkeit: Eine Kritik an Interview und Einstellungsmessung in der Sozialforschung. 3. Auflage Königstein/Ts. 1985
Bergler, R. (Marken- und Firmenbilde)	Psychologie des Marken- und Firmenbildes. Göttingen 1962
Bergler, R. (Firmenbild)	Psychologie in Wirtschaft und Gesellschaft. Defizite, Diagnosen, Orientierungshilfen. Köln 1982
Berk, B. v. (VW)	Personalmarketing in der Großindustrie: Das Beispiel der Volkswagen AG. In: Strutz (Hg.) (Strategien) S. 217 - 232
Bernsdorf, W. (Hg) (Soziologie 1- 3)	Wörterbuch der Soziologie 1- 3 (Taschenbuchausgabe) Frankfurt 1973
Berthel, E. (Nutzen)	Nutzen eignungsdiagnostischer Verfahren bei der Bewerberauswahl. (Zugl. Hohenheim Univ. Diss. 1988) Frankfurt usw. 1989
Beutel. P. / Knüffner, R. / Böck, E. Schubö, W. (SPSS 7)	SPSS 7. Statitistikprogramm-System für die Sozialwissenschaften. Eine Beschreibung der Programmversionen 6 und 7. 2. Aufl. Stuttgart - New York 1978
Beyer, H.-T. (Personallexikon)	Personallexikon. München und Wien 1990
Birkigt, K. / Stadler, M. (Hg.) (CJ)	Corporate Identity - Grundlagen, Funktionen, Fallbeispiele. Landsberg a.L. 1985
Böckenholt, I. / Homburg, C. (Ansehen)	Ansehen, Karriere oder Sicherheit? Entscheidungskriterien bei der Stellenwahl von Führungsnachwuchs in Großunternehmen. In: Zeitschrift für Betriebswirtschaft 60.Jg. (1990) H.11 S. 1159 - 1181
Boeker, A. (Führungskräfte)	Führungskräfte. In: verlag moderne industrie (Hg.) (Personalenzyklopädie) Band 2 S. 103 - 106

Bokranz, R. / Stein, S. (Strategische Personalbeschaffung)	Strategische Personalbeschaffung bei Hochschulabsolventen. In: Personal. Mensch und Arbeit. Heft 5/1989 S. 176 - 180
Borg, I. (Präsentation)	Zur Präsentation von Umfrageergebnissen. In: ZfAO (1989) 33 (N.F. 7) 2, S. 90 - 95
Bortz, J. (Statistik)	Lehrbuch der Statistik: Für Sozialwissenschaftler. 2. vollst. neu bearb. u. erw. Aufl. Berlin, Heidelberg, New York, Tokyo 1985
Boulding, K. (Image)	The image. University of Michigan 1956
Bower, G. H. / Black, J. B. / Turner, T. J. (scripts)	Scripts in memory for text. In: Cognitive Psychology, 1978,11, 177 - 220
Bowers, G.H. (Hg.) (psychology)	The psychology of learning and motivation. Vol.16 New York 1982
Bühner, R. (Organisationsstrukturen)	Effiziente Organisationsstrukturen in der Personalarbeit. In: Ackermann/Scholz (Hg.) (Personalmanagement) S. 97-123
Bunge, M. (Scientific)	Scientific Research. Volume 1 und 2. Berlin 1967
Büschges. G. / Lüdge-Bornefeld, P. (Organisationsforschung)	Praktische Organisationsforschung. Reinbek bei Hamburg 1977
Campbell, J.P. / Pritchard, R. D. (Motivation)	Motivation theory in industrial and organizational psychology. In: Dunnette (Hg.): (Handbook) S. 63 - 130
Carlson, E.R. (Change)	Attitude change through modification of attitude structure. In: Journal of Abnormal and Social Psychology, 1956, 52, S. 256 - 261
Cascio, W. F. (Human Resources)	Managing human resources: productivity, quality of work life, profits. 2. Aufl. New York usw. 1989
Connolly, T. (Conceptual)	Some conceptual and methodological issues in expectancy models of work performance motivation. In: Academy of Management Review, October 1976, S. 37 - 47
Cooper, J. (Einwilligung)	Forcierte Einwilligung: Zwei Jahrzehnte der Forschung zur Bestimmung des Prozesses der Einstellungs-änderung. In: Hormuth (Einstellungsänderung)
Cox, W. / Cox, I. (MBA)	Wer ist die Schönste der MBAs? In: Junge Berufs Welt. Beilage der Zeitung "Die Welt". 5. November 1988, Nr. 260 S. 21
Craik, F.I.M. / Lockhart, R.S. (memory)	A framework for memory research. In: Journal of Verbal Learning and Verbal Behavior, 1972, 11, S. 671-684

Crano, W. D. / Bower, M. B. (sozialpsychologische Forschung)	Einführung in die sozialpsychologische Forschung. Methoden und Prinzipien. (Titel der Originalausgabe: Principles of research in social psychology) Köln 1975
Cronbach, L.J. / Gleser, G.C. (Personnel decisons)	Psychological tests and personnel decisions. 2. Aufl. Urbana 1965
Daumenlang, K. / Sauer, J. (Hg.) (Aspekte)	Aspekte psychologischer Forschung: Festschrift zum 60. Geburtstag von Erwin Roth. Göttingen - Toronto - Zürich 1986
Dawes, R.M. (Einstellungsforschung)	Grundlagen der Einstellungsforschung. (Titel der Originalausgabe: Foundamentals of attitude measurement. Übersetzt und bearbeitet von Six, B. und Hennig, H.J.) Weinheim - Basel 1977
Demmer, C. (Goldmedaillen)	Goldmedaillen für die Kleinsten. In: Management Wissen 8/91 S. 84 -87
Derschka, P. (Hewlett - Packard)	Hewlett - Packard: Gemeinsame Sache. In: Management Wissen 2 / 86, S. 13 - 34
Deutsches Institut für Fernstudien an der Universität Tübingen (Hg.) (Kommunikation 1- 2)	Funkkolleg: Medien und Kommunikation: Konstruktionen von Wirklichkeit. Studienbrief 1 und 2. Weinheim - Basel 1990
Dichtl, E. / Issing, O. (Hg) (Vahlens Bd 1)	Vahlens Großes Wirtschaftslexikon Band 1 A-K, München 1987
Dichtl, E. / Issing,O. (Hg) (Vahlens Bd. 2)	Vahlens Großes Wirtschaftslexikon Band 2 L-Z, München 1987
Diehl, J.M. / Kohr, H.-U. (Durchführungsanleitungen)	Durchführungsanleitungen für statistische Tests. Weinheim-Basel 1977
Diller, H. (Öffentlichkeitsarbeit)	Öffentlichkeitsarbeit. In: Dichtl / Issing (Hg.): (Vahlens Bd. 2), S. 245f
Dincher, R. / Ehreiser, H.-J. / Nick, F.R. (Arbeitsmarkt)	Die Bedeutung des Arbeitsmarktes für die betriebliche Personalpolitik. In: Weber / Weinmann (Hg.): Personalmanagement S. 65 - 96
Drever, J. / Fröhlich, W. D. (Wörterbuch)	dtv-Wörterbuch zur Psychologie. (Titel der englischen Originalausgabe: A dictionary of psychology. Harmonsworth, Middlesex 1952) 9. durchgesehene und erweiterte Aufl. Nördlingen 1975
Droege & Comp. (Zukunftssicherung)	Zukunftssicherung durch Strategische Unternehmensführung. Düsseldorf 1991

Drucker, P. F. (Management)	Die Praxis des Managements. Ein Leitfaden für die Führungsaufgaben in der modernen Wirtschaft. (Vollständige Taschenbuchausgabe) München - Zürich 1970
Dunnette, M.D. (Hg.) (Handbook)	Handbook of industrial and organizational psychology. Chicago 1976
Eckardstein, D. von / Fredecker, I. (Führungsnachfolge)	Führungsnachfolge. In: Kieser / Reber / Wunderer / (Hg.) (HWF) Sp. 629-339
Eckardstein, D. von/ Schnellinger, F. (Einzelhandel)	Personalmarketing im Einzelhandel, Berlin 1971
Eckardstein, D. von/Janisch, R. (Personalmarketing)	Personalmarketing. In: Dichtl/Issing (Hg.): (Vahlens Bd. 2), S. 310
Eckardstein, D. von/Schnellinger, F. (Personalmarketing)	Personalmarketing. In: Gaugler (Hg.): (HWP) Sp. 1592-1599
Eckardstein, D. von (Besonderheiten)	Die Personalwirtschaft kleiner und mittlerer Unternehmen - Einige Besonderheiten gegenüber großen Unternehmen. Personalwirtschaftliche Studien Universität Hannover, Nr. 1, August 1980
Emory, W. C. (Business Research)	Business Research Methods. 3. Aufl. (1. Aufl. 1976) Homewood, Illinois 1985
Ende, W. (Theorien)	Theorien der Personalarbeit. Darstellung, kritische Würdigung und Vorschläge zu einer Neuorientierung. Königstein 1982
Engelhard, J. / Wonigeit, J. (Selektionsstrategien)	Ökonomische Analyse von Selektionsstrategien in der Personalbeschaffung. In: Die Betriebswirtschaft 49 (1989) S. 321-336
Erhard, U. / Fischbach, R. / Weiler, H. (Statistik)	Praktisches Lehrbuch Statistik: - anwendungsorientierte Einführung in die Betriebsstatistik- 2. aktualisierte Auflage von " Statistik für Wirtschaftswissenschaftler" Landsberg am Lech 1985
Esbach, D.(Mercedes)	Personalmarketing in der Großindustrie: Das Beispiel der Mercedes - Benz AG. In: Strutz (Hg.) (Strategien) S. 207 - 216
Esser, H. / Gaugler, E. / Neumann, K.- H. (Hg.) (Arbeitsmigration)	Arbeitsmigration und Integration - Sozialwissenschaftliche Grundlagen. Königstein/Ts. 1979
Evers, H. (FH-Absolventen)	Verdienst und Karrierechancen von FH-Absolventen in der Wirtschaft. In: Landsberg (Hg.) 1991, S. 57-67

Fachkommission Personalwesen (Anforderungsprofil)	Anforderungsprofil für die Hochschulausbildung im Bereich der Personalwirtschaft. In: Zeitschrift für BetriebswirtschaftF 36/1984 S. 292-299
Falkenberg, J. / Dlouhy,R. (Hg) (Coburg)	Die Wirtschaft im Coburger Grenzland. Kulmbach 1982
Farny, D. / Helten, E. / Koch, P. / Schmidt, R. (Hg.) (HdV)	Handwörterbuch der Versicherung.HdV. Karlsruhe 1988
Faßbender, S. (Führungskräfte)	Führungskräfte. In: Gaugler (Hg.): (HWP) Sp. 876-889
Festinger, L. (Wahlentscheidungen)	Experimente über die Wirkung der kognitiven Dissonanz nach Wahlentscheidungen. (Entnommen aus: Festinger, L.: A theory of cognitive dissonance. Stanford University Press 1957) In: Krober-Riel (Marketingtheorie) S. 78 - 91
Feuchthofen, J. E. (Firmenumfrage)	Firmenumfrage zum Personalmarketing an Fachhochschulen: "Häuptlingssuche" mit umfassendem Imageprofil. In: Personalführung März 1991 S. 188-193
Feyerabend, P. (Methodenzwang)	Wider den Methodenzwang. Frankfurt am Main 1986
Fischer-Winkelmann, W. F. / Rock, R. (Hg.) (Marketing)	Marketing und Gesellschaft, Wiesbaden 1977
Fishbein, M. (Hg.) (Readings)	Readings in Attitude Theory and Measurement. New York - London - Sydney 1967
Fishbein, M. / Ajzen, I. (Belief)	Belief, attitude, intention, and behavior: An introduction to theory and research. Reading 1975
Fishbein, M. (Behavior)	A behavior theory approach to the relations between beliefs about an object and the attitude toward the object. In: Fishbein (Hg.): (Readings) S. 389ff
Flögel, H. (Image)	Image. In: Management Enzyklopädie: Das Managementwissen unserer Zeit. 3. Band München 1970, S. 433 - 439
Foerster, H. von (Konstruieren)	Das Konstruieren von Wirklichkeit. In: Watzlawick (Hg.): (erfundene Wirklichkeit) S. 39 - 60
Fopp, L. (Branchen-Image)	Die Bedeutung des Branchen - Images für Stellenwahl und Stellenwechsel. Diss. St. Gallen 1975
forum (Praxis)	Handbuch der Praxis: Die größten Unternehmen als Arbeitgeber für Absolventen von Hoch- und Fachhochschulen. Band 2: Die 300 grössten in Deutschland ansässigen Dienstleistungsunternehmen. St. Gallen o.J.

forum (Top)	Die Top 300. Handbuch der Praxis. Band 1: Industrie und Handel: Portraits der grössten 300 Industrie- und Handelsunternehmen. 2. Aufl. St. Gallen o.J.
Franke, H. / Buttler, F. (Arbeitswelt 2000)	Arbeitswelt 2000: Strukturwandel in Wirtschaft und Beruf. Frankfurt am Main 1991
Freimuth, J. / Elfers, C. (Imageprobleme)	Imageprobleme und -vorteile von mittelständischen Unternehmen auf dem Arbeitsmarkt. In: Ackermann / Blumenstock (Hg.): (mittelständische Unternehmen) S. 257 -269
Freimuth, J. (Personalimage)	Personalimage - Das Erscheinungsbild als Arbeitgeber. In: Personal - Mensch und Arbeit- Heft 2/1989 S. 42 - 47
Freimuth, J. (Unternehmenslegitimität 1)	Personalmarketing, Personalimage und Unternehmenslegitimität. Teil 1: Wertewandel, Unternehmenslegitimität und Personalarbeit. In: Personal - Mensch und Arbeit - Heft 8/1990, S. 314 - 316
Freimuth, J. (Unternehmenslegitimität 2)	Personalmarketing, Personalimage und Unternehmenslegitimität. Teil 2: Zur Wahrnehmung von Legitimitätsverlusten. In: Personal - Mensch und Arbeit - Heft 9/1990, S. 354 - 356
Frese, E. / Schmitz, P. / Szyperski, N.(Hg) (Organisation)	Organisation, Planung, Informationssysteme: Erich Grochla zu seinem 60. Geburtstag gewidmet. Stuttgart 1981
Freter, H. (Aussagewert)	Interpretation und Aussagewert mehrdimensionaler Einstellungsmodelle im Marketing. In: Meffert / Steffenhagen / Freter (Hg.): (Konsumentenverhalten) S. 163 - 184
Freter, H. (Automobilmarken)	Mehrdimensionale Einstellungsmodelle im Marketing. Eine empirische Untersuchung zur Beurteilung von Automobilmarken. Arbeitspapiere des Instituts für Marketing der Universität Münster. (Die Betriebswirtschaft - DBW-Depot 77-2-4) Münster 1976
Freter, H. (Einstellungsmodelle)	Mehrdimensionale Einstellungsmodelle im Marketing. Interpretation, Vergleich und Aussagewert. Arbeitspapiere des Instituts für Marketing an der Universität Münster. (Die Betriebswirtschaft- DBW-Depot 77-2-5) Münster 1976
Frey, D, / Irle, M. (Hg.) (Sozialpsychologie)	Theorien der Sozialpsychologie. Band III: Motivations- und Informationsverarbeitungstheorien. Bern usw. 1985

Frey, D. / Greif, S. (Hg.) (Sozialpsychologie)	Sozialpsychologie. Ein Handbuch in Schlüsselbegriffen. München, Wien, Baltimore 1983
Frey, D. (Kognitive Theorien)	Kognitive Theorien. In: Frey. D. / Greif, S. (Hg.): (Sozialpsychologie) S. 50 - 67
Frey, D. (Überblick)	Dissonanztheoretische Forschung: Ein Überblick In: Hormuth (Hg.): (Einstellungsänderung) S. 30 -49
Friedrichs, J. (Methoden)	Methoden empirischer Sozialforschung Reinbek bei Hamburg 1973
Fröhlich, W. / Maier,W. (Personal - Marketing)	Strategisches Personal-Marketing in der Praxis. In: Ackermann/Scholz (Hg.) (Personalmanagement), S. 267-278
Fuchs, W. u. a, (Hg.) (Lexikon 1)	Lexikon zur Soziologie 1: AAM-Latenz Reinbek bei Hamburg 1975
Fuchs, W. u. a. (Hg.) (Lexikon 2)	Lexikon zur Soziologie 2: Latenzperiode-Zyklus, Rowntreescher. Reinbek bei Hamburg 1975
Furnham, A. (Personality)	Personality at work: The role of individual differences in the workplace. London 1992
Gadamer, H.-B. (Lesebuch Bd. 1- 3)	Philosophisches Lesebuch Band 1- 3 Frankfurt 1989
Gadenne, V. (Gültigkeit)	Die Gültigkeit psychologischer Untersuchungen. Stuttgart usw. 1976
Galtung, J. (Research)	Theory and methods of social research. London 1970
Gardner, B. / Levy, S. (product)	The Product and the brand. In: Harvard Business Review, 33, 1955, S. 34 - 40
Gardner, P.D. / Kozioski, S.W.J. / Hults, B.M. (real)	Will the real prescreening criteria please stand up? In: Journal of College Recruiting Winter 1991 S. 57- 60
Gatermann, M. (Erste Wahl)	Erste Wahl. In: manager magazin 5/1992 S. 67 - 79
Gaugler, E. / Weber, W. (Hg.) (HWP)	Handwörterbuch des Personalwesens. 2. neubearb. und erg. Aufl. Stuttgart 1992
Gaugler, E. (Hg.) (HWP)	Handwörterbuch des Personalwesens. Stuttgart 1975
Gaulke, J. / Hoffmann, K. (Matt)	Matt durch Patt. In: manager magazin 3/1993 S. 52 - 61

Gehrmann, F. (Hg.) (Arbeitsmoral) — Arbeitsmoral und Technikfeindlichkeit: Über demoskopische Fehlschlüsse. Soziale Indikatoren XIII. Frankfurt / New York 1986

Gellermann, S.W. (Motivation) — Motivation und Leistung. 3. Aufl. Düsseldorf - Wien 1973

Gigerenzer, G. (Modellbildung) — Messung und Modellbildung in der Psychologie. München - Basel 1981

Gille, G. / Martin, A. / Weber, W. / Werner, E. (Integration) — Betriebliche Integration ausländischer Arbeitnehmer als Frage der Problemhandhabung und Zufriedenheit - Theoretische Grundlagen einer empirischen Untersuchung. In: Esser / Gaugler / Neumann (Hg.): (Arbeitsmigration) S. 167-266

Glueck, William F. (Organization Choice) — Decision making: organization choice. In: Personnel Psychology 1974,27, S. 77-93

Goodman, Leo A. / Kruskal, William H. (Measures) — Measures of association for cross classifications. In: Journal of the American Statistical Association 49 (1954), S. 732-764

Graesser, A. / Nakamura, G.V. (Impact) — The Impact of a Schema on comprehension and Memory. In: Bower (Hg.) (Psychology)

Graesser, A.C. / Woll, S.B. / Kowalski, D,J. / Smith, D. A. (actions) — Memory for typical and atypical actions in scripted activities. In: Journal of Eperimental Psychology: Human Learning and Memory, 1980,6, S. 503 - 515

Graf Hoyos / Kroeber-Riel / von Rosenstiel / Strümpel (Hg.) (Wirtschaftspsychologie) — Wirtschaftspsychologie in Grundbegriffen. Gesamtwirtschaft- Markt- Organisation-Arbeit 2. Aufl.München - Weinheim 1987

Grauf, F. (Versicherungswesen) — Versicherungswesen im Coburger Grenzland. In: Falkenberg / Dlouhy (Hg.) (Coburg) S. 260 - 266

Green, P.E. / Tull, D.S. (marketing) — Methoden und Techniken der Marktforschung. (Titel der Originalausgabe: Research for marketing decisions.) Stuttgart 1982

Greenberg, R M. / Kinzer, C. (offers) — Student reneging on accepted job offers: a growing concern. In: Journal of College Placement Winter 1990, S. 19- 21

Greif, S. (Organisationspsychologie) — Konzepte der Organisationspsychologie: Eine Einführung in grundlegende theoretische Ansätze Bern-Stuttgart-Wien 1983

Griepenkerl, H. (Personalentwicklung) — Personalentwicklung für Führungskräfte der Wirtschaft: Inhaltsanalyse von industriellen Schulungsprogrammen. Diss. Oldenburg 1982

Groskurth, P. / Volpert, W. (Lohnarbeitspsychologie)	Lohnarbeitspsychologie. Berufliche Sozialisation: Emanziption zur Anpassung. Frankfurt 1975
Guion, R.M. /Gibson. W.M. (selection)	Personnel selection and placement. In: Annual Review of Psychology 39, 1988, S. 349-374
Haase, H. / Koeppler, K. (Hg.) (Marktpsychologie)	Fortschritte der Marktpsychologie. Band 3: Grundlagen-Methoden-Anwendungen Frankfurt/M. 1983
Hamilton, D. (Hg.) (cognitive)	Cognitive processes in stereotyping and intergroup relations. Hillsdale, N.J. 1981
Hansen, U. / Haslinger, F. / Hübl, L. (Hg.) (Hannover)	Der Wirtschaftsraum Hannover. Vorträge im Fachbereich Wirtschaftswissenschaften. Band 10. Hannover 1991
Hastie, R., Ostrom, T.M., Ebbessen, E.B. u.a. (Hg.) (Person memory)	Person memory: The cognitive basis of social perception. Hillsdale, N.J. 1980
Hastie, R. (Memory)	Memory for behavioral information that confirms or contradicts a personality impression. In: Hastie, R., Ostrom, T.M., Ebbesen u.a. (Hg.) (Person memory)
Heckhausen, H. (Motivation)	Motivation und Handeln. 2. völlig überarbeitete u. ergänzte Aufl. Berlin, Heidelberg usw. 1989
Heider, F. (Psychologie)	Psychologie der interpersonalen Beziehung. (Titel der Originalausgabe: The psychology of interpersonal relations.New York 1958) Stuttgart 1977
Hempel, C.G. (Aspects)	Aspects of scientific explanation. 2. Aufl. New York - London 1966
Hempel, C.G. (Philosophie)	Philosophie der Naturwissenschaften. (Titel der Originalausgabe: Philosophy of natural science.) München 1974
Henseler (Imagepolitik)	Image und Imagepolitik im Facheinzelhandel. Frankfurt 1977
Hentze, J. unter Mitarbeit von Metzner, J. (Personalwirtschaftslehre 1)	Personalwirtschaftslehre 1: Grundlagen, Personalbedarfsermittlung, -beschaffung, -entwicklung, -bildung und -einsatz. Bern und Stuttgart 1977
Henzler, A. (Personal - Image)	Personal - Image. In: Gaugler (Hg.) (HWP) Sp. 1564 -1571

Herzberg, F. (Hygiene)	Die Motivations-Hygiene-Theorie. (Original: Herzberg, Frederick: Work and the nature of man. 4. Aufl. 1971 Kapitel: the motivation-hygiene theory, S. 71-91 und S.122-124. Aus dem Amerikanischen gekürzt und übersetzt von Franz Strehl.) In: Ackermann / Reber (Reader) S. 109 - 126
Higgins, E.T. / Rholes, W.S. / Jones, C.R. (category)	Category accessibility and impression formation. In: Journal of Experimental Social Psychology,1977,13, S. 141 - 154
Hinrichs, E. (Schauspieler)	Der vierzehnte Ludwig war nur der erste Schauspieler seines Staates: Le style, c'est le roi: Peter Burke inzeniert den herrlichen Sonnenaufgang einer neuen Kulturgeschichte der Macht. In: Frankfurter Allgemeine Zeitung, 30. Juni 1993, Nr. 148, Seite 31
Hirschberger, J. (Geschichte Band I und II)	Geschichte der Philosophie. Band I und II. 13. Aufl. Freiburg 1991
hmr (BHW)	Neuer Haustarif für die BHW Bausparkasse. In: Frankfurter Allgemeine Zeitung, Mittwoch 29. September 1993, Nr. 226, S. 22
Hönscheidt, W. / Sonnenleiter, K. (Bock)	Image. Bock auf Benz. In: Focus 21/ 1993 S. 96
Hönscheidt, W. (Kindertraum)	Kindertraum: Mercedes oder Porsche: Markenbindung vor dem sechzehnten Lebensjahr / Viele Vorlieben auch im Erwachsenenalter. In: Frankfurter Allgemeine Zeitung - Technik und Motor - 27. Juli 1993, Nr. 171, S. T1
Hormuth, S. E. (Einführung)	Einführung. In: Hormuth, S. E. (Hg) (Einstellungsänderung)
Hormuth, S.E. (Hg) (Einstellungsänderung)	Sozialpsychologie der Einstellungsänderung. Hanstein 1979
Horn, S. (Coburg)	Coburg wird den Strukturwandel gut bewältigen. In: Coburger Tageblatt, 14. Juli 1993 S. 23
House, R. J. / Wahba, M. A. (Expectancy)	Expectancy theory in industrial and organizational psychology: An integrative model and a review of the literature. In: Proceedings of the 80th Annual Convention of the American Psychological Association 1972, 7, S. 465f
Hromadka, W. (leitende Angestellte)	Zur neuen Abgrenzung der leitenden Angestellten. In: Personalführung 2/1989, S. 155-163
Hull, C.H. / Nie, N. H. (SPSS Update)	New procedures and facilities for releases 7 and 8. New York usw. 1979

Irle, M. (Hg.) (Texte)	Texte aus der experimentellen Sozialpsychologie. Neuwied - Berlin 1969
Irle, M. (Sozialpsychologie)	Lehrbuch der Sozialpsychologie. Göttingen 1975
Jetter, K. (Frankreichs Unternehmen)	Frankreichs Unternehmen haben Schwierigkeiten mit ihrem Ansehen. In: Frankfurter Allgemeine Zeitung, Nr. 128, 6. Juni 1991, S. 22
Jochmann, W. (Veränderung)	Berufliche Veränderung von Führungskräften. Untersuchungen zu den zugrundeliegenden Entscheidungs- und Motivationsprozessen. Stuttgart 1990
Johannsen, U. (Image)	Das Marken- und Firmenimage. (zugl. Diss. TU Braunschweig) Berlin 1971
Jones, M.R. (Hg.) (Nebraska)	Nebraska Symposium on Motivation. Lincoln 1955
Kaas, K. P. (Einstellung)	Einstellung. In: Dichtl/Issing (Hg.): (Vahlens Bd. 1) S.470f
Kaas, K. P. (Einstellungsforschung)	Einstellungsforschung (Imageforschung). In: Dichtl/Issing (Hg) (Vahlens Bd. 1) S. 471f
Kaas, K. P. (Einstellungsmodelle)	Einstellungsmodelle. In: Dichtl/Issing (Hg.): (Vahlens Bd. 1) S. 472f
Kaeser, C. (Metallindustrie)	Die Eisen- und Metallindustrie im Coburger Land. In: Falkenberg / Dlouhy (Hg.) (Coburg) S. 168 - 182
Kahnemann, D. / Slovic, P. / Tversky, A. (Hg.) (Judgement)	Judgement under uncertainty: Heuristics and biases. New York 1982
Kaiser, M. / Görlitz (Hg.) (Bildung)	Bildung und Beruf im Umbruch: Zur Diskussion der Übergänge in die Hochschule und Beschäftigung im geeinten Deutschland. Nürnberg 1992
Kälin, K. / Müri, P. (führen)	Sich und andere führen: Psychologie für Führungskräfte und Mitarbeiter. Thun 1985
Katona, G. (rationales Verhalten)	Über das rationale Verhalten der Verbraucher. (entnommen aus Katona, G.: Die Macht des Verbrauchers, Düsseldorf - Wien 1962, S. 194 - 216) In: Kroeber - Riel (Hg.) (Marketingtheorie) S. 61 - 77

Kieser, A. / Kubicek, H. (Organisationstheorie II)	Organisationstheorien II. Kritische Analyse neuerer sozialwissenschaftlicher Ansätze. Stuttgart - Berlin - Köln - Mainz 1978
Kieser, A. / Reber, G. / Wunderer, R. (Hg.) (HWF)	Handwörterbuch der Führung. Stuttgart 1987
Kilduff, M. (Decision Making)	The interpersonal structure of decision making: A social comparison approach to organizational choice. In: Organizational Behavior and Human Processes 47/1990, S. 270-288
Kirsch, W. (Entscheidungsprozesse 1 - 3)	Entscheidungsprozesse Bd. 1-3: Entscheidungen in Organisationen. Wiesbaden 1971
Klapprott, J. (Methodik)	Einführung in die psychologische Methodik. Stuttgart usw. 1975
Klauder, W. (Arbeitsmarktperspektive)	Längerfristige Arbeitsmarktperspektive. In: Personal 2/ 1993 S. 74 - 77
Kleining, G. (Image)	Image. In: Bernsdorf, W. (Hg): (Soziologie 2) S. 357 - 360
Kmieciak, P. (Theorie)	Auf dem Wege zu einer generellen Theorie sozialen Verhaltens. Meisenheim am Glan 1974
Köhler, R. (Hg.) (Forschungskonzeption)	Empirische und handlungstheoretische Forschungskonzeption in der Betriebswirtschaftslehre. Stuttgart 1977
Kompa, A. (Personalbeschaffung)	Personalbeschaffung und Personalauswahl. 2. durchgesehene Aufl. Stuttgart 1989
König, R. (Hg.) (Handbuch Bd. 2)	Handbuch der empirischen Sozialforschung. Band 2: Grundlegende Methoden und Techniken. Erster Teil. 3. Auflage Stuttgart 1973 (Taschenbuchausgabe)
König, R. (Hg) (Handbuch Bd. 3a)	Handbuch der empirischen Sozialforschung. Band 3a: Grundlegende Methoden und Techniken. Zweiter Teil. 3. Auflage Stuttgart 1973 (Taschenbuchausgabe)
König, R. (Hg.) (Handbuch Bd. 3b)	Handbuch der empirischen Sozialforschung. Band 3b: Grundlegende Methoden und Techniken. Dritter Teil. 3. Auflage Stuttgart 1973 (Taschenbuchausgabe)
Koolwijk, v. J. / Wieken-Mayser, M. (Hg.) (Befragung)	Techniken der empirischen Sozialforschung. Bd. 4: Die Erhebungsmethoden: Die Befragung. München - Wien 1974

Kotler, P./ Bliemel, F. (Marketing)	Marketing-Management: Analyse, Planung, Umsetzung und Steuerung 7. vollständig neu bearbeitete und für den deutschen Sprachraum erweiterte Auflage Stuttgart 1992
Kotler, P. (Generic)	A Generic Concept of Marketing. In: Journal of Marketing, Vol. 36, April 1972, S.46ff
Kotter, J.P. (Führung)	Erfolgsfaktor Führung. Führungskräfte gewinnen, halten und motivieren- Strategien aus der Harvard Business School. (Aus dem Amerikanischen (The Leadership Factor) übersetzt von Mantscheff) Frankfurt - New York 1989
Krantz, D. M. / Luce, D. R. / Suppes, P. / Tverski, A. (Foundations)	Foundations of measurement. Volume 1: Additive and polynominal representations. New York und London 1971
Kreppner, K. (Messen)	Zur Problematik des Messens in den Sozialwissenschaften. Stuttgart 1975
Kreutz, H. (Soziologie)	Soziologie der empirischen Sozialforschung. Theoretische Analyse von Befragungstechniken und Ansätze zur Entwicklung neuer Verfahren. Stuttgart 1972
Kriz, J. (Statistik)	Statistik in den Sozialwissenschaften. Einführung und kritische Diskussion. Reinbek bei Hmburg 1973
Kroeber - Riel, W. (Hg.) (Marketingtheorie)	Marketingtheorie. Verhaltensorientierte Erklärungen von Marktreaktionen. Köln 1972
Kroeber-Riel, W. (Konsumentenverhalten)	Konsumentenverhalten 3. wesentl. erneuerte u. erw. Auflage München 1984
Kroeber-Riel, W. (Werbung)	Strategie und Technik der Werbung. Verhaltenswissenschaftliche Ansätze, 2. Auflage Stuttgart - Berlin - Köln - Mainz 1990
Kroehl, H. (Corparate Identity)	Corporate Identity: Dynamik im Marketing. In: Harvard Business Manager 2/ 1994 S. 25 - 31
Kruse, P. / Stadler, M. (Wahrnehmen)	Wahnehmen, Verstehen, Erinnern: Der Aufbau des psychischen Apparates. In: Deutsches Institut für Fernstudien an der Universität Tübingen (Hg.): (Kommunikation 2) S. 11 - 45
Kubicek, H. (Bezugsrahmen)	Heuristische Bezugsrahmen und heuristisch angelegte Forschungsdesigns als Elemente einer Konstruktionsstrategie empirischer Forschung. In: Köhler (Hg.) (Forschungskonzeption) S. 1 - 36
Kuhl. J. (Motivation)	Motivation, Konflikt und Handlungskontrolle. Berlin usw. 1983

Kuhn, T.S. (Struktur)	Die Struktur wissenschaftlicher Revolutionen. (Titel der Originalausgabe: The Structure of Scientific Revolutions. 2. Aufl. Chicago 1970) 2. rev. und um das Postskriptum von 1969 ergänzte Aufl. Frankfurt 1976
Kulik, C. T. / Rowland, K. M. (job seeker)	The relationsship of attributional frameworks to job seekers'perceived succes and job search involvement. In: Journal of Organizational Behavior, Vol. 10, 1989, S. 361-367
Landsberg, G. v. (Fachhochschulabsolventen)	Fachhochschulabsolventen als Bewerber: Die Auswahlkriterien der Privatwirtschaft. In: VDB (Verband Deutscher Betriebswirte e.V.) Magazin 1/1986 S. 25 - 32
Landsberg, G. von (Hg.) (Karriereführer)	Karriereführer Fachhochschulen: Informationsmarkt für Studenten und Unternehmen II/ 1991 Köln 1991
Lantermann, E.-D. (Interaktionen)	Interaktionen: Person, Situation und Handlung. München 1980
Lattmann, C. (Grundlagen)	Die verhaltenswissenschaftlichen Grundlagen der Führung des Mitarbeiters, Bern 1982
Leik, R. E. / Gove, W. R. (relationsship)	The conception and measurement of asymetric monotonic relationsships in sociology. In: American Journal of Sociology. 74 (1969) S. 696 - 709
Lentz, B. / Plüskow, H.-J. von (Mehr)	Mehr Spaß - mehr Freiraum - mehr Perspektive: Welches Unternehmen den besten Karrierestart bietet. In: Capital 8/ 1991 S. 84 - 86
Lentz, B. (Idylle)	Teure Idylle. In: Manager Magazin 9/1989 S. 284 - 292
Lentz, B. (Kippe)	Kippe mit Kultur. Nachwuchswerbung: Lockruf der Tabakbranche. In: Capital 7 / 91 S. 170 - 172
Lentz, B. (Votum)	Votum für die Praxis. In: Manager Magzin 1/88 S. 150 - 153
Lieber, B. (Gewinnbeteiligung)	Die Einstellung von Mitarbeitern zur Gewinnbeteiligung: eine empirische Untersuchung auf der Basis eines erwartungswerttheoretischen Verhaltensmodells. München 1982
Locke, I. (Versuch)	Versuch über den menschlichen Verstand. (Titel der Originalausgabe: An essay concerning human understanding) Hamburg 1976

Loesch, G. (Conjoint Measurement)	Die Abschätzung von Kaufverhalten im Conjoint Measurement nach dem Trade - Off - Modell. In: Haase / Koeppler (Hg.) (Marktpsychologie) S. 95 - 109
Lord, R. G. / Maher, K.J. (leadership)	Leadership and information processing: Linking perceptions and performance. London - Sydney - Wellington 1991
Mank, P. (mittelständische Unternehmen)	Personalpolitik in mittelständischen Unternehmen. Eigenarten - Versäumnisse - Chancen Frankfurt 1991
Marr, R. (Sozialpotential)	Das Sozialpotential betriebswirtschaftlicher Organisationen. Zur Entwicklung eines Personalinformationssystems auf der Grundlage der innerbetrieblichen Einstellungsforschung. Berlin 1979
Martin, A. (empirische Forschung)	Die empirische Forschung in der Betriebswirtschaftslehre Stuttgart 1988
Martin, A. (Personalforschung)	Personalforschung. München und Wien 1988
Maturana, H. / Varela, F.J. (Baum)	Der Baum der Erkenntnis: Wie wir die Welt durch unsere Wahrnehmung erschaffen- die biologischen Wurzeln des menschlichen Erkennens. (Titel der Originalausgabe: El árbol del conocimiento) 3. Aufl. Bern-München-Wien 1987
Mayr, G. (Spitzenplätze)	Spitzenplätze in der Image-Rangliste der Großunternehmen bringen Vorteile. In: Karriere - Beilage des Handelsblatts - Nr. 38 - 11.9.1987 S. K5
Meffert, H. / Steffenhagen, H. / Freter, H. (Hg.) (Konsumentenverhalten)	Konsumentenverhalten und Information. Wiesbaden 1979
Meinefeld, W. (Einstellung)	Einstellung und soziales Handeln. Reinbek bei Hamburg 1977
Merten, K. (Inszenierung)	Inszenierung von Alltag: Kommunikation, Massenkommunikation, Medien. In: Deutsches Institut für Fernstudien an der Universität Tübingen (Hg.): (Kommunikation 1) S. 79 - 108
Milbach, B. (Testung)	Testung psychologischer Motivationsmodelle zur Entstehung von Weiterbildungsbereitschaft. (zugl. Essen Univ. Diss. 1990) Frankfurt am Main 1991

Miller, G.A. / Galanter, E. / Pribram, K.H. (Strategien) Strategien des Handelns. Pläne und Strukturen des Verhaltens.
(Auszug aus dies.: Strategien des Handelns. Pläne und Strukturen des Verhaltens. Stuttgart 1973 (Kap. 1 u. 2) Titel der Originalausgabe: Plans and the Structure of Behavior (1960))
In: Ackermann / Reber (Hg) (Personalwirtschaft) S. 386 - 399

Miner, J.B. / Dachler, P.H. (Motivation) Personnel attitude and motivation, occupational preference and effort: A theoretical, methodological, and empirical appraisal.
In: Psychological Bulletin, Vol. 81, 1974,Nr. 12, S. 1053 - 1077

Ministerium für Wissenschaft und Kunst Baden - Württemberg (Hg.) (Berufsakademie) Berufsakademie Baden - Württemberg.
Villingen - Schwenningen 1.11.1986

Minsky, M. (Mentopolis) Mentopolis
(Übersetzung von "the Society of Mind" durch Heim, Malte)
Stuttgart 1990

Mitchell, T.R. / Beach, L.R. (review) A review of occupational preference and choice research using expectancy theory aund decision theory.
In: Journal of occuptional psychology, 1976,49, S. 231 - 248

Mitchell, T.R. / Biglan, A. (instrumentality) Instrumentality theories. Current uses in psychology.
In: Psychological Bulletin, Vol. 76,1971, No. 6, S. 432 - 454

Mitchell, T.R. (expectancy) Expectancy models of job satisfaction, occupational preference, and effort: A theoretical, methodological, and empirical appraisal.
In: Psychological Bulletin,1974, Vol.81, No. 2, S. 1052 - 1077

Moir, A. / Jessel, D. (Brainsex) Brainsex:
Der wahre Unterschied zwischen Mann und Frau.
(Titel der engl. Originalausgabe: Brain Sex)
Düsseldorf - Wien - New York 1990

Moser, K. / Stehle, W. / Schuler, H. (Hg.) (Personalmarketing) Personalmarketing.
Göttingen - Stuttgart 1993

Muchinsky, P.M (Within-Analyses) A comparison of within- and across-subjects analyses of the expectancy-valence model for predicting effort.
In: Academy of Management Journal, Vol. 20,1977, No. 1, S. 154 - 158

Müller, M. (Benutzerverhalten) Benutzerverhalten beim Einsatz automatisierter betrieblicher Informationssysteme.
München - Wien 1986

Müller-Böling, B. (Arbeitszufriedenheit)	Arbeitszufriedenheit bei automatisierter Datenverarbeitung. Eine empirische Analyse zur Benutzeradäquanz computergestützter Informationssysteme. München - Wien 1978
Neisser, U. (Kognition)	Kognition und Wirklichkeit - Prinzipien und Implikationen der kognitiven Psychologie. Stuttgart 1979
Neske, F. / Wiener, M. (Hg.) (Lexikon 1 - 4)	Management-Lexikon Band 1-4 Gernsbach 1985
Netta, C. (Nachwuchssorgen)	Versicherungen mit Nachwuchssorgen. In: forum August / September 1993 S. 41
Neuberger, O. (Führen)	Führen und geführt werden. 3. völlig neu überarbeitete Auflage von "Führung" Stuttgart 1990
Neuberger, O. (reden)	Miteinander arbeiten-miteinander reden! Vom Gespräch in unserer Arbeitswelt. München 1985
Neuberger,O. (Mittelpunkt)	Der Mensch ist Mittelpunkt. Der Mensch ist Mittel. Punkt. In: Personalführung 1/1990, S. 3-10
Nicolai, C. (Personalentwicklung)	Assessment Center in der Personalentwicklung. (Zugleich Diss. TU Berlin 1990) Berlin 1990
Nie, N.H. / Hull, C. H. / Steinbrenner, K. / Bent, D.H. (SPSS)	SPSS. Statistical Package for the Social Sciences. 2. Aufl. New York usw. 1975
Nienhüser, W. (Gestaltungsmaßnahmen)	Probleme der Anwendung von Theorien für personalwirtschaftliche Gestaltungsmaßnahmen. In: Zeitschrift für Personalforschung 1/1988 S. 3 - 26
Nienhüser, W. (Gestaltungsvorschläge)	Probleme der Entwicklung organisationstheoretisch begründeter Gestaltungsvorschläge. In: Die Betriebswirtschaft 53 (1993) 2 S. 235- 252
Nietzsche, F.W. (Wahrheit)	Über Wahrheit und Lüge im außermoralischen Sinne. In: Stenzel (Hg.): (Nietzsche Bd. 4) S. 541 - 554 und ebenfalls enthalten in Gadamer (Hg.): (Lesebuch Bd. 3) S. 200 - 210
Noelle-Neumann, E. / Geiger, H. (Image)	Versicherungswirtschaft, öffentliche Meinung, Image und Öffentlichkeitsarbeit in der ... In: Farny / Helten / Koch / Schmidt (Hg.) (HdV) S. 1227 - 1238
Norusis, M. J. (Advanced Statistics)	SPSS/PC+ Advanced Statitics V2.0 for the IBM PC/XT/AT and PS/2 Chicago 1988

Norusis, M. J. (Base manual)	SPSS/PC+ V2.0 Base Manual for the IBM PC/XT and PS2. Chicago 1988
o. V. (down)	Down to earth. In: Manager Magazin 7/1993 S. 143ff
o. V. (imageprofile '92)	imageprofile '92: Die attraktivsten Arbeitgeber in Deutschland. In: manager magazin 5 /1992 S. 34 - 52
o. V. (Land)	Land in Sicht. In: !fForbes 7/1993 S. 62 - 64
o. V. (Mondgesicht)	... und fertig ist das Mondgesicht: Das Image der Pharmakonzerne. In: Capital 11/91 S. 266 - 272
o. V. (Top Jobs)	Top Jobs: Der Mittelstand hält was die Großindustrie verspricht. In: Impulse 5/1992 S. 60 - 71
o. V. (Verfolger)	Die Allianz und ihre Verfolger. In: Capital 7/93 S. 109 - 114
o. V. (Angekratztes Image)	Angekratztes Image. In: Captial 5/87 S. 147
o. V. (Bausparkassen)	Mit Zinsbonbons gegen den Abstieg. In: Capital 7/93 S. 22
o. V. (Brose)	Brose: Offensiv durch die Krise. In: Coburger Tageblatt 10. September 1993 S. 7
o. V. (Brose FAZ)	Brose: Wir gehören zu den Gewinnern. In: Frankfurter Allgemeine Zeitung, Nr. 213, 14. September 1993, S. 10
o. V. (imageprofile '90)	imageprofile '90: Der neue Stern. In: manager magazin 4/1990 S. 120 - 132
o. V. (Innovationen)	Innovationen am laufenden Band. In: Coburger Tageblatt 17. / 18. Juli 1993 S. 5
o. V. (Meister)	Meister auf allen Spielfeldern. In: Neue Presse (Tageszeitung in Coburg) 14. Januar 1992 S. 5
o. V. (Überfordert)	Überfordert und unregierbar. In: Der Spiegel, 14/ 1993 S. 126 - 133
Opp, K.-D. (Methodologie)	Methodologie der Sozialwissenschaften: Einführung in Probleme ihrer Theoriebildung. Reinbek bei Hamburg 1970

Pappert, P. (Messen) — Messen.
In: Fuchs (Hg.) (Lexikon 2) S. 435

Paul, G. (Messen) — Personalwerbung auf Messen.
In: Personal - Mensch und Arbeit -
Heft 5 / 1989, S. 170 -175

Paul, H. (Gestalttheorie) — Gestalttheorie und Sozialpsychologie.
In: Bernstdorf (Hg.) (Soziologie 1) S. 297 - 300

Peak, H. (Attitude) — Attitude and motivation.
In: Jones, M.R.(Hg.): (Nebraska) S. 149 - 189

Pers, A. M. de / Federau, K. (Commerzbank) — Personalmarketing im Bankensektor:
Das Beispiel der Commerzbank.
In: Strutz (Hg.) (Strategien) S. 273 - 286)

Peters, T. J. / Waterman, R.H. jr. (excellence) — In search of excellence.
New York usw. 1982

Peters, T.J. / Austin, N. (Leistung) — Leistung aus Leidenschaft. Über Management und Führung.
A passion for excellence. Aus dem Amerikanischen von
Ursel Reineke.
Hamburg 1986

Pfaller, P. (Wunsch) — Wunsch und Wirklichkeit.
Handelsblatt: Junge Karriere. Sommersemester 1993 S. JK
11f

Ploenzke AG (Hg.) (Absolventenreport) — Absolventenreport '93.
Erwartungen von Hochschulabsolventen an das
Arbeitsleben.
Wiesbaden 1993

Potthoff, E. (Personalwesen) — Personalwesen und Unternehmensorganisation. In: Frese /
Schmitz / Szyperski (Hg.): (Organisation) S.75-92

Powell, G. N. (Job Attributes) — Effects of job attributes and recruiting practices on applicant
decisions: A comparison.
In: Personnel Psychology 37/1984 S. 721-732

Premack, S. L. / Wanous, J P. (Realistic) — A meta-analysis of realistic job preview experiments.
In: Journal of Applied Psychology, 70, 1985, S. 706-719

Raffée, H. (Grundprobleme) — Grundprobleme der Betriebswirtschaftslehre.
Göttingen 1974

Richter, M. (Personalführung) — Personalführung im Betrieb: Führungswissen für
Vorgesetzte - Theorie und Praxis,
München,Wien 1985

Rieckmann, H. (Antwort) — Eine Antwort auf acht Thesen: Sieben Thesen und ein Fazit.
In: Personalführung 1/1990, S. 12-17

Risch, S. (Ansprüche)	Höchste Ansprüche. Welche Unternehmen High Potentials für ihren Berufseinstieg wählen. In: manager magazin 3 / 1993 S. 216 - 217
Risch, S. (Sprung)	Auf dem Sprung. In: manager magazin 8 / 1993 S. 128 - 139
Rodgers, W.H. (IBM)	Die IBM Sage. Ein Unternehmen verändert die Welt. (Titel der amerikanischen Originalausgabe: THINK - A biography of the Watsons and IBM. Aus dem Amerikanischen von W. Rittmeister) Frankfurt 1972
Rosemann, B. / Kerres, M. (Wahrnehmen)	Interpersonales Wahrnehmen und Verstehen. Bern-Stuttgart-Toronto 1986
Rosenberg, M.J. (kognitive Struktur)	Attitüdenbezogener Affekt und kognitive Struktur. (Titel der Originalausgabe: Cognitive Structure and Attitudinal Affect. In: Journal of abnormal and Social Psychology, 1956,53, S. 367 - 372) Als Übersetzung abgedruckt in : Irle (Hg.): (Texte) S. 367 - 372
Rosenstiel, L. von / Kompa, A. / Oppitz, G. / Held, M. (Instrumentalitätstheoretische Ansätze)	Instrumentaltheoretische Ansätze zur Prognose von Verhalten. In: Haase / Koeppler (Hg): (Marktpsychologie) S. 181 - 203
Rosenstiel, L. von / Nerdinger, F. W. / Spieß, E. / Stengel, M. (Führungsnachwuchs)	Führungsnachwuchs im Unternehmen. Wertkonflikt zwischen Individuum und Organisation. München 1989
Rothbart, M. (memory)	Memory processes and social beliefs. In: Hamilton (Hg.): (cognitive)
Rowland, K. M. / Ferris, G. R. (Hg.) (Research)	Research in personnel and human ressources management (Vol. 5) Greenwich 1987
Ruhleder, R. (Personal-Marketing)	Personal-Marketing. In: Personalenzyklopädie 1978 Band 3, München 1978 S.143-148
Rühli, E / Wehrli, H. P. (Hg.) (Marketing)	Strategisches Marketing und Management: Konzeptionen in Theorie und Praxis, 2. unveränd. Aufl. Bern, Stuttgart 1987
Rumelhart, D. E. (building)	Schemata: The building block of cognition. In: Spiro, R.J./Bruce, B.C./Brewer, W.F. (Hg): (comprehension) S. 33-58
Rumelhart, D. E. (schemata)	Schemata and the Cognitive System. In: Wyer, Robert S. / Srull, Thomas K. (Hg.) (Social cognition) S. 161-188

Rüßmann, K. H. (Umweltschutz)	Umweltschutz - das A und O. In: manager magazin 4 /1990 S. 152 -158
Saks, A. M. (realistic job)	An examination of the combined effects of realistic job previews, job attractiveness, and recruiter affect on job acceptance decisions. In: Applied Psychology: An International Review,38,1989, S. 145-163
Sandberger, J.-U. (Berufswahl)	Berufswahl und Berufsaussichten: Trends und Stabilitäten.Befunde aus dem Konstanzer Projekt "Entwicklung der Studiensituation und studentische Orientierungen". In: Kaiser / Görlitz (Hg.) (Bildung) S. 153 - 163
Saurwein, K.-H. / Hönekopp, T. (SPSS/PC)	SPSS/PC+ Version 3.0/3.1: Eine anwendungsorientierte Einführung zur professionellen Datenanalyse. Bonn usw. 1990
Schank, R. / Abelson, R. (scripts)	Scripts, plans,goals, and understanding: An inquiry into human knowledge structures. Hillsdale, N.J. 1977
Schanz, G. (Aktionsforschung)	Aktionsforschung. In: Dichtl / Issing (Hg.): (Vahlens Bd1) S. 47
Schanz, G. (Verhalten)	Verhalten in Wirtschaftsorganisationen: Personalwirtschaftliche und organisationstheoretische Probleme. München 1978
Scharmann, T. (Homo oeconomicus)	Homo oeconomicus - Eine psychologische Studie. In: Daumenlang / Sauer (Hg.) (Aspekte) S. 42 - 74
Scharnbacher, K. (Statistik)	Statistik im Betrieb: Lehrbuch mit praktischen Beispielen. 4. überarbeitete Aufl. Wiesbaden 1982
Schartner, H. (Führungskraft)	Eine neue Rolle des Personalwesens bei BMW? Die Führungskraft als Personalverantwortlicher. In: Personalführung 1/1990 S. 32-37
Scheffer, B. (Konstruktion)	Wie wir erkennen: Die soziale Konstruktion von Wirklichkeit im Individuum. In: Deutsches Institut für Fernstudien an der Universität Tübingen (Hg.): (Kommunikation 2) S. 46 - 81
Scherm, E. (Personalmarkt)	Personalmarkt gezielt erschließen. In: Personalwirtschaft Heft 1/ 1991 S. 26 - 30
Scherm, E. (Unternehmensaufgabe)	Arbeitsmarktforschung als Unternehmensaufgabe. In: Becker / Martin (Hg.) (Personalforschung) S. 203 - 218
Scheuch, E. K. / Zehnpfennig, H. (Skalierungsverfahren)	Skalierungsverfahren in der Sozialforschung. In: König, R. (Hg.) : (Handbuch Bd.3a) S.97 - 203

Schirmer, F. (Arbeitsverhalten)	Arbeitsverhalten von Managern: Bestandsaufnahme, Kritik und Weiterentwicklung der Aktivitätsforschung. (Zugleich Berlin, Freie Univ. Diss. 1990) Wiesbaden 1992
Schirmer, F. (Segmentationstendenzen)	Segmentationstendenzen im Management? In: Zeitschrift für Personalforschung 3/90 S. 277-296
Schmid, E. (Key-People-Analyse)	Key-People-Analyse: Ein Mittel zur strategischen Unternehmensführung. In: Kälin / Müri (führen) S. 215-250
Schmidt, H.D. / Brunner, E.J. / Schmidt-Mummendey, A. (Einstellungen)	Soziale Einstellungen. München 1975
Schmidt, S. J. (verstehen)	Wir verstehen uns doch? Von der Unwahrscheinlichkeit gelingender Kommunikation. In: Deutsches Institut für Fernstudien an der Universität Tübingen (Hg.): (Kommunikation 1) S. 50 - 78
Schmidtchen, G. (Image)	Das Image des Betriebes (PR). In: Stoll (Hg.) (Psychologie) S. 967 - 980
Schneider, D. / Huber, J. / Müller, J. (Mittelstand)	Personalwirtschaft im Mittelstand. Ergebnisse aus dem empirischen Forschungsprojekt "Primus", Teil 1. In: PERSONAL - Mensch und Arbeit - Heft 9/ 1990 S. 364-367
Scholz, C. / Schlegel, D. / Scholz, M. (Mittelstand)	Personalmarketing im Mittelstand. Ergebnisse einer Studie zur Hochschulkommunikation. Stuttgart 1992
Scholz, C. (Integration)	Die Integration der strategischen Personalplanung in die Unternehmensplanung. In: Ackermann/Scholz (Hg.): (Personalmanagement) S. 35-49
Scholz, C. (Personalmarketing)	Personalmarketing: Wenn Mitarbeiter heftig umworben werden. In: Harvardmanager 1/1992 S. 94-105
Schröder, W. (Ziele)	Ziele der Personalarbeit-oder: Wenn Thomas Gottschalk in der Konstruktion arbeiten würde... In: Personalführung 1/1990 S. 24-31
Schuh, S. (Organisationskultur)	Möglichkeiten und Grenzen der empirischen Analyse der Organisationskultur- Entwicklung eines individuumzentrierten Bezugsrahmens als Grundlage für eine Operationalisierung. Universität der Bundeswehr München Diss. 1988
Schuler, H. / Moser, K. (Bewerber)	Die Entscheidung von Bewerbern. In: Moser / Stehle / Schuler (Hg.): (Personalmarketing) S. 51 - 75

Schuler, H. / Stehle, W.(Hg.) (Biographischer Fragebogen)	Biographischer Fragebogen als Methode der Personalauswahl. Stuttgart 1986
Schuler, H. (Biographischer Fragebogen)	Der Einsatz biographischer Fragebogen zur Prognose des Berufserfolgs: Einleitende Überlegungen und Überblick. In: Schuler/Stehle (Hg): (Biographischer Fragebogen) S. 1-16
Schumann, H. / Presser, S. (Questions)	Questions and answers in attitude surveys: Experiments on question form, wording, and context. New York 1981
Schwaab, M.-O. / Schuler, H. (Attraktivität)	Die Attraktivität der deutschen Kreditinstitute bei Hochschulabsolventen. In: ZfAO (1991) 35 (N.F. 9) 3, S. 105 -114
Schwaab, M.-O. (Attraktivität)	Die Attraktivität deutscher Kreditinstitute bei Hochschulabsolventen. Eine empirische Untersuchung zum Personalmarketing. Stuttgart 1991
Schwab, D.P. / Rynes, S.L. / Aldag, R. J. (job search)	Theories and research on job search and choice. In: Rowland / Ferris (Hg.) (Research), S. 129 - 166
Schwarz, N. (Theorien)	Theorien konzeptgesteuerter Informationsverarbeitung in der Sozialpsychologie. In: Frey / Irle (Hg.): (Sozialpsychologie), S. 269 - 291
Sebastian, K.-H./ Simon, H. / Tacke, G. (Führungsnachwuchs)	Strategisches Personalmarketing: Was motiviert den Führungsnachwuchs ? In: Personalführung 12/1988 S. 999 - 1004
Secord, P. F. / Backman, C. W. (Sozialpsychologie)	Sozialpsychologie. Ein Lehrbuch für Psychologen, Soziologen, Pädagogen. (Titel der Originalausgabe: Social Psychology. McGraw-Hill 1974) Frankfurt am Main 1976
Sehringer, R. (Personalrekrutierung)	Betriebliche Strategien der Personalrekrutierung. Ergebnisse einer Betriebsbefragung. (zugl. Diss. Univ. Mannheim) Frankfurt - New York 1989
Sengenberger, W. (Arbeitsmarktstruktur)	Arbeitsmarktstruktur: Ansätze zu einem Modell des segmentierten Arbeitsmarktes. Frankfurt/M 1975
Seyfried, K.-H. (Berufsanfänger)	Was Berufsanfängern wichtig ist. In: Capital 6/93 S. 209 - 218
Seyfried, K.-H. (Firmenimage)	Firmenimage. In: Capital 6/1994 S. 258 - 262

Simon, H. (Hidden Champions)	"Hidden Champions": Speerspitze der deutschen Wirtschaft. In: Zeitschrift für Betriebswirtschaft 60/1990, H.9; S. 875-890
Simon, H. / Sebastian, K.-H. / Tacke, G. (neunziger Jahre)	Strategisches Personalmarketing für die neunziger Jahre. Frankfurter Allgemeine Zeitung: Allgemeiner Hochschul Anzeiger o.J.
Simon, H. A. (Administrative)	Administrative Behavior. New York 1957
Simon, H. (Attraktivität)	Die Attraktivität von Großunternehmen beim kaufmännischen Führungsnachwuchs. In: Zeitschrift für Betriebswirtschaft 54. Jg. H.4 ,1984, S.324-345
Sinn,J. / Stelzer, J. (Talente)	Scharf auf Talente. Management Wissen 5/1990 S. 65 - 74
Sirbekk, G. (Hg.) (Wahrheitstheorien)	Wahrheitstheorien: Eine Auswahl aus den Diskussionen über Wahrheit im 20. Jahrhundert. Frankfurt am Main 1989
Snyder,M. / Uranowitz, S.W. (reconstructing)	Reconstructing the past: Some cognitive consequencies of person perception. In: Journal of Personality ond Social Psychology, 1978,36, S. 941 - 950
Soelberg, P. O. (unprogrammed)	Unprogrammed decison making: Job choice In: Industrial Management Review 8, 1967, S. 19 -29
Spiegel, B. (Image)	Image. In: Arnold, W. / Eysenck, H.J. / Meili, R. (Hg.): (Psychologie 2) S. 962f
Spiess, K. (Polstermöbelindustrie)	Die Polstermöbelindustrie im Coburger Land. In: Falkenberg / Dlouhy (Hg.) (Coburg) S. 121 - 141
Spinner, H. (Pluralismus)	Pluralismus als Erkenntnismodell. Frankfurt am Main 1974
Spiro, R.J. / Bruce, B.C. / Brewer, W.F. (Hg.) (comprehension)	Theoretical issues in reading comprehension. Hillsdale, N.J. 1980
Spiro, R.J. (remembering)	Remembering information from text: The "state of schema" approach. In: Anderson,R.C. / Spiro, F.J. / Montague, W.E. (Hg.): (schooling)
Staehle, W.H. (Funktionen)	Funktionen des Managements. 2. Auflage Bern u. Stuttgart 1989
Staehle, W.H. (Management)	Management. 4. Auflage München 1989

Staffelbach, B. (Personal-Marketing)	Personal-Marketing. In: Rühli / Wehrli,(Hg.): (Marketing) S. 124-143
Staude, J. (Personalmarketing)	Strategisches Personalmarketing. In: Weber / Weinmann (Hg.): 1989, S. 167-178
Stegmüller, W. (Theoriendynamik)	Theoriendynamik. Normale Wissenschaft und wissenschaftliche Revolutionen. Methodologie der Forschungsprogramme oder epistemologische Anarchie. (Studienausgabe Teil E von: Probleme und Resultate der Wissenschaftstheorie und Analytischen Philosophie. Band II: Theorie und Erfahrung) Berlin - Heidelberg - New York 1973
Steiner, R. (Praxis)	Macht die Praxis das Rennen? In: forum Juli 1993 S. 16 - 17
Stemme, F. / Reinhardt, K.-W. (Supertraining)	Supertraining: Mit mentalen Techniken zur Spitzenleistung. Düsseldorf usw. 1988
Stenzel, G. (Nietzsche Bd. 1-4)	Friedrich Nietzsche: Werk in vier Bänden. Salzburg 1985
Stiller, E. (FH Coburg)	Der Auftrag der Fachhochschule Coburg. In: Falkenberg / Dlouhy (Hg.) (Coburg) S. 300 - 302
Stiller, W. (Wechsel)	Flotter Wechsel. In: Capital 7/ 93 S. 22-25
Stoll, F. (Hg.) (Psychologie)	Die Psychologie des 20. Jahrhunderts: XIII: Anwendugen im Berufsleben: Arbeits-, Wirtschafts und Verkehrspsychologie. Zürich 1981
Strutz, H. (Hg.) (Strategien)	Strategien des Personalmarketings. Was erfolgreiche Unternehmen besser machen. Wiesbaden 1992
Strutz, H. (Hg.) (Personalmarketing)	Handbuch Personalmarketing Wiesbaden 1989
Tacke, G. (Mittelstand)	Mittelstand gewinnt bei der Karriereplanung an Gewicht. UNIC-Studie vergleicht Bewerberwünsche und Unternehmensprofile. In: Wirtschaftswoche: KARRIERE Nr. 9, 22.2.1991
Tacke, G. (Spieglein)	Spieglein, Spieglein...: Was junge Kaufleute und Ingenieure von ihren Arbeitgebern erwarten. In: forum aktuell: Einstieg in die Praxis. August / September 1991, S. 4f
Tannen, D. (verstehen)	Du kannst mich einfach nicht verstehen: Warum Männer und Frauen aneinander vorbeireden. Hamburg 1991

Taylor, H.G. / Russel, J.F. (Tables)	The relationship of validity coefficients to the practical effectiveness of tests in selection: Discussion and Tables. In: Journal of Applied Psychology,1939,23, S.565-578
Taylor, S. M. (Job)	Strategies and Sources in the Student Job Search. In: Journal of College Placement Fall 1984 S. 40 - 45
Tom, V. H. (images)	The role of personality and organizational images in the recruiting process: In: Organizational behavior and human performance, 6, 1971, S. 573 - 592
Triandis, H.C. (Einstellungen)	Einstellungen und Einstellungsänderungen. (Titel der Originalausgabe: Attitude and attitude change) Weinheim - Basel 1975
Troll, L. (Arbeitswelt)	Der Wandel der Arbeitswelt bis zum Jahr 2000. In: Personalführung 9 / 1990 S. 598 - 606
Trommsdorff, V. (Image)	Image als Einstellung zum Angebot. In: Graf Hoyos / Kroeber-Riel / von Rosenstiel / Strümpel (Hg.) (Wirtschaftspsychologie) S. 117 - 128
Trommsdorff, V. (Messung)	Die Messung von Produktimages für das Marketing: Grundlagen und Operationalisierungen. Köln usw. 1975
Unger, L. (Unternehmensstandort)	Die Bedeutung der Attraktivität des Unternehmensstandortes Coburg bei der Personalbeschaffung und Möglichkeiten seiner Beeinflussung durch Personalmarketing. FH Coburg Diplomarbeit 1991
Vaassen, B. (Werteforschung)	Die Bedeutung der Arbeit- Widersprüchliches zur Werteforschung. In: Psychologie und Praxis. Zeitschrift für Arbeits- und Organisationspsychologie, 1884,28 (N.F. 3.) S. 98 - 108
Varela, F.J. (Kognitionswissenschaft)	Kognitionswissenschaft - Kognitionstechnik: Eine Skizze aktueller Perspektiven. Frankfurt am Main 1990
verlag moderne industrie (Hg.) (Personalenzyklopädie Bd. 1-3)	Personalenzyklopädie Band 1 - 3. Das Wissen über Menschen und Menschenführung in modernen Organisationen. München 1977
Vroom, V.H. / Deci, E. L. (Stability)	The Stability of Post-Decision Dissonance: A Follow-Up Study of the Job Attitudes of Business Scholl Graduates. In: Organizational Behavior and Human Performance, 6 (1971), S. 36 -49
Vroom, V.H. (Choice)	Organizational Choice: A Study of Pre- and Postdecision Processes. In: Organizational Behavior and Human Performance, 1 (1966), S. 212 - 225

Vroom, V.H. (Work)	Work and Motivation. New York - London - Sydney 1964
Wächter, H. (Marketing)	Zusammenhänge zwischen Marketing und Humanisierung der Arbeit. In: Fischer-Winkelmann/Rock (Hg.): (Marketing) S. 215-225
Wächter, H. (Personal)	Personal oder Menschen als Gegenstand einer Personalwirtschaftslehre? Eine Stellungnahme zu den Thesen von Neuberger und Rieckmann. In: Personalführung 1/1990 S. 18-22
Wanous, J. P. (entry)	Organizational Entry: Recruitment, Selection, and Socialization of Newcomers. Reading, Massachusetts u.a. 1980
Watzlawick, P. (Hg.) (erfundene Wirklichkeit)	Die erfundene Wirklichkeit: Wie wissen wir, was wir zu wissen glauben? Beiträge zum Konstruktivismus. München - Zürich 1985
Weber, F. (subjektive Organisationstheorien)	Subjektive Organisationstheorien. (zugl. Universität München Diss.) Wiesbaden 1991
Weber, W. / Weinmann, J. (Hg) (Personalmanagement)	Strategisches Personalmanagement, Stuttgart 1989
Weber, W. (Fortbildung)	Fortbildung für Führungskräfte. In: Kieser / Reber / Wunderer (Hg.): (HWF) 1987, Sp. 315-326
Weber, W. (Personalarbeit)	Betriebliche Personalarbeit als strategischer Erfolgsfaktor der Unternehmung. In: Weber / Weinmann (Hg.) 1989, S. 3-15
Weihe, H. J. / Hencke, C.-H. / Trunz, B. (Berufseintrittsbedingungen)	Berufseintrittsbedingungen von Fachhochschul-absolventen: Dargestellt am Beispiel des Fachbereichs Wirtschaft der Fachhochschule Nordostniedersachsen. Frankfurt am Main 1987
Weiner, B. (Motivation)	Theorien der Motivation. Stuttgart 1976
Weinert, A B. (Organistionspsychologie)	Lehrbuch der OrganisationspsychologieMünchen-Wien-Baltimore 1983
Welge, M. K. (Führungskräfte)	Führungskräfte. In: Gaugler/Weber (Hg): (HWP) Sp. 917 - 947
Werbik, H. (Handlungstheorien)	Handlungstheorien. Stuttgart-Berlin-Köln-Mainz 1978
Widmaier, S. (Wertewandel)	Wertewandel bei Führungskräften und Führungsnachwuchs Konstanz 1991

Winkler, H. (Unterschiede) — Unterschiede in Studienergebnissen und im Berufsstarterfolg bei Fachhochschul- und Universitätsabsolventen.
In: Kaiser / Görlitz (Hg.) (Bildung) S. 270 - 288

Wiswede, G. (Verbraucherverhalten) — Motivation des Verbraucherverhaltens.
Grundlagen der Motivforschung.
München - Basel 1965

Wooler,S. (Let) — Let the decison maker decide!:
A case against assuming common occuptional value structures.
In: Journal of Occuptional Psychology, 1985,58, S. 217 - 227

Wunderer, R. (Personalwerbung) — Personalwerbung. In: Gaugler, E. (Hg): (HWP)
Sp. 1690 - 1708

Wyer, R. S. / Srull, T. K. (Hg.) (Social cognition) — Handbook of Social cognition (Vol. 1)
Hillsdale, N.J. und London 1984

Wyer, R.S./Srull, T.K. (Processing) — The processing of social stimulus information: A conceptual integration.
In: Hastie, R./Ostrom, T.M./Ebbesson, E.B. u.a. (Hg.) (Person Memory)

Zajonc, R. B. (Konzepte) — Die Konzepte des Gleichgewichts, der Kongruenz und der Dissonanz.
In: Hormuth, S. E. (Hg): (Einstellungsänderung)
S. 15 -29

Zerche, J. (Arbeitsökonomik) — Arbeitsökonomik.
Berlin - New York 1979